隧道及地下工程建设丛书

城市地下工程邻近施工关键技术与应用

孔 恒 宋克志 著

人民交通出版社

内 容 提 要

针对城市隧道与地下工程邻近施工的关键技术难题，本书进行了系统的研究与归纳，提出了新颖的观点与方法。全书研究遵照城市地下工程邻近施工的规律与方法，坚持理论与实践结合，涵盖浅埋暗挖法与盾构法，采用理论、数值、实验、技术、实践等方法，内容分上、下两篇共18章，主要包括：地下工程邻近施工分类及邻近影响程度；隧道邻近施工安全性评估与风险分析；邻近施工对既有环境的变形影响与评价方法；邻近施工变位分配原理、方法与控制；隧道邻近施工地层变形控制技术；浅埋暗挖开挖地层变形预加固参数设计；盾构法施工引起的周围土体变形；盾构隧道邻近施工理论与技术；邻近施工监控量测与反馈控制技术。另外，作为城市地下工程邻近施工理论与技术的应用，还介绍了8个邻近施工的工程实例。

本书在理论上与实践上均有所创见，可供广大从事隧道与地下工程专业的工作者参考和借鉴。

图书在版编目(CIP)数据

城市地下工程邻近施工关键技术与应用 / 孔恒，宋克志著. —北京：人民交通出版社，2013.4

ISBN 978-7-114-10298-1

Ⅰ. ①城… Ⅱ. ①孔… ②宋… Ⅲ. ①城市—地下工程—工程施工 Ⅳ. ①TU94

中国版本图书馆CIP数据核字(2013)第005864号

隧道及地下工程建设丛书
书　　名：城市地下工程邻近施工关键技术与应用
著 作 者：孔　恒　宋克志
责任编辑：岑　瑜　黎小东
出版发行：人民交通出版社
地　　址：(100011)北京市朝阳区安定门外外馆斜街3号
网　　址：http://www.ccpress.com.cn
销售电话：(010)59757973
总 经 销：人民交通出版社发行部
经　　销：各地新华书店
印　　刷：北京市密东印刷有限公司
开　　本：787×1092　1/16
印　　张：31
字　　数：743千
版　　次：2013年4月　第1版
印　　次：2018年8月　第2次印刷
书　　号：ISBN 978-7-114-10298-1
定　　价：80.00元

作 者 简 介

孔恒,男,1965 年 2 月生,安徽亳州人,博士后,教授级高级工程师。2003 年博士毕业于北京交通大学桥梁与隧道工程专业(博士师从我国隧道与地下工程界著名专家、全国人大代表、中国工程院院士王梦恕教授),同年进入原北京市市政工程总公司工作,中国科学院岩土力学研究所博士后。现任北京市政建设集团有限责任公司总工程师,兼任中国土木工程学会隧道及地下工程分会第七届理事、第八届理事;掘进机专业委员会(TBM、盾构)第一届委员、第二届委员;地下空间专业委员会副秘书长。2006 年入选“新世纪百千万人才工程”北京市级人选。曾获北京市“科学技术奖”一等奖 2 项;二等奖 2 项;三等奖 3 项;华夏科学技术奖三等奖 3 项;实用新型专利 8 项;发明专利 2 项。出版专著 2 部;发表学术论文 60 余篇,其中 EI 收录 8 篇,ISTP 收录 4 篇。

近年来,在城市轨道交通领域首次提出了“基于层次分析法(AHP)的近接施工风险重要性等级评价和浅埋暗挖隧道施工地层变位的最优控制评价结构模型”、“地层变位分配与控制原理”、“零距离穿越既有结构概念与施工技术”、“主动与跟踪补偿注浆技术”等观点与技术,具有较高的学术价值,并在设计与施工中得到了推广应用,取得了较大的经济和社会效益,得到了业界的广泛赞同和认可。

联系地址:北京市海淀区三虎桥路 6 号,邮编:100048;E - mail:hengkh@163.com。

宋克志,男,1970 年 2 月生,山东济宁人,教授,博士后,硕士生导师。2005 年博士毕业于北京交通大学桥梁与隧道工程专业;同济大学地下建筑与工程系博士后。现任鲁东大学土木工程副院长。长期从事隧道与地下工程、岩土工程等方面的教学与科研工作。在隧道及地下工程设计与施工理论、特别是盾构及掘进机隧道施工理论等方面开展了广泛而深入的研究,取得了一批具有较大影响力的研究成果。先后主持国家自然科学基金项目、中国博士后基金项目、中国工程院重大咨询课题子课题、山东省自然科学基金、山东省科技计划项目等。在《土木工程学报》、《岩石力学与工程学报》及《岩土力学》等重要学术刊物发表相关学术论文 50 余篇,被 EI、ISTP 检索 18 次。曾获北京市科学技术进步一等奖 1 项。出版学术专著 3 部。

联系地址:山东省烟台市红旗中路 186 号鲁东大学土木工程学院,邮编:264025;E - mail:ytytskz@126.com。

序

21世纪,随着城市人口急剧膨胀所带来的生存空间拥挤、交通阻塞、环境恶化等问题的凸显,地下空间的开发、城市地铁的快速修建已迫在眉睫。在这个背景和趋势下,中国隧道与地下工程的修建技术已跻身国际先进行列,正在成为一支引领世界隧道修建技术发展方向的重要力量。在倍感自豪和鼓舞的同时,我欣慰地看到学生孔恒和宋克志合著的《城市地下工程邻近施工关键技术与应用》即将付梓出版。为师者,此乃他们送给我的最好礼物,我乐于为此作序。

作者求学与工作的十几年期间,都秉承老老实实做人,踏踏实实做事的信念,积极投身于隧道及地下工程领域,为隧道及地下工程的发展与进步作出了自己的贡献。5年前,孔恒所著《城市地下工程浅埋暗挖地层预加固理论与实践》的成果已在国内隧道及地下工程设计与施工中推广应用。经过近年来理论提升与工程实践应用与发展,他们的一部新作在5年后得以问世。一个工程就是一个1:1的科学试验,这种试验是可信的,远远优于小比例的模型试验。作者对众多已完成的工程实例进行分析,总结经验与教训,从中提升理论和关键技术,而后又用于指导实践,理论与实践结合好,知识体系完整,它既是前书的后续,又是前书的丰富和发展。

城市地下土工环境复杂,邻近施工是城市地下工程施工的一类关键问题,其施工难度很大,是城市隧道及地下工程施工的薄弱和高风险地段。本书是作者在求学与工作的十几年期间,针对浅埋暗挖法和盾构法的邻近施工问题,第一次进行了全面、系统的研究和总结,丰富和发展了已有的浅埋暗挖、盾构法体系,也填补了这一领域研究的空白,这令我甚感欣喜和自豪。

作者不拘泥于理论,敢于实践和创新。孔恒博士毕业后一直在施工第一线,他无论是作为北京市政地铁指挥部的总工程师,还是后来担任北京市政建设集团有限责任公司的总工程师,都没有改变他为施工服务的初衷。宋克志博士毕业后在鲁东大学从事科研与教学工作,他们两个理论和实践密切合作,深入到施工作业面,善于观察,勤于思考,对施工问题进行总结与理论提升,不断进行技术创新,并用于指导解决施工中所出现的问题。本书在作出许多开创性工作的同时,也借鉴和融合了相关专家的学术观点和成果,从不同施工方法的建设过程中,提炼出许多可供借鉴的理论、方法和要点，而不是凭空想象出来的，因此，本书有着坚实的工程背景。

本书着眼于隧道与地下工程施工的热点、风险点及关键环节，内容新颖，起步较高，理论和实践并重，反映了作者多年理论研究和工程实践的成果。我相信，本书的出版必将对读者大有裨益，对浅埋暗挖法和盾构法的推广应用以及理论研究产生重要的推动作用。

借写序言之际，我愿用我的一段话与读者共勉："历史的脚步往往是毫不留情的，会把千千万万人筑起的一座座里程碑抛在后头，使他们很快就变得模糊不清；年轻一代的神圣职责便是在新的跨越中去矗立新的里程碑。"

中国工程院院士

2013 年 3 月

前　言

随着国家城市化进程步伐的加快,城市人口急剧膨胀,城区土地资源变得十分紧缺,作为解决城市人口膨胀、道路交通拥挤、土地紧张及环境恶化等问题的一种有效手段,城市隧道与地下工程的开发利用已成为城市现代化进程中的必然趋势。隧道及地下工程的开挖会引起地层移动和地表下沉,如果不加保护周边既有建筑物或构筑物,可能会发生过量变形甚至破裂,严重时还将影响到相关人员的生命安全,从而产生非常恶劣的社会影响。城市地区特别是大城市及城市繁华区段,密集的地面建筑、纵横分布的地下管线及既有地下工程及构筑物使得城市地下土工环境变得极为复杂。因此,对邻近施工进行理论分析,采取严密技术措施控制地层变形,保证地层变形不超过安全使用标准,就变得十分必要。

目前,城市隧道与地下工程暗挖施工常采用浅埋暗挖法和盾构法。无论是采用什么施工方法,都遇到了很多邻近施工的问题。囿于城市复杂的周边环境、施工方法、技术经济等因素的限制,城市地下工程邻近施工是整个工程的关键控制环节,也是风险高发地段。作为隧道与地下工程的科研与技术人员,我们同全国地下工程建设者一道,共同攻坚破难,力求解决城市地下工程邻近施工中的技术难题,同时将研究成果用于工程实践。在一次次工程建设中,注重对工程对象进行理论分析与现场试验,通过多次试验与调整,制定出最优的技术措施与实施工艺。因此,我们对近年来所主持、参与的地下工程邻近施工的工程案例进行逐一分析,总结工程成功与失败,收集成果资料,进行理论提升与经验总结,借我国地下工程蓬勃发展之际,编辑出版,将多年研究成果奉献于广大隧道及地下工程工作者。

本书在撰写过程中注意城市地下工程邻近施工关键技术体系的完备性,力求形成一套完整、系统的城市地下工程邻近施工理论与技术,并在城市地下工程邻近施工实践中进行应用。全书分上、下两篇共18章,上篇(第1~10章)为理论与技术篇,着重分析浅埋暗挖及盾构法邻近施工的理论与关键技术,下篇(第11~18章)为工程技术实践篇,着重介绍在近年来北京市隧道与地下工程邻近施工理论与关键控制技术的应用及工程案例。全书以城市地下工程邻近施工为主线,分别从分类及安全评估、变位分配及控制、地层预加固、施工扰动以及监控量测等方面,采用理论分析、室内及现场试验、数值模拟等手段,对地下工程邻近施工的关键控制技术进行了系统的论述。第1章 绪论,简要介绍了浅埋暗挖法与盾构法邻近施工的技术现状、邻近施工问题的分析思路与研究方法;第2章 地下工程邻近施工分类及邻近影响程度,介绍了地下工程邻近施工的分类、邻近施工对地层的影响程度分区及判别准则;第3章 隧道邻近施工安全性评估与风险分析,建立了城市地铁浅埋暗挖法隧道邻近施工风险源重要性等级评价与控制模型,分析了邻近施工环境风险源分级及影响邻近施工风险源的因素,以及盾构施工风险机理、分类及分析评估;第4章 邻近施工对既有环境的变形影响与评价方法,分析了隧道开挖的地层响应规律及上覆地层结构的失稳坍落模式,分析了邻近施工对既有环境的变形影响,提出了邻近施工对既有结构的评价方法及地层沉降的影响因素分析与评价方法;第5章 邻近施工变位分配原理、方法与控制,提出并系统总结了邻近施工变位分配与控制原理,分析了变位分配存在的理论基础,形成了既有地铁构筑物变形及其控制体系,提出隧道施工穿越既有地铁构筑物的工作思路与技术要点;第6章 隧道邻近施工地层变形控制技术,提出了邻近施工变形最优化控制技术,介绍并分析了控制地层变形的超前小导管注浆、双排(层)超前小导管注浆、管棚、超前深孔注浆、冻结等技术;第7章 浅埋暗挖开挖地层变形预加固参数设计,提出了隧道开挖土体预加固的力学模型及工作面上覆地层结构稳定性判别方法,分析了工作面拱部及正面土体的超前预加固参数,提出了超前预加固结构作用荷载的确定方法,给出地层预加固参数的设计与选择的一套方法;第8章 盾构法施工引起的周围土体变形,分析了盾构施工地层变形机理及规律,地层变形的主要影响因素,讨论了对周围土体的影响范围,给出了引起土体深层变形的评估方法;第9章 盾构隧道邻近施工理论与技术,分析了盾构隧道邻近施工扰动现象及扰动机理,邻近施工空间位置关系及邻近度判断,给出了盾构邻近施工控制措施;第10章 邻近施工监控量测与反馈控制技术,介绍了邻近施工影响控制标准确定原则、主要控制指标和控制基准及邻近施工监控量测与信息反馈的实施方法。第11章 浅埋暗挖区间隧道零距离穿越既有地铁车站关键施工技术,介绍了北京地铁5号线零距离下穿地铁2号线雍和宫车站施工方案优化、安全性评估及变形控制等关键技术;第12章 浅埋暗挖双孔隧道邻近建筑物关键施工技术,介绍了北京地铁4号线9标西单~灵境胡同双线区间隧道近距离下穿商业店铺及复杂地下管线的关键技术;第13章 砂卵石地层浅埋暗挖隧道穿越桥梁关键施工技术,介绍了北京地铁四号线西直门站~动物园站区间隧道在砂卵石地层条件下穿越西直门桥桥基时的隧道开挖面稳定及地层变形控制技术;第14章 富水软塑性地层热力隧道下穿危旧房屋关键施工技术，介绍了北京北三环路热力外线工程热力隧道，在富水软塑性地层条件下，下穿危旧房屋时地层预加固技术及地表沉降控制技术；第15章　张自忠地铁车站附属构筑物风险点关键施工技术，介绍了北京地铁五号线8标张自忠路车站在含水粉细砂、卵石及可塑状的黏性土地层条件下穿越区间盾构隧道及危旧房屋时的地层变形控制、减轻结构扰动及施工方案优化等关键技术；第16章　盾构隧道近距离小角度上穿既有隧道施工关键技术，介绍了北京地铁4号线动物园—白石桥区间盾构隧道与地铁9号线区间浅埋暗挖法隧道空间穿越方案优化、二者相互作用、地层变形控制、既有结构变形控制等关键技术；第17章　盾构穿越既有城铁车站过轨施工技术，介绍了北京地铁10号线北土城东路站～芍药居站区间隧道两次下穿既有城铁13号线芍药居站时地表沉降及整体道床沉降分析方法及控制技术；第18章　盾构超近距离侧穿大型立交桥桥基群桩关键施工技术，介绍了北京市南水北调团城湖至第九水厂输水盾构隧道在圆砾石低含砂量高水位地层内超近距离侧穿北五环肖家河立交桥桥基群桩的桥桩竖向沉降和水平位移关键控制技术。

笔者在攻读博士期间、博士后研究期间、在原北京市市政工程总公司以及在北京市政建设集团有限责任公司工作的各个时期内，经常深入工程一线，结合工程具体问题进行理论分析，优化施工方案，制定技术措施，同时对理论模型进行验证。本书即是作者在20多年的隧道工程经验、20余项研究课题、30多座城市隧道设计与验证的基础上，结合已有成果，历经10余年，反复斟酌，提炼编著形成。书中第一次系统地对城市隧道与地下工程邻近施工进行了研究与探索，并尽可能详尽地介绍了研究成果在工程中的具体应用。全书内容丰富，系统全面，理论与实践并重，可为从事相关工程的研究人员和技术人员提供参考和借鉴。倘能如此，笔者甚感欣慰。

本书在成稿期间，得到原北京市市政工程总公司（北京市政路桥控股）、北京市政建设集团有限责任公司各级领导和同仁的支持，在此表示感谢。同时感谢北京市政路桥集团有限公司、北京市城市轨道交通建设管理有限公司、中国科学院武汉岩土力学研究所、北京交通大学、北京市人事局、北京市科委等7委办局“新世纪百千万人才工程”、鲁东大学、北京市市政工程研究院、北京市城建设计研究总院、北京市市政工程设计研究总院等各级领导和同仁的支持与帮助。

本书在编著过程中，还得到王梦恕院士、张弥教授、崔玖江教高、贺长俊教高、徐祯祥研究员等老师的指导，同时还要感谢罗富荣教高、乐贵平教高、张顶立教授、袁大军教授、黄明利教授、李兆平教授以及王占生、张德华、皇甫明、姚宣德、张晓丽、姚海波、张成平、牛小凯等博士的支持和帮助。

本书的工程实例部分,是作者对近年来所负责科研项目和工程项目的总结和归纳,在此感谢与我们一同奋战的张汎、李国祥、关龙、汪波、刘彦林、朱玉明、郭嘉、王文治、卢常亘、郭玉海、王全贤、汪挺、王武京、乜连生、李青林、钟德文、王文正、魏玉明、张继明、姚建国、余乐、周秀普、田建华、丁磊、祝显学、方依文、郑仔弟、彭峰、张丽丽、李达等同仁们的支持和帮助！感谢北京地铁界以及国内工程界各位同仁给予的帮助与支持。

本书写作过程中参考了大量的相关文献和专业书籍,谨向上述作者深表谢意。

由于作者水平有限,书中难免疏漏和不足,敬请读者严加斧正,不吝赐教为盼。

作　者

2013年3月

目　录

上篇　城市地下工程邻近施工理论与技术

下篇　城市地下工程邻近施工实践

上　　篇

城市地下工程邻近施工理论与技术

1 绪　　论

1.1 研究背景及意义

21世纪,随着城市人口急剧膨胀所带来生存空间拥挤、交通阻塞、环境恶化等问题的凸显,地下空间的开发、城市地铁的快速修建已迫在眉睫。我国城市化的速度要从35%达到45%,如果听任城市无限制地蔓延扩张,就会严重危害我国土地资源。综观当今世界,地下空间开发利用已成为解决城市资源与环境危机的重要措施,也是解决我国可持续性发展问题的重要途径。可以预测,21世纪末将有1/3的世界人口工作、生活在地下空间中。伴随着我国综合国力的提高,许多大城市将跻身国际大都市,其城市现代化建设正在提速,最能反映这一特征的是,为缓解日益增加的交通压力而大规模进行的城市地铁建设。就目前而言,我国地铁在建或已通车运营的城市有北京、上海、广州、深圳、南京、天津、杭州、成都、苏州、沈阳、西安、青岛等,而处在招投标或已获批准建设的城市有武汉、长沙、重庆、哈尔滨、无锡、佛山、郑州等。据估计,在21世纪的前20年间,我国的地铁线路将超过2000km。另外,表征城市基础设施现代化水平的地下各类市政管廊也在大规模地开发建设。

以北京为例,北京已建成运营的轨道交通主要有:1号线、2号线、4号线、5号线、8号线、9号线、10号线、13号线、轨道交通机场线(L1线)。2010年北京轨道交通通车里程达到300km;2012年通车里程达到400km;2015年通车里程将达到561km。北京轨道交通线网将于2050年前全部完成,届时线路总长将达到1053km,实现城市轨道交通系统承担客运总量的50%~60%。

城市地铁土建施工一般采用明(盖)挖法、浅埋暗挖法和盾构法来修建地铁车站与区间隧道。工程实践表明,与明(盖)挖法、盾构法相比较,浅埋暗挖法由于避免了明(盖)挖法对地表的干扰性,而又较盾构法具有对地层较强的适应性和高度灵活性,因此广泛应用于世界各国的城市地下工程建设。

相对而言,应用浅埋暗挖法具有代表性,且占较大比重的国家有中国、英国、法国、德国、韩国、巴西等。日本、美国自进入20世纪90年代后,除在少数地层条件下应用浅埋暗挖法外,大部分都采用盾构法。但在90年代以前,日本则大量使用浅埋暗挖法。

毋庸置疑,在城市复杂环境条件下施工地铁工程,无论是采用什么施工方法,都不可避免地要进行邻近施工,如邻近既有地铁(铁路)、建筑物、桥梁、管线与河流等建(构)筑物。就工程实践及施工方法本身而言,浅埋暗挖法的施工难度及对周边环境所造成的影响,以及施工风险相对于明(盖)挖法和盾构法都要高,而由于城市的复杂土工环境、施工方法、技术经济等因素,目前的城市地铁工程建设,难以全部采用地层变形相对易于控制的明(盖)挖法和盾构法施工技术。基于此，本书以北京地下工程邻近施工为背景，总结和归纳浅埋暗挖法和盾构法邻近施工的经验和教训，以利于发挥浅埋暗挖法和盾构法在我国城市地下工程建设中的重要作用。

1.2 城市地下工程施工方法概述

城市地下工程具有以下主要特点：地质条件差；周边环境复杂；结构埋深浅，与邻近结构相互影响；围岩稳定性不易判断。因此，城市地下工程的关键是施工技术。随着施工技术的不断进步和发展，地下工程的施工方法越来越丰富，根据地质条件、周边环境条件、机械设备配备等情况，地下工程施工方法一般分类如图1.1所示。

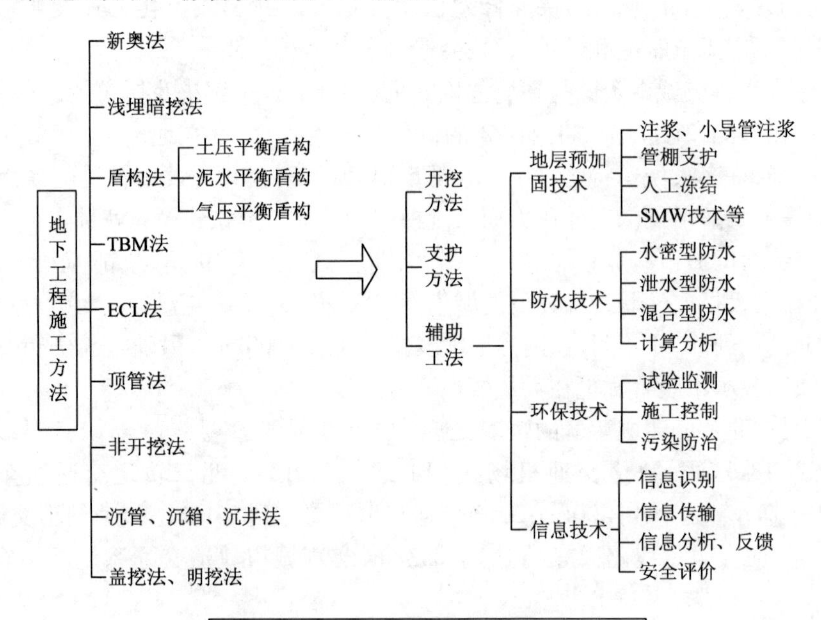

图1.1 地下工程施工方法分类

在这些施工方法中，以暗挖施工的浅埋暗挖法和盾构法使用最为广泛。

1.2.1 浅埋暗挖法概述

浅埋暗挖技术始于20世纪80年代中期，自大秦线军都山铁路隧道双线进口黄土试验段成功之后，又于1986年5月至1987年5月，在北京地铁复兴门折返线工程中应用并获得成功。1987年8月，北京市科委和铁道部科技司共同组织了浅埋暗挖技术成果鉴定会，经充分讨论取名为“浅埋暗挖法”。这个名称定义准确，既反映了该技术方法的特点，又明确了它的普适意义——适用于各种软弱地层的地下工程设计与施工。之后，以北京地铁工程为背景总结形成的“隧道与地铁浅埋暗挖工法”也被批准为国家级工法。

1）浅埋暗挖法施工原理

浅埋暗挖法沿用新奥法的基本原理，创建了信息化量测设计和施工的新理念；采用先柔后刚复合式衬砌新型支护结构体系，初期支护按全部承担基本荷载设计，二次模筑衬砌作为安全储备；初期支护和二次模筑衬砌共同承担特殊荷载。

2）浅埋暗挖法施工技术

应用浅埋暗挖法设计和施工时，采用多种辅助施工工法，超前支护，改善加固围岩，调动部分围岩的自承能力；初期支护和围岩为暗洞隧道的主要受力结构，"保护围岩"是浅埋暗挖施工的关键技术，一定要高度重视。

浅埋暗挖法的实质是针对软弱地层的特点，继承和发展了岩石隧道新奥法（NATM）的基本原理。在施工过程中应用监控量测、信息反馈和优化设计，实现不塌方、少沉降、安全生产和施工。浅埋暗挖法突出地层改良、时空效应和快速施工等理念，施工中应坚持"管超前、严注浆、短进尺、强支护、快封闭、勤量测"十八字方针。

浅埋暗挖法设计和施工，应用于第四纪软弱地层中的地下工程，其关键是严格控制施工诱发的地面移动变形、沉降量，要求初期支护刚度大，支护及时；初期支护必须从上向下施工，二次模筑衬砌必须通过变位量测，在结构基本稳定后，才能施工，而且必须从下向上施工，不允许先拱后墙施工。

3）浅埋隧道的确定原则

浅埋隧道分为浅埋、超浅埋。判断方法：采用拱顶覆土厚度 H 与结构跨度 D 覆跨比判断。当 $0.6 < H/D \leqslant 1.5$ 时，均称为浅埋；当 $H/D \leqslant 1.5$ 时，均称为超浅埋。

4）浅埋暗挖法施工的特点

浅埋暗挖法施工的缺点：施工速度慢，喷射混凝土粉尘多，劳动强度大，机械化程度不高，以及高水位地层结构防水比较困难。浅埋暗挖法施工的优点：灵活多变，对地面建筑、道路和地下管线影响不大，拆迁占地少，不扰民，不污染城市环境等。浅埋暗挖法施工成本（城市地下工程）较明（盖）挖法、盾构法低。

5）浅埋暗挖法的适用条件

一是掌子面能够自稳，如果不能自稳就创造条件自稳——冷冻、注浆加固、水平旋喷等。

二是无水，如果有水则采取降、堵、排等措施。

6）浅埋暗挖法的开挖方法

浅埋暗挖法修建隧道及地下工程的开挖方法有：全断面法、正台阶法、上半断面临时封闭正台阶法、正台阶环形开挖法、单侧壁导坑法、中隔墙法（CD 法）、交叉中隔壁法（CRD 法）、双侧壁导坑法（眼镜工法）、中洞法、侧洞法、柱洞法、盖挖逆作法。施工方案设计时，应根据地层条件、开挖跨度、沉降要求、工期要求及工程造价等指标选择开挖方法。

7）浅埋暗挖法施工的辅助措施

浅埋暗挖法的辅助施工措施较多，选择合理与否直接影响工程进度、施工安全和工程成本。常用的有以下几种：

(1)环形开挖留核心土。

(2)喷射混凝土封闭开挖工作面。

(3)超前锚杆或超前小导管支护。

(4)超前小导管周边注浆加固地层。

(5)设置上半断面临时仰拱。

(6)深孔注浆加固地层。

(7)长管棚超前支护或注浆加固地层。

(8)水平旋喷法超前支护。

(9)地面锚杆或高压旋喷加固地层。

(10)降低洞内、洞外地下水位。

其中,注浆加固地层和超前小导管支护是最常用的辅助施工措施。

1.2.2 盾构法概述

1818 年,法国工程师布鲁诺尔(Mare Isambrard Brunel)从一种食船虫在船身上打洞一事受到启发,研究出了盾构施工法,并获得特许,这是开放型手掘式盾构机的原型。经过多年的发展,盾构法在施工技术上不断改进,机械化程度越来越高,对地层的适应性也越来越好。现在,盾构机已经成为集支护壳体、推进机构、挡土机构、出土运输机构、安装衬砌机构等于一体的高度集成、自动化的大型隧道施工装备。

1)基本施工原理

盾构法是一项综合性的施工技术。构成盾构法的主要内容是:先在隧道某段的一端建造竖井或基坑,以供盾构安装就位。盾构从竖井或基坑墙壁开孔处出发,在地层中沿着设计轴线,向另一竖井或基坑的设计孔洞推进。盾构推进中所受到的地层阻力,通过盾构千斤顶传至盾构尾部已拼装的预制隧道衬砌结构,再传到竖井或基坑的后靠壁上。盾构是这种施工方法中最主要的独特的施工机具。它是一个能支承地层压力而又能在地层中推进的圆形、矩形、马蹄形及其他特殊形状的钢筒结构,其直径稍大于隧道衬砌的直径,在钢筒的前面设置各种类型的支撑和开挖土体的装置,在钢筒中段周圈内安装顶进所需的千斤顶,钢筒尾部是具有一定空间的壳体,在盾尾内可以安置数环拼成的隧道衬砌环。盾构每推进一环距离,就在盾尾支护下拼装一环衬砌,并及时向紧靠盾尾后面的开挖坑道周边与衬砌环外周之间的空隙中压注足够的浆体,以防止隧道及地面下沉。在盾构推进过程中不断从开挖面排出适量的土方。

盾构法施工一般包括盾构整体筹划、组装调试、盾构始发、盾构隧道掘进、盾构到达、盾构解体吊出等过程。

2)盾构法适用范围

盾构法施工可用于各类软土地层及硬岩地层的隧道施工,尤其适用于市区地下铁道和水底隧道。目前,用盾构法建造的隧道主要是水底公路隧道、地铁区间隧道、市政管线隧道及取排水隧道等。

盾构隧道的断面一般为圆形,但也可根据实际需要采用矩形、马蹄形、双圆或多圆等异形盾构施工。圆形隧道断面直径可达 15.0m 以上。

3) 盾构法施工的特点

(1) 盾构法施工的优点:

①除竖井外几乎无地面作业,一方面对环境影响小,另一方面也不受气候影响;

②施工费用及技术难度基本不受隧道埋深影响,适合于建造埋深较深的隧道;

③穿越河底或江底时,航道不受施工影响;

④穿越地面建筑群或地下管线密集区时,不受施工影响;

⑤自动化程度高、劳动强度低、施工速度快。

(2) 盾构法施工目前尚存在的问题:

①当覆土极浅时,开挖面难以稳定,需采取辅助措施;

②不能完全防止地面沉降;

③施工设备费用较高;

④用于建设小曲线半径($R<20D$)隧道时,施工较困难。

4) 盾构施工方法分类及选型

由于盾构法施工隧道得到广泛应用,从20世纪60年代以来盾构技术发展极快,为适应各种不同的土质,形成了种类繁多的盾构。

盾构主要是修建隧道的正面支护掘进和衬砌拼装的专用机具,前者因土质不同要研究设计相应的盾构,所以盾构类型的区别主要在于盾构正面对土体支护开挖的方法工艺不同。为此,将盾构按其支护装置、掘削方式等特点进行分类,如图1.2所示。

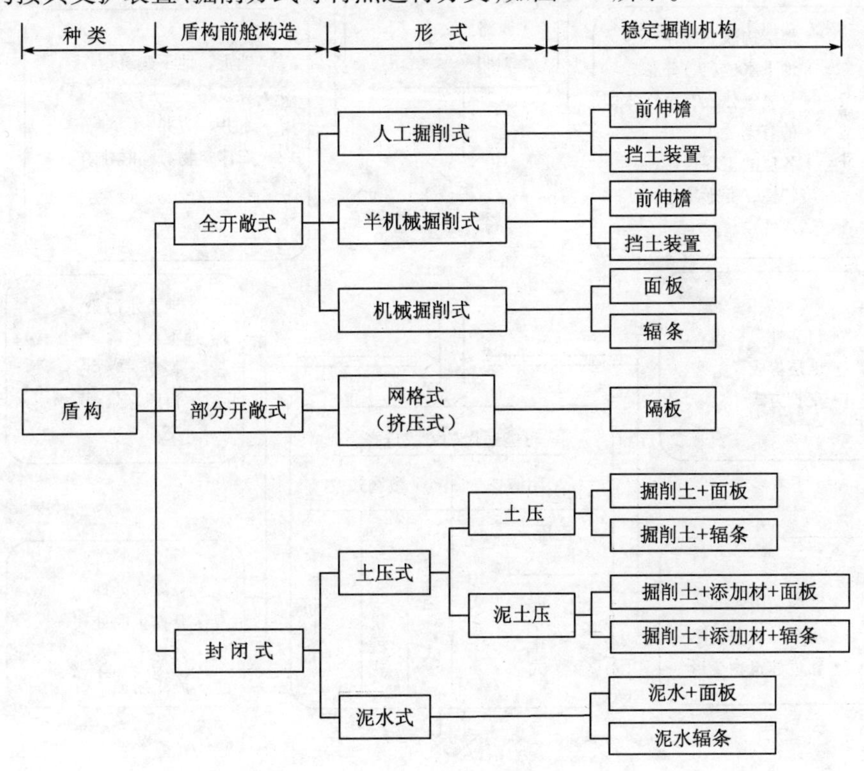

图1.2 盾构综合分类

一般来说,用盾构施工的地层都是复杂多变的。因此,对于复杂的地层要选择较为经济的盾构,这是当前的一个难题。

在盾构选型时,不仅要考虑到地质情况,还要考虑到盾构的外径、隧道的长度、工程的施工程序、劳动力情况等,并且要综合研究工程施工环境、基地面积、施工引起对环境的影响程度等。因此,要逐个研究以下几个问题。

(1)开挖面有无障碍物。

(2)气压施工时开挖面能否自立稳定。

(3)气压施工并用其他辅助施工法后开挖面能否稳定。

(4)在挤压推进、切削土加压推进中,开挖面能否自立稳定。

(5)开挖面在加入水压、泥压、泥水压作用下能否自立稳定。

(6)经济性。

典型的盾构选型流程如图1.3所示。

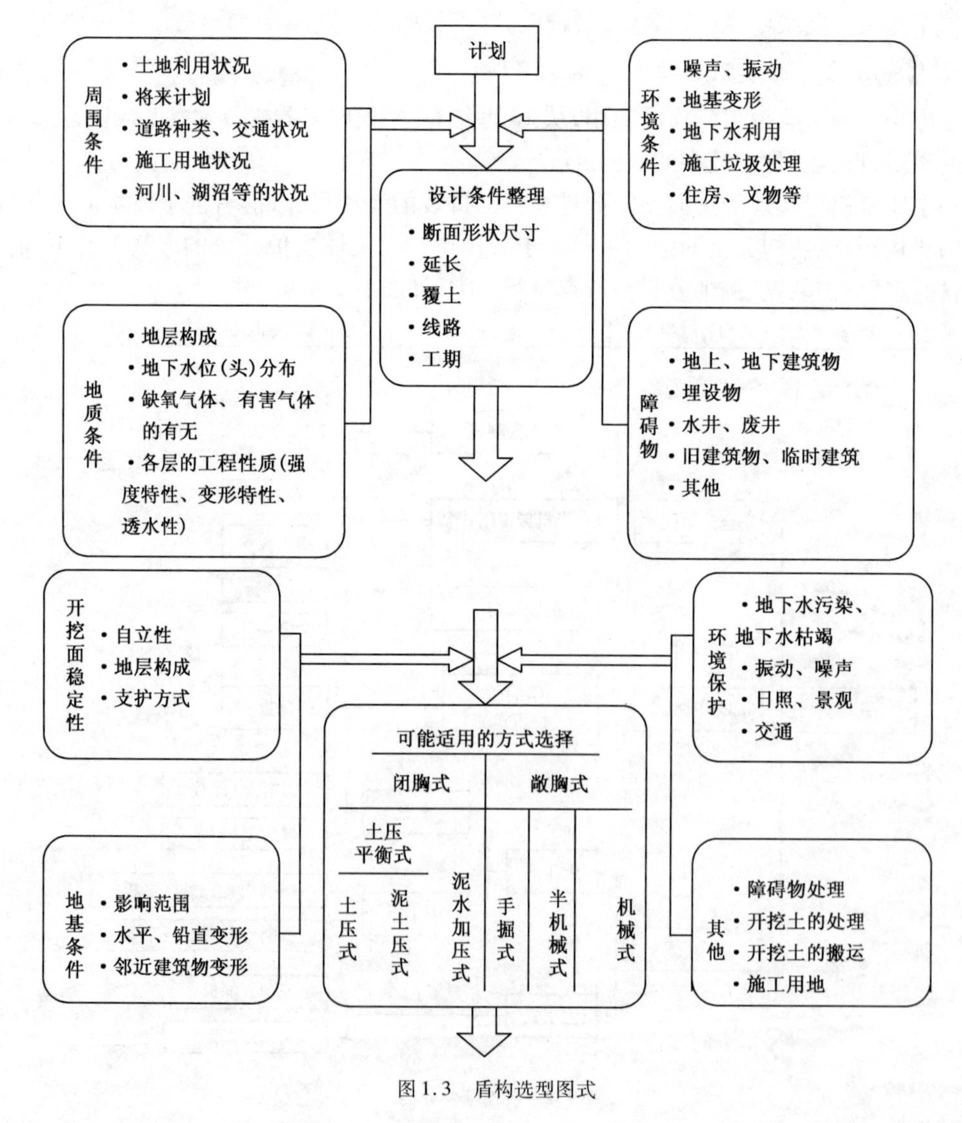

图1.3 盾构选型图式

5）辅助工法

盾构本身只是进行土方开挖正面支护和隧道衬砌结构安装的施工机具，它还需要其他施工技术密切配合才能顺利施工。主要有：地下水的降低；稳定地层、防止隧道及地面沉陷的土体加固措施；隧道衬砌结构的制造；地层的开挖；隧道内的运输；衬砌与地层间的充填；衬砌的防水与堵漏；开挖土方的运输及处理方法；配合施工的测量、监测技术；合理的施工布置等。此外，采用气压法施工时，还涉及医学上的一些问题和防护措施等。

6）盾构法施工的关键技术

（1）开挖面的稳定。不同类型的盾构机其稳定开挖面的方式有所不同。下面仅介绍目前应用较多的土压平衡盾构的开挖面稳定技术。土压平衡盾构是将开挖下来的土砂充满到开挖面和盾构隔板之间的土室以及排土用的螺旋输送机内，依靠盾构千斤顶的推力给土室内的开挖土砂加压，使土压作用于开挖面以使其稳定。对于内摩擦角的黏土和粉质土地层，由于刀盘及刀具的掘削作用，能维持开挖土的流动性；另外，由于围岩的透水性低，能通过压力舱的开挖土装置、螺旋式排土器及设置在排土口的排土装置等综合效果以获得开挖面的稳定性。对于内摩擦角大的砂土、砾石土层，开挖土不但流动性不充分而且难以防止地下水的流入，需要添加适宜的添加剂，通过强制搅拌将其改良为具有流塑性的开挖土，同时减小透水性。为了获得适合盾构推进量的排土量，要对土压力和开挖量进行计测，对螺旋式排土器的转数和盾构的推进速度进行控制，同时还要掌握刀盘的扭矩和推力等，进行正确的控制管理，以防止开挖面的松动和破坏。

（2）衬砌。目前，在地铁盾构工程中，多采用一次预制管片衬砌。其必须在推进结束后马上进行拼装，以为后续推进做准备。正确地拼装管片以达到预定的形状，对于确保隧道断面、施工速度、防止管片的损坏、提高止水效果及减少地层沉降等是极为重要的。因此，在盾尾内拼装管片时，要充分注意管片拼装形状，充分紧固接头螺栓等以防止松动。脱离盾尾的管片，由于土压力、壁后注浆压力而易发生变形。管片从组装、脱出盾尾到壁后注浆材料硬化的时间内，使用管片形状保持装置对于确保管片的拼装精度是非常有效的。管片在拼装时要小心谨慎，防止管片及防水材料的损坏。回收千斤顶时，要按管片的拼装顺序，逐次回收，以维持开挖面的压力，防止盾构后退。当管片远离开挖面不再受到推进影响时，必须再次使用规定的扭矩对螺栓进行紧固。

（3）壁后注浆。为了防止围岩松动和下沉，同时防止管片漏水，并达到管片环的早期稳定和防止隧道蛇行等目的，应以最适合于围岩和盾构形式的注浆材料和注浆方法、以适宜的注浆压力和注浆量，在盾构掘进的同时对盾尾间隙进行充填注浆，即壁后注浆。注浆材料应具备不发生离析、不丧失流动性、注浆后的体积损失小、水密性好的特性。对于稳定性好的围岩，往往没有必要在盾构推进的同时进行壁后注浆，可采用单液注浆；在围岩难以稳定的黏土层或易坍塌的砂层，则需要在推进的同时把注浆材料注入盾尾空隙，一般使用适用于同步注浆的双液型注浆材料。从注浆时机上看，目前多采用同步注浆和即时注浆。同步注浆是在盾构掘进的同时，从安装在盾构钢壳上的注浆管或管片注浆孔进行壁后注浆的方法；即时注浆是在推进后迅速进行壁后注浆的方法。

(4)盾构姿态控制。盾构掘进时由于各种不确定因素的存在,轴线控制不可避免地存在着误差。盾构在曲线推进、纠偏、抬头及叩头推进的过程中,实际开挖面往往不是圆形,因此必然引起地层的损失。如果在盾构掘进中能够较好地控制盾构的姿态,使其轴线与设计轴线尽可能一致,就能减小盾构纠偏量,从而缓和因盾构纠偏对周围土体的剪切、挤压扰动,也有利于控制盾尾与管片之间的间隙和地层损失。由于盾构一般是依靠千斤顶的推力来向前推进的,因此正确控制分组千斤顶的推力是保证盾构沿设计线路推进的最有效措施。在施工中,要尽早通过监控信息反馈,掌握盾构掘进中的姿态,及时调整千斤顶的推力等参数以修正盾构的推进方向。

(5)刀具磨损及刀具更换。盾构在粉细砂层、圆砾层及卵石层中掘进时,刀盘、刀具磨损较大,因此须对刀盘、刀具磨损的检测及更换等有充分的估计。在订购盾构机时,应充分考虑地层条件及其磨耗性等特点,确定盾构机的面板形式、刀具类型及刀具配置等,以满足盾构长距离掘进的需要。施工中应使用泡沫、泥浆等添加材料,并采取其他减磨、降矩措施,提高刀盘、刀具的寿命。刀盘、刀具的磨损与施工参数的选择、施工方法等密切相关,应充分考虑这些因素的影响,审慎施工。施工中应密切观察推力、扭矩、渣土性状、机体振动状态等,分析其原因,采取应对措施。盾构掘进时,应综合考虑地层条件,地面条件等因素,确定合理的可能换刀位置,并对盾构停机引起的地层变位进行充分的考虑。

1.3 浅埋暗挖邻近施工问题研究现状

1.3.1 城市地下工程邻近施工案例及其影响分析

一般把新建结构物邻近相对既有结构物施工,且新建结构物施工可能对相对既有结构物的功能等造成不利影响的施工称为邻近施工。

从空间位置关系来分,邻近施工有并列、重叠和交叉三种位置关系。不管是哪一种位置关系,穿越方式都可概括分为上穿、下穿与侧穿。下穿主要是指施工线穿越既有的地铁区间、地铁车站、建筑物、地下管线、铁路、公路等;上穿主要是指施工线穿越既有的地铁区间和地下管线;侧穿可以指施工线穿越桥桩和建筑物桩基、并列隧道施工等。

图1.4为北京市已建成和在建地铁线路及节点(至2010年),其中换乘节点就有57个,而据统计在2050年北京市区轨道交通线路规划图中,节点车站和地铁区间穿越段的数目高达118处。表1.1为近年来北京地铁邻近施工的部分案例,表1.2为部分隧道施工穿越邻近桥梁的工程实例,而国外(如日本、英国等)邻近施工的案例较多,如伦敦JLE隧道下穿5条地铁线路,可参见相关文献。此类工程施工时,既有地铁对开挖比较敏感,易受扰动,当新建隧道离既有地铁比较接近时,如果不采取专门对策,将会对既有地铁产生不利影响。

北京地铁近距离穿越既有线的工程实例　　表 1.1

序号	新建线	既有线	穿 越 情 况	穿越类型	最小间距(m)
1	5	2	5 号线崇文门暗挖车站下穿地铁 2 号线区间	下穿	1.98
2		1	5 号线东单暗挖车站上穿地铁 1 号线区间	上穿	0.6
3		2	5 号线雍和宫—和平里暗挖区间下穿雍和宫车站	下穿	0.0
4	4	2	4 号线宣武门车站下穿 2 号线宣武门车站	下穿	1.9
5		1	4 号线西单车站上穿 1 号线区间	上穿	0.54
6		2	西直门车站改造(预留)		
7	10	1	国贸—双井盾构区间下穿 1 号线区间	下穿	1.245
8		13	北—芍药居盾构区间下穿 13 号线芍药居车站	下穿	9.215
9	机场线	13	东直门车站下穿 13 号线东直门折返线	下穿	0.0

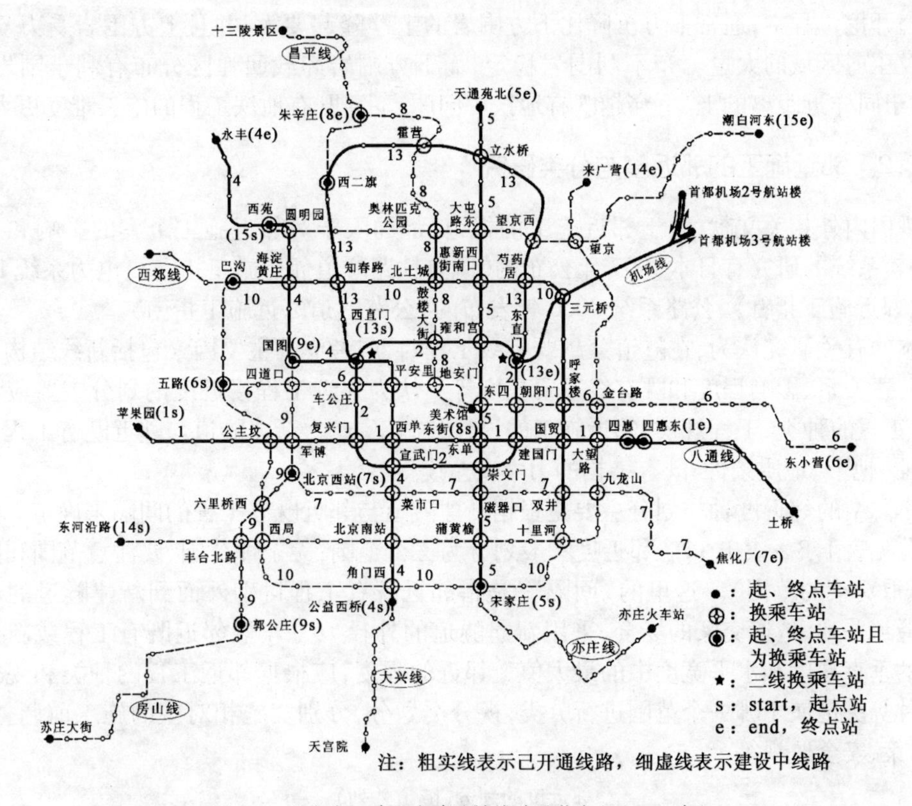

图 1.4　北京市已建和在建地铁线路及节点(至 2010 年)

隧道施工穿越邻近桥梁工程实例　　表 1.2

序号	新　线	穿 越 情 况	桥桩与隧道最小水平间距(m)
1	5 号线	5 号线雍和宫—和平里暗挖区间下穿雍和宫跨河桥	0.55
2	南水北调工程	西四环暗涵穿越五棵松桥	1.6
3	南水北调工程	盾构施工穿越肖家河桥	2.7
4	10 号线	八达岭高速站穿越建德桥	1.2

地铁隧道邻近施工不可避免地会引起邻近既有线结构产生附加内力和变形，从而影响既有线列车的正常、安全运营。因此，依据既有线保护的要求，采取有效措施来减小变形，确保既有线的安全运营就显得非常必要。另外，由于既有线重要性高，对附加变形要求严格，使得穿越工程难度大、风险高。

（1）侧穿。既有隧道向接近的新建隧道方向发生拉伸变形，因新建隧道的施工，既有隧道周边围岩松弛，而使作用在衬砌上的荷载增加，也可能产生偏压现象。侧穿问题多属于区间穿越，或者联络通道穿越，断面较小，且一般无既有隧道地铁运营要求，工程难度小。并且在早期的地铁建设中主要涉及平行双线的施工。对于平行隧道的研究已较多，取得了很多成果。

（2）下穿。新建隧道在既有隧道下部交叉通过时，既有隧道随新建隧道的开挖不断下沉。非常接近时，既有隧道还会产生不均匀下沉，甚至有可能发生超过管理基准的轨道变异。

（3）上穿：新建隧道在既有隧道上方交叉通过时，由于卸载作用，既有隧道向上方变形，变形过大同样对行车安全造成威胁。

隧道开挖过程中，通常上方沉降比下方围岩的上浮隆起要大，并且上方围岩受力复杂，剪切区域及压剪区域的大量分布不利围岩稳定，而下方围岩卸载回弹区分布有利于围岩稳定。因此，对于同样近距离的上、下穿越既有地铁工问题，下穿既有地铁工程的施工难度更大。

1.3.2 邻近施工的邻近度与分类研究

纵观国内外相关文献，对于邻近施工的报道，都局限于对邻近施工个案的影响和对策研究，国外较系统的研究有日本1997年公布的《既有铁路隧道邻近施工指南》、电力系统1999年编制的《邻近施工指针》、公路系统2000年发布的《公路隧道邻近施工指南》。

日本的有关研究认为，在隧道穿越既有线工程时，应考虑的主要因素包括新线结构与既有线结构位置关系、影响程度和既有线重要程度等。认为邻近工程接近度的划分主要应考虑如下条件：工程的种类、工程规模、邻近施工的设计与施工方法、新建隧道与邻近既有工程的位置关系、（原）地形、地质条件、既有结构的力学安全度等。

日本总结的邻近度种类划分主要是根据新建隧道与邻近既有工程的间隔来确定。其邻近度的划分见表1.3～表1.11。邻近度一般划分为三个范围：无条件范围、要注意范围和限制范围（要采取对策的范围）。这里的“间隔”，是指邻近既有工程衬砌外面到新建隧道的最小距离。在隧道并列、隧道交叉的场合，采用新建隧道的外径 D_1、D_2 取邻近既有工程或新建隧道外轮廓的垂直高度和水平宽度中的最大值。邻近的程度，应根据邻近工程的种类和规模以及地层条件等决定属于哪一个范围进行分类，视分类划分，分别实施相对应的施工前调查、影响预测、对策、安全监视等。

邻近度的划分（隧道并列）　　表1.3

两隧道的位置关系	隧道间隔	邻近度的划分
新建隧道比既有隧道位置高	$<1D_1$	限制范围
	$(1\sim2.5)D_1$	要注意范围
	$>2.5D_1$	无条件范围
新建隧道比既有隧道位置低	$<1.5D_1$	限制范围
	$(1.5\sim2.5)D_1$	要注意范围
	$>2.5D_1$	无条件范围

邻近度的划分(隧道交叉)　　表1.4

两隧道的位置关系	隧道间隔	邻近度的划分
新建隧道在既有隧道上方	$<1.5D_1$	限制范围
	$(1.5 \sim 3.5)D_1$	要注意范围
	$>3.5D_1$	无条件范围
新建隧道在既有隧道下方	$<2.0D_1$	限制范围
	$(2.0 \sim 3.5)D_1$	要注意范围
	$>3.5D_1$	无条件范围

邻近度的划分(隧道上部明挖)　　表1.5

残留埋深比 h/H	邻近度的划分	备　注
<0.25	限制范围	h 为残留埋深,H 为原埋深
0.25~0.5	要注意范围	
>0.5	无条件范围	

邻近度的划分(隧道上部明挖填土)　　表1.6

原埋深 H	填土高度比 $\Delta H/H$	邻近度划分
$<1D_2$	>0.5	限制范围
	<0.5	要注意范围(填土荷载<1.0时,为无条件范围)
$(1 \sim 3)D_2$	>1.0	限制范围
	0.5~1.0	要注意范围
	<0.5	无条件范围
$>3D_2$	>1.0	要注意范围
	<1.0	无条件范围

邻近度的划分(隧道上部结构物基础)　　表1.7

隧道上部5m以上的预计增加荷载0.01MPa	邻近度的划分	隧道上部5m以上的预计增加荷载0.01MPa	邻近度的划分
<1	无条件范围	>4	限制范围
1~4	要注意范围		

邻近度的划分(隧道侧面开挖)　　表1.8

与隧道的距离	邻近度的划分	与隧道的距离	邻近度的划分
$<1D_2$	限制范围	$>2D_2$	无条件范围
$(1 \sim 2)D_2$	要注意范围		

邻近度的划分(隧道接近锚索)　　表1.9

锚索与隧道的距离	邻近度的划分	锚索与隧道的距离	邻近度的划分
$<0.5D_2$	限制范围	$>1.0D_2$	无条件范围
$(0.5 \sim 1.0)D_2$	要注意范围		

邻近度的划分(隧道上部积水) 表1.10

锚索与隧道的距离	邻近度的划分	锚索与隧道的距离	邻近度的划分
坝等的大规模积水(10000m^3 以上)	限制范围	小规模积水(小于100m^3)	无条件范围
中等规模积水(100~1000m^3)	要注意范围		

邻近度的划分(地层振动) 表1.11

与隧道的距离	邻近度的划分	与隧道的距离	邻近度的划分
$<2D_2$	限制范围	$>5.0D_2$	无条件范围
$(2.0\sim5.0)D_2$	要注意范围		

关于邻近施工的分类,考虑邻近度分类要素、受力特征和分类属性,文献[1]把邻近地下工程施工分为两大基本类型,即新建工程邻近既有隧道施工和新建隧道邻近既有工程施工。而文献[11]把邻近施工分为三大基本类型:新建工程接近既有隧道施工类、新建隧道接近既有工程施工类和两条及以上新建隧道近距离同期施工类。

上述研究无疑为认识和深入研究邻近施工的邻近度和分类提供了许多有价值的观点,但仍缺乏系统性和普适性。例如,日本对隧道邻近施工邻近度的划分仅限于邻近既有铁路隧道的各类邻近施工问题,对城市地铁浅埋暗挖法隧道邻近施工有一定的借鉴作用,但从应用上,基于地质条件的差异,仅利用单一指标来硬性划分,难免会出现不连续性。另外还缺乏针对城市复杂环境条件下浅埋暗挖法邻近施工的分析与总结,这表明目前城市浅埋暗挖法地铁隧道邻近施工的研究还非常薄弱。

1.3.3 邻近施工沉降及变形控制量值

下面是几个典型工程实例的沉降变形及控制措施。

(1)J. R. Standing 和 R. Selman(2001)对伦敦地铁 Jubilee 延长线下穿5条地铁线路10条隧道工程进行了研究。表1.12列出了各既有隧道的基本情况和地铁 Jubilee 延长线穿越时既有隧道的动态变化情况。表中给出的沉降值为新建隧道工作面通过隧道交叉处时既有隧道的最大沉降量,由于伦敦黏土的固结,隧道完工后沉降非常显著,据监测,工程结束两年后,Bakeloo line 北向线最大沉降达 -18mm,南向线最大沉降达 -13.5mm,增加了近1倍。同样,Northemline 北向线与南向线最大沉降均为 -19mm。

英国 JLE 隧道穿越既有隧道情况及施工动态统计表 表1.12

名称	既有隧道基本信息							土层措施	结构间距(m)
	修建年份	几何参数	地质情况	工法	结构特点	监测指标	量值(mm)		
District and Circle line	1865—1870	埋深7.6m,高6.4m,宽15.4m	填土阶地卵石	明挖	砖石刚架	沉降	-16	渗透注浆	25

续上表

名　称	既有隧道基本信息							土层措施	结构间距（m）
	修建年份	几何参数	地质情况	工法	结构特点	监测指标	量值（mm）		
Bakeloo line（Ⅰ）（上下行线路）	1913—1915	隧底埋深20m，区间洞径3.6m，车站洞径6.8m	伦敦黏土	开敞式盾构	铸铁管片	沉降	与JLE东向线相交：既有线北向线 -9.5；既有线南向线 -7.5。与JLE西向线相交：既有线北向线 -9.0；既有线南向线 -6.5	补偿注浆	东向线8.28；西向线8.3
						圆度	水平向挤压 -250με；近竖向拉伸200με		
Bakeloo line（Ⅱ）（上下行线路）		上下行线重叠，间距1.22m，上线顶埋深15m，下线底埋深23.6m，洞径3.6m				沉降	-5		6.16
Northern line（上下行线路）	1890	隧底埋深：东向线22m，西向线18m；区间洞径3.6m，车站洞径6.7m	伦敦黏土	开敞式盾构	铸铁管片	沉降	与JLE东向线相交：既有线北向线 -12；既有线南向线 -10。与JLE西向线相交：既有线北向线 -14；既有线南向线 -12.5	补偿注浆	东向线（车站）6.03 西向线（区间）5.79
						圆度	水平向挤压 -350με；近竖向拉伸300με		
Waterloo and city line（上下行线路）	1970	隧底埋深7.5m，矩形隧道：高3.7m，宽4.3m	填土阶地卵石	明挖法	钢筋混凝土	沉降	北向线 -5；南向线 -4.5	补偿注浆	东向线20.91；西向线20.93
Shell tunnel	1950	埋深22m，洞径3m	伦敦黏土	开敞式盾构	铸铁管片	沉降	-11；	补偿注浆	8.21
						圆度	水平向挤压 -400με；近竖向拉伸600με		

（2）B. P. KassaP（1992，2000）等人报道了美国波士顿Ⅰ-93州际公路北向隧道段下穿地铁RedLine南站的工程情况。该隧道位于波士顿市亚特兰大街和飒莫街交叉地段，其上依次叠置有站厅层、MBTA电车地下车站和Redllne南站共三层结构。Redline南站始建于1914年，工程采用盖挖法，结构底板距地表约19m。站体坐落于灰色淤泥土和黏土中，钢筋混凝土

结构状况尚完好，仅局部可见渗水、裂纹和劣化块段，程度轻微，施工前进行了整修并对结构状态进行了全面的评估，认为完全可以承受施工导致的应力、应变的增加。新建隧道为四车道公路隧道，位于既有 Redline 南站正下方，其上部支护结构距既有车站底板约 1.5m。施工采用托换的方法，首先在工区一侧开挖两施工竖井，深约 35m，在既有地铁车站下沿隧道方向平行开挖两导洞，在洞内对其下深 18m 的土体进行注浆加固，形成两道加固土墙体；然后在墙体内分三层开挖导洞，并浇筑钢筋混凝土墙，使墙体直接作用于新鲜岩体上；在紧邻既有地铁站的导洞中沿与导洞垂直方向以一定间距开挖小导洞，并在其中采用后张法浇筑钢筋混凝土梁，支撑于混凝土墙上。这样，托换体系完成。托换面积为 25m×36m，在该结构的保护下进行隧道开挖。为了保证既有车站及其附属设施的正常运营，对施工过程进行全程 24 小时监测，并规定既有结构弯曲变形警戒值为 6mm，极限值为 10mm。

(3)S. B. chang(2000)研究了韩国某三拱两柱地铁车站下穿既有地铁结构工程施工过程中应力与位移的变化。该工程拱顶距既有地铁结构底板 4m。车站宽 22.8m，高 8.1m。柱体纵向上设计为连续墙的形式，以承重和隔离机车噪声。车站围岩上部以风化岩为主，下部为新鲜坚硬岩石。为了保证既有地铁的正常运营，强化土体以保证工作面的稳定，在新老结构间土体中分层打设了 $\phi60$ 的管棚(其中，侧洞顶打设 4 层，中洞顶打设 5 层)并进行高压注浆，形成约 3m 厚的保护层。随后，开挖侧洞，单位进尺 0.8m，施作初支，包括 25cm 厚喷混凝土、钢架和锚杆，衬砌封闭成环后，再开挖中洞，完成隧道衬砌。工程量测表明，侧洞开挖时，拱顶沉降和侧墙位移为 3～4mm，初期支护中最大应力达到 4.6MPa，多数量测峰值出现在上半断面开挖阶段，下半断面开挖对沉降和应力增加影响较小。开挖两个月后隧道位移收敛，中洞开挖阶段，拱顶沉降为 3mm，混凝土喷层中应力为 0.5MPa，柱墙中应力为 0.35MPa，隧道位移在开挖完成后 1 个月停止发展。

(4)P. lunardi 和 Gcassani 报道了意大利 Bologna 市郊公路隧道下穿既有地面铁路线的工程情况。该处地表铁路为 Ravone 高速铁路站场，有 Milan－Bologna，Verona-Bologna 和 Bologna-Padova 三条高速铁路通过。隧道穿越长度 270m。场地土层条件由上至下依次为填土、黏土质淤泥土、淤泥质砂和砂质卵砾石层。土体自稳性差。下穿通道由两并行隧道组成，直径 15.65m。两隧道中心距仅有 17m。拱部土层埋深 7～13m。隧道在既有线列车速度减至 80km/h 的条件下进行施工。为保证既有铁路线的正常运营，对施工导致的铁路沉降制定了严格的限制标准，见表 1.13。施工中根据拱部覆土的厚度和隧道具体位置的差异，采取了两套不同的预支护措施，使得土体沉降得到有效控制。测量结果表明，水平旋喷桩施工期间土体上升了 5～8mm，而开挖导致的土体沉降为 8～10mm。

轨道沉降管理标准值　　表 1.13

控制标准	400m 长轨道沉降(cm)	轨道差异沉降(mm)		
		3m 范围	7m 范围	10m 范围
警戒值	2	2.5	2.0	1.0
报警值	3	5.0	4.0	3.0

(5)坂卷清报道了日本筑波、三之轮隧道纵穿既有铁路线的工程情况。日本的筑波、三之轮地铁隧道在软弱地层中纵向穿越三条既有地面运营线达 300m，该处地层的 N 值为 4，成分

为砂 70%，粉砂 16%，黏土 13%，土质软弱，易产生流动、坍塌。隧道埋深 4 ~ 12m，洞径为 10m。采用泥水式盾构法施工。施工前对穿越区进行了注浆加固，以二重管柱塞灌注工法和 NS 喷射工法，在土层中隧道位置上方预先施作注浆加固层和机械搅拌桩。同时，在地面沿铁路线纵向，对施工影响范围内的路基施作轨道施工梁进行加固。施工初期，为防止喷泥，泥水压设定较小值，为自然水压 + 20kPa，掘进速度为 25mm/min，注浆压力设为工作面泥水压 + 150kPa。观测地表初期沉降值达到 15mm。修正后的泥水压改为自然水压 + 35kPa。隧道通过后，地表最大沉降达到 7mm，最终沉降为 20mm。

(6) 明珠线二期上海体育馆地铁车站穿越地铁 1 号线车站工程实例。穿越施工中为保证 1 号线地铁列车的安全顺利运行，提出 1 号线隧道保护的具体技术指标为：由于邻近建筑物的施工开挖等影响所造成的运营隧道的沉降及水平位移 < 20mm；因打桩、爆破引起的振动峰值 < 2.5cm/s；地铁隧道变形相对曲率 < 1/2500；地铁隧道变形曲率半径 > 15000m；因建筑物垂直荷载及施工引起的外加荷载 < 20kPa；两轨高差 < 4mm。施工过程中对地基进行防渗与加固处理，整个施工过程中对原车站的沉降及变形进行严密监测，做到信息化施工，保证了工程的安全。

(7) 上海地铁 2 号线与黄浦江人行隧道交叉段盾构施工。该段地铁隧道上行线与人行隧道的最小间距为 1.57m，下行线与人行隧道的最小间距 2.18m。影响分析表明，盾构推进后，隧道周围土体扰动，应及时调整优化施工参数。施工时重点采取的三项措施为：监控量测与信息反馈；施工参数的优化和匹配；注浆加固、提高隧道纵向刚度等辅助技术措施。

(8) 日本一座双层重叠隧道，施工时先修建上层隧道，当上层隧道完成二次衬砌地段长度超过 80m 后开始修筑下层隧道，且下层一次开挖长度小于 30m，这一点是很重要的。在施工过程中，坚持步步为营的原则，即每开挖一步后都要立即使断面闭合。为避免上部断面的下沉，在各部的基脚处，都采用大拱脚的方法，即采用旋喷法对基脚进行加强。

(9) 德国 Duddeck 教授对两条地铁盾构隧道邻近开挖进行了力学分析研究，探讨了位移响应法和刚度分配法，这对本研究具有较多的启发。

1.3.4　隧道开挖围岩的动态变化规律研究

对浅埋隧道开挖引起的地层应力与变形认识，国内外在模型试验、数值模拟以及现场量测方面都开展了大量工作。这里就各方面有代表性的文献概述如下。

在模型试验方面，日本对软弱或砂质地层隧道开挖的围岩动态进行了系列覆跨比（Z/D = 0.5 ~4，Z 为隧道埋深，D 为隧道开挖直径）模型试验。研究表明：①隧道开挖时，工作面围岩的水平、垂直位移都比较大，特别是工作面的上半部，集中了很大的变形量，是隧道开挖最危险的区域；②隧道开挖后，上方围岩发生松动，松动范围与隧道埋深以及几何尺寸有关。对软弱或砂质地层，松弛区域高度约为隧道开挖直径的两倍。

俄罗斯对上覆有饱水砂层的黏土隧道开挖，对其应力与变形问题，做了比较系统的模型试验（相似比 1:20，覆跨比 1.75）。实测的拱顶上部 1m 处的围岩应力分布规律为：随隧道推进，上覆地层产生了"应力波形"。在工作面前方 4 ~ 9m 处，围岩应力较原始应力增加 7% ~ 18%，在工作面前 2 ~ 4m 处达到最大值；然后在工作面前 0.5 ~ 2.5m 距离处降低到原始应力，并在已安装的衬砌处降到原始应力的 40% ~ 50%。在开挖面处为原始应力的 70% ~ 95%。

工作面通过一段距离后,围岩应力逐渐增加而接近原始应力。而变形测点表明,无支护空间越大,围岩的松弛区域越大,短开挖利于工作面的稳定。

在数值模拟方面,正如 Negro(2000)的评论,尽管文献甚多,但大都基于有限元(大部分为2D 分析)对施工后的浅埋隧道给予地层变位与施工变形量测的比较研究,而未能就施工中的隧道围岩动态问题进行分析。

这方面有代表性的文献如樱井(1988)基于监测资料与有限元模拟对浅埋(覆跨比为 1,砂黏土互层)隧道开挖中的围岩动态作了研究。其结论是:①对浅埋隧道,采用超前锚杆或管棚及喷射混凝土等预加固技术,可保证隧道开挖过程中的围岩稳定;②当开挖面接近 $L/D=-0.5$时(L 为测点距工作面的距离),地表即首先开始发生下沉,随之发生围岩内部下沉,当 $L/D=-0.2$ 左右时,围岩内部的下沉速度变大,且与地表发生相对位移,当 $L/D=0.2\sim0.5$ 时,围岩内部的相对位移为最大,当 $L/D=1.0$ 左右时,则增量消失;③对浅埋隧道,拱部上方 $0.5D$ 处能形成地层拱;④支护未起作用之前的地表下沉量为总下沉量的 30% ~40%,而围岩内部(拱顶)则为 50% ~70%。因此为了控制地表下沉,超前预加固措施是重要的。

Katzenbach 和 Breth(1981)进行了 Frankfurt 地铁隧道(黏土)的地中下沉实测,并利用 3D 有限元进行了比较研究。实测资料与数值模拟研究均表明,即使对 10m 埋深的隧道,其开挖通过后的松弛膨胀也并未扩展到地表,其近地表 5m 范围仍处压缩状态。

Oreste 等(1999)利用 3D FLAC 分析了黏性土和无黏性土,覆跨比 Z/D 分别为 1、2、5 条件下隧道的应力与变形规律。研究认为:对无黏性土,若不进行地层预加固,则隧道开挖形成的塑性域,即使覆跨比为 2,也能到达地面,而有预加固后则可控制,对黏性土,塑性域的扩展明显不同于无黏性土,其趋势是塑性域集中在工作面前方而少向上部扩展,认为与深埋隧道规律一致;对无黏性土,若正面采用锚杆预加固,则开挖面前方 8m 处的应力即恢复为原始应力条件,而对黏性土,在没有正面锚杆的条件下,应力集中位于开挖面前方 $1D$ 位置。

国内这方面,中铁十六局以及刘维宁等利用 3D 有限元对浅埋隧道的施工效应进行了分析。研究认为:施工开挖的超前影响大于一倍洞径,对工作面后方洞室稳定的影响范围约 1.5 ~2.0 倍洞径,其最大变形约在工作面洞室的 0.5 ~1.0 倍洞径处。

在现场量测方面,国内 20 世纪 80 年代铁道部复合衬砌研究专题组,曾对南岭、下坑、普济、腰岘河等山岭隧道的进出口浅埋段利用拱部钻孔预埋变形和应变元件,以及声波和电阻率等量测技术对工作面开挖前后围岩的变形动态作了专项研究。大量的实测资料表明,在开挖面前方$(1.0\sim2.0)D$[软弱地层$(2.0\sim3.0)D$]处,围岩开始变形呈相对压密状态;开挖面通过后,围岩变形剧烈,由压密变为松弛,距离开挖面$(2.0\sim4.0)D$ 后,围岩变形基本稳定。

王梦恕等通过军都山隧道浅埋段以及北京地铁复兴门折返线的现场量测,认为地铁隧道横向地表沉降槽符合 Peck 正态分布曲线,隧道轴线纵方向地表下沉分为三个变形阶段:①前方隆起段[测点距工作面距离$(1.5D\sim0.5)D$];②急剧变形阶段[$(0.5\sim1.0)D$];③收敛变形阶段(大于 $1.0D$)。同时,围岩应力量测表明,浅埋隧道地层也存在承载拱效应。上述规律也在广州地铁实测中得到验证。例如,广州地铁 1 号线林和村段,不同地层条件下的实测值分别为 63%(Z/D 为 1.23,隧道下半断面为风化岩层)和 31%(Z/D 为 1.17,隧道下半断面处于黏土层上)。国外统计的 20 个城市环境条件下的浅埋隧道,其围岩径向应力与上覆地层荷载比值为 23% ~79%。

1.4 盾构隧道邻近施工问题研究现状

1.4.1 盾构隧道邻近施工问题分析

盾构工法从1818年创立至今,工作面稳定历经开敞、气压、泥水压及土压等形式,技术不断进步,但盾构掘进对地层扰动仍难以避免,特别是邻近施工时问题尤为突出。

盾构隧道盾构掘进通过扰动周围土体,改变地层位移场、应力场,对已建隧道产生影响,近距离施工涉及盾构、土体、已建隧道三者的共同作用。盾构施工对周围土体的扰动,主要由挤压和松动、加载与卸载、孔隙水压上升与下降,而引起土性的变异、地层移动。

在城市地下工程施工中,盾构邻近结构物主要有既有地铁隧道及车站、建筑物、房屋及桥梁基础、地下管线、地面铁路及公路等,与各类结构物的空间位置关系有侧穿、下穿、上穿、平行等。总结国内外盾构隧道施工的理论与实践,其邻近施工的问题可概括为以下几个方面。

(1)盾构施工引起的地层移动及地层变位预测与控制,方向有垂直变位和水平变位,空间位置有横断面变位和隧道纵向变位。

(2)盾构隧道施工对土体扰动机理、扰动范围及减小扰动等的研究。

(3)盾构隧道施工扰动范围内邻近结构物的位移及变形控制技术研究。

(4)盾构施工与已建隧道、周边构筑物和土工环境的相互影响研究及保护措施。

1.4.2 盾构施工引起的地层移动

1)横断面地表沉降

1969年Peck在分析大量地表沉降观测数据的基础上,提出了地表沉降槽符合正态分布曲线的概念。认为地层移动由地层损失引起,并认为施工引起的地面沉降是在不排水的条件下发生的,从而可假定地表沉降槽体积等于地层损失体积。

很多学者在此基础上进行了进一步的研究。Clough和Schmidt(1981)在其关于软黏土隧道工程的著作中,提出饱和含水塑性黏土中的地面沉降槽宽度系数$i=R(z/2R)^{0.8}$。式中,z为地面至隧道中心深度,R为隧道半径。O'Reilly和New(1982)在现场观测的基础上,提出$i=kz$,对于黏性土$k=0.5$;对于砂性土$k=0.25$。

Attwell等(1981)提出了如下估算公式:

$$S_{\max} = \frac{V}{\sqrt{2\pi}i} \tag{1.1}$$

$$i = kR(z/2R)^{n} \tag{1.2}$$

式中:V——沉降槽的横断面面积,取值根据土类而变;

k、n——与土体性质和施工因素相关的系数。

另外,Atewell和Selby用统计分析的方法对盾构施工引起的地层损失的扩散规律进行研究分析,得出了对应于盾构推进时不同位置的横向地表沉降公式。

藤田(1982)研究了不同形式的盾构对地层变位的影响,根据围岩的种类、盾构形式及辅助工法的不同,分类预测了最大沉降量,并用表格给出预测值。方晓阳等(1994)在 Peck 法和藤田法基础上提出了估算不同类型盾构法隧道地面沉降量大小和分布范围的 Peck – Fujita 法,给出了最大和最小沉降曲线,但各类地层的最大和最小沉降曲线有时相差很大。

Selby(1988)和 New 与 O'Reilly(1991)对由黏土层和砂土层组成的成层土中隧道的沉降槽宽度系数提出了简单合并的计算方法来考虑不同土层的厚度影响。例如,对于两土层的情况有

$$i = k_1 z_1 + k_2 z_2 \tag{1.3}$$

式中:k_1、z_1——第一层土的沉降槽宽度系数的参数和厚度;

k_2、z_2——第二层土的沉降槽宽度系数的参数和厚度。

2)纵向地表沉降

随着盾构的推进,在隧道的纵向也产生一定形式的沉降槽。当一个结构邻近或直接位于隧道中心线上,可能遭受更严重的破坏。

刘建航(1975)在总结上海延安东路隧道纵向沉降分布规律的基础上,提出了"负地层损失"的概念,并由大量的观测数据,得出了上海软土地层纵向沉降与施工引起的地层损失之间的统计公式:

$$S(y) = \frac{V_{l1}}{\sqrt{2\pi}i}\left[\Phi\left(\frac{y - y_i}{i}\right) - \Phi\left(\frac{y - y_f}{i}\right)\right] + \frac{V_{l2}}{\sqrt{2\pi}i}\left[\Phi\left(\frac{y - y'_i}{i}\right) - \Phi\left(\frac{y - y'_f}{i}\right)\right] \tag{1.4}$$

式中:$S(y)$——沿纵向隧道轴线分布的沉降量(m),负值为隆起量,正值为沉降量;

y——沉降点至坐标轴原点的距离(m);

y_i——盾构推进起始点处盾构开挖面至坐标原点的距离;

y_f——盾构开挖面距坐标轴原点的距离;

$$y'_f = y_f - L, y'_i = y_i - L \tag{1.5}$$

L——盾构长度(m);

V_{l1}——盾构开挖面引起的地层损失(m^3/m);

V_{l2}——盾构开挖面以后,因盾尾空隙压浆不足及盾构改变推进方向为主的所有因素引起的地层损失(m^3/m)。

Attewell 和 Woodman(1982)通过对黏土中大量隧道的检验,证明了累积概率曲线对于拟合黏土中隧道的纵向沉降槽是非常有效的。New 和 O'Reilly(1991)假定所有的地层变形满足常体积形式,按照横向沉降具有正态分布曲线形式的假定,提出纵向沉降应该具有累积概率曲线的形式。

Attewell 和 Woodman(1982)发现 EPB 盾构和泥水盾构隧道的沉降主要与盾尾空隙有关,且掌子面上方的地表沉降一般远小于 $0.5S_{max}$。Moh 等(1996)在中国台北松散淤泥砂和软黏土地层中 EPB 盾构隧道(直径 6.05m)工程的地表沉降观测中,也发现施工沉降的大部分与盾尾间隙相关,当盾构开挖面正好位于测试仪器下方时,仅有非常小的沉降发生。Nopoto 等(1995)报道了采用 EPB 和泥水盾构在以砂土和淤泥土为主的盾构隧道工程中得到的类似观测结果。Ata(1996)根据对埃及开罗中、密砂土上覆黏土层地层中泥浆盾构(直径 9.48m)施

工所产生地表变形的观测结果，发现开挖面上方地表的沉降在 0.25 ~ 0.3S_{max}。这就说明对于 EPB 或泥水盾构，由于地层沉降远在开挖面后面，这将导致累积曲线的向后平移。

Y. S. Fang 等(1993)提出土压平衡盾构纵向沉降随时间的变化曲线呈双曲线形：

$$S(t) = \frac{t}{a + bt} \tag{1.6}$$

式中：$S(t)$——t 时刻隧道中心线以上地层的沉降量；

a、b——常数，根据不同的地层、不同的隧道而变化。

同济大学侯学渊、廖少明等在分析大量监测数据的基础上，采用理论分析和统计分析相结合的方法，提出适合上海软土地层盾构掘进引起地层固结沉陷的统计计算方法：

$$S(x,t) = \left[\frac{V_l + HK_x t}{\sqrt{2\pi} i}\right]\exp\left(-\frac{x^2}{2i^2}\right) \tag{1.7}$$

$$T = \frac{\sqrt{2\pi} Pi}{EK_x} \tag{1.8}$$

式中：P——隧道顶部孔隙水压力的平均值；

T——固结时间；

K_x——隧道顶部土体渗透系数；

H——超静水孔隙水压力水头；

E——隧道顶层土的平均压缩模量。

3）地表下土体的沉降

在城市环境中，隧道经常要邻近已建隧道、管线、深基础等地下构筑物修建。因此，预测地表下土体沉降的发展以及地表下土体沉降与地面沉降槽的关系就变得越来越重要。

Mair 等(1993)通过对硬黏土及软黏土中隧道施工引起的地表下土体沉降的大量实测资料和离心模型试验资料的分析，发现地表下土体沉降可以大致通过和地面沉降相同的高斯分布形式来描述。在地表下深度为 z 处，如果地表距隧道轴的距离为 z_0，那么沉降槽的宽度系数 i_z 可以表示为

$$i_z = k(z_0 - z) \tag{1.9}$$

式中，k 值随深度的增加而增大。这表明地表下某一深度的沉降轮廓明显比假定 k 为常数时所预测的要宽得多。Mair 等提出了 k 的计算公式：

$$k = \frac{0.175 + 0.325(1 - z/z_0)}{1 - z/z_0} \tag{1.10}$$

将 i_z、k 带入式(1.1)即可求得对应的沉降值。

Moh 等(1996)在中国台北位于水位下淤泥和砂土隧道工程中，观察到隧道上地表下的沉降具有类似的轮廓，即正如黏土隧道工程中所观测到的，k 值随深度而增加。Dyer 等(1996)在上覆有坚硬到硬的黏土的松砂隧道工程也得到了类似结果。

4)土体水平移动

结构和设施的破坏也可能由水平移动而引起。然而对土和结构的移动进行观测的实例则相对较少。Attewell(1978)和 O' Reily 与 New(1982)对黏土提出,土体位移矢量指向隧道轴线。这可简化为

$$S_h = \frac{x}{z_0 - z} S_{xz} \tag{1.11}$$

式中:S_{xz}——地面下深度 z 处距隧道轴水平距离 x 处的沉降值;

S_h——此处的水平位移值。

这个假定可以得出地表水平位移分布为

$$\frac{S_h}{S_{h\max}} = 1.65 \frac{x}{i} \exp\left(\frac{-x^2}{2i^2}\right) \tag{1.12}$$

理论上的最大水平移动 $S_{h\max}$ 出现在沉降槽的反弯点,等于 $0.61kS_{\max}$。

Deane 和 Basseff(1995)分析了英国伦敦 Heathrow 快车试验隧道两个断面的地表下移动的量测结果,结果表明一个位移矢量指向隧道反拱点,一个指向反拱点下的一点。

对于位于砂土中的隧道,甚至在假定土体移动指向隧道中心轴也能导致显著的低估沉降槽地表处的水平移动(cording,1991)。硬黏土中当采用敞开掌子面的隧道工程时,隧道轴线水平处的地表下水平移动一般向内指向隧道。在软土中 EPB 施工的隧道,隧道水平处的地表下水平移动可能指向隧道内,也可能指向隧道外。Clough 等(1983)报道了在 San Francisco 海湾泥土中 EPB 盾构工程的量测结果。当盾构前舱压力比较高时,初始向外的移动超过后来由于盾尾空隙而产生的向内的移动。Fujita(1994)也报道了在软黏土中 EPB 盾构隧道周围向内、向外的移动情况。

5)解析方法的运用

随着对地层变形研究的深入,许多学者将相关学科的研究成果引入到隧道的软土地层变形研究中,考虑地基土层的变形特点,将地基土作为弹性、弹塑性和黏弹性体进行研究。

陶履彬、侯学渊用轴对称的平面应变弹性理论分析了圆形隧道的应力场和位移场。Clough 与 Schimdt(1981)提出了基于弹性—完全塑性连续体具有对称条件下的圆孔进行卸载的封闭解的预测方法。日本的久武胜保研究了圆形隧道的非线性弹塑性的理论解,将土体作为弹塑性和黏弹性材料,反映了土体的非弹性性质,并考虑了地层位移与时间的相关性。

Verruijt 和 Brooker(1996)在 Sagaseta 研究的基础上,提出了半空间均质弹性体中隧道引起的地层变形的解析解,它适用于任意孔隙比的情况,且包括了由于地层损失和隧道的椭圆变形两种因素。

由于受计算条件的限制,只能对较简单的边界条件和初始条件求出解答,所以这些方法几乎无一例外地将地层假定为均匀的平面应变问题,且大部分假定为轴对称的平面应变问题,使其应用受到极大的限制,更无法考虑施工条件对地层位移的影响。

6)数值分析方法的运用

解析法只能考虑较为简单的定解条件,而数值计算方法的发展,使得复杂定解条件的处理

成为可能，在分析隧道开挖引起的地层位移时，可以对施工过程进行程度不同的模拟。

盾构隧道的掘进是一个三维问题，但要直接模拟掘进过程产生的三维效应是非常困难的，国内外学者往往采用考虑三维效应的二维分析方法或将三维分析和二维分析结合起来考虑。

Panet 和 Guenot(1982)提出了 3D 效应通过减少施加在开挖边界土体的应力释放比来近似，然后安装隧道衬砌，这可以通过考虑在隧道边界施加径向应力来加以简化，即有

$$\sigma_r = (1 - \lambda)\sigma_0 \tag{1.13}$$

式中：σ_0——隧道开挖前总的初始地层应力；

λ——卸载系数($0 < \lambda < 1$)，在安装衬砌以前在土体上移走的应力为 $\lambda\sigma_0$，随着应力从隧道边界移走，径向位移发生，它等于体积损失。通常采用两种方法：第一种是预定一定量的释放荷载(或选择一个适当的 λ 值)之后安装衬砌，结果的体积损失将取决于 λ 值的选择；第二种方法是预定一个体积损失值 V_l，在卸载达到预定的体积损失后再安装衬砌。

Swoboda(1979)一种替代的分析方法是被熟知的逐步软化方法，涉及在开挖和衬砌放置前隧道面积土体的刚度减小，刚度减小的量值需要相当的经验和正确判断。

Finno 和 Clough 分别取纵、横剖面分析了美国旧金山第一座土压平衡盾构隧道，分阶段模拟了隧道的施工过程。他们将隧道的开挖过程分为五个阶段：第一阶段用纵剖面的平面应变有限元分析盾构面的推力使盾构前方土体产生的变形；第二阶段将一个向外的椭圆分布的径向压力施加到未衬砌隧道的周边上，模拟盾构通过的隆起作用；第三阶段则在隧道周边施加一均匀向内的径向压力，模拟盾尾空隙的闭合，当拱顶向内的位移等于盾尾空隙的理论尺寸时，即认为空隙闭合；进入第四阶段，考虑衬砌的安装；第五阶段考虑孔隙水应力消散引起的固结作用。

Fathalla EI-Nahhas，Farouk EI-Kadi 等介绍了一种考虑开挖程序和衬砌设置细节的设计方法，按开挖和相互作用两个阶段来分别确定衬砌设置前的土体变形和应力以及衬砌与土体的相互作用。

Ito 和 Hisatake 用三维边界元分析了均质线弹性地层中的浅埋隧道在开挖面瞬时到达某一位置且隧道周边应力完全释放时地面沉陷的特征曲线，然后，将衬砌作为刚性边界，对隧道横剖面作二维黏弹性分析。

Rowe 和 Lee 等曾对盾构施工的数值模拟进行了一系列研究。他们提出了间隙参数的概念，用总间隙参数反映隧道开挖面推进和隧道施工引起的地层损失。后来又采用 3D 弹塑性有限元分析发展了 2D 有限元所用的间隙参数的定量化的方法，并提出了分析方法和技巧。

盾构隧道采用 3D 有限元分析一般比较复杂。Rowe 和 Lee(1992b)采用间隙参数的方法对 EPB 盾构隧道进行了 3D 有限元分析。Akagi 和 Komiya(1996)报道了对软黏土采用 EPB 盾构施工隧道的 3D 有限元分析。Giads 等(1994)也报道了对盾构隧道进行 3D 有限元分析的情况。D. Dias 等(1999)提出了一种盾构隧道的 3D 模拟方法，并考虑了开挖面的支撑力、超挖和盾构机的锥形、盾尾空隙的注浆和浆液的固结。

在有限元分析中，土体模型及相应参数的选择对计算结果有着显著的影响。G. Oell，R.

F. Stark,G. Hofstetter 等在二维计算的基础上,研究了土体模型的选择对计算结果的影响,特别是对比了线弹性、弹塑性体采用 Drucker-Prager、Mohr-Coulomb 准则以及弹塑性帽盖模型的计算结果。结果表明,不同的土体模型计算结果有较大的差异,且这 4 种模型的计算结果与实测都有一定的差别。但对于工程实践来说,应用弹塑性模型 Drucker-Prager 准则既简单又较准确。Lee and Rowe(1989)、Gunn(1993)等发现各向同性的线弹性-完全塑性土体模型导致预测结果比现场观测到的高斯分布值要宽。Lee 和 Rove(1989)采用土体的各向异性弹性模型,显著地改进了预测。Gunn(1993)采用各向同性、非线性完全塑性小应变刚化模型对严重超固结黏土中的隧道进行了 2D 有限元预测,发现此模型和线性弹性 - 塑性模型相比虽然改进了预测结果,但预测到的沉降槽仍比实际观测结果要宽。Simpson 等(1996)报道了用 2D 有限元分析伦敦黏土中一个隧道的情况,分析表明沉降槽的形状很少受土体非线性的影响,而主要是受土体剪切模量各向异性的影响。Addenbrooke 等(1997)采用 2D 有限元对伦敦黏土中一个隧道的地表沉降预测进行了一系列分析研究。分析采用了非线性弹性、完全塑性和非线性弹性(小应变)三种模型,并假定了不同程度的各向异性,其结果表明各向异性的重要程度可能与分析中所假定的土体模型相关;k_0(静止侧压力系数)对 2D 有限元的预测结果有着明显的影响,对于超固结黏土(k_0 一般被假定为显著大于 1)中的隧道,2D 有限元程序预测到较宽的沉降槽,如果在隧道两侧局部地减少 k_0,则得到窄而更符合实际的预测结果。

由于盾构施工的复杂性,目前对其进行比较理想的 3D 有限元分析还存在一定的难度,但随着计算机技术的发展、测试水平的提高、土体模型的逐渐成熟,今后它将可能变得越来越普遍,其分析结果将会越来越可靠。

7)模型试验研究

在数值模拟不可行的情况下或为了校核数值模拟的结果,很多学者通过模型试验来对隧道施工引起的地层移动进行了研究。自重是影响隧道稳定和相关土层变形的主要因素,特别是对于浅埋隧道,考虑到这一影响,人们采用离心试验来研究这一课题。特别是数字摄像技术的发展和采用,可以详细和准确地量测离心模型试验中土层移动。

Grant 和 Taylor(1996)描述了研究软黏土下卧砂层隧道的地层变形机理的离心模型实验研究。Chambon 和 Corte(1994)报道了采用离心模型试验研究砂土中隧道稳定性的情况。

Imamura(1996)和 Nomoto 等(1996)设计了一个小的 EPB 隧道工程机械,直径为 100mm,用于离心试验,试验在松散干砂中进行,来模拟 2.5m 直径的盾构机。采用了掌子面开挖和盾尾空隙对作用在衬砌上的土压力的影响进行了研究,并分析了分别考虑和一起考虑的情况。Kim 等(1996)也用微缩盾构模型在地面具有超载的软黏土中进行了试验,来研究近邻隧道的相互作用。

1.4.3 盾构施工对周围土体的扰动影响

盾构施工不可避免地对周围土体产生扰动,由于盾构施工对土体产生挤压和松动、加载与卸载、孔隙水压上升与下降,因而引起土性的变异、地层移动等。

大冢将夫、藤田(1989)研究泥水加压盾构施工中地层的动态变化并得出盾构通过时和通过后引起的下沉占总沉降量的80%～95%,初始下沉和工作面下沉很小,说明盾构掘进面前方土体扰动较少,盾构通过时地表有隆起现象,盾构侧面土向外侧挤出,受挤压扩张的范围与地层最终沉降的范围大致相同,盾构通过后向盾构内侧发生位移,土层弹性模量降低。

X. Yi、R. K. Rowe 和 K. M. Lee(1993)应用耦合黏弹性模型对上海芙蓉合流污水工程盾构隧道的孔隙水压和地层变形进行了分析。研究结果表明,考虑扰动区和不考虑扰动区相比,计算的最大沉降量增加30%,最大水平移动量增加约42%。

易宏伟、朱忠隆(1999)用静力触探试验的比贯入阻力研究了盾构施工对土体的扰动。结果表明,受盾构施工扰动的土体物理力学性质的变化与盾构所处位置有关。在挤压扰动范围内,压缩模量增大;在松动范围内,压缩模量减少。根据比贯入阻力值与压缩模量、变形模量经验公式可求出施工中的压缩模量和变形模量值。

张庆贺、朱忠隆等(1999)分析了盾构施工扰动的机理,并研究了盾构引起周围土体应力状态的变化。根据静力触探试验得出,随着盾构机的推进,正前方土体压缩模量呈现增加的趋势,盾构机前进方向两侧压缩模量增加不明显;盾构机通过后压缩模量逐步降低,渐渐趋近初始应力状态。

朱忠隆、张庆贺(2000)采用静力触探试验方法研究了地层受扰动的影响情况。研究表明,盾构推进引起一定范围内土体结构性的破坏,使得土体的变形指标如压缩模量值发生变化,同时土体的强度指标也相应地发生变化,可通过静力触探的试验成果换算得到土体物理和力学参数值。并总结了盾构施工对周围土体影响的三个变化阶段,即三个土体区域,包括盾构刀盘前方45°线土体区、盾构周围土体区以及盾构尾部后方土体区,可以初步定量地描述土体受扰动后的有关力学参数。

易宏伟、孙钧(2000)就盾构施工对软黏土的扰动机理进行了分析。并研究了盾构施工对周围土体的应力状态的影响,根据盾构对周围土体的扰动情况进行了扰动分区。受盾构施工扰动的土体比贯入阻力和孔隙水压力将发生变化,通过现场测试它们可作为评价土体扰动的范围与程度的指标。

徐永福(2000)通过室内试验和现场原位试验研究了盾构施工对周围土体的影响。提出了施工影响度的定义,并研究了盾构施工对土体力学性质(不排水强度、变形参数)的影响。

1.5 城市地下工程邻近施工问题的分析

上述研究,无疑为研究隧道开挖的地层变位、邻近施工影响与扰动及地层变位控制技术,提供了许多有价值的观点。本书拟在前人研究的基础上,结合近年来的城市地下工程邻近施工的理论与实践发展,阐明隧道开挖工作面的地层响应及上覆地层的结构特征这一普遍规律,对地下工程邻近施工的扰动分类、地层变位影响分析方法、邻近施工安全评估与风险分析、变位分配与控制、邻近施工变形控制技术及监控量测更关键技术进行系统分析。

1.5.1 邻近施工问题的主要内容及分析思路

隧道及地下工程是在岩土体内部进行的，无论其埋深大小，也无论是盾构法还是浅埋暗挖法，开挖施工都不可避免地会扰动地下岩土体，使其失去原有的平衡状态，而向新的平衡状态转化。在此过程中，隧道开挖使开挖面及围岩产生卸荷临空面而引发收敛变形，进而造成地表下沉，同时扰动地下水的流失会使土体重新固结，引起整个地层的固结沉降。这一系列的沉降变形发展到一定的程度，将影响地面建筑物的安全和地下管线的正常使用。邻近结构物时会引起结构物的变形或损毁，其牵连关系及研究思路如图 1.5 所示。盾构法与浅埋暗挖法施工时，具有大致相同的问题与关系，只是开挖面稳定原理与地层扰动机理不同。因此，邻近施工问题研究应从以下几个方面进行分析。

(1)地下工程开挖地层变形规律的认识。

(2)不同开挖方法、开挖空间、开挖进尺条件下地层变形特点。

(3)预防地层及结构变形过大而导致破坏的控制要求。

(4)邻近施工安全性评估与风险分析。

(5)邻近施工对既有环境的变形影响与评价方法。

(6)地层及开挖面预加固技术措施。

(7)盾构开挖面及地层稳定的原理。

(8)盾构掘进地层变形规律的认识。

(9)盾构邻近施工的扰动规律的认识。

(10)邻近施工中要加强监控量测与信息反馈。

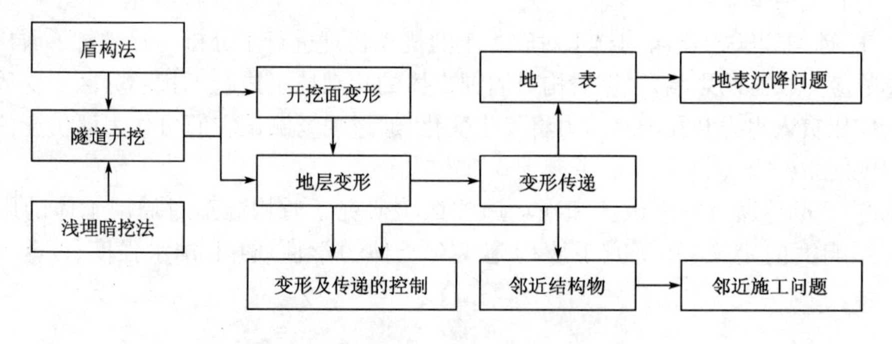

图 1.5　城市地下工程邻近施工分析思路

1.5.2 邻近施工问题的主要研究方法

对邻近施工的研究，与研究隧道与地下工程的其他问题一样，基本采用理论分析、实验室试验研究、现场实测研究和工程类比法。

理论分析研究又分为理论解析法和数值解析法两种。就目前的文献而言，理论分析研究的中心就是将复杂的问题进行合理假设，进而简化抽象，建立理想的数学力学模型，用数学力学方法求解。对岩土工程问题，由于介质的复杂性和数学求解的困难，一般很少能得到问题的解。随着计算机技术以及数值计算方法的发展，尽管数值解析法的基本参数和本构关系等仍然依赖于试验或实测的方法，有时与实际存在着较大的差异，但目前数值模拟分析在分析岩土工程问题中越来越占据着重要地位。数值法通常分为三大类：连续介质微分法（有限差分法和有限元法）、连续介质积分法（边界元法）、不连续介质方法（离散元法）等。在分析特定问题时，可充分发挥各种方法的特点，采用两种及以上方法相结合进行分析。对于邻近施工问题，不管有无类似工程可资借鉴，都应首先采用数值模拟，以充分了解和掌握隧道开挖与支护过程中的应力与应变规律，及时进行控制。

实验室试验研究也是邻近施工研究的重要手段，它能直观研究和分析其他研究方法所不能解决的问题。相似模拟实验是最常用的方法，其中有普通相似模拟实验和离心相似模拟实验。近年，离心相似模拟实验在模拟隧道施工方面有显著的特点，但费用太昂贵。尽管相似材料模拟实验的最大缺点是相似准则不容易满足，且边界条件和初始条件也只能近似，在定量研究分析方面还有一定的困难，但对研究特殊环境条件下的邻近施工问题，特别是施工风险极大且首次实施的邻近施工，有必要进行相似材料模拟实验。

现场实测研究又称监控量测，尽管其存在工作量大、人力物力耗用多、研究周期长，且受多因素影响，不易查清系统的内部规律等缺点，但由于它具有：针对性强，可以直接解决现场的实际问题；可以概况地查明研究过程的机理，查明主导作用因素，从客观方面把握规律性的东西；可以对具体的条件和环境进行评价；利用不同仪器和测试方法，可以多角度分析和把握所研究问题的动态演变过程，并适时反馈，及时评价设计与施工对策的有效性等特点，因此在研究隧道及地下工程，特别是邻近工程中发挥着其他研究方法所不可替代的重要作用。监控量测可谓是浅埋暗挖法隧道信息化设计与施工的重要手段，是施工环节不可缺少的重要一环。

工程类比法可谓是隧道及地下工程中最为经常采用的方法，特别是对邻近施工，及时总结归纳已有工程经验，必将为后续工程的成功修建起借鉴指导作用。

上述研究方法一般根据问题的特点，组合应用。工程类比法研究在实践中被优先采用；其次是数值模拟分析和理论解析；现场实测（监控量测）是必不可少的环节；实验室实验尤其是离心模型试验在必要时采用。但对邻近施工研究而言，上述研究方法偏重于新建结构的开挖与支护过程中的应力与应变分析，而缺少对相对既有结构物本身的分析与研究，特别是缺乏新建隧道施工对相对既有结构物的安全性评估与风险分析方面的研究方法。

1.6 本书内容

城市地下土木工程环境复杂，邻近施工是城市地下工程施工的一类关键问题。施工中，必须确保既有建（构）筑物的安全和正常使用，施工难度很大地段，也是风险高发地段。近年来，随着城市地下工程建设的快速发展，地下工程邻近施工逐年增多，其复杂程度也不断提高。在各类邻近施工的工程中，有许多成功的案例，也不乏惨痛的教训。因此，本书将对近年来地下工程邻近施工的理论与技术进行分析、总结与提升，以形成一套完整、系统的城市地下工程邻近施工理论与技术，并在城市地下工程邻近施工实践中进行应用。

全书内容共分两篇 18 章，第一篇（第 1 章～第 10 章）着重分析浅埋暗挖隧道及盾构隧道邻近施工的理论与关键技术,第二篇(第11章~第18章)介绍近年来城市地下工程邻近施工关键控制技术的应用案例。全书内容的框架体系如图1.6所示。

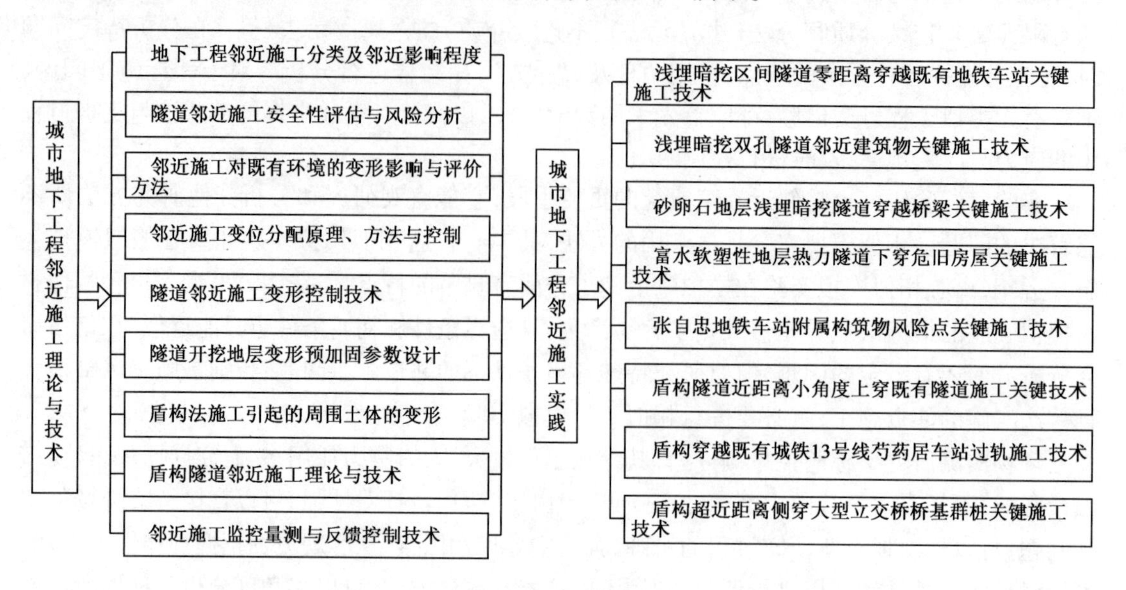

图1.6　全书内容框架体系

2 地下工程邻近施工分类及邻近影响程度

2.1 地下工程邻近施工分类

2.1.1 地下工程邻近施工的一般分类

地下工程邻近施工最主要的问题是新建工程的施工将会对既有工程原有的稳定性产生影响。这种影响最本质的原因是新建工程的施工引起围岩应力状态再次重分布,从而导致一系列的力学行为变化。因此,需按邻近施工引起的力学行为变化特征,即受力特征进行分类。这种受力特征与工程修建的时间先后顺序、空间位置关系及其施工方法有关,如加载效应、卸载效应、横向效应、纵向效应及空间效应等。为此,进一步按时间、空间、工法三要素下的受力特征属性进行分类,可分为三大基本类型:I. 建工程邻近既有隧道施工;II. 新建隧道邻近既有工程施工;III. 两条及以上新建隧道近距离同期施工。

根据以上的分类要素和分类属性把地下工程邻近施工分为三大基本类型、27 个小类,详见表 2.1。

邻近施工的分类

表 2.1

分类		受力特征图示	工程背景	举例
I. 新建工程邻近既有隧道施工	(I-1) 隧道并列	既有 新建	与既有隧道平行新建隧道,增建二线时多出现此情况	阳安铁路二线寺垭河隧道在既有线银平山隧道一边修建等
	(I-2) 隧道重叠	既有 新建 或 新建 既有	因条件限制,两条隧道近距离重叠修建	
	(I-3) 隧道交错	新建 既有 或 既有 新建	因条件限制,两条隧道近距离交错平行修建	丹(东)本(溪)高速公路那天们上下行隧道

续上表

分类		受力特征图示	工程背景	举例
I. 新建工程邻近既有隧道施工	(I-4)隧道交叉	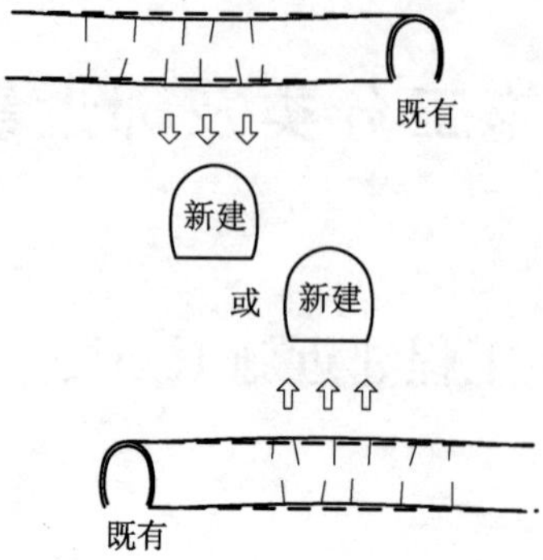 既有 新建 或 新建 既有	从既有隧道上部或下部穿越既有隧道	上海地铁1号线、北京地铁10号线下穿1号线
	(I-5)隧道底部采矿	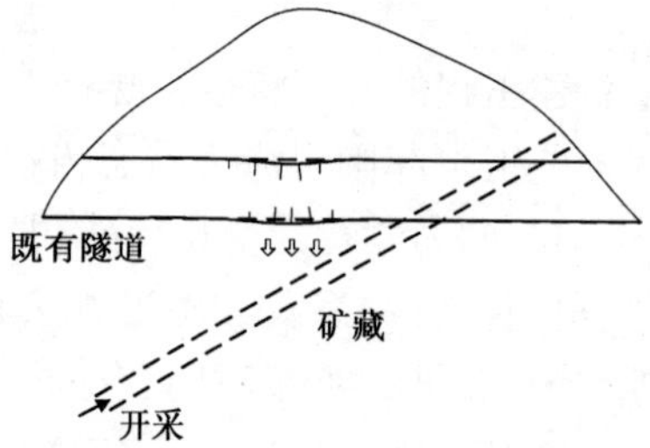 既有隧道 矿藏 开采	在隧道下矿藏开采的情况	广(安)渝(重庆)高速公路华蓥山隧道等情况
	(I-6)隧道上部明挖	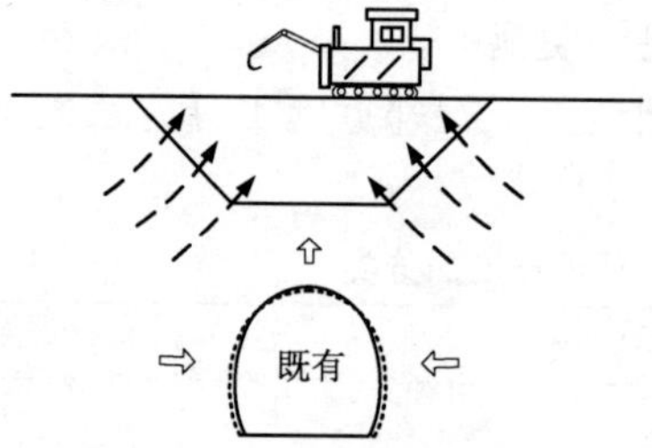 既有	因开发而在隧道上部进行明挖的情况	襄渝铁路武当山隧道因上部进行开发而进行挖土
	(I-7)隧道上部填土	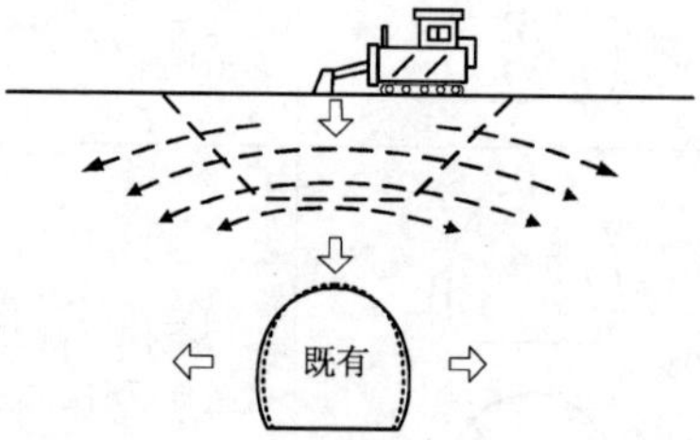 既有	因开发而在隧道上部进行填土的情况	川黔铁路凉风垭隧道因上部修建高速公路隧道弃渣进行填土
	(I-8)隧道上部修建结构物的基础	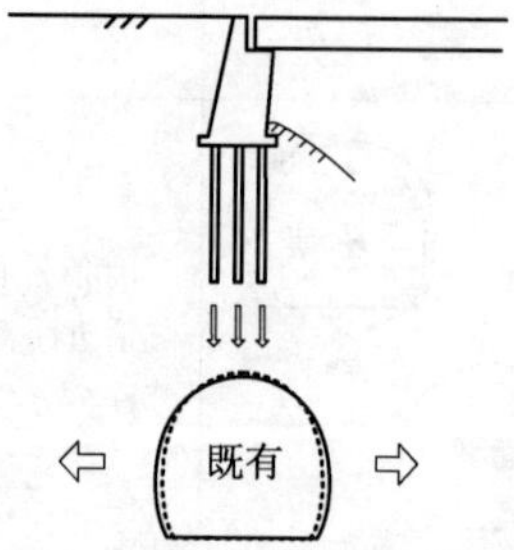 既有	在隧道上部新建房屋或桥梁,其基础设在隧道上部的情况。新建铁路、公路与既有线交叉时及城市地下工程会出现此情况	广州东山口地下立交隧道上部修建高架桥基础

续上表

分　　类		受力特征图示	工 程 背 景	举　　例
I. 新建工程邻近既有隧道施工	(Ⅰ-9)隧道侧面开挖	或；基坑；既有；既有	因道路扩宽和开发等而进行开挖或修建结构物基础的情况	广州地铁盾构区间隧道旁近距离开挖基础;上海地铁区间隧道旁3m外开挖新世界商贸广场深基础
	(Ⅰ-10)锚索邻近隧道	预应力锚索；既有	从隧道侧面边坡施设锚索的情况	
	(Ⅰ-11)隧道上部积水	既有	隧道上部新建水池或坝等积水的情况	川黔珞渍镇防空洞因三峡库区蓄水诱发稳定性问题
	(Ⅰ-12)地层振动	既有	因邻近施工产生的地层振动(特别是爆破振动)	成昆铁路毛头马隧道减载爆破对隧道结构产生影响

续上表

分类		受力特征图示	工程背景	举例
Ⅱ.新建隧道邻近既有工程施工	(Ⅱ-1) 隧道并列	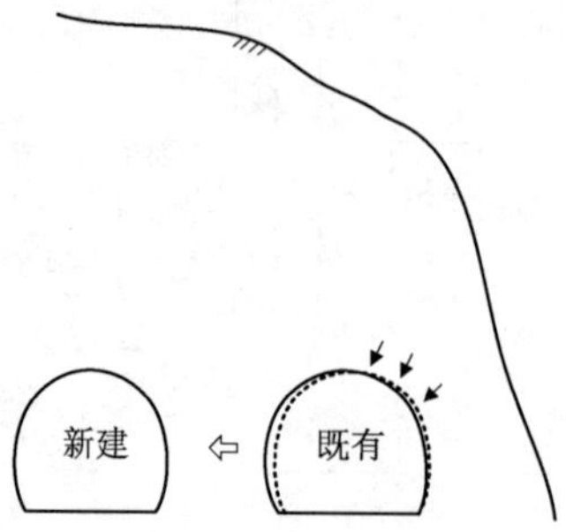 新建 ⇦ 既有	因地理条件限制,两条隧道近距离平行修建	此时,新建工程也为隧道,因此受力特征与(Ⅰ-1)相同,故类型不独立,同属(Ⅰ-1)类
	(Ⅱ-2) 隧道重叠	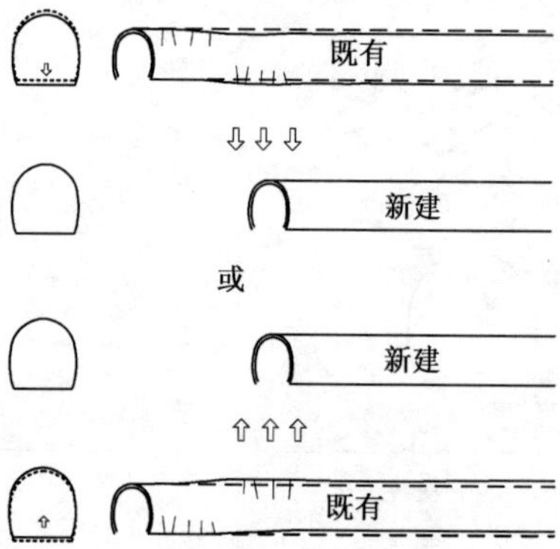 既有 ⇩⇩⇩ 新建 或 新建 ⇧⇧⇧ 既有	因条件限制,两条隧道近距离重叠修建	此时,新建工程也为隧道,因此受力特征与(Ⅰ-2)相同,故类型不独立,同属(Ⅰ-2)类
	(Ⅱ-3) 隧道交错	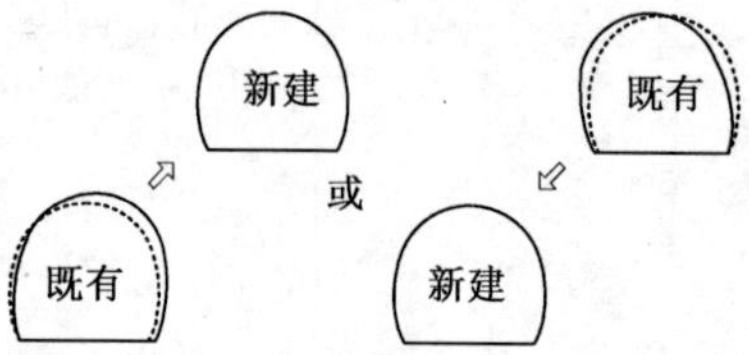 新建 既有 或 既有 新建	因条件限制,两条隧道近距离交错并行修建	此时,新建工程也为隧道,因此受力特征与(Ⅰ-3)相同,故类型不独立,同属(Ⅰ-3)类
	(Ⅱ-4) 隧道交叉	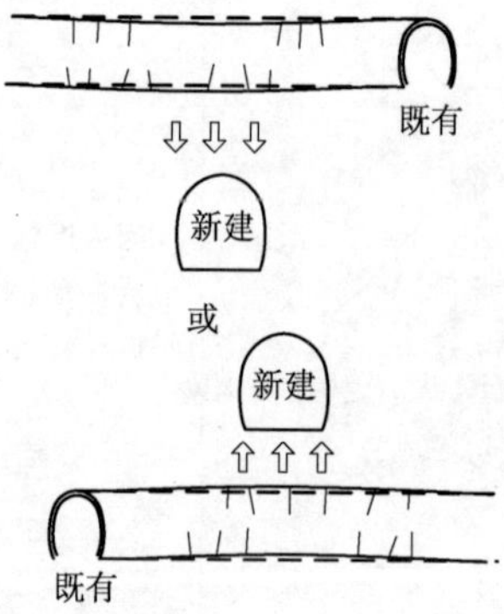 既有 ⇩⇩⇩ 新建 或 新建 ⇧⇧⇧ 既有	从既有隧道上部或下部穿越的情况	此时,新建工程也为隧道,因此受力特征与(Ⅰ-4)相同,故类型不独立,同属(Ⅰ-4)类

续上表

分　类		受力特征图示	工 程 背 景	举　例
Ⅱ.新建隧道邻近既有工程施工	(Ⅱ-5)地下工程施工对周围建筑物的影响		隧道等地下工程采用新奥法时，邻近一个或多个既有建筑物，对其产生影响	北京、深圳、广州等地铁均遇到此情况
	(Ⅱ-6)隧道穿越基础		隧道等地下工程穿越既有建筑物桩基的情况	北京、深圳、广州等地铁均遇到此情况
	(Ⅱ-7)铁路、公路及城市道路下浅埋暗挖	新建 新建	铁路、公路及城市道路下浅埋暗挖对地表及地下管线、水渠等产生影响	众多铁路、公路下浅埋下穿隧道(或地道桥)及城市道路下浅埋暗挖地铁区间隧道火车站等

续上表

分类		受力特征图示	工程背景	举例
Ⅱ.新建隧道邻近既有工程施工	(Ⅱ-8)隧道邻近锚索	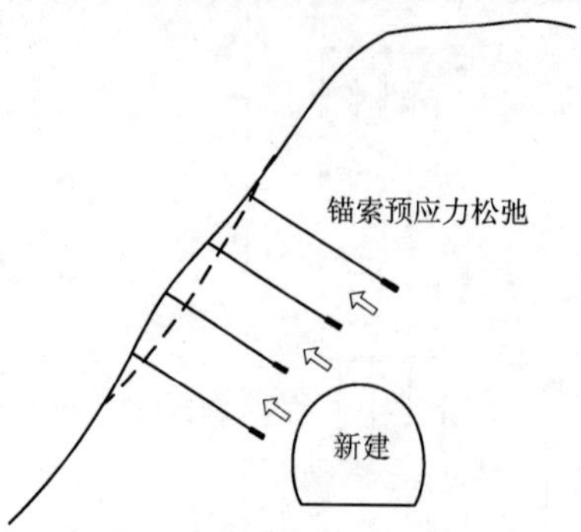 锚索预应力松弛 新建	从有挡墙或设锚索的边坡内修建隧道的情况	广东东莞五环大道马石山隧道
	(Ⅱ-9)从水库线新建隧道	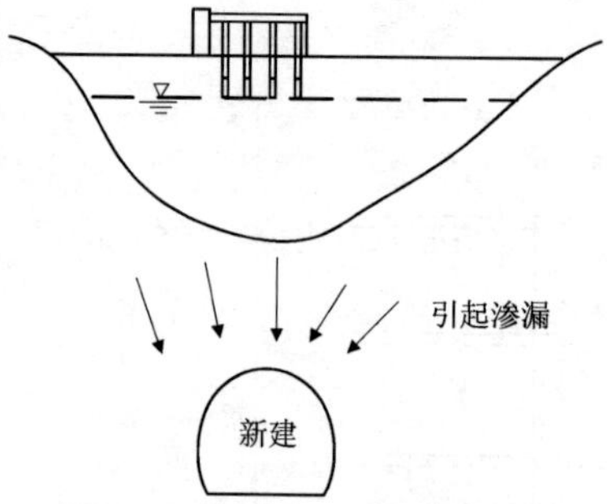 引起渗漏 新建	在水库下开挖隧道的情况	
	(Ⅱ-10)明挖隧道施工对周围建筑物的影响	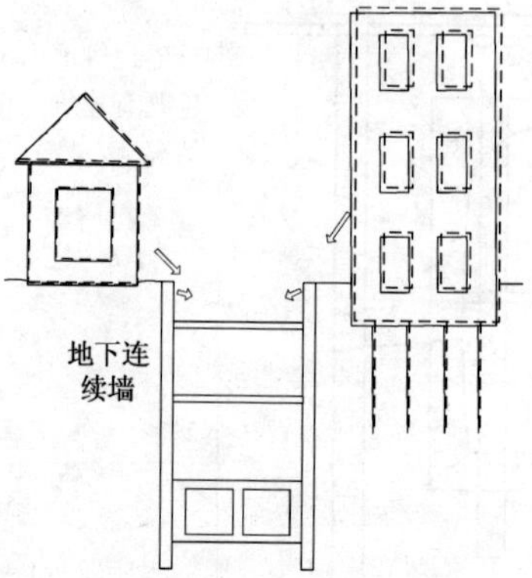 地下连续墙	明挖隧道施工对周围建筑物产生影响	北京、上海、广州、深圳、南京等地地铁施工均遇到此情况
	(Ⅱ-11)盾构隧道施工对周围建筑物的影响	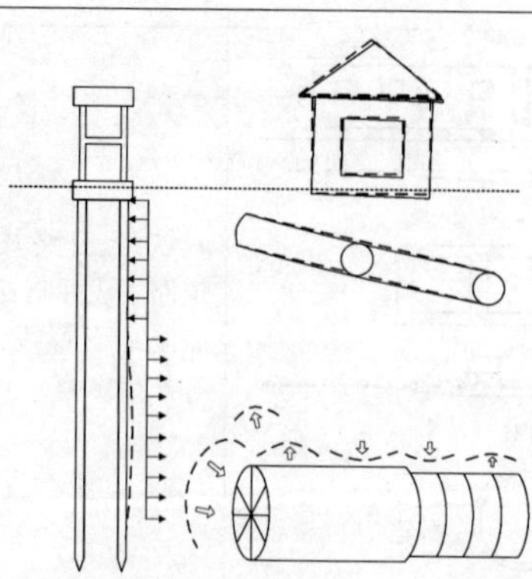	隧道施工对周围一个或多个建(构)筑物产生影响	北京、上海、广州、深圳、南京等地地铁施工均遇到此情况

续上表

分类		受力特征图示	工程背景	举例
Ⅲ.两条及以上新建隧道近距离同期施工	（Ⅲ-1）隧道左右并列	新建 新建	因条件限制，两条隧道近距离左右平行修建。需对其先后或同时开挖顺序进行优化。一次性近距离修建复线铁路、左右线并列公路及地铁区间隧道多出现此情况	深圳地铁重叠隧道的情况及公路小净距乃至连拱隧道
	（Ⅲ-2）隧道上下重叠	新建 新建	因条件限制，两条隧道近距离上下重叠修建	深圳地铁重叠隧道修建
	（Ⅲ-3）隧道斜向交错	新建 新建	因条件限制，两条隧道近距离斜向交错修建	深圳地铁重叠隧道修建
	（Ⅲ-4）隧道空间交叉、扭转	新建 新建	因条件限制，两条隧道空间扭转、交叉修建	上海、深圳地铁重叠隧道修建

各类邻近施工的受力特征和力学模型归纳总结于表2.2。

各类邻近施工的受力特征和力学模型　　表2.2

邻近施工类型	受力特征	力学模型
（Ⅰ-1）新旧隧道并列	既有隧道向邻近的隧道方向发生拉伸变形；因并列隧道施工，既有隧道周边围岩松弛，而使作用在衬砌上的荷载增加，也可能产生偏压现象	横向效应的平面模型
（Ⅰ-2）新旧隧道重叠	新建隧道在既有隧道上方平行通过时，既有隧道随新建隧道的开挖不断向上方变形，围岩成拱作用收到损伤，而使衬砌上的荷载增加；新建隧道在既有隧道下方平行通过时，既有隧道随新建隧道的开挖不断发生下沉	
（Ⅰ-3）新旧隧道交错	既有隧道向邻近的新建隧道方向发生拉伸变形；因新建隧道的施工，既有隧道周边围岩松弛，而使作用在衬砌上的荷载增加	
（Ⅰ-4）新旧隧道交叉	新建隧道在既有隧道上部通过时，由于卸载作用，既有隧道向上方变形；新建隧道在既有隧道下部通过时，既有隧道会发生下沉	纵向效应的平面模型

续上表

邻近施工类型	受力特征	力学模型
（Ⅰ-5） 隧道底部采矿	无论上山开采还是下山开采，随着开采范围加大和向隧道底部邻近，将引起隧道纵向变形，严重时还会产生横向效应	纵向效应或纵向加横向效应的平面模型，也可采用空间模型
（Ⅰ-6） 隧道上部明挖	因隧道上部开挖，土压被解除，对垂直荷载来说，侧压变大，拱顶会向上变形；埋深小时会损伤拱作用，使衬砌的垂直荷载增加；开挖如果对隧道来说是非对称的情况时，衬砌会受到偏压作用	横向效应的平面模型
（Ⅰ-7） 隧道上部填土	因隧道上部填土，作用在衬砌上的垂直荷载增加；埋深大时，增加荷载被分散，影响变小；填土不均匀时，衬砌会受到偏压作用	
（Ⅰ-8） 隧道上部新建 结构物的基础	隧道上部荷载增加	
（Ⅰ-9） 隧道侧面开挖	隧道向开挖方向发生拉伸变形	横向效应的平面模型或局部开挖时的纵向效应、平面准三维模型或空间效应的三维模型
（Ⅰ-10） 锚索邻近隧道	因邻近隧道钻孔，使隧道周边围岩松弛；导入锚索预应力时，会产生位移	横向效应的平面模型
（Ⅰ-11） 隧道上部积水	动水坡度上升，产生水压作用或漏水量增加	
（Ⅰ-12） 地层振动	邻近工程使用大量炸药时，衬砌受到动荷载的作用，初衬发生开裂，并可能发生剥离脱落。两相邻隧道邻近施工爆破时也会有类似的行为	
（Ⅱ-5） 地下工程施工对 周围建筑物的影响	地下工程进行开挖，会引起地层中应力的重分布，因而引起周围建筑物的变形	横向效应的平面模型或空间一次建模统筹解决
（Ⅱ-6） 隧道穿越基础	隧道穿越基础，需要对基础进行托换	横向效应的平面模型
（Ⅱ-7） 铁路、公路及 城市道路下浅理暗挖	铁路、公路及城市道路下浅埋暗挖隧道，引起地表沉降和地中管线的变形	纵向效应的平面模型
（Ⅱ-8） 隧道邻近锚索	在锚索附近新建隧道，会使隧道周边围岩松弛，引起锚索的锚固力下降	横向效应的平面模型
（Ⅱ-9） 水库下新建隧道	在水库下修建隧道，会使隧道以上的围岩下沉、节理裂隙增加	

续上表

邻近施工类型	受力特征	力学模型
（Ⅱ-10） 明挖隧道施工对周围建筑物的影响	基坑开挖引起建筑物向基坑方向的倾斜变形、地基承载力下降，过大时引起建筑物破坏	横向效应的平面模型或空间一次建模统筹解决
（Ⅱ-11） 盾构隧道施工对周围建筑物的影响	盾构在推进过程中，对上部地层产生向上顶起的作用，盾构通过后，地层又会下沉，因而引起周围建筑物的变形	
（Ⅲ-1） 隧道左右并列	因两隧道是同时新建，所以存在着先挖后挖与同时挖的工法优化问题，也视两洞室大小比例情况而定，一般讲分先后挖时，存在着Ⅰ的特征，而同时修则对称受力，故一般小净距双孔隧道或双连拱隧道采取对称开挖的方法。双连拱隧道是此类问题的极端情况	主要产生横向效应，平面建模；有时也会产生纵向效应，需作复合分析
（Ⅲ-2） 隧道上下重叠	因两隧道是同时新建，所以存在着先上后下、先下后上或上下同时的工法优化问题。若上下分开修时，存在着Ⅱ的特征，若同时修建，围岩应力释放过大，对软岩不宜	
（Ⅲ-3） 隧道斜向交错	因两隧道是同时新建，所以存在着先挖后挖与同时挖的工法优化问题，也视两洞室大小比例情况而定，一般讲分先后挖时，存在着Ⅲ的特征	
（Ⅲ-4） 隧道空间交叉、扭转	因两隧道是同时新建，所以存在着先挖后挖与同时挖的工法优化问题	空间建模

2.1.2　城市地铁浅埋暗挖邻近施工分类

1）邻近施工的周边环境分类

根据工程实践，城市地铁施工，其周边环境一般按重要性程度分为重要周边环境和一般周边环境两种情况。邻近施工周边环境分类见表2.3。

邻近施工周边环境分类　　表2.3

序号	项　目	重要周边环境	一般周边环境
1	既有线	既有地铁线路和铁路	
2	既有建（构）筑物	古建筑（城市级及以上）、标志性建筑（城市级及以上）、高层民用建筑、一般建筑（使用时间较长）、基础条件差的建筑物、需重点保护或特殊要求的建筑物、重要的烟囱、水塔、油库、加油站、气灌、高压线路塔等	一般的中、低层民用建筑、厂房、车库等构筑物
3	既有地下构筑物	地下商业街、热力隧道、大型雨污水管沟及人防工程等	地下通道等
4	既有市政桥梁	高架桥、立交桥等	匝道桥、人行天桥等

续上表

序号	项　目	重要周边环境	一般周边环境
5	既有市政管线	污水管、雨水管、铸铁管(使用时间较长)、承插式接口混凝土管、煤气管、上水管、中水管、军缆等	电信、通信、电力管道(沟)等
6	既有市政道路	城市主干道、快速路等	城市次干道、支路等
7	水体(河道、湖泊)	自然、人工河湖等	
8	树木	古树	

2)浅埋隧道邻近施工穿越方式分类

王梦恕院士和仇文革教授针对地下工程施工中采用的明挖法、盾构法和浅埋暗挖法与周边环境的位置关系,进行了广义的邻近施工分类。

针对浅埋暗挖法隧道邻近周边环境施工的特点,以及浅埋暗挖法自身的施工内涵,浅埋暗挖法隧道邻近施工分类可概括为以下三大类。

(1)新建隧道邻近既有线施工。

(2)新建隧道邻近既有环境体施工。

(3)新建隧道邻近新建隧道施工。

值得说明的是,尽管既有线统属于既有环境体,但为确保既有线运营安全,突出以人为本,在工程实践中,对邻近既有线施工的对策有别于其他既有环境体,因此这里单独分类。

另外,对浅埋暗挖法的新建隧道邻近新建隧道有下述几种含义。

(1)相互独立永久结构的浅埋暗挖法隧道邻近浅埋暗挖法隧道施工,如同期施工的两条线间距较近的隧道施工。

(2)同一永久结构的浅埋暗挖法隧道邻近浅埋暗挖法隧道施工,如大断面分割成两个导洞或多导洞群施工,诸如临时仰拱法、CD 法、CRD 法、双侧洞法、中洞法和 PBA 法等。

(3)浅埋暗挖法邻近同期应用明(盖)挖法与盾构法修建的隧道等。

从邻近施工的空间位置关系来分,浅埋暗挖法隧道邻近施工有并列、重叠和交叉三种位置关系。不管是哪一种位置关系,穿越方式都可概括分为上穿、下穿与侧穿。

浅埋暗挖法隧道邻近施工分类见表 2.4。

浅埋暗挖法隧道邻近施工分类 表 2.4

分　类	位置关系	力学性态	既有环境动态	穿越方式
Ⅰ.新建隧道邻近既有线施工	(Ⅰ-1)隧道并列	与隧道平行新建隧道	既有隧道向邻近的新建隧道方向发生位移;既有隧道周边围岩发生松弛,而使作用在衬砌上的荷载增加	侧穿
	(Ⅰ-2)隧道交叉与重叠	(Ⅰ-2-1)从既有隧道上部穿过	对浅埋隧道,有卸载作用,衬砌荷载减小,既有隧道结构产生上浮	上穿
		(Ⅰ-2-2)从既有隧道下部穿过	既有隧道会发生下沉,产生差异沉降,内力发生变化	下穿

续上表

分 类	位置关系	力学性态	既有环境动态	穿越方式
Ⅱ.新建隧道邻近既有环境体施工	（Ⅱ-1）并列	与既有环境体平行（对桩基属垂直）新建隧道	既有环境体向邻近的新建隧道方向发生水平位移和沉降，产生差异沉降，内部应力发生变化。对摩擦桩产生负摩擦力；对河流有可能造成裂缝或涌水、突水现象	侧穿
	（Ⅱ-2）交叉与重叠	（Ⅱ-2-1）从既有环境体上部穿过	既有环境体有卸载作用，会产生上浮	上穿
		（Ⅱ-2-2）从既有环境体下部穿过	既有环境体会发生下沉、产生差异沉降，内部应力发生变化。对摩擦桩产生负摩擦力；对河流有可能造成裂缝或涌水、突水现象	下穿
Ⅲ.新建隧道邻近新建隧道施工	（Ⅲ-1）隧道并列	与已有新建隧道平行新建隧道	已有新建隧道向邻近的新建隧道方向发生位移，产生变形叠加效应，已有新建隧道周边围岩发生松弛，已有新建隧道结构作用荷载增加	侧穿
	（Ⅲ-2）隧道交叉与重叠	（Ⅲ-2-1）从已有新建隧道上部穿过	浅埋时，有卸载作用，已有新建隧道结构上浮	上穿
		（Ⅲ-2-2）从已有新建隧道下部穿过	已有新建隧道会发生下沉，产生差异沉降，内力发生变化等	下穿

2.1.3 盾构隧道邻近施工特点

不失一般性，盾构邻近施工也可分为盾构邻近既有隧道（分为平行、侧穿）、盾构穿越车站、桥桩、地面建筑物、道路等工况。但盾构掘进具有与其他暗挖方法不同的特点。

盾构施工具有不可后退性。盾构施工一旦开始，盾构机就无法后退。由于管片外径小于盾构外径，如果要后退必须拆除已拼装的管片，这是非常危险的。另外，盾构后退也会引起开挖面失稳、盾尾止水带损坏等一系列的问题。所以，盾构施工的前期工作是非常重要的，一旦遇到障碍物或刀头磨损等问题，只能通过实施辅助施工措施后，打开隔板上设置的出入孔进入压力舱进行处理。

盾构推进过程中的各环节，地基都会产生变位。盾构机通过前的地基变位的原因与盾构机的推力相关，推力大可能导致地基隆起，推力小则可能使地基凹陷；通过时的地基变位的原因在于盾构机于地层之间摩擦以及超挖和弯曲导致地层损失；通过后的地基变位原因则在于管片衬砌与土层的空隙和注浆早晚等因素。

施工期间隧道内如果出现涌水或者其他原因致使地下水位下降时，会引起地面的大面积沉降。特别是软弱地基中，由于土体的扰动而产生的影响可能会持续数月之久，期间也可能产生较大的后续沉降。

对于已经存在的隧道而言，地基的变化也就相当于结构物的支承条件发生变化，已有的结构物势必受到影响。而一旦隧道结构的支承发生变化，既有隧道可能出现沉降、倾斜、变形等一系列不利现象,导致隧道在功能上和结构上双方面受到损害。在功能上常见的影响包括:沉降变化、容量减少、渗漏;结构上的常见损害有间隙扩大,接缝张开、破损、切断,等等。

对于新旧隧道并列邻近施工情况,既有隧道向新建隧道方向发生拉伸变形;因为并列隧道施工,既有隧道周边围岩松弛从而作用在既有隧道衬砌上的荷载增加可能产生偏压现象。对于新旧重叠隧道,由于条件限制,两条隧道近距离重叠修建,新建隧道在既有隧道的上方平行通过时,既有隧道随着开挖的进行不断向上方变形,围岩成拱作用受到破坏从而使衬砌上的荷载增加;新建隧道在既有隧道的下方平行通过时既有隧道随着开挖的进行发生下沉。

此外,环境保护是盾构施工中最关心的问题之一。国内外地下工程界对此非常重视,进行了深入研究,取得了一些成果。但因盾构施工过程引起的地表沉降与变形、地下水位变化及施工对地表建筑物的影响等是由隧道埋深、地层条件、盾构机型、施工工况等多种因素造成的,不同地域间具有较大差异。

分析相邻盾构隧道施工的影响时,应该综合考虑既有隧道与盾构机的距离、邻近施工区间的长度、盾构机的路线线形三方面的因素,建立合适的模型来分析。

2.2 地下工程邻近施工影响程度分区

2.2.1 地下工程开挖影响的力学分析

对隧道开挖进行弹塑性力学分析和数值模拟,结果表明:

(1)在隧道开挖前,地层中存在初始应力场。在隧道开挖后,地层中的应力状态将发生变化,形成二次应力场,二次应力场分为弹性和弹塑性两种情况。施加支护结构后,隧道围岩将形成三次应力状态。

(2)隧道开挖有一个影响范围的问题。单一隧道开挖后引起的应力重分布总是局限在一定范围内的,在离隧道开挖周边较近的地方,应力集中度高,在离隧道开挖周边较远的地方,应力集中度低,越远影响越小。因此,新建隧道开挖对周边产生的影响仅局限在一定范围内。在两隧道邻近施工时,当隧道中心间隔越小时,隧道周边的应力越大,从而引起隧道周围应力重分布发生恶化。

(3)两隧道邻近开挖的相互影响也是存在一个范围的,越近影响越大,反之越小,远到一定距离,影响消失。一般地,先开挖的隧道(支护后)已处于三次应力场中,若邻近再开挖新隧道,将会使其再次发生应力重分布,支护后使其应力场演变到五次应力状态,导致了受力的复杂性。

(4)围岩条件降低时,开挖将形成塑性二次应力状态,其影响范围要比弹性状态的大。侧压力系数、围岩类型不同时,塑性区的范围又有很大不同。对于完整的、强度较高的围岩条件,隧道开挖周边多处于弹性状态;对于破碎的、强度较低的围岩条件,隧道开挖周边多处于塑性状态。围岩条件越差,影响范围越大,在划分影响范围时应考虑围岩条件这一因素。

(5)施加支护结构后,形成三次应力状态。隧道周边径向应力增大,切向应力减小,隧道周边的应力状态从单向(或双向)变成双向(或三向)受力状态,提高了围岩的承载力。由于存在支护阻力,限制了围岩塑性区域的发展,改变了开挖影响范围。对于软弱或破碎地层,开挖前的地层预加固也是为了提高围岩的强度,使得开挖引起的应力尽可能不超过围岩强度,以利于控制塑性变形和塑性区的范围。

(6)围岩应力的重分布及支护阻力对围岩应力状态的改变都呈$(a/r)^2$(a为开挖半径)的负指数函数的梯度变化,影响呈加速度递减。

(7)在相同支护阻力下,围岩条件越差,影响范围越大,反之越小。要想减小软弱围岩中的影响范围,就必须加大支护阻力。这就说明了围岩条件和支护阻力是开挖影响范围划分的两个重要因素。

邻近开挖时会引起地层的应力重分布(加载或卸载),并导致地层的移动,从而产生对既有结构的影响。这个影响与距离直接相关,其新旧结构物的间距越小,影响程度就越大,反之,则越小,这种邻近影响程度被称为邻近度。这个影响可以通过工程措施予以减小或消除。因此,需对隧道邻近施工影响程度和对策进行研究。

2.2.2　邻近影响程度与对策等级

由上述力学原理可知,地下工程开挖对其周围的影响程度随距离远近而发生变化强弱,用邻近程度来表示。

主要根据新线工程的规模、设计施工方法、与既有结构的位置关系、地形地质条件、既有结构的力学健全度和对策的可能性,将新线施工的影响范围划分为无影响范围、注意范围、需采取措施的范围和慎重范围四类。其中,慎重范围内施工应该尽量避免。除无影响范围外,都要根据对既有结构的检查、量测等进行设计。根据邻近度的划分,应采取措施的内容见表2.5。

邻近度的划分与措施的内容　　表2.5

邻近度划分	划分内容	措施内容
无影响范围	不考虑新线施工对既有结构影响的范围	一般不需要采取措施
注意范围	通常不会产生有害影响,但有一定影响的范围	一般以采取合适的施工方法为对策,并根据既有结构的位移、变形量等推定允许值,再决定是否采取其他措施,为施工安全,要对既有结构物和新线进行量测管理
需采取措施范围	产生有害影响的范围	必须从施工方法上采取措施并根据既有结构的位移、变形量决定影响程度,而后采取相应措施。同时,对既有结构物和新线进行量测管理
慎重范围	对隧道结构有重大有害影响	应尽量避免该种情况,如果不能避免,则除了按"需采取措施范围"外还应特别注意新线施工振动的影响

有了影响范围的划分,便可以此来决定施工前调查、影响预测、对策、安全监测、施工方法和应采取的对策,等等。不同邻近程度的对策见表2.6。

邻近程度范围与对策　　表2.6

范　围	对　策		
无影响范围	现状调查	既有隧道结构调查	目视检查，确认状况
		地层调查(地形与地质)	资料确认
		邻近施工概况	设计、施工、位置关系确认
	影响预测	经验方法	不需要
		解析方法	不需要
	对策	既有隧道对策	不需要
		新建工程侧对策	不需要
		地层对策	不需要
	安全监视	结构物稳定	必要时实施
		轨道管理	不需要
		建筑限界	不需要
	施工记录	邻近工程的概况	希望加以保存
		安全监视结果记录	不需要
注意范围	现状调查	既有隧道结构调查	结构调查
		地层调查(地形与地质)	资料确认
		邻近施工概况	不需要
	影响预测	经验方法	不需要
		解析方法	不需要
	对策	既有隧道对策	不需要
		新建工程侧对策	按影响最小考虑
		地层对策	不需要
	安全监视	结构物稳定	必要
		轨道管理	必要
		建筑限界	必要
	施工记录	邻近工程的概况	必要
		安全监视结果记录	必要
需采取措施范围和慎重范围	现状调查	既有隧道结构调查	详细调查
		地层调查(地形与地质)	必要
		邻近施工概况	设计、施工、位置关系确认
	影响预测	经验方法	调查类似工程
		解析方法	必要
	对策	既有隧道对策	为确保安全采取必要对策，也可以考虑改变新建计划
		新建工程侧对策	
		地层对策	
	安全监视	结构物稳定	必要
		轨道管理	必要
		建筑限界	必要
	施工记录	邻近工程的概况	必要
		安全监视结果记录	必要

在新线穿越既有线的情况下，其邻近度的划分如图2.1所示，邻近度划分基准见表2.7。

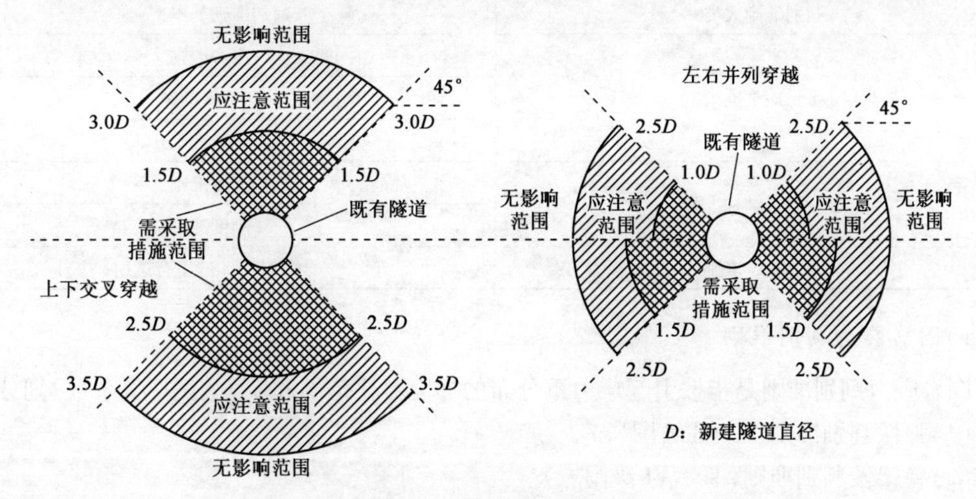

图2.1　新建隧道穿越既有隧道邻近度的划分图

穿越方式及邻近度划分　　表2.7

穿越方式及两座隧道的位置关系		隧道间隔	邻近度的划分
隧道并列	新建隧道比既有隧道高	$<0.5D$	慎重范围
		$0.5D\sim1D$	需采取措施范围
		$1D\sim2.5D$	注意范围
		$>2.5D$	无影响范围
	新建隧道比既有隧道低	$<0.5D$	慎重范围
		$0.5D\sim1.5D$	需采取措施范围
		$1.5D\sim2.5D$	注意范围
		$>2.5D$	无影响范围
隧道交叉（上穿）		$<5\text{m}$	慎重范围
		$5\text{m}\sim1.5D$	需采取措施范围
		$1.5D\sim3.0D$	注意范围
		$>3.0D$	无影响范围
隧道交叉（下穿）		$<5\text{m}$	慎重范围
		$5\text{m}\sim2.0D$	需采取措施范围
		$2.0D\sim3.5D$	注意范围
		$>3.5D$	无影响范围

注：D为隧道直径。

2.2.3　邻近影响程度的判别准则

在影响程度的判别中，判别准则可从地层和结构两大方面考虑，分为5个基本型，其选择应根据邻近类型而定，见表2.8。

邻近影响程度判别准则　　表2.8

判别准则大类	判别准则基本型
Ⅰ-地层准则	1. 应力准则
	2. 塑性区准则
	3. 位移准则
Ⅱ-既有结构准则	4. 强度准则
	5. 刚度准则
Ⅲ-复合准则	6. 准则1~5的组合运用

1)围岩应力判别准则

围岩应力判别准则是指按引起应力重分布的梯度变化范围和应力集中度(系数)划分。

(1)弹性判别准则(Ⅰ、Ⅱ级围岩)。

(2)弹塑性判别准则(Ⅲ~Ⅵ级围岩)。

与应力状态(λ)有关,考虑一般情况:$\mu=0.15\sim0.35$变化,$\lambda=\mu/(1-\mu)=0.18\sim0.54$。对高地应力及构造应力较大时,则需另行分析。本判别准则应为最严格(苛刻)条件,所以定的范围值偏大。对于软土地层,该判别准则应用较少。

2)塑性区判别准则

塑性区判别准则是指按塑性区不叠加(处于临界状态)确定分区指标。

考虑邻近施工引起周边应力重分布后若仍处于弹性状态时,说明围岩强度仍有潜力,对既有结构引起的受力变化不大,只有出现塑性区且与既有侧连通时,才会引起对既有结构物的较大影响。这种条件较应力判别准则有所放松。

3)位移判别准则

位移判别准则是指按新建工程引起既有结构物处的地层变位程度划分影响区域的判别准则。当既有结构对位移响应最强,如基础等的不均匀沉降、地表下沉及隧道的纵向位移等情况下,则应按位移值大小划分影响区域和邻近度。

4)既有结构物强度判别准则

既有结构物强度判别准则是指按新建工程引起既有结构物承载力改变程度划分影响区域的判别准则。既有结构的健全程度及新建工程对其影响程度将直接影响区域指标的划分。既有结构健全度越高,允许邻近的距离越小,反之则越大。

5)既有结构物刚度判别准则

既有结构物刚度判别准则是指按新建工程引起既有结构物形状改变程度及内部构造物允许的变位要求来划分影响区域的判别准则。

6)复合判别准则

复合判别准则是指准则1~5的复合运用。有些类型条件下,需同时考虑准则1~5中两种及以上判别准则的组合运用。

2.2.4　交叉邻近施工相互影响范围分析

对于两交叉隧道,不仅要考虑新建隧道对既有隧道的横向影响范围,还要考虑既有隧道可能受影响的纵向范围,按纵横向效应的影响范围如图 2.2 所示。当既有隧道纵向落入新建隧道的弱影响区时,就为纵向强影响区,即必须考虑纵向效应;当既有隧道纵向落入新建隧道的强影响区时,则落入部分除考虑纵向效应外,还必须考虑横向效应。其纵向影响范围的划分按摩尔—库伦准则确定,其潜在滑裂面的破裂角为 $45° + \varphi/2$,即从隧道墙角处引与水平方向成 $45° + \varphi/2$ 的斜线。其纵向影响范围按此斜线与既有隧道纵轴交点以外再增加 $2D_2$ 范围(D_2 为新建隧道的当量直径),$2D_2$ 是库伦破裂角以外地层变形波及的范围。

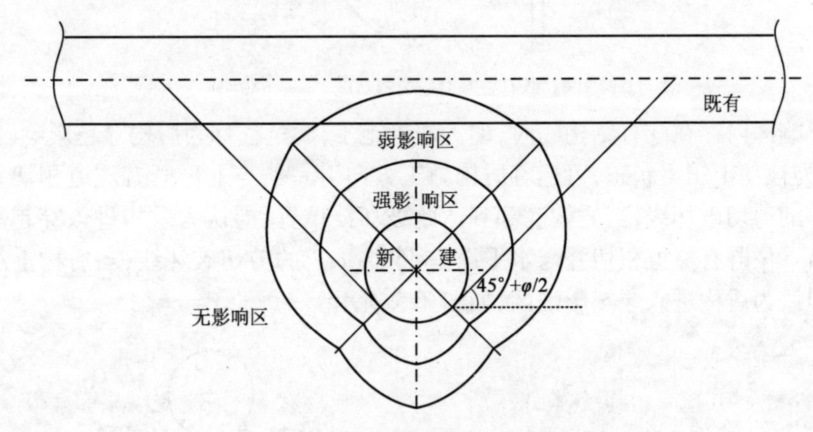

图 2.2　既有隧道受新建隧道施工影响的范围

同理,自既有隧道顶部向下作 $45° + \varphi/2$ 的斜线与新建隧道纵轴相交,可确定对既有隧道有影响的相交隧道的施工范围,如图 2.3 所示。自既有隧道底部向上作 $45° + \varphi/2$ 的斜线与既有桩基轴线相交,可确定桩基处于新建隧道的哪个影响区内,从而判定新建隧道对桩基的影响程度,如图 2.4 所示。

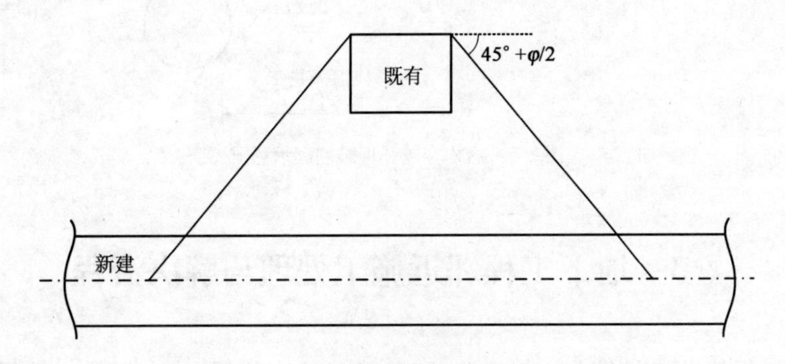

图 2.3　对既有隧道有影响的新建隧道施工范围

针对具体的地下工程邻近施工,既有隧道和新建隧道尺寸及二者的设计间距已知,按照土体的摩尔—库伦破坏准则,邻近施工影响范围即可确定。盾构隧道与一般暗挖隧道的邻近施工具有类似的规律。

对于盾构隧道,沿其掘进方向上,刀盘推压力和刀盘掘削作用对前方土体有一个扰动影响

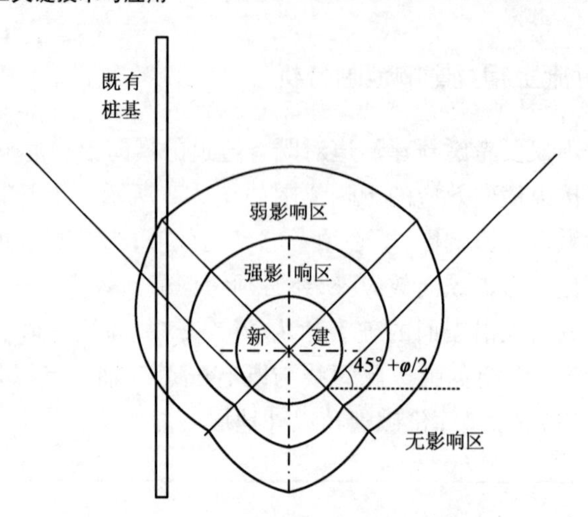

图 2.4　既有桩基受新建隧道施工影响的范围

区,当这个影响区内存在既有结构物时,即为邻近施工,此过程称为盾构穿越影响区。此时,前方土体一般为被动土压力状态,可迎着盾构施工方向引一条与上位既有隧道相切并与水平面呈 $45° - \varphi/2$ 的剪切破坏线,当盾构底部到达此破坏线位置,即认为盾构进入穿越影响区。同理,引一条与下位既有隧道相切并与水平面呈 $45° - \varphi/2$ 的剪切破坏线,当盾构上缘到达此破坏线位置,即认为盾构进入穿越影响区,如图 2.5 所示。

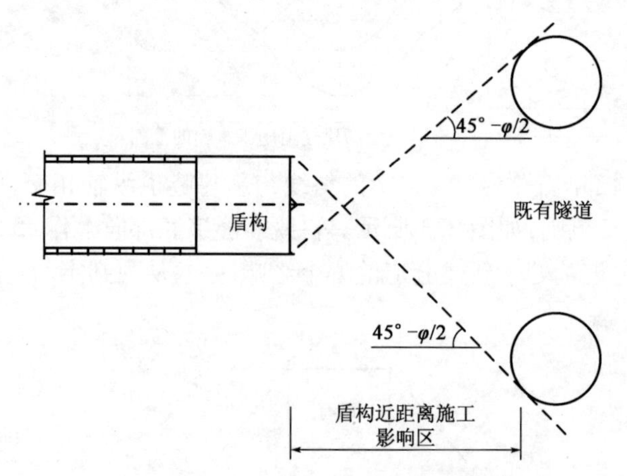

图 2.5　盾构穿越邻近影响区示意图

2.3　地下工程邻近施工处理与解决流程

在对地下工程邻近施工分类的基础上,针对某一具体的邻近施工,确定其邻近施工类型。随后要对既有结构、地层、新建工程进行调查,根据邻近施工的类型和特征,选用合适的影响程度判别准则和影响预测方法,判断预测值是否超过容许值,必要时采取相关对策。在施工过程中,对判别准则的量值要坚持监控量测的技术手段。地下工程邻近施工处理与解决的流程见图 2.6。

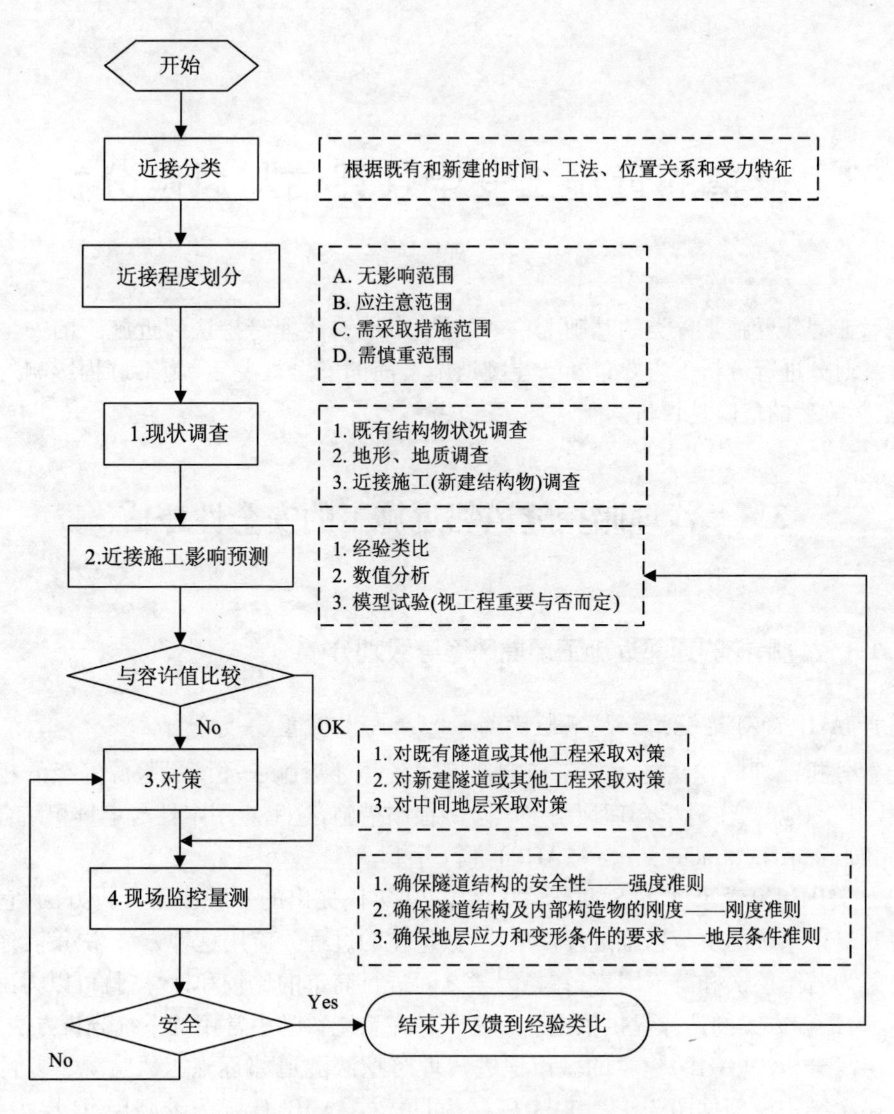

图 2.6　地下工程邻近施工处理与解决的流程

3　隧道邻近施工安全性评估与风险分析

在地下工程邻近施工分类的基础上，本章对城市地铁浅埋暗挖法邻近施工的安全性评估与风险等级划分进行分析。主要包括新建隧道施工前的安全性鉴定、施工过程影响的分析和评价、施工影响后的危险性评价。

3.1　浅埋暗挖隧道邻近施工的安全性评估

3.1.1　浅埋暗挖隧道邻近施工环境风险等级划分

1）基于 AHP 的邻近施工环境风险源影响因素与相对重要度分析

为定量分析浅埋暗挖法隧道施工影响范围内各类邻近施工环境风险源等级的相对重要度，有的放矢、因地制宜、科学合理地制定风险源控制措施，这里应用定性与定量相结合的层次分析法（Analytical Hierarachy Process，AHP）进行分析。

AHP 是美国运筹学家 A. L. Saaty 于 20 世纪 70 年代提出的一种决策分析方法，它是一种将决策者对复杂系统的决策思维过程模型化、数量化的过程。应用这种方法，决策者通过将复杂问题分解为若干层次和若干因素，在各因素之间进行简单的比较和计算，就可以得出不同方案的权重，为最佳方案的选择提供依据。这是一种在系统科学中常用的系统分析方法。

基于层次分析法（AHP）建立的城市地铁浅埋暗挖法隧道邻近施工风险源重要性等级评价与控制层次结构模型见图 3.1。其中，G 层为目标层，A、B、C 层为准则层，D 层为最低层。为了因素的计算、比较与分析方便，也可看作因素树图，这样 G 层为目标因素层，D 层为基因素层，相应的点为基因素点，其余层为复合因素层，相应的点为复合因素点。

由图 3.1 可计算各层次因素的权重，基因素层中各影响因素的重要性排序见表 3.1。

邻近施工环境风险源影响因素重要性排序　　表 3.1

序　　号	因　　素	权　　重
1	政府决策（B1）	0.3189
2	（既有工程结构）正常使用功能（C1）	0.1861
3	公众态度（B2）	0.1399
4	工程造价（A4）	0.0753
5	投资环境（B3）	0.0672
6	施工技术水平（C3）	0.0559

续上表

序　号	因　素	权　重
7	工期影响(A3)	0.0475
8	施工管理水平(C4)	0.0334
9	(既有工程)结构可修复性(C2)	0.031
10	交通影响(B4)	0.0255
11	工程地质条件(D1)	0.0075
12	施工方法(C5)	0.0054
13	地下水处理难度(D2)	0.0041
14	邻近复杂度(D3)	0.0023

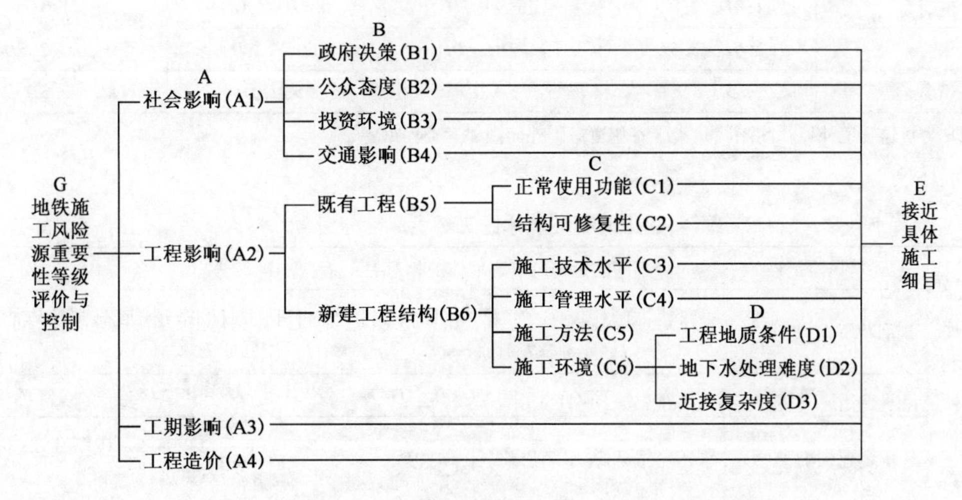

图3.1　邻近施工风险源重要性等级评价与控制层次结构模型

由排序知，社会影响中的政府决策因素为地铁施工风险源分析的第一要素，这说明一个工程在其实施过程中，如果频繁发生这样或那样的工程事故，则有极大的可能去影响政府决策的信心，从而导致停止或延缓工程的可持续建设；另外，社会影响中的公众态度因素以及投资环境因素也是分析与确定施工风险源的重要因素，这都足以说明在确定与评价施工风险源时，社会因素是必须考虑的第一位要素。

第二位要素是既有工程结构的正常使用功能，这表明如果建设一个新的工程而以牺牲或投入较大的经济代价来维持原有工程的正常运营，是极不可取的。

因此在分析与确定施工风险源及控制措施时，必须重点考虑如何保证既有工程结构的正常使用功能。

由排序也可清楚地看到，施工技术水平以及施工管理水平也是降低施工风险的重要因素，而施工方法、邻近复杂度等因素在排序中其权重较低，这都说明优选一个资质级别高、管理素质强、施工经验丰富的大型施工企业是工程安全实施的重要保障。

2）邻近施工环境风险分级

邻近施工环境风险分级要依据多条件因素来判断，结合北京新线地铁施工管理现状，其需要考虑诸如邻近施工的环境种类、邻近施工分类、邻近工程的规模、邻近施工的设计与施工方法、地形与地质条件、相对既有环境体的健康程度、工程实践以及图 3.1 和表 3.1 等要素的分析,并借鉴邻近度的划分等来进行环境安全风险等级的划分。

基于上述分析,邻近既有线施工环境风险的分级见表 3.2,邻近既有环境体施工环境风险的分级见表 3.3。

邻近既有线施工环境风险分级 表 3.2

穿越方式间距 风险等级	下穿(垂直间隔)	上穿(垂直间隔)	侧穿(水平间隔)	
			新建线比既有线位置高	新建线比既有线位置低
特级	<5m			
一级	5m ~ 1.0D	<5m	<0.5D	<1.0D
二级	1.0D ~ 2.0D	5m ~ 1.5D	0.5D ~ 1.0D	<1.5D
三级	2.0D ~ 3.5D	1.5D ~ 3.0D	1D ~ 2.5D	1.5D ~ 2.5D
无风险	>3.5D	>3.0D	>2.5D	>2.5D

注:D 为新建隧道外径,“间隔”,是指既有隧道衬砌外面到邻近工程距离。

邻近既有环境体施工环境风险分级 表 3.3

风险等级	环境风险工程	新建隧道与既有环境体的相对关系	备 注
一级	重要桥梁(桩体)	邻近,强烈影响区[穿越水平距离小于 2.5d(d 为桩径),且破裂面影响桩长大于 1/2]	其他邻近程度根据具体情况可降低一级
	重要市政管线	下穿或侧穿,强烈影响区(<0.5D)	强烈影响区外一般可降低一级
	重要建(构)筑物	下穿或侧穿,显著影响区(≥1.0D)	其他影响区范围结合建(构)筑物特点可进行调整
	河流、湖泊	下穿或侧穿	
二级	重要桥梁(桩体)	邻近,显著影响区[穿越水平距离大于 2.5d(d 为桩径),且破裂面影响桩长小于 1/2 且大于 1/3]	其他邻近程度根据具体情况可降低一级
	重要市政管线	下穿或侧穿,显著影响区(<1.0D)	一般影响区(≥1.0D)根据具体情况可降低一级
	重要建(构)筑物	下穿或侧穿,一般影响区(1.0D ~ 1.5D)	
三级	重要桥梁(桩体)	邻近,一般影响区[穿越水平距离大于 2.5d(d 为桩径),且破裂面影响桩长小于 1/3]	
	一般市政管线	下穿或侧穿,显著影响区(<1.0D)	强烈影响区可根据具体情况上调一级
	一般市政道路及其他市政基础设施工程	下穿或侧穿,显著影响(<1.0D)	强烈影响区可根据具体情况上调一级
	一般既有建(构)筑物、重要市政道路工程	下穿或侧穿,显著影响区(≥1.0D)	强烈影响区可根据具体情况上调一级

3.1.2　评估等级划分

根据以上邻近施工环境风险等级的划分，将邻近施工分为以下三个评估等级：详细评估、一般评估和只调查，不评估。

1）详细评估

邻近施工前，委托有资质的专业单位完成以下主要工作：既有建（构）筑物的调查、外观及质量评估等，最终得出量化的既有建（构）筑物抵抗附加变形和荷载的能力以及安全运营条件要求的其他条件。

2）一般评估

邻近施工前，委托有资质的专业单位，也可由施工单位自行完成同详细评估的主要工作内容。

3）只调查，不评估

由施工单位自行对既有建（构）筑物现状进行调查。

评估等级划分依据如下。

（1）对于环境安全风险等级为“特级”、“一级”、“二级”的既有建（构）筑物，必须进行“详细评估”。

（2）对于环境安全风险等级为“三级”的建（构）筑物，需进行“一般评估”。

（3）对于环境安全风险等级为“无风险”的建（构）筑物，可以“只调查，不评估”。

3.1.3　邻近施工的安全性评估

邻近施工安全性评估的一般程序见图3.2。

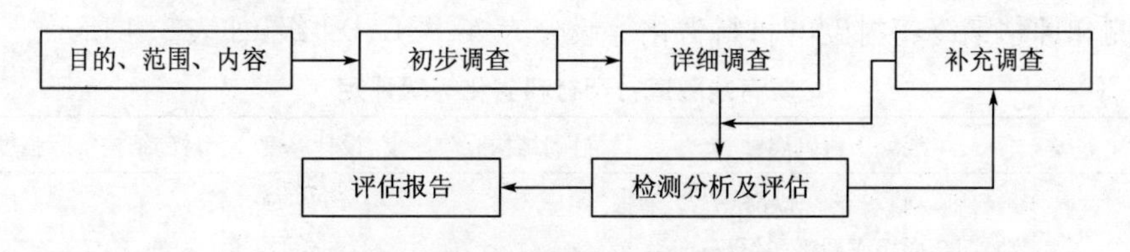

图3.2　邻近施工安全评估程序框图

1）邻近既有线施工安全评估与既有线结构现状等级划分

（1）既有线评估内容调查与检测。既有线评估内容包括以下5个部分。

①既有线结构的调查与评估。

②限界的调查与评估。

③线路的调查与评估。

④轨道结构的调查与评估，包括钢轨及配件，扣件、轨枕及道床等的调查与评估。

⑤防水结构。

既有线评估范围为既有隧道的调查范围，从新建隧道的外缘到$5D_2$左右的外侧位置。

第一，既有线结构的调查与评估。

①调查设计资料和图纸、隐蔽工程的施工记录及竣工资料，调查既有线设计单位、施工单位等。

②调查既有线地层资料，通过调查设计资料、勘察资料等，确定既有线的地层状况。

③调查既有线建成年代、结构形式及设计使用寿命，此调查有助于确定混凝土的剩余强度值。

④调查既有线维修情况，如果有维修情况，调查维修原因、结果及其可能造成的影响。

⑤调查结构和变形缝处漏水情况，可以通过目视检查，如果有漏水现象，则提出维修处理措施。

⑥变形缝的调查与评估。如果既有结构的变形缝在施工影响范围内，新线施工造成变形缝的差异沉降可能会影响列车安全，因此要对变形缝的位置和宽度进行量测。确定在不影响列车正常运行的情况下，沉降缝允许的差异沉降量。

⑦混凝土强度检测。对混凝土强度的检测采用回弹法。

⑧衬砌厚度检测。衬砌厚度的检测可采用地质雷达。

⑨混凝土保护层厚度、碳化深度检测与评估。混凝土保护层可以采用钢筋位置定位仪进行量测，同时可辅以少量小破损（凿除）的方法，用游标卡尺实际量测钢筋保护层厚度。混凝土碳化深度可采用电钻法[在选定测区的混凝土表面钻出直径15mm、深度50mm的孔洞，孔洞中的粉末用毛笔和皮老虎除净（不得用水擦洗）]。根据检测结果判断保护层厚度是否满足设计要求，同时对目前的实际状态及其对剩余强度的影响作出评价。

⑩混凝土外观、裂缝检查与评估。外观检查通过检查混凝土表面是否开裂，混凝土有无脱落、掉块，是否有锈迹，为推断混凝土质量提供依据。裂缝宽度采用裂缝卡尺进行量测，裂缝深度可以采用非金属超声仪进行量测，对于裂缝的走向和发展趋势要进行描述。从测试结果判断裂缝成因及洞体沉降可能对裂缝产生的影响。地铁隧道衬砌材料劣化是指修建衬砌的材料（混凝土等）在大气、水、烟、盐等侵蚀介质作用下发生的劣化现象。根据以上几方面对衬砌混凝土的监测和评估最终将衬砌的材料劣化等级分为A、B、C、D4级，如表3.4所示。

既有线隧道衬砌材料劣化等级评定 表3.4

衬砌材料裂化等级	混凝土衬砌腐蚀	衬砌结构有效厚度/设计厚度	衬砌结构实际强度/设计强度
A（严重）	衬砌材料劣化，稍有外力或震动，即会崩塌或剥落，对行车产生重大影响；腐蚀深度10mm，面积达0.3m²；衬砌有效厚度为设计厚度的2/3左右	衬砌结构有效厚度与设计厚度的比值 $H_P/H_D<50\%$	衬砌结构实际强度与设计强度的比值 $\sigma_P/\sigma_D<67\%$
B（较重）	衬砌剥落，材质劣化，衬砌厚度减少，混凝土强度有一定的降低	衬砌结构有效厚度与设计厚度比值 H_P/H_D：$50\% \leqslant H_P/H_D \leqslant 67\%$	衬砌结构实际强度与设计强度比值 σ_P/σ_D：$67\% \leqslant \sigma_P/\sigma_D \leqslant 80\%$
C（中等）	衬砌有剥落，材质劣化，但发展较慢	衬砌结构有效厚度与设计厚度比值 H_P/H_D：$67\% \leqslant H_P/H_D \leqslant 85\%$	衬砌结构实际强度与设计强度比值 σ_P/σ_D：$80\% \leqslant \sigma_P/\sigma_D \leqslant 90\%$
D（轻微）	衬砌有起毛或麻面蜂窝现象，但不严重	衬砌结构有效厚度与设计厚度比值 $H_P/H_D>85\%$	衬砌结构实际强度与设计强度比值 $\sigma_P/\sigma_D>90\%$

⑪车站梁柱构件钢筋扫描检测。钢筋扫描的目的是确定车站混凝土构件配筋数量、直径等参数，为承载能力计算提供依据。采用钢筋位置定位仪实现。

⑫Cl^-含量的检测和评估。检测可以采用取芯法。按现行规范对环境类别的分类方法，确定既有地铁结构所处的环境类别；根据既有结构的设计使用年限及检测的Cl^-含量，判断是否超过限值要求。

⑬碱含量的测试。测试采用取芯法。按现行规范对环境类别的分类方法，确定既有地铁结构的环境类别；根据既有地铁结构的设计使用年限及检测的碱含量，判断是否超过限值要求。

⑭钢筋锈蚀测试。对于钢筋锈蚀的检测可以采用无损检测（电化学方法）和小破损试验相结合的方法。电化学方法采用钢筋锈蚀仪。对怀疑锈蚀的部位进行小破损试验，用电化学测试结果和小破损试验结果综合判断混凝土内钢筋的锈蚀状况。根据检测结果给出钢筋锈蚀状况，针对其对钢筋抗拉强度的影响作出评价。可参照表3.5。

钢筋材料腐蚀等级　　表3.5

钢筋材料腐蚀等级	钢筋实际强度/设计强度
A（严重）	钢筋实际强度与设计强度比值 $\sigma_P/\sigma_D<67\%$
B（较重）	钢筋实际强度与设计强度比值 σ_P/σ_D：$67\%\leqslant\sigma_P/\sigma_D\leqslant80\%$
C（中等）	钢筋实际强度与设计强度比值 σ_P/σ_D：$80\%\leqslant\sigma_P/\sigma_D\leqslant90\%$
D（轻微）	钢筋实际强度与设计强度比值 $\sigma_P/\sigma_D>90\%$

第二，限界的调查与评估。调查掌握线路的车辆限界、设备限界、建筑限界等设计资料。在调查范围内，设置一定断面进行线路净空的量测。根据量测结果给出净空能承受的附加变形量。

第三，线路的调查与检测。

①平面曲率半径。调查线路类型，根据《地铁设计规范》，结合设计曲率半径值，确定允许的结构的平移量值。

②线路纵向坡度及竖曲线半径。根据有关技术标准，车站站台的坡度不宜大于5‰。调查原设计图纸及施工、竣工图纸，确定线路的实际纵坡值，给出纵向坡度产生的允许值。确定线路的实际竖曲率半径值，从而确定结构纵向沉降控制的允许值。

第四，轨道结构的调查与评估。轨道结构是指路基面或结构面以上的线路部分，由钢轨、扣件、轨枕、道床等组成，包括走行轨和接触轨。由于施工扰动导致隧道结构变形，轨道结构最可能发生的变形是沉降，其次是倾斜、上抬和平移等，又由于隧道结构与轨道道床结构之间没有连接，还有可能发生隧道结构底板与道床结构剥离，整体道床开裂的情况。

①调查钢轨的结构尺寸，钢轨基础使用状态，接头螺栓和螺母的强度等级；调查扣件，扣件是钢轨与轨枕的连接材料，扣件刚度与轨下垫层刚度的良好配合是保证钢轨稳定的前提，对扣件形式、刚度及使用状态进行调查；计算轨道和扣件的刚度，用于以后参考；判定钢轨和扣件能否正常、共同工作。

②检测混凝土整体道床自身的裂缝分布、走向、长度、宽度及与轨枕的平、剖面关系；检测道床与结构洞体底板、边墙间裂缝的长度、宽度、深度及分布。检测可以采用量测、超声波和读数显微镜等方法进行。道床底面与洞体结构间裂缝隐蔽，从外观很难对裂缝的宽度和分布进

行精确的检测。检测可以采用道床沟底探测法、钻芯取样放水试验法和道床边缘敲击判断法进行。根据列车产生的水平力和竖向力，分析计算道床与结构之间的共同工作状态；根据资料调查情况及计算分析结果，对道床与结构洞体底板、边墙及轨枕间的共同工作现状进行评估。

③轨道高差与宽度的调查。单线两轨的高差与水平距离的变化将影响到既有线列车的安全运营。对于两个轨道的高程和宽度及列车情况进行调查，确定两轨的允许高差值和允许的增宽值与减窄值。

第五，防水结构。调查既有线防水等级、防水措施、材料、结构。既有线受施工影响，不能产生漏水。防水层的材料和结构形式决定了它承受外加影响的能力。

(2)既有线承载能力及变形能力评估。

①既有线结构承载安全度估算。根据既有结构建成年代，以及当时的《钢筋混凝土结构设计规范》(现已改为《混凝土结构设计规范》)进行既有结构承载安全度的估算。以北京地铁2号线承载安全度估算为例，应根据既有地铁构筑物结构的工程材料、结构尺寸及所配钢筋，按照当时的《钢筋混凝土结构设计规范》(TJ 10—1974)对结构横向、纵向承载力分别以裂缝控制、强度控制两种工况进行验算。根据检测和评估可确定既有地铁构筑物结构混凝土强度和配筋情况与钢筋强度。结构内力计算结果显示，地铁结构横向主要承受弯矩和压力，属于偏心受压构件；而结构纵向也主要承受弯矩和轴力，但轴力有拉有压。因此，在反算结构横向各部位的承载能力时，可偏于安全的按纯弯构件考虑。

②既有线结构的允许水平位移、沉降和差异沉降的估算。列车安全运营对线路平曲率、纵坡、纵曲率都有一定要求，轨道、道床、结构共同工作，结构的变形决定了平曲率、纵坡、纵曲率的变化。根据允许变化值，确定结构的允许变形及差异沉降。

③既有线结构变形能力控制值。根据既有结构的实际变形情况及荷载情况确定结构安全度，可分为如下三步。第一步：如果既有线运营过程中，没有受到施工或加载等因素产生的纵向的不均匀荷载作用，通常结构纵轴线方向的沉降为整体下沉，结构构件中所受的力为初建时设计外荷载产生。根据荷载大小，通过横向和纵向的裂缝和强度检算，可以算出结构构件各部位的承载能力，并可算出结构的变形。第二步：当结构受施工影响或有纵向荷载不均匀，结构会承受来自不均匀位移产生的附加荷载。将结构的位移转化成荷载输入，则可得到一定的位移在结构中产生的附加应力。第三步：将第一步与第二步中结构的内力相加，则得到结构的实际受力状态。要判断既有地铁构筑物在受外部影响下内力状态是否安全，需要把计算出的既有结构内力与其自身承载能力作比较。如果结构内力没有超出承载能力的范围，那么结构是安全的；反之则不安全。应该分别就结构横向、纵向对二者进行比较。结构的受力等于其承载能力，此时结构最大变形处的变形值即为该变形规律下既有结构的变形能力控制值，不能超过此变形值。既有结构的变形能力除了受结构的承载能力控制之外，还受线路的限制，即既有结构的变形不能影响安全运营。在同时受二者控制情况下，以取小为原则确定既有结构的允许变形。

④轨道的允许高差、允许轨距增宽与减窄值。根据线路运营要求，轨道间距和高差的变化必须控制在一定范围内，采用《地铁设计规范》(GB 50157—2003)结合设计要求，并通过对实际情况的检查，确定各项允许值。

⑤断面的允许净空变化。根据线路运营要求，断面的净空余量必须满足建筑和车辆限界

等要求，采用《地铁设计规范》（GB 50157—2003）结合设计要求，并通过对实际情况的检查，确定净空余量是否足够，并可通过部分构件的改移加大净空余量。

(3)既有线结构现状等级划分。既有地铁构筑物的现状等级应体现它目前的状态与设计状态的对比情况。由于既有地铁均在运营，能满足线路运营要求，现状评估等级主要根据既有地铁结构的承载能力来划分。从既有结构建成到运营至今，钢筋的配置情况不会发生变化，因此既有结构的承载能力的变化主要由钢筋和混凝土的强度变化及混凝土厚度的变化情况决定。由上可知，根据混凝土的强度和厚度变化可将衬砌材料的劣化等级分为A、B、C、D4个等级；钢筋受腐蚀强度弱化，也可分为A、B、C、D4个等级。根据二者的结果，以较低等级为准，确定既有地铁构筑物的现状等级也可分为A、B、C、D4级。

2）邻近既有环境体施工安全评估

(1)邻近既有环境体施工评估调查的主要内容。邻近既有环境体施工评估调查的主要内容见表3.6。结构变形缝、混凝土强度、混凝土外观与裂缝、钢筋扫描与锈蚀、Cl^-含量与碱含量的检测与评估同既有线相关内容。下面以邻近重要桥梁工程为例，说明浅埋暗挖法隧道对邻近既有环境体施工评估应重点调查的内容。

邻近既有环境体施工评估调查的主要内容　　表3.6

既有环境工程	资料来源	资料内容	调查深度内容
房屋结构	设计单位档案资料、业主单位档案资料、档案馆资料等	房屋结构设计图、基础设计图、竣工图、现状检测资料等	房屋的建设年代、产权单位；房屋的层数、高度、结构类型、用途等；房屋的地下室设计、基础形式；房屋的现状使用情况、裂缝分布等；房屋的整体沉降及不均匀沉降量允许值
管线（管廊、直埋）	测绘部门提供、产权单位档案资料、管理单位档案资料、物探资料等	地下管线空间分布	管线的建设年代、使用现状、病害情况等；管线类型、管径、走向、高程、数量等；管体材料、接头位置及构造、工作情况、检查井位置等；管线的产权单位、在管网中的位置及重要性等；管线不均匀沉降允许值及接头允许转角或张开量等
桥梁及基础	测绘部门提供、产权单位档案资料、管理单位档案资料、物探资料等	桥梁结构及基础设计	桥梁的建设年代、产权单位；桥梁的使用现状、病害情况等；桥梁上部结构形式、跨度、截面类型等；桥梁基础类型、基础设计参数、安全系数等；基础及上部结构允许沉降量
道路	测绘部门提供、交通部门	公路路面、路基资料	公路等级、交通流量等；路面、路基类型；构筑物的施工工法、结构类型、结构配筋等；道路允许沉降量
水体	测绘部门提供、河湖管理单位档案资料、物探资料等	河流、湖泊水文资料	河湖水文特点，管理单位；水面宽度、水深；河床构造、淤积程度、有无防渗；流量、冲刷线、是否有防洪功能，是否有断流或导流条件等

第一,邻近桥梁检测的内容和方法。各邻近桥梁可根据结构各部分邻近等级所要求达到的评估等级来确定合理的检测内容,下面为邻近桥梁检测的一般内容。

①桥梁主体结构的裂缝状况调查。对所有裂缝均应检查,并测量裂缝的位置、方向及延伸长度以及主要裂缝的最大宽度和深度。结构裂缝必须由图纸表示:立面图、平面图,在图纸上应标出裂缝长度及宽度。

②桥梁主体结构破损的位置、形状、尺寸等。

③桥梁附属结构(支座以及其他附属设施)的破损状况。

④支座是否脱空。

⑤混凝土强度检测。混凝土强度检测可视现场情况采用回弹法或超声回弹综合法进行检测,必要时需取芯进行修整。

⑥混凝土碳化深度检测。

⑦钢筋位置及混凝土保护层厚度检测。

⑧钢筋应力。

⑨桥梁基础是否有其他较大的地下构筑物扰动过。

第二,邻近桥梁结构现状与承载及抗变形能力的评估内容。各邻近桥梁可根据结构各部分邻近等级所要求达到的评估程度来确定合理的评估内容,主要评估内容如下。

①桥梁结构材料性能劣化情况。桥梁结构损伤主要表现为材料性能劣化、松散、开裂以及锈蚀等方面,相应在物理参数上反映为结构刚度、质量的降低以及固有频率的变化,工作的重点应是测评结构刚度的变化。可以采用固有频率为标志量,进行结构模态测试和结构振动计算,通过对比分析结构模态频率和阻尼比的变化,判断结构刚度的退化情况。

②桥基既有沉降。桥梁的抗附加变形和附加应力能力与桥梁已有沉降量有关,应推算在地铁施工之前桥梁已经发生的沉降。

③桥基承载状态与安全度评估。通过计算判断桥基受地铁隧道施工影响的敏感程度。在计算时应考虑地铁隧道施工对桥基的负摩阻力。

④在桥梁评估中对斜桥、弯桥、异型桥,应进行空间分析,对弯、剪、扭都应进行分析验算,根据桥梁形式及施工步序,还应对施工过程最不利工况下的变形允许值进行分析。

⑤桥梁结构承载能力及抗变形能力评估。根据桥梁的结构形式特点和地铁施工影响的敏感程度,参考桥梁外观检测与刚度评估、桩基工前沉降与承载及安全度评估的结果,施工影响区域内的桥梁进行综合分析,得出桥梁承载能力以及变形能力的评估结果。桥梁相邻墩台之间的差异沉降量与地铁隧道施工的相对空间布置和进度计划有关。应根据施工影响分析所得到的可能差异沉降量,通过计算分析,评估其(顺桥向差异沉降量,横桥向差异沉降量)对桥梁上部和下部结构所可能带来的不利影响程度。

⑥桥梁抗附加荷载和附加沉降能力评估。对上述桥梁调查与评估项目进行综合分析,在此基础上,给出桥梁抗附加荷载和附加沉降能力的评估。

对桥梁下部结构为超静定结构,除了应计算墩柱差异沉降值外,还应计算墩柱允许倾斜值。

(2)邻近既有环境体施工安全评估的影响区级别划分。

①邻近重要桥梁(摩擦桩)施工。邻近重要桥梁(摩擦桩),其施工影响据实践可分为强烈影响区、显著影响区和一般影响区。强烈影响区:穿越水平距离小于 $2.5d$(d 为桩径),且破裂面影

响桩长大于1/2；显著影响区：穿越水平距离大于2.5d（d为桩径），且破裂面影响桩长大于1/3小于1/2；一般影响区：穿越水平距离大于2.5d（d为桩径），且破裂面影响桩长小于1/3。

②邻近重要建（构）筑物施工。对浅埋暗挖法隧道，邻近建（构）筑物施工，一般指下穿或侧穿。邻近重要桥梁[端承桩（浅桩）、扩大基础]也属于下穿或侧穿。其施工影响也可分为强烈影响区、显著影响区和一般影响区，分区按水平或垂直间隔的最小值来划分。强烈影响区：小于1.0D；显著影响区：大于等于1.0D；一般影响区：大于1.0D且小于1.5D。

③邻近重要市政管线施工。分类的定义同邻近重要建（构）筑物施工。强烈影响区：小于0.5D；显著影响区：大于0.5D且小于1.0D；一般影响区：大于等于1.0D。

（3）既有建（构）筑物结构现状等级划分。既有建（构）筑物结构现状等级划分也取决于混凝土和钢筋，与既有线的现状等级相同，也划分为A、B、C、D4级。

3.2　浅埋暗挖隧道邻近施工的风险等级划分

3.2.1　风险等级划分的目的

（1）为制定地铁施工时邻近既有线和建（构）筑物等环境的控制标准及防护、加固措施提供依据。

（2）为新建地铁隧道线路选择、地铁结构形式选择、施工方案选择等提供依据。

3.2.2　风险等级划分所依据的主要因素

（1）邻近既有线和建（构）筑物等环境与新线地铁结构的空间位置关系。

（2）既有线和建（构）筑物等环境抵抗附加荷载和变形的能力。

（3）既有线和建（构）筑物等环境的设计使用年限。

（4）既有线和建（构）筑物等环境位置处的工程地质和水文地质条件。

（5）浅埋暗挖法新建地铁隧道结构的跨度和施工方法。

3.2.3　风险等级划分的程序

（1）根据既有线和建（构）筑物等环境与新建地铁结构的相对位置关系进行分类。

（2）根据既有线和建（构）筑物等环境的分类，结合与新建地铁的位置关系，进行邻近施工环境安全分级。

（3）根据邻近施工环境安全等级确定评估等级，也即既有线和建（构）筑物等环境的调查与评估内容。

（4）对既有线和建（构）筑物等环境的现状进行调查与评估，确定承载能力，划分现状等级。

（5）根据分类结果、环境安全等级及现状等级等，综合确定既有线和建（构）筑物等环境的风险等级。

(6)综合考虑新建地铁结构的施工方法和跨度等因素,结合工程地质与水文地质情况修正风险分级。

3.2.4 既有线和建(构)筑物等环境的风险等级划分

根据既有线和建(构)筑物等环境的穿越方式、环境安全等级的划分,结合既有线和建(构)筑物等环境的现状评估等级,划分新建地铁施工对既有线和建(构)筑物等环境影响的风险等级。

新建地铁施工对既有线和建(构)筑物等环境影响的风险等级应划分为特级、一级、二级、三级和无风险5个级别。风险等级划分见表3.7。

风险等级分级　　表3.7

风险等级	环境安全风险级别	现状等级
特级	特级	A、B、C、D
	一级	A
一级	一级	B、C、D
	二级	A
二级	二级	B、C、D
	三级	A
三级	三级	B、C、D
	无风险	A
无风险	无风险	B、C、D

进行既有线和建(构)筑物等环境的风险分级时,可结合工程特点和环境特点,在充分调查研究及分析的基础上,可以把下一等级的风险工程项目按高一个等级进行安全风险管理。

3.3 邻近既有线施工安全评估实例

以北京地铁5号线新建崇文门车站采用浅埋暗挖法施工穿越既有地铁2号线为例,说明安全评估在实际工程中的应用。

既有线隧道结构建造于1968年,为C30钢筋混凝土方形框架结构,底板和侧墙厚度为0.7m,顶板厚度0.8m,单个隧道断面尺寸为5.9m×5.9m,每18m设置一条变形缝。下穿施工中变形缝易发生差异沉降,产生错动。既有线修建中,结构底部进行了大量回填,施工中应予以重视。

(1)经检测,混凝土强度、碳化深度及钢筋保护层厚度、芯样的Cl^-离子含量和碱含量均满足原设计要求或规范规定的限值要求;钢筋经检测未锈蚀;部分混凝土表面出现蜂窝麻面现象,混凝土裂缝多为竖向裂缝,裂缝主要呈中间宽两端细、上端细下端宽两种形态。裂缝宽度在0.1~1mm。结合结构工作环境、裂缝形态及走向,推测裂缝为环境温差引起的混凝土胀缩造成的。

（2）道床为素混凝土结构，二次浇筑在隧道结构上，浇筑面仅凿毛处理，未采用其他锚固措施。下穿施工中，道床与隧道结构可能会脱开，道床易产生裂缝、碎裂。预制混凝土轨枕整体浇筑在道床中，轨枕与道床之间有钢筋锚固连接。扣件为弹性分开式 DT Ⅰ型扣件，可以通过加垫垫片抬高钢轨（50kg/m），最大垫高为 20mm。

（3）根据对限界的量测，部分断面高度方向的净空余量低于 40mm，可通过改移隧道顶部的漏泄电缆以增加净空余量。

（4）穿越影响范围的既有线结构位于 $R=350\text{m}$ 的曲线上，轨道最大超高为 120mm。此段既有线为离站加速段和到站减速制动段，列车在钢轨中产生的水平力较大，应采用轨距拉杆、护轨等予以防护。

经施工前评估，确定的穿越既有线轨道结构变形预警值和标准值见表 3.8。

既有线轨道结构变形预警值和标准值（单位：mm） 表 3.8

变形类别		沉降	平移	沉降差	道床开裂	隧道结构与道床脱离
预警值	每日	3	1	2	0.5	1
	累积	30	4	6	1	3
标准值	每日	4	2	3	0.5	2
	累积	40	6	10	1	5

地铁 5 号线崇文门站于 2004 年 2 月开始施工，截至 2005 年 1 月，新线车站施工导致既有结构最大沉降达 30.9mm，超过了施工前评估的 30mm。经观测，既有结构中道床与结构间产生裂缝，为保证道床的正常工作和运营安全，启动了施工中评估，由甲方委托国家工业建筑诊断与改造工程技术研究中心对地铁 5 号线下穿 2 号线地铁崇文门区间既有结构、隧道限界和道床进行了系统的检测与评估。评估结果如下：

（1）对结构的检测表明，结构边墙与顶板的裂缝有所加宽，其增大幅度为 0.1～0.7mm，结构自身开裂情况较为严重，裂缝宽度多为 0.3～0.7mm，个别较宽处达到 1.3～1.7mm，裂缝多为环向。在车站施工过程中，监测单位对裂缝的发展和变化进行了实时监测，根据监测结果和结构安全评估要求，可以在车站的施工过程中以及施工完成后对结构的裂缝进行补强处理。

（2）隧道限界的量测。既有线机车高度（轨面到车顶距离）为 3.51m，经量测，尽管新线施工已引起既有线沉降，但既有隧道净空仍有足够的余量。

（3）道床的检测与评估。

①道床表面裂缝主要是由于道床混凝土因温差胀缩引起，洞体结构不均匀下沉对道床表面裂缝也产生了局部不利影响。

②道床底面与洞体结构间的裂缝主要集中在 5 号线下穿通过区域，在靠近变形缝附加区域裂缝基本贯通，裂缝产生的主要原因是：受轨道约束作用影响，在洞体下沉变形情况下道床与洞体沉降不同步引起的。

③对道床与洞体结构的共同工作分析表明，在目前道床裂缝分布状况并经灌浆处理后，道床与洞体结构之间能够共同工作。

④在后续施工和列车动载的影响下，道床裂缝可能会进一步发展并产生新的裂缝，需要定期检查。

3.4 盾构法施工安全风险分析与评估

3.4.1 盾构施工流程

盾构施工步骤复杂,流程繁多。按照工作分解结构原理,本书将盾构施工过程按进展顺序分为6步,分别是:施工准备阶段、修建始发井阶段、盾构机拼装阶段、盾构始发阶段、盾构掘进阶段、盾构出洞吊装阶段。盾构施工流程如图3.3所示。

1)施工准备

(1)端头土体加固检测。由于水文地质因素,工程盾构施工前应当对工程始发段进行土体加固,土体加固材料一般采用钢筋混凝土、SWM、素混凝土等。施工方法有旋喷桩、钻孔灌注桩、搅拌桩等。

(2)盾构施工场地准备。施工前应当将施工场地准备好。材料堆放、车辆进出、人员生活等场地应当按照施工组织设计中施工平面图的计划进行布置,确保施工安全便捷。五通一平按照施工方案进行准备,做到功能分区合理、材料堆放整齐、道路干净便捷等。

(3)管片准备就绪。管片应提前做好准备,签订管片生产计划,严把管片质量,做好管片供应保障。如若管片采用商业购买,则应尽早签订合同,做好采购计划,确保管片按时按质按量地供应。跟管片同时施工的防水材料包括涂层、垫片也应有保障。

(4)碴土运输准备工作就绪。盾构中大量渣土外运,需要众多工程车辆相互配合,通力合作。施工前必须做好渣土车、挖掘机等的检查工作,确保工程机械工作状态良好。同时办好渣土车辆的运营证、渣土外运证等工作。做好机械人员的安全教育工作,尤其是渣土司机的教育工作,渣土车撞人这类事件长期出现,杜绝此类事件发生。

(5)地面砂浆搅拌站调试完毕。盾构掘进过程中,砂浆使用频繁,而且用途多样,有用于注浆的,也有用于砌筑的,同样还有用于抹面的。工地一般现场搅拌砂浆,工程施工前必须将搅拌站安装完成,并调试完毕,能够按照施工方案提供合乎规范的建筑砂浆。

(6)初始掘进范围内的地面监测点已布设完毕并获得初始的数据。监测方案在施工前准备,并对建设单位提供的施工坐标进行复测、确认。其次按照施工方案对监测点进行布置,确保施工需要和测量便利,这些监测点有用于测斜的,有用于沉降的,有用于测内力的。布置完成后应当进行初值测量,并保证测量的准确,这是施工基础。

2)修建始发井

盾构掘进前,应当修建始发井,一般情况下,该空间就是地铁的地下车站,同时用作盾构拼装、附属设备和后续车架以及出渣运料等功能。修建始发井,根据不同的地形地质条件、施工方案等,可分别采用明挖法、暗挖法、逆作法、沉井法、冻结法、矿山法等修建。最常用的方法是在盾构掘进始终点的路线中线上方,由地面向下开凿一座直达未来区间隧道地面以下的竖井,其底端即可作为盾构拼装室。盾构始发井的平面形状多为巨型,平面净空尺寸要根据盾构直径、长度、需要同时拼装的盾构数目以及运营的功能而定。盾构正式掘进时此竖井即可作为出渣、进料和人员进出的孔道;运营时可用作通风井。

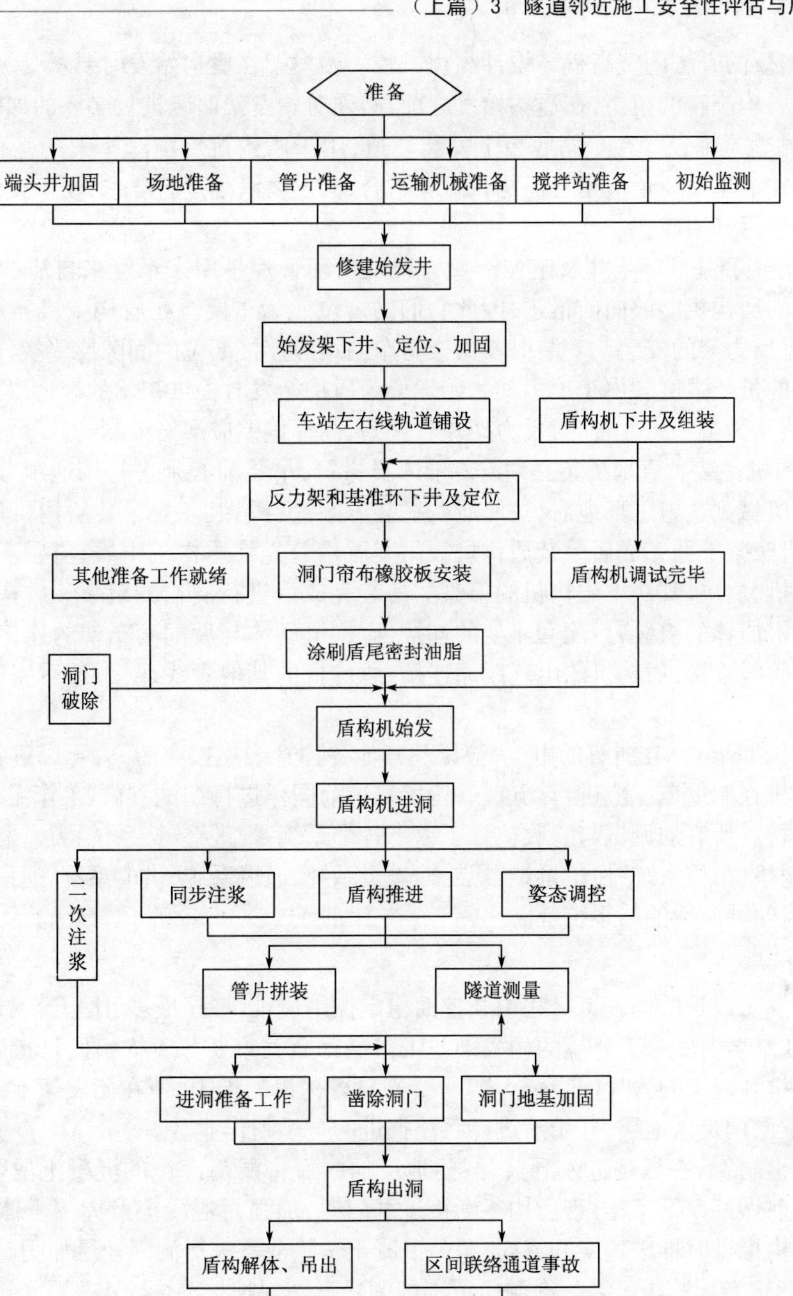

图 3.3　盾构施工流程

3）盾构机拼装

（1）始发架下井、定位及加固。在地面的施工场地准备工作完成后，进行始发架的下井工作。始发架为钢结构装置，在地面上拼装完成后，由吊车吊入端头井口的底板上。始发架下井前在端头井内测设隧道中线及里程，以此调整始发架的中线与结构中线一致，测量始发架的高程，通过垫钢板的方法调整高程与设计高程一致。始发架在盾构始发时要承受纵向、横向的推力以及约束盾构旋转的扭矩，在盾构始发之前，必须对始发架两侧进行必要的加固。

(2)车站轨道铺设。在车站底板上安装轨道，用于盾构机后配套车架的走行和隧道内材料渣土的运输。车站轨道应当和盾构机械相适合，其次要满足运行要求，便于安装。盾构结束后同样要便于拆卸回收。

(3)反力架和基准环下井及定位。反力架及负环管片是用来承受来自盾构机的推力，使在始发架上的盾构机能够向前推进，因此它们的定位尤为重要。在盾构主机与后配套连接之前，开始进行反力架的安装。安装时反力架与车站结构连接部位的间隙要垫实，以保证反力架脚板有足够的抗压强度。由于反力架和始发架为盾构始发时提供初始的推力以及初始的空间姿态，在安装反力架和始发台时，反力架左右偏差、高程偏差应严格控制。

(4)盾构机拼装。盾构拼装必须有专业人员进行，吊装前必须进行场地承载力计算，确保安全。吊装机械到达施工场地后，按照盾构拼装方案进行吊装。先吊装盾构机后配套车架部分，待盾构机车架下井完成后吊装盾构机。吊装盾构首先将盾构机中盾、前盾下井，接着下盾构机的拼装机、盾尾，其次下盾构机的刀盘。吊装完成后进行盾构的组装。盾构机的组装，首先进行盾构机盾体的组装，后配套车架的连接，盾构机盾体与后配套车架的连接；接着进行盾构机的液压管线连接，盾构机的电气线路连接，盾构机的其他管线连接；最后完成盾构机的全部组装连接。

(5)盾构机调试。在所有的电气，液压及其他各种管线连接完后，就可以进行调试和验收工作。盾构机在制造工厂应进行调试，盾构始掘进前同样进行调试，调试工作需按照每一个子系统单独进行。所有的调试与验收包含了以下各个系统：推进/铰接系统，刀盘驱动系统，管片拼装机、输送机、吊机系统，注浆系统，螺旋输送机系统，通风系统，供电系统，通信系统，导向系统，主轴承齿轮油润滑油路系统等。

4)盾构始发

盾构始发阶段是盾构施工过程中开挖面稳定控制最难、工序最多、比较容易产生危险事故的环节，因此结合实际施工环境的始发准备工作显得至关重要。盾构始发是指盾构机利用反力架及临时拼装起来的管片(负环管片)承受来自盾构机的推力，使在始发架上的盾构机向前推进，由始发洞门贯入地层，开始沿设计线路掘进的一系列作业。

(1)洞门凿除。在盾构进入洞前、洞门地层加固后将洞门部位的混凝土凿除。进洞洞门混凝土凿除前做好以下工作：当盾构逐渐接近洞门时，加强对混凝土及周围土体的变形监测，并控制好盾构推进时推进速度和方向；洞门混凝土凿除前需进行洞门地层加固。

(2)洞门帘布橡胶板安装。在洞门范围内凿除车站围护桩混凝土并割除钢筋后施工洞门帘布，洞门帘布橡胶板主要起密封洞门的作用。在盾构机始发时，防止泥土、地下水从盾构机盾壳和洞门的间隙处流失，造成端头处地面沉降；防止盾尾通过时同步注浆及二次注浆时浆液的流失。洞门帘布在洞口二次注浆浆体凝固后施作洞门混凝土前拆除。

(3)涂刷盾尾密封油脂。在盾构机始发前，在盾尾刷上涂抹盾尾油脂，WR90 盾尾油脂是指在盾构机的盾尾首次填充盾尾密封刷时用的油脂，它的黏度非常高，能在始发施工过程中保持不脱落，并能以此防止水、脏物或泥浆等的进入。在第一次充填盾尾密封油脂时，人工或人工加机械配合涂抹，务必细致到位。

(4)负环管片施工。管片防水施工完成并经检验合格，使用门吊从出土口吊入井下。负

环管片支撑系统采用钢制反力架、基准环，负环管片拼装为直线通缝拼装。故根据负环数量定出反力架位置。反力架两立柱的支座，一般采用预埋钢板螺栓连接的方式，控制其表面高程，并且在支座上弹出反力架里程控制线。采用加设垫片的方法调整基准环，使它形成的平面与设计线路的平面严格吻合。

5）盾构掘进

（1）盾构掘进。当盾构机开动并在地层中推进时，根据地质勘察资料的结论，采取土压平衡掘进模式，核心是保持合理的土仓压力，从而维持开挖面的稳定和控制地面沉降。控制土仓压力的方法主要有两种：在保持推进速度不变的情况下，调节螺旋输送机的转速或闸门开度；在保持螺旋输送机转速不变的情况下，调节盾构机的推进速度。上述两种控制方法可根据实际情况灵活选用。土压平衡掘进时，切削土体主要靠刮刀；为保证出土顺利，必要时需根据地质情况添加发泡剂。

（2）管片选型及安装。在确保盾构机沿着隧道设计轴线掘进的前提下，选择合适的管片类型和正确地安装管片将是保证隧道质量的主要措施。管片运到盾构机附近后，由管片吊机卸到靠近安放位置的管片输送平台上，掘进结束后，再由管片输送器送到管片安装器工作范围内，并被从下到上依次安装到相应位置上。当最后一块封顶块安装紧固后，一环管片即安装完毕，可以进行下一环的掘进。

（3）盾尾回填注浆。通常情况下，盾构机的刀盘直径大于管片外径，因此当盾构机盾尾脱出管片后，在土体与管片之间将形成一定厚度的圆环。如果不及时进行回填，隧道上方的土体将有可能塌陷下来，从而引起地面的超限沉降。注浆除防止地面沉降外，还有增强防水和限制管片变形的作用。盾尾脱出管片的同时进行注浆，通过在盾尾内侧周围布置的注浆管进行注射。注浆压力应略大于各注浆点位置的静止水土压力，并避免浆液进入盾构机的土仓中。若盾构机通过后地面沉降仍在发展，则需从相应位置的管片注浆孔进行二次补偿注浆。

（4）发泡系统。为改善土体的和易性，保证土仓内土压力的稳定性和出土的顺畅，在盾构机掘进过程中，将根据土层情况使用发泡剂。相对于膨润土材料，发泡剂还具有以下优点：重量轻，易与土体混合，搅拌容易；泡沫会随时间自然消失，碴土易还原到初始状态；不会污染隧道下部，也不需专门的分离设备；发泡剂本身具生物性，对周围环境不会产生污染。发泡系统由泡沫发生装置、泡沫发生器、水泵及泡沫泵组成。发泡系统的工作原理主要是：发泡剂（液体）与水按一定的比例混合后，再与一定比例的压缩空气在起泡器中生成泡沫，最后注入盾构机前部的土体中（或注入螺旋输送机中）。

6）盾构出洞

盾构出洞与盾构进洞程序相反。

（1）洞门凿除。在盾构进出洞前、洞门地层加固后将洞门部位的混凝土凿除。出洞洞门混凝土凿除前做好以下工作：当盾构逐渐接近洞门时，在洞门混凝土上开设观测孔，加强对混凝土及周围土体的变形监测，并控制好盾构推进时的出土量和推进速度；洞门混凝土凿除前需进行洞门地层加固。

（2）洞门帘布橡胶板安装。在洞门范围内凿除车站围护桩混凝土并割除钢筋后施工洞门帘布，洞门帘布橡胶板主要起密封洞门的作用。在盾构机始发时，防止泥土、地下水从盾构机盾壳和洞门的间隙处流失，造成端头处地面沉降；防止盾尾通过时同步注浆及二次注浆时浆液的流失。洞门帘布在洞口二次注浆浆体凝固后施做洞门混凝土前拆除。

(3)盾构出洞。洞门凿出完毕后,盾构机徐徐推进,这时应当加强盾构掘进管理,控制盾构机的速度、出土量、掘进方向,同时加强盾构机姿态调控,确保盾构能够顺利出洞,并滑入导向架。

(4)盾构机拆卸吊装。盾构推出洞门以后,停靠在导向架上,进行盾构机拆卸。拆卸应由专业人员进行,同时配合吊装进行。一般按节拆卸,先拆除刀盘,吊装运走,其次是前盾、中盾、盾尾及后续车架,拆卸完成后分别吊装运到停放地点。

3.4.2 盾构施工风险发送机理及特点

1)盾构施工风险发生机理

结合盾构施工的具体过程,可以将盾构施工风险发生机理简单地描述为:在施工过程中,由于存在于孕险环境中的风险因素在外界各因素的激发作用下,导致承险体的形态发生预期相反的改变,造成空间状态的破坏,形成损失。这些损失是指实际收益与预期收益的差值,有可能为正,也可能为负。正值为收益,负值为将实际情况修复到预期情况所支付的经济、时间等代价。在盾构系统主要有致险因子、孕险环境、风险、承险体、风险损失等要素,各要素相互作用,形成风险发生、发展、变化的程序和机制,构成风险运营的机理。以本书研究的软土地区盾构隧道工程施工风险为例,致险因子包括人员、材料、机械、自然环境、社会环境、第三方等;孕险环境内涵宽泛,广义上包含盾构施工所在的客观环境;承险体包括盾构隧道、地面建筑物、路面系统、地下管网、社会群体和生态环境等;风险损失最终通过经济损失、工期损失、人员伤亡、社会影响损失、生态环境损失等来表现和计量。盾构施工风险发生机理如图 3.4 所示。

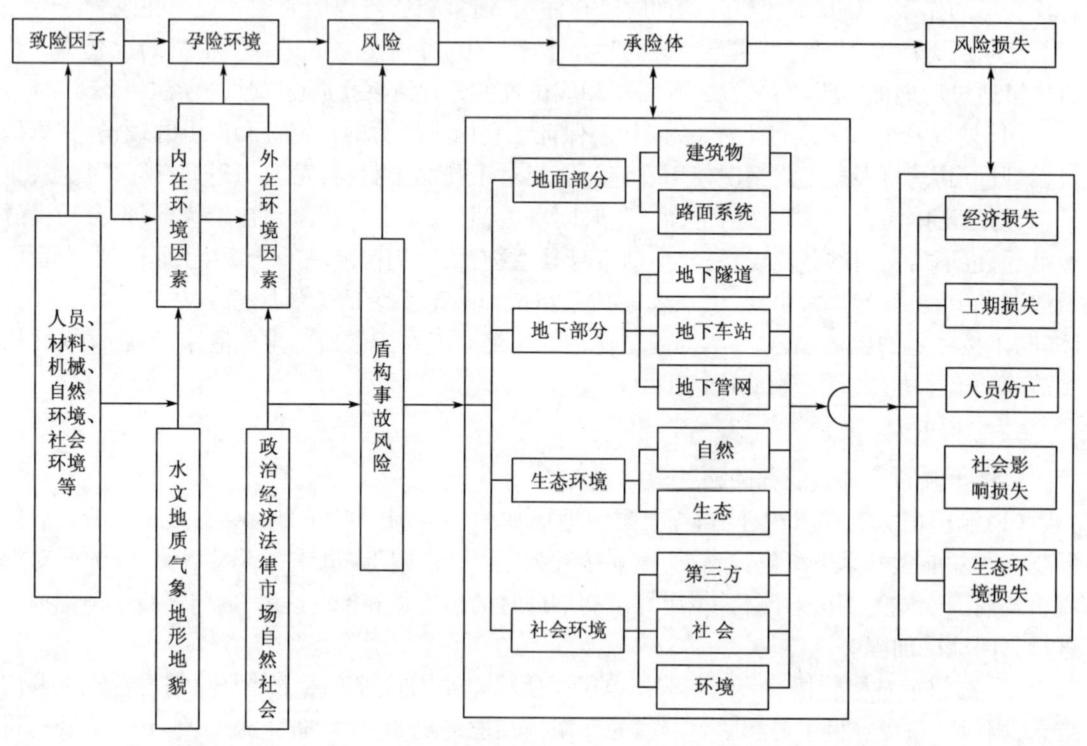

图 3.4 盾构施工风险发生机理

2）盾构施工风险管理的特点

相对于一般建设工程而言，盾构风险附着在盾构施工过程中，与施工过程紧密相连。同其他一般工程建设过程相比，盾构施工过程程序繁杂，工艺先进，技术含量高，难点众多，挑战巨大，风险管理难度高。因而盾构施工期间潜伏的工程风险就具有不同于一般风险的特点，具体表现如下。

（1）风险管理要求相关人员具有较高素质。盾构施工要求风险管理人员必须具备很高的综合素质，具有丰富的经验，经受过严格的专业训练，懂得盾构施工过程，了解施工工艺，掌握施工技术，注重施工细节，精通风险管理，否则将很难理解盾构风险的性质及特点，更难辨识盾构过程中的风险，何谈通过合理的风险分析量化风险，进而制定适当的风险防范措施，风险分析人员只有掌握了先进、科学、系统的工程风险管理知识，才能降低盾构施工风险，确保项目风险管理目标的实现。

（2）风险管理范围广、内容杂。风险管理涉及盾构施工的各个阶段，各个因素，范围广，内容杂。风险管理的一个重要原则是必须进行全方面、全过程的风险管理，必须重视一切可能发生风险的因素、时间等。

（3）风险发生频率高。由于盾构跨度时间大，建设周期长，施工程序多，施工工艺复杂，施工现场的危险因素较多，风险发生频率高。例如，施工期间经常发生建筑工人意外伤亡事故及建筑材料和设备损坏丢失现象，工程施工设计或现场管理不当也增加了工程缺陷或事故发生的概率。此外，近期地震、洪水自然灾害等不可抗力引发的工程风险事故也频频发生。

（4）风险的承担者具有综合性。当工程风险的发生给工程整体造成损失时，一般按照谁造成损失谁负责的原则，有责任方承担相应责任。由于盾构工程的施工往往涉及众多责任方参与，如建筑材料和施工机械由供应商提供，施工图由设计方提供，施工方案由承包单位负责等。因此，盾构风险事故的责任可能涉及业主、承包商、分包商、设计方、材料供应商等多方。盾构风险的承担者具有综合性。

（5）风险损失具有关联性。由于盾构施工涉及面广，各分部分项工程之间关联度很高，同步施工和接口协调问题比较复杂，各种风险相互关联，风险发生并不只造成某一方面的损失，还会造成一损俱损的场面，将形成损失分布的灾害链，甚至破坏整个项目的进程。

（6）风险管理具有动态性。从施工的特点来看，工程的进展，即从工程立项、勘测、设计、招投标、施工直至运营，往往处于客观环境变化中，也就是从管理的角度分析，是处于动态的过程中，因此，进行风险管理时也要从动态管理的理念来进行。

3.4.3　地铁盾构施工风险因素分类

通过对上述风险因素的总结，可以认为这些风险因素按照风险不仅存在于项目内部，而且存在于项目外部。项目内部风险指的是形成工程实体本身的风险，一般情况下，可分为人员、材料、机械三个最基本的因素。人员因素是指在盾构施工过程中，人的职业能力、职业道德、职业意识、工作失误等方面影响盾构施工形成风险事故的因素。由于人具备主观能动性，这也是施工风险分析最复杂的因素之一。材料是指构成工程实体的组件，材料种类、数量、质量、耐久程度等将直接影响工程质量和安全施工过程。机械是由人驾驭、将材料建成项目实体的工具，它的风险相对客观,盾构选型不佳、与地质不相适应性、盾构拼装错误、盾构机故障等都构成风险因素。

项目所存在于的外部环境即自然环境和社会环境同样存在风险。社会环境风险范围宽泛,由社会影响风险、供电保障、应急预案、政府部门意志、社会机构压力、社会监督缺失等因素组成,影响巨大,且不可见,不可忽视。自然风险因素是指工程所存在于的自然环境,包括工程水文地质、地下管线、地表变形、建筑物沉降、自然灾害等是最明显的表现。

管理也构成盾构施工的风险。管理是联系施工内部之间和外部因素之间以及内外部因素之间的纽带。通过管理将人工材料机械构成工程实体。通过管理降低社会风险、自然环境风险等的影响。通过管理将项目内外部风险因素协调起来降低工程风险,因此管理也构成项目的风险之一。管理风险主要包括端头加固风险、修建始发井风险、掘进管理、线形管理、注浆管理等。

按照上述风险因素划分原则,对盾构施工风险因素进行分类,结果见表3.9。

盾构施工风险因素分类　表3.9

盾构施工风险					
管理	人工	材料	机械	社会环境	自然环境
修建始发井	职业意识	端头加固	参数设计	应急预案	水文地质
盾构始发	职业技能	防水设计	盾构机拼装	供电保障	建筑沉降
掘进管理	职业道德	管片质量	盾构姿态调整	社会影响	地表变形
管片拼装	工作失误	密封材料	刀盘更换	监督风险	地下管网
注浆管理	意外伤害	注浆材料	盾构机故障	安全保障	自然灾害
盾尾密封	应急处理	耐久程度	盾构机拆卸	突发因素	环境污染
施工监测	个人偏好	材料质量	渣土运输		
线形管理	洞门破除	材料数量			

3.4.4 盾构施工安全风险分析

1)盾构施工安全事故分析

据不完全统计资料显示,盾构法隧道事故31起,其中,地面塌陷14起,输送机喷涌9起,管片上浮2起,管片破除涌水、涌砂2起,盾构掘进困难2起,管片下沉1起,气体爆炸1起,如图3.5所示。

(1)地面塌陷。盾构掘进过程中,或进出洞时,由于施工参数控制不当等,引起地面塌陷、建(构)筑物受损。

(2)螺旋输送机涌水、涌沙。盾构掘进过程中,因对前方水体性质判断不明,或在地表水体下掘进中,卸载土压过快,造成螺旋输送机喷涌,一般伴随着地面塌陷。

(3)管片上浮。盾构管片施工完成后,由于管片注浆压力不当,或在高水位地层中,管片浮力大于管片自重从而引起管片上浮。

(4)联络通道涌水、涌砂。盾构附属工程施作时,管片破除产生的涌水、涌沙。

(5)管片下沉。盾构在复合地层中掘进时,从较硬地层到较软地层(一般为淤泥层),盾构轴线偏离,管片下沉。

(6)气体爆炸。盾构掘进遇地层易燃易爆气体或违章作业致盾构内部爆炸。根据事故资料统计分析,盾构施工安全事故易发位置主要有:盾构进出洞、联络通道(旁通道)、地质条件复杂处等。

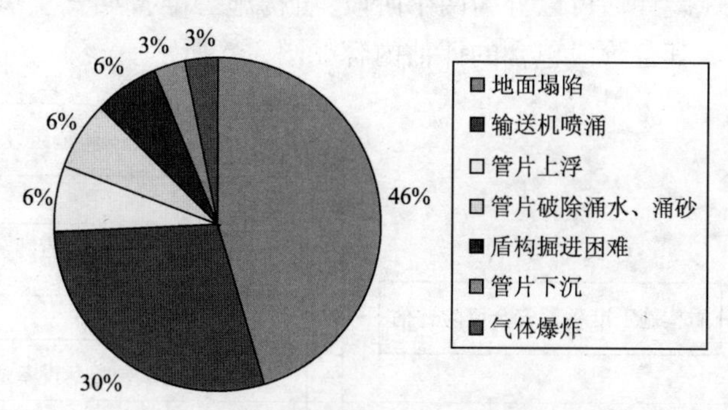

图3.5　盾构施工事故类型比例

2)盾构施工安全事故原因统计分析

通过对事故的统计分析,盾构施工安全事故原因归纳为3个方面,即勘察因素、设计因素、施工因素。勘察因素和施工因素共占事故因素总数的84%,是导致盾构施工安全事故的主因,详见表3.10。

盾构施工风险原因　　表3.10

主要原因	事故因素
勘察原因(40%)	土层划分不准确(10%)
	水文地质资料不完整或不准确(25%)
	管线调查不清(15%)
	勘察工作针对性不强(40%)
	岩土参数不准确(10%)
设计原因(16%)	荷载考虑不全(11%)
	工法不当(11%)
	加固方案不当(12%)
	水处理方案(22%)
	盾构设计参数(44%)
施工原因(44%)	止水加固体质量不佳(22.7%)
	掘进参数设置不当(18.2%)
	险情处理不及时(36.4%)
	注浆参数不当(13.6%)
	盾尾密封较差(9.1%)

盾构施工安全管理及风险防范贯穿于工程建设土建实施阶段的全过程,即岩土勘察与工程环境调查、设计阶段(方案、初步以及施工图)、施工阶段(施工准备期和施工过程)和工后阶段,因此盾构安全风险防范应着眼于工程建设的全过程控制,着力抓好施工准备期和施工过程风险管理。

3.4.5 盾构施工安全风险评估

盾构法施工安全风险评估可以分为两个阶段:盾构施工准备期安全风险评估和盾构法施工过程安全风险评估。其各阶段包含的评估内容如图3.6所示。

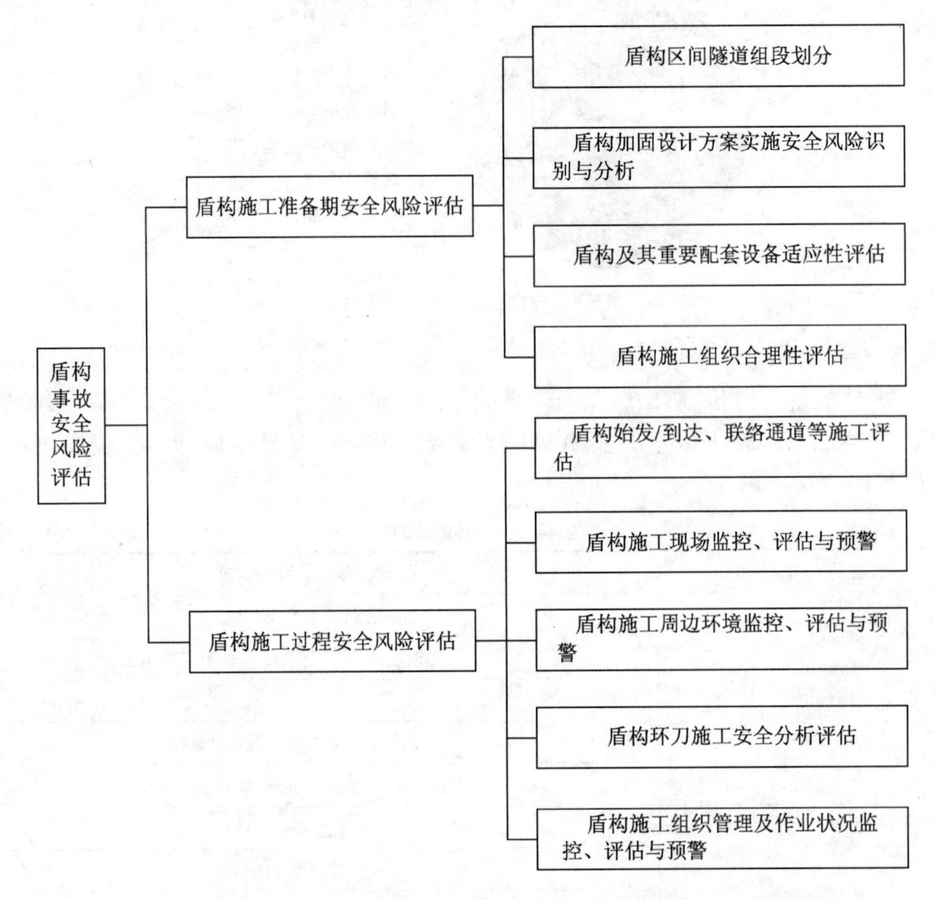

图3.6 盾构施工安全风险评估各阶段评估内容

1)盾构施工准备期安全风险评估

(1)盾构区间隧道组段划分。盾构施工安全风险评估首先应进行隧道的组段划分,这是盾构施工准备期安全风险评估的重要内容。组段划分目的是为了建立适宜不同工程地质、水文地质条件、地层环境条件和其他特殊条件下盾构施工参数控制标准和范围,合理选取盾构的施工参数,实现盾构施工及管理的规范化、标准化,从而有效减少和避免盾构施工安全风险。

盾构区间隧道组段划分主要基于以下两点。

①盾构隧道穿越的土层性质。

②盾构施工环境条件的组合影响。除考虑盾构隧道穿越的地层情况外,还须充分考虑盾构施工环境条件的组合效应,也即盾构隧道上方地层情况及是否有重要管线、盾构隧道上/下方是否存在建(构)筑物、地面沉降控制要求、盾构隧道穿越特殊地层条件。

进行盾构施工环境的组合安全风险因素划分时主要考虑以下4点因素。

①隧道的埋深。

②地面和地下环境条件（建筑基础、管线、既有轨道线路）。

③特殊地质情况（漂石、隧道上方有河流等水体）。

④盾构穿越地层的上覆土层性质。

(2)加固设计方案安全风险识别与分析。加固设计方案安全风险识别与分析内容主要包括盾构始发/到达端头加固方案、区间联络通道和泵房等区间构筑物的位置、加固方案实施的重、难点及可能的安全风险等。加固的目的是确保土体稳定性或防水等。加固设计评估的主要内容有:加固后土体强度和渗透性、加固范围、加固方法等。

(3)盾构及其重要配套设备的适应性评估。盾构及其重要配套设备的适应性评估主要包括以下7个方面。

①刀盘形式和刀具布置与地层条件的适应性、可能的换刀地点和换刀方案。

②盾构推力和刀盘扭矩与地层条件的适应性。

③螺旋输送机设计与地层条件的适应性。

④注浆设备的适应性评价。

⑤皮带传送设备的适应性评价。

⑥泡沫设备的适应性评价。

⑦油脂设备的适应性评价。

(4)施工组织合理性评估。盾构施工组织设计应考虑工程的具体施工条件,确定合理的施工方案、顺序、应急方法和人员组织,对盾构施工组织设计进行评估以减少施工阶段盾构施工出现风险事件的可能性。施工组织合理性评估内容包括以下几个方面。

①施工前工程地质和水文地质条件调查情况。

②施工环境调查情况,主要包括各类管线、建(构)筑物、地下基础和其他施工环境的调查情况。

③换刀地点的选择和换刀方案的确定。

④工期安排和施工场地布置情况。

⑤施工组织机构、施工队伍、人员安排情况。

⑥施工组织设计、专项施工方案和应急施工预案情况。

2)盾构法施工过程安全风险评估

盾构事故安全风险技术管理体系要求施工、监理及第三方监测单位应在施工阶段进行现场监测和巡视,并根据监测与巡视情况开展施工过程安全风险评估。

(1)盾构始发/到达施工评估。评估内容主要包括以下几个方面。

①洞门和围护结构评价。

②洞门防水措施评价。

③端头加固效果评价。

④始发/接收架和反力架评价。

此项评估由施工单位、监理单位完成。

(2)联络通道和泵房等区间构筑物与盾构隧道连接处施工评估。

①管片形式(普通管片、特殊管片)与拆除方法的适应性。

②实际地层加固效果。

③连接处的未拆除管片与初期支护的连接施工。

此项评估由施工单位、监理单位完成。

(3)施工现场监控、评估与预警。对于盾构实时安全风险管理系统不能监控到的现场施工状况,如盾构铰接密封、管片破损、管片错台和管片间渗漏水/沙/泥、橡胶止水条的位移情况等,采用现场巡视评估方法进行评估。施工、监理、第三方监测单位每日进行现场巡视,巡视内容见表3.11。

表3.11

盾构施工巡视预警参考表

巡视内容	巡视状况描述	安全状态评价		
		黄色预警	橙色预警	红色预警
铰接密封期刊	渗水~滴水	★		
	滴水(水质混沌,含砂或泥)~小股流水/流沙(泥)		★	
	严重漏水、涌砂或涌泥			★
管片破损情况	一般破损(表面出现裂纹、裂纹较浅,仅伤及管片部分保护层,对隧道安全影响较小,今后修复即可)	★		
	较严重破损(管片出现裂缝,裂缝有一定宽度,穿过保护层厚度;或管片大面积掉块、内部钢筋裸露等;对隧道安全影响较大,需要立即修复)		★	
	严重破损(管片出现贯通的裂缝,对隧道安全影响严重,立刻组织专业人员抢修)			★
管片错台情况	5~10mm	★		
	10~15mm		★	
	>15mm			★
管片间渗漏水/砂/泥等情况	渗水~滴水	★		
	滴水(水质混沌,含砂或泥)~小股流水/流沙(泥)		★	
	严重漏水、涌砂或涌泥			★
盾尾漏浆	一般流浆	★		
	浆液喷出(喷出长度<0.5mm)		★	
	浆液剧烈喷出(喷出长度>0.5mm)			★
橡胶止水条的位移情况	橡胶止水条错位或扭曲,位移小于其宽度的一半	★		
	橡胶止水条错位或扭曲,位移大于其宽度的一半		★	
	橡胶止水条错位或扭曲,且大面积损坏、弯曲脱离管片			★

(4)周边环境监控、评估与预警。周边环境监测项目与明挖法和矿山法相同,即建(构)筑物沉降、倾斜;桥梁墩柱(台)沉降及相邻墩柱(台)差异沉降;地下管线沉降及差异沉降;道路及地表沉降。

(5)换刀施工的监控、评估与预警。换刀施工评估的主要内容如下。

①正常换刀地点地质与环境条件的再确认。

②常压换刀或带压换刀及其控制方案与参数。

③突发性刀盘检修与刀具更换方案、实施条件与危险性预测。

此项评估由施工单位、监理单位完成。

(6)盾构施工参数监控、评估与预警。盾构主要施工参数(包括土压力、刀盘扭矩、总推力、推进速度、刀盘转速、贯入度、同步注浆压力和同步注浆量)的评估需要建立适宜不同组段的施工参数的控制准则和控制范围,另外,须注意盾构姿态的控制。由监理、第三方监测单位对施工单位的操作指令情况进行监控、评估。

(7)施工组织管理及作业状况监控、评估与预警。施工组织管理及作业状况的监控、评估主要由监理单位进行,针对评估内容逐项评定,达到预警级别及时发布预警信息,施工单位必须根据相应的信息及时进行整改和响应。具体评估内容如下。

①人员、设备、应急物资等资源到位情况。

②安全保护措施落实情况。

③设计文件落实情况。

④违章作业情况。

⑤安全风险管理体系运行情况。

⑥施工组织管理状况。

⑦隧道内施工队伍的作业水平和盾构操作能力评估。

3.5　本章小结

(1)基于层次分析法(AHP)建立了城市地铁浅埋暗挖法隧道邻近施工风险源重要性等级评价与控制模型,并总结分析了影响邻近施工风险源的14个基因素。

(2)邻近施工环境风险源可分为特级、一级至三级共4个级别,并据风险级别将邻近施工分为详细评估、一般评估和只调查,不评估三个评估级别。总结概括了邻近施工的安全评估内容。

(3)新建地铁施工对既有线和建(构)筑物等环境影响的风险等级应划分为特级、一级、二级、三级和无风险5个级别。在进行既有线和建(构)筑物等环境的风险分级时,可结合工程特点和环境特点,在充分调查研究及分析的基础上,可以把下一等级的风险工程项目按高一个等级进行安全风险管理。

(4)相对于一般建设工程而言,盾构风险附着在盾构施工过程中,与施工过程紧密相连。根据盾构施工各环节及其特点,分析了盾构施工风险发生的机理及盾构施工风险管理的特点,并对地铁盾构施工风险的影响因素进行了分类。盾构施工过程程序繁杂,工艺先进,技术含量高,难点众多,挑战巨大,风险管理难度高。盾构施工安全风险及安全事故分析表明,勘察因素和施工因素共占事故因素总数的84%,是导致盾构施工安全事故的主因。随后,将盾构法施工安全风险评估分为两个阶段进行:盾构施工准备期安全风险评估和盾构法施工过程安全风险评估,每个阶段风险评估分别按各自的内容、阶段及主体进行。

4　邻近施工对既有环境的变形影响与评价方法

浅埋暗挖法施工相对于盾构法是无压工作面,其地层变形与应力释放相对比较大,对邻近施工如果不加以控制,可能使既有结构发生剪切、拉伸和扭转变形,严重者使结构破坏,无法正常使用甚至发生安全事故。基于此,采用浅埋暗挖法进行邻近施工,必须清楚新建隧道对既有环境的影响方式和影响程度。研究邻近施工对既有环境的影响,必须首先认识浅埋暗挖隧道开挖的地层响应规律及工作面开挖的稳定与失稳规律。

4.1　浅埋暗挖法地铁隧道开挖的地层响应规律

自 Peck(1969)给出地表下沉的经典理论后,对浅埋暗挖地铁隧道工作面的地层响应研究,可以说在现场量测、数值模拟分析以及模型试验研究方面,国内外相关文献颇多,这里就普遍规律分析如下。

4.1.1　浅埋暗挖隧道开挖地层响应分析方法

在现场实测方面,Peck 通过对大量地表沉降实测数据分析后,认为地表沉降槽近似正态分布曲线,并给出沉降槽的宽度。根据不同地层条件、隧道直径及埋深等参数间的无量纲关系式,Peck 假定,隧道(半径为 R)推进引起地面沉降是在不排水情况下发生的沉降,地面沉降槽的体积等于隧道施工中产生的地层损失的体积。假设横断面上地面沉降曲线形状为正态分布曲线,Peck 公式为

$$S_x = \frac{V_l}{\sqrt{2\pi}i}\exp\left(-\frac{x^2}{2i^2}\right) \tag{4.1}$$

$$S_{\max} = \frac{V_l}{\sqrt{2\pi}i} \approx \frac{V_l}{2.5i} \tag{4.2}$$

$$i = \frac{H}{\sqrt{2\pi}\tan\left(45^\circ - \frac{\varphi}{2}\right)} \tag{4.3}$$

式中:S_x——横断面上与隧道轴线距离为 x 地面点的沉降量;

V_l——由于隧道开挖引起的地层损失量;

$S_{\max}$——地面沉降量最大值,位于隧道中心线处;

i——沉降槽宽度系数,取为地表沉降曲线反弯点与原点的距离;

H——覆土厚度;

φ——地层内摩擦角。

O' Reilly&New(1982)惯用的三维沉降槽如图4.1所示。

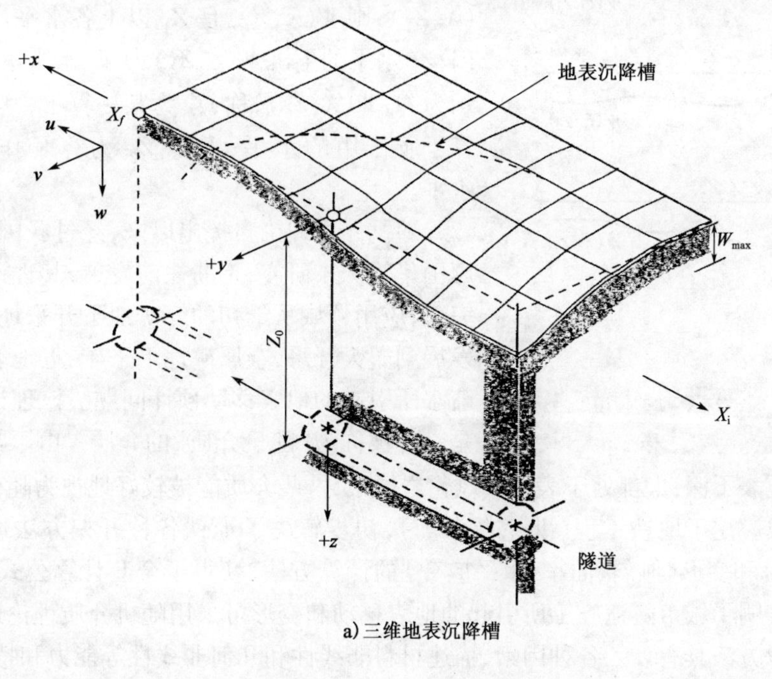

a)三维地表沉降槽

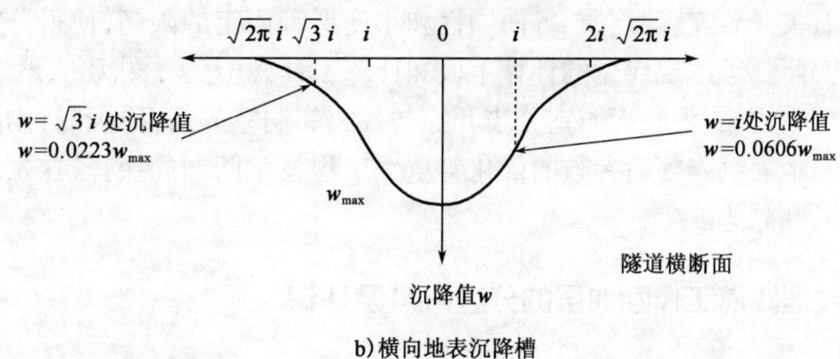

b)横向地表沉降槽

图4.1 地面三维沉降槽

根据Attewell，则有

$$i = k \cdot \frac{D}{2} \cdot \left(\frac{H}{D}\right)^{n} \tag{4.4}$$

式中：k、n——分别为与地层土力学性质及施工因素有关的常数。

在弹塑性理论解析方面，许多学者将相关学科的研究成果引入到隧道软土地层变形研究中，考虑地基土层的变形特点，将地基土作为弹性、弹塑性、黏弹塑性体考虑，由于受到计算条件的限制，只能对较简单的边界条件和初始条件求出解答，所以这些方法几乎无一例外地将地层假定为均匀的、轴对称的平面应变问题，使其应用受到极大的限制。

近年来，随机介质理论应用到预计浅埋隧道的地层变形有一定的积极探索和实际意义。随机介质理论是波兰学者李特威尼申(J. Litwiniszyn)为研究采煤岩层与地表移动问题所提出的，他基于砂箱模型实验研究，提出了五大公理，应用严密的数学方法，建立了随机介质理论。

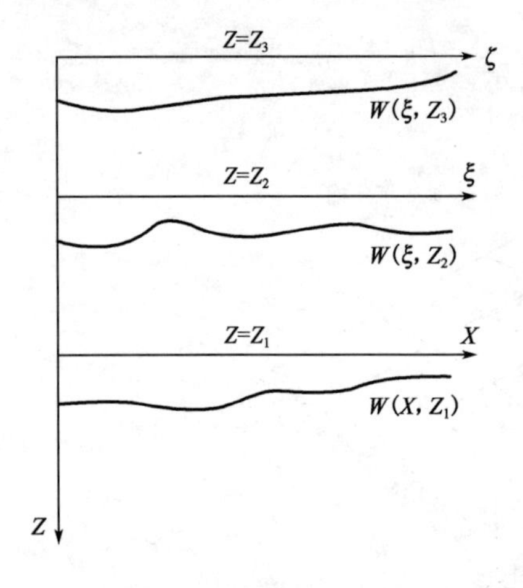

图4.2 岩层移动的传递

例如,在研究图4.2所示的岩层移动向上传递的过程中,若在Z_1水平开采使Z_1水平下沉,下沉曲线为$W(X,Z_1)$,则$W(X,Z_1)$是Z_1以上各水平产生下沉的原因;Z_2水平的下沉$W(\xi,Z_2)$为Z_1水平下沉的后果,表示为$\Omega_{Z_1}^{Z_2}W(X,Z_1)$,称$\Omega_{Z_1}^{Z_2}$为某一算子,其中下标$Z_1$为算子所作用的水平,上标$Z_2$为算子作用所得到的水平。

随机介质理论自提出以来,经过我国学者刘宝琛、廖国华等深入研究,不断往前发展,其理论体系已逐步完善,应用领域从最初的煤矿地下开采地表移动预计,发展到露天开采,金属矿地下采矿、近地表开挖及地层疏水所引起的地表移动预计问题。该理论分析的对象是一种被称为"随机介质"的介质。由于常见的城市隧道一般距离地表不深,大都处于表土或风化岩层中,这些介质能被较好地视为随机介质。其研究成果开始被应用于地铁工程(北京及深圳),初步解决了地铁各种开挖方法地面各点位移(垂直及水平)和变形(倾斜、曲率、水平应变)的计算方法,获得了全套计算公式,并编制了相应的程序。表明了城市隧道施工所引起的地表移动和变形可采用随机介质理论进行预计。

数值模拟方法具有计入各种因素、描述材料非线性和几何非线性等能力和特点,突破了经典弹塑性理论有关介质连续、均质、各向同性和小变形等假定的限制,使得分析方法及其成果更加贴近工程实际。运用现代化的计算手段和计算工具,将力学分析引入地下工程施工领域,使之参与施工方案比较、大断面洞室分步开挖与各相邻洞室先后开挖和衬砌的顺序和时间的制定,以及支护、地表沉降等诸参数的优化等重大工程技术问题的抉择,这是近年来隧道施工力学发展的方向和趋势。

4.1.2 浅埋隧道工作面地层的分区(带)及认识

1)浅埋隧道上覆地层移动的区域性

由实测的地层水平位移可知,在工作面前方15m($-2D$)左右,地层有背离隧道工作面的压缩位移产生,这个负位移区可称为压密区或挤压区。然后随工作面推进到临界距离后,水平位移改变方向且其数值急剧增大,地层随之由压密变为松弛状态。当工作面通过测试断面后,其松弛水平位移又趋于减小。当工作面推过14.75m($+2D$)左右时,水平位移又改变方向呈压密状态,但数值较小。

由地层的下沉量测资料可知,沿工作面推进方向,下沉的变化特征为:尽管在工作面前方15m左右即产生较大的负位移,但其垂直下沉仅在工作面前方7.35m($-1D$)处产生且相对位移极小,甚至表现为上升(层间压缩),仅在工作面前方0.75m($-0.11D$)处才有相对较显著的沉降(松弛)产生,而对工作面通过测试断面后11.5m($+1.64D$),下沉仍是呈正加速度增长,仅当开挖通过14.75m($+2D$)后,才呈负加速增长。这说明,在工作面前方尽管一定距离处,地层就开始变形,但特点是水平移动剧烈而垂直移动甚微。甚至产生地层隆起(层间压密),

而对隧道有影响的变形区域仅发生在开挖面通过前后的约 0.5D 内。

基于实测资料及数值模拟可以推断:沿工作面推进方向,据工作面上覆地层水平及垂直移动的变形特征,将其划分为三个区:超前变形影响区(A 区)、松弛变形区(B 区)和滞后变形稳定区(C 区)。特别是对松弛变形 B 区,据其特征,又可将其沿地层剖面划分为 5 带:Ⅰ为弯曲下沉带、Ⅱ为压密带、Ⅲ为松弛带、Ⅳ为工作面影响带、Ⅴ为基底影响带(图 4.3)。图中 1 为变形影响边界线,2 为松弛变形影响边界线。

2)工作面围岩应力重分布的分区

由实测的围岩径向压力与上覆土柱荷载的比值以及超前小导管的现场量测资料,浅埋隧道工作面围岩应力分布沿隧道推进方向可分三个区(图 4.4)。其中,Ⅰ为原始地应力区,Ⅱ为增压区,Ⅲ为应力降低区(减压区或卸荷区)。1 表示应力影响边界线,2 表示应力峰值线,3 表示卸荷边界线。

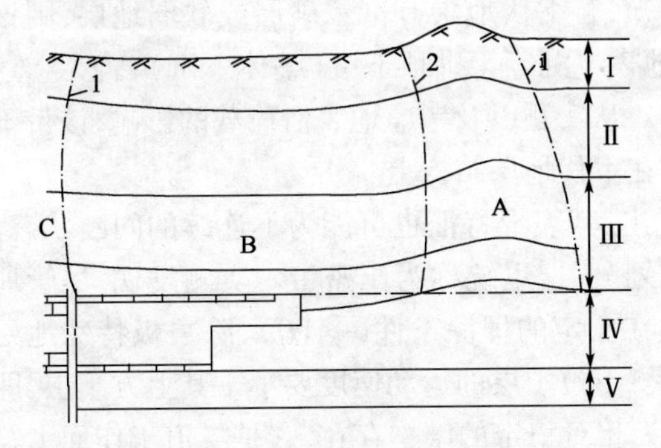

图 4.3　浅埋隧道上覆地层移动变形特征分区示意

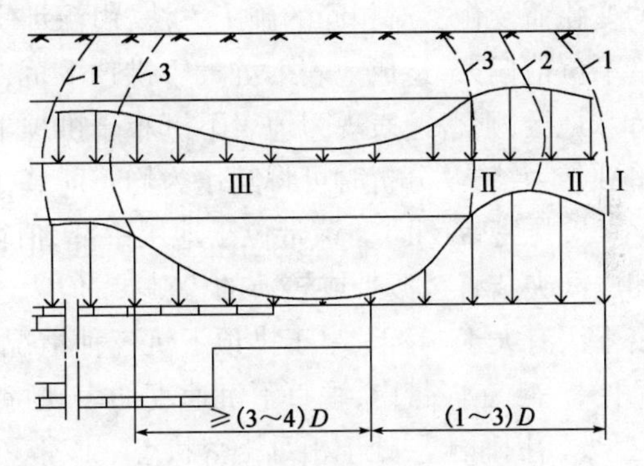

图 4.4　浅埋隧道围岩应力分区示意

3)各区(带)的构成及特征

(1)超前变形影响区(A)。该区的变形特点是水平变形较垂直变形大,甚至出现地层上升(隆起)现象。在近变形影响边界线处,水平位移方向背离隧道工作面,对地层有压挤效应;对该区域可不考虑垂直变形的影响;在近松弛区,水平位移方向与隧道工作面推进方向相反,并随距离的减少而增加,两相邻点的水平移动距离趋于增大。由此地层产生拉伸现象,从而引起土体松弛。近松弛区的垂直下沉已对地层移动产生影响并向隧道工作面方向渐趋增大。该区域应力状态可认为是三向的,分析时可按弹性区考虑。

(2)松弛变形区(B)。松弛变形区是研究浅埋暗挖隧道工作面地层移动的关键区域,可以说控制了该区域的变形,就为隧道工作面稳定提供了条件。松弛变形区的应力特点是:围岩压力小于原始地应力,但过大的应力释放会带来较大变形,会造成该区域的稳定性难以控制。该区域的变形特点表现为:沿隧道走向轴线以垂直下沉为主,偏离轴线位置其水平、垂直移动均较显著。

对松弛变形区,按下沉速度的增量关系,沿工作面推进方向,松弛变形区可分为相对稳定区(B1)和相对易失稳区(B2)。

相对稳定区(B1)对应着下沉速度为负加速度增长的变形区域,它反映了下沉有收敛的趋势。一般该区域处于工作面 1D 以后。由于此时隧道多已封闭成环,因此尽管该区域变形显示为松弛的表象,但实质上该区已呈相对稳定的趋势。

相对易失稳区(B2)是指下沉速度为正加速度增长的变形区域。一般该区域的范围为$(-1\sim+1)D$,随隧道上覆地层以及隧道的设计与施工条件而有所变化。地层条件差时,可能有所增大,地层条件好时,要比该范围小。由深圳的实测资料,该区域滞后工作面的距离为$(0.31\sim0.92)D$(值得提出,该处隧道上覆富水砂层,埋深9.6~10m,相对隔水层为厚度2~4m的黏土),而超前工作面距离由地表下沉推断为$(-0.6\sim-2.77)D$。相对易失稳区并不代表一定失稳,但其稳定具有明显的时效性。只要某一时刻,平衡条件不成立,则失稳不可避免。

为深入研究松弛变形区,尤其是相对易失稳区内上覆地层的运移特征,解剖松弛变形区内沿垂直剖面地层的构成及其特征具有重要意义。

根据地层移动情况,松弛变形区地层由上而下可分为5带:Ⅰ为弯曲下沉带,Ⅱ为压密带,Ⅲ为松弛带,Ⅳ为工作面前方影响带,Ⅴ为基底影响带。其中:

①弯曲下沉带(Ⅰ)。该带近地表附近,无固定属性,随隧道施工方法以及下伏地层特性的变化而变化。对相同的施工方法,由深圳实测知,若下伏地层有富水砂层或软弱地层,则该带下沉值偏大,造成地表下沉大于拱顶下沉,或地表下沉等于拱顶下沉(整体下沉);若无上述特殊地层,则普遍表现为地表下沉小于拱顶下沉。从实测以及考虑地表活荷载的影响,该带不单独作为结构,分析时可将其作为均布荷载作用在下伏地层结构上。

②压密带(Ⅱ)。该带位于地层中部,值得提出,其表现特征也可能为不连续的间断状态,如中间夹杂有过渡带或较薄的松弛带,但为连续划分,这里统称为压密带。实测发现,尽管地表下沉有大于、等于、小于拱顶下沉三种情况,但在一定的埋深条件($>1D$),除去极特殊地层条件,一般在该带内,垂直下沉速度的表现特点是:下位土层的运动速度要小于其上方土层,即$v_{下}<v_{上}$,因而土层处于相对压密状态。该带可作为相对稳定的结构存在,它是隧道工作面上覆地层的关键结构,可以说该结构的稳定存在,是隧道拱顶围岩压力小于上覆土柱荷载的内在原因。但该结构的强度和刚度与其上覆以及下伏地层,尤其是隧道的设计和施工有着根本的联系。

③松弛带(Ⅲ)。该带直接覆于隧道工作面之上,其垂直下沉速度的表现特点是:下位土层的运动速度大于其上方土层,即$v_{下}>v_{上}$。因而,土层处于相对拉伸的松弛膨胀状态。尽管如此,该带也可作为力学上的结构存在,只是其稳定性与前述的相对易失稳区一样,具有明显的时效性。其结构的稳定与否,取决于其上覆地层的关键结构以及下位隧道的施作体系(含施工和支护)。某种程度上后者起决定作用。

④工作面前方影响带(Ⅳ)。该带为因工作面开挖而影响的前方正面土体。该带的特点是以向隧道自由面移动的水平位移为主,它表征工作面正面土体的稳定性。该带的稳定与否,对松弛区所述地层结构的成立起关键作用。一般而言,对工作面影响带的特性以及力学作用,往往在分析中易被忽视。

⑤基底影响带(Ⅴ)。该带直接位于隧道拱顶之下,为隧道的地基土,其表现为仰拱的负下沉即上升。该带主要对隧道的下沉有一定影响,反映在两个方面,一方面是仰拱上抬造成的结构稳定性,另一方面是造成隧道的整体下沉。

(3)滞后变形稳定区(C)。该区的变形特点是水平、垂直方向的变形都较小,尤其是在垂直变形方面,随隧道结构的稳定,孔隙水压力的调整以及外在环境的改变,垂直下沉不仅变小甚至会产生上升现象。该区可认为是已稳定区(原始地应力区),其应力状态是三向的,其材料属性为弹性介质。

4.1.3　浅埋暗挖隧道开挖地层响应的影响因素

地层变形可分为地表变形和深层土体变形。地表变形主要指不均匀地表沉降和不均匀水平位移所引起的地表倾斜和水平变形，以及地表的曲率变形。影响地层变形的因素较多，主要有地下水、埋深及开挖跨度、地层的物理力学性质、施工方法、支护措施等。

1）降水影响

在含水较丰富的地层实施浅埋暗挖施工，为尽量减小地下水对施工的影响，一般要对施工区域实施人工降水。而地下水位下降，导致土层含水量变化，使得土层中的孔隙水压力降低，有效应力增加，土的强度参数发生变化，引起土层固结而压密，导致地层沉降。其次，施工期间开挖面的涌水以及工程完工后衬砌渗漏水，也会造成地下水位下降而使土体下沉。同时周围地下水的不断补给，在一定范围内产生动水压力，改变了地层的渗透压力，而渗透压力是一种体积力，具有方向性和分层压密地层的作用，导致土中有效应力增加，产生土体主固结沉降和后续的次固结沉降。降水还改变了地下水的浮力，地下水的浮力减小会引起地层颗粒的位置改变而产生沉降。停止降水以后，地下水位随之上升，地面会出现反弹，这种水位变化引起的地层变形对周围建筑物会产生比较严重的影响，必须采取一定的防范措施。

降水引起的地面沉降可按下式进行估算：

$$S = \frac{\Delta P \cdot \Delta H}{E} \tag{4.5}$$

式中：ΔP——降水产生的自重附加压力（kPa），$\Delta P = \Delta H \frac{\gamma_w}{2}$；

γ_w——水密度；

ΔH——降水深度，降水面和原地下水位面的高差（m）；

E——降水深度范围内图层的平均压缩模量（kPa）。

在松散或半固结的冲积、洪积层中，地层一般由粗、中、细砂层组成的含水层，以及间隔在其中的黏性土组成的不透水层或弱透水层，构成多层承压含水层，在这类含水层中，由于地下水位下降，使含水层的孔隙水压力以不同速率降低，颗粒骨架的粒间压力增加，从而导致地面沉降。不同的地层结构和降水时间决定了地层沉降的范围、幅度以及沉降速率。当车站所在地层为砂卵石地层时，由于颗粒之间是相互接触而不是悬浮，降水只是将颗粒之间的水吸出，土体结构不出现二次固结现象，因此不会出现大的沉降变形，如北京、沈阳、成都等砂卵石地层，降水对地面、地中沉降影响不大。当车站所在地层为细砂、黏砂性地层时，降水引起的沉降量大，固结时间长。应采取以堵为主，限量排放、降水为辅的方案，减小地层沉降。

降水对地层沉降的影响主要体现在以下几个方面。

（1）降水时是否会带走地层中的细颗粒。在降水时要随时注意抽出的地下水是否有混浊现象，若水中含有细颗粒，会增大地层变形。

（2）降水漏斗线的坡度。在同样的降水深度下，漏斗线的坡度越平缓，影响范围就越大，所产生的不均匀沉降就越小，降水影响区内的建筑物受到的影响程度就越小。将滤水管布置在水平向的连续分布的砂性土中，可获得较平缓的降水漏斗曲线，从而减小对地层变形的影响。

(3)降水是连续进行还是间歇或反复抽水。对于砂性土,除松砂外,降水所引起的沉降量较小。但如果降水反复或间歇进行,则每次抽水都会引起沉降。每次降水的沉降量随着反复次数的增加而减小,逐渐趋于零,但是总的沉降量相当大,因此要尽量避免反复降水。

(4)设置隔水帷幕可以把降水影响降低到很小的程度。常用的隔水帷幕主要有深层搅拌桩隔水墙、砂浆防渗板桩、树根桩隔水帷幕等。

2)埋深及覆跨比影响

根据 Peck、Attewell 等诸多学者的研究,一般认为随着隧道埋深的增加,开挖在地表的影响范围越大,地表沉降槽的宽度系数增加,地表沉降的最大值减小。

另外,覆跨比对地层沉降影响很大。覆跨比越小,地层沉降量越大。当覆跨比 $H/D<0.5$ 时,地层随着拱顶沉降会产生急剧沉降,当覆跨比 $H/D=0.8\sim1.2$ 时即可形成地层承载拱,当覆跨比 $H/D>1.2$ 时,地层即可充分形成承载拱,通过采取合理的开挖支护措施,沉降量可控制在 30mm 以内。当埋深小时,开挖后急剧沉降,沉降量大但沉降持续时间较短;埋深大时,沉降速率减小,沉降量较小但沉降持续时间较长。当覆跨比达到 2~3 时,施工对地层沉降的影响明显减小。

3)开挖跨度影响

由 Attewell 法可知,沉降槽宽度 i 与开挖跨度相关。一般认为地表下沉值、沉降槽的宽度随开挖跨度增大而增大,地表最大下沉值同样也随开挖断面尺寸的增加而增大。在同等条件下,随着开挖跨度的增加,覆跨比减小,会对地层沉降带来明显影响。

4)土体的物理及力学性质影响

对于不同性质的土体,变形情况有着较大的差别。同一条件下在砂土中地层移动的范围要比黏土中小。在砂土中下沉很快发生并稳定;而在黏性土中,下沉还长时间继续。随着土层内摩擦角的增大,沉降槽宽度减小。表 4.1 为 Attewell 法中不同土层的参数取值。

Attewell 法中不同土层的参数取值 表 4.1

地层种类	地层损失 V/A(%)	常数		备注
		k	n	
黏性土层	1.3~2.5	1	1	
砂性土层	0.15~1.35			砂层,在地下水位以上或以下①计算预测沉降量用
		0.82	0.36	地下水位以上
		0.74	0.90	地下水位以下
		0.63	0.97	地下水位忽略不计②
回填土	6			17 世纪后半叶的回填土实例
	16			50 年以内的回填土
		1.7	0.7	

注:①应根据历经分布情况、围岩密度、开挖作业熟练程度和作业管理制度而变化;
②此为概略值,应针对地下水采取的措施不同而不同。

半谷在整理了25件58例隧道实测资料的基础上，将隧道开挖面和隧道上部覆盖层条件分为三部分，指出了最大沉降量的范围，并给出了地表的最大沉降量和地层条件的关系，见表4.2。还归纳整理了最大沉降量和围岩种类的关系，见表4.3。

地表最大沉降量与地层条件的关系　　表4.2

开挖面的围岩类型		覆盖层的围岩类型	最大沉降量(cm)
冲积层	软黏土层	冲积层	3~10
洪积层	砂性土层	洪积层且厚度小于隧道直径	5~8
		洪积层且厚度大于隧道直径	1~3
	黏性土层		0~3

最大沉降量与围岩种类的关系　　表4.3

序　号	围 岩 类 型	最大沉降量(cm)
1	固结黏性土或充分压密的硬黏土，隧道上方有1m以上的覆盖层	0~3
2	开挖面范围内砂层或砂砾石层占大部分	0~10
3	开挖面上方覆土层为厚的软黏土层	3~25
4	开挖面范围内有洪积黏土层，砂层或砂砾石互层，以及1、2不包括的情况	1~5

5）开挖方法影响

浅埋暗挖开挖方法类型丰富，主要有台阶法、CD法、CRD法、侧壁导坑法等。不同的施工方法所采取分部开挖的断面不同、开挖步序不同，特别是拆除临时支护、施作初期支护、二次衬砌的时机、方法也不相同，导致地应力释放的影响不同，使得周围土体的变形及位移有明显的差异。各种开挖方法的对比见表4.4。

浅埋暗挖各种开挖方法比较　　表4.4

工法名称	正 台 阶 法	上半断面临时封闭法	眼 镜 工 法	CD法	CRD法
工法特点	小导管超前，环形开挖留核心土	留核心土，跳设仰拱	变大跨为小跨	变中跨为小跨	步步封闭
施工速度	快	快	最慢	较慢	慢
施工难度	较小	较大	最大	中等	较大
适用范围	跨度≤10m，地质较好	跨度≤10m，地质较差	跨度>10m，超浅埋	跨度>10m，沉降要求严格	跨度>10m，沉降要求很严格
地层沉降	大	较大	较小	小	最小

6）开挖进尺、施工速度影响

开挖进尺实际上是工作面无支护空间的长度。其值与地层变形和拱顶沉降密切相关。在各种分部开挖施工方法中，在小断面掘进时，大多采用台阶法。台阶长度对围岩变形及地层沉降有明显影响。开挖进尺的长度越大，地层沉降的瞬时值增大，且作用在结构上的荷载和内力的瞬时值也越大，会导致过大的变形，缩短开挖进尺可以明显降低地层沉降。由于地层沉降具有时间效应，台阶过长，使其有充分的变形积累时间，开挖持续时间越长，地层发生沉降的总量越大。施工速度越快，开挖面暴露的时间越短，地应力释放越少，产生的沉降也越小。因此，快速施工、快速通过是减小沉降量的最有效办法。

开挖施工时要充分考虑时空效应的影响，突出及时封闭原则。首先，开挖后要及时初喷混凝土封闭作业面，用潮喷混凝土（不用湿喷混凝土）给开挖面一个初始压力，再架设格栅进行复喷，提高初期支护的早期强度，增大土体的最小主应力 σ_3，根据莫尔-库仑理论，其莫尔圆向右移动，远离剪切强度曲线，可有效控制地层变形。其次，仰拱对抑制未闭合结构的下沉和水平位移起关键作用，各部位仰拱设置的早晚及其封闭质量对各部位结构的沉降和水平位移有直接影响，因此初期支护的仰拱要及时施作，及时封闭，步步成环。条件具备时，在结构完成后18h 内施作仰拱，防止工作面应力松弛而增加沉降。

7）预支护措施影响

在地铁施工中，当工作面不能自稳时，必须采取预支护措施，采用设在开挖轮廓线以外的支护或与开挖面后方的支架共同组成支护体系。这是一种有效的辅助施工措施，可在隧道开挖后至支护结构产生作用前的时段内支撑临空的土体，维持开挖面的稳定。我国采用的预支护措施主要有：超前锚杆、小导管注浆、管棚、水平旋喷注浆等。超前锚杆分为拱部超前锚杆和边墙超前锚杆。前者用以支托拱部围岩，起插板作用；后者将边墙部位所承受的拱部荷载传递至深部围岩，起到提高围岩稳定性的作用。小导管注浆是一种主要预支护手段，其前端支撑在未开挖的围岩上，末端支撑在开挖面后方的格栅上，起到两端有支点的梁的作用，共同组成预支护系统，起到加固、支托围岩的作用，其支护刚度及加固效果均好于超前锚杆，适用于少水的砂土层、砂卵石层。在通过自稳能力很差的地层时，多采用管棚支护，其作用主要是提高地层的刚度和承载能力，隔断地层位移向地表传递，将地面沉降曲线变得平缓，起到控制地层沉降的作用。但管棚施工过程中会对地层有一定的扰动，且工序进展较慢，由于时空效应影响，会产生一定的沉降。水平旋喷是以高压旋喷的方法压注水泥浆，在开挖轮廓线外形成拱形预衬砌以起到加固地层的作用。采取不同的预支护措施以及预支护施作的时机、技术参数（长度、角度、纵向、环向间距、注浆量、注浆时间、浆液配比）、施工工艺等都对地层变形的范围和大小有一定的影响。增加超前支护（管棚、水平旋喷等）长度，可以明显地减小地层沉降。

8）初期支护及二次衬砌影响

初期支护一般由钢筋网喷混凝土、格栅钢拱架、锁脚锚杆组成，承受全部围岩荷载和部分二次荷载，二次衬砌作为安全储备。只有在软岩变形较大的地段，才适当加快二次衬砌施工。施作初期支护后，由于喷射混凝土自重的影响，会使钢筋网下垂，并出现空隙，如果不及时回填注浆，沉降将很快上移，发展成地面沉降。通常在滞后开挖面 3m 左右，在拱部 45°埋设注浆管，在喷射混凝土 1 天后即可注浆，可明显减小地层沉降。回填注浆应注意分部施工的结合部，如格栅连接处、格栅基础等。另外，格栅基础的处理也非常重要，应保持原状土，如超挖应回填密实，并垫钢板或木板，确保格栅不出现垂直位移，并打设锁脚锚杆，保证基脚稳定，这也是控制沉降的关键之一。钢拱架的截面宽度较大，背后不易与围岩密贴，喷射混凝土无法充填，易在钢拱架背后形成空隙或水囊，造成地层沉降。

初期支护的刚度对地层变形有较大影响，刚度大，则抵抗变形的能力强。其刚度与喷射砼的配合比、速凝剂的掺量、凝结时间、喷层厚度、格栅、钢筋网的形式、连接方式有关，初期支护

的组合形式、技术参数、施作时机，也对地层变形有影响。二次衬砌对地层的影响主要表现在其施作时间及施作方式。由于城市地下工程多采用分部开挖、小断面快速封闭技术，施作二次衬砌时要拆除大量的临时支护，采取不同的拆除工序和二次衬砌施工工序，对地层变形影响很大。其次初支与土体之间、初支和二衬之间的密贴程度都对地层变形有一定的影响。

9）信息化设计施工、动态管理

信息化设计施工、动态管理是控制沉降的关键管理技术。由于勘察设计时的工程和水文地质情况与施工实际情况存在一定差别，必须在施工过程中予以修正。应时刻关注量测信息，随时发现地层沉降的失控点，及时采取高压回填注浆、洞内补充深层加固注浆等补救措施，进行动态管理。

4.1.4　浅埋暗挖隧道开挖地层响应规律

通过对北京地铁及国内多个城市地铁建设浅埋暗挖施工地表沉降规律的实地调查研究发现，虽然工程所在的地区不同、水文地质条件不同，施工方法和工程结构形式也有所不同，但由施工所引起的地表沉降规律基本一致。

1）横向地表沉降规律

根据国内外大量实测与研究，典型的 1 条隧道和 2 条距离较远的隧道施工引起的地表沉降槽如图 4.5 所示，2 条距离较近的隧道引起的地表沉降槽如图 4.6 所示。

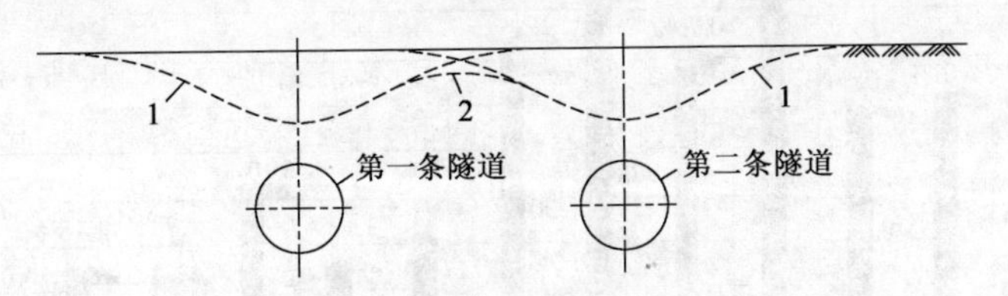

图 4.5　2 条相距较远的隧道施工引起的地表沉降槽

1-1 条隧道引起的地表沉降；2-2 条隧道共同引起的地表沉降

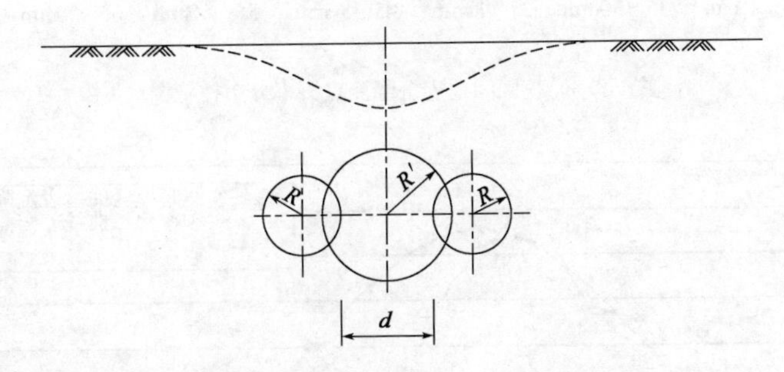

图 4.6　2 条相距较近的隧道施工引起的地表沉降槽

2）纵向地表沉降规律

通过对浅埋暗挖法地表沉降实测资料的研究分析，地表沉降纵向变化过程可分为 4 个阶段：微小变形阶段、变形急剧增大阶段、缓慢变形阶段、变形基本稳定阶段，如图 4.7 所示。随着围岩类别的降低，沉降的纵向范围增大，沉降量增大，沉降曲线的变位点位置也向后推移，沉降收敛的时间变长。

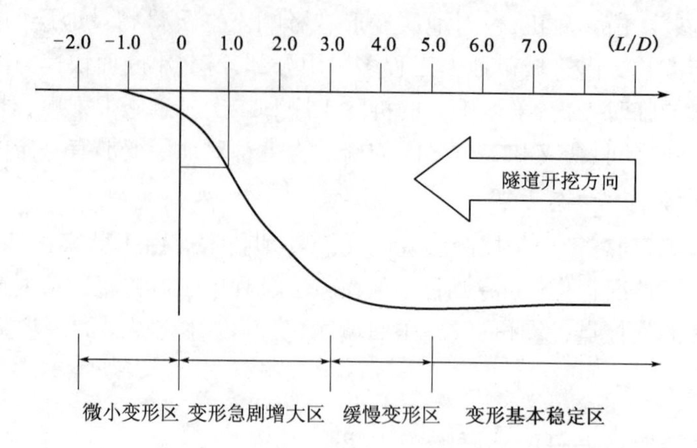

图 4.7 地表沉降纵向变化规律

3)北京地铁施工地表沉降统计规律

(1)浅埋暗挖区间隧道施工地表沉降统计规律。根据收集的北京地铁 5 号线暗挖区间 309 个地表沉降点资料,经过分析得到有效点 288 个,统计出的区间隧道施工地表沉降统计规律如图 4.8 所示,地表沉降发生频率如图 4.9 所示。

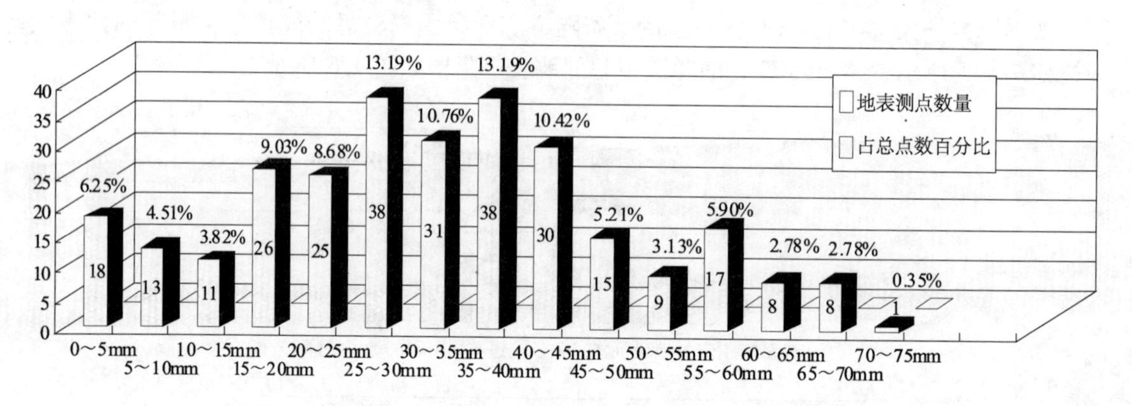

图 4.8 暗挖区间地表沉降测点概率分布柱状图

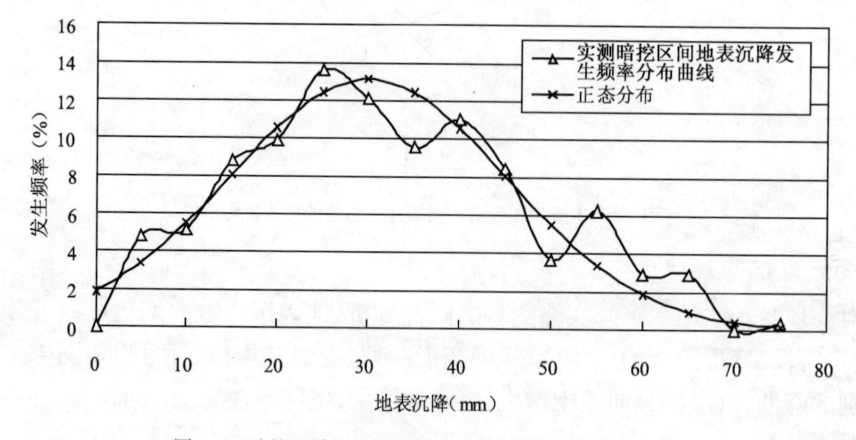

图 4.9 暗挖地铁区间隧道施工地表沉降发生频率分布图

由图 4.8 和图 4.9 可知：

①最大沉降为 77.88mm，最小沉降为 0.06mm，均值为 32.4mm；沉降值小于 30mm 的点占 45%，沉降值小于 40mm 的点占 69%；如果剔除沉降值 5mm 以下的点，则得到均值为 34.4mm，其中沉降值小于 30mm 的点占 42%，沉降值小于 40mm 的点占 67%。如果剔除沉降值 10mm 以下的点，则得到均值为 35.8mm，其中沉降值小于 30mm 的点占 39%，沉降值小于 40mm 的点占 66%。

②对于统计的点求均值，无论是剔除 5mm 还是 10mm 以下沉降较小的点，还是统计了全部有效点，均值均大于 30mm，但超过幅度不大，分别为 32.4mm、34.4mm、35.8mm，说明当前所采用的北京地铁区间地表沉降的 30mm 控制标准，与当前施工技术水平相当。

(2)浅埋暗挖地铁车站地表沉降的统计规律。根据收集的北京地铁 5 号线 7 个暗挖车站（包括明暗挖结合车站）的 203 个地表沉降点资料，经过分析得到有效点 198 个，得出的地铁车站施工地表沉降统计规律如图 4.10 和图 4.11 所示。

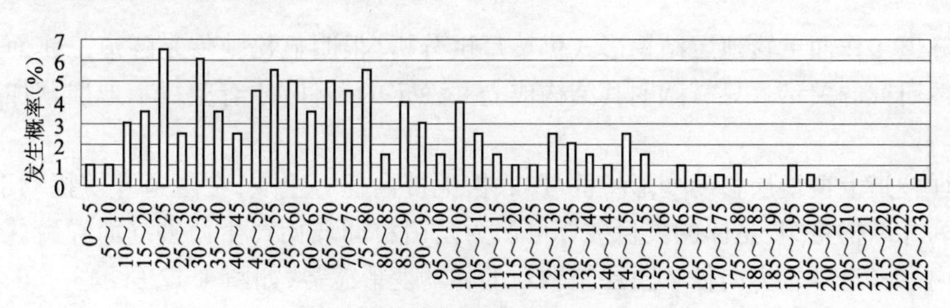

图 4.10 暗挖车站地表沉降区间发生频率统计图

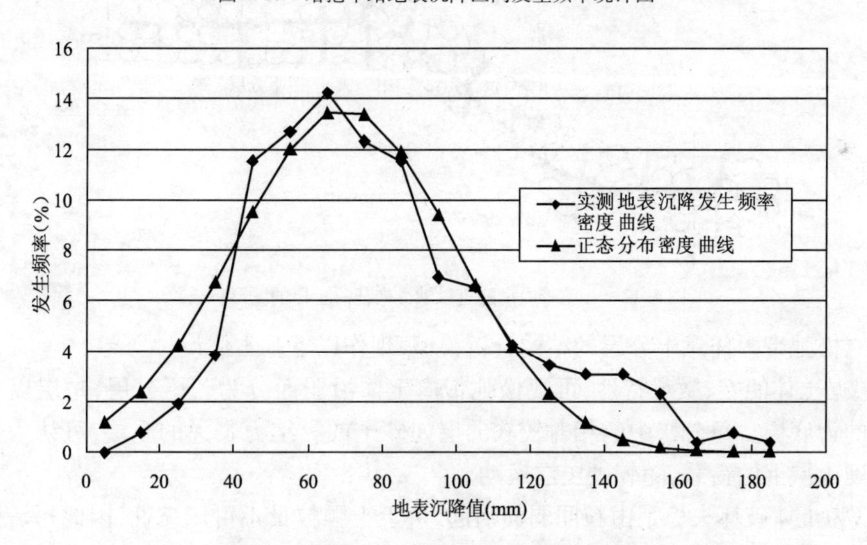

图 4.11 暗挖车站地表沉降发生频率密度曲线

由图 4.10 和图 4.11 可知：

①最大沉降 229.15mm，最小沉降为 1.98mm，地表沉降的统计均值均在 60～70mm 变动。对于统计的点求均值，无论是剔除 15mm 还是 20mm 以下沉降较小的点，还是统计了全部有效点，均值均大于 69.66mm；沉降在 30mm 以下的测点数仅占总测点数的 9%，说明当前所采用的车站地表沉降的 30mm 控制标准，与实际相差较大，应该进行调整。

②在15～150mm区段的地表沉降值的发生的比例占到了所有可统计数据的90%，其统计系列的方差较小，比较符合正态分布的统计规律。剔除15mm以下的点也是从符合地铁暗挖车站施工地表沉降规律的角度考虑，发生小于15mm以下的地表沉降，与施工过程中的特殊处理有关或与地面的硬壳层和地下构筑物阻断地表沉降的变化有关，而大于150mm的地表沉降值往往是少量的上层滞水的作用或由局部小量的塌方和支护不及时所造成的。

4.2 浅埋暗挖法地铁隧道工作面稳定与失稳的认识

4.2.1 浅埋隧道工作面上覆地层结构模型

浅埋隧道工作面上覆地层结构形式仍按呈拱分析，很明显松弛带是隧道工作面上覆地层结构稳定性研究的关键。只有阐明其结构成立并稳定的条件，才有望揭示地层预加固的内在作用机制。

由浅埋隧道上覆地层移动变形特征可知，松弛带内任一土层，在隧道开挖扰动下，土颗粒会重新排列并结构重组，土体的失稳破坏可认为是由粒间弱面产生微裂缝而导致。由此可绘出松弛带内沿隧道纵轴方向任一土层土颗粒的移动变形态势，如图4.12所示。

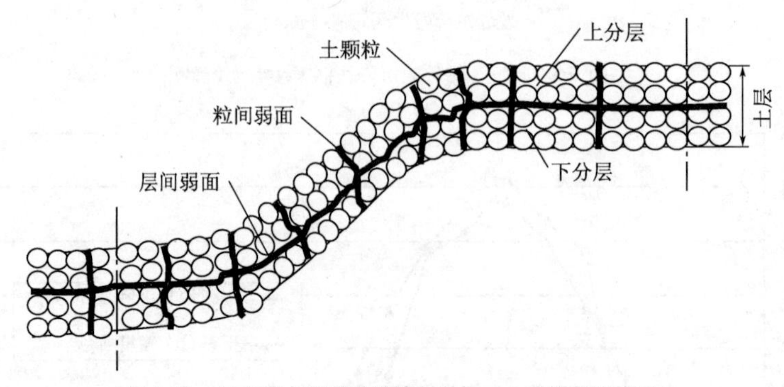

图4.12　松弛带内沿隧道纵轴方向任一土层的变形特征

为建立松弛带内任意土分层的结构分析模型，现作以下基本假设。

(1)根据土体的宏、微观特性，可视松弛带内土体沿弱面分为若干分层，每层以相对密实或强度大的为底层。每分层中的相对较软弱层如砂土或黏结力丧失的土层，可认为是附着在相对较坚硬土层上的荷载，随较硬土层运动。

(2)认为土体破坏失稳是由粒间弱面引起，由于土颗粒具不可压缩性，因此每一分层沿弱面所划分的若干土块单元可视为刚体。在水平推力作用下，刚体之间按形成假性铰接关系考虑。铰接点的位置可由地层移动变形曲线的形状决定，曲线凹面向下则铰接点位置在弱面的下部，反之在上部。

(3)对松弛带，可认为其未支护段内上下各土层之间没有地基抗力的作用。隧道工作面前方和后方已初次支护土体的地基抗力视为遵循胡克定律。

(4)对隧道已支护段内以及隧道工作面前方的土块单元，因变形较小或相对稳定，因此其力学效应用水平链杆表示。

由此建立的沿隧道纵轴方向松弛带内任一土分层的结构模型如图4.13所示。

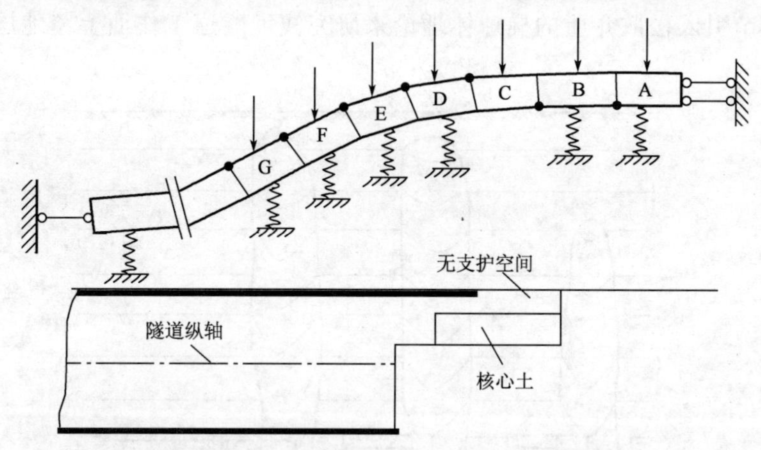

图4.13　沿隧道纵轴方向松弛带内土分层的结构模型

4.2.2　上覆地层结构模型的实践意义

通过对上覆地层结构模型的力学解析，可以获得以下认识。

(1)在地层条件一定的情况下，隧道工作面推进长度的加大会导致下沉量及工作面状况的劣化。

(2)隧道工作面附近下沉速度的增大是导致工作面不稳定的特征表现。

(3)隧道工作面前方土体的强度和刚度增大，有利于保证工作面的稳定性。

(4)在工作面正面土体一定的条件下，工作面未支护段内的地层荷载易造成工作面失稳。因此该部分荷载在开挖支护前的有效转嫁即应力及时传递尤为重要，而工作面超前预加固即能给予有效的弥补。

(5)改善工作面的稳定性以及控制地表下沉，不能仅依靠目前普遍采用的超前拱部预支护的单一形式，还必须重视正面土体的预加固或改良。

(6)揭示了浅埋隧道开挖的两个关键：必须保证一定的水平推力，在土体形成结构过程中，若其本身无法满足时，为促成土体稳定，要求必须有一定的预置结构提供水平推力；必须保证工作面范围内的竖向荷载能被分担或传递，工作面前方土体的上覆荷载显然可由其本身来承担并转移，而对工作面未支护段，显然为利于稳定，也要求必须有一定的预置结构来进行荷载的分担和传递。由此揭示出超前预加固结构的两个内在作用机制。

4.3　隧道工作面上覆地层结构的失稳坍落模式

4.3.1　上覆地层结构失稳坍落的椭球体模型

对松弛带内处于失稳坍落的土体，可视为松散介质。尽管普氏提出了坍落抛物线拱，但由弹塑性理论可知，对以自重应力场为主(侧压系数小于1)的浅埋隧道，坍落后，次生稳定的形状应为立椭圆。Chambon 等(1994)所做的离心模型试验($Z/D=0.5$、1、2)验证了这一结论(图4.14)。因此对松弛带的拱,本书定义抛物线拱为初期稳定拱,最终稳定拱形状为椭圆。为定量分析,本节引入松散介质的椭球体理论来研究浅埋隧道工作面上覆地层结构的失稳坍落。

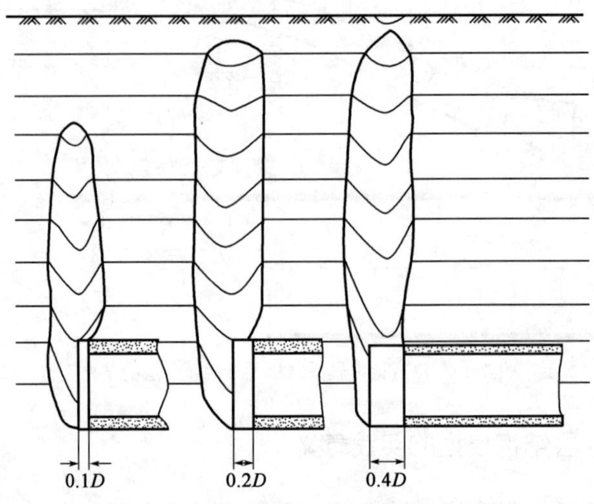

图4.14 隧道不同未衬砌段长度下工作面失稳坍落的椭球体趋势

椭球体坍落的概念源自于前苏联学者 C. H. 米纳耶夫于1938年提出的椭球体放矿理论,此后椭球体理论在散体介质失稳和放出体研究中得到广泛应用。椭球体理论主要由三条基本原理构成:椭球体原理;过渡关系原理;相关关系原理。

基于活动门的散体介质坍落模型见图4.15。试验表明:开启活动门时,仅仅是位于活动门(漏口)上部的一部分散体进入运动状态并放出。其放出体在模型内散体中所占的空间位置为一个近似的旋转椭球体,称为放出(坍落)椭球体1;AOA′曲线所包络的漏斗状形体称为放出(坍落)漏斗2;AA′水平层以上各水平所形成的下凹漏斗称为移动(松动)漏斗3;将散体中产生移动(松动)的边界连接起来形成的又一旋转椭球体,称为松动椭球体4。

对放出(坍落)椭球体(图4.16),坍落体为一近似截头椭球。放出量(截头椭球体积)Q_f 可用下式计算:

$$
\begin{aligned}
Q_f &= \frac{2\pi}{3}a_f b_f^2 + \pi\int_{b_f}^{na_f}(a_f^2 - x^2)\frac{b_f^2}{a_f^2}\mathrm{d}x \\
&= \frac{1}{3}\pi a_f^3(1-\varepsilon^2)(3n-n^3) \\
&= \frac{1}{6}\pi H_f^3(1-\varepsilon^2) + \frac{\pi}{2}r^2 H_f
\end{aligned}
\tag{4.6}
$$

式中:a_f——长半轴;

b_f——短半轴;

ε——偏心率;

H_f——放出(坍落)高度;

r——放出(坍落)口半径。

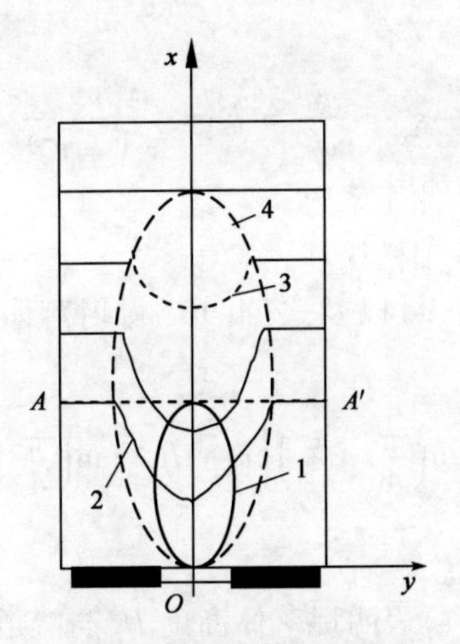

图 4.15　椭球体坍落原理试验模型

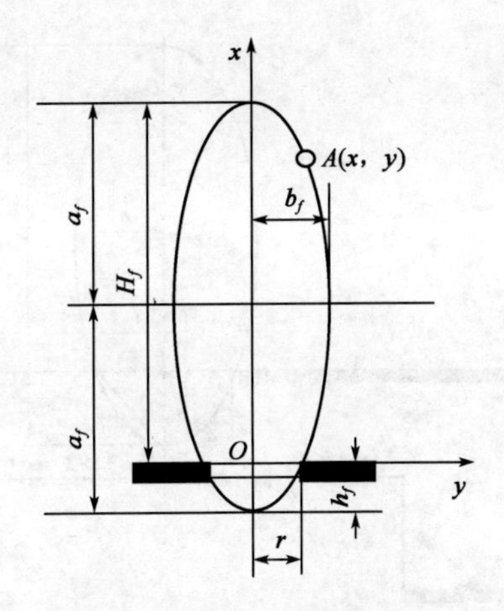

图 4.16　放出（坍落）椭球体

4.3.2　工作面无支护长度与坍落高度的关系分析

对浅埋隧道工作面，沿隧道纵轴方向，其潜在的坍落口直径即无支护长度由一次进尺和工作面前方的一段易破裂松弛长度两部分组成。因此这里采用能够反映上述指标的统一数学方程即截头椭球体来描述坍落体的运动过程。由图 4.16，截头椭球体的基线方程为

$$y^2 = (1-\varepsilon^2)(H_f - x)(x + h_f) \tag{4.7}$$

注意到，当 $y = r, x = 0$，时，式(4.7)化为

$$H_f = \frac{1}{(1-\varepsilon^2)} \cdot \frac{r^2}{h_f} \tag{4.8}$$

式中：H_f——浅埋隧道坍落高度；

$2r$——工作面无支护长度；

h_f——隧道拱顶线至坍落椭球体最低点的高度。

式(4.8)仅为浅埋隧道无支护长度与坍落高度的一般关系表达式，难以实用。为此，作以下基本假定：

(1)工作面正面土体破裂按朗肯平面假设；

(2)按最优椭圆形状，此时轴比等于侧压系数；

(3)沿隧道纵轴方向的坍落椭圆的长轴对称作用于无支护长度。

基于上述假定，建立的求解无支护长度与坍落椭球体高度关系模型见图 4.17。

由图 4.17 的几何关系有

$$\begin{cases} 2r = a + l \\ l = H \cdot \tan\left(\dfrac{\pi}{4} - \dfrac{\varphi}{2}\right) \\ \dfrac{r}{h_f} = \tan\left(\dfrac{\pi}{4} - \dfrac{\varphi}{2}\right) \end{cases} \tag{4.9}$$

式中：φ——土体内摩擦角。

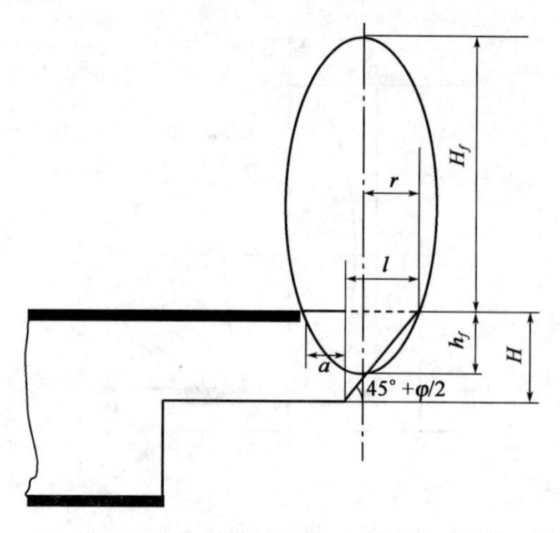

图 4.17　坍落体高度计算模型

由假设，又有

$$1-\varepsilon^2=\frac{b_f^2}{a_f^2}=k_0^2=\frac{\nu^2}{(1-\nu^2)} \qquad (4.10)$$

式中：k_0——侧压系数；

ν——泊松比。

由式(4.9)以及式(4.10)得坍落体高度 H_f 计算式为

$$H_f=\frac{1}{2k_0^2}\tan\left(\frac{\pi}{4}-\frac{\varphi}{2}\right)\left[a+H\cdot\tan\left(\frac{\pi}{4}-\frac{\varphi}{2}\right)\right] \qquad (4.11)$$

式(4.11)表明坍落体高度 H_f 与隧道工作面无支护长度呈正相关关系。

同理，隧道横断面坍落椭球体高度 H_{fh} 的计算表达式为

$$H_{fh}=\frac{1}{k_0^2}\tan\left(\frac{\pi}{4}-\frac{\varphi}{2}\right)\left[\frac{\sqrt{D^2-(D-2H)^2}}{2}+H\cdot\tan\left(\frac{\pi}{4}-\frac{\varphi}{2}\right)\right] \qquad (4.12)$$

式中：D——隧道当量直径。

很显然，隧道纵轴方向的坍落椭球体高度 H_f 小于横断面坍落椭球体高度 H_{fh}。从时间效应判断工作面稳定性，应取 H_f。对富水砂层或淤泥质软土层，在不考虑地层预加固的条件下，若相对隔水层厚度大于 H_f，则上覆地层趋于稳定。

4.3.3　上覆地层结构失稳坍落的稳定性分析

由椭球体理论，当 $H_f/2r<2$ 时，坍落椭球体仅为截头椭球体，其坍落过程很难连续，中间伴随呈拱现象，而处于暂时稳定。但当 $H_f/2r>4\sim5$ 时，坍落发育为完全椭球体，此时坍落将连续抽冒而难以稳定。

对一般地层条件，当取 $\nu=0.3$，$\varphi=25°$时，不同开挖进尺 a 以及上台阶开挖高度 H 下的 H_f 计算见表 4.5。

不同开挖进尺 a 下的 H_f 计算值(1)　　表 4.5

a(m)	H_f(m)					
	H =1.7m	$H_f/2r$	H =2.0m	$H_f/2r$	H =2.5m	$H_f/2r$
0.5	2.74	1.73	3.08	1.73	3.63	1.73
0.75	3.18	1.73	3.51	1.73	4.06	1.73
1.0	3.61	1.73	3.93	1.72	4.49	1.73

而对复杂地层条件，当取 $\nu=0.2$，$\varphi=10°$时，不同开挖进尺 a 以及上台阶开挖高度 H 下的 H_f 计算见表 4.6。

不同开挖进尺 a 下的 H_f 计算值(2)　　表 4.6

a(m)	H_f(m)					
	H =1.7m	$H_f/2r$	H =2.0m	$H_f/2r$	H =2.5m	$H_f/2r$
0.5	12.96	6.72	14.72	6.72	17.47	6.72
0.75	14.64	6.72	16.33	6.72	19.15	6.72
1.0	16.32	6.72	18	6.71	20.83	6.72

结果表明,对浅埋土质隧道,一般地层条件下的失稳为局部坍落,而复杂条件下的失稳为整体失稳,可能抽冒至地表。因此为控制地表下沉和工作面开挖的稳定,实施地层预加固,对浅埋暗挖法施工非常关键。

4.3.4　椭球体模型的实践意义

(1)工作面无支护空间是影响坍落的重要因素。针对工作面无支护空间采取措施,是浅埋暗挖法软土隧道施工的前提条件。

(2)上覆地层失稳坍落决定于地层物性参数,而与隧道埋深关系不大。

(3)可对黏土隧道和砂土隧道工作面失稳破坏机理给出明确的解释[图 4.18,Mair 等(1997)]。对砂土,相比较而言其易发育为完全椭球体,因此黏土破坏时所形成的坍落椭球体将远大于砂土条件。由于是浅埋深,形成的坍落椭球体被地表面所截,因而就形成了如图 4.18 所示的失稳破坏图。由此说明了在条件相同的情况下,黏土隧道较砂土隧道工作面更趋于稳定。

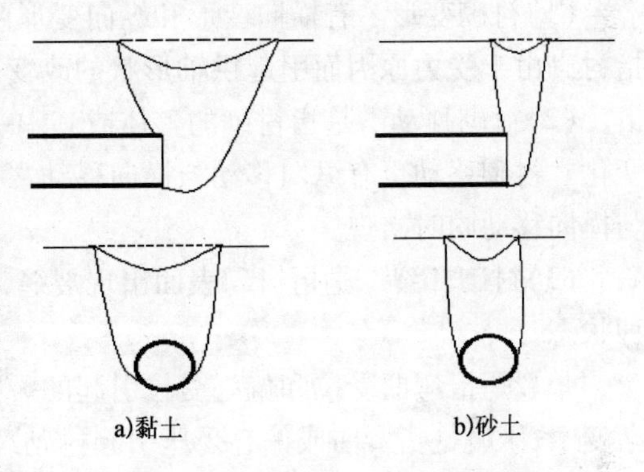

图 4.18　黏土和砂土隧道工作面失稳破坏机理

(4)可对城市地铁浅埋暗挖隧道施工波及地表的塌方出现的“下沉漏斗(盆)”现象给出合理解释。因此对极软弱地层,工程上必须实施地层改良,才能确保地表下沉的控制和工作面的稳定性。

(5)能有效说明并指导一旦隧道工作面塌方后,注浆量大的原因。浅埋城市地铁隧道工作面开挖时,必然引起应力扰动,使土体出现第一次松散。若隧道工作面塌方,则必然会引起土体的二次松散。由椭球体理论,坍落 Q_f 体积与所引起的松动体积 Q_s 之间存在如下关系:

$$Q_s = \frac{K_e}{K_e - 1}Q_f \tag{4.13}$$

式中,K_e 为二次松散系数,据大量试验对砂土为 1.1～1.2。由式(4.13)可知,若二次松散系数按 1.1～1.2 考虑,则松动体积为 11～16 倍的坍落体积。因此对如此大的松动范围,不难解释注浆量超过坍落土体积的原因。对塌方后注浆量的控制,经在深圳地铁施工中处理塌方的实践,注浆量取 1.5～3 倍的坍落体积即可达到控制的目的(小塌方取下限,大塌方取上限)。

4.4 邻近施工对既有环境的变形影响分析

邻近施工对既有环境的影响,也即既有结构因浅埋暗挖隧道施工而引起的反应模式可归结为以下几种。

(1)对土工环境的影响分析。

(2)对既有结构的变形影响分析。

4.4.1 对既有结构的变形影响

既有结构的变形包括结构的沉降(隆起)、结构的水平位移、结构变形缝处的差异沉降等。

如果对既有线结构的变形与受力,可能会导致既有地铁隧道衬砌裂损的类型包括衬砌变形、衬砌移动和衬砌开裂三种。

(1)衬砌变形。有横向变形和纵向变形两种。而横向变形是主要变形。衬砌横向变形是指衬砌由于受力原因而引起拱轴形状的改变。

(2)衬砌移动。是指衬砌的整体或其中一部分出现转动(倾斜)、平移和下沉(或上抬)等变化。衬砌移动也有纵向移动与横向移动之分。对于大多数已发生裂损的衬砌,往往是纵向与横向移动同时出现。

(3)衬砌开裂。是指衬砌表面出现裂缝,是衬砌变形的结果。它包括张裂、压溃和错台三种状态。

张裂是指弯曲受拉和偏心受拉引起的裂损,裂缝、裂面与应力方向正交,缝宽由表及里逐渐变窄;压溃是指弯曲或偏心受压引起衬砌裂损,裂缝边缘呈压碎状,严重时受压区表面产生碎片剥落、掉块等现象;错台是由剪切力引起的裂缝,裂缝宽度在表面与深处大致相同,衬砌在裂缝两侧沿剪切方向有错动。沉降缝两侧差异沉降较为明显,这在穿越既有线施工时尤为重要,通常成为结构沉降的控制点。

既有隧道二次衬砌裂损劣化的等级分为a、b、c、d4级,如表4.7所示。

既有隧道二次衬砌劣化评定　　表4.7

裂损类型 裂损等级	累计沉降及沉降速率	结构变形、开裂及差异沉降	轨道与结构的接触状况
a(严重)	累计沉降量 $S>30$mm;沉降速率 $v>2$mm/d	结构严重变形,开裂长度 $L>5$m;结构差异沉降 $\Delta H>10$mm	轨道与结构完全拉开且范围较大,呈悬空状态,已无法保证运营安全,必须停运维修
b(较重)	累计沉降量 S:20mm$\leqslant S\leqslant$30mm;沉降速率 v:1mm/d$\leqslant v\leqslant$2mm/d	结构变形较严重,开裂长度 L:3m$\leqslant L\leqslant$5m;结构差异沉降 ΔH:5mm$\leqslant\Delta H\leqslant$10mm	轨道与结构拉开和吊空范围较小,需要列车限速行驶

续上表

裂损类型 裂损等级	累计沉降及沉降速率	结构变形、开裂及差异沉降	轨道与结构的接触状况
c（中等）	累计沉降量 S：10mm≤S≤20mm；沉降速率 v：0.5mm/d≤v≤1mm/d	结构局部变形，开裂长度 L：1m≤L≤3m；结构差异沉降 ΔH：3mm≤ΔH≤5mm	轨道与结构局部拉开和吊空，修复处理后可正常使用
d（轻微）	累计沉降量 S < 10mm；沉降速率 v < 0.5mm/d	结构无明显变形，开裂长度 L < 1m；结构差异沉降 ΔH < 3mm	轨道与结构间局部出现开裂，需要进行正常维护

注：表中数据仅为初步拟定值，应通过对变形与结构相互作用关系的系统研究进行确定。

4.4.2　对既有结构的弯剪扭影响

由于施工的分步、分段进行，施工在既有结构不同部位产生的沉降不同，由此可能发生既有结构受弯剪扭作用。以隧道施工对地面建筑的影响为例进行说明。

1）弯曲作用和剪切作用

隧道邻近建筑物施工引起的弯曲和剪切可能有以下两种情况。

（1）隧道在建筑物下方施工时，将引起地层的竖向和水平方向的变位及荷载。这种变位及荷载对地面建筑结构具有弯曲和剪切作用效应，整座建筑结构的效应与深梁受力类似，存在弯曲效应和剪切效应，分别如图4.19a）、图4.19b）所示。

（2）当开挖隧道偏于建筑物一侧时，会引起结构的侧移沉降，对结构产生剪切作用和弯曲作用，如图4.20所示。

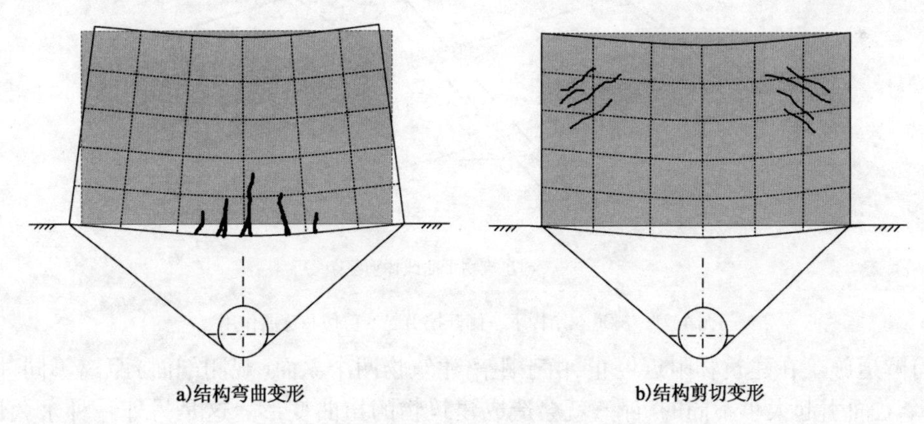

图4.19　隧道开挖引起的结构变形的深梁效应

2）扭转作用

隧道开挖引起的建筑物扭转效应可能有以下4种情况。

（1）隧道以一定的角度从建筑物下穿越，会引起结构物的永久性的扭曲变形。对于地铁线路和城市建筑方位规划规整的城市，如北京、西安等地，这种情况相对较少；但是对于像伦敦、上海这样的建筑方位不规整的城市，这是工程中经常遇到的一种情形。如图4.21a）所示。

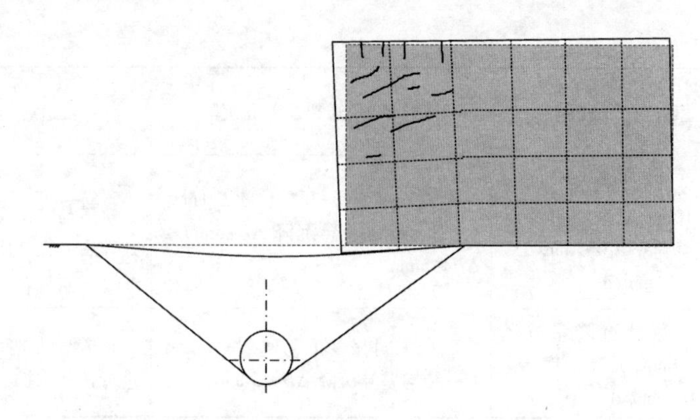

图 4.20　隧道在结构下一侧开挖引起的剪切和弯曲作用

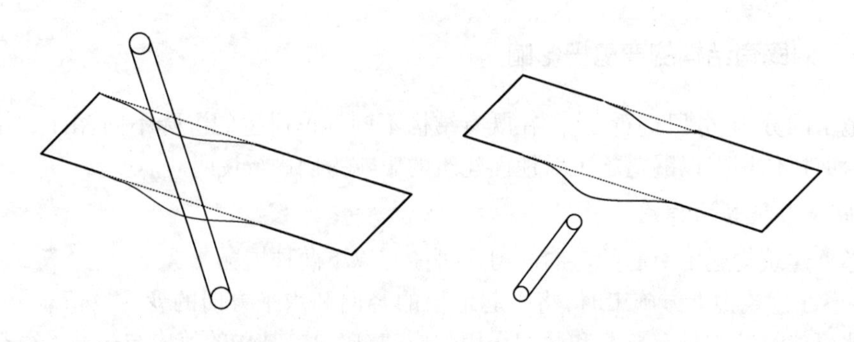

a)隧道与建筑物斜交　　b)隧道施工中或停滞于建筑物附近

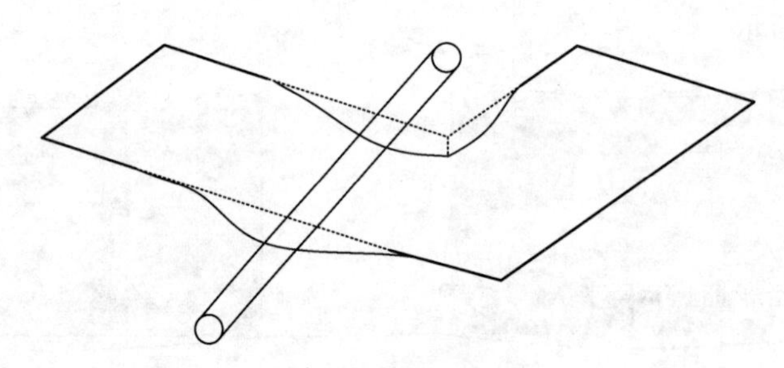

c)建筑物平面或体型复杂

图 4.21　隧道在结构下一侧开挖引起的剪切和弯曲作用

(2)隧道施工在建筑物附近停止,由于距离建筑物两个立面(观测剖面)距离不同,因此会在这两个立面引起大小不同的沉降,就会造成建筑物的扭曲变形。这是另外一种永久性的扭曲变形,如图 4.21b)所示。

(3)在隧道的连续推进施工过程中,地面建筑物或地下构筑物也会产生扭曲变形。在某些情况下,这种瞬时的扭曲变形会大于永久变形,并引起结构物更为严重的损坏,如图 4.21b)所示。这种扭曲变形的性质与上面(2)中所述的情况是一致的。只是这里是动态施工的作用,而(2)中的扭曲变形是静态施工作用引起的。

(4)当建筑物体型复杂或其结构高低错落时,不同部位之间结构刚度和结构自重之间的

差别,也会造成其产生一定的扭曲变形。图4.21c)给出了一个例子。这事实上是一个更加复杂的三维共同作用问题,往往需要借助数值分析方法才能进行相关的分析。

由以上可知,在地下隧道开挖过程中,建筑物的扭曲变形是普遍现象。但问题比较复杂。对于实际工程,可能是这4种情况的两种甚至多种组合。

4.4.3　对既有线结构与道床的脱开及道床开裂影响

由于施工扰动导致既有隧道结构发生变形,又由于轨道与结构接触,并有力地传递,因此会导致轨道结构发生变形。轨道结构可能发生的变形是沉降、倾斜、上抬和平移等,由于隧道结构与轨道道床结构之间没有连接,还有可能发生隧道结构底板与道床结构剥离,整体道床开裂的情况。

4.5　邻近施工对既有土木工程环境结构的评价方法

4.5.1　既有结构的评价方法

邻近施工地层变形传递给既有环境结构会造成对既有结构的影响,对于既有结构物影响的评价方法可归纳为工程类比法和预测分析法。这里对工程类比法不多赘述。

对处于土工环境中既有结构的预测分析方法有两种:一是将地基与结构物单独进行分析,即首先对地基变形进行预测分析,将预测所得的地基变位作为建筑物的输入条件进行结构分析;二是用有限元法将地基与结构物组合作为整体分析,利用地基中有结构物的模型,同步对施工过程中的地层变位和结构物的工况进行分析。

第一种分析方法具体包括:①将地基变位与建筑物的变形同等考虑;②将相当于地基变位的荷载施加于结构物;③将负载土压直接施加于结构物。其中方法①适用于刚度小的结构物和柔性结构物,方法②和③适用于刚度大、变形量会影响自身刚度与地基刚度的建筑物。结构分析方法一般采用将地基刚度表示为弹性地基上(弹簧支撑)的梁模型。

采用预测分析方法时,应注意以下几点。

(1)预测分析方法的选择。

(2)解析范围和边界条件。

(3)输入常数。

(4)结构状态。

(5)解析结果的分析。

(6)监控量测的反馈。

将地基变位与建筑物的变形同等考虑的方法①,一般采用温克尔弹性地基梁理论。如图4.22所示,将沉降槽处的沉降值加到相应梁单元对应位置处,考虑最不利情况,在沉降槽处,该处的地基弹簧取消。

对于方法②和③,简图见图4.23。

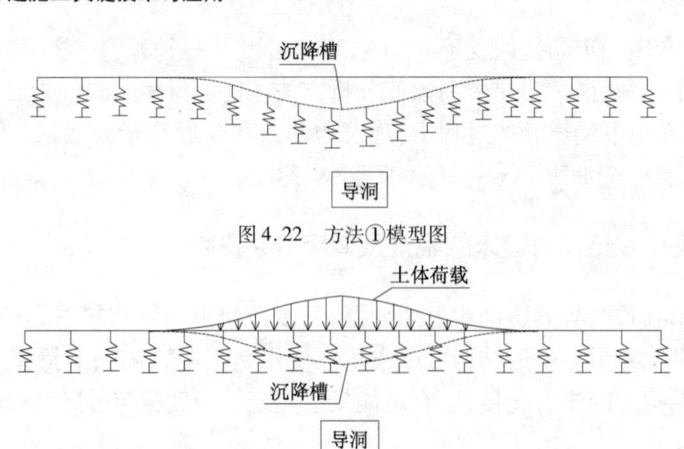

图4.22 方法①模型图

图4.23 方法②和③模型图

第二种方法主要采用有限单元法,这种方法便于将结构物作为梁置入地基中而直接得到断面力。但由于是将地基和结构物作为连续体来分析的,有时地基在远离结构物方向上的变位与实际情况不同,所以该方法只对不影响地基变位的小刚度结构物有效。若要用于刚度大的结构物,则需在地基和结构物的边界上想办法,使其符合土体与结构物的实际情况。

一般来说,对将地基变位与建筑物的变形同等考虑方法,只要已知开挖地层产生的变形,只需确定地基抗力,则问题可解。模型较简单;对将相当于地基变位的荷载施加于结构物方法,重点是解决如何将地基变位转化成既有结构荷载的问题;对将负载土压直接施加于结构物方法,因负载土压的概念较抽象,大小不好确定,一般不推荐该方法。

就目前预测邻近施工对既有土木工程环境结构的评价方法,根据既有土木工程环境结构的特点,采用理论解析和数值模拟解析相结合的方法进行预测,工程实践中多采用数值模拟计算进行变形预测分析。

4.5.2 邻近施工地基与结构物分离的预测分析方法

1)下穿既有环境结构预测的地基荷载法

对这类问题,既有环境结构一般因施工地层变位而产生拉伸、剪切变形。

对于刚度较大的既有结构,当其下的土体因新建隧道施工而发生沉降时,结构不会与土体一起变形。这样,可以建立弹性地基梁模型,采用将地基土体变形转化为结构荷载的办法来计算结构内力。模型简化见图4.24。

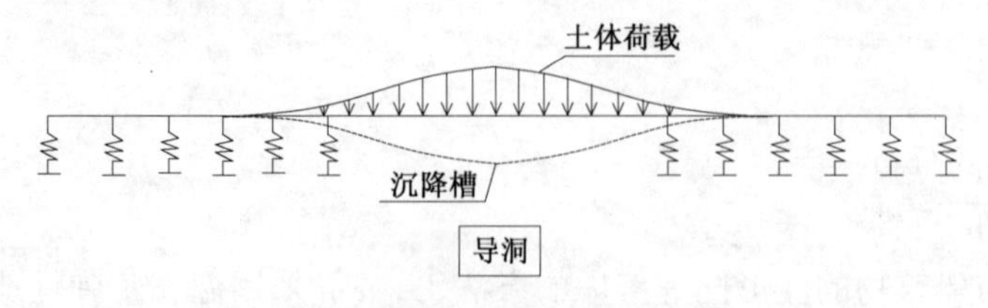

图4.24 既有结构弹性地基梁模型

模型作如下基本假定。

(1)地基土符合Winkler假定。

（2）结构为均质、各向同性线弹性体，且刚度较大。

（3）结构周围土体为均质线弹性体。

（4）假设结构处于沉降槽最大曲率位置（最不利受力位置）。

（5）设直梁与地基间摩擦力对直梁内力影响很小，可以忽略不计，故地基反力与直梁底面相垂直。

模型荷载的确定，可以由式（4.14）得到相当于土体沉降的荷载：

$$q(x) = K \cdot B \cdot S(x) \tag{4.14}$$

式中：K——土体基础抗力系数（kN/m^3）；

B——基础宽度（m）；

$S(x)$——地基沉降量（m）。

土体沉降曲线可以通过前面介绍的隧道施工引起地层变位的计算方法得到。所以，可采用在模型土体中既有结构不出现的条件下，计算出结构底对应位置的沉降曲线，作为计算既有结构荷载的输入值。

2）既有线预测的地基链杆法

根据对既有线结构可能发生问题的分析，确定计算包括既有线纵向和横向两部分内容。每个部分的计算分为两个阶段，第一阶段为新线施工前；第二阶段为新线施工后。力学模型分析流程如图4.25所示。

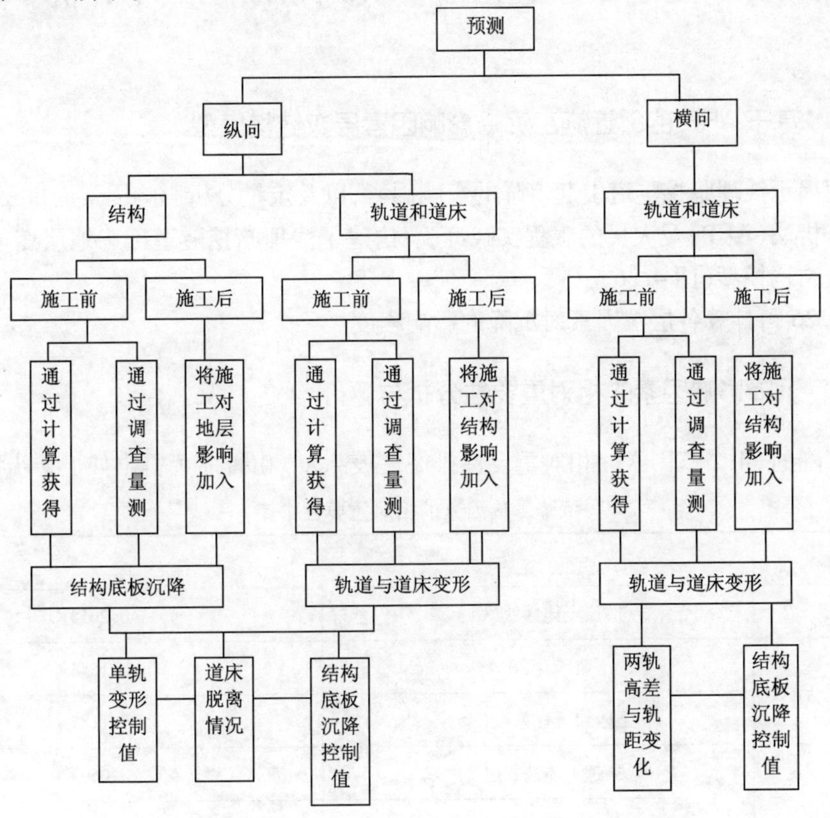

图4.25　力学模型分析流程

(1)对于结构

开挖前:通过对既有线资料的调查,用结构计算的方法或者根据量测结果和资料给出既有线底板沉降。

开挖后:得出无既有线情况,开挖产生土体变形,将既有线底板对应处的土层沉降加到既有线上。由此将开挖产生的土层变形转化成开挖产生的结构的附加变形。

通过该项计算得到结果为结构的附加沉降和附加受力。将结构的受力与既有结构调查评估结果中的承载能力进行比较,如果没有超过承载能力则结构安全。

(2)轨道和道床

开挖前:通过对既有线资料的调查,用结构计算的方法或者根据量测结果和资料给出轨道与道床的变形。

开挖后:在道床与轨道的模型中,将结构的变形施加到道床上,再通过道床与轨道的连接转化到轨道上,转化成轨道的变形,以轨道的变形控制结构的位移。

其中,结构的附加变形通过以上计算方法得到。另外,施工过程中或施工完成后,可以通过实测资料直接得到结构的附加沉降,此时将结构的沉降施加到道床上时也应注意监测点是否足够的问题。

4.6 隧道邻近施工沉降的影响因素分析与评价

4.6.1 基于 AHP 的邻近施工沉降影响因素层次结构模型

为全面揭示浅埋暗挖隧道引起沉降的影响因素,以及定量分析影响因素的重要程度,这里基于层次分析法(AHP)及大量的工程实践经验,构建了浅埋暗挖隧道施工地层变位的最优控制评价层次结构模型(图4.26)。

由图4.26可计算各层次因素对沉降的影响程度。

4.6.2 沉降影响因素的相对重要性分析与评价

影响沉降的34个基因素的相对重要性排序见表4.8。由排序可得出如下初步结论。

沉降影响因素的相对重要性排序 表4.8

序　号	因　素	权　重
1	拱顶土体性状(C1)	0.2654
2	覆跨比(B4)	0.1848
3	土体渗透性系数(C5)	0.1185
4	穿越土体性状(C2)	0.0693
5	垂直邻近度(C15)	0.0474

续上表

序　号	因　素	权　重
6	工程造价(A4)	0.0470
7	水位(C4)	0.0395
8	环向超前预加固(E3)	0.0390
9	隧道上覆地层性状(B1)	0.0299
10	基底土体性状(C3)	0.0226
11	分部多导洞法(E7)	0.0215
12	直线型(C6)	0.0161
13	正面超前预加固(E2)	0.0138
14	管理水平(C12)	0.0119
15	水平邻近度(C14)	0.0095
16	地表预加固(D1)	0.0086
17	初支背后注浆质量(D5)	0.0080
18	拱部超前预加固(E1)	0.0073
19	开挖步距(E4)	0.0070
20	不明空洞等不良环境体(B9)	0.0051
21	人员素质(C13)	0.0051
22	分部拆除(E11)	0.0031
23	普通正台阶(E6)	0.0024
24	曲线型(C7)	0.0023
25	二衬施作时机(D6)	0.0017
26	机械化程度(C11)	0.0013
27	跳仓式(E9)	0.0008
28	正台阶长度(F1)	0.0005
29	二衬一次施作长度(D8)	0.0004
30	一次拆除(E10)	0.0003
31	水平导洞错距(F2)	0.0003
32	二衬背后注浆质量(D10)	0.0002
33	连续式(E8)	0.0001
34	上下导洞错距(F3)	0.0001

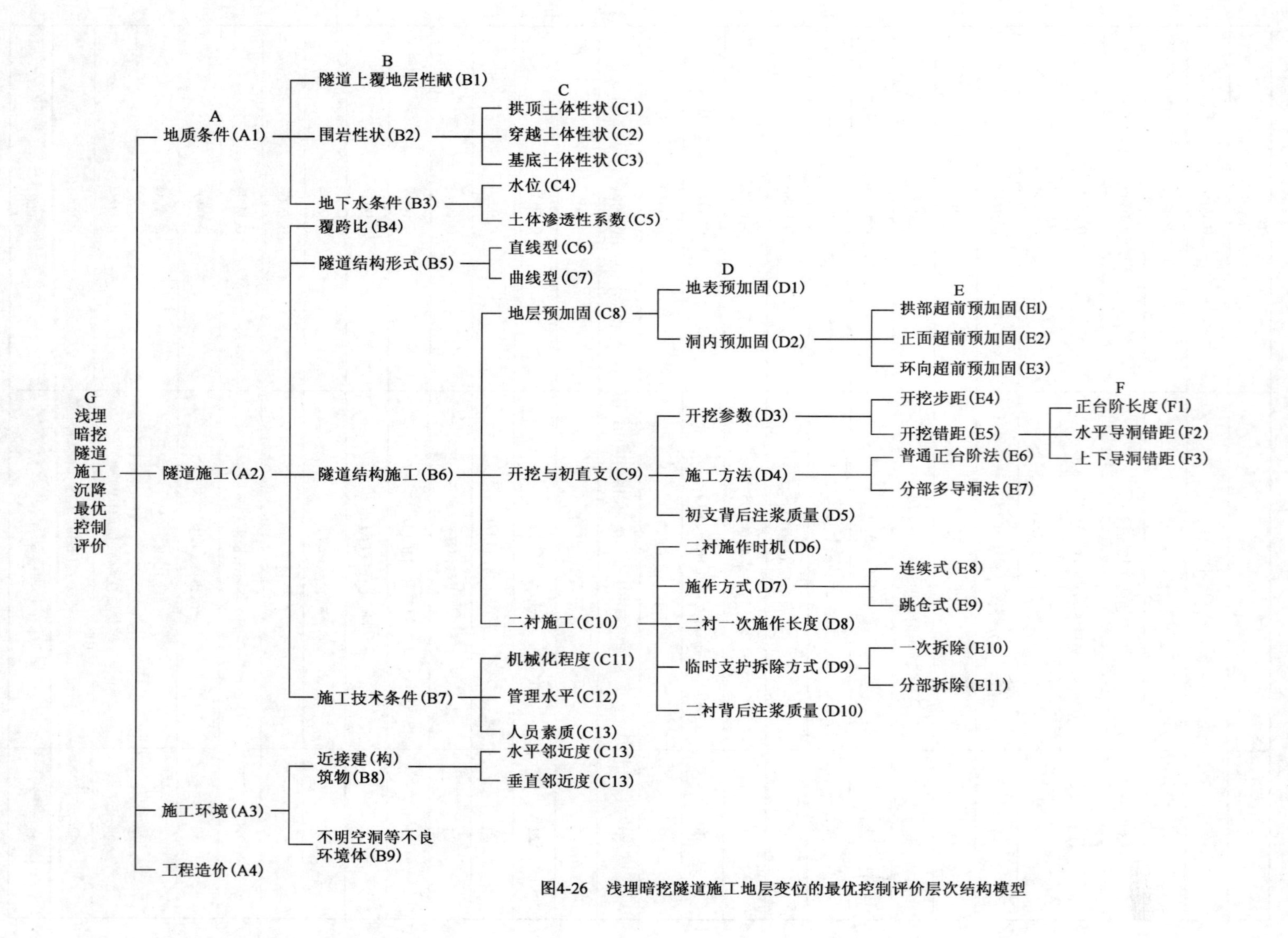

图4-26 浅埋暗挖隧道施工地层变位的最优控制评价层次结构模型

(1)隧道拱顶土体性状为影响沉降的第一位要素,这表明对浅埋暗挖隧道其拱顶土体的物理力学特性对控制隧道开挖引起的沉降至关重要,同时也从另一个方面说明了浅埋暗挖隧道管超前的意义所在。因此在制订施工方案时,首要的是查明隧道拱顶土体性状,以便确定合理的超前预加固措施。超前小导管和超前注浆小导管是浅埋暗挖隧道的常规措施,针对特殊地层以及对沉降需严格控制地段,采取特别措施进行超前加固也是非常必要的。

(2)覆跨比是影响沉降的第二位要素,这说明对大断面隧道,为控制沉降,采用分部多导洞法开挖是十分必要的。因此根据控制目标值,科学合理地选择施工方法是施工方案的主要内容。

(3)土体渗透性系数是第三位控制要素,这表明在地下水条件因素中,要实施浅埋暗挖隧道开挖的无水作业条件,一方面考虑的就是土体渗透性系数因素的影响,如果渗透性系数小,难免会增加需要降水区域的作业难度;另一方面也揭示了如果采用技术措施,促成围岩渗透性系数变小,达到围岩止水的作用效果,也可以实现隧道施工的无水作业条件。

(4)垂直邻近度是影响沉降的第五位要素,这充分说明在邻近施工条件下,浅埋暗挖隧道施工最为关注的是新建结构与既有结构的垂直间隔距离,也即间隔土体的厚度大小。如果间隔土体厚度过小,在隧道开挖引起的松弛区和塑性区范围内,则垂直邻近度就转化为拱顶土体性状而跃升为影响沉降的第一位要素。这从根本上揭示出,新建结构与既有结构的垂直间隔距离存在临界值。如果垂直间隔距离大于临界距离,则为垂直临近度因素,否则就变为拱顶土体性状因素,从而带来沉降的急剧增大。因此针对垂直临近度小于临界厚度的穿越情况,应慎重考虑穿越方式。

(5)环向超前预加固是影响沉降的第八位因素,它表明在洞内预加固因素中,采用环向超前预加固控制沉降的效果要优于正面超前预加固,而正面超前预加固控制沉降的效果要优于常规拱部超前预加固,这当然要伴随着加固费用的增加。这从一个方面说明了对沉降有特殊控制要求的区域,可以采取加大超前预加固的范围来达到控制沉降的目的,如对穿越既有线,为控制沉降在容许值,则可采用拱部超前预加固 + 正面超前预加固 + 环向超前预加固的综合超前预加固措施。

(6)隧道穿越土体性状是影响沉降的第四位要素,而隧道上覆地层性状与隧道基底土体性状分别是影响沉降的第九和第十位因素。结合前述拱顶土体性状分析,这充分说明工程地质条件对控制隧道沉降起客观制约作用。因此对工程地质条件较差地段,利用浅埋暗挖法施工必须首先实施降水作业以使土体固结增加其物理力学特性,其次是做好超前预加固,必要时还需实施自地面或洞内的地层改良措施。值得强调的是必须重视隧道基底土体性状,因为由实践知,如果基底土体性状较差,则极易产生结构的整体或局部沉降。

(7)隧道的结构形式也是影响沉降的重要因素。直线型或平顶直墙断面以及曲拱直墙断面形式,其控制沉降的难度要大于曲线型断面形式,因此从控制沉降而言,在断面选择上应优先选择曲线型断面。

(8)初支背后回填注浆质量以及开挖步距也是控制沉降的重要因素,因此加强初支背后回填注浆质量,缩短开挖步距是工程实践中经常采用的沉降控制手段,其控制效果极为显著。

(9)由排序也可清楚地看到,管理水平、人员素质以及机械化程度也是影响沉降的重要因素,这充分说明优选一个资质级别高、管理素质强、施工经验丰富的大型施工企业不仅仅是为控制沉降,更重要的是为工程安全实施提供重要保障。

(10)由排序也可以看到,尽管在隧道结构施工中,二衬施工因素没有地层预加固因素以及隧道开挖与初支因素对控制沉降的影响程度大,但工程实践也表明,绝不能忽视二衬施工对沉降的影响,尤其是对暗挖车站以及大断面暗挖隧道,由于其多采用分部多导洞法施工,其二衬施作时机、施作方式、一次施作长度和临时支护拆除方式等确定的合理与否对沉降的控制决不可等闲视之。

4.7 本章小结

(1)通过对浅埋暗挖法地表沉降实测资料的研究分析,地表横向沉降槽大致服从高斯分布,多条隧道开挖时沉降槽出现不同程度的叠加;地表沉降纵向变化过程可分为4个阶段:微小变形阶段(隆起或沉降)、变形急剧增大阶段、缓慢变形阶段、变形基本稳定阶段。暗挖地铁区间隧道施工地表沉降均值为32.4mm,暗挖地铁车站地表沉降的统计均值均在60~70mm变动。

(2)浅埋隧道上覆地层移动呈区域性特点。沿工作面推进方向,工作面上覆地层移动的变形可为三个区:超前变形影响区、松弛变形区和滞后变形稳定区。特别的对松弛变形区,可将其沿地层剖面划分为5带:弯曲下沉带、压密带、松弛带、工作面影响带、基底影响带。

(3)隧道开挖后,工作面围岩应力重分布呈分区特点。围岩应力分布沿隧道推进方向分三个区:原始地应力区、增压区、应力降低区(减压区或卸荷区)。

(4)建立了上覆地层结构模型,并给出了维持隧道工作面上覆地层结构稳定的水平推力计算公式。明确了影响水平推力的因素,揭示了隧道工作面无支护空间范围是保证隧道上覆地层结构稳定的关键区域。

(5)建立了隧道工作面上覆地层结构失稳坍落的椭球体概念,运用椭球体理论对浅埋隧道工作面上覆地层结构失稳坍落的运动形态给予了分析。结果表明,对浅埋暗挖隧道工作面,一般地层条件下的上覆地层结构失稳为截头椭球体,其坍落并不连续,一定范围内的局部结构失稳并不意味着上覆地层结构全部失稳。

(6)邻近施工对既有环境的影响的反应模式可归结为:对既有结构的变形影响,包括结构的沉降(隆起)、水平位移、结构变形缝处的差异沉降等;对既有结构横向的扭剪影响;对既有线结构与道床的脱开及道床开裂影响。

(7)既有结构物影响的评价方法可归纳为工程类比法和预测分析法。其中,预测分析方法有两种:一是将地基与结构物单独分别进行分析;二是用有限元法将地基与结构物组合作为整体分析。工程实践中多采用数值模拟计算进行变形预测分析。

(8)邻近施工地基与结构物分离的预测分析方法有地基荷载法和地基链杆法。对穿越既有线结构的预测分析以地基链杆法较为实用。

(9)提出了基于AHP的邻近施工沉降影响因素层次结构模型,并分析了影响沉降的34个基因素的相对重要性,为变形控制提供了理论依据。

5 邻近施工变位分配原理、方法与控制

隧道邻近既有土工环境结构施工,其首要管理目标是保证既有环境的使用安全。因此,必须首先界定出既有土工环境结构安全使用所需的管理标准。之后,才能在施工中,以此为控制标准,对施工过程进行有效管理。为此,提出了地层变位分配与控制原理的概念与思想,并成功应用于北京地铁邻近施工。

5.1 邻近施工既有土工环境结构变位分配控制原理

5.1.1 变位分配控制原理

就浅埋暗挖法隧道施工而言,特别是大断面暗挖隧道施工,是一项庞杂的系统工程,涉及多种工艺、多道工序,自始至终都是一个动态的、不断变化的过程,每一个施工步序都会对既有结构与轨道产生不同程度的影响。而最终的影响则是每一个施工步序产生影响的累加。如果所有这些影响的累加仍然控制在既有土工环境结构的管理标准之内,则既有土工环境的安全使用可得以保证。这就是变位分配原理。

5.1.2 变位分配控制方法

在隧道的开挖过程中,可以采用变位分配控制原理确定各分步的既有环境结构变位值。由于各开挖方法及开挖步序产生的既有结构变位均可能不同,则存在最优施工方案使得既有线所受影响最小。对于既定施工方案根据各分步的变位分配比例,把既有线的管理标准分解到每一步施工步序中,形成施工各具体步序的控制标准或称控制目标,只要单个步序的沉降量得到控制,则整个工程的安全管理就能得以实现。

基于以上分析,提出根据变位分配控制原理和方法对既有结构变位进行控制,即既有结构的变位分配控制方法,总体框图如图 5.1 所示。

1)变位分配控制原理的实施过程

采用变位分配控制原理对既有结构变位实施管理的整个过程可以概括为 4 个阶段:勘测、预测、监测和对策。

(1)勘测。是指根据施工场区地质勘探数据,掌握场区地形、地质条件,土层性质,地下水赋存方式等。对既有土工环境结构进行现状评估,了解其健全度,结合新线隧道设计参数和既有结构管理标准值,采用工程类比法,初步选定施工方案。

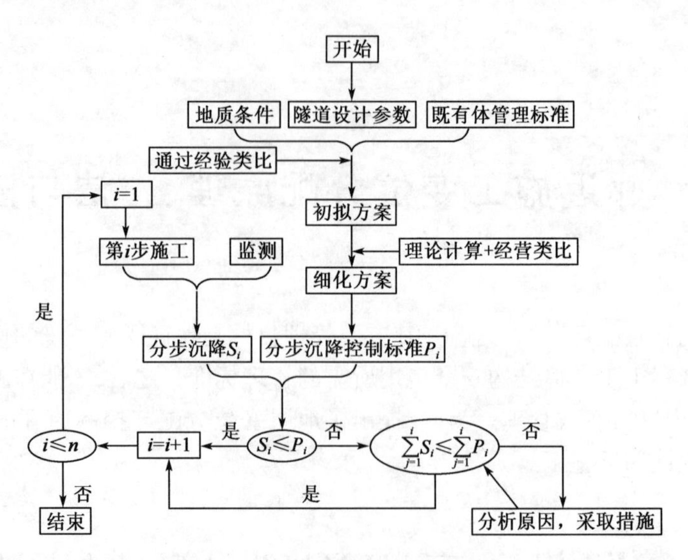

图5.1　变位分配控制总体框图

(2)预测。根据既有结构安全管理的各项指标,确定施工方案优化指标,采用理论分析和经验类比的方法,预测各阶段性施工可能引起的变位在总体结构变位中所占的比例,再根据总体管理标准值计算各分步施工沉降值,详细研究各施工步序实现其控制变位量的可能性,分析产生沉降的各种可能因素,比选各种可能采取的措施,做到使每一步施工控制都有较为充分的保障。

(3)监测。根据设计的监测指标,在既有结构中设置观测点,记录既有结构在施工过程中所发生的各种变位值,为施工控制和安全管理提供依据。

(4)对策。根据设计好的细化施工方案,按计划分步施工,及时掌握既有土工环境监测信息,与(2)中所确定的分步变位控制标准相对照,根据两者符合或偏离的程度,决定施工的进程。对过度变位要分析其原因,拿出相应的对策,修改施工方案。其控制的底线是施工累计沉降要小于分步变位累计管理值,即满足式(5.1):

$$\sum_{j=1}^{i} S_i \leqslant \sum_{j=1}^{i} P_i \tag{5.1}$$

式中:S_i——第 i 步施工导致的既有结构变位监测值;

P_i——第 i 步施工既有结构变位设计值。

若偏离过大,则研究恢复方案。

2)变位分配控制方法的优势

根据变位分配控制原理对既有线变位进行施工管理有以下优势。

(1)将总体变位控制量分解到每一步工序中,使每一步施工都有明确的变位控制目标,具有很强的可操作性。

(2)对既有线变位有一个整体规划,可以明确施工控制的重点,做到有的放矢。

(3)及时掌握既有线变位监测值与设计值的偏离动态,及时处理,避免了风险的积累,使既有线变位控制处于积极、主动的地位。

5.1.3　变位分配原理的理论基础

正确的隧道与地下工程的分析方法应该考虑到分阶段施工的特点。不但要关注建成后的隧道和围岩的稳定性,而且要关注各个施工阶段中围岩和尚未完成的结构的受力和变形情况。数值方法考虑开挖过程加卸载如图 5.2 所示。

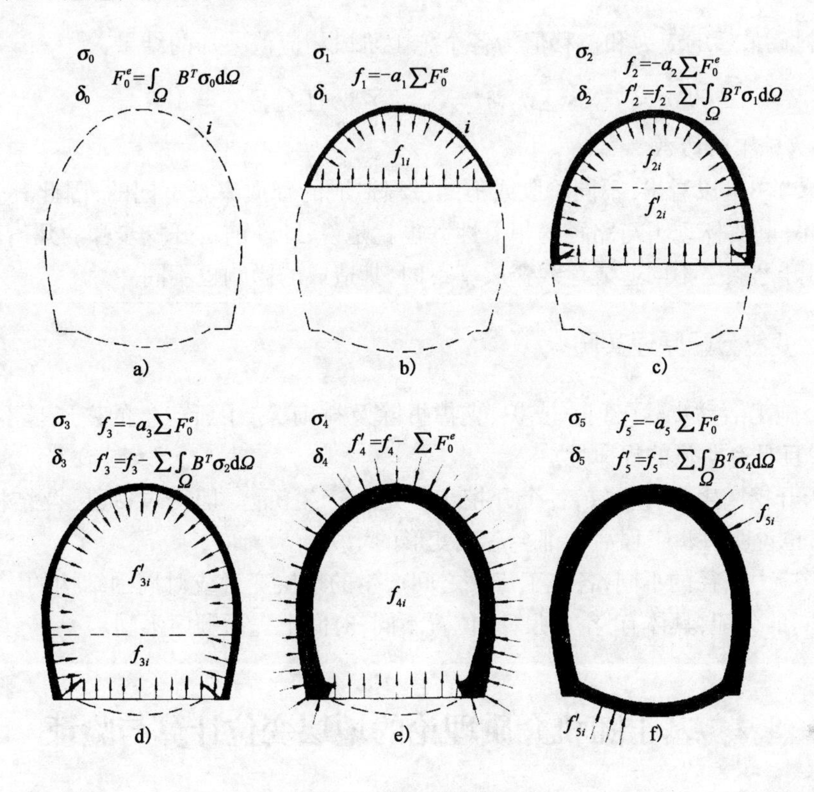

图 5.2　隧道开挖释放荷载

图 5.2 表示隧道施工的各个阶段。a)为开挖前的围岩初始应力状态,其中初始应力 σ_0 可根据实测地应力或用有限元计算而加以确定,后者即为围岩的自重压力。根据各个单元的初始应力 σ_0^e,可由式(5.2)计算其换算节点力:

$$F_0^e = \int_\Omega B^T \sigma_0 \mathrm{d}\Omega \tag{5.2}$$

隧道开挖后,在开挖边界节点 i 上作用的释放节点荷载为

$$f_i = [f_{ix} \quad f_{iy}]^T = -\sum_e F_0^e \tag{5.3}$$

此节点荷载由连接节点 i 的有关单元在节点 i 上的换算节点力贡献而成,在施工阶段 b),作用在开挖边界上的释放节点荷载 $f_1=\alpha_1 f$,式中 α_1 为一百分数,可根据测试资料加以确定,通常近似地将它定为本阶段隧道控制测点的变形值与施工完成变形稳定以后该控制测点的总变形值的比值(假定荷载释放率与变形发生率一致)。在缺乏实测变形资料的情况下也可按工程类比法加以选定,并根据试算结果予以修正,本阶段已施作喷混凝土支护。在施工阶段 c),作用在原有开挖边界上的释放节点荷载 $f_2=\alpha_2 f$,式中 α_2 的确定方法与前述 α_1 相同;而作

用在新的开挖边界上的释放节点荷载为

$$f_{2i} = f_{2i} - \sum \int_{\Omega} B^T \sigma_1 \mathrm{d}\Omega \tag{5.4}$$

式(5.4)中第二项是由第一阶段中位于开挖边界上的各个单元的应力所产生的释放节点荷载。施工阶段 d)与 c)相类似。施工阶段 e)已做好二次衬砌。施工阶段 f)则已做好仰拱。

围岩和衬砌最后的应力和位移值为各个施工阶段相应值叠加的结果:

$$\sigma = \sigma_0 + \sum_1^n \sigma_j, \delta = \delta_0 + \sum_1^n \delta_j, \text{且有} \sum_1^n \alpha_j = 1.0 \tag{5.5}$$

式中,n 为施工阶段数。

从式(5.5)中可以看出,不同阶段或不同过程造成的释放率是不同的,因此其受力与变形的结果也是不同的,体现了与路径的相关性。也就是说,即使前后开挖步骤的几何尺寸与位置完全相同,但开挖顺序不同造成荷载释放率不同,其造成的影响也不同。

5.1.4 变位分配原理实质

(1)每个施工活动步骤(开挖、支护、支撑拆除及衬砌等)中所产生的变形是不同的,有时差异很大,并且具有明显的规律性。

(2)由于开挖产生应力释放,各个开挖步一定会产生沉降,即变位;地层及结构的变形是逐渐累积的,也说明每步工程活动都会造成变形的增大。

(3)由于应力路径的不同,各施工步序之间产生的地层变形或对周围结构的影响不同(分配),导致不同的分配,具体有:空间尺寸、位置不同;时间上先后顺序不同。

5.2 基于随机介质理论的地层变位计算与验证

根据随机介质理论概念,可以把地下开挖分成众多个无限小的单元开挖。总的地下开挖的后果应该等于各个单元开挖引起的后果的总和。

5.2.1 单孔隧道开挖时的地层变位计算

1)地表位移计算

(1)地表沉降计算。设在距地面一定深度处的地下开挖任意形状断面的隧道,显然这是一平面应变问题。如图 5.3 所示,地下开挖断面的中心距离地表深度为 H,图中对于开挖单元岩土体采用坐标 $\xi O\eta$,对于地表面则采用坐标系统 XOY。如果隧道全部塌落,则经过长时间后,将引起地表的最大下沉。把整个开挖范围分解为无限多个单元开挖,在单元开挖 $\mathrm{d}\xi\mathrm{d}\eta$ 的影响下,距离单元中心为 X 的地表最终的下沉值 $W_e(X)$ 为

$$W_e(X) = \frac{1}{r(\eta)}\exp\left[-\frac{\pi}{r^2(\eta)}X^2\right]\mathrm{d}\xi\mathrm{d}\eta \tag{5.6}$$

设 $r(Z)$ 为单元在 Z 水平上的主要影响范围,它取决于开挖所处的地层条件,可以与 Z 呈

线性或非线性关系。引入地层主要影响角β，并认为$r(Z)$与Z呈线性关系：

$$r(Z) = \frac{Z}{\tan\beta} \tag{5.7}$$

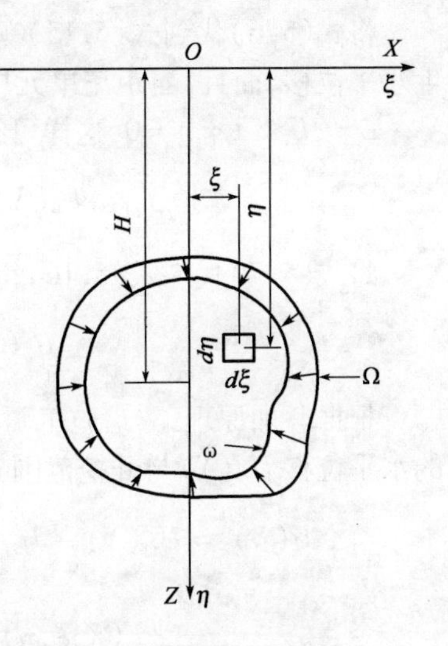

图5.3 隧道开挖示意图

假定在整个开挖范围Ω内每个开挖单元完全塌落，应用叠加原理并将式(5.7)代入式(5.6)，得到此时的地表下沉值为

$$W(X) = \iint_{\Omega} \frac{\tan\beta}{\eta}\exp\left[-\frac{\pi\tan^2\beta}{\eta^2}(X-\xi)^2\right]\mathrm{d}\xi\mathrm{d}\eta \tag{5.8}$$

实际上，任何地下隧道都不允许完全塌落，式(5.8)计算所得到的地表下沉为最不利的情况。隧道在施工过程中，常常对地层采取预处理和开挖后采取严密的支护措施，使得隧道建成后，隧道周围岩土体仅发生微小的位移。因此引起地表发生沉降的原因只是由于隧道周围岩土体向开挖空间运动而导致的隧道开挖断面的收缩。如果隧道开挖初始断面为Ω，隧道建成后，开挖断面由Ω收缩为ω，根据叠加原理，地表下沉应当等于开挖范围Ω引起的下沉与开挖范围ω引起的地表下沉之差，即

$$W(X) = W_{\Omega}(X) - W_{\omega}(X) = \iint_{\Omega-\omega} \frac{\tan\beta}{\eta}\exp\left[-\frac{\pi\tan^2\beta}{\eta^2}(X-\xi)^2\right]\mathrm{d}\xi\mathrm{d}\eta \tag{5.9}$$

令

$$\omega(X,\xi,\eta) = \frac{\tan\beta}{\eta}\exp\left[-\frac{\pi\tan^2\beta}{\eta^2}(X-\xi)^2\right] \tag{5.10}$$

则

$$W(X) = \iint_{\Omega-\omega} \omega(X,\xi,\eta)\mathrm{d}\xi\mathrm{d}\eta \tag{5.11}$$

(2)水平位移计算。为了研究岩土开挖引起的地表各点的水平位移，可以将开挖引起的岩土体的变形视为不可压缩过程，即岩土体的体积变形趋近为0，对于三维问题，则有

$$\varepsilon_{eX} + \varepsilon_{eY} + \varepsilon_{eZ} = 0 \tag{5.12}$$

式中：ε_{eX}、ε_{eY}、ε_{eZ}——分别为单元岩土体沿X、Y、Z方向的应变。

对于二维平面应变问题，$\varepsilon_{eY}=0$。同时，单元开挖引起的上覆岩土体的移动和变形可以认为是宏观连续的。由于变形连续，则

$$\begin{cases} \varepsilon_{eX} = \dfrac{\partial U_e(X)}{\partial X} \\ \varepsilon_{eZ} = \dfrac{\partial U_e(X)}{\partial Z} \end{cases} \tag{5.13}$$

将式(5.13)代入式(5.12)中，得

$$\frac{\partial U_e(X)}{\partial X} + \frac{\partial U_e(X)}{\partial Z} = 0 \tag{5.14}$$

解方程(5.14)得到在平面应变条件下，单元开挖引起的最终的地表水平位移值$U_e(X)$：

$$U_e(X) = -\int \frac{\partial W_e(X)}{\partial Z}\mathrm{d}X + K(Z) = 0 \tag{5.15}$$

将式(5.6)代到式(5.15),根据边界条件,由于对称原因,开挖单位中心线上的点不应发生水平位移,而且,当距离单元中心线无穷远时,地表水平位移应为0,即当 $X=0, U_e(0)=0$; $X\to\pm\infty, U_e(\pm\infty)=0$,这样可得

$$U_e(X) = \frac{X}{r(Z)} \times \frac{1}{Z}\exp\left[-\frac{\pi}{r^2(Z)}X^2\right]\mathrm{d}\xi\mathrm{d}\eta \tag{5.16}$$

将式(5.7)代入式(5.16)得

$$U_e(X) = \frac{X\tan\beta}{Z^2}\exp\left[-\frac{\pi\tan^2\beta}{Z^2}X^2\right]\mathrm{d}\xi\mathrm{d}\eta \tag{5.17}$$

根据叠加原理,隧道施工引起的地表水平位移 $U(X)$ 应当等于开挖范围 Ω 后在地表引起的水平位移 $U_\Omega(X)$ 与开挖范围 ω 引起的水平位移 $U_\omega(X)$ 之差,根据式(5.17)即可得出

$$U(X) = U_\Omega(X) - U_\omega(X) = \iint_{\Omega-\omega} \frac{(X-\xi)\tan\beta}{\eta^2}\exp\left[-\frac{\pi\tan^2\beta}{\eta^2}(X-\xi)^2\right]\mathrm{d}\xi\mathrm{d}\eta \tag{5.18}$$

令

$$u(X,\xi,\eta) = \frac{(X-\xi)\tan\beta}{\eta^2}\exp\left[-\frac{\pi\tan^2\beta}{\eta^2}(X-\xi)^2\right] \tag{5.19}$$

则地表水平位移 $U(X)$ 可以简记为

$$U(X) = \iint_{\Omega-\omega} u(X,\xi,\eta)\mathrm{d}\xi\mathrm{d}\eta \tag{5.20}$$

2)地表变形计算

隧道施工所引起的地表变形主要指由于地表不均匀沉降而导致的地表点的倾斜 $T(X)$、不均匀的水平位移所引起的地表点的水平变形 $E(X)$。通过对式(5.9)和式(5.18)进行微分运算,$T(X)$ 和 $E(X)$ 分别可表示为

$$T(X) = \frac{\mathrm{d}W(X)}{\mathrm{d}X} = \iint_{\Omega-\omega} \frac{-2\pi\tan^3\beta}{\eta^3}(X-\xi)\exp\left[-\frac{\pi\tan^2\beta}{\eta^2}(X-\xi)^2\right]\mathrm{d}\xi\mathrm{d}\eta \tag{5.21}$$

$$\begin{aligned} E(X) &= \frac{\mathrm{d}U(X)}{\mathrm{d}X} \\ &= \iint_{\Omega-\omega} \frac{\tan\beta}{\eta^2}\left[1-\frac{2\pi\tan^2\beta}{\eta^2}(X-\xi)^2\right]\exp\left[-\frac{\pi\tan^2\beta}{\eta^2}(X-\xi)^2\right]\mathrm{d}\xi\mathrm{d}\eta \end{aligned} \tag{5.22}$$

对于某些地表保护对象,它们对地表不均匀沉降所导致的地面弯曲十分敏感,由微分几何可知,地表下沉曲线 $W(X)$ 的曲率 $K(X)$ 或者曲率半径 $R(X)$ 由如下公式表示:

$$K(X) = \frac{1}{R(X)} = \frac{\dfrac{\mathrm{d}^2W(X)}{\mathrm{d}X^2}}{\left[1+\left(\dfrac{\mathrm{d}W(X)}{\mathrm{d}X}\right)^2\right]^{\frac{3}{2}}} \tag{5.23}$$

由于实际上岩土开挖引起的地表倾斜值 $T(X)$ 不大,在数量上一般多为千分之几而不超过百分之几,因此 $(\mathrm{d}W(X)/\mathrm{d}X)^2$ 一项与1相比可以略去不计,从而地表的曲率 $K(X)$ 可以表示为

$$\begin{aligned} K(X) &= \frac{\mathrm{d}^2W(X)}{\mathrm{d}X^2} \\ &= \iint_{\Omega-\omega} \frac{2\pi\tan^3\beta}{\eta^3}\left[\frac{2\pi\tan^2\beta}{\eta^2}(X-\xi)^2-1\right]\exp\left[-\frac{\pi\tan^2\beta}{\eta^2}(X-\xi)^2\right]\mathrm{d}\xi\mathrm{d}\eta \end{aligned} \tag{5.24}$$

分别令：

$$t(X,\xi,\eta) = \frac{-2\pi\tan^3\beta}{\eta^3}(X-\xi)\exp\left[-\frac{\pi\tan^2\beta}{\eta^2}(X-\xi)^2\right]\mathrm{d}\xi\mathrm{d}\eta \tag{5.25}$$

$$e(X,\xi,\eta) = \frac{\tan\beta}{\eta^2}\left[1-\frac{2\pi\tan^2\beta}{\eta^2}(X-\xi)^2\right]\exp\left[-\frac{\pi\tan^2\beta}{\eta^2}(X-\xi)^2\right] \tag{5.26}$$

$$k(X,\xi,\eta) = \frac{2\pi\tan^3\beta}{\eta^3}\left[\frac{2\pi\tan^2\beta}{\eta^2}(X-\xi)^2-1\right]\exp\left[-\frac{\pi\tan^2\beta}{\eta^2}(X-\xi)^2\right] \tag{5.27}$$

隧道开挖引起的地表变形计算公式可以简化为

$$T(X) = \iint_{\Omega-\omega} t(X,\xi,\eta)\mathrm{d}\xi\mathrm{d}\eta \tag{5.28}$$

$$E(X) = \iint_{\Omega-\omega} e(X,\xi,\eta)\mathrm{d}\xi\mathrm{d}\eta \tag{5.29}$$

$$K(X) = \iint_{\Omega-\omega} k(X,\xi,\eta)\mathrm{d}\xi\mathrm{d}\eta \tag{5.30}$$

3）不同断面隧道地表位移计算

(1)圆形隧道。对于圆形断面隧道[图5.4a)]，隧道中心距地表深度为H，开挖初始半径为A，假定隧道断面为均匀变形，隧道建成后，断面发生均匀收缩，即断面半径均匀收缩了ΔA，由式(5.11)可得到地表的下沉量$W(X)$为

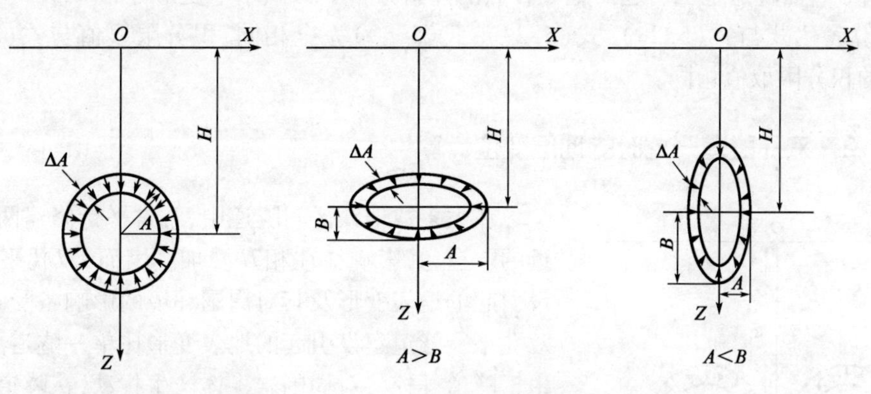

图5.4 不同断面隧道开挖示意图

$$W(X) = \int_a^b\int_c^d \omega(X,\xi,\eta)\mathrm{d}\xi\mathrm{d}\eta - \int_e^f\int_g^h \omega(X,\xi,\eta)\mathrm{d}\xi\mathrm{d}\eta \tag{5.31}$$

由式(5.20)可得到地表的水平位移$U(X)$为

$$U(X) = \int_a^b\int_c^d u(X,\xi,\eta)\mathrm{d}\xi\mathrm{d}\eta - \int_e^f\int_g^h u(X,\xi,\eta)\mathrm{d}\xi\mathrm{d}\eta \tag{5.32}$$

地表各点的倾斜分布$T(X)$、水平变形分布$E(X)$和曲率分布$K(X)$可由式(5.28)、式(5.29)、式(5.30)分别计算得到，即

$$T(X) = \int_a^b\int_c^d t(X,\xi,\eta)\mathrm{d}\xi\mathrm{d}\eta - \int_e^f\int_g^h t(X,\xi,\eta)\mathrm{d}\xi\mathrm{d}\eta \tag{5.33}$$

$$E(X)=\int_a^b\int_c^d e(X,\xi,\eta)\mathrm{d}\xi\mathrm{d}\eta-\int_e^f\int_g^h e(X,\xi,\eta)\mathrm{d}\xi\mathrm{d}\eta \tag{5.34}$$

$$K(X)=\int_a^b\int_c^d k(X,\xi,\eta)\mathrm{d}\xi\mathrm{d}\eta-\int_e^f\int_g^h k(X,\xi,\eta)\mathrm{d}\xi\mathrm{d}\eta \tag{5.35}$$

在式(5.31)~式(5.35)中，二重积分的上下限 a、b、c、d、e、f、h 分别为

$$a=H-A,b=H+A,c=-\sqrt{A^2-(H-\eta)^2},d=-c$$

$$e=H-(A-\Delta A),f=H+(A-\Delta A),g=-\sqrt{(A-\Delta A)^2-(H-\eta)^2},h=-g$$

(2)椭圆形隧道。对于椭圆形断面隧道，如图5.4b)所示，开挖中心距地表面深度为 H，开挖断面初始横向及纵向半轴分别为 A 和 B，同样假定隧道建成后断面半轴均匀收缩了 ΔA，则开挖引起的地表移动下沉分布 $W(X)$ 和水平位移分布 $U(X)$ 分别为

$$W(X)=\int_a^b\int_c^d \omega(X,\xi,\eta)\mathrm{d}\xi\mathrm{d}\eta-\int_e^f\int_g^h \omega(X,\xi,\eta)\mathrm{d}\xi\mathrm{d}\eta \tag{5.36}$$

$$U(X)=\int_a^b\int_c^d u(X,\xi,\eta)\mathrm{d}\xi\mathrm{d}\eta-\int_e^f\int_g^h u(X,\xi,\eta)\mathrm{d}\xi\mathrm{d}\eta \tag{5.37}$$

由以上两式得积分上下限 a、b、c、d、e、f、h 分别为

$$a=H-B,b=H+B,c=-A\sqrt{1-[(H-\eta)/B]^2},d=-c$$

$$e=H-(B-\Delta A),f=H+(B-\Delta A),g=-(A-\Delta A)\sqrt{1-[(H-\eta)/(B-\Delta A)]^2},h=-g$$

椭圆形断面隧道施工引起的地表各点的倾斜分布 $T(X)$、水平变形分布 $E(X)$ 和曲率分布 $K(X)$ 计算表达式与式(5.28)、式(5.29)、式(5.30)完全相同，积分限取值与式(5.36)、式(5.37)的积分限取值相同。

5.2.2 双孔隧道开挖时的地层变位计算

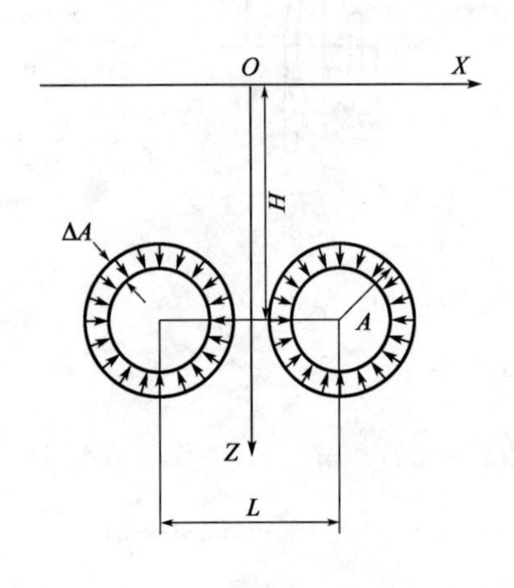

图5.5 双孔平行隧道开挖示意图

在大多数地铁区间隧道中，常常平行修建两条相距较近的隧道，其影响往往相互叠加。因而，双孔平行隧道建设引起的地表变形及其对周围环境的影响备受人们关注。双孔平行隧道建设引起的地表变形比单一隧道更为复杂。由于隧道开挖将对周围岩土体产生扰动，在隧道周围形成扰动区，而通常第二隧道要滞后建设，如果第二条隧道开挖处于第一条隧道开挖的影响范围之内，将导致较大的地表位移。但当两条隧道相隔较远时，相互影响较小，叠加原理仍然可以用来估计最终位移。如果考虑地表所发生的最终的变形，可假设叠加原理仍然适用，这样双孔平行隧道引起的地表移动及变形可视为单孔隧道开挖所引起的地表移动及变形的线性叠加(图5.5)。

$$\begin{aligned}W_I(X)=&\int_{a_1}^{b1}\int_{c_1}^{d1}\frac{\tan\beta}{\eta}\exp\left[-\frac{\pi\tan^2\beta}{\eta^2}\left(X+\frac{L}{2}-\xi\right)^2\right]\mathrm{d}\xi\mathrm{d}\eta-\\&\int_{e_1}^{f1}\int_{g_1}^{h1}\frac{\tan\beta}{\eta}\exp\left[-\frac{\pi\tan^2\beta}{\eta^2}\left(X+\frac{L}{2}-\xi\right)^2\right]\mathrm{d}\xi\mathrm{d}\eta\end{aligned} \tag{5.38}$$

根据式(5.9)和式(5.32)可得地表水平位移 $U_I(X)$ 为

$$U_I(X)=\int_{a_1}^{b_1}\int_{c_1}^{d_1}\frac{(X-\xi)\tan\beta}{\eta^2}\exp\left[-\frac{\pi\tan^2\beta}{\eta^2}\left(X+\frac{L}{2}-\xi\right)^2\right]\mathrm{d}\xi\mathrm{d}\eta-\int_{e_1}^{f_1}\int_{g_1}^{h_1}\frac{(X-\xi)\tan\beta}{\eta^2}\exp\left[-\frac{\pi\tan^2\beta}{\eta^2}\left(X+\frac{L}{2}-\xi\right)^2\right]\mathrm{d}\xi\mathrm{d}\eta \tag{5.39}$$

在式(5.38)和式(5.39)中，积分上下限 a_1、b_1、c_1、d_1、e_1、f_1、g_1、h_1 分别为

$$a_1=H-A,b_1=H+A,c_1=-\sqrt{A^2-(H-\eta)^2}-L/2$$

$$d_1=\sqrt{A^2-(H-\eta)^2}-L/2,e_1=H-(A-\Delta A),f_1=H+(A-\Delta A)$$

$$g_1=-\sqrt{(A-\Delta A)^2-(H-\eta)^2}-L/2,h_1=\sqrt{(A-\Delta A)^2-(H-\eta)^2}-L/2$$

同理，开挖隧道Ⅱ所引起的地表下沉 $W_{\mathrm{II}}(X)$ 和水平位移 $U_{\mathrm{II}}(X)$ 分别为

$$W_{\mathrm{II}}(X)=\int_{a_2}^{b_2}\int_{c_2}^{d_2}\frac{\tan\beta}{\eta}\exp\left[-\frac{\pi\tan^2\beta}{\eta^2}\left(X-\frac{L}{2}-\xi\right)^2\right]\mathrm{d}\xi\mathrm{d}\eta-\int_{e_2}^{f_2}\int_{g_2}^{h_2}\frac{\tan\beta}{\eta}\exp\left[-\frac{\pi\tan^2\beta}{\eta^2}\left(X-\frac{L}{2}-\xi\right)^2\right]\mathrm{d}\xi\mathrm{d}\eta \tag{5.40}$$

$$U_{\mathrm{II}}(X)=\int_{a_2}^{b_2}\int_{c_2}^{d_2}\frac{(X-\xi)\tan\beta}{\eta^2}\exp\left[-\frac{\pi\tan^2\beta}{\eta^2}\left(X-\frac{L}{2}-\xi\right)^2\right]\mathrm{d}\xi\mathrm{d}\eta-\int_{e_2}^{f_2}\int_{g_2}^{h_2}\frac{(X-\xi)\tan\beta}{\eta^2}\exp\left[-\frac{\pi\tan^2\beta}{\eta^2}\left(X-\frac{L}{2}-\xi\right)^2\right]\mathrm{d}\xi\mathrm{d}\eta \tag{5.41}$$

在式(5.40)和式(5.41)中，积分上下限 a_2、b_2、c_2、d_2、e_2、f_2、g_2、h_2 分别为

$$a_2=H-A,b_2=H+A,c_2=-\sqrt{A^2-(H-\eta)^2}-L/2$$

$$d_2=\sqrt{A^2-(H-\eta)^2}-L/2,e_2=H-(A-\Delta A),f_2=H+(A-\Delta A)$$

$$g_2=-\sqrt{(A-\Delta A)^2-(H-\eta)^2}+L/2,h_2=\sqrt{(A-\Delta A)^2-(H-\eta)^2}+L/2$$

根据叠加原理，双孔圆形断面隧道施工所导致的地表下沉 $W(X)$ 和水平位移 $U(X)$ 为

$$W(X)=W_{\mathrm{I}}(X)+W_{\mathrm{II}}(X) \tag{5.42}$$

$$U(X)=U_{\mathrm{I}}(X)+U_{\mathrm{II}}(X) \tag{5.43}$$

同样，双孔圆形隧道施工引起的地表各点的倾斜 $T(X)$、水平变形分布 $E(X)$ 和曲率分布 $K(X)$ 也可由叠加原理得到，计算的表达式如下：

$$\begin{aligned}T(X)=&\frac{\mathrm{d}W_{\mathrm{I}}(X)}{\mathrm{d}X}+\frac{\mathrm{d}W_{\mathrm{II}}(X)}{\mathrm{d}X}=\\&\int_{a_1}^{b_1}\int_{c_1}^{d_1}\frac{-2\pi\tan^3\beta}{\eta^3}(X-\xi)\exp\left[-\frac{\pi\tan^2\beta}{\eta^2}\left(X+\frac{L}{2}-\xi\right)^2\right]\mathrm{d}\xi\mathrm{d}\eta-\\&\int_{e_1}^{f_1}\int_{g_1}^{h_1}\frac{-2\pi\tan^3\beta}{\eta^3}(X-\xi)\exp\left[-\frac{\pi\tan^2\beta}{\eta^2}\left(X+\frac{L}{2}-\xi\right)^2\right]\mathrm{d}\xi\mathrm{d}\eta+\\&\int_{a_2}^{b_2}\int_{c_2}^{d_2}\frac{-2\pi\tan^3\beta}{\eta^3}(X-\xi)\exp\left[-\frac{\pi\tan^2\beta}{\eta^2}\left(X-\frac{L}{2}-\xi\right)^2\right]\mathrm{d}\xi\mathrm{d}\eta-\\&\int_{e_2}^{f_2}\int_{g_2}^{h_2}\frac{-2\pi\tan^3\beta}{\eta^3}(X-\xi)\exp\left[-\frac{\pi\tan^2\beta}{\eta^2}\left(X-\frac{L}{2}-\xi\right)^2\right]\mathrm{d}\xi\mathrm{d}\eta\end{aligned} \tag{5.44}$$

$$
\begin{aligned}
E(X) = \frac{\mathrm{d}U_{\mathrm{I}}(X)}{\mathrm{d}X} + \frac{\mathrm{d}U_{\mathrm{II}}(X)}{\mathrm{d}X} = \\
&\int_{a_1}^{b_1}\int_{c_1}^{d_1} \frac{\tan\beta}{\eta^2}\left[1 - \frac{2\pi\tan^2\beta}{\eta^2}(X-\xi)^2\right]\exp\left[-\frac{\pi\tan^2\beta}{\eta^2}\left(X+\frac{L}{2}-\xi\right)^2\right]\mathrm{d}\xi\mathrm{d}\eta - \\
&\int_{e_1}^{f_1}\int_{g_1}^{h_1} \frac{\tan\beta}{\eta^2}\left[1 - \frac{2\pi\tan^2\beta}{\eta^2}(X-\xi)^2\right]\exp\left[-\frac{\pi\tan^2\beta}{\eta^2}\left(X+\frac{L}{2}-\xi\right)^2\right]\mathrm{d}\xi\mathrm{d}\eta + \\
&\int_{a_2}^{b_2}\int_{c_2}^{d_2} \frac{\tan\beta}{\eta^2}\left[1 - \frac{2\pi\tan^2\beta}{\eta^2}(X-\xi)^2\right]\exp\left[-\frac{\pi\tan^2\beta}{\eta^2}\left(X-\frac{L}{2}-\xi\right)^2\right]\mathrm{d}\xi\mathrm{d}\eta - \\
&\int_{e_2}^{f_2}\int_{g_2}^{h_2} \frac{\tan\beta}{\eta^2}\left[1 - \frac{2\pi\tan^2\beta}{\eta^2}(X-\xi)^2\right]\exp\left[-\frac{\pi\tan^2\beta}{\eta^2}\left(X-\frac{L}{2}-\xi\right)^2\right]\mathrm{d}\xi\mathrm{d}\eta
\end{aligned} \tag{5.45}
$$

$$
\begin{aligned}
K(X) = \frac{\mathrm{d}^2W_{\mathrm{I}}(X)}{\mathrm{d}X^2} + \frac{\mathrm{d}^2W_{\mathrm{II}}(X)}{\mathrm{d}X^2} = \\
&\int_{a_1}^{b_1}\int_{c_1}^{d_1} \frac{2\pi\tan^3\beta}{\eta^3}\left[\frac{2\pi\tan^2\beta}{\eta^2}(X-\xi)^2 - 1\right]\exp\left[-\frac{\pi\tan^2\beta}{\eta^2}\left(X+\frac{L}{2}-\xi\right)^2\right]\mathrm{d}\xi\mathrm{d}\eta - \\
&\int_{e_1}^{f_1}\int_{g_1}^{h_1} \frac{2\pi\tan^3\beta}{\eta^3}\left[\frac{2\pi\tan^2\beta}{\eta^2}(X-\xi)^2 - 1\right]\exp\left[-\frac{\pi\tan^2\beta}{\eta^2}\left(X+\frac{L}{2}-\xi\right)^2\right]\mathrm{d}\xi\mathrm{d}\eta + \\
&\int_{a_2}^{b_2}\int_{c_2}^{d_2} \frac{2\pi\tan^3\beta}{\eta^3}\left[\frac{2\pi\tan^2\beta}{\eta^2}(X-\xi)^2 - 1\right]\exp\left[-\frac{\pi\tan^2\beta}{\eta^2}\left(X-\frac{L}{2}-\xi\right)^2\right]\mathrm{d}\xi\mathrm{d}\eta - \\
&\int_{e_2}^{f_2}\int_{g_2}^{h_2} \frac{2\pi\tan^3\beta}{\eta^3}\left[\frac{2\pi\tan^2\beta}{\eta^2}(X-\xi)^2 - 1\right]\exp\left[-\frac{\pi\tan^2\beta}{\eta^2}\left(X-\frac{L}{2}-\xi\right)^2\right]\mathrm{d}\xi\mathrm{d}\eta
\end{aligned} \tag{5.46}
$$

在式(5.44)~式(5.46)中,积分上下限 a_1、b_1、c_1、d_1、e_1、f_1、g_1、h_1、a_2、b_2、c_2、d_2、e_2、f_2、g_2、h_2 的意义与式(5.40)~式(5.41)积分上下限意义相同。

5.2.3 随机介质理论变位计算与现场实测的对比分析

利用北京地铁4号线9标K9+490.7处测点DZ-2、DZ-3所在的D断面地表沉降进行计算对比分析,其中D断面可简化为椭圆形隧道,如图5.6和图5.7所示。

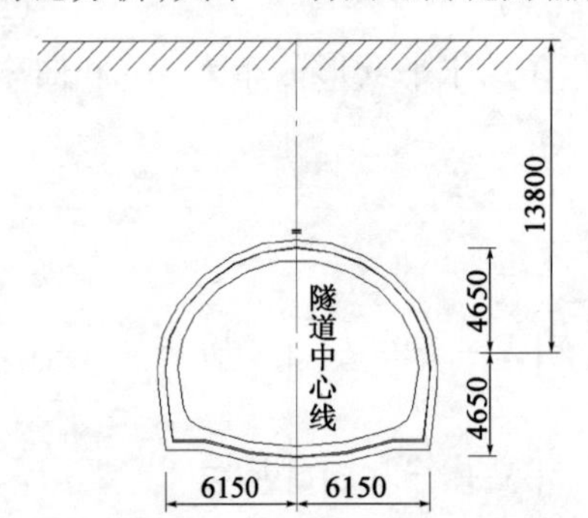

图5.6 D断面隧道开挖示意图(尺寸单位:mm)

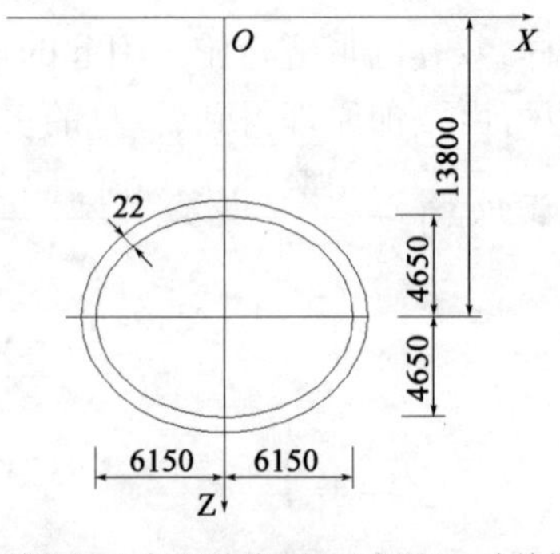

图5.7 简化后D断面隧道开挖示意图(尺寸单位:mm)

隧道开挖引起的地表沉降利用随机介质理论进行计算时,需要确定两个基本的计算参数:$\tan\beta$ 和 ΔA。$\tan\beta$ 为开挖主要影响角的正切,它取决于隧道开挖所处的地层条件,是地层岩土体特征的综合反映;ΔA 为隧道断面半径收敛值,它是隧道施工条件的综合反映。其中,主要影

响角正切 $\tan\beta$ 采用克诺泰（Knothe）的定义，即 $\tan\beta = H/w$，式中 H 为隧道埋深（m），$w = 2.5i$，i 为沉降槽宽度系数，$i = Z/[\sqrt{2\pi}\tan(45° - \bar{\varphi}/2)]$，$\bar{\varphi}$ 取内摩擦角的加权平均数为35°，由此可以算出 $\tan\beta = 0.52$。ΔA 由现场监测可知为22mm。

其次 a、b、c、d、e、f、h 分别为

$a = H - B = 9.15, b = H + B = 18.45$

$c = -A\sqrt{1 - [(H-\eta)/B]^2} = -6.15\sqrt{1 - [(13.8-\eta)/4.65]^2}$

$d = -c = 6.15\sqrt{1 - [(13.8-\eta)/4.65]^2}$

$e = H - (B - \Delta A) = 9.174, f = H + (B - \Delta A) = 18.426$

$g = -(A - \Delta A)\sqrt{1 - [(H-\eta)/(B-\Delta A)]^2} = -6.126\sqrt{1 - [(13.8-\eta)/4.626]^2}$

$h = -g = 6.126\sqrt{1 - [(13.8-\eta)/4.626]^2}$

对于椭圆形断面隧道，如图5.7所示，开挖中心距地表面深度为 H，开挖断面初始横向及纵向半轴分别为 A 和 B，同样假定隧道建成后断面半轴均匀收缩了 ΔA，则开挖引起的地表移动下沉分布 $W(X)$ 为

$$W(X) = \int_a^b\int_c^d \omega(X,\xi,\eta)\,\mathrm{d}\xi\mathrm{d}\eta - \int_e^f\int_g^h \omega(X,\xi,\eta)\,\mathrm{d}\xi\mathrm{d}\eta \tag{5.47}$$

式中，

$$\omega(X,\xi,\eta) = \frac{\tan\beta}{\eta}\exp\left[-\frac{\pi\tan^2\beta}{\eta^2}(X-\xi)^2\right] \tag{5.48}$$

以上两式得积分上下限 a、b、c、d、e、f、h 分别为

$a = H - B, b = H + B, c = -A\sqrt{1 - [(H-\eta)/B]^2}, d = -c$

$e = H - (B - \Delta A), f = H + (B - \Delta A)$

$g = -(A - \Delta A)\sqrt{1 - [(H-\eta)/(B-\Delta A)]^2}, h = -g$

计算通过编制C语言程序来实现，计算结果如表5.1所示：

各测点地表沉降计算值与实测值　　表5.1

实测点 X(m)	-12	-8	2	0	2	8	12
计算值 W_i(mm)	-0.86	-8.31	-34.56	-39.41	-34.56	-8.31	-0.86
实测值 W_i^0(mm)	-1.56	-10.78	-38.22	-45.54	-38.75	-11.25	-2.61
残差 ε_i(mm)	-0.70	-2.47	-3.66	-6.13	-4.19	-2.94	-1.75

实测地表沉降值与计算地表沉降值对比见图5.8。

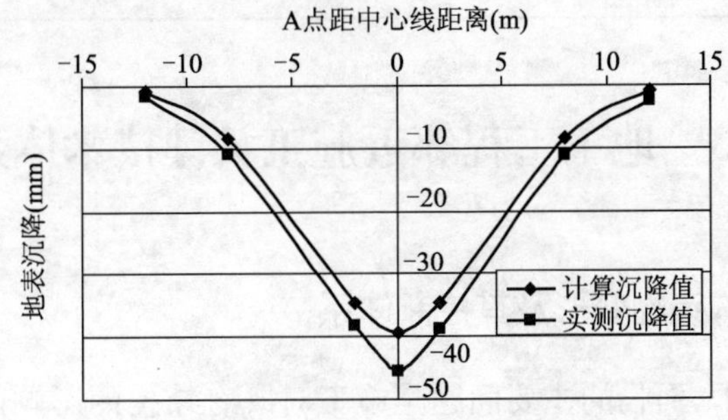

图5.8　实测地表沉降值与计算地表沉降值对比图

为了评价理论计算的效果，可以借用灰色预测中的检验方法，采用后验差检验对理论计算结果进行评价，其中理论计算精度等级如表 5.2 所示，这里根据地表下沉计算和实测结果，采用如下步骤进行分析：

(1)求$\overline{W}$。

$$\overline{W} = \frac{1}{7}\sum_{i=1}^{7} W_i = \frac{1}{7}(0.86 + 8.31 + 34.56 + 39.41 + 34.56 + 8.31 + 0.86) = 18.12$$

(2)求S_1^2。

$$S_1^2 = \frac{1}{7}\sum_{i=1}^{7}(W_i - \overline{W})^2 = \frac{1}{7}[(0.86 - 18.12)^2 + (8.31 - 18.12)^2 + (34.56 - 18.12)^2 + (39.41 - 18.12)^2 + (34.56 - 18.12)^2 + (8.31 - 18.12)^2 + (0.86 - 18.12)^2] = 254.59$$

(3)求$\overline{\varepsilon}$。

$$\overline{\varepsilon} = \frac{1}{7}\sum_{i=1}^{7}\varepsilon_i = \frac{1}{7}(-0.70 - 2.47 - 3.66 - 6.13 - 4.19 - 2.94 - 1.75) = -3.12$$

(4)求S_2^2。

$$S_2^2 = \frac{1}{7}\sum_{i=1}^{7}(\varepsilon_i - \overline{\varepsilon})^2 = \frac{1}{7}[(-0.70 + 3.12)^2 + (-2.47 + 3.12)^2 + (-3.66 + 3.12)^2 + (-6.13 + 3.12)^2 + (-4.19 + 3.12)^2 + (-2.94 + 3.12)^2 + (-1.75 + 3.12)^2] = 2.67$$

(5)求后验差比值C。

$$C = S_2/S_1 = \sqrt{2.67}/\sqrt{254.59} = 0.10$$

(6)求小误差概率P。

$$0.6745S_1 = 0.6745 \times \sqrt{254.59} = 10.762$$

$$|\varepsilon_1 - \overline{\varepsilon}| = |-0.70 + 3.12| = 2.42 < 0.6745S_1$$

$$|\varepsilon_2 - \overline{\varepsilon}| = |-2.47 + 3.12| = 0.65 < 0.6745S_1, |\varepsilon_3 - \overline{\varepsilon}| = |-3.66 + 3.12| = 0.54 < 0.6745S_1$$

$$|\varepsilon_4 - \overline{\varepsilon}| = |-6.13 + 3.12| = 3.01 < 0.6745S_1, |\varepsilon_5 - \overline{\varepsilon}| = |-4.19 + 3.12| = 1.07 < 0.6745S_1$$

$$|\varepsilon_6 - \overline{\varepsilon}| = |-2.94 + 3.12| = 0.18 < 0.6745S_1, |\varepsilon_7 - \overline{\varepsilon}| = |-1.75 + 3.12| = 1.37 < 0.6745S_1$$

$$P = \{|\varepsilon_i - \overline{\varepsilon}| < 0.6745S_1\} = 1$$

根据后验差比值和小误差概率P值得计算结果，按表 5.2 指标确定本次理论计算精度等级为“优”。

理论计算精度等级 表 5.2

指标 \ 等级	优	合　格	勉　强	不 合 格
P	>0.95	>0.80	>0.70	≤0.70
C	<0.35	<0.50	<0.65	≤0.65

5.3 地下工程邻近施工关键技术体系

5.3.1 既有地铁构筑物变形及其控制体系

在穿越既有线施工中，面临的主要问题是施工对既有结构的影响问题以及距离施工时的相互影响问题。如何把这种影响减小到最低限度，是近距离地下筑物施工的核心问题。新线隧道施工引起对既有线的影响，是开挖产生地扰动所引起的，地层扰动传播到既有线，发生与结构的相互作用。该种作用对既有线的影响不能超过既有线的稳定与使用功能极限。因此，实现施工过程中既有线安全的前提是认识既有线结构随新线开挖的沉降、变形规律，应力、应变形规律，以便采取相应的控制既有结构变形的方案和技术措施，如施工前新、旧结构间距确定、既有结构的加固；施工中强化新建结构施工支护措施、既有结构监测与控制、加固地层减小影响传播、结构控制效果的监测，评价与调整；施工过后既有结构的恢复与加固等措施，保证既有线所受影响不超过其承受能力。在以上各章分析的基础上，考虑近距离地铁施工的不同穿越方式（上穿、下穿和侧穿），从近距离地铁施工相互影响的实质及对该种影响的控制技术出发，总结提出了邻近施工引起既有地铁构筑物变形及其控制体系，如图5.9所示。

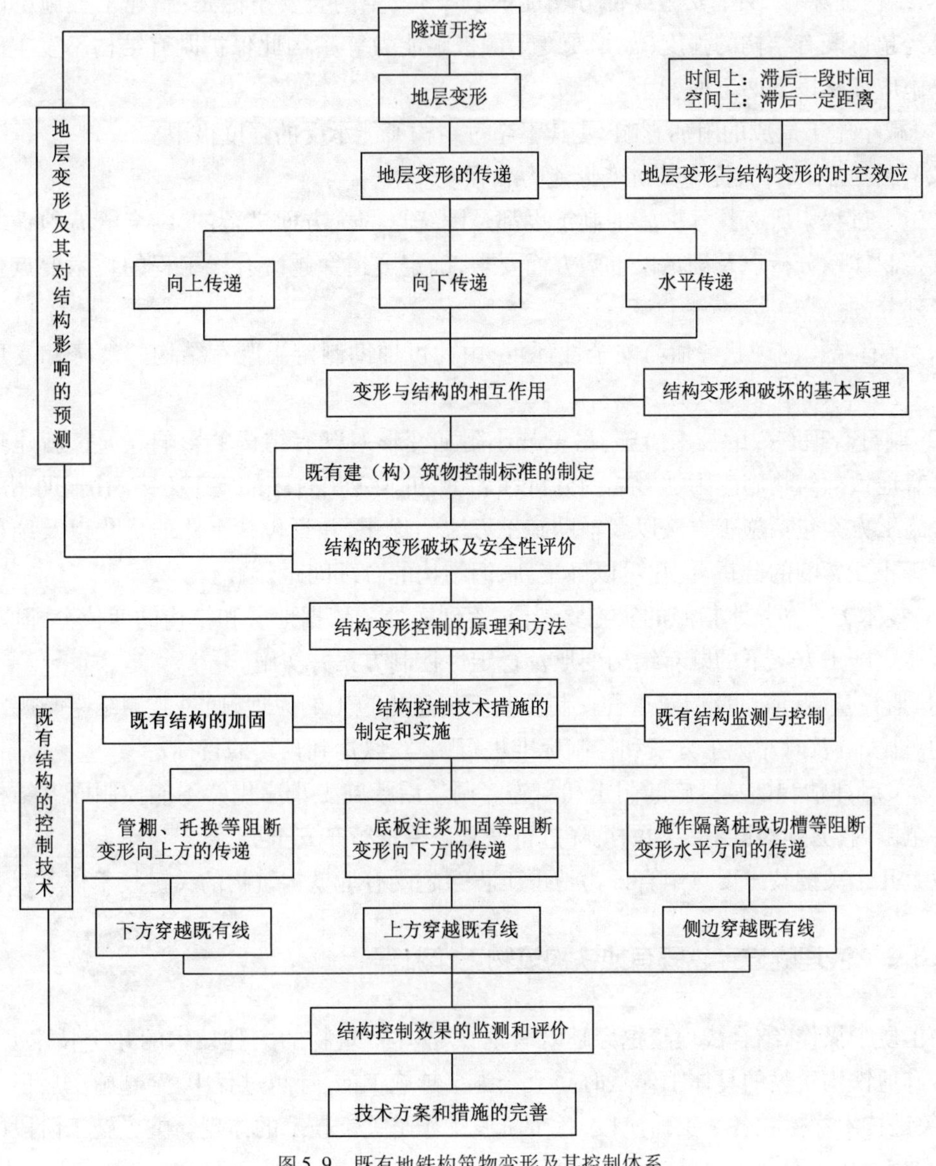

图5.9　既有地铁构筑物变形及其控制体系

5.3.2 隧道穿越既有地铁构筑物的技术要点

新建地铁施工与既有地铁结构之间是相互影响的,既有结构的存在影响到新建工程的施工和安全;而新建工程则又必然对既有结构产生影响。在新建工程中不仅要保证工程自身的安全,同时还要保证不致对既有结构造成破坏性的影响进而影响到运营安全,这是穿越既有线施工的主要技术难题,关键技术体系应该确保二者的安全。

隧道穿越既有线施工造成对既有结构的影响,严重时可能造成既有结构的破坏和部分使用功能的丧失,甚至影响到运营安全。因此,新建隧道施工与既有结构的安全性保护构成一对矛盾体,结构损坏(广义上安全或部分功能的丧失)发生的充要条件是:新建工程施工的附加影响已经超过既有结构的强度(如承受变形的极限能力等),因此保护既有结构不发生破坏的主要措施应该从以下两方面着手。

(1)减小施工造成的附加影响,使其不超过结构所能承受的强度极限。

(2)加固既有结构,提高其抗变形能力和强度。

在施工过程中所有技术措施的制定也都是围绕这两个方面进行的,结合既有地铁结构变形及其控制体系分析以及满足以上两方面要求,确定隧道穿越既有线工程的技术要点包括以下几个部分。

(1)既有结构的现状评估与安全性评价,由此可辅助制定出既有结构的沉降和变形控制标准。

(2)制订合理有效的技术措施,尽量减小附加变形对既有结构的影响。通过新建隧道施工对既有地铁构筑物施工附加影响的分析和评价,可确定出合理的施工方案,并辅助制定控制标准。施工方案包括施工方法以及辅助施工方法的优化,并且包括工法的优化以及细部优化等。对于相互影响的分析、优化可以确定新、旧结构的合理间距。

(3)技术方案和技术措施的实施要到位,落到实处。依据地层和结构的变位分配原理,初步拟订相应施工方案下的既有结构变形及稳定性控制方案并实施。

(4)监控量测、信息反馈及过程控制。基于信息化施工的原理,通过监测结果与既定控制方案的对比,可及时对施工方案和控制标准进行调整,以达到预期的目标。

(5)工后评估和恢复措施的制定和实施。调整后续施工步序仍然不能控制既有结构沉降在允许范围内,必须对既有结构的沉降进行恢复以保证行车安全。

以上几个关键技术要点组合即为地下工程穿越既有地铁构筑物的关键技术体系。

5.3.3 浅埋隧道穿越既有地铁构筑物工作流程

为了便于操作,结合浅埋暗挖穿越既有地铁建(构)筑物的关键技术的几个技术要点,将穿越既有地铁构筑物的具体工作从时间上分为穿越施工前、穿越过程中、穿越施工后三个工作阶段,关键技术穿插在各个工作阶段,各个阶段工作是关键技术的体现。整个施工阶段的工作流程如图5.10所示。以下仅就部分进行说明。

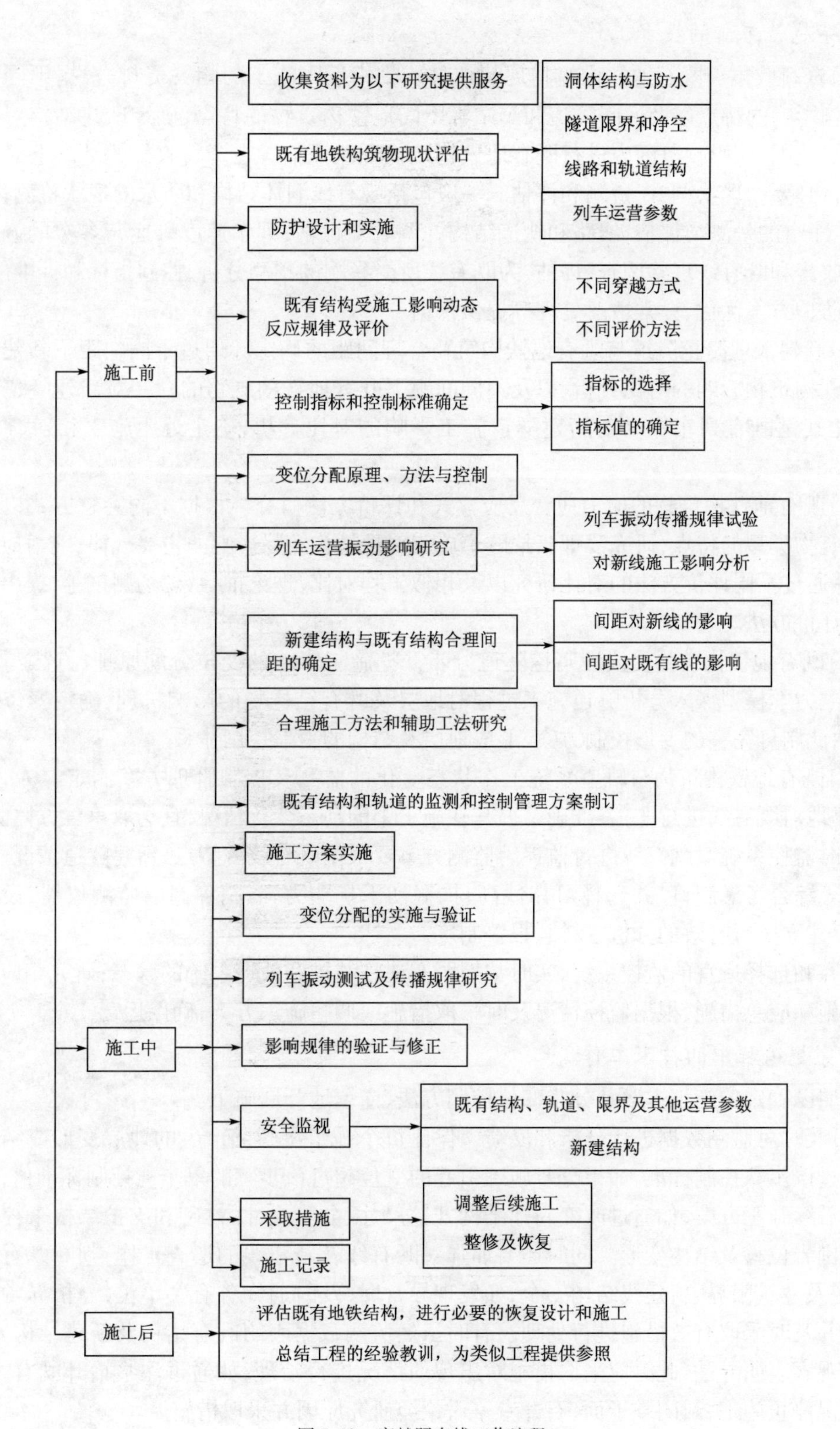

图 5.10　穿越既有线工作流程

1）穿越施工前的技术工作

(1)资料收集与既有地铁构筑物现状评估。收集近距施工的相关资料,根据不同穿越方式对结构影响的特点以及区间隧道和车站等不同地铁构筑物的特点,确定新建结构对既有结构的影响范围,在影响范围内进行既有地铁构筑物现状评估。在资料收集的基础上对既有地铁线进行必要的现状调查、检测和评估。一般包括既有线洞体结构和防水的现状检测评估;隧道限界、净空的量测与评估;线路和轨道结构的调查与评估;列车速度等运营参数的调查。通过资料收集和既有线现状调查、评估,为既有线所受影响的预测分析、控制指标和标准的制定、施工与防护方案优化、异常情况处理等提供依据。

(2)新建浅埋暗挖隧道与既有地铁构筑物合理间距的确定。通过不同间距下新建隧道对既有地铁构筑物影响的对比分析,以及不同间距下既有地铁构筑物的存在对新建隧道的施工影响,尤其是既有列车振动对新建隧道施工影响的对比分析,确定近距施工相对合理的间距值。

(3)既有地铁构筑物的应力应变反应模式和评价方法研究。根据不同穿越方式以及不同地铁构筑物类型的特点,研究浅埋暗挖隧道施工对地铁构筑物影响的主要规律、应力应变反应模式,并通过不同评价方法的对比研究以及相似工程对比、理论推导、现场测试等,提出或推荐适宜的评价方法。

(4)既有地铁构筑物受浅埋暗挖隧道分步开挖施工影响的变位分配原理、方法与控制研究。建立力学模型深入分析隧道施工过程对地层及既有结构物的影响机理,确定变位分配的方法,由此制订完整的变形控制方案,形成地层及结构的变形控制体系。

(5)既有地铁构筑物与轨道系统工作状态变化的监测及控制管理方案制定。为客观、公正、可靠地对既有线进行监控,准确掌握其在施工中的动态变化情况,宜选取第三方监测单位、采用实时监控系统对既有线进行监控。监测方案要根据既有线的特点、新建隧道情况、类似工程经验等综合考虑制订,并选择可靠性高、抗振动干扰能力强、精度高的监测仪器、设备。同时,还要建立实行有效的分析、反馈、报警制度。

研究和选择适宜的监控系统,实时掌握既有地铁结构和轨道系统的状态;研究相应的变形控制措施和应急措施,根据监控情况及时采取措施或调整施工方案,确保运营安全。

2）穿越过程中的技术工作

按照已确定的施工方案及分步变位控制方法,谨慎地开展施工。

(1)及时对监测数据进行分析和反馈。保证每个施工步骤的产生的地层变形或结构变形不能超过该步骤控制标准,如果分步施工引起的变位超过该步骤的单步骤控制标准值,必须及时调整后续施工方案,如通过改变新建结构开挖尺寸、分步尺寸、衬砌和支护结构来控制开挖引起的围岩位移及结构变形。同时还要加强对既有线及新建线的巡查工作,判断既有线的结构、轨道及建筑限界,新建线结构安全,如发现异常时,及时通知各有关单位,分析异常情况产生原因并及时采取有效措施进行处理。有时虽然监测数据表明既有结构及新建结构安全,但实际的观察表明异常,此时应采取措施对出现的情况进行治理,如通过注浆抬升既有线沉降、严重情况停止施工,封闭掌子面,召开专家讨论会研究原因并采取措施。

(2)根据对工程情况的分析进一步优化施工方案,修正完善新建线施工对既有线的影响预测方法并进行进一步的预测分析。

(3)由于穿越既有地铁构筑物工程的重要性,施工经验及理论的相对缺乏,对于整个工程,无论从一般施工过程到特殊处理措施都必须进行全过程的跟踪记录,积累资料。

3)穿越施工后的技术工作

(1)穿越工程进行完后,对既有线结构、轨道、限界、防水等穿越后的安全进行评估并形成评估报告,在评估报告的基础上,进行必要的既有线恢复设计和恢复措施施工。

(2)对于工程的经验及教训进行归纳总结,对于总结的不足,必须提出改进措施,争取工程完成后,形成一套穿越既有地铁构筑物的标准的施工方法,并可在类似工程中应用。

5.4　本章小结

(1)提出并系统总结了邻近施工变位分配与控制原理。应用变位分配与控制原理,通过把对地表沉降的控制标准分解到每一个施工步序中,与施工监测相配合,动态施工、动态管理,可以做到较为准确地控制地表变形。

(2)对浅埋暗挖法施工,利用数值模拟的手段对施工产生的地层变位进行分阶段预测,是应用变形分配控制原理控制施工的前提,可指导及时调整支护方案、施工参数,保证施工安全。

(3)详细分析了变位分配存在的理论基础,应用随机介质理论计算地层沉降与实测对比分析表明,随机介质理论也可作为地层变位的辅助预测方法。

(4)总结形成了既有地铁构筑物变形及其控制体系,并提出隧道施工穿越既有地铁构筑物的几个技术要点。从时间上将穿越既有线工程分为穿越施工前、穿越过程中、穿越施工后三个阶段,然后分别对各个阶段的主要技术工作进行了说明,进而给出了穿越既有线工程总的工作程序框架,明确了穿越既有线工作的思路。

6 隧道邻近施工地层变形控制技术

隧道邻近施工,既有土工环境结构的安全性影响主要来自施工所导致的原始应力状态的改变。隧道产生的应力与应变是通过媒介物即中间地层传递波及影响到既有土工环境结构。要想保证邻近施工安全,必须控制隧道施工以及中间地层变形在允许范围。因此,隧道邻近施工关键在于隧道施工与中间地层的变形最优化控制技术。

6.1 邻近施工变形最优化控制技术

就浅埋暗挖法施工而言,不论其对既有土工环境结构的邻近施工(上穿、下穿和侧穿)是哪一种方式,其变形的根源都来自于浅埋暗挖隧道本身,既有土工环境结构仅通过中间地层而被动受影响。一般来说,对沉降影响比较敏感而且比较重要的既有土工环境结构,施工前在评估的基础上,需要采取加固或保护措施,如对桥梁结构需要进行支撑防护、设置调节千斤顶、下部桩基础加固、挡墙防护或加固等;对既有线采取限速、既有结构裂缝整治、道床与结构充填注浆加固、扣轨等措施;对河流湖泊采用导流、渡槽、河床整治等治理措施。因地表土工环境建(构)筑物的加固与防护,一般都有相应的规范、规程和成熟的技术措施。

6.1.1 隧道施工变形最优化控制技术

由4.6节可知,在影响沉降的34个基因素中,隧道施工变形的影响因素就达21个,由此可见,控制隧道施工引起的变形极为重要。下面从控制变形角度分析其最优控制。

1)隧道结构形式

从受力和变形最优化控制分析,变形自小到大依次为:圆型→椭圆型→曲线型→曲拱直墙型→平顶直墙型。就地铁工程,一般而言,浅埋暗挖法地铁区间隧道多采用马蹄曲线型隧道断面,特殊环境条件下采用平顶直墙型,从而体现了隧道结构形式方面变形的最优化控制。

2)隧道施工方法

隧道施工方法引起的变形自大到小依次为:普通台阶法→环形开挖留核心土正台阶法→临时仰拱正台阶法→CD法→CRD法→眼镜法→侧洞法→中洞法→PBA法。其中,地铁区间隧道多采用正台阶法,有特殊要求时,采用临时仰拱正台阶法、CD法和CRD法等。跨度小于10m的隧道多采用CD法、CRD法和眼镜法。地铁车站施工多采用侧洞法、中洞法和PBA法。对于侧洞法和中洞法,就理论分析,中洞法优于侧洞法,但就工程实践,侧洞法较中洞法更易控制沉降。这表明,隧道施工变形控制并不是由单一因素主导,是多因素相互作用的最终体现。

对邻近施工,根据不同的邻近度,实施隧道大跨变小跨始终是控制变形的最有效手段。

3)导洞(群)施工顺序与开挖参数

为实施变形最优控制,对单一导洞,为减小开挖空间效应,确保核心土的留设有挡土墙效果,台阶长度宜控制在1D,自核心土上方至拱顶的最大高度不宜大于1.7m,核心土长度不宜小于2m,且上台阶应打设锁脚注浆锚管。

对多导洞群施工,两相邻或相平行导洞施工错距最小宜控制在15m,以控制在30m为宜;对两个结构相互独立的相邻平行隧道施工,其间隔土体小于或等于0.5D时,应在控制30m错距的同时,超前施工的隧道还应对间隔土体进行注浆加固或对拉措施,并据变形进行多次补注浆填充空、裂隙;上下导洞施工错距最小宜控制在10m,以控制在15m为宜;对两个结构相互独立的重叠隧道施工,不宜控制其间隔土体的尺寸,隧道施工宜先施工下方隧道而后施工上覆隧道,且不宜先行施工二衬结构。最小施工错距宜控制在30m,并对间隔土体实施加固。

对变形有特殊控制的邻近施工,进行多导洞或两个及以上相互独立结构的隧道施工时,应先行施工一侧导洞群或单一的隧道,待其邻近施工完成后,再行另一侧导洞群或其他隧道的施工,有必要时,考虑先行施工二衬结构。

另外,由工作面稳定与失稳分析可知,从开挖参数分析,减少工作面无支护空间范围的开挖步距无疑是在跨度由大变小后的又一个控制变形的最有效措施,也就是说在同样参数条件下,“短进尺”是控制隧道工作面变形的最关键措施。

4)二衬结构施工

从施作方式上,跳仓式施工的变形控制优于连续式施工;从临时支护拆除上,分段拆除的变形控制优于一次拆除。在临时支护分段拆除施工上,又以间隔式拆除及时恢复生根施工为变形的最优控制。

6.1.2　中间地层变形最优化控制技术

隧道施工产生的应力应变都是通过中间岩土体作为媒介传递或扩散给邻近既有土工环境结构体,由前述分析,如若对中间岩土体尤其是工作面松弛带土体,采取措施人为改变或减弱来自于隧道施工造成的影响,则可大大减少因邻近施工而造成的对既有结构的风险,从而达到最优化控制。

对浅埋暗挖法隧道,减弱变形影响的方法一般是采取对中间地层(松弛带)进行改良如注浆加固、冻结法等;改变如隔断影响的方法可采取钻孔灌注桩、钢管桩、地下连续壁(搅拌桩、旋喷桩)或连续注浆墙等。

1)地层(松弛带)改良

在隧道内实施,按控制地层变形的作用效果,从小到大依次为:拱部超前小导管→拱部超前小导管注浆→上半断面拱部超前小导管注浆→双排(层)超前注浆小导管→大管棚→超前注浆小导管+正面土体注浆→双排(层)超前注浆小导管+正面土体注浆→后退式超前深孔注浆(半断面或全断面)→水平旋喷→前进式超前深孔注浆(半断面或全断面)→袖阀管超前深孔注浆(半断面或全断面)。

尽管大管棚技术有减少差异沉降的作用效果,但因施工作业条件限制,最重要的是其施工过程中自身所带来的沉降问题始终未能彻底解决，在邻近施工中，近几年应用有减少趋势。

水平旋喷在国外针对特殊地层及复杂环境，应用得较多。但国内应用水平旋喷技术还很不成熟，最重要的问题是没有成熟的施工机具，其结果是所注注浆桩抗弯性能不强，施工控制难度也较大。

双排(层)超前注浆小导管，是最近几年在邻近施工实践中发展的一种新方法，它克服了单排小导管加固厚度以及刚度不足的问题，同时又没有大管棚施工的特殊要求，且克服了大管棚在自身施工中便产生沉降的问题，所以广泛应用于对沉降有一定特殊要求的邻近施工中。

前进式深孔注浆尽管是为克服砂卵石地层成孔问题而提出，但通过工程实践，因其较常规采用的后退式深孔注浆具有永久加固的特性，通过近几年的发展，目前已成为应用于各类地层邻近施工的重要技术手段。

水平袖阀管注浆，理论上适合所有的水平注浆施工，但由于施工成本较高(相比较一般注浆施工成本增加一倍以上)和施工速度较慢，一般仅在特别困难的地层或特别重大风险源注浆加固工程中采用。

2)隔断控制技术

当浅埋暗挖法隧道，在强烈影响区侧穿建(构)筑物施工时，往往采用隔断控制技术。根据环境条件的要求，控制变形作用效果，自强而弱的控制措施有：钻孔灌注桩→钢管桩→搅拌桩或垂直旋喷桩→连续注浆墙→地表锚杆等。

在工程实践中，多采用钻孔灌注桩、钢管桩和注浆墙。邻近施工不允许降水条件下，与搅拌桩或旋喷桩相配合采用。

6.1.3 地层预加固系统的作用机理和选择原则

在第四纪软土中利用浅埋暗挖法修建城市隧道，为了保证隧道开挖工作面的稳定以及控制地表沉降，对地层采取预加固处理措施是浅埋暗挖法不可缺少的重要一环。

辅助施工措施的选择直接影响工程施工速度和造价，在满足安全条件下，应优先选择简单易行的方法或同时采用几种方法综合处理，浅埋暗挖法的辅助施工措施较多，常用的有超前小导管注浆、管棚超前支护、超前深孔帷幕注浆、旋喷预支护等。

1)地层预加固系统的作用机理

(1)地层预加固小结构的作用效应。工程上把为实现隧道工作面稳定以及控制地表沉降两个作用，预先在工作面无支护空间范围内，人为施作而形成的结构体称为预加固结构。由于把隧道工作面上覆地层结构视作大结构，因此这里称为地层预加固小结构。概念上的地层预加固包含两部分内容：沿工作面拱部或环绕隧道周边布置的超前预加固；正面土体预加固。这里为叙述方便，把这两部分预加固后所形成的结构体统称为地层预加固小结构。很明显，基于地层预加固小结构是人工设置，因此可据地层条件，适时地通过改变预加固种类、预加固参数以及布置来调整。值得强调的是，地层预加固结构的行为并不是长期行为，而是短期行为。因此设计与施工一定要体现出技术经济的合理性。

第一，地层拱的稳定促成效应。由分析知，对浅埋暗挖法隧道，一定条件下的工作面周围同样能形成地层拱。但这种地层拱是依靠土颗粒的重新排列并在运动中恢复平衡，因此它是动态拱。该动态拱随着工作面的推进，能否在新的位置恢复原拱效应，须取决于下述前提条件。

①土颗粒间或微小土块单元体之间能够获得位移与微小转动的条件，以便它们能够在新的最佳位置上互相传递压力。拱线的最佳位置在总体上是沿椭圆形发展。

②能够获得足够强度的支承拱脚。

③在拱的压力传递线上不能发生空位现象。

④不同的条件下，其实现新的平衡所需时间并不相同。若变形影响范围大或隧道跨度大，则调整与成拱平衡所需的时间越长。

显然如果上述条件得到满足，则在新的位置上就会形成支承拱。地层拱的动态变化示意见图6.1。

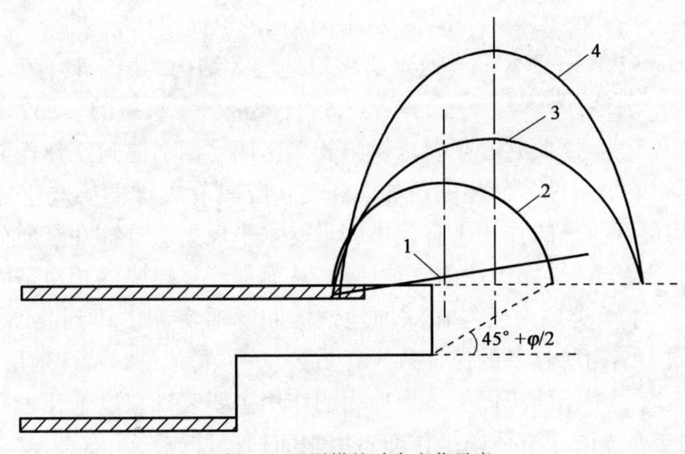

图6.1　地层拱的动态变化示意

1-超前支护体；2-地层预加固后地层拱；3-地层预加固前地层拱；4-地层拱的椭球体变化

地层预加固小结构对地层拱的稳定促成表现主要体现在以下几个方面。

①改善了工作面无支护空间的应力状态，使工作面应力由一维或二维向三维状态转化。

②加强了两支承拱脚的强度，并且地层预加固小结构可以提供一定的水平推力。

③工作面前方的原始应力状态位置由原远离工作面而向工作面趋近。

④超前支护并注浆对处于原地层拱内的松弛带土体有挤压、楔紧和填充作用，能使压力传递线上的空位现象得到部分弥补，从而使松弛带内部分土体结构及时恢复自平衡状态。

⑤地层预加固拱部及正面超前支护结构体穿过潜在土体坍滑面，提高了土块体单元之间的摩擦力，及时提供了足够的抗剪力，发挥了超前预加固小结构的销钉效应。

在上述作用共同发挥下，地层预加固小结构使原处于平衡状态的地层拱更加稳定，使处于弱平衡或非平衡状态下的土体，在动态调节过程中促成部分恢复平衡，从而使上覆地层的承载拱结构厚度增加，两支承拱脚的距离缩短，拱内松弛失稳土体卸荷。这就是地层预加固小结构对地层拱稳定促成效应的最终体现。地层拱的存在，无疑使作用在地层预加固结构上的荷载大为减少，从而保证了隧道工作面的稳定开挖。

第二，梁、拱效应。由前述分析，沿隧道工作面推进方向布置的一端与初次支护结构体相联结，另一端深入前方土体中的超前预加固和支护即梁结构是最有效提供竖向抗力的布置方式。这是典型的超前预支护体的梁效应。但应该注意的是，由系统模型分析，隧道纵轴方向地层预加固的板和壳效应，一定条件下也是存在的。沿隧道横断面方向，若没有超前预加固和支护结构，则横断面方向的地层拱必须依靠两侧墙一定范围内的相对稳定土体作为拱脚来建立拱平衡状态。而在施作超前预加固和支护结构时，若间距适合或注浆饱满，各个超前支护体单元体间极易发生成拱现象，且其小拱跨度等于其支护间距，因此与原来可能形成的拱跨相比，必将成倍地缩小。很显然，随拱跨的缩短，调整和成拱达到平衡所需的时间大为减少。因此在建立了成组排列的拱脚以后，隧道很快就建立起新的平衡，使边界为连续的小拱群严密控制，而小拱下的土体则由随后的及时喷混凝土来约束(图6.2)。这便是地层预加固的成拱效应。很显然，地层预加固小结构的纵向梁(板、壳)效应以及横断面的拱效应，必将对地层大结构的稳定具有促成和强化作用。

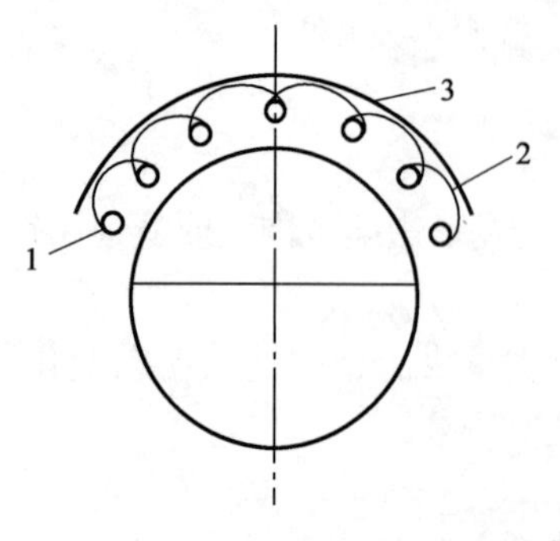

图6.2　横断面方向超前支护体的拱群效应

1-超前支护体；2-单元小拱；3-拱群效应

第三，拉杆效应。承载拱的负面影响即拱在竖向荷载作用下会产生水平反力，因此它必须要求拱脚相对坚固。而对隧道工作面而言，拱脚处的土体较难满足对拱脚的要求条件。而超前预加固和支护除具有关键的梁效应外，还具有拉杆效应，即超前支护结构可起拉杆的作用来替代拱脚承受水平反力。这样在竖向荷载作用下，拱脚处的水平反力将部分或全部转嫁于超前支护体上，从而保证了拱脚的相对坚固性，有利于承载拱的稳定。超前支护体承受拉力已经在深圳地铁区间隧道实测中得到验证。但值得强调的是，要求地层预加固小结构所具备的拉杆效应容易被忽视，尤其是对特殊地层条件。

第四，挡土墙效应。工作面正面土体预加固的作用主要表现在以下几个方面。

①减缓并控制工作面前方土体向工作面自由表面的运移或松弛崩塌。

②给拱部超前预加固和支护结构体提供一定强度和刚度的地基土，使其梁拱效应充分发挥。

③增强自身抵抗地层作用荷载的能力。

上述方面的作用类似于挡土墙的效果，故这里统称为地层预加固的挡土墙效应。

(2)地层预加固技术协同作用。

第一，地层预加固系统的概念。地层预加固系统是指以实现地层预加固为功能目标，由若干地层预加固子系统构成的系统集合体。系统集合体是地层预加固系统的特征，它表明各子系统之间存在着互相制约机制，遵循一定的准则。地层预加固子系统由4个主要单元构成：围岩体单元；预支护体单元；黏结注浆体单元；外部连接单元。上述4个主要单元的相互位置关系如图6.3所示。值得提出，预加固系统与预加固子系统是相对的，不作专门提出时，二者都认为是地层预加固系统。

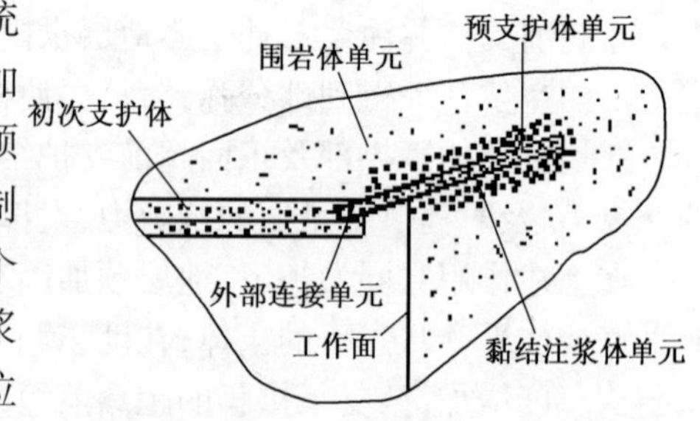

图6.3　隧道地层预加固系统单元间的位置关系

地层预加固系统的力传递是通过3个基本力学机制实现的：围岩体的隧道工程力传递至预加固系统各单元构件；各单元构件进行耦合作用，产生系统工程支护力；系统提供的工程支护力，一方面向深部传递到稳定土体，另一方面传递至隧道的已施作的初次支护体上。

第二,地层预加固系统的串、并联模型。孔恒博士为分析地层预加固系统的作用机制,建立了地层预加固系统的串、并联模型如图 6.4 所示。这里作以下基本假设。

①4 个单元的力学特征按线弹性考虑。

②预支护体单元与黏结注浆体单元之间按共同变形考虑。

③由力传递效应,对于沿全长饱满注浆的预加固系统,其提供的沿预支护体长度分布的工程支护力以不传递到外部连接单元为佳,也即以全部传递给围岩体单元为理想工作状态。

由此对预支护体,在不注浆、注浆不饱满(沿支护体长度非全长黏结)以及注浆饱满(全长黏结)条件下,建立的单一预支护体的地层预加固系统模型见图 6.4a)、图 6.4b)、图 6.4c)。任一隧道断面 n 个预支护体的地层预加固系统模型见图 6.4d)、图 6.4e)、图 6.4f)。

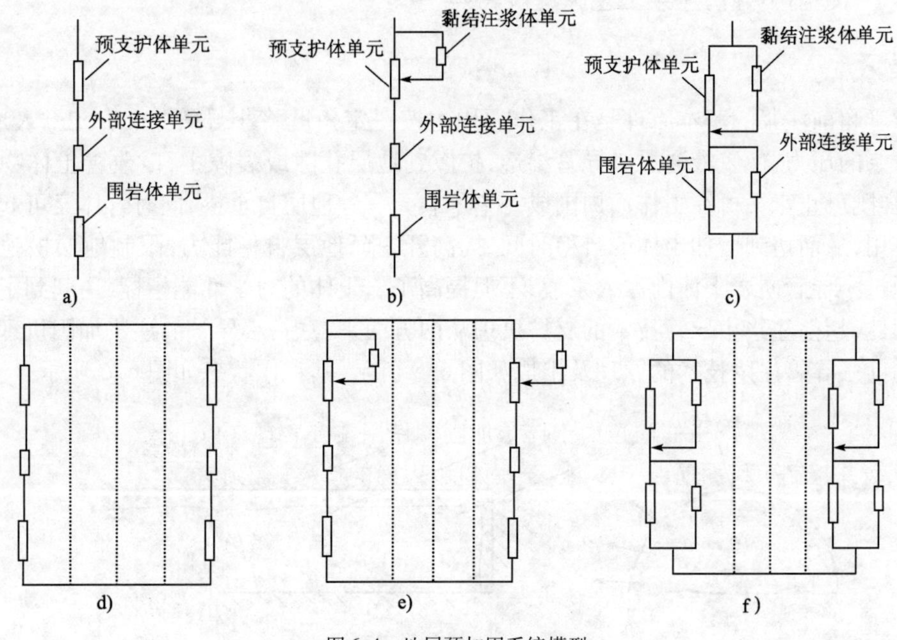

图 6.4　地层预加固系统模型

由模型,依据线弹性假设,可很方便地按叠加原理来求出系统提供的工程支护力和变形位移。

对单一预支护体,若设在不注浆、注浆不饱满以及注浆饱满条件下,$p_{si}^{(1)}$、$p_{si}^{(2)}$、$p_{si}^{(3)}$;$\delta_{si}^{(1)}$、$\delta_{si}^{(2)}$、$\delta_{si}^{(3)}$ 分别表示其相对应的系统工程支护力和系统变形。则有下述关系式成立:

①对系统工程支护力:$p_{si}^{(3)} > p_{si}^{(2)} > p_{si}^{(1)}$

②对系统允许变形位移:$\delta_{si}^{(3)} < \delta_{si}^{(2)} < \delta_{si}^{(1)}$

也就是说,注浆饱满的预支护体加固系统所提供的强度和刚度为最大。

2)地层预加固技术选择原则

(1)地层预加固设计应遵循系统的概念。虽然预支护体单元在系统中被视为关键单元,但其起主导作用,是以规定其他单元的条件为前提。如果对软弱地层,不注浆或不首先对围岩体改良,预支护体单元的作用效果很小。

(2)地层预加固系统选择应使每个单元之间达到最佳匹配,从而整体达到所起作用最大的效果。

(3)注浆的饱满度直接影响地层预加固的作用效果,而施工中经常被忽视。

(4)同一断面预支护体群系统的成立,取决于预支护体单元的布置以及注浆的饱满程度。只有在条件适合的情况下,预加固系统才有可能从梁效应转化为板或壳效应。

6.2 超前小导管注浆控制技术

6.2.1 超前小导管注浆工艺原理及特点

1)基本原理

小导管超前注浆的基本原理是在工作面周边按一定角度将小导管打(钻、压)入地层中,借助注浆泵的压力,使浆液通过小导管渗透、扩散到地层孔隙或裂隙中,以改善土体物理力学性能,这样既可止水又可在工作面周围成一个承载壳——地层自承拱,同时管体又可起到超前锚杆的作用,从而达到增加土体的自稳时间、提高开挖面地层自稳能力、限制地层松弛变形的目的。通过小导管向岩土体内注入浆液,不但提高了岩土体的力学性能指标,还起到了防水的作用。因此,超前注浆小导管技术的支护机理从两方面来考虑:小导管的注浆加固机理和结构作用。超前小导管注浆技术的原理及组成如图6.5所示,其工作状态如图6.6所示。

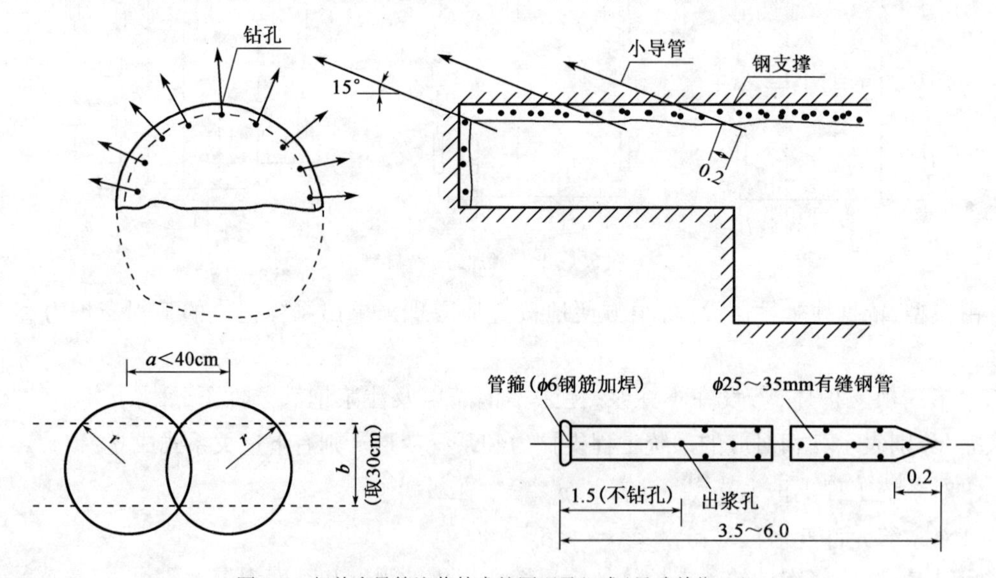

图6.5 超前小导管注浆技术的原理及组成(尺寸单位:m)

超前小导管注浆固结原理可归纳为以下两种。

(1)渗入性注浆,对于具有一定孔隙或裂隙受扰动或破坏的围岩,在注浆压力作用下,浆液克服流动的各种阻力,渗入围岩的孔隙或裂隙中,达到地层加固的目的。

(2)劈裂、压密注浆,对于致密的土质地层,在较高的浆液压力作用下,裂隙被挤开,使浆液得以渗入,形成脉状水泥浆脉,浆液在围岩分布形成以钢管为主干的树枝,凝固后的浆液挟

持、网罩被压密的土体，起到固结作用。

超前小导管的结构作用：小导管随着注浆后围岩强度的增长起到了锚杆、棚架和锚杆桩等多重作用，使得被加固区围岩密实，整体稳定性增大，可达到理想的开挖条件。

（1）锚杆作用。小导管的锚杆作用机理如同锚杆的锚固机理，主要有连接原理、组合梁原理和均匀压缩拱原理三种。在隧道的超前支护中，三种作用原理同时存在，但究竟以哪种原理为主，要根据地质条件、工艺和小导管的布置方式综合分析，往往是两种或三种的综合作用。

（2）棚架作用。小导管的棚架作用是指小导管施作完成后，进行隧道开挖施工时，小导管以靠近掌子面的钢支撑和前方未开挖的部分岩土体为支点，在纵向支撑起中间部分的岩土体，起纵向梁作用。

（3）锚杆桩作用。超前注浆小导管支护中，小导管的一端与钢拱架固定连接，通过注浆，小导管全长与岩土体胶结咬合，并且形成"壳状"加固圈，当加固圈承受围岩松散压力时，小导管便起到锚杆桩的作用。

2）工艺特点

（1）形成了管棚与固结联合的超前支护体系，从而提高岩体自身的稳定性，抑制围岩松弛变形，增强了施工的安全性。

（2）加固效果稳妥可靠，注浆质量易于控制。

（3）采用超前支护手段，通过调整凝固时间，可大大缩短暗挖工序时间。

（4）采用常用小型机械施作，无须配备专用设备，工艺操作简便，一般工地都可掌握。

6.2.2　超前小导管注浆设计参数

（1）超前小导管规格。ϕ32mm 的焊接钢花管或 ϕ40mm 的无缝钢花管。钻孔直径：比管径大 20mm 以上；长度：3～6m，前端尖锥。

（2）小导管环向间距一般 20～50cm。

（3）倾角。外插角普通地段一般为 10°～30°，一般 15°。加强地段双层小导管为水平小导管与 45°外插角小导管交替布置。

（4）纵向间距。纵向间距 2.2m 左右，搭接长度不小于 1m；双层小导管长度 4.5m，纵向间距 1.2m，双层小导管为水平小导管与 45°外插角小导管交替布置。

（5）前端管壁每隔 10～20cm 交错钻眼，眼孔直径 6～8mm。

（6）小导管应外露一定长度，以连接注浆管，并用塑胶泥封堵导管周围孔隙。

（7）极破碎或处理塌方、地下水丰富的软弱地层、大断面等可用双排管。

6.2.3　超前小导管注浆材料及要求

1）种类及适用条件

断层破碎带及砂卵石地层，裂隙宽度（或粒径）大于 1mm 或渗透系数大于 5×10^{-4} m/s 时，应采用来源广价格便宜的注浆材料。一般无水松散地层：优选单液水泥浆；无水强渗透地层：优选水泥-水玻璃双液浆。

断层带，裂隙宽度（或粒径）大于1mm或渗透系数大于1×10^{-4}m/s时，应优选水玻璃类或木胺类浆液。

细、粉砂层、细小裂隙岩层及断层弱透水地层，应选渗透性好、低毒及遇水膨胀的化学浆液，如聚氨酯类或超细水泥类。

不透水黏土地层，应选水泥浆、水泥-水玻璃双液浆，用高压劈裂注浆。

2）注浆材料配比

水泥浆：水灰比为0.5∶1～1∶1，需缩短凝结时间时加入速凝剂。

水泥-水玻璃：水泥浆水灰比为0.5∶1～1∶1，水玻璃浓度为25～400Be，水泥与水玻璃体积比为1∶1～1∶0.3。

3）注浆要求

注浆设备良好，工作压力满足压力要求，并进行现场试运转。

注浆压力：一般为0.5～1.0MPa。

要求单管注浆扩散到管周0.5～1.0m的半径范围。

要控制注浆量。

注浆效果检查：钻孔检查或超声波探测。

注浆后开挖时间：水泥-水玻璃浆4h，水泥浆8h。

开挖长度应保留一定长度的止浆墙。

6.2.4 施工工艺及操作要求

超前小导管注浆包括施工准备工作、喷混凝土封闭开挖面、钻孔、安装小导管、密封及注浆等工序，具体施工工艺如图6.6所示。

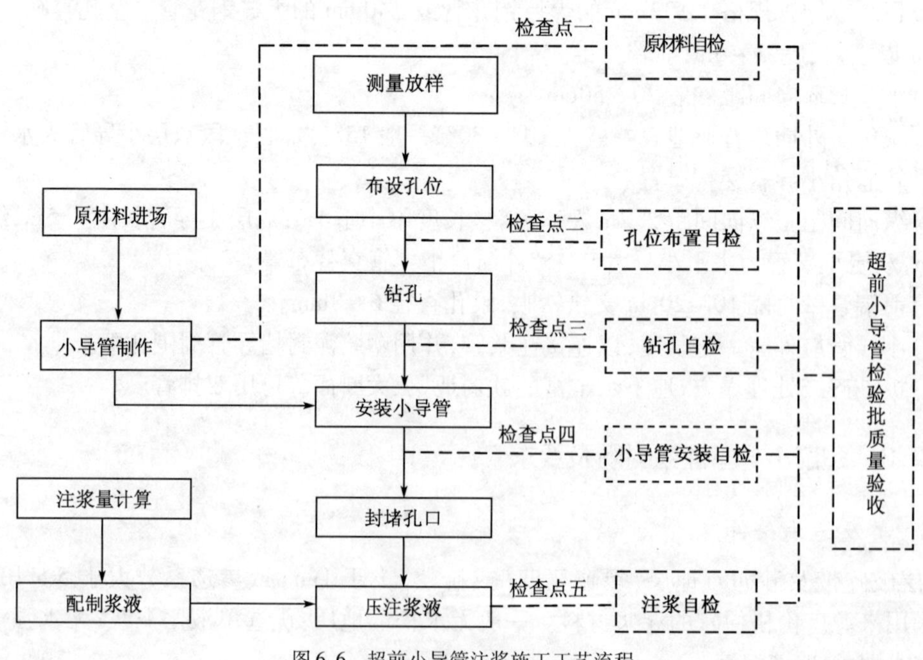

图6.6　超前小导管注浆施工工艺流程

6.3　双排(层)超前注浆小导管控制技术

6.3.1　双排(层)超前注浆小导管控制原理

双排(层)超前注浆小导管控制技术,是最近几年在邻近施工实践中发展的一种新方法,它克服了单排小导管加固厚度以及刚度不足的问题,同时又没有大管棚施工的特殊要求,且克服了大管棚在自身施工过程中即产生沉降的问题,所以广泛应用于对沉降有一定特殊要求的邻近施工中。

根据地层和环境条件,双排(层)小导管的第一排打设角度为7°~10°,第二排打设角度为30°~60°,环向间距为0.3~0.4m,然后向小导管注浆,待注浆土体达到强度后,再开挖土体。该方法可据邻近施工要求,灵活实施对地层的超前加固和改良,在原有第一排小导管加固壳体的基础上形成第二层缓冲壳体,进一步减缓或避免地层破坏后的沉降及建(构)筑物的损坏。

相比于其他方法,双排(层)超前注浆小导管具有如下特点:

(1)地层的适应性强。可发挥打设小导管的高度灵活性。

(2)可操作性强。不需要操作工作空间,如大管棚、水平旋喷和超前深孔注浆等只需留置最小的作业空间。

(3)浆液选择与应用的高度调节与灵活性。可针对工程地质与水文地质条件,在同一个断面上灵活选择对地层适应性强的两种或两种以上的浆液,这是其他方法所不可比拟的。

(4)可及时调整加固范围。这基于双排(层)小导管的两个特性:角度和长度的可调节性。

6.3.2　双排(层)超前注浆小导管力学行为分析

自在城市地铁施工中开发出双排(层)超前注浆小导管加固施工技术以来,目前该技术已被广泛推广应用,且技术已日臻完善,但对于双层小导管在施工过程中的受力情况缺乏系统的研究,主要采用MIDAS-GTS(Geotechnical and Tunnel analysis System)软件,对双层小导管在施工过程中轴力变化进行分析,并同时结合后期监测数据,对数值模拟与实际监测进行检验。

1)双排(层)小导管受力的数值模拟分析

(1)小导管参数。在北京地铁4号线9标段,浅埋暗挖隧道东线北K9+570处,通过对双层小导管加固地层进行开挖数值模拟分析,上层长导管参数:沿开挖轮廓从格栅腹部穿过,环向间距300mm,纵向间距1000m,仰角30°,布设范围150°圆心角;导管单根长3m,前后导管重叠1.6m,预注超细单液水泥浆加固地层;下层短导管参数:沿开挖轮廓从格栅腹部穿过,环向间距200mm,纵向间距500mm,单根长1.5m,仰角及外插角10°~15°,(角度过小影响格栅的架设,极易造成侵限,角度过大,易出现严重超挖现象),布设范围150°圆心角。预注改性水玻璃浆液固结砂层。

计算目的有以下几个方面。

①预测不同的施工阶段，长、短小导管不同部位的受力变化情况，总结在不同施工步序和开挖进尺下，长、短小导管的受力规律，进而分析出双层小导管的受力机理。

②通过对不同编号的小导管受力进行模拟分析，选取受力变化较大的点作为后期监测对象，从而起到指导测点埋设的作用。

(2)隧道开挖步序。

①上台阶开挖支护：拱顶部分打入小导管，注浆加固土体；环形开挖上半断面并保留核心土；架设格栅及钢筋网片；由下至上喷射初衬混凝土。

②临时仰拱：开挖核心土；架设临时仰拱钢格栅及钢筋网片，打锁脚锚杆；喷射初衬混凝土。

③下台阶开挖支护：土方开挖下半断面；架设钢格栅及钢筋网片；喷射初衬混凝土。

④底板二衬施工：清理基面，铺设防水层；底板二衬施工。

⑤侧墙及顶拱二衬施工：分段拆除临时仰拱(每段长6m)，清理基面，铺设防水层；侧墙及顶拱二衬施工。

(3)模型说明。根据地质勘察报告，给出所模拟的部分土层参数，如表6.1所示。

地层参数表 表6.1

土体编号	地层	密度(kN/m^3)	计算弹性模量(MPa)	黏聚力(kPa)	摩擦角(°)	泊松比
1	人工填土层	17	5	15	28	0.35
2	粉土	19	15	1	34	0.35
3	粉细砂层	21	25	0.2	38	0.32
4	圆砾卵石层	22	35	1.0	40	0.25

主要的支护结构有钢拱架、喷射混凝土层、双层小导管注浆加固土层以及模筑钢筋混凝土衬砌。根据工程类比，给出主要支护结构的力学参数。

喷射混凝土层和钢拱架共同作用，用实体单元模拟，弹性模量 E 取17.5GPa，泊松比 μ 取0.2，重度 γ 取25kN/m^3。

对于双层小导管注浆加固土层，采用增大加固地层参数来模拟。弹性模量 E 取80MPa，泊松比 μ 取0.22，重度 γ 取23kN/m^3，黏聚力 c 取2kPa，内摩擦角 φ 取40°。钢管的弹性模量 E 取200GPa，泊松比 μ 取0.2，重度 γ 取26kN/m^3。对于模筑钢筋混凝土衬砌，采用弹性单元模拟，弹性模量 E 取30GPa，泊松比 μ 取0.2，重度 γ 取25kN/m^3。

建立的模型长30m、宽60m、高为30m，地层从上至下：5m杂填土，4m粉土，4m粉细砂，17m卵石圆砾。标准断面采用上下台阶留核心土开挖方法，模拟开挖方式严格按照具体的施工工序操作。该模型共有单元格数26277，节点总数30597，具体模型如图6.7所示。

(4)计算结果分析。双排(层)小导管分析断面如图6.8所示。

双排(层)小导管采用嵌入式桁架单元进行模拟，短导管与隧道法线夹角为15°；长导管与隧道法线夹角为35°。长导管在分析过程中分为前端、中部、后端三部分；短导管分为前端和后端两部分。由于模型对称，分析过程中只需沿注浆范围取16组双层小导管进行分析，具体如图6.9、图6.10、图6.11所示。

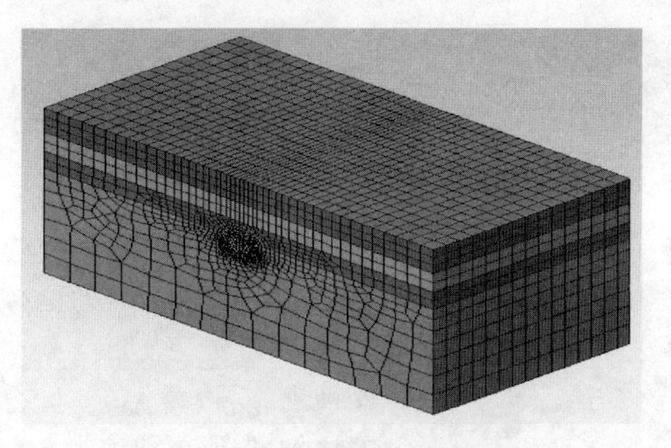

图6.7　双排(层)小导管受力分析模型

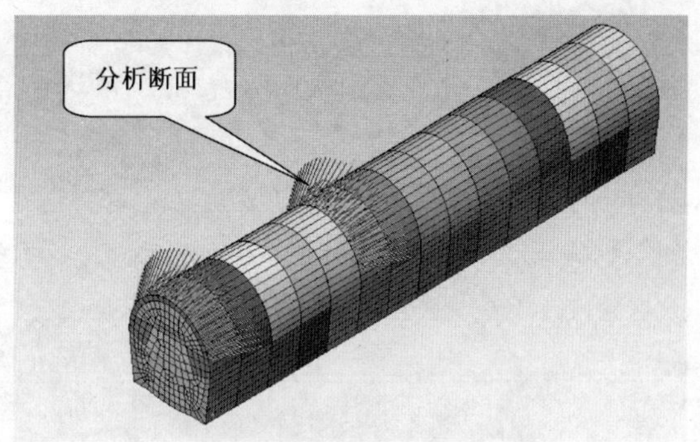

图6.8　双排(层)小导管分析断面

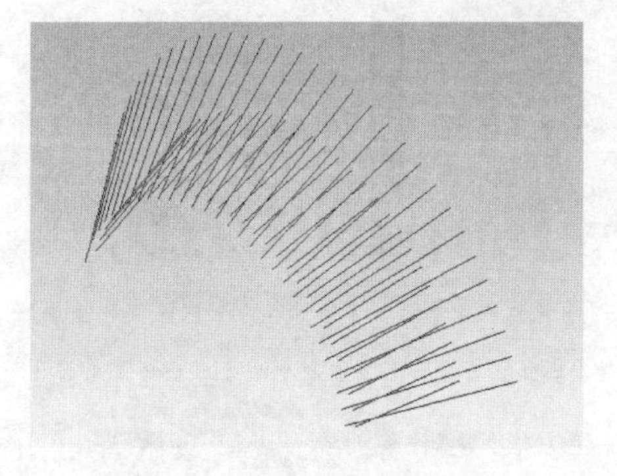

图6.9　双排(层)小导管模型图

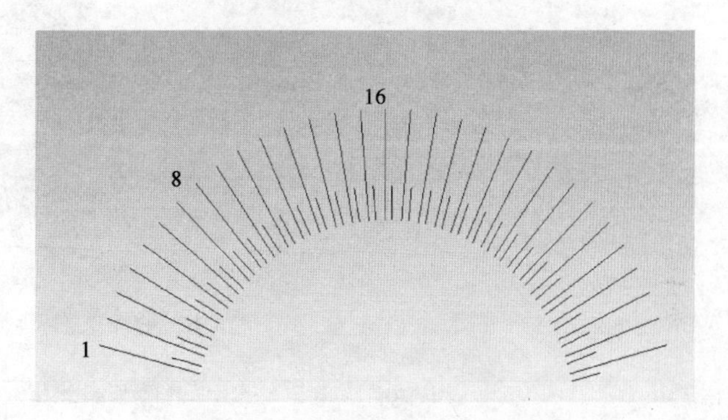

图6.10　双排(层)小导管编号

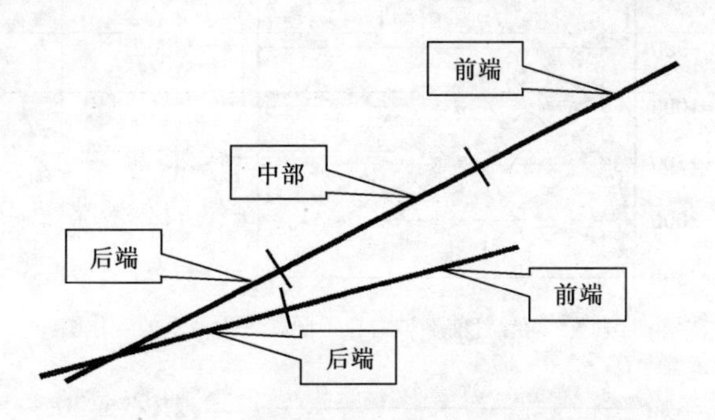

图6.11　双排(层)小导管受力分析部位

取分析断面长、短注浆小导管各16根，对短导管前端、后端和长导管前端、中部、后端在不同施工步序以及不同开挖进尺下的轴力变化进行分析。

第一，短导管受力分析。短导管最终内力云图如图6.12所示。

①短导管在不同施工步序下的受力分析。短导管前端轴力在不同施工步序下的受力分析见图6.13。

由图6.13可以看出，大部分注浆小导管处于受压状态，刚注浆时各导管轴力变化较小。在同一施工步序下，第1、2号注浆小导管轴力在数值上相差较大，但第3至第16号注浆小导管轴力在数值上较为接近；在开挖上台阶、初支上、开挖核心土以及初支中时，第3至第16号注浆小导管轴力变化较大。

短导管后端轴力在不同施工步序下的受力分析见图6.14。

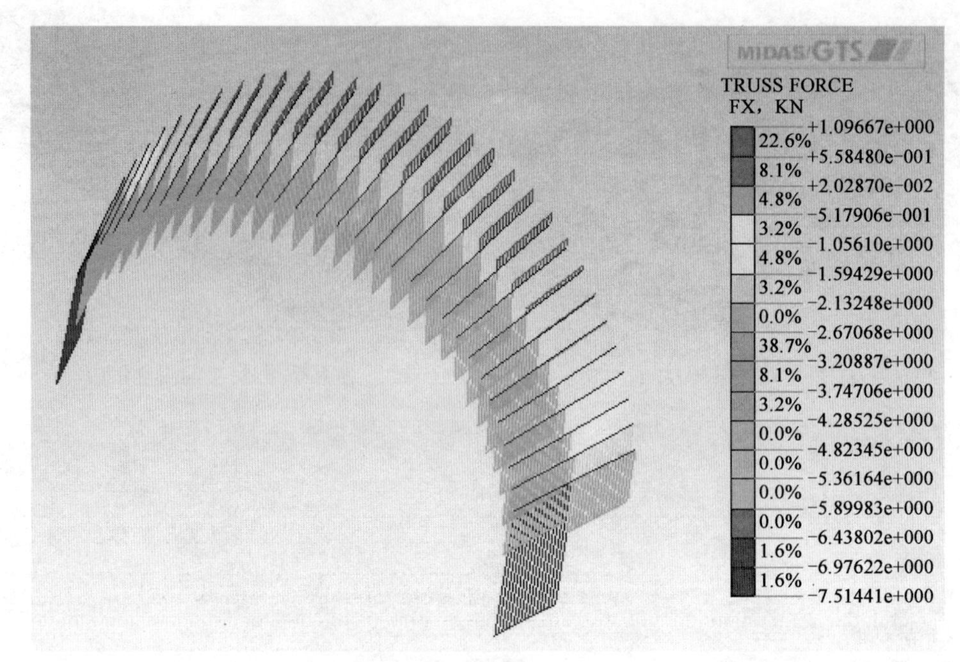

图6.12　短导管最终内力云图

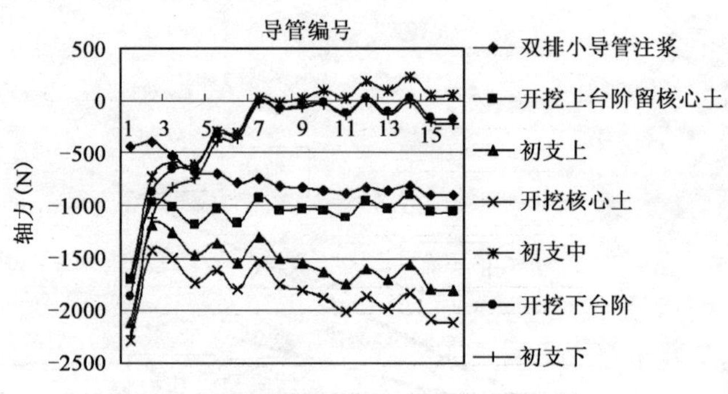

图6.13　短导管前端轴力在不同施工步序下的变化图

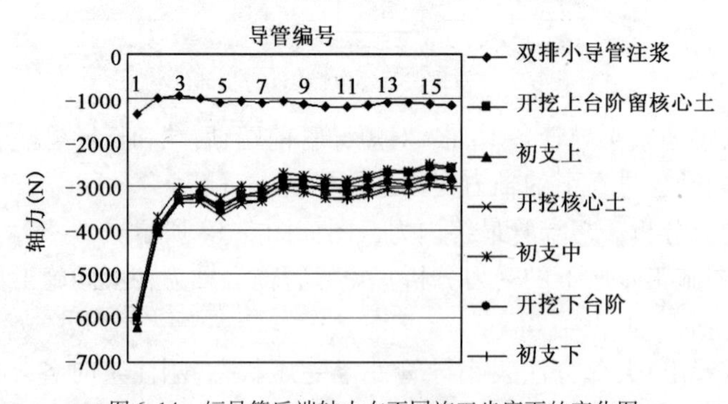

图6.14　短导管后端轴力在不同施工步序下的变化图

由图6.14可以看出,大部分注浆小导管处于受拉状态,刚注浆时轴力变化较小,开挖上台阶时变化较大。在同一施工步序下,第1、2、3号注浆小导管轴力在数值上相差较大,但第4至第16号注浆小导管轴力在数值上较为接近;除双层小导管注浆施工步序外,第4至第16号注

浆小导管轴力变化较小。

②短导管在不同开挖进尺下的受力分析。短导管前端轴力在不同开挖进尺下的受力分析见图6.15。

由图6.15可以看出，第1至第6号小导管前端处于受压状态，第7至第16号小导管前端处于受拉状态。开挖进尺0～10m轴力变化速率较大，开挖进尺10～20m段轴力变化速率较小。不同的注浆小导管在不同开挖进尺下的轴力大致呈二次函数变化，第1、16号注浆小导管轴力变化速率最大。

短导管后端轴力在不同开挖进尺下的受力分析如图6.16所示。

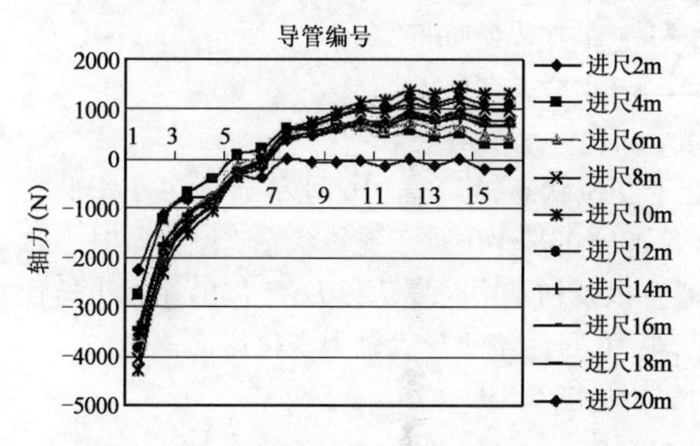

图6.15　短导管前端轴力在不同开挖进尺下的变化图

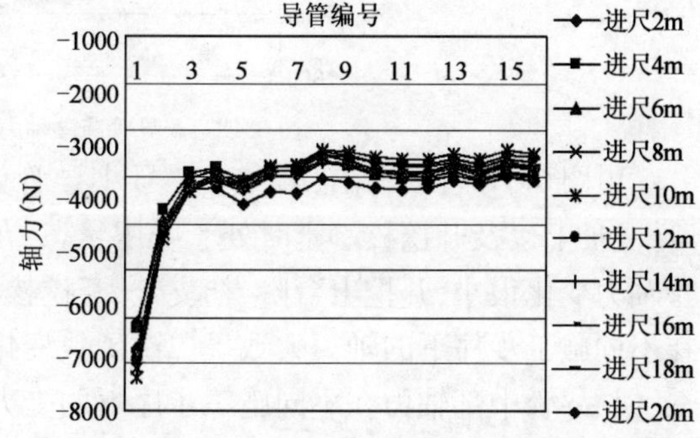

图6.16　短导管后端轴力在不同开挖进尺下的变化图

由图6.16可以看出，小导管处于受拉状态。开挖进尺0～10m段轴力变化速率较大，10～20m段轴力变化速率较小。其中，在同一开挖进尺下，第1、2号注浆小导管轴力在数值上相差较大，但第3至第16号注浆小导管轴力在数值上较为接近；在不同开挖进尺下，第3至第16号注浆小导管轴力变化较小。

第二，长导管受力分析。长导管最终内力云图见图6.17。

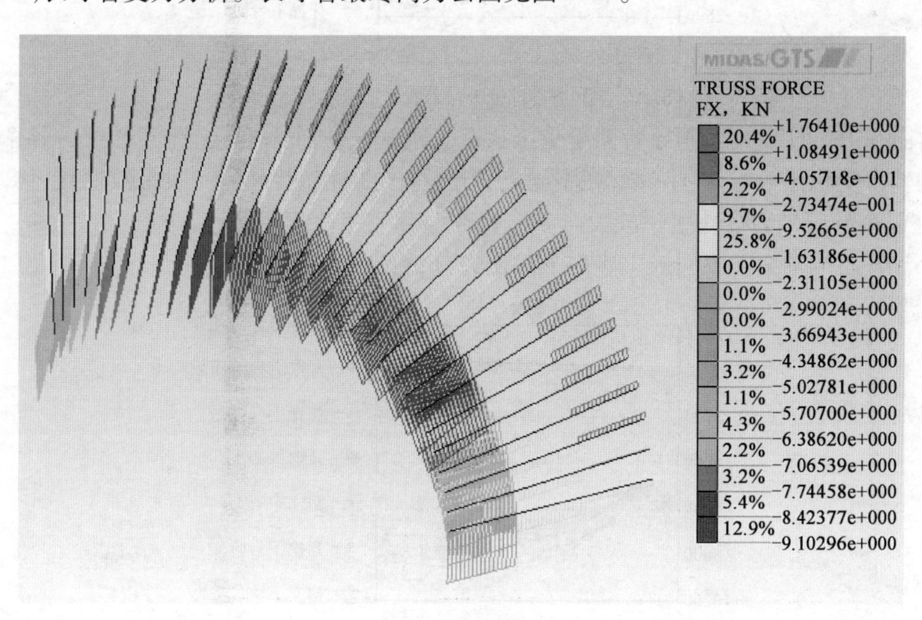

图6.17　长导管最终内力云图

①长导管在不同施工步序下的受力分析。长导管前端轴力在不同施工步序下的受力分析见图6.18。

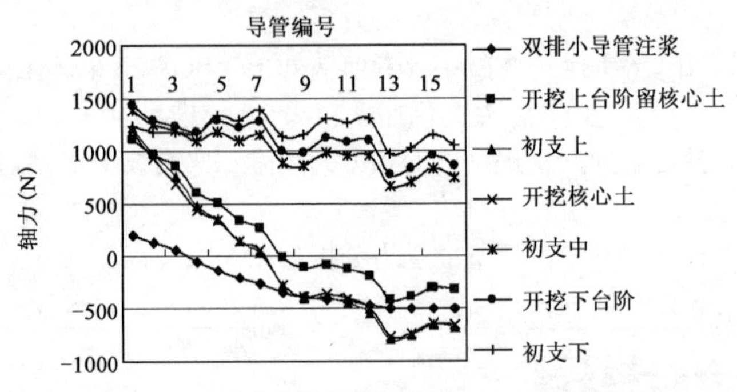

图6.18 长导管前端轴力在不同施工步序下的变化图

由图6.18可以看出,第1至7号小导管处于受拉状态,第8至16号小导管在开挖上台阶、支护上以及开挖核心土时处于受压状态,在其他施工步序下处于受拉状态。刚注浆时小导管轴力变化很小,开挖上台阶、初支上、开挖核心土以及初支中时变化较大,不同的注浆小导管在不同施工步序下的轴力大致呈二次函数变化,第16号注浆小导管轴力变化速率较大。

长导管中部轴力在不同施工步序下的受力分析见图6.19。

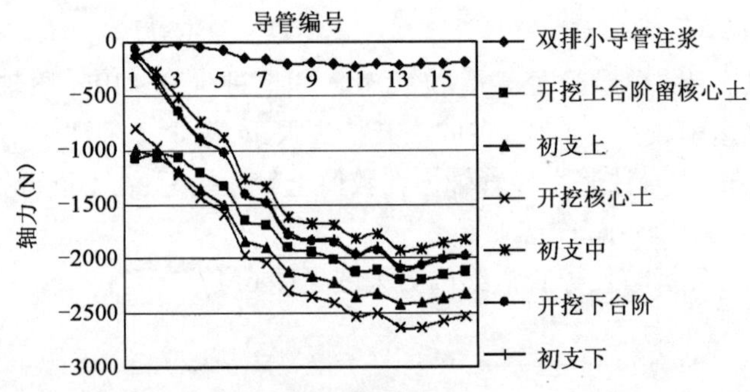

图6.19 长导管中部轴力在不同施工步序下的变化图

由图6.19可以看出,小导管处于受压状态。刚注浆时轴力变化较小,开挖后各个施工步序下的轴力变化比较均匀,小导管在不同施工步序下的轴力大致呈二次函数变化,第1号、第16号注浆小导管轴力变化速率较大。

长导管后端轴力在不同施工步序下的受力分析见图6.20。

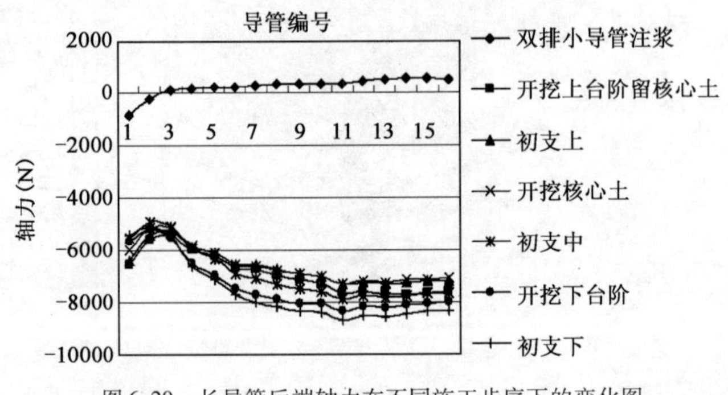

图6.20 长导管后端轴力在不同施工步序下的变化图

由图 6.20 可以看出，开挖上台阶后小导管处于受压状态。刚注浆时轴力变化较小，开挖后各个施工步序下的轴力变化比较均匀，第 3 至第 16 号注浆小导管在不同施工步序下的轴力大致呈二次函数变化，各注浆小导管轴力变化速率接近。

②长导管在不同开挖进尺下的受力分析。长导管前端轴力在不同开挖进尺下的受力分析见图 6.21。

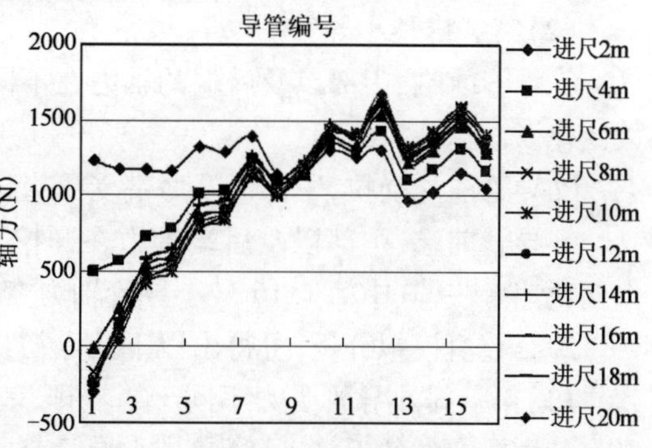

图 6.21　长导管前端轴力在不同开挖进尺下的变化图

由图 6.21 可以看出，小导管处于受压状态。开挖进尺 0 ~ 10m 段轴力变化速率较大，10 ~ 20m 段轴力变化速率较小，不同的小导管在不同开挖进尺下的轴力大致呈二次函数变化，第 1、16 号小导管轴力变化速率较大。

长导管中部轴力在不同开挖进尺下的受力分析见图 6.22。

由图 6.22 可以看出，小导管处于受压状态。开挖进尺 0 ~ 10m 段轴力变化速率较大，10 ~ 20m段轴力变化速率较小，第 3 号至第 16 号注浆小导管在不同开挖进尺下的轴力大致呈二次函数变化，第 1 号、第 16 号注浆小导管轴力变化速率较大。

长导管后端轴力在不同开挖进尺下的受力分析见图 6.23。

由图 6.23 可以看出，小导管处于受拉状态。开挖进尺 0 ~ 10m 段轴力变化速率较大，10 ~ 20m 段轴力变化速率较小，第 3 号至第 16 号注浆小导管在不同开挖进尺下的轴力大致呈二次函数变化，第 1、16 号小导管轴力变化速率接近。

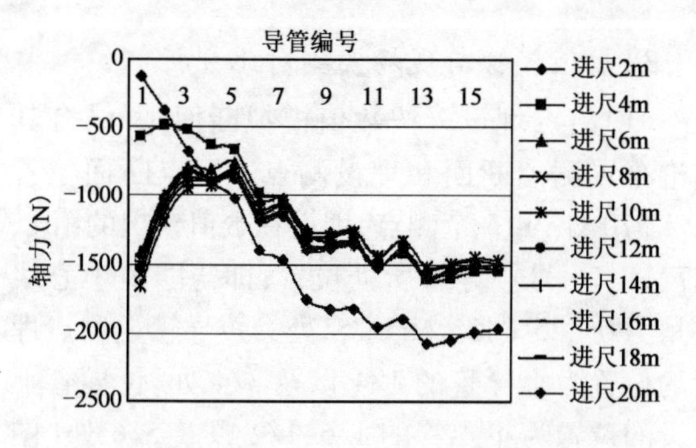

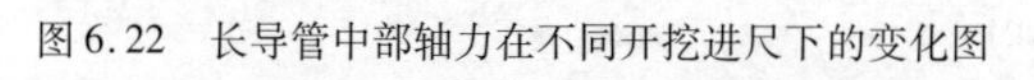

图 6.22　长导管中部轴力在不同开挖进尺下的变化图

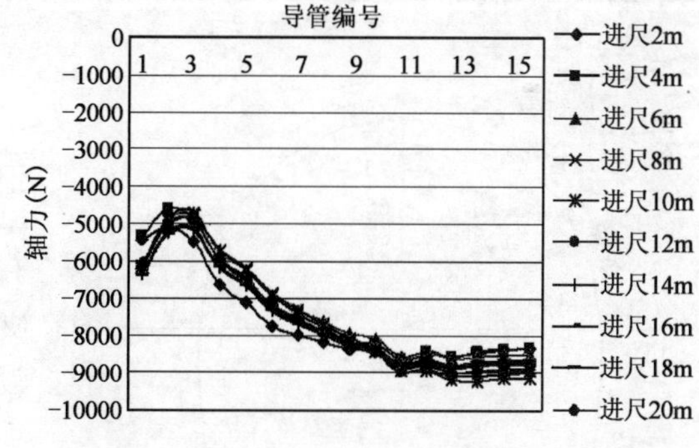

图 6.23　长导管后端轴力在不同开挖进尺下的变化图

2）数值模拟几点初步结论与建议

(1)第一排短小导管。

①第 3 号至 16 号小导管前端以及后端的轴力在不同施工步序下大致处于水平线上，第 3 号至第 16 号短导管后端的轴力在不同开挖进尺下大致处于水平线上，小导管前端轴力在不同开挖进尺下大致呈二次函数变化。

②不同施工步序下小导管前端以及后端受压，在不同开挖进尺下小导管第 1 号至第 6 号小导管前端处于受压状态，第 7 号至第 16 号小导管前端处于受拉状态，小导管后端受压，且前

端轴力在数值上比后端小。

③导管前端以及后端轴力在开挖上台阶时变化较大,开挖进尺 0 ~ 10m(0 ~ 2D)轴力变化速率快,其中第 1、2、16 号注浆小导管轴力速率变化较快。

(2)第二排长小导管。

①导管前端、中部以及后端的轴力在不同施工步序以及不同的开挖进尺下大致呈二次函数变化。

②导管前端受拉,中部以及后端受压,且前端、中部以及后端轴力在数值上依次增大。

③导管前端、中部以及后端轴力在开挖上台阶时变化最大,开挖进尺 0 ~ 10m(0 ~ 2D)轴力变化速率快,其中第 1、16 号小导管轴力变化速率较快。

综合数值模拟分析,可得出以下几点初步结论。

(1)第一排小导管受力不同于第二排,表明其对地层的预加固作用机理有不同点,但对变形有特别要求的邻近施工,第二排小导管有明显的补偿作用效果。

(2)不论小导管如何排布,其前后段等各部位受力不同,且其拱顶部位与拱腰部位也不相同。但都呈现拉压效应,并不是单纯的小导管是受拉构件。表明地层存在三维拱效应。

(3)在纵方向上,两派小导管存在共同点,即在 1D 内受力变化速率都较快,超过 3D,受力变化都有减缓的趋势。

由于实际工程中埋设双层小导管的断面与模型中所分析的断面位置基本相符,结合结论可将测点埋设在第 1、3、7、11、16 号小导管所处位置,即与隧道中心线夹角为 0°、25°、45°、65°、75°处。短导管上测点埋设的位置为小导管的 1/4 以及 3/4 处,长导管上埋设的位置为小导管的 1/6、1/2 以及 5/6 处。

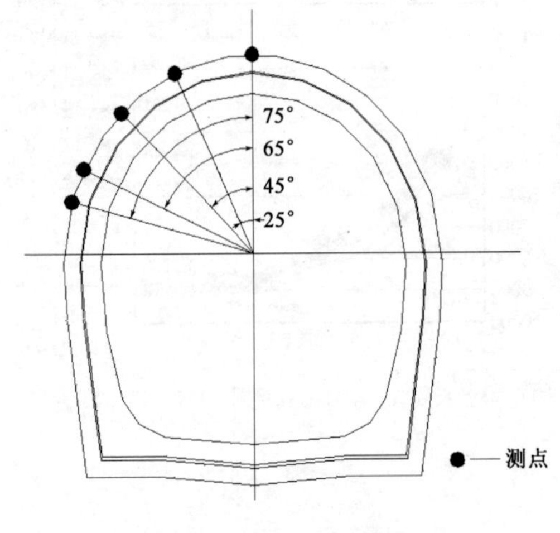

图 6.24 测点埋设示意图

3)数值模拟与现场实测对比分析

(1)测点埋设。按数值模拟断面,并结合其结论布置测点断面和埋设测点。测点断面位置 K9 +570 处,共 5 个测点,埋设在数值模拟的第 1、3、7、11、16 号小导管所处位置,即与隧道中心线夹角为 0°、25°、45°、65°、75°处。短导管上测点埋设的位置为小导管的 1/4 以及 3/4 处,长导管上埋设的位置为小导管的 1/6、1/2 以及 5/6 处(图 6.24)。

(2)对比分析。数值模拟所得短导管前端轴力变化与实测数据对比见图 6.25、图 6.26。

结合现场监测数据以及施工日志,各测点的信息反馈如下。

(1)图 6.25a)中,小导管应力变化速率在 11 月 18 日至 11 月 22 日之间增长最快,结合施工进度,每天开挖约为 1.5m,因此小导管应力在开挖 0 ~ 7.5m 增长最快。测点埋设断面洞径约为 5.0m,即隧道开挖 0 ~ 1.5D 对应力影响较大。小导管应力于 12 月 2 日收敛,历时 15 天,说明注浆以及支护效果良好,及时发挥了作用。

(2)图6.25b)中,1~4号小导管处于受压状态,6~16号小导管处于受拉状态,即小导管以隧道中心线为基准,在-50°~50°处于受压状态,在-75°~-50°、50°~75°处于受拉状态。图6.26a)中,小导管前端轴力在不同开挖进尺下大致呈二次函数变化。

(3)对比图6.25和图6.26,数值模拟与监测结果曲线规律大致相同,说明数值模拟对测点的埋设起了很好的指导作用。

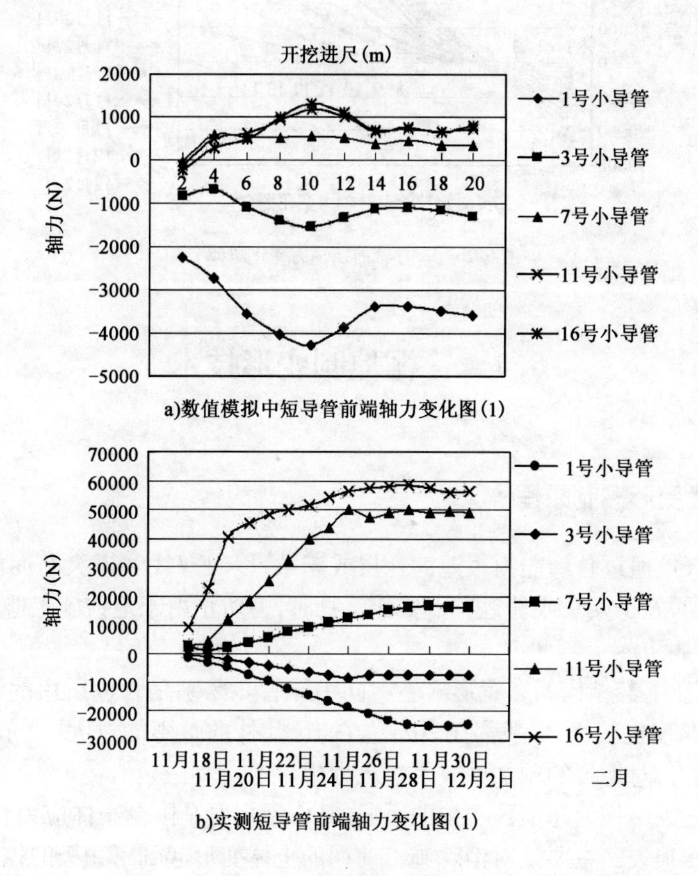

a)数值模拟中短导管前端轴力变化图(1)

b)实测短导管前端轴力变化图(1)

图6.25　短导管前端轴力变化图(1)

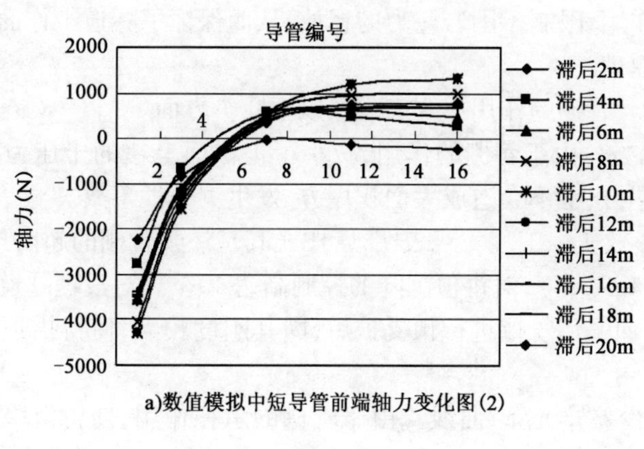

a)数值模拟中短导管前端轴力变化图(2)

图　6.26

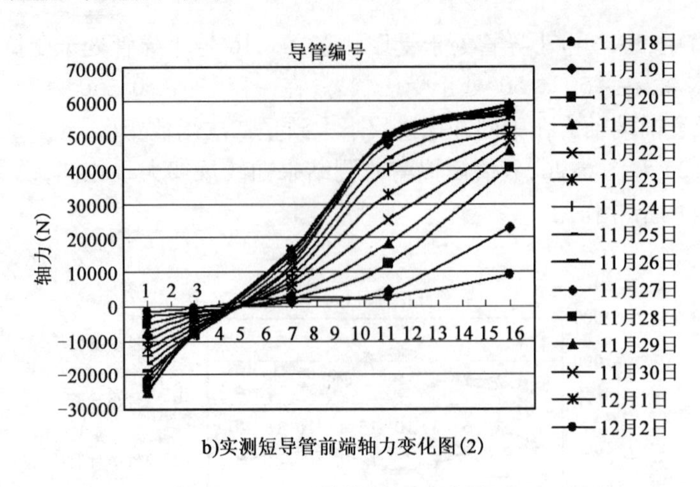

图6.26　短导管前端轴力变化图(2)

6.4　管棚控制变形技术

6.4.1　管棚变形控制原理

当地铁隧道开挖通过自稳能力很差的地层或车站,以及双线隧道大断面施工或地表通过车辆荷载过大,威胁施工安全或邻近有重要建筑物时,为防止由于地铁施工造成超量的不均匀下沉,往往采用管棚法。

所谓管棚,实质上其结构及布置形式基本同小导管。区别是管棚所用的钢管直径较大为$\phi100 \sim \phi600$mm,长度也较长,一般都在20m左右,且其外插角不能过大(一般≤5°)。与小导管相比,其刚度更大,对地层的预加固效果也更理想。

管棚在隧道施工中作为超前预支护的手段,其作用主要是限制土体应力释放,减小因开挖而产生的土体体积损失。主要是对消除施工前期的土体变形起到了积极的控制作用。研究认为,管棚预支护结构在隧道纵轴方向上可视为梁,在横向上可视为拱,且梁、拱主要承受压力。由于这一结构的支撑作用,限制了围岩应力的释放,从而保证了隧道工作面的稳定。这便是大管棚控制变形的基本原理。

在施工控制效果上,管棚的作用主要表现在以下几个方面。

(1)控制大面积塌方。由于管棚的作用,减小了工作面上覆的土压力,稳定了围岩,即便有一定程度沉降引起塌方,也不会造成大面积塌方,发生灾难性事故。

(2)隔(阻)断变形效应。工程实践表明,管棚尤其是注浆管棚的超前预支护作用,其对地表沉降的控制可达30% ~35%,对拱顶沉降的控制高达40%。对浅埋隧道,一般情况下,拱顶沉降要大于地表沉降,而采用管棚进行预支护后,因其刚度较大,使得拱顶沉降远小于地表沉降量。

(3)均匀沉降(减少差异沉降)曲线。由于管棚的承托作用,使得沉降槽沉降集中的程度大幅减小,沉降总量在减小的同时有向两端均匀分布的趋势。这个作用是在邻近施工中,选择

采用大管棚的重要原因所在。

(4)提高土层物理参数,增大地层自稳能力。实际施工中为增大管棚的刚度和管棚与围岩的黏结力,常常在管棚内注入水泥浆,使得管棚与其周围的土体成为一个整体,从而极大地增强了土层的自稳能力。

6.4.2　管棚力学计算模型

1)管棚计算模型现状

管棚自在隧道工程中应用以来,随着水平机械钻进技术的不断提高,非开挖定向技术的日益完善,所采用的长度越来越大,一次性穿越的范围越来越宽,从2040m,甚至达到了100m,极大地提高了工程质量和施工的效率。因而,在隧道穿越施工中被广为利用。但与此同时,对于这种水平长管棚的计算也提出了新的要求。由于管棚长度大和土体沉降的不可逆性,隧道掘进的每一步都会在一定范围内造成管棚挠度的累积,所以,必须对管棚支护段内的隧道开挖进行全程模拟,才能够取得管棚最终的沉降量。

关于管棚的计算模型,先后经过了梁理论、拱壳理论和弹性地基梁理论。

梁理论因为原理简单,应用方便,在管棚采用之初,得到广泛的利用。但由于其理论上的局限性,对结构与土体作用关系无能为力,所以逐渐被淘汰。

由于管棚结构整体的拱壳效应,曾有一些对管棚机理模拟方面的尝试,但最终因为计算复杂,而且对工程安全性的考虑上偏于不安全而不被采用。

目前较为常用的模型是弹性地基梁模型,而且,由于计算技术的发展,可以通过数值法对计算求解。

常艄东在研究二郎山隧道洞口段超前预支护结构时,采用弹性地基梁理论对管棚机理进行了研究。其计算模型中存在的问题主要有以下几个方面

(1)将格栅与管棚连接端视为有一定垂直位移的固定端。根据前述对于施工开挖导致土体运动规律的研究,一方面开挖后,工作面后方尚有$1D \sim 2D$沉降未稳定区,实际上也就是超前预支护与土层组合的临时土拱结构上的荷载尚未完全转移到已施作好的初支结构上,换言之,该范围内的管棚结构仍有荷载的作用;另一方面,当隧道基底处土层强度较弱和初喷混凝土早期强度有限,使得在初期支护封闭成环后一定范围内,管棚和拱顶仍会产生沉降变形,这样,以具有一定垂直位移的固定端来进行模拟,无法正确反映管棚在该段的变形情况。

(2)由于有(1)的假设,对于工作面后方影响区内的荷载作用未加考虑,实际上是人为缩小了管棚荷载作用范围。

(3)荷载作用范围的边界处荷载应为零。管棚上作用的荷载是由于开挖导致土体松弛、塌落造成管棚支撑条件的改变和上方土体下移引起的。由前述对工作面土体开挖导致土层运移规律的理论研究和现场监测试验均表明,在扰动区边界处土体竖向位移为零。也就是说,在边界处管棚荷载应该是渐变的。这样,在荷载作用的边缘处荷载值应为零。

2)管棚计算模型的基本假定

模型的建立必须基于客观的土层条件、支护结构条件和实际的施工步骤,才能真实地反映管棚的受力和变形特点,描述各种因素对管棚支护的影响。基于以上对隧道施工过程中土体

运移规律的研究,模型的建立应反映以下观点。

(1)假设围岩为各向同性的连续介质。

(2)作为管棚基础的围岩为线弹性体,符合文克勒(Winkler)假设。

(3)根据前节中对于管棚水平向应力的计算、分析,认为该方向力不足以对管棚竖向梁效应产生足够大的影响,此处忽略其作用。

(4)隧道开挖对土体的扰动范围、程度,以及管棚荷载作用范围与土层条件、支护条件、开挖方法和洞径大小均存在不同程度的联系,应该在以往研究成果的基础上,结合工程具体条件加以确定。本书的计算拟通过采用前节中对于工作面开挖扰动范围的计算方法,综合考虑各种因素对开挖扰动的影响,同时,借鉴前人的经验对荷载作用范围进行确定。

(5)管棚的作用在于将其上的荷载通过自身的梁效应转嫁到已施作好的隧道初支结构和工作面前方的土体中,所以在管体内注浆和在工作面全断面注浆有效地提高了土体自稳的能力和管棚基础的承载力。

(6)在长管棚施工中由于是一次穿越,一次施设,不考虑管棚间搭接。

3)管棚计算模型说明

本模型是在以上认识和假设条件的基础上,采用 Winkler 地基上的无限长梁理论,采用杆系有限元方法来系统模拟施工开挖过程中管棚的内力和位移,模型如图 6.27 所示。

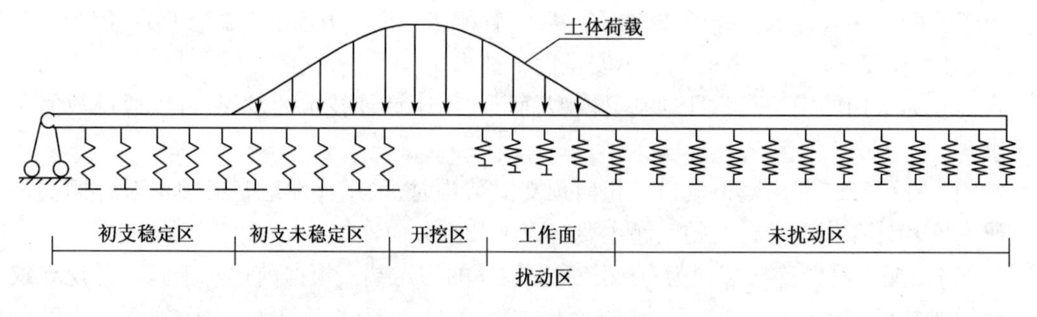

图 6.27　管棚计算模型示意图

(1)管棚端部的力学处理。由于固定在施工竖井井壁或门架等结构上,管棚端部可以根据具体施工工艺,做相应的力学处理,如有的管棚在施作过程中加导向钢管,焊接于门架上,使得管棚端部能够抵抗很大的弯矩,因而可视固定端,而有的管棚直接焊接在门架上或竖井壁上,可承受的弯矩有限,这样可按固定铰支座考虑。

(2)管棚模型在纵向上的分区。根据管棚的支撑条件,在纵向上可以分为 5 个区,分别为初支稳定区、初支未稳定区、开挖区、工作面扰动区和未扰动区。初支稳定区是指初期支护结构已封闭成环且已有相当强度的区段,拱顶沉降已稳定;初支未稳定区是初支尚未封闭,或刚刚封闭,但由于超挖、混凝土早期强度弱而仍处于松弛状态,拱顶沉降尚未稳定的区段;开挖区为单日进尺长度(在台阶法开挖中)或台阶长度(全断面法开挖中微台阶长),可视为无支撑区;工作面扰动区为考虑工作面开挖引起应力释放而导致土体基床系数相应减小的区段;未扰动区是指尚未受到施工开挖影响的区段。

(3)管棚荷载的分布。图 6.28 为工作面单次开挖时管棚荷载分布状态。其特点是在开挖区荷载最大,为计算的工作面扰动区范围高度土柱重量,向两端至支撑松弛边界渐变为零。

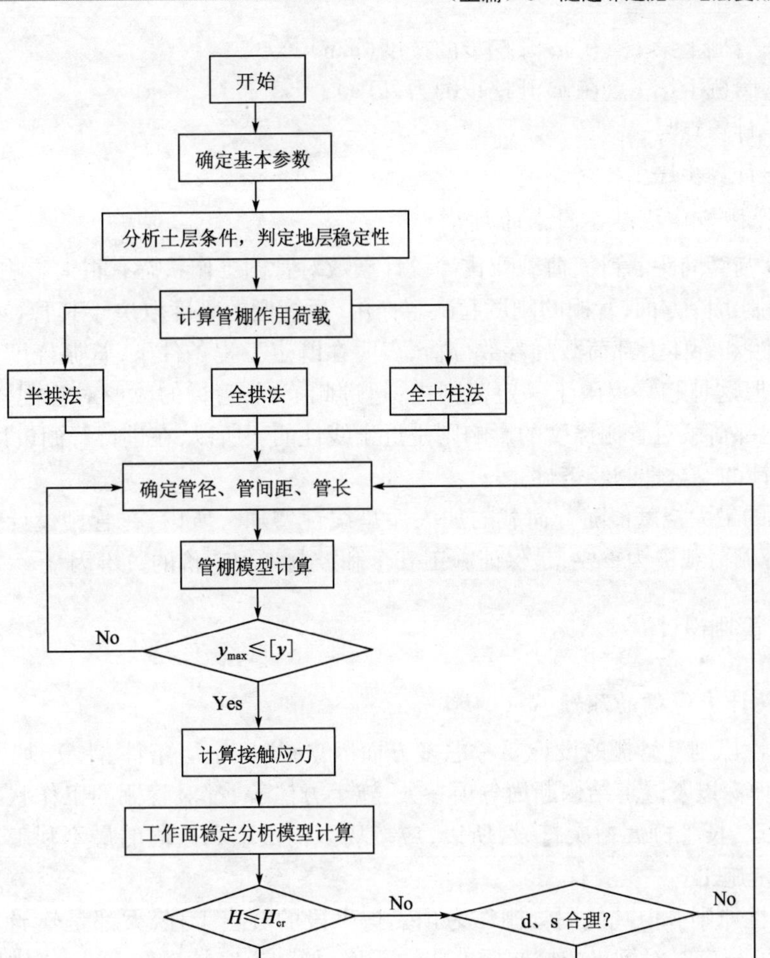

图6.28　管棚设计流程图

(4)管棚地基系数。管棚模型中包含4种基床系数,未扰动区取土体实测基床系数,工作面扰动区受开挖影响,由三向受力变为两向受力,土体承载能力下降,其基床系数可根据实测或按一定规律作相应折减,此处假设该处土体基床系数依线性减小。

(5)管棚挠度与力的计算。图6.28仅为管棚在单次开挖条件下的工作状态。由于土体沉降的不可逆性,工作面每一步开挖所引起的管棚的挠度和应力的变化,都会记录下来,逐步累计,这样,开挖过程中每一步的挠度和应力就是以前各步开挖造成的管棚挠度与应力的总和。可表示为下式:

$$\begin{aligned} S_{i,m} &= \sum_{j=1}^{m} S_{i,j} \\ F_{i,m} &= \sum_{j=1}^{m} F_{i,j} \end{aligned} \tag{6.1}$$

式中：$S_{i,m}$——管棚上第 i 点在 m 开挖步的挠度(mm)；

$F_{i,m}$——管棚上第 i 点在 m 开挖步的力(kPa)；

i——计算点号；

j——计算步序。

4)影响管棚工作状态各因素的讨论

管棚挠度与管间距、管径、荷载变化等设计参数对管棚工作状态有很大影响。研究表明：

(1)在限制沉降方面，管棚的刚度起决定作用，而管棚的刚度取决于其管径和壁厚。经过对管径、管间距和管体上部荷载的参数分析，表明在既定工程条件下，管棚挠度随管径的增大会显著减小，但这种趋势仅限于一定范围内，超过此范围，管径的改变对管棚挠度影响不大。而管间距和上部荷载对管棚挠度的影响则是近于线性的。所以，在进行管棚设计时，应反复核算，以确保设计的安全性和经济性。

(2)管棚的最大挠度值随着荷载的加大而呈线性增加。所以，在管棚设计中，如何精确、合理地计算管棚荷载极为重要，是保证施工安全和控制工程造价的关键因素。

6.4.3 管棚设计

1)管棚设计应遵循的原则

(1)系统性原则。管棚的设计要考虑多方面因素，场区土层条件、水文地质条件、地面荷载条件、隧道埋深以及隧道结构断面各项参数、施工方法等，都对管棚的工作状态有着或多或少的影响，而且，长管棚属一次打设，所以，应按场区内最不利区段的最不利工作状态设计管棚，以保证安全施工。

(2)安全性原则。但凡使用管棚作为预支护手段的隧道工程，大都是软弱土层条件下的隧道的重要区段，有时对沉降的控制要求非常严格，如隧道穿越房屋、公路或铁路线等，所以，此类工程必须在确保地表结构安全使用的同时，保证施工的安全。在管棚设计时，综合利用各种因素条件，使管棚的设计偏于安全。

(3)工艺可行原则。目前，随着隧道工程的增多，产生了很多复杂环境条件下隧道施工的问题，对管棚的长度、管棚施工的精度等有很高的要求，这样，在设计管棚时必须考虑工艺的可行性，以满足施工要求，保证工程进度。

(4)挠度控制原则。在预支护结构设计时大都以结构容许强度作为设计的上限，但在长管棚穿越施工中，大多对沉降有着严格的要求，而且，由于管棚的作用在于将开挖面影响区段内的荷载转移到其前后土层和结构中去，材料使用应力较低，管棚强度绝大部分得不到发挥，基于以上两点，应以挠度作为管棚设计的控制指标。

2)管棚设计流程

管棚的设计流程主要包括以下几个方面。

(1)获取基本参数。

(2)分析土层条件，判断地层结构的稳定性。

(3)结合地表房屋等荷载条件，确定管棚作用荷载。

(4)初步确定管径、管间距、管棚长度。

(5)计算管棚挠度,以确定是否符合要求。

(6)对工作面稳定性进行计算评价。

(7)最终获得管棚参数。

具体流程如图6.28所示。对管棚的设计描述如下。

(1)获取基本参数。根据系统性原则,在设计管棚之前,必须全面了解各土层分布厚度,层位、隧道设计参数,作为判断土层结构稳定性的依据,所需要的土层参数包括重度、弹性抗力系数、弹性模量、泊松比、内摩擦角、黏聚力,如果进行注浆加固,应对加固后的土层参数进行测试,所需要的隧道设计参数包括隧道埋深,初支与二衬的设计参数等。

(2)针对土层条件,进行地层结构稳定性判断。

(3)根据上步的判断结果,区分情况,采用半拱法、全拱法或全土柱法计算土层荷载,结合地表荷载最终确定管棚作用荷载。

(4)初步确定钢管直径、钢管间距和管棚长度,利用以上建立模型进行计算,以得到的管棚挠度与容许挠度进行对比,反复试算后,得到符合要求的初步参数。

(5)计算工作面扰动范围内土体抗力,即管棚接触应力,作为工作面稳定分析模型的输入数据,计算工作面最小临界高度值并与工作面高度值进行对照,若满足条件$H \leqslant H_{cr}$,则所得设计参数可行,若不满足,则检查初步设计参数是否合理,如果不合理,则重新试算,如果合理,则应考虑改变台阶高度和核心土参数。

6.4.4　管棚布设方式、施工工艺及控制

1)大管棚布设方式

从应用形式上,大管棚布设方式有单管间隔布置与多管连续铰链布置两种方式。对管棚直径小于ϕ300mm,一般多采用单管间隔布置;但对有特殊要求,管棚直径大于ϕ300mm,且以发挥其隔断和承载能力为主要功能的条件下,多采用多管连续铰链方式。

2)大管棚施工工艺及控制

(1)大管棚施工工艺。大管棚的施工工艺流程图如图6.29所示。

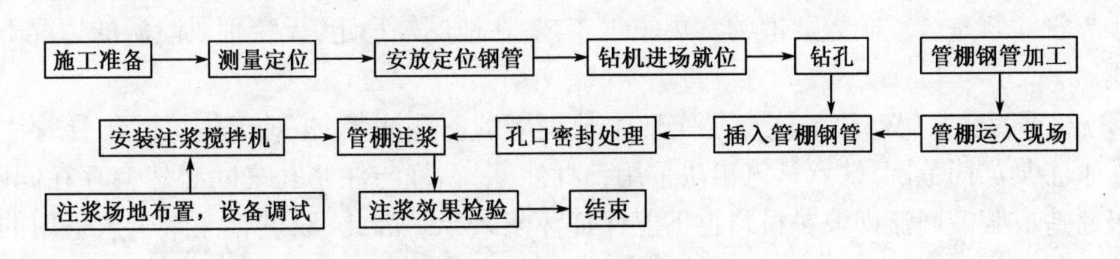

图6.29　大管棚施工工艺流程图

(2)大管棚施工控制。

①为便于连接,一般钢管两端要加工成丝扣联结。

②每一根钻杆钻进过程中,都必须严格控制钻进参数。

③严格遵守测量技术规范,准确测量各项参数(深度、轨迹方向等),及时与司钻人员联系沟通,确保钻孔施工准确无误。

④为防止打设管棚对土体扰动的影响,采取间隔孔位钻进。

⑤钻机就位时,水平方向有选择地调设1°~2°的上仰角,以抵消钢管因自重而产生的垂头效应。

⑥注浆控制:为充填管孔空隙及增加管棚刚度,管棚内采用水泥浆注浆充填,注浆压力不小于0.3~0.5MPa。

6.5 超前深孔注浆控制变形技术

6.5.1 浅埋暗挖法注浆控制变形技术

在城市复杂环境条件下,对浅埋暗挖法隧道施工的安全性评价应当有两方面的指标:一是隧道工作面的稳定性指标,即隧道在开挖过程中围岩不发生局部坍落或塌垮,内空变位量在容许范围内且其达到稳定的时间不能过长;二是地表下沉量指标,即隧道在施工过程中地表下沉量应控制在容许值范围内。大量的工程实践表明,在第四纪软土中利用浅埋暗挖法修建城市各类隧道,为保证隧道开挖工作面的稳定以及控制地表沉降,对地层采取预加固处理措施是浅埋暗挖法过程中不可缺少的重要一环。其中,注浆是控制地层变形的重要措施。

在浅埋暗挖法隧道注浆施工中,按照开挖施工的先后顺序主要分为两大类,即第1类为在隧道开挖施工之前对即将开挖的土(岩)体进行注浆加固,称为超前预注浆;第2类为在隧道开挖施工之后对隧道周围土(岩)体进行环向打孔注浆加固,称为径向补偿注浆。

第1类注浆能有效地降低城市复杂环境条件下浅埋暗挖法隧道的施工风险。目前,常见的注浆工艺有超前小导管注浆、双重管注浆、水平旋喷注浆和水平袖阀管注浆4种;注浆材料主要采用改性水玻璃浆、普通水泥单液浆、水泥-水玻璃双液浆、超细水泥4种。各种超前预注浆工艺特点如下。

(1)超前小导管注浆的优点是能配套使用多种注浆材料,施工速度快,施工机械简单,工序交换容易;缺点是注浆加固范围小,注浆效果不均匀,注浆管2m以后不能有效形成加固范围。小导管注浆是浅埋暗挖隧道的常规施工工艺,在地层较稳定、无特别风险源的情况下可大量采用。

(2)双重管注浆(WSS)的优点是实现了长距离的深孔注浆,相对于传统的小导管注浆工艺扩大了注浆加固范围;缺点是该工法采用钻杆注浆,钻杆与注浆孔之间必然会存在间隙,注浆时极易造成浆液回流即浪费材料也不能保证注浆效果。因此,双重管注浆工艺采用的注浆材料为速凝的水泥-水玻璃双液浆(凝结时间在1min内)以防止浆液回流,但双液浆固结体的有效强度只能维持1周左右的时间,所以双重管注浆只适用于对注浆加固效果要求时间不长的临时性注浆加固,不适用于对沉降要求较高的构筑物穿越注浆加固项目。

(3)水平旋喷注浆是在竖直旋喷注浆工艺基础上发展而来的一种注浆工艺,其原理是浆液在高压作用下(20MPa以上)剪切置换地层,在隧道前方形成浆土加固混合体。水平旋喷注浆的优点是加固效果直观、浆液固结体强度高;缺点是仅能适用软土地层,注浆工作压力很高,对地层破坏剪切严重,浆液回流损失率高(50%以上),施工成本较高,施工环境差。水平旋喷

注浆适合在隧道周围没有重要构筑物情况下的软土地层加固，不适合在压缩性小的卵砾石地层和砂性地层中使用。

(4)水平袖阀管注浆是一种精细的注浆方法，即先施作袖阀管，在袖阀管内插入止浆塞（水囊、气囊或皮碗式）进行分段注浆。其优点是能实现真正意义上的定域、定压、定量、往复精细注浆，注浆施工质量有保证；缺点是对机械设备要求高，如果地层情况恶劣则需要使用水平套管钻机、恒压低流速大流量注浆泵等比较昂贵的施工机械，同时往复注浆需要的注浆工期较长（是正常注浆施工工期的2倍）。理论上水平袖阀管注浆适合所有的水平注浆施工，但由于施工成本较高（相比较一般注浆施工成本增加1倍以上）和施工速度较慢，一般仅在特别困难的地层或特别重大风险源注浆加固中采用。

6.5.2　TGRM分段前进式深孔注浆技术

分段前进式深孔注浆是钻、注交替作业的一种注浆方式，即在施工中，实施钻一段、注一段，再钻一段、再注一段的钻、注交替方式进行钻孔注浆施工。每次钻孔注浆分段长度为2～3m。止浆方式采用孔口管法兰盘止浆。

该工艺最初是为解决砂卵石地层其他深孔注浆工艺难以成孔问题而提出的，经过应用中的不断改进和完善，这种注浆施工方法解决了复杂环境条件下城市暗挖隧道不同地层施工的多个注浆技术难题，已被广泛应用于北京地下工程的注浆施工。在这个过程中，与其注浆工艺配套开发了TGRM注浆材料。TGRM灌浆料是随着我国注浆工程技术的发展而研发的、专用于地下工程注浆施工的灌浆材料，具有早强性、耐久性、微膨胀性等特点。从2005年开始，北京市政集团与北京中铁瑞威公司合作，将TGRM特种灌浆料和分段前进式超前深孔注浆相结合进行注浆施工探索，经过3年多时间的不断改进，这种注浆施工方法解决了城市暗挖隧道施工的多个注浆技术难题。因此，该工艺与TGRM注浆材料被并称为TGRM分段前进式超前深孔注浆工艺。

1）注浆工艺的特点

(1)前进式分段注浆采用静压力控制，且注浆压力要求较小（1MPa以下），压力反映真实，规避了双重管注浆或水平旋喷注浆有可能产生的瞬时高压对隧道结构或隧道近接构筑物的破坏。

(2)浆液配制简单。所有的浆材配制都在出厂之前完成，施工现场仅需要控制浆液的水灰比即可保证浆液的凝结时间、扩散半径、浆液黏度等。

(3)解决了卵砾石堆积地层的注浆加固问题。采用潜孔锤冲击成孔工艺，能将卵砾石敲击粉碎后成孔，克服了双重管注浆等其他注浆工艺难以有效成孔和注浆加固的问题。

(4)绿色施工。钻孔的动力为压缩空气，不需要使用传统的泥浆护壁成孔，不排水、排泥，工作面干燥清洁。

2）注浆材料的特点

作为TGRM水泥基系列特种灌浆材料，它具有以下特点。

(1)早强性。浆液在水灰比1∶1的使用条件下，初凝时间为20min，30min后浆液固结的强度可达到0.3MPa，2h的强度可达到2MPa，24h的强度可达到10MPa以上，使隧道被注浆加固后，不需要等待凝固即可实现开挖施工，与普通水泥浆相比，有效地提高了施工效率。

(2)耐久性。该浆液主要成分为P.O.525水泥，外加多种特种外加剂，为永久性注浆加固浆材，浆块与混凝土块耐久性相当，可满足工程50~100年的使用寿命要求。与水泥-水玻璃双液浆相比，既达到了双液浆早期凝固的要求，又解决了双液浆没有耐久性的问题。

(3)微膨胀性。与一般浆材液凝结固化体积收缩相比，TGRM浆液在注入地层固化的过程中，浆块具有1%~2%的膨胀率，能有效地阻止钻孔注浆施工过程中对土体的扰动而引起的隧道围岩变形。

(4)针对性。经过近几年的发展，针对不同地层TGRM灌浆料开发出了一系列产品，如针对地下水丰富的防水型、粉细砂层的超细型、疏松地层的发泡型及普通早强型等。

(5)综合性。TGRM浆液同时具有早强性和耐久性的特点，解决了双液浆早强但不耐久和普通水泥浆液扩散无法有效控制、在固化时浆块收缩、注浆后的隧道开挖施工需等待等问题。

3)注浆工艺步骤

(1)隧道开挖至需要进行加固范围时停止开挖，封闭掌子面，施作止浆墙。

(2)按照需预加固范围设定好钻孔角度、长度、位置和数量：角度为4°~10°，总长度为12~14m，注浆孔间距为0.6~1m，数量和位置依据隧道尺寸和需要加固范围确定，并按设定要求在止浆墙上进行钻孔位置放线。

(3)根据现场地层状况将总状况注浆长度分为若干段，每段控制在1.0~2.0m；使用分体式水平地质钻机按照设定好的角度在钻孔位置进行钻孔，钻头采用冲击钻头，钻进深度为0.5~1m。

(4)达到钻进深度后，退出钻具，在钻孔内安装预先加工好的装有法兰盘的孔口管，并用快凝水泥封填孔口与周围地层的空隙。

(5)待封填的快凝水泥达到一定强度后，更换小于孔口管直径的钻头，通过孔口管进行第一段钻进，钻进深度为1.0~2.0m，达到钻进深度后停止钻进，退出钻具。

(6)在孔口管尚安装注浆配套设备；拌制TGRM水泥基特种注浆材料，通过注浆泵将搅拌均匀的注浆材料注入地层中。

(7)待注浆体达到一定强度后，拆除注浆法兰盘配套设备，通过孔口管再进行第二阶段钻进，钻进深度为1.0~2.0m，达到深度后，停止钻进，退出钻具。

(8)按照步骤(6)、(7)重复进行；如此循环，直至达到设定孔深，完成最后一段注浆，则该注浆孔施工完成。

(9)换另外一个孔位，均按照步骤(3)~(8)进行，直至完成设定要求的所有注浆孔。

(10)所有注浆孔注浆完成后，即完成范围要求内的地层加固，然后进行止浆墙破除，按照规范要求进行开挖，随挖随安装隧道与支护结构，直至开挖到设定的地层加固开挖长度。

分段前进式超前深孔注浆工艺流程如图6.30所示。

TGRM分段前进式超前深孔注浆纵断面和横断面结构如图6.31所示。

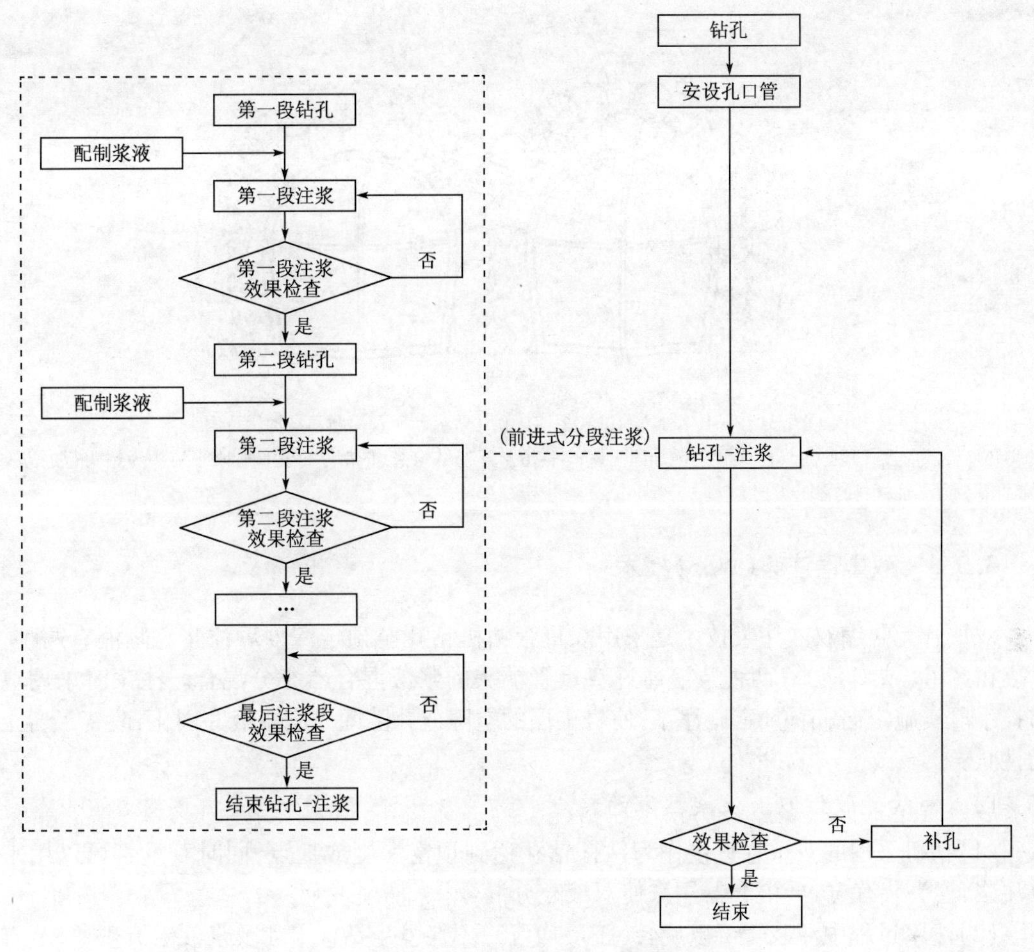

图 6.30　分段前进式注浆工艺流程图

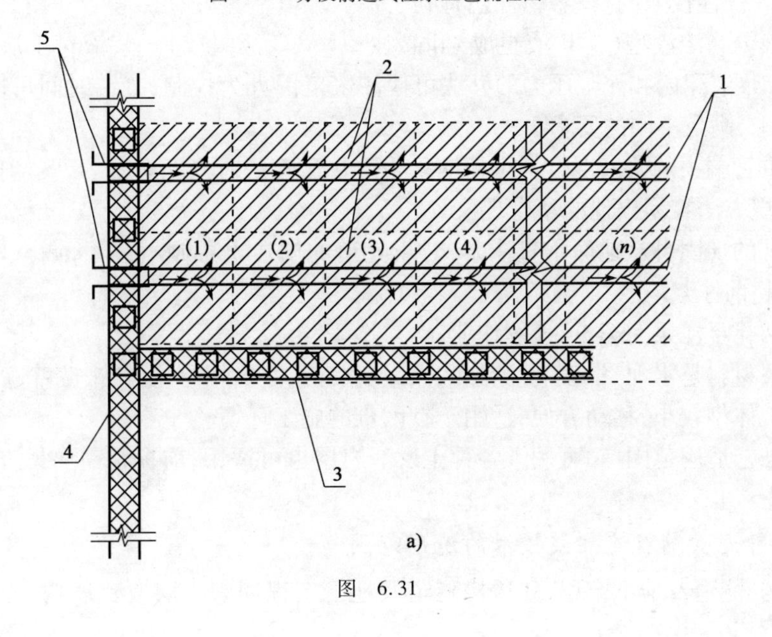

图　6.31

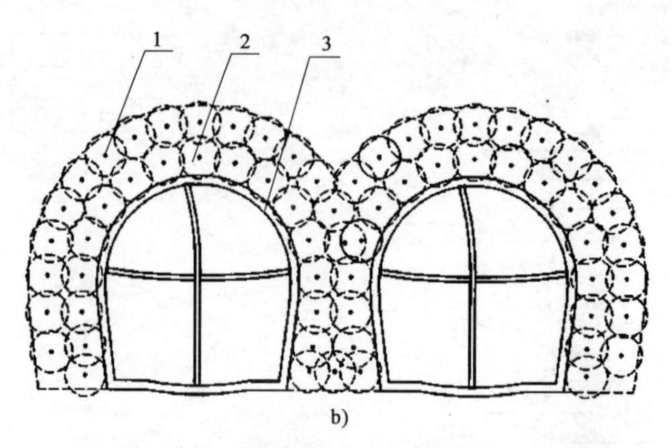

图 6.31　TGRM 分段前进式超前深孔注浆纵断面及横断面结构示意图

1-TGRM 分段前进式超前注浆孔;2-预超前加固土体;3-隧道预开挖结构;4-止浆墙;5-孔口管水平箭头为钻头行进方向;弯曲箭头为注浆材料的渗透方向

6.5.3　双重管注浆(WSS)技术

双重管无收缩双液注浆技术是采用双重管钻机钻孔至预定深度后注浆。浆液有两种,即A液和B液(或C液)。两种浆液通过双重管端头的浆液混合器充分混合。注浆时采用电子监控手段实施定向、定量、定压注浆,使岩土层的空隙或孔隙间充满浆液并固化,改变了岩土层的性状。

1)双重管无收缩双液注浆技术的特点

(1)钻机采用的双重管直接作为钻杆钻孔达到预定深度或地点,同时双重管可以用来直接注浆,管头装有30cm混合器用来使双液充分混合。

(2)注浆过程中注浆管可以旋转(正反均可),不会发生钻杆卡死及浆液溢流现象,节省了其他注浆管一次性投入的费用,另外还有利于保护环境不受污染。

(3)浆液分为溶液型(A、B液组成)和悬浊型(A、C液组成)。浆液对土层有很强的渗透性,采用调节浆液配比和注浆压力的办法可使注浆范围人为控制;凝结时间可以调节,并可以复合注入施工,满足不同的要求。

(4)双重管端头的浆液混合器可使两种浆液在出管的时候完全混合,既能使浆液均匀,又不会出现常规方法容易出现的堵管现象。

(5)平常的加固可从地面垂直注浆,对于隧道的周边也可倾斜注浆,调整好注浆压力,也可进行水平超前注浆。

(6)从钻孔至注浆完毕,可连续作业。

(7)注浆材料是水泥、水玻璃、冰醋酸、二氧化硅系胶负体等,材料来源普遍。

(8)钻机体型较小,移动方便,适用于较困难的施工环境。

(9)该工艺适用范围广,可用于各种土层。岩层也可适用,前提是需要另外的钻机进行提前引孔。

2)双重管无收缩双液注浆技术的适用范围

(1)盾构、隧道及地下工程,如盾构隧道及地下工程周围土层改良盾构、隧道及地下工程

掘进竖井洞口地层加固，地下管线保护、隧道通过地面建筑物基础的跟踪注浆等。

(2)深基坑工程，如防止基坑底面隆起止水帷幕，保护基坑外地下管线和建筑物的注浆加固。

(3)既有建(构)筑物或拟建建(构)筑物基础加固工程，如注浆改良地基提高地基载成力，控制沉降量，沉降差和沉降速率。

3)双重管无收缩双液注浆技术的工艺流程和施工方法

(1)艺流程见图6.32。

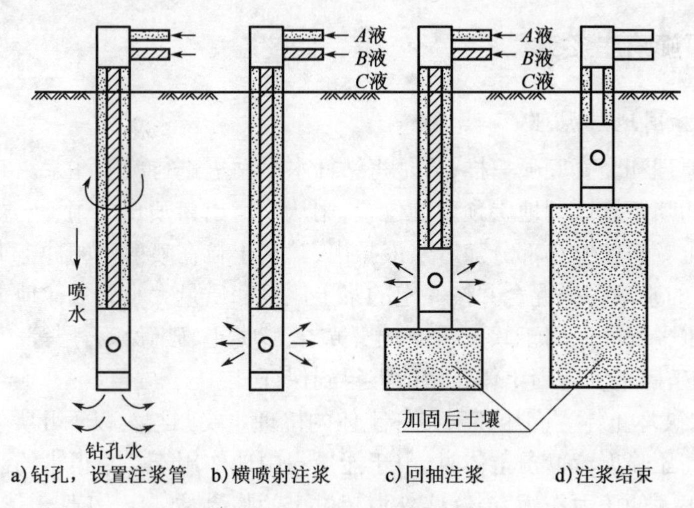

图6.32　双重管注浆(WSS)技术工艺流程

(2)施工方法。

①钻孔。钻孔位置及孔间距根据工程实际确定，一般为1～1.5m。

②注浆系统设置。钻孔机将钻杆(注浆管)设于预定深度后，连接好注浆系统注入清水并从浆液混合器端部流出。

③后盘调制好浆液，并保证连续供应。

④注浆。施加压力注浆时，必须精心操作，控制压力。在某点上的压力达到预定值时，缓缓提升钻杆(注浆管)，以压力减小或30～50cm为宜。根据施工需要，每孔可以由上至下，也可以由下至上分段进行。多孔时，要分孔序，以间隔注浆为原则。

⑤注浆结束。注浆完毕将注浆管冲洗干净全部收回，对注浆孔进行密封，恢复原状。

⑥浆液强度、硬化时间、渗透性能可根据工程实际需要调整。

⑦浆液不流失，固结后不收缩，硬化剂无毒，对周围环境及地下水资源不造成污染。

4)工程质量的保证措施

(1)钻孔。

①布孔。严格按照施工设计图布孔并进行复核。

②钻机定位。定位准确，钻头点位误差≤20mm。钻杆垂直度误差≤1°。

③钻孔。密切观察钻进尺度及溢水出水情况，出现涌水时，立即停钻，先行注浆止水，再分析原因。确认止水效果后，方可继续钻孔。

(2)配料计量工具必须经过检验合格按照设计配方配料。

(3)注浆按照设计的注浆程序施工。进浆量必须准确,严格控制注浆压力,注浆方向并由专人操作,当压力突然上升或从孔壁、地面溢浆以及跑浆时,立即停止注浆。应采取措施解决并确保注浆量。

(4)注浆完毕后,应采取措施保证不溢浆、不跑浆。

(5)由专人负责每道工序的操作记录。

(6)注浆全过程应加强施工检查和监测,防止地面出水溢浆、隆起和施工地段的地面沉降。

6.5.4 水平旋喷注浆技术

1)水平旋喷加固地层原理

水平旋喷的原理和竖直旋喷一样,只是将钻杆水平钻进进行旋喷注浆。它利用钻机钻孔,然后把带有喷头的喷浆管放到地层预定的位置,用从喷嘴出口喷出的射流(浆或水)冲击和破坏地层。剥离的土颗粒的细小部分随着浆液排出,其余土粒在喷射流的冲击力、离心力和重力的作用下,与注入的浆液掺搅混合并按一定的浆土比例和质量大小有规律地重新排列,在土体中形成固结体。水平旋喷适用于软土、黏性土、黄土、砂类土、砂砾卵石层等。水平旋喷直接用射流破碎土层,在破碎范围内固结体质量能够得到保证。

(1)高压喷水破坏土体。高压喷射破坏土体的机理主要归纳为以下几类。

①流动区。高压喷射流冲击土体时,由于能量集中地作用于一个很小的区域,这个区域内的土体结构受到很大的压力作用,当这些外力超过土的临界黏结压力时,土体便发生破坏。

高压喷射流的破坏能力可表示为

$$p = \rho A V_m^2 = \rho Q_V \tag{6.2}$$

式中:p——破坏力(kNm/s^2);

ρ——密度(kN/m^3);

Q_V——流量(m^3/s);

V_m——喷射流的平均速度(m/s);

A——喷嘴面积(m^2)。

可见喷射流的破坏力与流量和流速成正比,或和流速的平方、喷嘴的面积成正比,压力越大,流量越大,则破坏力也越大。

②喷射流的脉动负载。当喷射流不停地脉冲式冲击土体时,土颗粒表面受到脉冲负荷的影响,逐渐积累起残余变形,使土颗粒失去平衡而发生破坏。

③空穴现象。当土体没有被射出孔洞时,喷射流冲击土体以冲击面的大气压为基础,产生压力变动,在压力差大的部位产生空洞,呈现出类似空穴的现象,在冲击面上的土体被气泡的破坏力腐蚀,使冲击面破坏。此外,空穴中由于喷射流的激烈紊流,也会把较软的土体掏空,造成空穴破坏,使更多的土粒发生破坏。

④水楔效应。当喷射流充满土体层时,由于喷射流的反作用力产生水楔,楔入土体裂隙或薄弱部分,这时喷射流的动压变为静压,使主体发生剥落,裂隙加宽。

⑤挤压力。喷射流在终期区域能量衰减很大,不能直接破坏土体,但对有效射程的边界土

产生挤压力，对四周土体有压密作用，并使部分浆液进入土粒之间的空隙中，使固结体与四周土体紧密相依，不产生脱离现象。

⑥气流搅动。空气流具有将已被水或浆液的高压喷射流破坏了的土体从土的表面迅速吹散的作用，使喷射流的作用得以保持，能量消耗得以减少，因而增大了高压射流的破坏能力。加固范围就是指喷射距离加上渗透部分或挤压部分的距离。加固过程中一部分细小的土颗粒被浆液置换，随着浆液被带到地面上（即冒浆），其余的土粒经过一定时间便凝固成强度较高、渗透系数较小的固结体。

(2)水泥与土的固化机理。高压喷射注浆所采用的硬化剂主要是水泥，并增添防治沉淀或加速凝固的外加剂。旋喷固结体是一种特殊的水泥-土网络结构，水泥土的水化反应要比纯水泥浆复杂得多。由于水泥土是一种空间不均匀材料，在高压旋喷搅拌过程中，水泥和土被混合在一起，土颗粒间被水泥浆填满。水泥水化后在土颗粒的周围形成了各种水化物的结晶，这些结晶不断地生长，特别是钙矾石的针状结晶，很快地生长交织在一起，形成空间的网络结构。土体被分隔包围在这些水泥的骨架中，随着土体的不断被挤密，自由水也不断减少、消失，形成了一种特殊的水泥-土骨架结构。水泥的各种成分所生成的胶质膜逐渐发展连接为胶质体，即表现为水泥的初凝状态。随着水化过程的不断发展，凝胶体吸收水分并不断扩大，产生结晶体。结晶体与胶质体相互包围渗透，并达到一种稳定状态，这就是硬化的开始。水泥的水化过程是一个长久的过程，水化作用不断地深入到水泥的微粒中，直到水分完全被吸收，胶质凝固结晶充满为止。在这个过程中，固结体的强度将不断提高。

2)施工方案设计

根据计算和以往的工程经验，旋喷桩的主要参数如下。

(1)旋喷桩直径 ϕ600mm。

(2)桩间距 400mm，桩间咬合 100mm。

(3)每循环施作长度 11.5m，开挖 10.5m。

(4)喷射压力，高压水 25 ~ 30MPa，浆液 0.5 ~ 0.7MPa。

(5)注浆后退速度 15 ~ 20cm/min，外插角 5° ~ 8°。

水平旋喷加固见图 6.33，加固方法为：大跨以上施作 ϕ600 水平旋喷桩，咬合宽度 100mm，并插入 ϕ42 钢管（增加其刚度）作为超前支护；大跨以下用 ϕ600 水平旋喷桩加固。加固后的开挖按原围岩级别和原施工方法（分部开挖法）施工，发现渗漏水及时采取堵水措施。水平旋喷施工流程如图 6.34 所示。

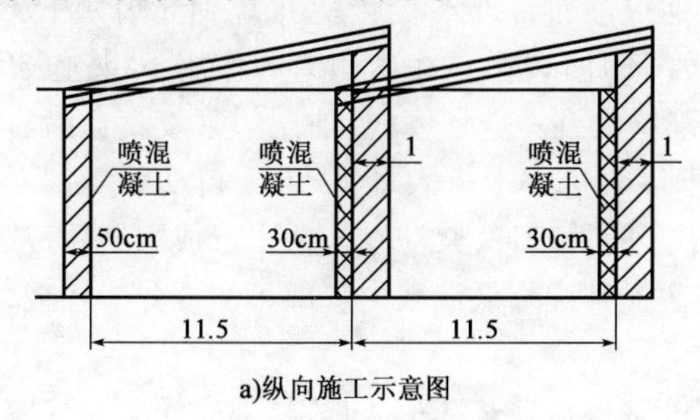

a)纵向施工示意图

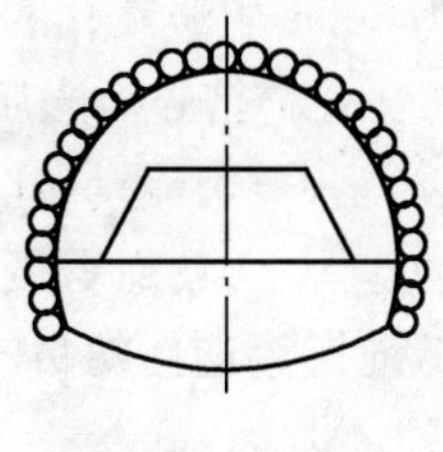
b)横向施工示意图

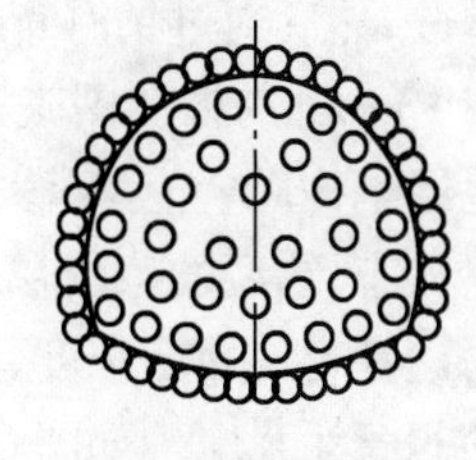
c)水平旋喷注浆孔布置图

图 6.33　水平旋喷加固示意图（尺寸单位：m）

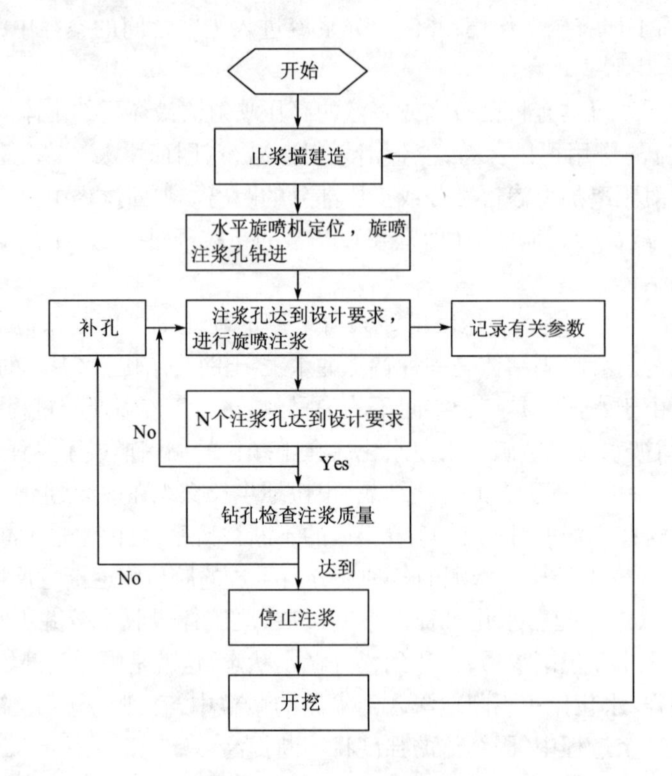

图6.34　水平旋喷施工流程图

水平旋喷过程中有20%～30%的泥浆被置换出来，给文明施工带来困难，解决的办法，一是孔口进行恰当的密封，二是选择合适的浆液凝胶时间，而这两个问题目前仍没有得到很好的解决。在施工工法、数值模型、理论研究和机械选型配套方面还有大量的工作要做。

在实际施工中，如果将水平搅拌和超前小导管注浆结合起来则效果更好，能更充分利用水平旋喷桩体的刚度和强度以及小导管的灵活性，使两者的优势互补。

6.5.5　水平袖阀管注浆技术

1）袖阀管注浆原理

袖阀管注浆工法是在浆液经过注浆泵加压后，通过连通管进入注浆管，聚集到袖阀管注浆管段，然后通过钻有直径为6mm的泄浆孔的PVC管（即袖阀管），在内压力的作用下，将包裹在PVC外的橡胶圈胀开和套壳料挤碎。当压力逐渐增大到一定程度，被加压的浆液就会沿着地层结构产生充填、渗透、压密、劈裂流动，此时由于供浆量小于进入量，压力会自动回复到平衡状态，续后的浆液在压力作用下，使得劈裂裂缝不断向外延伸，浆液在土体中形成固结体，从而达到增加地层强度、降低地层渗透性的目的。逐次提升或降低注浆内管即可实现分段注浆，袖阀管注浆原理如图6.35所示。

橡胶圈的作用是当孔内加压注浆时橡胶圈胀开，浆液从泄浆孔进入地层，停止注浆时橡胶圈在袖阀管外部浆液的作用下封闭泄浆孔，阻止泥土和地下水逆向进入袖阀管内。

套壳料的作用是在袖阀管周围形成具有一定强度的保护层，注浆时浆液在袖阀管有孔的部位挤碎套壳料，而上部和下部的套壳料仍具有一定强度，可以阻止浆液的上下流动。这样浆液就只在很小的范围横向流动，以增加地层加固半径。而双塞管的作用是增压，当浆液通过注浆内管进入双塞管后，浆液从内管上的4cm长的出浆孔流出。当浆液进入袖阀管和双塞管中间时，在压力作用下，橡皮帽被顶起，随着浆液的聚集，压力达到一定程度后，袖阀管外侧的橡胶圈被胀开，套壳料被挤碎，从而浆液被挤压到地层中。袖阀管注浆需分段进行，每段注浆应一次完成。

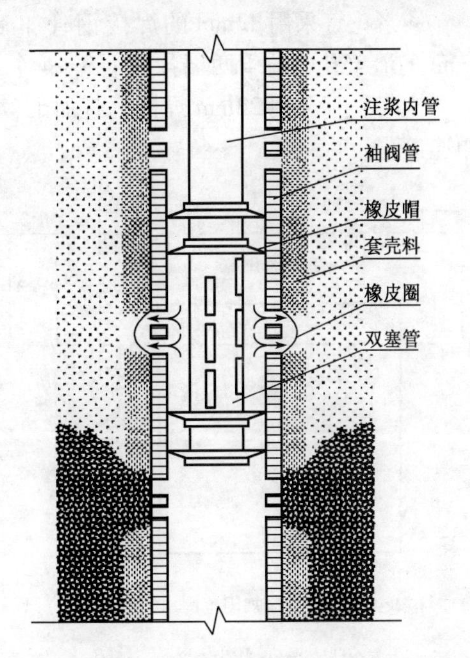

图6.35　袖阀管注浆原理示意图

2）袖阀管注浆工法特点

该工法同其他注浆工法相比，具有以下特点。

（1）一般适用于50m以内的地表注浆，经所深入研究，该工法已经拓展到可以在洞内进行水平注浆。

（2）具有上下两个阻塞器，能将浆液限定在注浆区域的任一段范围内进行灌注，达到分段注浆的目的。

（3）阻塞器在光滑的袖阀管中可以自由移动，可根据需要在注浆区域内某一段反复注浆。

（4）注浆前，不必设较厚的混凝土止浆岩墙；采取较大的注浆压力时，发生冒浆和串浆的可能性小。

（5）根据地层特点，可在一根注浆管内采用不同的注浆材料，选用不同的注浆参数进行注浆。

（6）钻孔、注浆可采取平行作业方式，提高工作效率。由于受注浆管材质的影响，研究表明，采取钻注平行作业时，钻孔和注浆孔间隔距离一般宜 >6m，否则可能会由于注浆作用，引起注浆管变形，而导致注浆管报废。

3）所需的机具设备及材料

（1）钻孔机械。采用100型或300型工程地质钻机，套管护壁（垂直钻孔时采用），或者采用跟管钻机（采用108mm套管，水平钻孔时采用）进行钻孔。

（2）注浆机械。采用HFV5D、KBY50/70型等双液注浆泵，并配备高压注浆管路系统和制浆设备。

（3）袖阀注浆管及花管、心管。袖阀注浆管为每节长333mm、内径56mm、外径68mm的硬质塑料管，它是由钙塑聚丙烯制造而成的。注浆管内壁光滑，接头有螺扣，端头有斜口，外壁有加强筋以提高其抗折强度。注浆管分为A、B两种，A种注浆管上未开设溢浆孔，B种注浆管上开有8mm的溢浆孔6个，注浆管构造如图6.35所示。在B种注浆管有孔部位外面紧紧地套着抗爆破压力为4.5 MPa的橡胶套，橡胶套覆盖着溢浆孔，这样注浆时，浆液可以通过溢浆孔进入地层，而地层中的水和颗粒难以进入注浆管中，从而起到注浆管的单向阀作用。

注浆花管采用22mm的焊接钢管加工，一般长0.6～1m，其四周均匀地布设12～18个8mm的泄浆孔。花管两端各加上3～4个止浆橡胶皮碗，以形成阻浆塞，起到止浆作用。

注浆心管采用22mm焊接钢管加工，每节长2m，主要起输送浆液作用，与注浆花管采取丝扣连接。

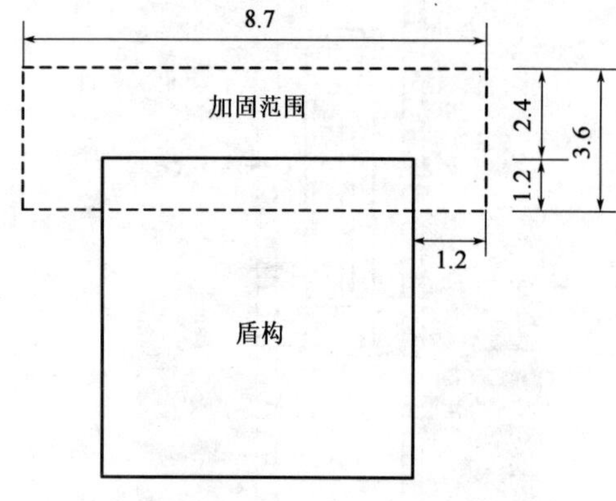

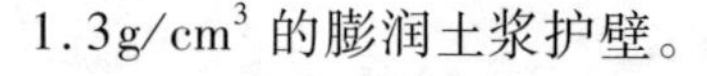
图6.36　袖阀管注浆加固范围示例(尺寸单位:m)

4)工艺流程

以某区间隧道更换盾构机刀具前地层加固为例，加固范围为隧道顶板以上6m、底板下1m，刀盘前方2.4m、后部1.2m，刀盘两侧各1.2m(图6.36)。采用袖阀管注浆工法工艺流程如图6.37所示。

(1)定位与钻孔。钻孔间距1.2m，梅花形布置，布孔时孔位偏差≤50mm。钻机就位后，利用垂球结合水平尺检查钻机水平及钻杆垂直度，在钻孔过程中检查钻孔垂直度，要求钻孔垂直度≤1%。开孔直径一般为13mm，终孔直径91mm。为防止塌孔，钻孔时采用密度为1.2～1.3g/cm^{3}的膨润土浆护壁。

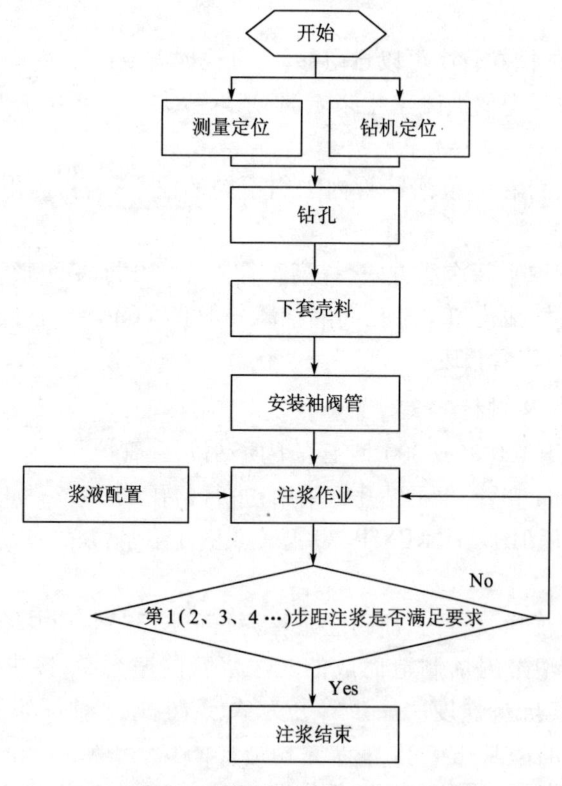

图6.37　袖阀管注浆工艺流程图

(2)浇注套壳料。钻孔深度满足设计要求后，通过钻杆将套壳料压入置换孔内泥浆。套壳料7d无侧限抗压强度宜为0.3～0.5MPa，浆液黏度0.08～0.09Pa·s，配比为水泥∶膨润土∶水=1∶1.53∶1.94。

(3)插入袖阀管。袖阀管采用ϕ48mm、壁厚4mm的PVC管，分节长度为4m，相邻两节袖阀管用套箍连接。第一节袖阀管底部安好堵头封闭，下放袖阀管时在管中加入清水，减少袖阀管的弯曲，依次下放袖阀管至孔底，尽量使袖阀管位于钻孔中心。袖阀管接至地面以上0.3m后用彩条布包裹孔口，防止杂物进入管内。套壳料浆液初凝后，孔口0.7～1.0m用C15细石混凝土(掺3%的速凝剂)封堵，防止注浆时浆液窜至地面。

(4)安设注浆芯管。封孔24h后下放注浆芯管。注浆芯管用2m一节的ϕ20mm镀锌钢管制成，节间用螺纹套管连接。注浆芯管下放时，应采取措施防止地面泥浆回灌入袖阀管内造成注浆芯管下放及提管困难。

(5)注浆。

①注浆参数。注浆用水泥、水玻璃双液浆。水泥浆与水灰比为1∶1～1.2∶1，水泥浆液与水玻璃浆液体积比为1∶1。注浆压力为1.5～2.0MPa，注浆速度为10～20L/min，注浆步距为0.5m，凝胶时间为100～120s。

每步距注浆量

$$Q = \pi R^2 Ln\alpha(1+\beta)\times 1000 \tag{6.3}$$

式中：Q——每步距注浆量(L)；

R——浆液扩散半径(m)，取0.7～0.9m；

L——注浆步距(m)，取0.5m；

n——岩层空隙率，因加固区域地层破碎，取20%；

α——浆液在地层中的有效充填系数，一般为0.3～0.9；

β——注浆损耗系数，一般为0.1～0.4。

②配制水泥浆液。拌浆桶体积280L，根据水灰比和缓凝剂掺量计算出每桶需加水210L、水泥210kg、缓凝剂4.0kg。加入缓凝剂和水搅拌至少2min，待缓凝剂充分溶解后，加入水泥继续搅拌。

③配制水玻璃浆液。往浓水玻璃中加水稀释，边加水边搅拌，直至测定水玻璃浆液浓度达到34～42Be′为止。

④注双液浆。注浆时采用先外围、后内部的注浆顺序。为防止窜浆，提高钻孔利用率，施工时跳孔间隔注浆。有流动的地下水时，从水头高的一端开始注浆。在粉质泥岩、含砾砂岩中宜采用较小的压力进行渗透注浆，断层破碎带及风化岩层中宜采用较大压力进行裂隙充填和压密注浆。先注水泥浆，再注水泥水玻璃双液浆。外围孔注浆控制以限制注浆量为主，内部孔注浆至不进浆为止。注浆过程中，若出现每步距注浆量能满足要求但注浆压力太低的情况，可能是浆液外溢或土层中有大的空洞，应采取间歇注浆和减小浆液胶凝时间的方法处理。注浆中出现注浆压力满足设计要求，注浆量小于设计量时，若是外围孔注浆则该步距上下两段各增加1倍的注浆量；若是后续孔注浆，改用凝胶时间120～150s的双液浆，直至不进浆为止。

6.6 地层冻结法

6.6.1 冻结法加固地层的原理及特点

1)冻结法原理

冻结技术源于天然冻结现象。人类首次成功地使用人工制冷加固土体,是在1862年英国威尔士的建筑基础施工中。1880年德国工程师F. H. Poetch首先提出了人工冻结法原理,并于1883年在德国阿尔巴里煤矿成功地采用冻结法建造井筒。从此,这项地层加固特殊技术被广泛地应用到世界许多国家的矿井、隧道、基坑及其他岩土工程建设中,成为岩土工程,尤其是地下工程施工的重要方法之一。

冻结法加固地层的原理,是利用人工制冷的方法,将低温冷媒送入地层,把要开挖体周围的地层冻结成封闭的连续冻土墙,以抵抗土压力,并隔绝地下水与开挖体之间的联系;然后在这封闭的连续冻土墙的保护下,进行开挖和做永久支护的一种地层特殊加固方法。

进入地层内的冷媒通过进、回管路与地层相连,通过冻结管与地层进行热交换,将冷量传递给周围地层,而将地层中热量带走。由此使冻结管周围地层由近向远不断降温,逐渐使地层中的水变成冰,把原来松散或有空隙的地层通过冰胶结在一起,形成不透水的冻土柱。若干个这样的冻结管排列起来,通过冻结管内的冷媒不断循环,使这些冻结管周围土都冻成冻土柱。随着冻土柱半径不断扩展,相邻冻土柱就会相连,彼此通过冰紧密结合在一起,形成密封连续墙。

2)冻结法施工的特点

(1)封水性。有自由水(一般情况下含水率应大于10%,否则要采取增加土层湿度的辅助工法)就能冻结成冻土,形成冻土壁。无论是透水层,还是隔水层,冻土壁可以阻隔地下水侵入,形成干燥的施工环境。

(2)强度高。一般认为冻土是一种黏弹塑性材料,其强度同土质、重度、含水率、含盐量及温度等因素有关,一般可达到2~10MPa,远大于融土强度,从而起到结构支撑墙的作用。

(3)适应性强。适应各种土层及多种地下工程,尤其适用于含水量大、地层软弱、其他工法施工困难或无法施工的地下工程。

(4)复原性。施工结束土层恢复原状,对土层破坏性很小。这是其他工法所无法比拟的。

(5)绕障性。具有绕过障碍冻结加固和封水能力。

(6)无公害。用电能换取冷能,不污染大气环境,没有有害物质排放,对地下水无污染。在环保要求高的工程中,其优越性尤为明显。

(7)可控性。冻结工期、冻结壁厚度、冻结壁形状等都可调控。

(8)适用性。可在密集建筑区和现有工程建筑物下施工,不需进行基坑排水,可避免因抽水引起地基沉降造成对周围建筑物的不利影响。

(9)施工便利。无支衬、无拉锚,可进行敞开式施工并扩大建筑面积,缩短工期。

6.6.2　冻结法设计

1)冻结类型和冻结方法

冻结法施工首先要确定施工类型,即在掌握详细的地质水文资料和总体设计资料的基础上,根据工程要求,进行技术和经济分析,选择合理的冻结类型。冻结法可采用的类型主要有3种:水平、垂直和倾斜。浅埋隧道多位于建筑物或道路、桥梁之下,地面场地受到限制,因此以水平冻结为主。工作井或盾构出入口可采用垂直或倾斜冻结,如图6.38所示。

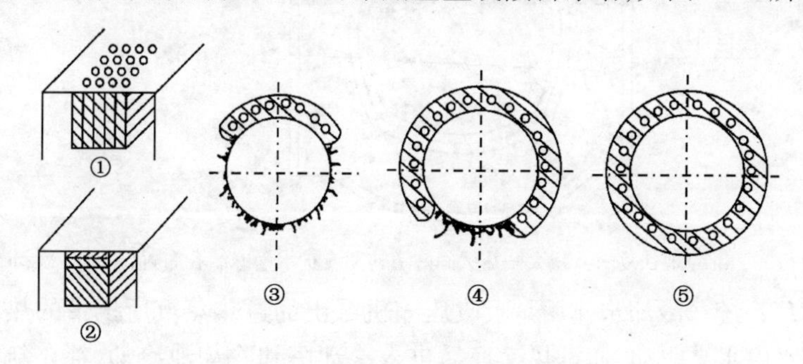

图6.38　隧道施工常用的冻结类型

①-垂直冻结;②-水平冻结;③-顶部冻结;④-环形冻结;⑤-封闭式冻结

2)冻结参数设计

(1)冻结平均温度。由于冻结壁是一个不稳定的温度场,冻土介质边界可能随时变化,冻土结构物的温度状况决定冻结壁的温度性能。为了从整体上评估冻结壁的性能,在工程中常取冻结壁截面上的平均温度作为评估标准,一般取 -7 ~ 10℃。

(2)冻结厚度。冻结体作为临时支护,其厚度主要取决于地压大小和冻土强度。对于浅埋隧道,目前还没有可靠的冻结体厚度计算公式,但可借鉴矿山竖井井筒冻结壁的厚度的计算方法。竖井井筒冻结体属于厚壁圆筒形垂直结构,其冻结厚度一般在2 ~ 6m。

(3)冻结孔布孔间距。在取得冻结体设计厚度的基础上进行冻结孔布置设计,确定冻结孔间距时需要考虑以下因素。

①需要冻结的地层的地质水文情况。

②设计冻结厚度和冻结体形状。

③考虑钻孔倾斜度,控制孔的间距。

竖井冻结工程中,冻结孔间距一般为1 ~ 1.3m;隧道水平冻结,冻结孔孔距一般以0.5 ~ 1m为宜。

北京地铁复—八线大—热区间隧道初期支护水平冻结孔布置如图6.39所示。

(4)冻结时间。冻结时间是冻结孔交圈所需要的时间,需要根据盐水温度和冻土扩展速度来确定。

(5)冻结系统的设计。

①制冷系统。根据冻结管吸收的热量确定冷冻站主要供给的实际冷量,然后根据实际冷量选择冷冻机类型。

②盐水循环系统。盐水是将冷冻站提供的冷量传递给地层的冷媒剂。盐水循环系统设计

需要根据冷冻机组实际制冷能力来确定盐水流量,选择盐水泵型号和盐水管路。

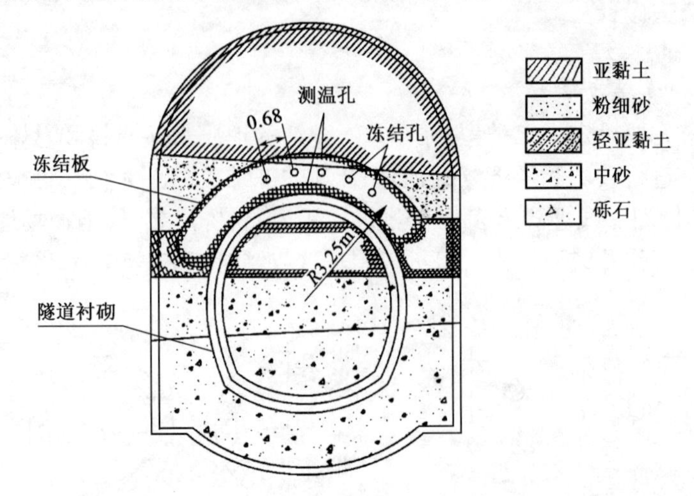

图6.39　北京地铁复—八线大—热区间隧道初期支护水平冻结孔布置(尺寸单位:m)

③冷却水循环系统。冷却水作用是吸收压缩机派出的过热蒸汽所携带的热量,然后释放至大气层中。冷却水由水泵驱动,通过热交换后进入冷却塔和冷却池冷却,补充新鲜水后,重新参与循环。冷冻技术三大循环系统见图6.40。冻结方式有间接冻结和直接冻结两种,见图6.41。

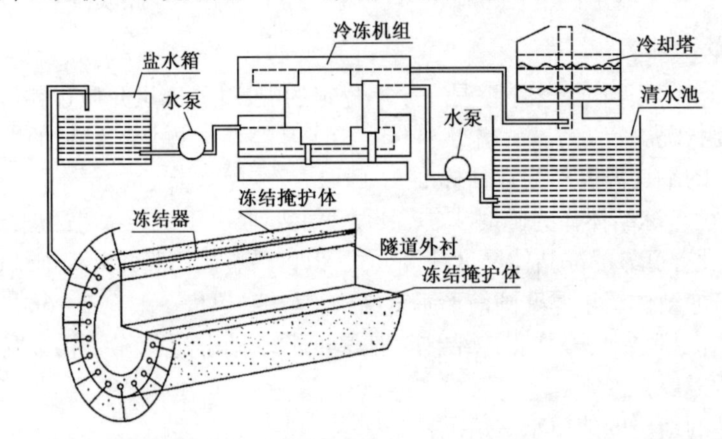

图6.40　隧道冻结技术的三大循环系统

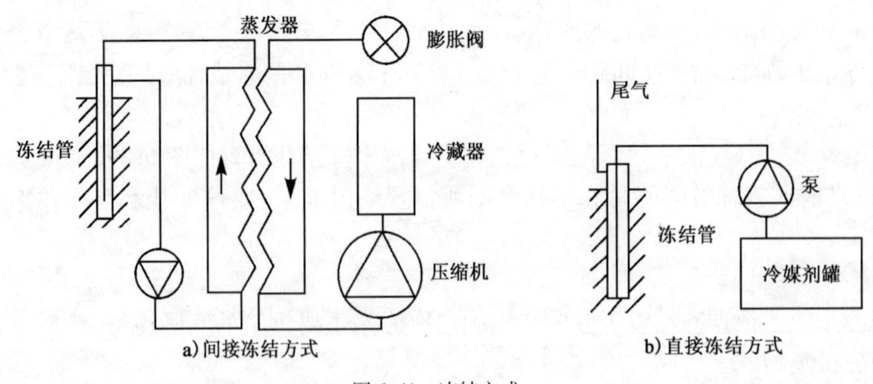

图6.41　冻结方式

6.6.3　冻结法施工工艺

冻结法在矿山竖井中的应用已积累了相当多的经验和研究成果，下面介绍浅埋隧道冻结技术。冻结法施工技术的主要工序为：钻孔——冻结器铺设——冷冻系统安装——冻结制冷——隧道开挖和衬砌。

冻结法施工的详细工序流程如图6.42所示。

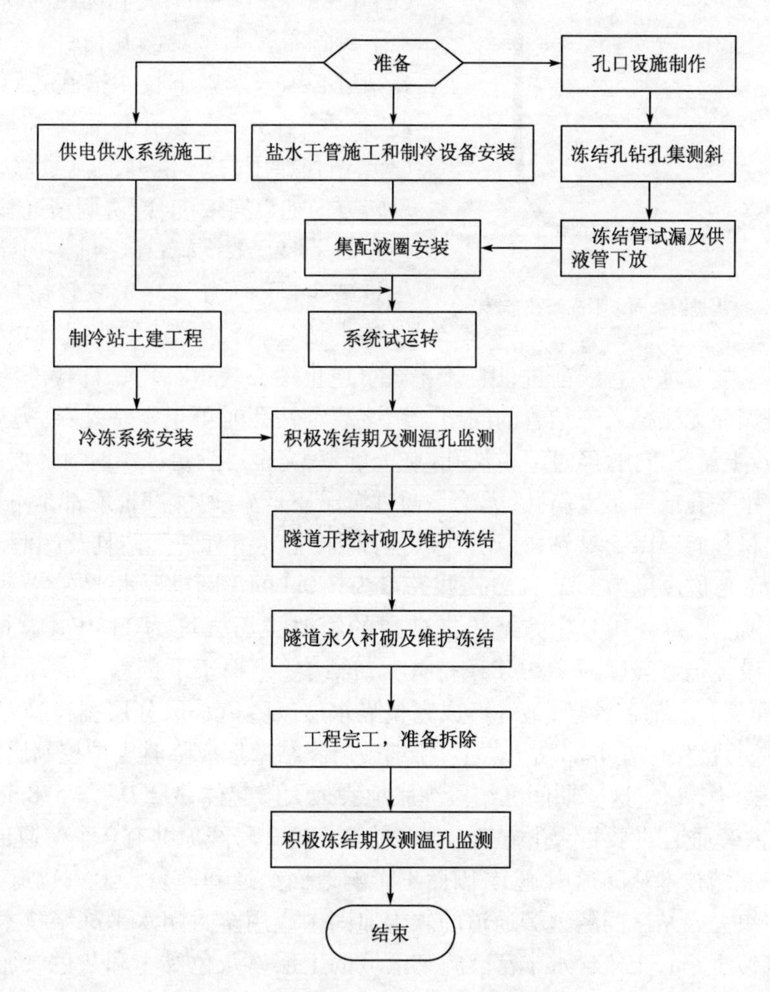

图6.42　冻结施工基本工序流程图

6.6.4　技术关键和难点

1）冻结法在地铁工程中的水平钻孔施工

矿井井筒冻结是垂直施工。为数不多的其他岩土工程的水平冻结，距离也不长。地铁工程的隧道进洞施工有的需采用冻结法打水平钻孔，如南京张府园——新街口的进洞加固需大约10m的挡土止水结构，但由于地处饱和粉砂土质，用普通施工方法可能会出现涌砂、塌孔现象,故用水平圆筒形结构,需打水平冻结孔。地铁工程的旁通道施工也需打近水平钻孔。所以,打水平钻孔已成为冻结施工的关键和难点之一。

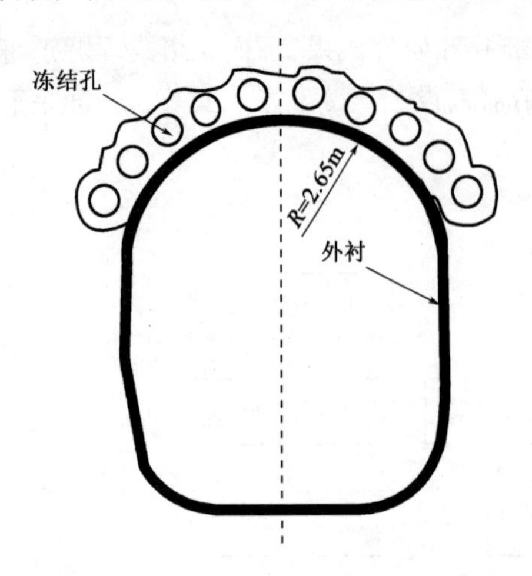

图 6.43　地铁隧道进洞加固水平冻结孔布置图

(1)在饱和砂土中的水平钻孔施工。依据施工工艺,须对上述南京地铁工点的进洞隧道断面上拱部流沙层实施水平冻结加固方案。按隧道断面形式,沿上拱部均匀布设水平冻结孔 10 个(图 6.43),孔深 40m,开孔间距为 680mm;冻结壁上下侧各布置 1 个观测孔,孔深 45m。水平冻结孔钻进必须采取以下技术措施:为克服钻具固有的"下垂"作用,在钻孔过程中需要在钻具转数(n)、钻孔加压(P)、洗井液流量(Q)及顶管与正反转方面加以有效配合,协调钻进参数,在钻进工艺方面采取有效措施;在钻机上加导向扶正装置,尽量减少"下垂力";尽量减轻钻具前部重量,用以减小钻具悬臂力矩;钻头设计成"咬土"形状,使冻结钻孔尽可能沿水平直线前进;用"旋塞式可逆止钻头装置",用钻杆代冻结管,以解决起钻后因地层坍塌而无法插入冻结管的问题。用该装置钻孔时可正常洗孔:钻完后立即密封钻具系统,避免砂土涌入管内,经过简单洗孔,旋上旋塞,完全可满足冻结时所需要的密封性。该装置无论是外水平孔或者是上斜孔,无论是通过淤泥还是流沙,实践证明都是可行的。钻进所需主要机具和材料有:MK-5 型钻机、泥浆泵、搅拌机、配电箱、钻管、钻具及膨润土等。隧道积极冻结期 35 天,形成厚度为 1.2 ~ 1.6m、拱跨度为 6.0m 的半圆拱形水平冻结壁。冻结壁为非封闭结构,平均温度为 -10℃。冻结粉红砂层的瞬时抗压强度为 11MPa,设计抗压强度为 6MPa(持久),设计抗弯强度为 2.5MPa(持久)。冻结壁生根于下部黏土层,形成坚固的隔水支护结构,从而隔开上部流沙层,最终形成完整隔水层。隧道采取分层掘衬施工,拱部短掘短衬,拱顶冻结壁直接作用在下部黏土层上,粉细砂层冻结壁形成临时支护控制层。达到设计冻土拱厚的冻结期为 35d。这一期间冻结段冻胀地表最大隆起位移量 $D_{max} = 5.8$mm。

(2)在地铁旁通道的水平钻孔施工。上海轨道交通 2 号线原共有 9 个旁通道,其中 4 个是用近水平钻孔冻结技术从隧道内施工,因而不影响地面交通和商贸。上海轨道交通 2 号线杨高路站——中央公园站区间隧道旁通道的软土加固中应用全封闭水平冻结技术取得了成功。该地区地下水位 1.5m,土体含水丰富。施工区域的土层以灰色黏土和灰色淤泥质黏土为主,含水率为 22.6% ~ 63.0%,孔隙比为 0.914 ~ 1.732,塑性指数为 16.6 ~ 25.9,平均重度为 18.25kN/m^3。土层流塑性强,具有中-高压缩性。由于对施工造成上、下行线隧道和地表变形等影响的要求极为严格,因此在这种地层条件下施工难度很大。

冻结孔和测温孔的良好施工质量是整个工程成功的关键。施工中,按不同土层条件设计孔位、倾角、深度;用小型坑道钻机施工,并将最新开发研制的冻结孔专用的跟管钻进技术及具有独特低温密封性能的冻结器组合钻头直接应用于工程钻孔中;同时,运用灯光及激光经纬仪等对钻孔施工进行指向和测斜。

为减少土体冻胀对旁通道两端隧道及地表的不良影响,在旁通道两端的隧道钢管片上分

别设置两个卸压孔，以适时卸除冻胀压力。根据冻结孔成孔图，预测冻土帷幕的薄弱部位，以确定测温孔的孔位及倾角，并按设计孔位、角度、深度与冻结孔的要求进行施工。

以上成功的工程实例说明，水平冻结尽管存在困难，但只要精心设计，合理组织施工，还是能攻克难关。

2）冻胀、融沉问题

土体冻结有时会出现冻胀现象，土体融化时会出现融沉现象。其原因是水结冰时体积要增大9.0%，并有水迁移现象。但像砂土、砾石这样的动水地层，一般不会出现冻胀现象。冻胀现象主要出现在黏性土质的冻结过程中。

冻结过程的水分迁移和冰的析出是土冻结中的重要过程，它导致冻胀和水分迁移，形成冰岩结构，从多方面影响冻、融土的物理力学性质。

冻胀的影响因素主要有：冻结地层的亲水性和散碎性；高度细碎土的矿物成分；土中阳离子的种类；土冻结的冷媒介质的温度；土初始含水率以及水分向冻结面的流动；土密度及重复冻结。其表现特点是：黏土和砂质黏土冻结时水分向着冷却和冻结的峰面迁移，以冰镜、夹层和其他形状的冰体在那里大量地积聚，造成矿物颗粒的变形；在黏土特别是极细碎的黏土中，仅有轻微的水分迁移和冰的析出；粉砂质黏土和粉砂质土中能观察到最强烈的水分迁移和冻胀；饱和水的粗颗粒和砂质土冻结时伴随着水从冻结层中挤出。

在冻融过程中，由于水分迁移、土体结构的变化，土体力学性质会被削弱，主要表现在：矿物颗粒间黏聚力减小，土体承载力降低；含水率增加，孔隙比增大，尤其是流塑性黏土；压缩系数一般会增大，在小于98kPa的压力下有时会增大几倍；含冰率较高的冻土，融化后透水性可增大数十到数百倍。由于黏土的颗粒尺寸小，比表面积大，土颗粒与液相表面的作用强烈，随着孔隙体积的增大，自由水含量增加，水的流动性增强，渗透性提高。冻土融化时，冰变成水而体积减小，造成土颗粒的又一次位移，已有的大孔隙不能恢复到冻前的小孔隙，致使土体变得疏松，孔隙度增大，导水系数增加。导水系数的变化直接影响着固结过程中超孔隙水压力的产生和消除，加快已融土的变形进程。所以，冻融过程中土体的孔隙率和含水率的变化会导致土体渗透性变化。这种变化可能会造成地基土层的不均匀沉降，引起结构物的破坏。城市区域高层建筑林立，地面设施众多，地下管线密布。因此，冻胀、融沉引起地表移动造成的环境影响问题关系重大，应予以严格控制。

引起土体冻胀的主要原因在于水分迁移。迁移量越大，冻胀量越大，其危害也越大。因此，重点在抑制水分迁移。其根本在于从内部减弱水分迁移的动力，堵塞水分迁移的通道，从外部通过施加适当的外载、温度等，抑制冻胀。可实施的抑制冻胀措施有：降低冷却温度，增大冻结速度；把冻结范围控制在必要的最小限度内；研究冻结管的布置，使冻结膨胀变形和热的传递方向相一致；利用钻孔使地基产生沉降和松动使其抵消部分变形；研究冻土形成的顺序，尽量用横向位移吸收膨胀；通过增加孔隙水的黏性，来控制向冻结面的水分迁移量。

目前已经普遍使用的防冻胀、融沉做法是：设置卸压孔适时削减冻胀；预留注浆孔进行融化跟踪注浆。但还没有成熟的预计冻胀、融缩的公式。在取样试验的基础上，根据工程类比进行预估，并加强工程实际监测，根据监测反馈结果采取相应的工程对策，仍是目前可行的做法。通过工程类比可以认为，在有效控制冻土体积、加强信息化施工及跟踪注浆等加固措施下，完全可以控制冻胀、融沉，达到建筑物保护的要求。

6.7 本章小结

(1)对邻近施工,浅埋暗挖隧道结构施工以及中间地层的变形控制是既有土工环境结构安全使用的关键。

(2)概括性地从隧道结构形式、施工方法、导洞(群)施工顺序与开挖参数、二衬结构施工几方面提出了浅埋暗挖隧道结构施工的变形最优控制技术。

(3)对浅埋暗挖法隧道,最优化控制中间地层变形的措施:一是对中间地层进行改良如注浆加固、冻结法等使变形减弱;二是采取钻孔灌注桩、钢管桩、地下连续壁(搅拌桩、旋喷桩)或连续注浆墙等进行变形隔断。

(4)首次提出并应用了双排(层)小导管注浆加固控制技术,结合工程对双排(层)小导管的作用机理进行了分析。实践表明,基于双排(层)小导管具有对地层的适应性强、可操作性强、浆液选择与应用的高度调节与灵活性以及可及时调整加固范围等优点,所以广泛应用于对沉降有一定特殊要求的邻近施工中。

(5)研究开发了 TGRM 分段前进式深孔注浆技术。TGRM 特种注浆材料是专门为地下工程的注浆施工而研发的,已经形成了针对不同地层的一系列注浆产品,材料性能针对性强,注浆效果明显。前进式分段深孔注浆工艺适合北京绝大部分地层的注浆施工,工艺的适应性强。

(6)对超前小导管注浆控制技术、大管棚变形控制技术、超前深孔注浆控制技术及地层冻结的原理及工艺方法进行了系统总结,并分析了其在隧道开挖地层变形方面的关键技术和应用特点。

7　浅埋暗挖开挖地层变形预加固参数设计

由第4章隧道工作面开挖地层响应规律及工作面稳定可知，上覆地层的拱效应是存在的，地层拱效应的存在承担了一部分荷载，它使作用在超前预加固结构上的荷载以及直接作用在工作面土体的荷载得以减少，从而确保了隧道的正常开挖。

因此，浅埋暗挖隧道开挖地层及工作面稳定性的关键在于地层超前预加固和工作面的加固与支护。拱部超前预加固，是对隧道上覆地层进行加固，促成或提高上覆地层承载的梁板效应，其内在作用机制是抵抗竖向荷载的梁（或板、壳）效应和抵抗水平作用力的拉杆效应组合。而对正面土体预加固反映的则是其挡土墙效应。本章旨在对地层预加固力学行为分析的基础上，研究一套系统的可资工程应用的预加固参数设计理论和方法。

7.1　工作面超前预加固结构的力学行为

7.1.1　超前预加固结构力学模型

针对上述问题，对浅埋暗挖法隧道工作面普遍采用的超前小导管，在不注浆、注浆不饱满以及注浆饱满条件下，其结构力学模型如图7.1所示。

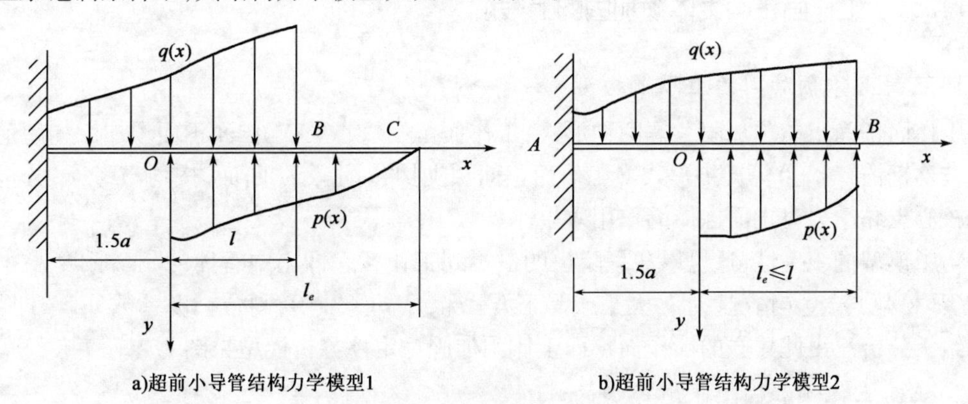

图7.1　超前小导管结构力学分析模型

1）土中管体的剩余长度（l_e）大于土体的破裂（松弛）长度（l）

土中管体的剩余长度（l_e）大于土体的破裂（松弛）长度（l）工况见图7.1a）。这种工况多出现在超前小导管长度较大且一次推进长度较小时，此时可视小导管为半无限长弹性地基梁，即在小导管末端挠度为零。

2)土中管体的剩余长度(l_e)小于或等于土体的破裂(松弛)长度(l)

土中管体的剩余长度(l_e)小于或等于土体的破裂(松弛)长度(l)工况见图7.1b)。这种情况为超前小导管工作的普遍工况,此时可视超前小导管为有限长梁。

图中各符号意义如下:

$q(x)$——超前小导管预支护体结构上的作用荷载;

$p(x)$——预支护体结构下伏土体的地基反力。

7.1.2 对超前预加固结构的认识

对上述小导管结构力学模型进行 Winkler 弹性地基梁解析,得出以下认识。

(1)超前支护钢管直径存在最佳值。在地层条件不良地段,完全依靠增大管径并不能带来预期的作用效果。

(2)短进尺和工作面正面土体的改良都利于改善超前支护体结构的力学行为,并且能控制隧道的安全开挖。

(3)增大隧道初次支护的刚度利于发挥超前支护的作用效能。浅埋地铁隧道设计时,不可一味效仿新奥法,应重视初次支护的刚度。

(4)超前支护长度以及超前支护的搭接长度(土中临界剩余长度)存在最佳长度。

7.2 工作面正面土体预加固的力学行为

7.2.1 工作面正面土体预加固的上限解

1)正面土体预加固的上限解模型

工作面正面土体预加固考虑两种形式:工作面留设核心土;工作面正面预加固如超前小导管或玻璃钢锚杆(管)等支护形式。工作面正面预支护,对上台阶断面,按均布考虑;分析时不考虑核心土黏结力对正面土体的作用效果。

为了模型的统一性,这里以浅埋隧道的最不利工作状态即土中管体的剩余长度 l_e 小于坡面破裂(松弛)长度 l 情况[对 l_e 大于或等于 l 工况,令 $q(x)=0$,剩余长度系数 $n \geqslant 1$ 即可]为例来给予分析。由此建立的工作面正面土体预加固稳定性分析模型见图7.2。

2)正面土体预加固上限解模型的计算

(1)核心土所做的外功率$\dot{W}_{ph}$。设工作面核心土留设高度为 h,土体的侧压力系数为 k_0,则核心土的水平分布力为 $k_0 p_h (p_h=\gamma h)$,可求得其所做的外功率$\dot{W}_{ph}$为

$$\dot{W}_{ph} = r_0^3 k_0 \gamma \cdot \Omega \cdot (a+l) f_h(\theta_h, \theta_0) \tag{7.1}$$

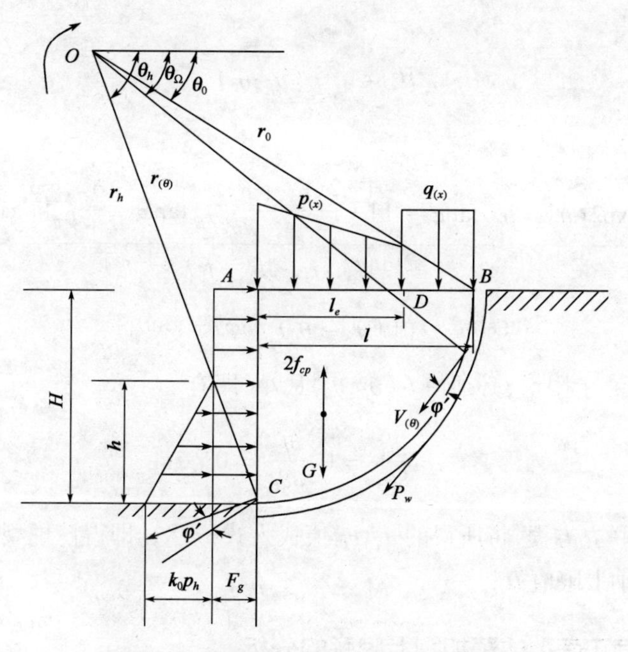

图7.2　工作面正面土体预加固稳定性分析模型

其中：

$$f_h(\theta_h,\theta_0)=\frac{1}{2}m^2\left(\frac{H}{r_0}\right)^2\left[\frac{H}{r_0}\left(1-\frac{m}{3}\right)+\sin\theta_0\right] \tag{7.2}$$

(2)正面预支护力 F_g 所做的外功率$\dot{W}_{Fg}$。设正面预支护分布力为 F_g，可求得其所做的外功率$\dot{W}_{Fg}$为

$$\dot{W}_{Fg}=r_0^2F_g\cdot\Omega\cdot(a+l)f_g(\theta_h,\theta_0) \tag{7.3}$$

其中：

$$f_g(\theta_h,\theta_0)=\frac{1}{2}\frac{H}{r_0}\left(2\sin\theta_0+\frac{H}{r_0}\right) \tag{7.4}$$

由图7.2，令外力功率等于内部耗散率，即有

$$\dot{W}_g+\dot{W}_{pq}-\dot{W}_{ph}-\dot{W}_{Fg}=\dot{W} \tag{7.5}$$

也即有下式：

$$\begin{aligned}\gamma r_0^3\Omega(f_1-f_2-f_3)+r_0^2(p_A+p_D)\Omega f_{pp}+r_0^2q\Omega f_{qq}-\\ r_0^3k_0\gamma\Omega f_h-r_0^2F_g\Omega f_g\\ =\frac{cr_0^2\Omega}{2\tan\varphi}\cdot\{\exp[2(\theta_h-\theta_0)\tan\varphi]-1\}\end{aligned} \tag{7.6}$$

化简式(7.6)得

$$r_0=\frac{\left\{[\exp2(\theta_h-\theta_0)\tan\varphi-1]-\frac{2(p_A+p_D)}{c}f_{pp}\tan\varphi-\frac{2q}{c}f_{qq}\tan\varphi+\frac{2F_g}{c}f_g\tan\varphi\right\}}{2\tan\varphi[(f_1-f_2-f_3)-k_0f_h]} \tag{7.7}$$

由式(7.7),可得

$$H_e = \frac{c}{\gamma} f_e(\theta_h, \theta_0) \tag{7.8}$$

其中:

$$f_e(\theta_h,\theta_0) = \frac{\left\{[\exp 2(\theta_h - \theta_0)\tan\varphi - 1] - \frac{2(p_A + p_D)}{c} f_{pp}\tan\varphi - \frac{2q}{c} f_{qq}\tan\varphi + \frac{2F_g}{c} f_g \tan\varphi\right\}}{2\tan\varphi[(f_1 - f_2 - f_3) - k_0 f_h]} \times$$

$$\{\sin\theta_h \exp[(\theta_h - \theta_0)\tan\varphi] - \sin\theta_0\} \tag{7.9}$$

同理,为找到最小上限值,必须使$f_e(\theta_h,\theta_0)$最小,即有

$$\frac{\partial f_e}{\partial \theta_h} = 0, \frac{\partial f_e}{\partial \theta_0} = 0 \tag{7.10}$$

解式(7.10)的联立方程,将所得的θ_h,θ_0值代入式(7.8),即得该模型条件下,隧道工作面土体临界高度的最小上限值H_{ecr}^{+}。

7.2.2 工作面正面土体预加固上限解的分析

为分析工作面留设核心土和正面预支护的力学行为,这里利用下述给定工况的上限解结果给予分析并讨论。

计算参数:$k_0 = 0.35$,$c = 20\text{kPa}$,$\varphi = 20°$,$\gamma_a = 18.67\text{kN/m}^2$;工作面土体:$\gamma = 18.2\text{kN/m}^2$,$H = 3\text{m}$,$Z = 10\text{m}$。

计算的工况参数如下。

(1)工况参数1:p_A为74.68kN/m^2;p_D为18.67kN/m^2;q为186.7kN/m^2;n为0.5。

(2)工况参数2:p_A为74.68kN/m^2;p_D为18.67kN/m^2;q为$0\ \text{kN/m}^2$;n为1。

(3)工况参数3:p_A为74.68kN/m^2;p_D为9.34kN/m^2;q为$0\ \text{kN/m}^2$;n为1。

(4)工况参数4:p_A为74.68kN/m^2;p_D为0kN/m^2;q为0kN/m^2;n为1。

由上述工况参数,这里比较当工作面留设核心土高度h为上台阶高度H的1/3、2/5、1/2、2/3时,以及工作面正面预支护力F_g为5kN/m^2、10kN/m^2、15kN/m^2、20kN/m^2、25kN/m^2、30kN/m^2时,工作面留设核心土高度以及工作面正面预支护力各自单独作用对工作面稳定性的促稳效果;并且它们共同作用时,对工作面稳定的力学效果。

对工作面留设核心土条件,其不同留设高度系数m下的工作面正面土体稳定的上限解结果见表7.1。不同正面预支护力的工作面正面土体稳定的上限解结果见表7.2。两者共同作用下的工作面正面土体稳定性系数N_S的变化趋势见图7.3a)、图7.3b)、图7.3c)、图7.3d)。

由工作面正面土体预加固上限解,可得出以下几点认识。

(1)在一定的条件下,工作面留设核心土能产生明显的力学效果。

(2)对特殊或较复杂地层,工作面开挖不稳定或较不稳定条件,若拱部超前预加固作用效果降低或无作用效果,则工作面留设核心土也形同虚设。但若应用工作面正面预支护即能产生明显的促稳效果。

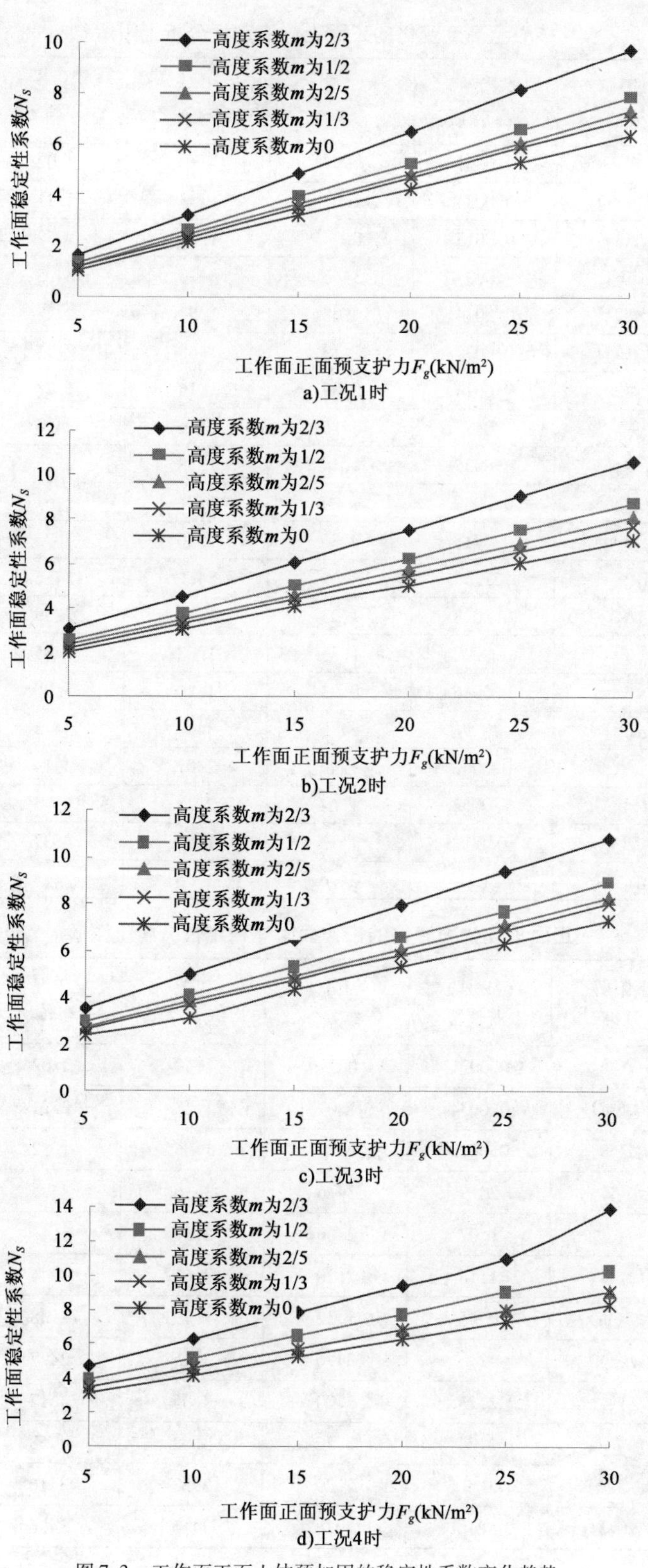

图7.3　工作面正面土体预加固的稳定性系数变化趋势

核心土高度变化的正面土体稳定性分析上限解 表7.1

核心土高度(m)	上限解结果	工况参数1	工况参数2	工况参数3	工况参数4	备　注
0	N_S	0.0031	0.97	1.40	2.02	对工况1：θ_h 为45°，θ_0 为37°；对工况2：θ_h 为60°，θ_0 为49°；对工况3：θ_h 为62°，θ_0 为47°；对工况4：θ_h 为57°，θ_0 为52°
	H_{cr}(m)	0.0034	1.07	1.53	2.21	
	L_{pcr}(m)	0.0013	0.74	1.06	1.52	
	α(°)	20.9	34.6	34.6	34.5	
1/3H	N_S	0.0034	1.08	1.53	2.28	
	H_{cr}(m)	0.0037	1.19	1.68	2.51	
	L_{pcr}(m)	0.0014	0.82	1.16	1.73	
	α(°)	20.7	34.6	34.6	34.6	
2/5H	N_S	0.0035	1.14	1.58	2.28	
	H_{cr}(m)	0.0038	1.25	1.74	2.51	
	L_{pcr}(m)	0.0015	0.86	1.20	1.73	
	α(°)	21.5	34.5	34.6	34.6	
1/2H	N_S	0.0038	1.23	1.71	2.59	
	H_{cr}(m)	0.0042	1.35	1.88	2.85	
	L_{pcr}(m)	0.0016	0.93	1.30	1.96	
	α(°)	20.9	34.6	34.7	34.5	
2/3H	N_S	0.0047	1.49	2.07	3.14	
	H_{cr}(m)	0.0052	1.64	2.28	3.45	
	L_{pcr}(m)	0.002	1.13	1.57	2.37	
	α(°)	21.0	34.6	34.6	34.5	

正面预支护力变化的工作面土体稳定性分析上限解 表7.2

正面预支护力(kN/m^2)	上限解结果	工况参数1	工况参数2	工况参数3	工况参数4	备　注
0	N_S	0.0031	0.97	1.40	2.02	当工作面土体无荷载作用时，在内摩擦角为20°条件下，工作面稳定性分析的上限解在 θ_h 为65°，θ_0 为40°下取得最小值。此时的 N_S 为5.47；H_{cr} 为6.01；L_{pcr} 为3.86；α 为32.7°（按平面的真实滑动角为35°）
	H_{cr}(m)	0.0034	1.07	1.53	2.21	
	L_{pcr}(m)	0.0013	0.74	1.06	1.52	
	α(°)	20.9	34.6	34.6	34.5	
5	N_S	1.07	2.00	2.37	3.13	
	H_{cr}(m)	1.18	2.20	2.61	3.44	
	L_{pcr}(m)	0.45	1.52	1.79	2.38	
	α(°)	21	34.6	34.5	34.7	
10	N_S	2.13	3.00	3.35	4.17	
	H_{cr}(m)	2.34	3.32	3.68	4.58	
	L_{pcr}(m)	0.9	2.29	2.53	3.16	
	α(°)	21	34.6	34.5	34.6	

续上表

正面预支护力（kN/m^2）	上限解结果	工况参数1	工况参数2	工况参数3	工况参数4	备　注
15	N_S	3.19	4.02	4.33	5.21	当工作面土体无荷载作用时,在内摩擦角为20°条件下,工作面稳定性分析的上限解在 θ_h 为65°,θ_0 为40°下取得最小值。此时的 N_S 为5.47;H_{cr} 为6.01;L_{pcr} 为3.86;α 为32.7°(按平面的真实滑动角为35°)
	H_{cr}(m)	3.51	4.42	4.76	5.73	
	L_{pcr}(m)	1.35	3.05	3.27	3.96	
	α(°)	21	34.6	34.5	34.6	
20	N_S	4.26	5.03	5.31	6.25	
	H_{cr}(m)	4.68	5.53	5.84	6.87	
	L_{pcr}(m)	1.80	3.81	4.01	4.74	
	α(°)	21	34.6	34.5	34.6	
25	N_S	5.32	6.04	6.28	7.29	
	H_{cr}(m)	5.85	6.64	6.90	8.01	
	L_{pcr}(m)	2.25	4.58	4.74	5.53	
	α(°)	21	34.6	34.5	34.6	
30	N_S	6.38	7.06	7.26	8.34	
	H_{cr}(m)	7.01	7.76	7.98	9.17	
	L_{pcr}(m)	2.70	5.35	5.48	6.33	
	α(°)	21	34.6	34.5	34.6	

(3)在一定的拱部超前预加固条件下,工作面正面预支护的作用效果远较工作面留设核心土显著。由上限解知,对不稳定工作面,正面预支护力仅需 $10kN/m^2$ 左右即可保证开挖工作面的稳定,此后维持工作面稳定的预支护力与隧道埋深并没有直接关系。

(4)工作面正面预支护的作用效果尽管是随预支护力 F_g 的增大而增大,但其增稳速率不同。对不稳定工作面,随预支护力的增加,工作面可保持稳定;但对基本稳定的工作面,其预支护力的利用率在降低。因此从充分发挥工作面正面预支护的作用效果来说,工作面正面预支护并不是常规技术措施。也就是说应用正面预支护必须在技术经济合理的前提条件下,依据具体的地层条件选择采用。

(5)由上限解,对不稳定工作面,只要正面预支护力大于 $25kN/m^2$,即能达到工作面土体无作用荷载时的力学效果。由此可见,对复杂困难地层条件,正面预支护的确是维持工作面稳定的首选技术措施。

(6)由工作面正面预加固上限解,再一次说明,工作面土体破裂(松弛)滑动角并不因技术措施的变更而变化,而是保持一个稳定值。这充分说明,工作面土体的破坏形式是渐次累加破坏。

7.3　工作面拱部超前预加固参数分析

对浅埋暗挖城市地铁隧道工作面,其拱部超前预加固参数主要指超前支护的钢管(或注浆结构体)断面尺寸、支护长度、间排距和布置形式。由前分析,超前预加固作用效能的发挥不仅与其自身的参数设计及选择有根本关系外,而且也与地层参数和隧道参数密不可分。这里以超前小导管结构力学模型Ⅱ(图7.1)为重点,给予参数分析研究。

7.3.1 超前支护钢管(注浆管体)直径

1)不考虑管体注浆的预加固效果

在不计管体注浆效果的条件下,对不同的上覆土柱荷载、基床系数、开挖进尺、拱顶下沉和土中管体剩余长度,超前支护的钢管直径与钢管挠度 y($x=0$ 时对应的挠度值)、钢管弯矩 M(固定端处的弯矩值)的关系曲线分别见图7.4~图7.13。

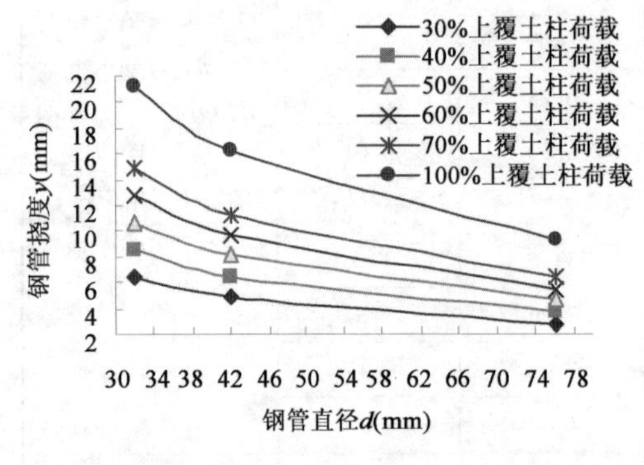

图7.4 不同土柱荷载时 d 与 y 的关系图

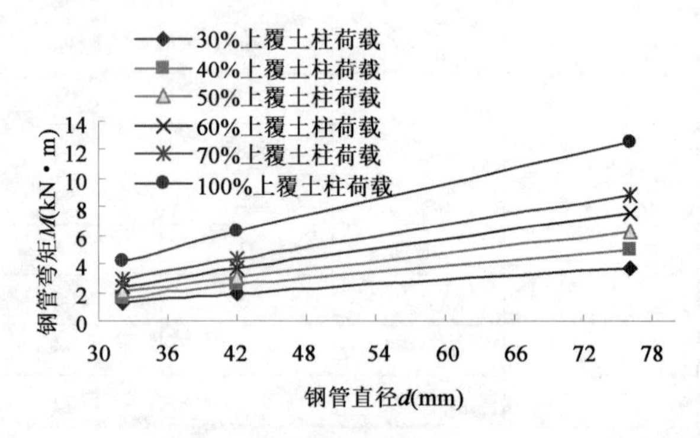

图7.5 不同土柱荷载时 d 与 M 的关系

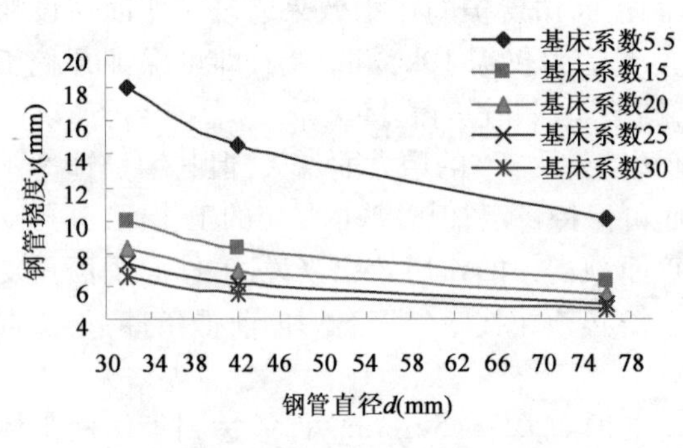

图7.6 不同基床系数时 d 与 y 的关系图

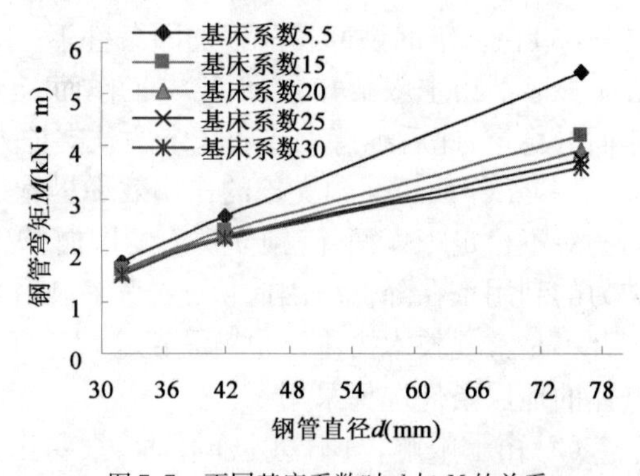

图7.7 不同基床系数时 d 与 M 的关系

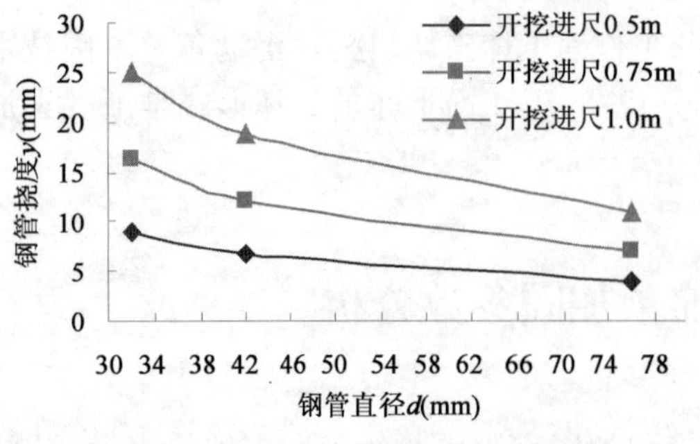

图7.8 不同进尺时 d 与 y 的关系图

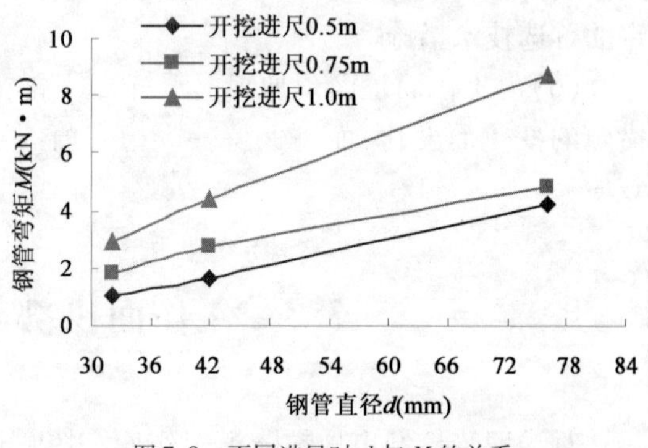

图7.9 不同进尺时 d 与 M 的关系

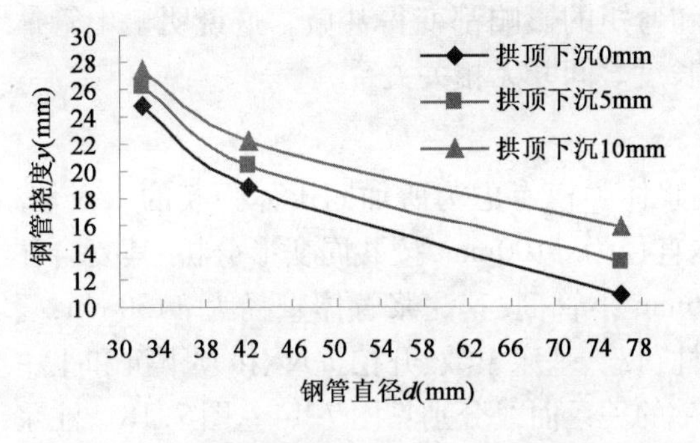

图7.10　不同拱顶下沉时 d 与 y 的关系图

钢管弯矩M(kN·m)

钢管直径d(mm)

拱顶下沉0mm

拱顶下沉5mm

拱顶下沉10mm

图7.11　不同拱顶下沉时 d 与 M 的关系

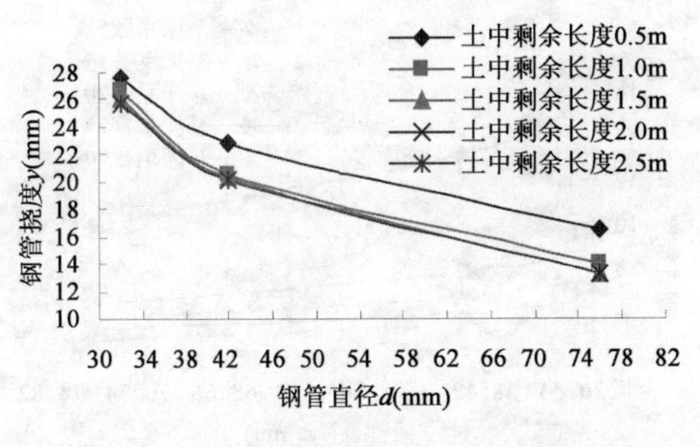

图7.12　不同土中剩余长度时 d 与 y 的关系图

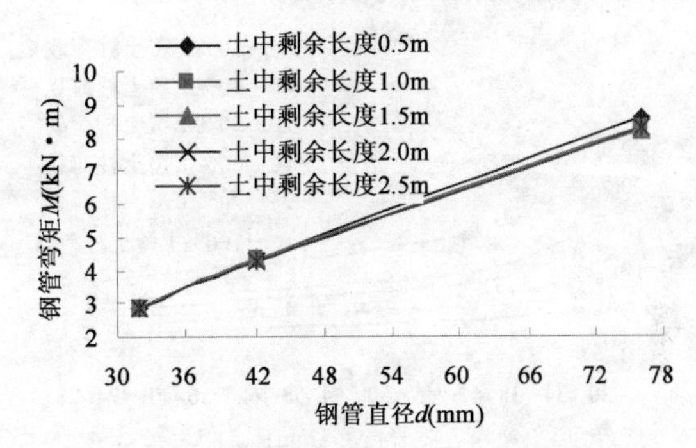

图7.13　不同土中剩余长度时 d 与 M 的关系

由图知，在不同的上覆土柱荷载、基床系数、开挖进尺、拱顶下沉和土中管体剩余长度条件下，钢管直径与钢管挠度的一般变化规律是：随钢管直径的增大，其挠度相对减小。而对钢管弯矩，则随管径的增大其抗弯能力增强。各不同因素之间又存在着差异性。现分析如下。

(1)对不同的上覆土柱荷载，如果视上覆土柱荷载的大小变化表征为地层条件的优劣时，则由图7.4知，为保证工作面土体的稳定以及控制地层变位至某一值，就必须增加超前支护钢管的直径。但单纯依靠增大管径并不能带来预期的作用效果，钢管直径存在着最佳直径的概念。

(2)如若把基床系数视为代表工作面开挖土体的力学性能指标，很明显由图7.6和图7.7知，随工作面土体力学指标的增大，其所需的超前支护钢管挠度和弯矩都减小。这说明了改善工作面土体的力学性能或在设计选线上使隧道位于地层条件相对较好的地层中，都可减少超前支护的钢管直径并能控制隧道的安全施工。

(3)开挖进尺是隧道施工的重要参数，它对钢管直径的选择有重要影响。由图7.8和图7.9可知，不论何种条件，短开挖都有利于降低钢管的挠度和弯矩，因而改善了工作面的稳定性。

(4)拱顶下沉表征的是隧道初次支护的刚度。由图7.10可知，随隧道初次支护刚度的降低，其钢管挠度变大，显然不利于保证工作面稳定和控制地层变位。对城市地铁隧道施工，为控制地表变形和工作面稳定，不可一味搬抄新奥法施工，应重视隧道初次支护的刚度，从而减少超前支护体的变形。

(5)土中管体的剩余长度对钢管的挠度和弯矩影响较小。如图7.12和图7.13所示，若土中剩余长度大于1.5m时,则其对钢管的挠度和弯矩的影响都变得甚微。这说明土中管体剩余长度达到一定值时,钢管直径的选择与剩余长度之间并无相关关系。

2)考虑管体注浆的预加固效果

在考虑超前支护注浆影响的条件下(这里注浆体弹模考虑为所加固土体弹模的1.3倍。对ϕ32mm小导管和ϕ42mm小导管,其注浆管体直径为ϕ100mm,按共同变形分析,其复合注浆管体弹模分别为7.51GPa和12.19GPa;对ϕ76mm小管棚,其注浆管体直径为ϕ150mm,复合注浆管体弹模为12.62GPa),对不同的上覆土柱荷载、基床系数、开挖进尺、拱顶下沉和土中管体剩余长度,超前支护的钢管直径与钢管挠度y的关系曲线分别见图7.14~图7.18。注浆后,在不同上覆土柱荷载条件下,钢管直径与钢管弯矩的关系见图7.19。

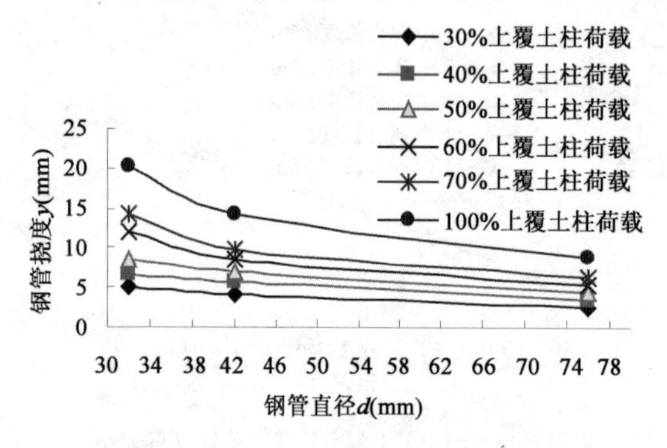

图7.14 注浆后不同荷载下d与y的关系图

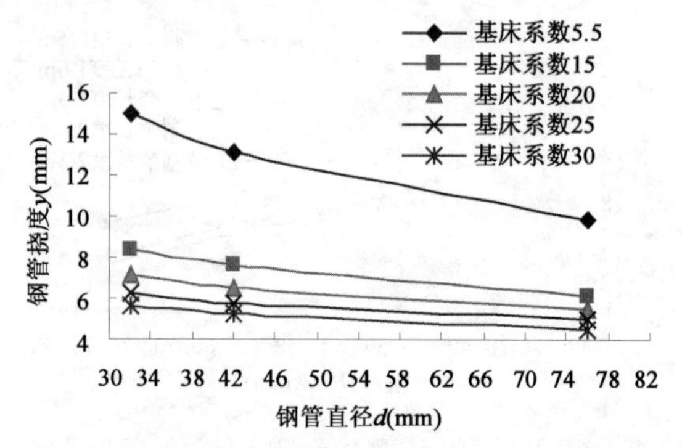

图7.15 注浆后不同基床系数下d与M的关系

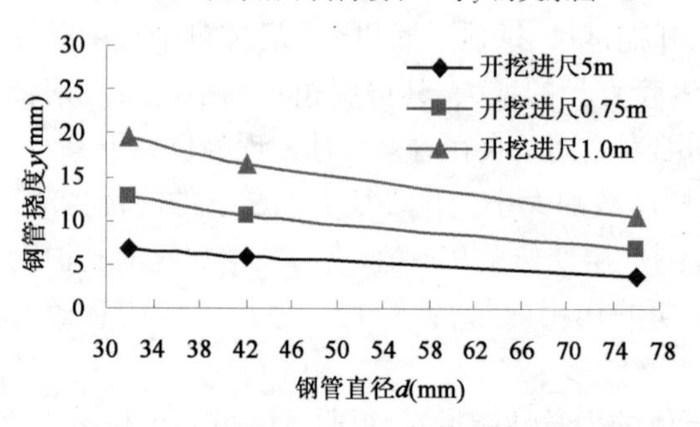

图7.16 注浆后不同进尺d与y的关系图

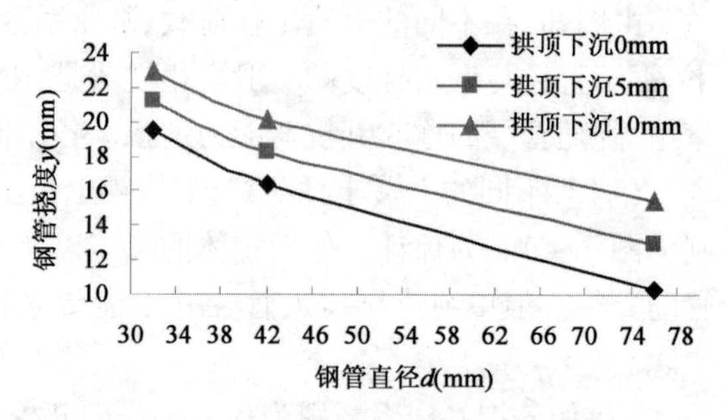

图7.17 注浆后不同拱顶下沉d与M的关系

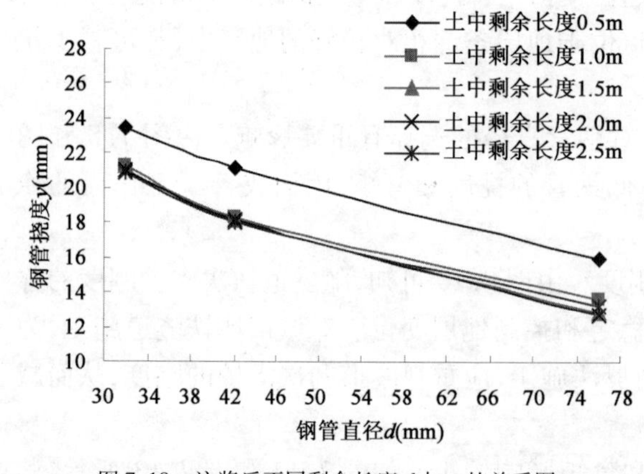

图7.18 注浆后不同剩余长度d与y的关系图

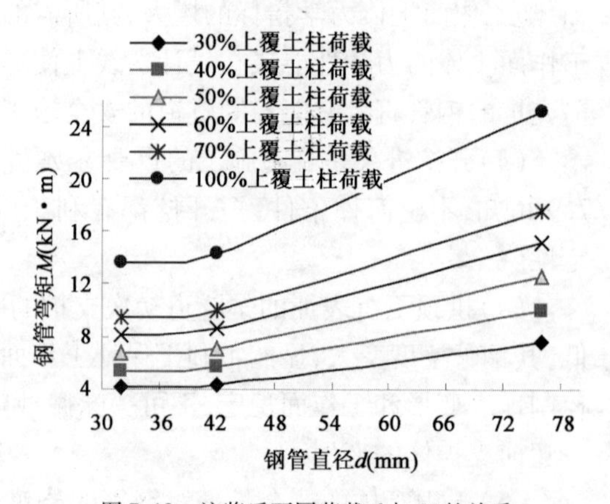

图7.19 注浆后不同荷载d与M的关系

由图很明显看出,注浆后超前支护的钢管挠度和弯矩都得到不同程度的改善。尤其是对钢管的弯矩,在不考虑注浆行为时,算例中的小导管都难以满足强度条件的要求,而注浆后其超前注浆管体的抗弯性能都大大增强,能够满足算例的要求。尽管如此,但由挠度变化值可以看出,注浆管体对钢管挠度的改善效果不大。也就是说超前支护体注浆可明显增大超前支护体的强度,但对提高其刚度的效果并不明显。

7.3.2 超前支护的钢管长度

图7.20~图7.23揭示了在不同的上覆土柱荷载、基床系数、开挖进尺、拱顶下沉和钢管直径条件下,超前支护钢管长度与钢管挠度之间的内在关系。由图明显看出,不论如何改变上述5种因素的参数,钢管长度的增加对降低钢管挠度的效果都很有限。也就是说,存在某一临界长度。由图知,对应的临界长度为4.5m。这意味着超前支护体存在着最佳支护长度,并不是通常认为的超前支护长度越长越好。

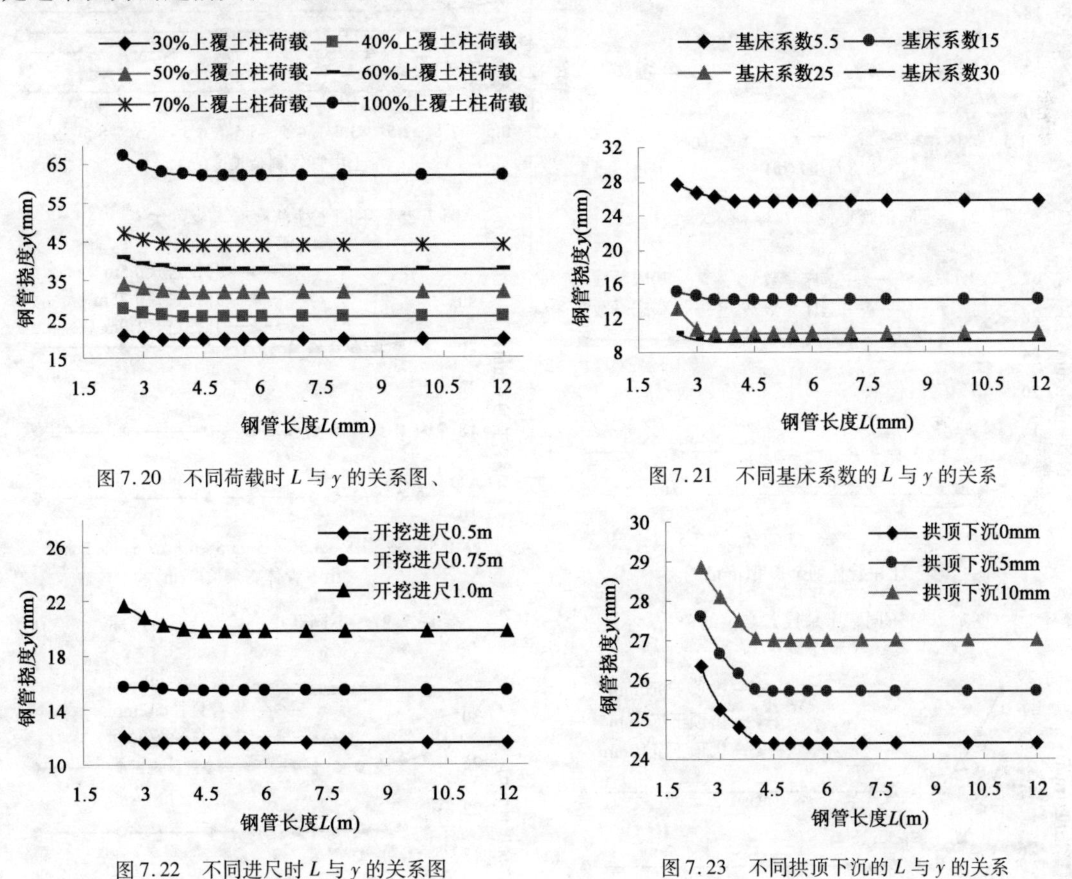

图7.20 不同荷载时 L 与 y 的关系图、

图7.21 不同基床系数的 L 与 y 的关系

图7.22 不同进尺时 L 与 y 的关系图

图7.23 不同拱顶下沉的 L 与 y 的关系

7.3.3 超前支护体的间排距

对超前支护体的间距,无疑减少间距意味着土体力学性能的改善,对拱有促稳效应。因此若地层条件差,则超前支护体应加密布置。而对超前支护体的排距,也就是通常所说的搭接长度，由建立的模型，合理的搭接长度与土中管体的临界剩余长度（钢管挠度的变化值为零时对应的剩余长度）相对应。当土中管体的剩余长度达到临界长度时，再增大土中管体的剩余长度也难以约束地层变位。在不同的上覆土柱荷载、基床系数、开挖进尺、拱顶下沉和钢管直径条件下，土中管体的剩余长度与钢管挠度之间的关系曲线见图7.24～图7.29。由图知，不论参数如何变化，当土中的剩余长度都为2.5m时，钢管挠度的变化值趋于零，此时可认为钢管的临界土中剩余长度为2.5m。但由图也可以看出，当土中管体的剩余长度大于1.5m时，对钢管挠度变化的影响开始变小。上述分析说明了对超前支护体的排距或搭接长度，存在着合理值，其大小与土中管体的临界剩余长度相等。

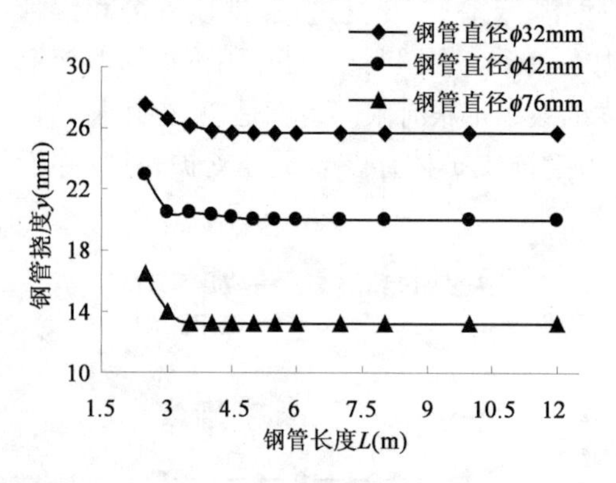

图7.24　不同钢管直径下 L 与 y 的关系

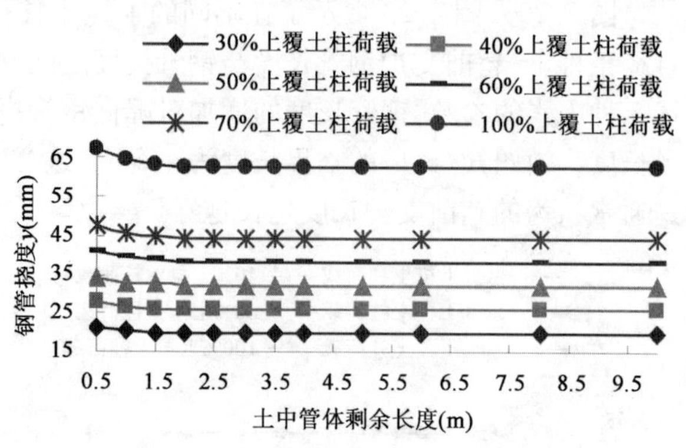

图7.25　不同土柱荷载 l_e 与 y 的关系

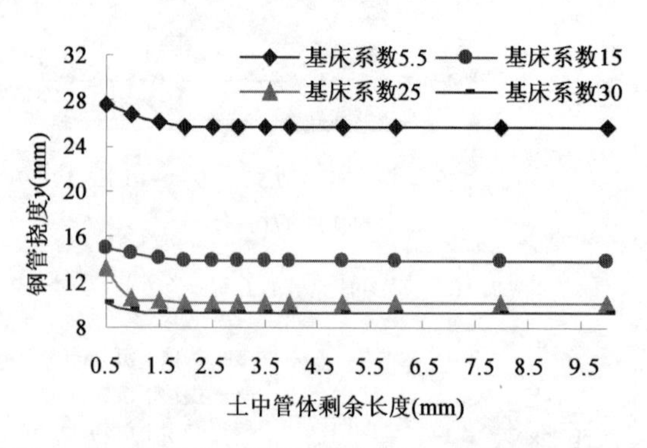

图7.26　不同基床系数 l_e 与 y 的关系

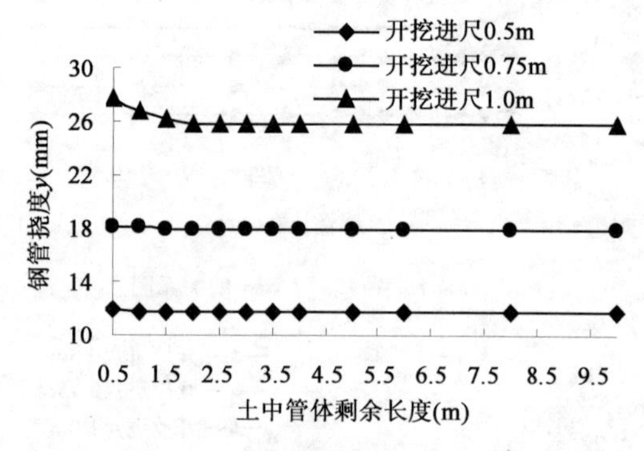

图7.27　不同开挖进尺 l_e 与 y 的关系

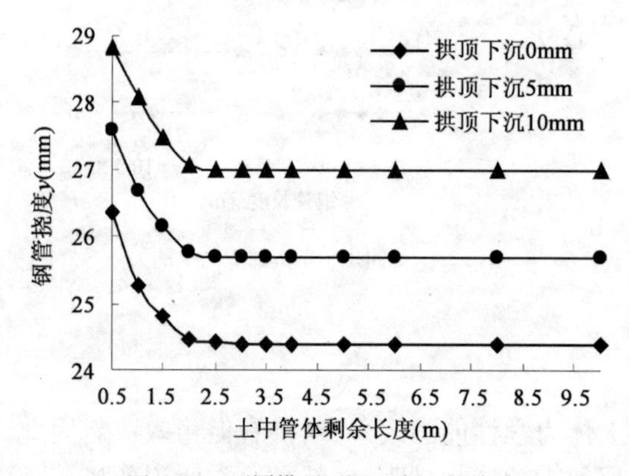

图7.28　不同拱顶下沉 l_e 与 y 的关系

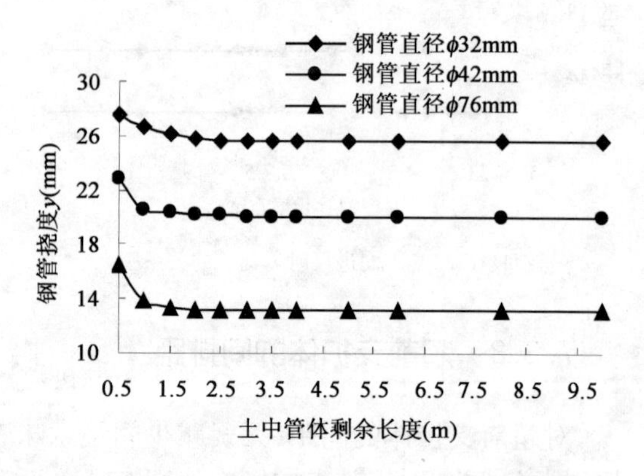

图7.29　不同钢管直径下 l_e 与 y 的关系

7.3.4　超前支护体的布置形式

很显然超前支护体的全封闭布置最有利于隧道工作面的稳定。但从技术经济的合理性而言,应针对具体的地层条件选择相适宜的布置范围。对此这里不作更深的地讨论。对超前支护体的布设角度,从建立的模型分析,显然对相同的超前预加固长度(预加固的伪长度),其水平投影的预加固长度(预加固的真实长度)越大,越有利于保证管体的剩余长度不小于最小值。因此超前支护体的布设角度宜以小为佳。根据国内外研究经验,超前支护体的布设角度以小于15°为佳。

7.4　工作面正面土体预加固参数分析

7.4.1　工作面核心土参数的有限元分析

1)工作面核心土长度

为了分析工作面核心土长度的作用效果,这里利用三维有限元方法对单一黏土地层进行了分析。

首先,计算模型的建立。

(1)计算范围。模拟隧道直径 D 为6.5m。由结构的对称性,取水平方向约束面至隧道中心线距离为5D,垂直方向隧道上部距地表的距离随计算参数的调整而改变,而隧道下部距约束面的距离取为4D,隧道推进方向长度取为8D。

(2)边界条件。浅埋隧道上边界取自地表,为自由面;另五面为约束面。其中,取底面为固定端约束,两侧为水平向约束,前后面为单向约束。

(3)过程模拟。对浅埋隧道,只考虑自重荷载的影响。土体采用8节点实体单元模拟,初支和超前支护采用4节点壳单元模拟。弹塑性准则采用改进的莫尔-库仑屈服准则,也即采用Druker-Prager(DP)模型来计算结构在开挖过程中的弹塑性或非线性变形特性。利用单元的“活”与“死”方法,使整个计算中的前一步开挖所引起的荷载释放传递到下一步开挖计算中,来模拟施工过程。

有限元计算模型如图7.30所示。计算采用的支护结构与地层参数见表7.3。

地层及支护结构的物理力学参数　　表7.3

材　料　名	μ	E(MPa)	c(kPa)	φ(°)	γ(kN/m^3)
黏土	0.35	60	35	20	19.5
喷混凝土	0.2	2.1×10^4	3000	50	25
超前支护(加固土)	0.2	3×10^3	—	—	21

其次,计算结果与分析。

计算考虑了以下几种工况参数:埋深变化为1D、1.5D 和2.0D;台阶留设长度变化为0(全断面开挖)、0.5D 和1.0D,分别考虑有无核心土情况。

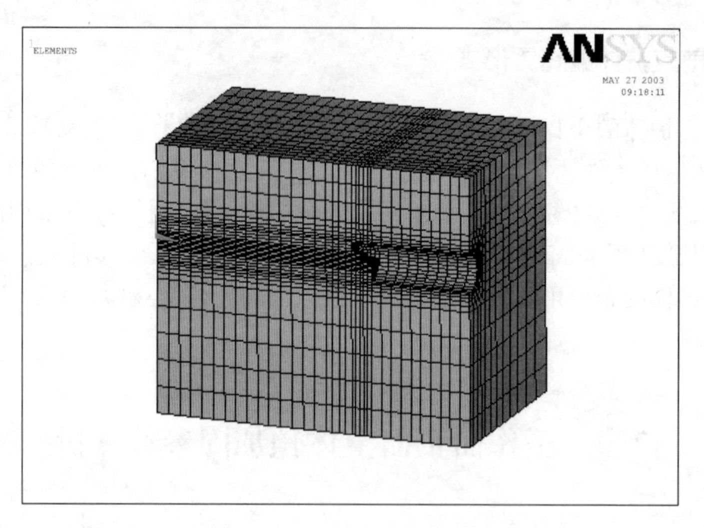

图 7.30　有限元计算模型

第一，对工作面应力分布的影响。

对隧道埋深为 $2D$，有无核心土时，沿工作面纵轴方向中心线处不同台阶长度的工作面大、小主应力分布如图 7.31 所示。

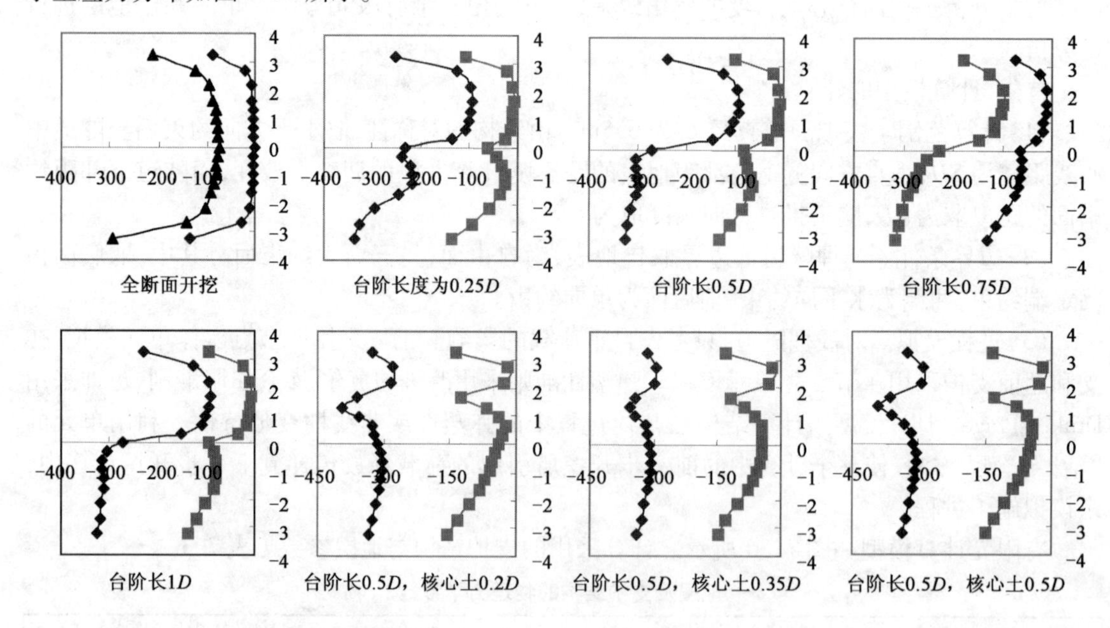

图 7.31　工作面大、小主应力的分布

注：横坐标应力值，单位：kN/m^2；纵坐标为距离，单位：m。

由图知，工作面土体最有可能因松弛而发生破坏的是全断面条件，因此时主应力差值为最小且最小主应力几乎为零，工作面土体处于平面应力状态。这一情况，随着台阶法开挖而有所改善，但并没有改变最小主应力的大小。但当留设核心土时，从图中很明显看出，工作面大、小主应力的分布得到显著改善，且最小主应力较大。这使得工作面的土体易于维持三向应力状

态,从而保证了工作面正面土体的稳定。

第二,对工作面土体位移的影响。

(1)有无核心土的比较与分析。不同埋深及台阶长度下,工作面有无核心土时,沿隧道推进方向的工作面水平位移的变化特征见图 7.32。当埋深为 1.5D 时,不同核心土(台阶)长度条件下,沿隧道推进方向的工作面水平位移变化见图 7.33。

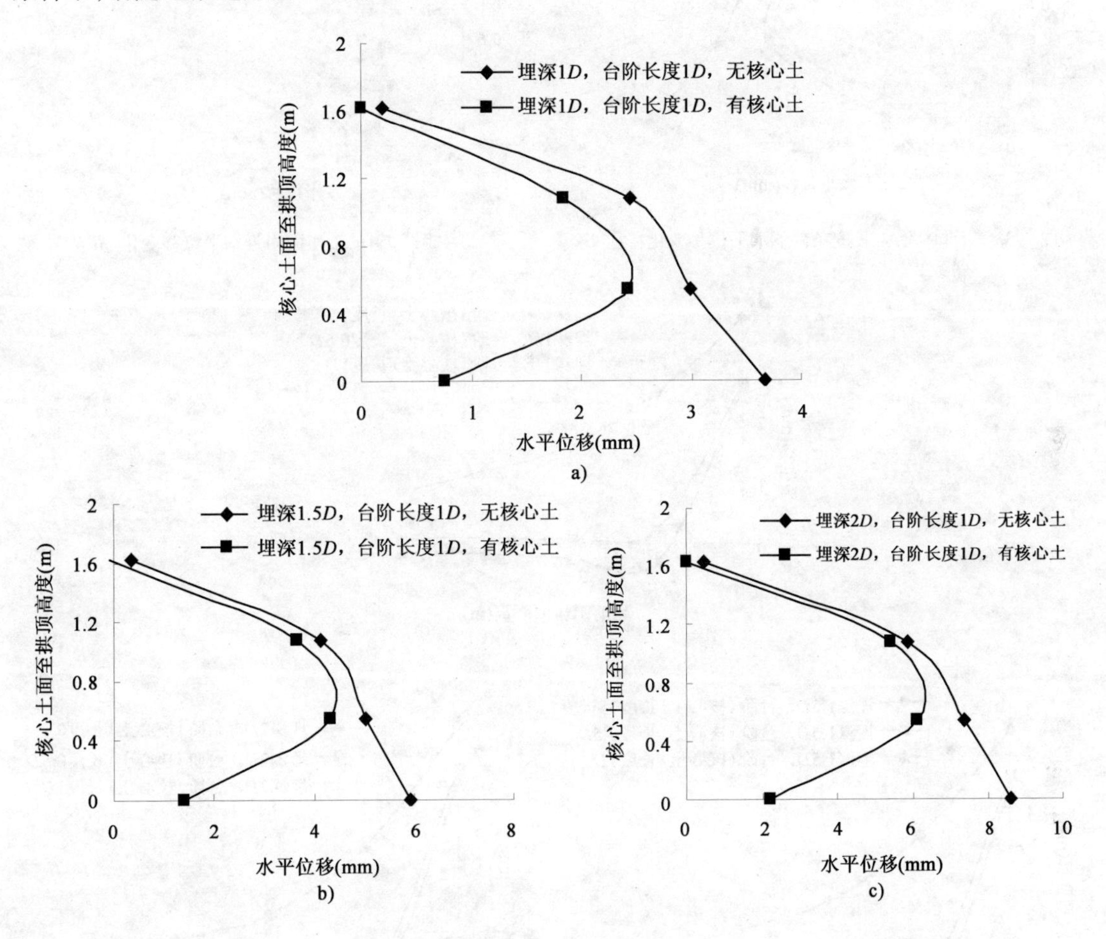

图 7.32　工作面水平位移变化特征

由图可得到以下认识。

①在相同的台阶长度条件下,工作面留设核心土能明显抑止向隧道内空运动的水平位移。

②随隧道埋深增加,向隧道内空的水平位移逐渐增大。

③随核心土留设长度的增加,其水平位移量减少。但由图 7.33 也可以看出,核心土增大一倍后的抑止水平位移效果并不是非常显著。埋深为 1D 和 2D 时,也反映与此相同的规律。这意味着核心土(台阶)长度存在着最佳值。

(2)核心土对工作面前方水平位移的影响。在隧道埋深为 1.5D,台阶(核心土)长度为 1D 时,沿工作面自由表面高度范围内,工作面前方不同点的水平位移分布特征见图 7.34。不同埋深、核心土条件下,工作面前方各点沿隧道推进方向的水平位移变化趋势见图 7.35。

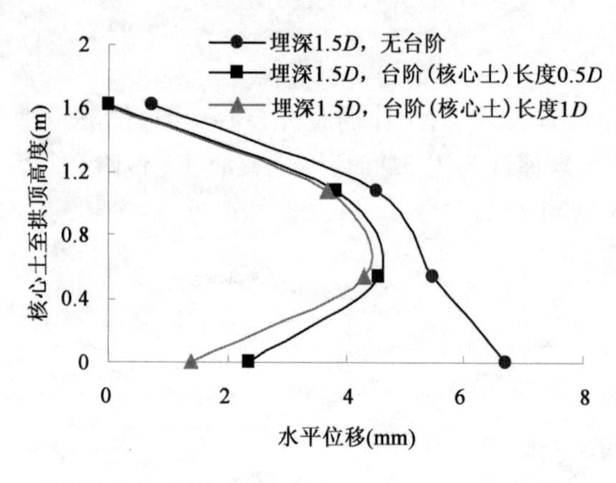

图7.33　不同核心土长度条件下水平位移变化特征

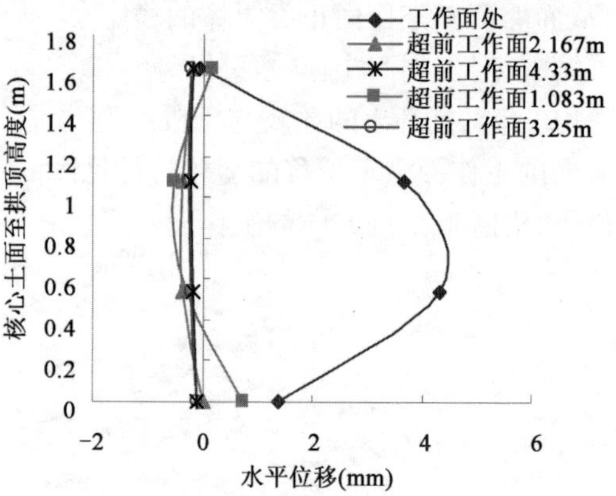

图7.34　工作面附近水平位移变化

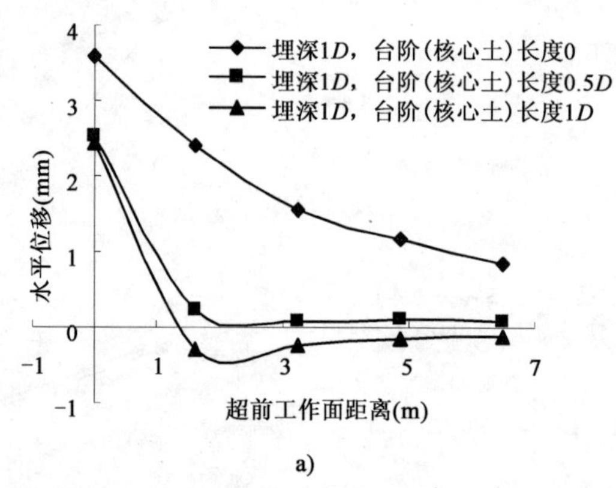

a)

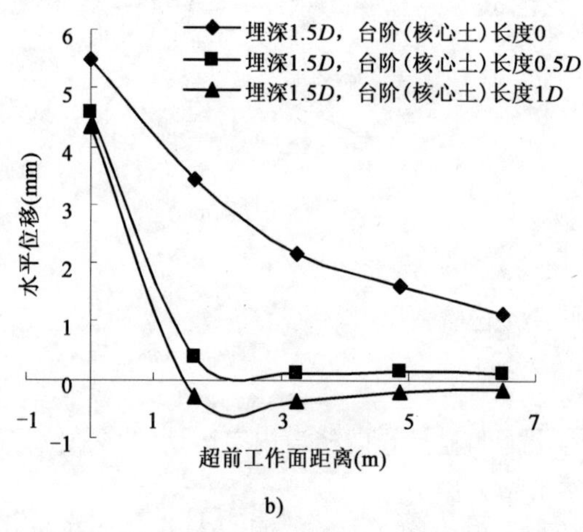

b)

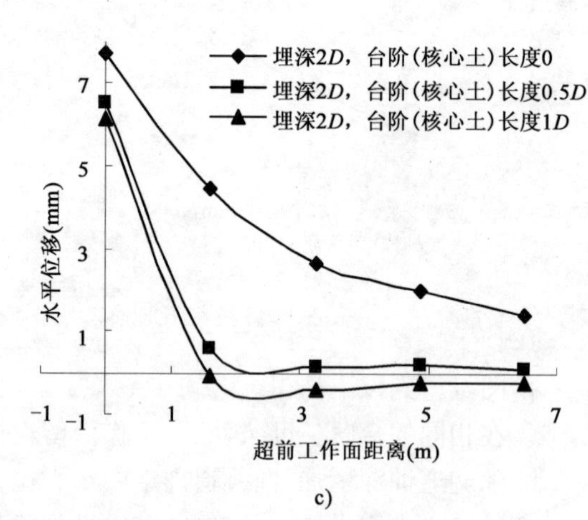

c)

图7.35　工作面前方土体水平位移变化

由图表明以下规律。

①沿隧道开挖方向，水平位移在临空面处表现为最大。总体呈现的特征为中间大、拱部和近核心土面处小。

②核心土的设置尽管能抑止水平位移，但其作用范围有限。由图7.34可知，在超前工作

面1m左右处其作用最大，然后随超前距离的增加，其抑止作用弱化。当工作面超前距离大于3m时，核心土抑止水平位移的相对值趋于零。这从另一方面说明了在地层条件差时，拟单纯依靠核心土的作用并不能控制水平位移。

③在一定的地层条件下，工作面前方范围存在着松弛区（水平位移方向朝向隧道内空运动）和压密区（水平位移方向背离隧道内空方向运动）。这一表现特征与实测结果相一致。

④随埋深增大，水平位移增大；而随核心土长度增加，水平位移趋于减少，但降低的幅度有限。

⑤工作面不留设核心土时，其工作面前方1D以外地层仍在运移，而留设核心土以后，可大幅度降低此范围。由图7.35可知，对不同埋深条件下，若核心土长度为0.5D时，则在工作面前方约2m处的水平位移渐趋于零；而当核心土长度增加至1D时，工作面前方约1.5m处的水平位移表现为背离隧道内空方向，土体显示出挤压趋势。由此也说明了浅埋暗挖地铁隧道核心土留设的必要性。

(3)核心土对工作面前方地层下沉的影响。图7.36表明了不同埋深及核心土（台阶）长度下，工作面前方地层下沉的变化趋势。

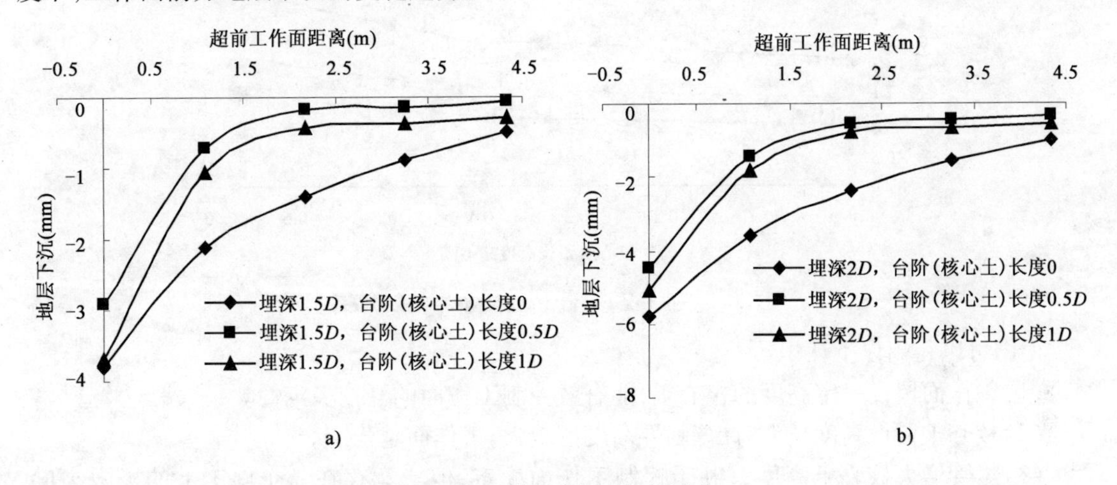

图7.36　工作面前方土体下沉变化

由图可以得出以下几点基本认识。

①工作面留设核心土对控制地层下沉有一定的作用，但效果不如抑止水平位移明显。

②随核心土长度的增加，地层下沉虽有所减少，但由图表明，核心土留设长度过大时，地层下沉却表现为增加趋势。这一点与核心土抑止水平位移的效果却相反，说明核心土长度存在合理值。

③随埋深增大，地层下沉也呈递增趋势。

④地层下沉的超前影响范围大。这一特征表现是随埋深增加而增加。

综合以上分析，对工作面留设核心土可得出以下几点初步结论。

(1)合理的核心土长度，能同时抑止地层的水平位移和地层的垂直位移，但其控制地层水平位移的效果优于下沉。

(2)工作面处及工作面前方地层的运移是以水平位移为主，因此工作面正面预支护主要是抑止向隧道内空的水平位移。尽管其对地层下沉也有一定的作用,但作用甚微。

(3)增大核心土长度能显著控制水平位移,但超过一定值后却会导致地层下沉增加。这清楚地表明,核心土(台阶)长度存在着最佳长度。分析认为,对台阶(核心土)长度的建议值为:最小值不宜小于0.5D,而最大值不宜大于1D。

(4)工作面留设核心土不仅能有效降低松弛区的范围,而且能在工作面前方产生压密区。这一点也被现场实测证实。

(5)验证了塑性上限解的工作面土体渐次破坏推论。

2)工作面核心土高度

工作面核心土的高度是核心土留设的另一重要参数,这里基于本章7.2的工作面正面土体预加固稳定性分析的上限解模型(图7.2)给出具体认识。

图7.37说明了不同工况条件下,核心土留设高度与工作面临界高度的关系。

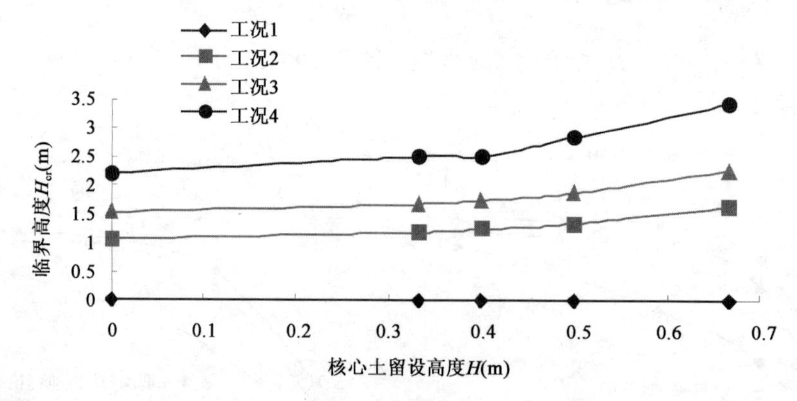

图7.37　不同工况下核心土高度与临界高度的关系

由图可以得出以下认识。

(1)工作面留设一定高度的核心土,能有效控制工作面的开挖稳定性。

(2)核心土留设高度越大,计算临界高度值越大,工作面越稳定。

(3)尽管增大核心土高度有利于控制工作面稳定,但毕竟存在一个施工上的极限高度。在无核心土的工作面自由表面处,如前所述,水平位移依然产生,若地层条件差,则必然造成工作面土体剥落坍塌。因此这意味着为控制工作面自由表面处的稳定,工作面正面预支护的存在有其必要性。

7.4.2　工作面正面预支护参数分析

在地层劣化的条件下,由图7.37,就目前普遍采用的台阶法而言,除第四种工况外,拟单纯依靠留设核心土并不能保证稳定工作面的最小临界高度值2m,因此工作面正面预支护实属必要。工作面正面预支护参数包括三大方面的内容:维持工作面正面土体稳定的最小支护力;预支护材料和预支护布置参数(长度和直径);预支护的布置形式。

1)正面最小预支护力

维持工作面正面土体稳定的最小预支护力实质上与稳定工作面临界高度不小于2m(在留设核心土的条件下)相对应。由建立的工作面正面土体预加固稳定性分析的上限解模型

(图7.2),可计算对应于不同工况,工作面正面预支护力 F_g 与临界高度 H_{cr} 的关系,见图7.38。由图知,对第一种工况,其要求的正面最小预支护力为 10kN/m^2;对第二种工况和第三种工况,维持工作面稳定的临界高度不小于2m的最小预支护力为 5kN/m^2;而对第四种工况,则不需要正面预支护。由此可推断,随工作面地层条件的不同,工作面正面预支护的要求存在差异。这说明应用时,应据具体的地层条件,适时采取措施应对。

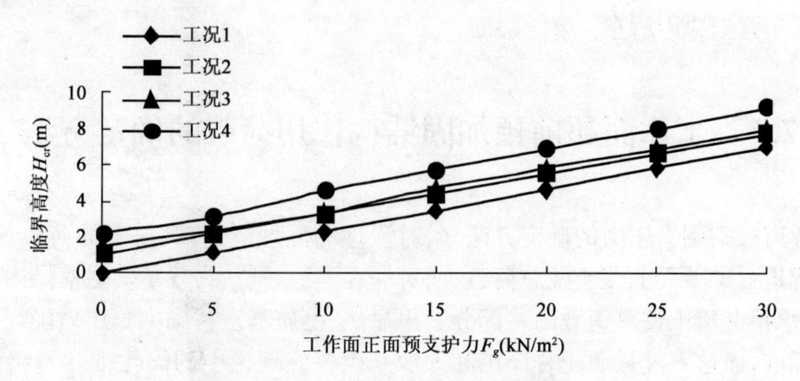

图7.38　不同工况下预支护力与临界高度的关系

2)正面预支护材料和布置参数

对预支护材料和预支护布置参数,由最小预支护力分析知,并不苛求相同的方式。据地层条件,可采取正面喷混凝土、正面预注浆或正面预支护措施。这里值得提及的是正面预支护国外多采用玻璃钢注浆锚杆(管),而国内多为注浆小导管或注浆管棚(复杂地层条件中采用)。基于玻璃钢注浆锚杆(管)的易切割性,建议国内消化吸收。对预支护布置参数,其确定原则基本同工作面超前预加固参数分析,这里不再赘述。仅值得强调的是由前述分析,正面预支护的最小临界长度为4.5m。而对其上限长度,建议以不超过1D为宜。

3)正面预支护布置形式

正面预支护布置形式与其工作面土体的破坏机理密切相关。图7.39和图7.40分别反映了在不同工况条件下,核心土留设高度与工作面正面预支护力以及与土体破裂角之间的关系。由图知,尽管在地层条件劣化时,土体破裂角减小,但并不能改变土体破裂角几乎为定值(接近$45° - \varphi/2$)的事实。这说明,工作面土体的破坏是渐次递进破坏。也就是说工作面土体的

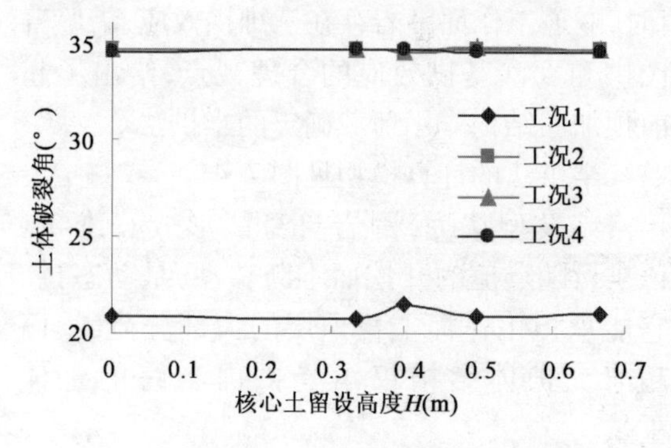

图7.39　核心土留设高度与破裂角的关系图

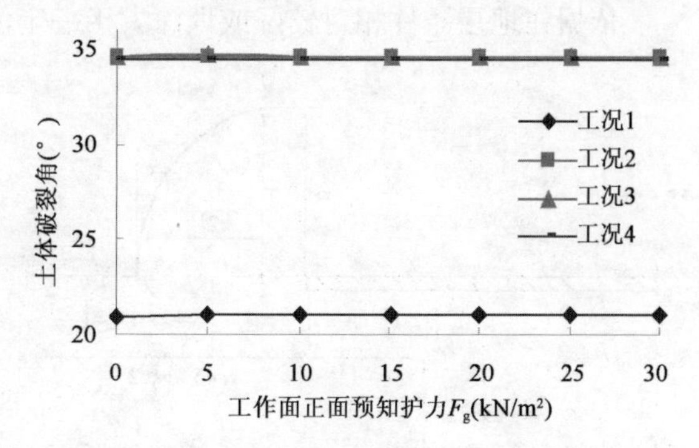

图7.40　工作面正面预支护力与破裂角的关系

破坏是从近拱部自上而下(但必须指出,破裂面的形成与发展是从破裂土体的下部渐次往上递进发展)、由外向内的渐次累加破坏。基于此,正面预支护的正确布置形式既不是沿自由面均匀布置,也不是工作面核心部位的加密布置,而是应该沿隧道周边加密布置。这样布置的优点不单纯是被动地抵抗工作面土体的剥落破坏,更重要的是它体现了所建立模型的理念,即它强化了拱部超前支护,从而减少了上覆土柱荷载施加给工作面上方的作用力,这才是预支护沿隧道周边加密布置的原因所在。

7.5 工作面超前预加固结构作用荷载的确定方法

由土质隧道衬砌围岩压力的确定方法知,对浅埋和深埋隧道,其衬砌的荷载是不相同的。对浅埋认为隧道衬砌承受上覆土柱总荷载,而对深埋隧道,则认为仅承受坍落拱内的围岩松动压力,也即仅承担上覆土柱总荷载的一部分。很显然,土质隧道衬砌围岩压力确定是以埋深作为唯一参照标准,而这不过是源于普氏拱和太沙基拱效应理论中的简化推导得出了一个浅埋深分界标准为 $2.5D$ 的概念。对埋深在 $1.5D \sim 2.5D$ 的所谓浅埋隧道,国内外大量实践均表明,其实测的围岩径向压力并没有达到其上覆土柱的总荷载。

由前分析,可以引伸出一个问题,即倘若对作为永久支护的隧道衬砌是处于安全考虑,而采用上述理念来确定衬砌荷载,那么对超前预加固这种临时支护的设计,其荷载的确定有无必要照搬这种方法的确是一个值得探讨的问题。

由本文建立的超前预加固结构模型分析,如若认为对浅埋隧道,硬性规定其上覆土柱总荷载全部作用在预加固结构上,则目前城市地铁隧道施工中常用的 ϕ32mm、ϕ42mm 小导管难以满足控制工作面稳定的要求,必须借助工作面正面预支护才能保证隧道的安全开挖,而这与实际明显不符。因此有必要建立一套合理确定超前预加固结构作用荷载的方法。

基于前述章节对地层结构的分析,借鉴隧道围岩压力确定方法的合理观点,给出三种确定超前预加固结构作用荷载的方法。

7.5.1 半拱法

依据在地层条件相对较好或埋深大于一定值时,隧道工作面围岩存在三维拱效应,借鉴普氏拱和太沙基拱效应的合理观点,给出了超前预加固结构作用荷载确定的半拱法。

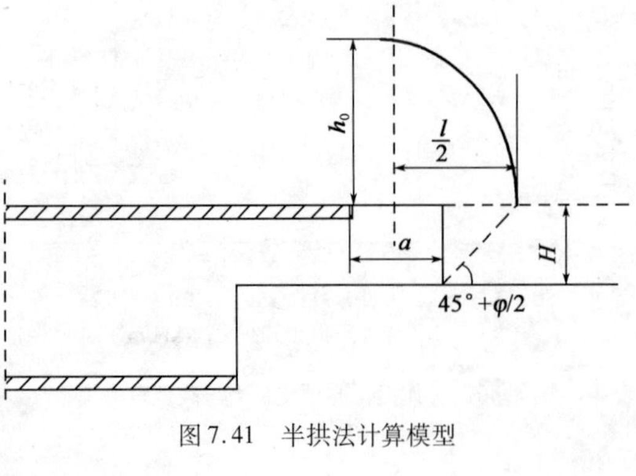

半拱法的计算模型见图 7.41。

该模型认为,围岩自身能形成三维拱。该拱可随隧道的开挖而不断移动,是动态拱。它能承担工作面上覆地层的大部分荷载,而超前支护体结构仅承受拱内半跨的土体重量。

半拱法确定的超前预加固结构承受的作用荷载 q 为

图 7.41　半拱法计算模型

$$q = \gamma h_0 \tag{7.11}$$

式中:γ——土体的重度(kN/m^3);

h_0——半跨拱的高度(m)。

拱高 h_0 按太沙基拱效应原理给出,其计算公式为

$$h_0 = \frac{l'\left(1 - \frac{2c}{l'\gamma}\right)}{2k_0\tan\varphi} \cdot \left(1 - e^{-2k_0\tan\varphi\frac{Z}{l'}}\right) + \frac{q_0}{\gamma}e^{-2k_0\tan\varphi\frac{Z}{l'}} \tag{7.12}$$

其中:

$$l' = a + 2H\tan\left(\frac{\pi}{4} - \frac{\varphi}{2}\right) \tag{7.13}$$

式中:k_0——侧压力系数;

φ——土体内摩擦角;

c——土体黏聚力(kPa);

Z——埋深(m);

q_0——地表荷载(kN/m^2);

l'——拱的半跨(m);

a——一次进尺(m);

H——上台阶高度(m)。

单根超前管体所承受的重量 q_W 为

$$q_W = \gamma h_0 \cdot (i + d) \cdot L \tag{7.14}$$

式中:i——管体布置间距(m);

d——管体直径(m);

L——管体长度(m)。

从实质上说,式(7.11)是 Terzaghi 拱效应理论的松动土压。因此半拱法适用于城市地铁隧道埋深 Z 大于或等于 2.5 倍隧道直径的预加固结构的作用荷载确定。

7.5.2　全拱法

在隧道埋深大于 $1D$ 而小于 $2.5D$ 范围内,超前预加固结构的作用荷载可按本文提出的椭球体概念确定。但必须指出的是,由本文所建立的上覆地层结构稳定与失稳模型,应用全拱法时,不仅要考虑隧道埋深,更重要的是应结合地层条件进行稳定性判别,具体见 7.6 节。

基于椭球体失稳模式,而建立的全拱法模型如图 7.42 所示。

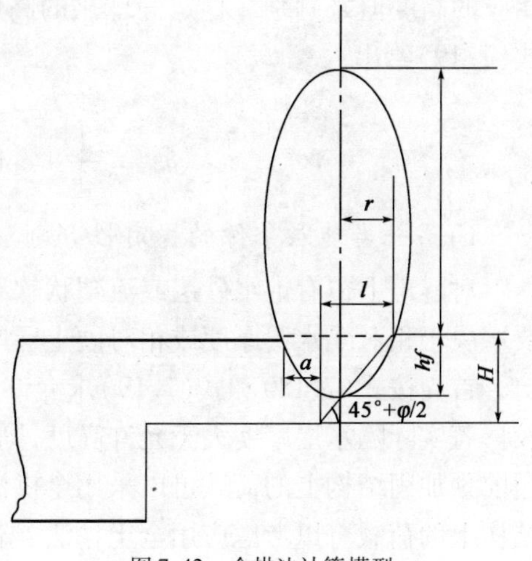

图 7.42　全拱法计算模型

全拱法确定的超前预加固结构承受的作用荷载 q 为

$$q = \gamma k h_e \tag{7.15}$$

式中：γ——土体的重度(kN/m^3)；

h_e——坍落椭球体的高度(m)；

k——考虑散体流动的试验常数，一般 k 小于1。

由第4章4.3.2，坍落椭球体高度 h_e 的计算公式为

$$h_e = \frac{1}{2k_0^2}\tan\left(\frac{\pi}{4} - \frac{\varphi}{2}\right)\left[a + H \cdot \tan\left(\frac{\pi}{4} - \frac{\varphi}{2}\right)\right] \tag{7.16}$$

式中：k_0 为侧压系数，$k_0 = \frac{\nu}{1-\nu}$，其中 ν 为泊松比。

单根超前管体所承受的重量 q_W 为

$$q_W = \gamma h_e \cdot (i + d) \cdot L \tag{7.17}$$

7.5.3 全土柱法

对埋深小于1.0D或埋深在1.5D左右，但其地层的厚度条件难以满足要求的复杂地层条件，为保证隧道的开挖稳定，建议进行预加固结构设计时，按全土柱法确定超前预加固结构的作用荷载。

7.6 工作面上覆地层结构稳定性的判别

对浅埋暗挖隧道(埋深大于1.0D)，工作面上覆地层结构最易丧失稳定性的是以下两类地层条件。

(1)第一类地层条件：隧道工作面上覆有富水砂层或流塑状软土。

(2)第二类地层条件：隧道工作面穿越富水砂层或流塑状软土。

由前述研究结果，认为松弛带内拱结构失稳模式是以初期的抛物线拱向椭球体发展，因此工作面上覆地层结构的稳定性判别可分别按椭球体模型和抛物线拱的三角楔体概念，求出其相应的高度值来判别。稳定椭球拱的高度 h_{eo} 按式(7.18)计算，抛物线拱的最大高度 h_{to} 可由式(7.19)给出：

$$h_{eo} = kh_e \tag{7.18}$$

$$h_{t0} = \frac{1}{2} \cdot \cot\varphi\left[a + H \cdot \tan\left(\frac{\pi}{4} - \frac{\varphi}{2}\right)\right] \tag{7.19}$$

1)第一类地层条件的稳定性判别

对隧道上覆有饱水砂层或流塑状软土的地层条件，隧道工作面上覆地层结构的稳定性主要取决于相对隔水层厚度或相对硬土层厚度。

首先按式(7.18)和式(7.19)求允许高度，然后与实际隔水层厚度或相对硬土层厚度相比较。若实际隔水层厚度大于允许高度，则表明工作面上覆地层结构处于稳定状态，此时作用在超前预加固结构上的荷载可以采用全拱法计算。反之，则意味着结构趋于失稳，作用在预加固结构上的荷载可以考虑应用全土柱法。若设实际隔水层厚度为 h_r，则工作面上覆地层结构稳定条件的判别式为

$$h_r \geqslant h_{eo} \text{ 且 } h_r \geqslant h_{to} \tag{7.20}$$

即选取式(7.20)中的最大值进行判断。

2)第二类地层条件的稳定性判别

对隧道穿越饱水砂层或流塑状软土地层条件,隧道工作面上覆地层结构的稳定性主要取决于饱水砂层或流塑状软土的厚度。

若设实际富水砂层或流塑状软土厚度为 h_s,则其稳定性的判别式为

$$h_s \leqslant h_{eo} \text{ 且 } h_s \leqslant h_{to} \tag{7.21}$$

即选取式(7.21)中的最小值进行判断。也就是说,若隧道实际穿越的富水砂层或流塑状软土厚度 h_s 小于其计算值,则在保证附加有工作面正面预支护的条件下,该地层条件的工作面上覆地层有可能趋于稳定,此时其预加固结构的作用荷载可以采用全拱法计算;反之,向不稳定方向发展,其预加固结构的作用荷载可以考虑采用全土柱法计算。

7.7　地层预加固参数的设计与选择

基于上述分析,以超前小导管(小管棚)为主体的动态设计方法步序框图见图7.43。值得提出的是,设计方法尽管是以超前小导管(小管棚)为主体,但其实质仍适用于目前软土隧道工作面地层预加固的其他技术措施设计。

具体的超前小导管(小管棚)的设计计算过程分为以下几大部分。

1)基本参数的选取

在全面研究地层、隧道开挖与支护参数、施工监测等资料的基础上,合理给出以下几类基本参数。

(1)地层参数。在对地下水的赋存形态参数、隧道穿越地层以及上覆地层的种类及其分布形态参数(尤其是富水砂层或流塑状软土的参数)、隧道地基土层参数以及地质构造等全面分析的基础上,确定以下参数:隧道埋深 Z、土体黏聚力 c、内摩擦角 φ、重度 γ、泊松比 u、土体弹模 E_e、基床系数 K 以及计算剖面处地层的厚度参数等。

(2)隧道参数。隧道当量直径 D、隧道高度(或上台阶高度)H、一次进尺 a、隧道近工作面处的拱顶下沉 y_0、超前支护材料弹模 E 以及隧道的各类支护参数、施工参数等。

(3)地表荷载参数 q_0。主要是根据地表环境土工建(构)筑物以及车辆等来确定。

2)工作面上覆地层结构稳定性判断

按7.6节所提出的方法,进行工作面上覆地层结构稳定性的判别。但值得强调的是,若用全土柱法时,由前述研究结果知,再单纯依靠小导管或小管棚进行工作面预加固已难以保证工作面稳定和控制地表下沉,因此应该在工作面正面土体采用预加固措施的基础上,采用大管棚,或者注浆改良地层等,以形成一定的保护厚度后,再进行小导管或小管棚预加固。

3)确定工作面超前预加固结构的作用荷载 q

超前预加固结构的作用荷载 q 按本书给出的半拱法、全拱法及全土柱法计算确定。

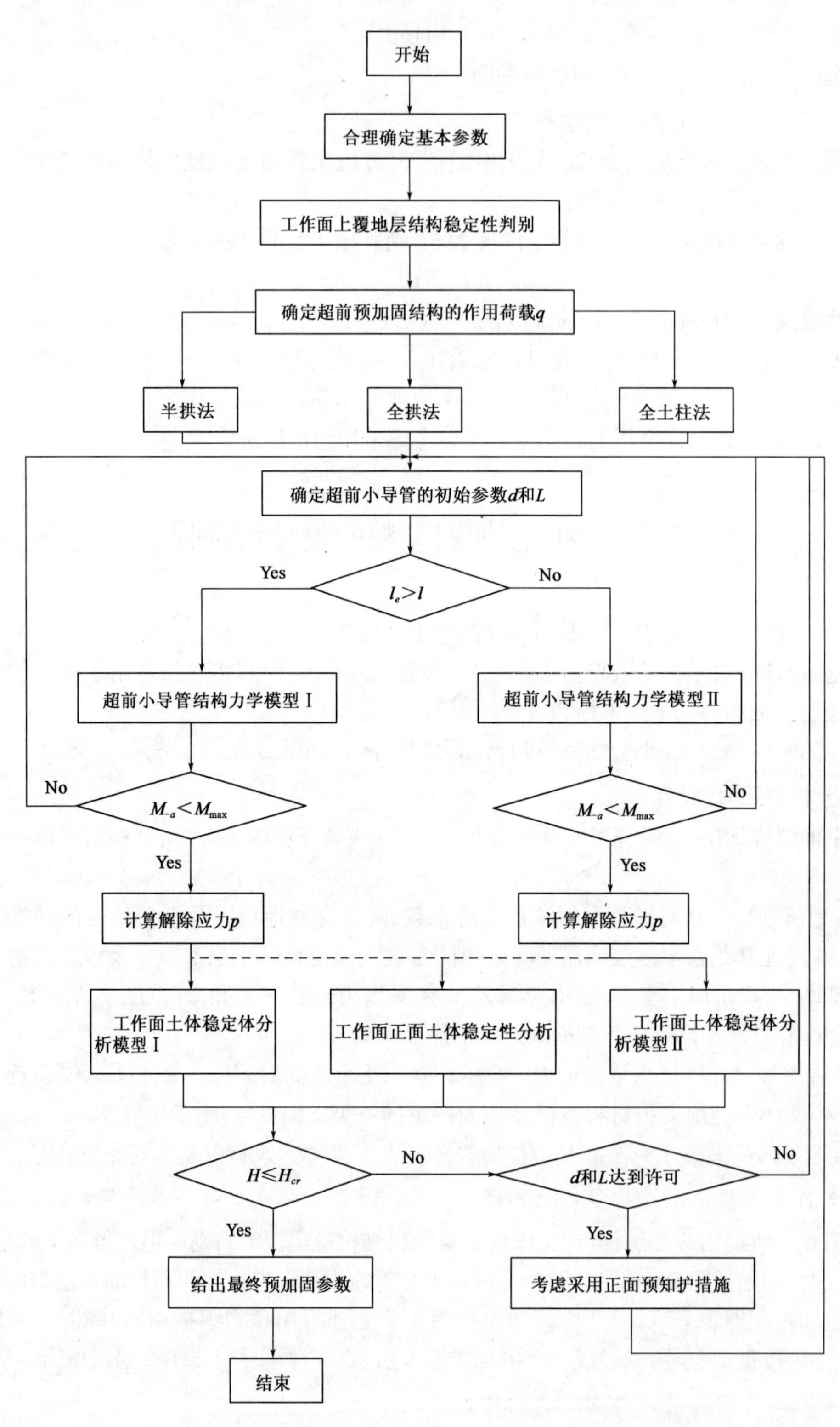

图 7.43 超前小导管(小管棚)动态设计方法步序框图

4）确定超前小导管（小管棚）的初始参数（d、L）

超前小导管（小管棚）的初始参数是指其钢管直径 d 和钢管长度 L。钢管直径按目前常用的系列选取，取值范围为 ϕ32mm ~ ϕ76mm；钢管长度应考虑综合因素的影响。依据本文的研究结果，初始设计时，钢管长度 L 应据下式确定。

（1）对隔榀架设的格栅钢架：

$$L = 2a + l_e \tag{7.22}$$

（2）对每榀架设的格栅钢架：

$$L = a + l_e \tag{7.23}$$

其中：

$$L = L'\cos\theta \tag{7.24}$$

式中：L——钢管长度，值得提出的是 L 为钢管的水平投影长度。若不特别指出，则本书的钢管长度泛指钢管的水平投影长度；

L'——钢管的真实长度；

θ——钢管插入方向与工作面推进方向之间的夹角；

l_e——土中管体的剩余长度。由本书的研究结果，不随各类参数而改变的土中管体临界剩余长度为 2.5m。因此对初始设计时，建议取 l_e 为 2.5m。

值得说明，上述超前小导管（小管棚）初始参数（d、L）的确定步骤是对新建工程隧道工作面地层预加固的设计。对已有工程，只要把原参数代入相应的计算步骤中即可。

5）选择力学模型并检算其力学参数

首先依据土中管体剩余长度 l_e 是否大于工作面土体破裂（松弛）长度 l 来选择相应的超前小导管结构力学模型；其次在合理确定模型的主要参数如拱顶下沉 y_0（表征支护结构刚度参数）、作用在超前预加固结构上的荷载 q（反映地层条件差异性参数）、基床系数 K（衡量工作面正面土体物性指标参数）、一次进尺 a（反映施工开挖空间影响参数）以及超前支护材料弹模 E 的基础上，求解钢管的挠度 y、弯矩 M 和接触应力 p；最后校核弯矩条件是否满足要求。

在判断弯矩条件时，考虑小导管与隧道初次支护结构的关系，取一次进尺时的弯矩 M_{-a} 来检算是否满足下述判断条件：

$$M_{-a} \leqslant M_{\max} = [\sigma] \cdot W_d \tag{7.25}$$

其中：

$$W_d = \frac{\pi d^3(1-\beta^4)}{32} \tag{7.26}$$

式中：$M_{\max}$——钢管允许的最大弯矩；

$[\sigma]$——钢管的许用应力；

W_d——钢管截面的抗弯截面系数；

β——钢管的内外径之比，由式 $\beta = d_0/d$ 确定；

d——钢管的内径。

若式（7.25）满足，则可计算接触应力 p，并转向下一步计算；若不满足，则返回小导管参数的初始设计，调整其参数，再行检验。若仍不满足，则判断其钢管参数 d 和 L 是否大于许可的技术经济合理的[d]和[L],若达到许可值,则不再单纯追求增大钢管的直径和长度,应转入下一步设计,即考虑工作面正面预支护参数的设计与选择问题。

6)选择上限解模型,进行工作面土体稳定性分析以确定最终超前预加固结构参数

依据条件选择相应的工作面土体稳定性分析的上限解模型,计算其上限解的工作面稳定性系数 N_s、临界高度 H_{cr}、临界长度 L_{pcr} 和破裂(松弛)角 α。在此基础上,判断下式条件是否成立:

$$H' \leqslant H_{cr} \tag{7.27}$$

式中,H'为工作面自由面高度。若核心土高度为 h,则 $H' = H - h$。

若式(7.27)满足,则给出小导管的最终参数以及工作面核心土参数;若式(7.27)不满足,则再行判断钢管参数 d 和 L 是否达到许可。若达到,则考虑采用工作面正面预支护等技术措施,并利用工作面正面土体预加固稳定性分析上限解统一模型给予验算,直至满足要求。如果仍不满足要求,则由前述研究结果知,此时的地层条件,拟单纯依靠小导管或小管棚进行工作面预加固已难以保证工作面稳定和控制地表下沉,因此应该在工作面正面土体采用预加固措施的基础上,采用大管棚,或者注浆改良地层等,以形成一定的保护厚度后,再进行小导管或小管棚预加固。

值得再次强调的是,地层预加固参数的确定并不单纯是一个孤立的参数设计,它与地层、隧道开挖与支护等密切关联,必须遵循上述设计原则进行。它的设计也不能期望一蹴而就,应针对地层易变的条件,多考虑几种工况,并给出相应的地层预加固参数,进行对比分析,以便"对症下药"地采取措施,达到稳定工作面,控制地层变位的目的。

7.8 本章小结

(1)基于建立的超前小导管结构力学模型,全面系统地分析了影响工作面拱部超前预加固参数的因素。通过参数分析,得出以下认识。

①超前支护钢管直径存在最佳值。在地层条件不良地段,完全依靠增大管径并不能带来预期的作用效果。

②短进尺和工作面正面土体的改良都利于控制隧道的安全开挖。

③增大隧道初次支护的刚度利于发挥超前支护的作用效能。换句话说,为保证开挖面的稳定,浅埋地铁隧道设计时,不可一味效仿新奥法,应重视初次支护的刚度。

④在保证超前支护土中剩余长度不小于临界长度的条件下,钢管直径与其长度之间并无相关关系。

⑤超前支护长度存在最佳支护长度。

⑥超前支护的搭接长度(土中临界剩余长度)不受各种因素影响的最小临界长度为2.5m。

(2)通过对工作面核心土长度留设的有限元数值分析,可得出以下初步结论。

①工作面核心土留设长度存在最佳值。

②核心土的留设能抑止地层的水平位移和竖向位移,但其主要是控制土体向隧道内空的

水平位移。

③留设核心土能有效降低工作面前方土体的松弛范围，并同时在工作面前方产生压密区。这与深基点实测一致。

(3)基于建立的工作面正面土体预加固和稳定性分析模型，核心土留设高度越大，工作面越稳定。

(4)在地层劣化的条件下，工作面正面预支护是最有效的措施。

(5)给出了确定超前预加固结构作用荷载的半拱法、全拱法和全土柱法。

(6)提出了工作面地层预加固参数设计与选择的 5 个原则，并给出了一套确定浅埋暗挖隧道工作面地层预加固参数的设计方法。

8　盾构法施工引起的周围土体变形

盾构施工对邻近结构物造成影响和破坏的原因是盾构施工不可避免地引起了周围土层的变形,从而对邻近结构物产生影响。为此,盾构邻近施工问题要从研究盾构施工引起的地层位移入手。

8.1　盾构施工引起地层变形的主要规律

在盾构掘进过程中,地基变形的特征是以盾构机为中心成三维扩散分布,且其分布随盾构机推进而向前移动,如图8.1所示。

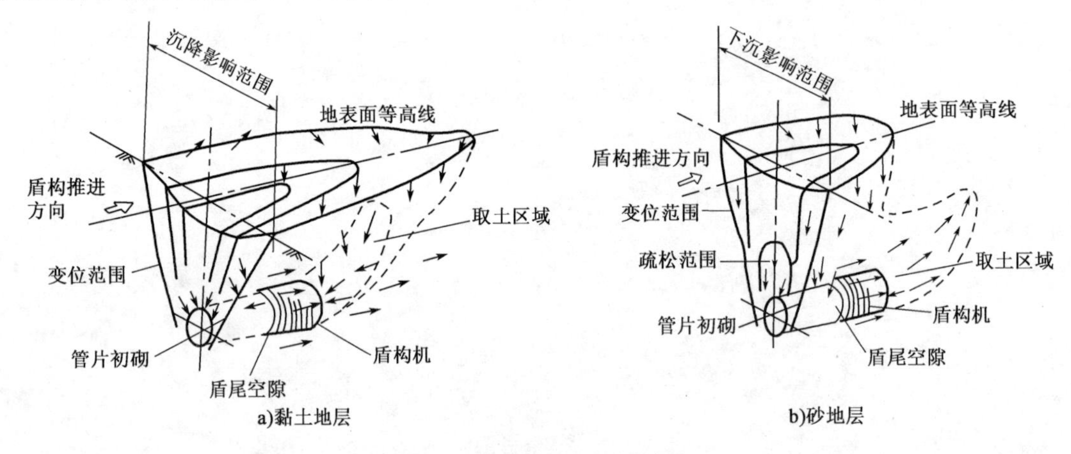

图8.1　盾构隧道地层移动概略图

8.1.1　地层竖向变形

1)地层竖向变形一般规律

地层竖向变形一般可随盾构的推进分为:先期沉降、开挖面前部的下沉或隆起、盾构通过时的下沉或隆起、盾尾脱出时的隆起或沉降、后续下沉5个阶段,如图8.2所示。

(1)先期沉降。是指自隧道开挖面距地面观测点还有相当距离(数十米)的时候开始,直到开挖面到达观测点之前所产生的沉降,是随着盾构掘进引起地下水位降低而产生的。因此,这种沉降可以说是由于孔隙水压降低、土体有效应力增加而产生的固结沉降。

(2)开挖面前部沉降或隆起。是指自开挖面距观测点极近(约几米)时起直至开挖面位于观测点正下方之间所产生的沉降或隆起现象。多由于开挖面水土压力不平衡所致。

(3)盾构通过时沉降或隆起。是指从开挖面到达观测点的正下方之后直到盾构机尾部通过观测点为止这一期间所产生的沉降,主要是由于土的扰动所致。

(4)盾尾间隙沉降或隆起。是指盾构机的尾部通过观测点正下方之后所产生的沉降或隆起。是盾尾间隙的土体应力释放或注浆加压而引起土体的弹塑性变形。

(5)后续沉降。是指固结和蠕变残余变形沉降,主要是由于地基扰动和有效应力增大所致。

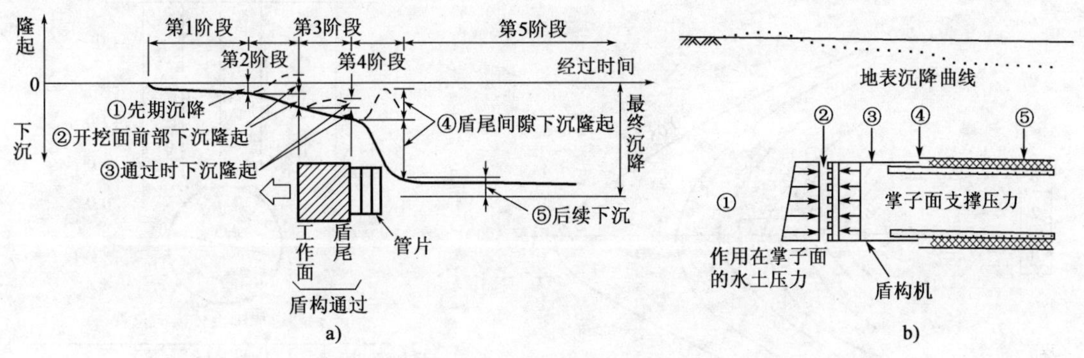

图 8.2　盾构推进时地层变形阶段分类图

盾构推进不仅引起沉降和隆起,而且可造成地层水平变形,一般形成盆状影响区域。在与隧道轴线垂直的横断面上,土体发生变形形成沉降槽,隧道上方沉降量大,向两侧逐渐减小。沉降槽的大小,一般随时间增长。砂土中,盾构通过后,下沉很快发生并稳定;而黏性土中,盾构通过后,下沉还长时间继续。图 8.3 为模型试验中的土层移动矢量图。

2)地表横断面上的变形曲线

在横断面上,地表变形曲线的形状一般与图 8.4 所示情况类似。其特点是在与隧道轴线垂直的平面上形成沉降槽,隧道上方沉降量最大,向两侧逐渐减小,沉降槽的大小,一般随时间而增长。

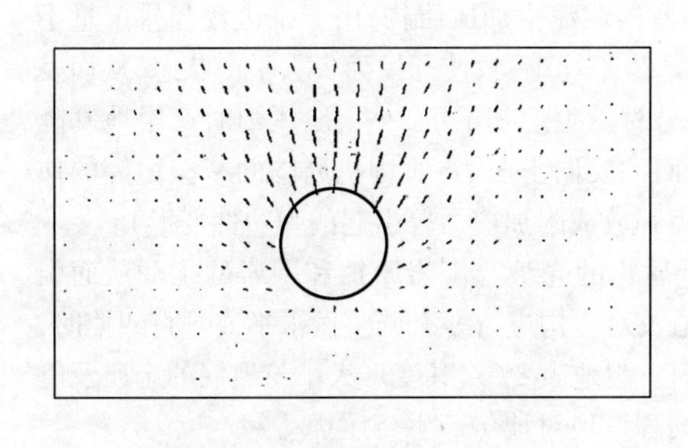

图 8.3　黏土中隧道土体移动矢量图

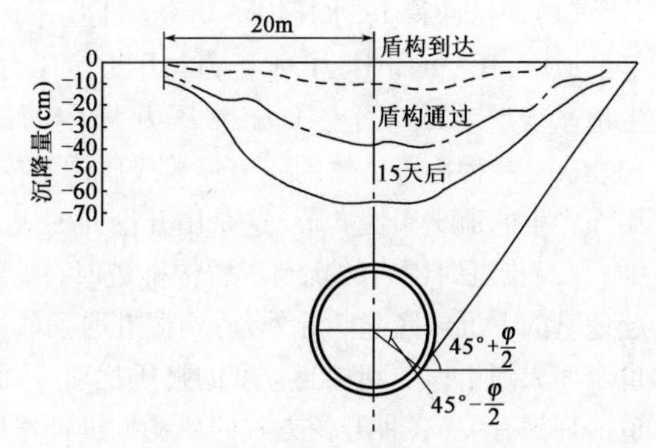

图 8.4　某隧道地表横断面变形曲线

3)地表沉降等高线

盾构推进时地层移动规律有明显的三维特征(图 8.1),使地表沉降槽的形状为锥形。对地表沉降槽可绘出如图 8.5 所示的等高线,锥尖指向盾构推进方向。盾构推进过程中,锥形沉降等高线逐步向前扩展。

8.1.2 地层水平变形

盾构推进不仅可引起地表沉降或隆起,而且可造成地层水平变形。水平变形由推力引起,图8.6a)为横断面上隧道周围土体变形的分布图,图8.6b)为图8.5中A—A剖面上土体的水平变形图。由图可见,近盾构处水平变形较大,前方水平变形较小,形成盆形影响区域。

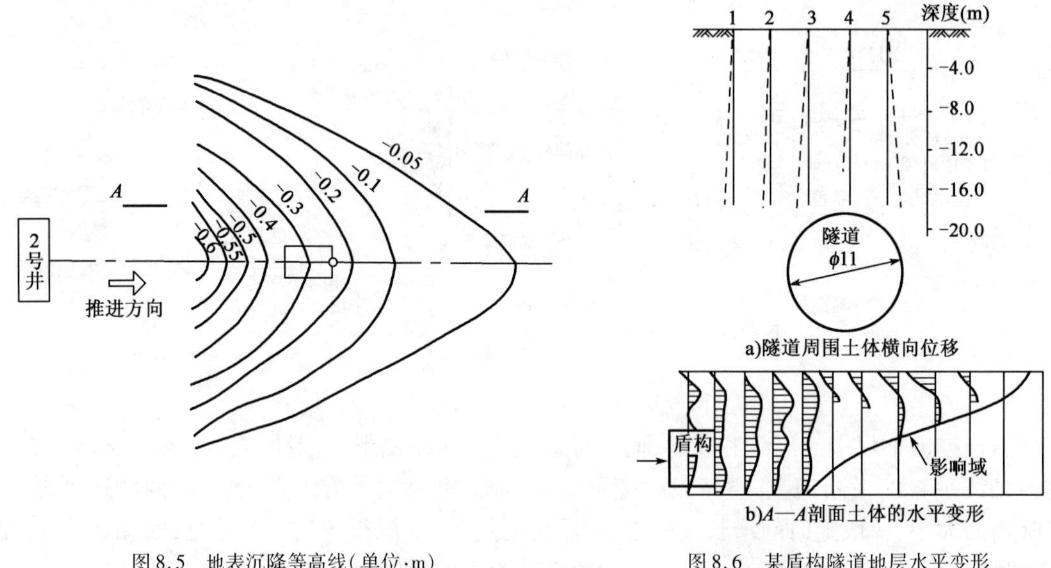

图8.5 地表沉降等高线(单位:m)

图8.6 某盾构隧道地层水平变形

8.2 盾构施工引起地层变形的机理

(1)开挖使得土、水压力不均衡。土压平衡盾构或泥水加压盾构,由于推进量与排土量不等的原因,开挖面土压力、水压力与压力舱压力产生不均衡,致使开挖面失去平衡状态,从而发生地基变形。开挖面土压力、水压力大于舱压力时发生地基下沉,小于舱压力时产生地基隆起。这是一种由于土体的应力释放或盾构开挖面的反向土压力、盾构机周围的摩擦力等的作用而产生的地基塑性变形(这是由开挖面的应力释放或附加应力等引起的弹塑性变形)。

(2)推进时围岩的扰动。盾构推进时,由于盾构的壳板与围岩摩擦和围岩的扰动从而引起地基的下沉或隆起。此外,盾构掘进遇到弯道及对盾构进行姿态调整做水平或垂直纠偏时,也会使周围土体受到相当程度的挤压扰动,从而引起地表变形,其变形大小与地层的土质及隧道的埋深有关(各种开挖方式的盾构掘进都不同程度地对地层产生挤压扰动)。

(3)盾尾间隙的存在和壁后注浆的不充分。由于盾尾间隙的存在,盾壳支撑的围岩朝着盾尾间隙变形而产生地基下沉。这是由于应力释放引起的弹塑性变形。地基下沉的大小受壁后注浆材料材质及注入时间、位置、压力、数量等影响。另外,黏性土地基中壁后注浆压力过大是引起临时性地基隆起的原因。盾构施工中的纠偏或弯道施工时的局部超挖,会造成盾尾后部建筑空隙的不规则扩大,其扩大量一般尚难以估计,空隙又无法做到及时充填和压密,从而

导致地表沉降；沉降沿盾构行进的纵、横向多是不均匀的差异沉降，其危害则更大。

(4)一次衬砌的变形及变形。接头螺栓紧固不足时，管片环容易变形，盾尾间隙的实际量增大，盾尾脱出后外压不均等使衬砌变形或变形，从而增大地基下沉。隧道衬砌脱出盾尾后，在土压力作用下管片环产生变形位移，也会招致地表的少量沉降。

(5)地下水位下降。来自开挖面的涌水或一次衬砌产生漏水时，地下水位下降而使地基下沉。这一现象是由于地基的有效应力增加而引起固结沉降。同时，由于周围地下水的不断补给，在一定范围内产生动水压力，也导致土中有效应力增加，产生土体主固结沉降和后续的次固结流变的发展。

由以上分析，可对盾构推进过程中各阶段的变形原因和机理归纳为表8.1。

各阶段变形的主要原因和机理　　表8.1

各阶段变形	变形原因	地层状况变化	变形机理
先行沉降	地下水位降低	土体有效应力增加	固结沉降
盾构到达前的隆起或沉降	工作面坍塌、过量开挖、工作面挤压	土体应力释放或挤压、扰动	弹塑性变形
盾构通过时的隆起或下沉	盾构姿态的变化、盾构外壳和土体之间的摩擦挤压	扰动	弹塑性变形
盾尾脱出时的隆起或沉降	盾尾建筑空隙及注浆	土体应力释放或挤压	弹塑性变形
后继下沉	土体蠕变和固结，管片受力变形引起的相应变形	孔隙水压消散等	固结及蠕变变形 弹塑性变形

从以上可以看出，盾构掘进施工所引起的土体变形主要包括两部分：瞬时变形和后期变形。瞬时变形主要是盾构施工中地层损失等引起的土体初始应力状态改变而产生的变形。地层损失是盾构掘进施工中，实际开挖土体体积和竣工隧道体积（包括隧道外周包裹的压入浆体体积）之差。后期沉降主要包括土体的固结变形和土的次固结变形（蠕变）。

8.3　盾构施工引起地层变形的主要影响因素

影响盾构隧道地层移动规律的因素较多，主要有隧道的埋深和直径、地层的物理力学性质、盾构施工参数、管片衬砌、周围环境等。

8.3.1　隧道埋深和直径

根据Peck、Attewell等诸多学者的研究，一般认为随着隧道埋深的增加，地表沉降槽的宽度系数增加，地表沉降的最大值减小。对于隧道直径，不同学者得出的结论有一定的偏差，如式(4.3)有

$$i = H/[\sqrt{2\pi} \cdot \tan(45 - \varphi/2)] \tag{8.1}$$

式(4.4)有

$$i = k \cdot (D/2) \cdot (H/D)^n \tag{8.2}$$

式中：D——隧道直径；

H——隧道埋深；

i——沉降槽的宽度系数；

φ——土体的内摩擦角；

k 和 n——与地层土力学性质及施工因素有关的常数，前者与隧道直径无关，后者则与隧道直径相关。

但从具有一定埋深的隧道来看，隧道直径对地表沉降情况的影响相对较小。

8.3.2 土体的物理及力学性质

不同性质的土体，变形情况有着较大的差别。如图8.1所示黏土层和砂土层中隧道周围地层的移动情况。砂土中盾构隧道引起地层移动的范围要比黏土中小。砂土中，盾构通过后，下沉很快发生并稳定；而黏性土中，盾构通过后，下沉还长时间继续。另由式(8.1)可知，随着土层内摩擦角的增大，沉降槽宽度系数减小。

T. Ito 指出，地表沉降槽的宽度主要取决于最接近隧道拱顶的土层的特性。

8.3.3 覆土厚度

图8.7为根据日本大阪10余个工程实例资料绘出的地表最大沉降量与覆土厚度的关系。图中 D 为盾构外径，H 为覆土厚度，E 为地层平均变形模量，δ 为地表最大沉降量。由图可见，地层 E_s 值较大时，地表沉降量 δ 较小，且当 H/D 在1.5～2.5时，H/D 的大小几乎不影响地表沉降。地层较软弱且 H/D 接近1.5时，地表沉降量最大。随 H/D 值的增大，沉降量有所减小，表明 δ 与 H/D 之间存在反比例关系。日本的竹山乔经过大量的研究，曾提出如下公式

$$\delta = \frac{1}{E_s}[491.5 - 23H/D] \tag{8.3}$$

图8.8为按式(8.3)绘出的 δ～H/D 关系图。

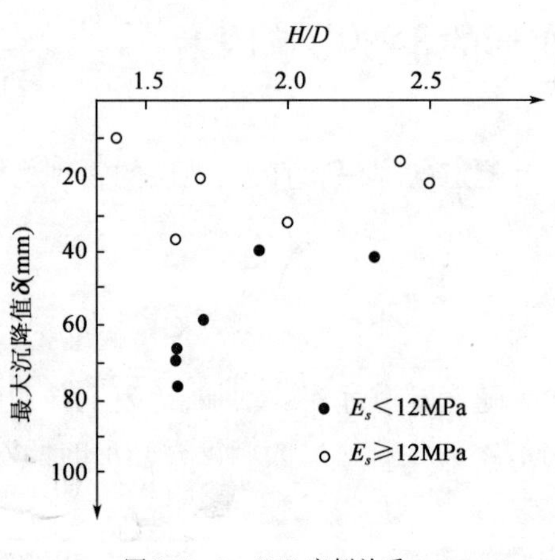

图8.7 δ～H/D 实例关系

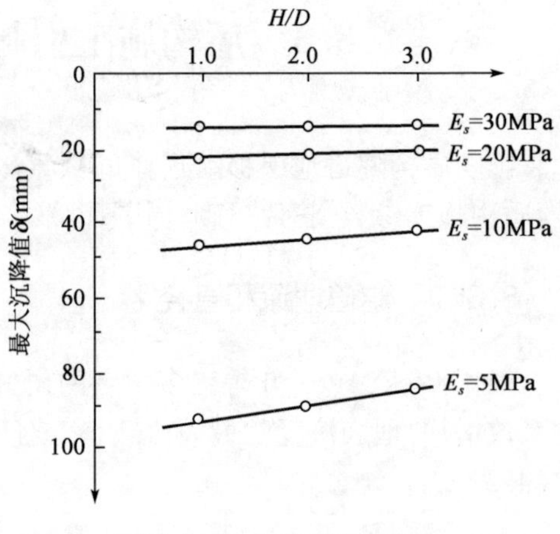

图8.8 δ～H/D 理论关系

8.3.4 地层平均变形模量的影响

图 8.9 为根据日本积累的资料绘制的 $H/D=3.0$ 时地表最大沉降量 δ 与地层变形模量 E_s 的关系曲线。由图可见，最大沉降量 δ 随 E_s 值的增大而减小。E_s 值小于 10MPa 时，值 δ 减小较显著。根据该图的关系，可知欲使最大沉降量控制在 30mm 以内，地层平均变形模量需大于 10MPa。这一数据对有环境保护要求的工程，可作为确定采取某种施工技术的参考依据。

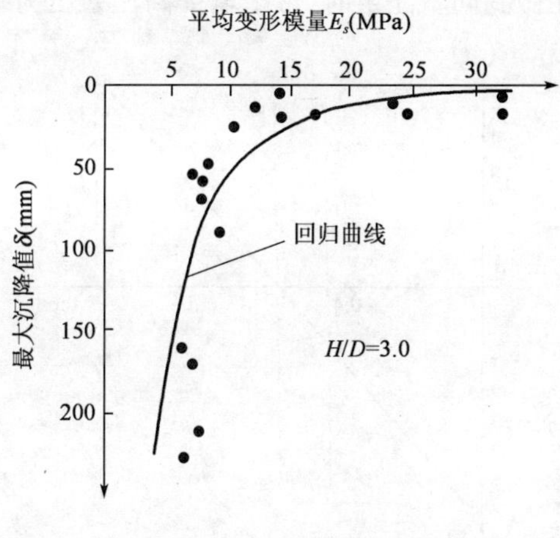

图 8.9 $\delta \sim E_s$ 的关系

8.3.5 管片情况

管片材质、构造、拼装方式等的不同带来不同的变形性能和防渗漏水性能，从而引起不同的变形情况。

8.3.6 周围环境

周围环境对地层的变形也有着重要的影响，如隧道上建筑物等的存在而引起超载，从而影响地层的变形。

8.3.7 盾构施工工艺

盾构类型及相应的施工工艺对地层位移有着显著的影响。盾构施工中的蛇行、后退、纠偏、盾尾间隙量、注浆时间、注浆量、注浆压力、浆液性质、出土量、推进速度、采用的辅助工法等都对地层移动的范围及大小产生影响。

1）胸板正面压力的影响

数理统计表明，胸板正面压力与地表变形量间有如下关系

$$P-P_0=2.266\delta \tag{8.4}$$

式中：P——胸板给予地层的正面压力，一般取胸板上土压力的平均值（MPa）；

P_0——地层静止土压力（MPa）；

δ——距盾构前端 $2D$（D 为盾构直径）处的地表变形量（m），“+”为隆起，“-”为沉降。

与式（8.4）相应的直线示于图 8.10。由图可见，胸板压力超过静止侧压力时地表隆起，反之下沉。胸板压力等于静止侧压力时，理论上地表变形为零。

2）盾尾注浆开始时间、压力和注浆量的影响

由盾构工作原理可知，盾尾脱离后应及时向隧道衬砌与地层间的空隙注浆，以免地层在释放应力的作用下向空洞收缩，使地表出现沉降。图 8.11 为根据日本一些盾构隧道工程的实际数据绘制的地表沉降与注浆开始时间的关系图。由图可见，注浆开始时间越迟，地表沉降越大。因此，注浆开始时间越早越好，最好能做到同步注浆，即边脱开盾尾，边向空隙内注浆。不

能做到同步注浆时，可采取提高注浆压力、增加注浆量等方法弥补。

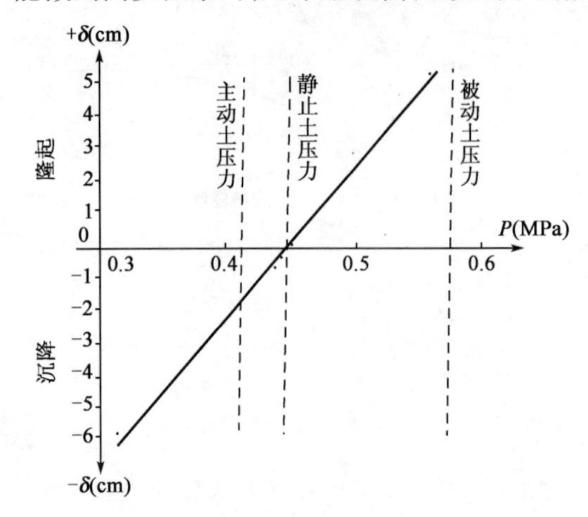

图 8.10　某盾构隧道地层水平变形

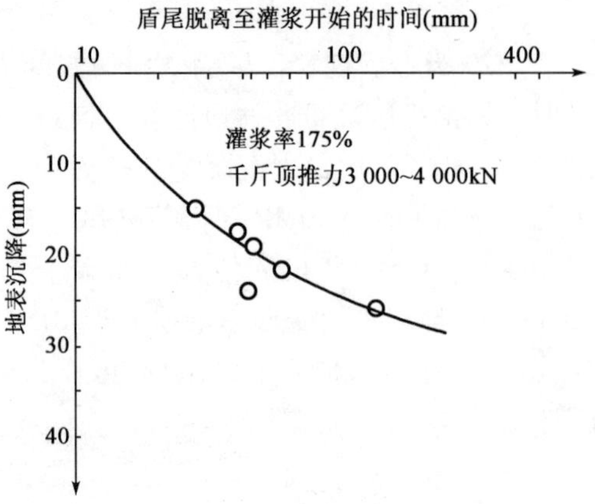

图 8.11　地表沉降与注浆开始时间的关系

地层能承受的注浆压力称为地层劈裂压力。实际注浆压力大于地层劈裂压力时，浆液可侵入地层，使地层受到扰动，加大地层变形量；小于地层劈裂压力时，地层结构基本完好，浆液可全部进入原有的空隙。国内外工程实践表明，为使盾尾空隙充填良好且不致发生劈裂，实际注浆压力应小于（或接近于）地层劈裂压力。

注浆量理论上应与盾尾存在的空隙体积相等，以使地层移动量最小。然而对于软土地层，因在注浆前地表已有沉降，因此注浆率应大于100%，以使地表有所隆起，抵消已经出现的沉降。其效果与克服稍微推迟注浆开始时间造成的效果大致相当。

3）出土量的影响

出土量一般以实际出土体积与盾构推进体积之比表示。显然，出土量为100%时地层移动量最小。由于出土量较难精确控制，盾构推进时往往改为可知胸板的正面挤土压力。正面挤土压力与静止侧压力相近时，出土量接近100%。为确保开挖面的稳定性，盾构正面挤土压力一般略大于静止侧压力，使出土量总是略小于100%。可见，盾构法施工初期地表产生少许隆起是正常的。

4）盾构推进速度的影响

加快盾构推进速度可加快工程进展。但如果出土速度过慢，盾构将处于挤压推进状态，使胸板挤土压力增大，引起地表隆起变形。盾构推进速度应由地层条件和出土设备的能力确定，施工时应始终使胸板正面压力略大于静止侧压力。

8.4　盾构施工对周围土体移动影响的特征及评价

城市中盾构施工中最关心的问题之一是施工对周围环境的影响。国内外地下工程界对此非常重视，进行了较为深入的研究，取得了一定的成果。盾构施工过程中对地层移动的影响一般由隧道的几何条件（直径、埋深等）、地层条件、盾构类型、施工情况等多种因素造成，不同地域的盾构工程由于地质条件的差别周围地层的运动规律一般会有较大的差异。广州地铁二号线越～三盾构区间则主要从分化岩层中穿过，采用德国海瑞克公司的土压平衡复合式盾构机，与上海的情况有着较大的差别。同时沿线穿越大量的建筑物、管线等，并且近距穿越大量的桩基基础。为了全面了解盾构施工对周围地层的影响，掌握地层移动规律，特别是评价盾构施工对周围建筑物的安全影响，下面对周围地层位移情况进行了较为详细的监测。

8.4.1　工程概况

广州地铁二号线越～三盾构区间隧道，隧道单线全长3926m，覆土层厚度在9～28m，有71%的洞段覆土厚度小于3倍洞径，为浅埋隧道。隧道沿线自上而下分布9类地层：①人工填土层、②-1淤积层、②-2海陆交互淤积层、③冲、洪积砂层、④冲、洪积土层、⑤-1残积土可塑层、⑤-2残积土硬塑层、⑥岩石全风化带、⑦岩石强风化带、⑧岩石中风化带、岩石微风化带。其中⑧、⑨地层属稳定地层，其余为不稳定地层。隧道洞身约有61%处于⑧、⑨岩石地层中、39%埋置于不稳定地层中。地下水主要为第四系孔隙水和基岩裂隙水，地下水位埋深为1～2m，主要受大气降水、地表废水和地下水管渗漏的补给。隧道衬砌采用C50钢筋混凝土板型管片，内径5.4m，外径6m。采用具有开敞、气压、土压平衡三种掘进模式的复合式盾构机进行隧道施工，盾构机外径6.28m。在开挖面能自稳，且地下水小于0.1MPa时，采用敞开模式开挖；当开挖面基本能自稳，或地下水压力在0.1～0.15MPa时，采用气压模式开挖；当开挖面不能自稳，或地下水压力大于0.15MPa，采用土压力平衡模式。采用同步注浆或即时注浆填充管片背后环形间隙，注浆材料采用水泥、砂、黏土、粉煤灰和外加剂拌制，注浆压力为0.25～0.4MPa，注浆量为环形间隙体积的1.4～2倍。

8.4.2　地表监测分析

监测点布置如图8.12所示。

1）敞开式掘进模式

本掘进模式主要在地质条件较好的中风化⑧地层和微分化⑨地层中采用，并进行同步或即时注浆，地下水主要是基岩裂隙水，隧道埋深在10～18m。

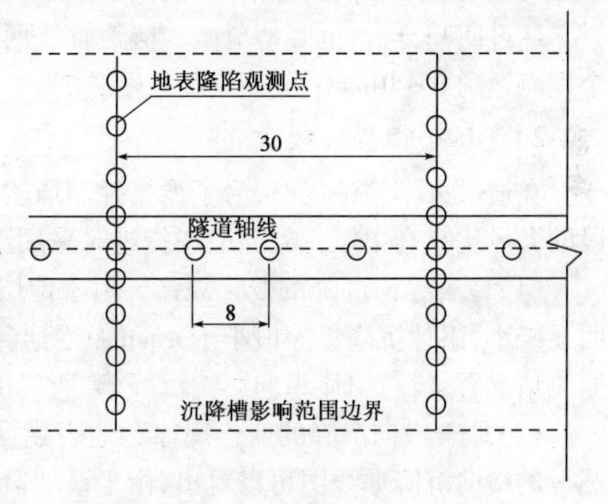

图8.12　地表隆陷观测点示意图(尺寸单位:m)

（1）地表纵向沉降的变化规律。在图8.13中，盾构开挖面对应日期为盾构到达此观测点的日期。由观测结果分析可知，盾构施工引起的地表沉降一般较小，大部分测点的纵向累计地表沉降在5mm内，而且变形很快稳定。由于采用敞开式掘进，在盾构通过前地层即发生沉降；盾尾脱出管片后，地表根据注浆情况的不同而发生隆起或沉降。

盾构施工引起的前期沉降可分为以下两个阶段。

①盾构通过时其上方地表略有下沉，占总沉降的15%～30%。

②盾构通过后，由建筑间隙引起的沉降，占总沉降的70%～85%。

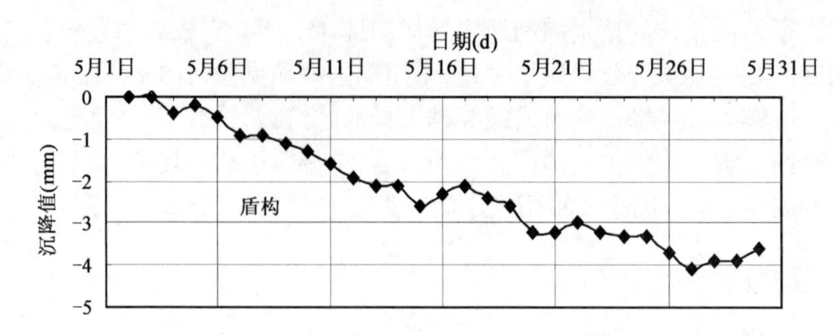

图 8.13　地表测点沉降—历时曲线图(1)

(2)地表横向沉降的变化规律。地表横向沉降的变化规律如图 8.14 所示。

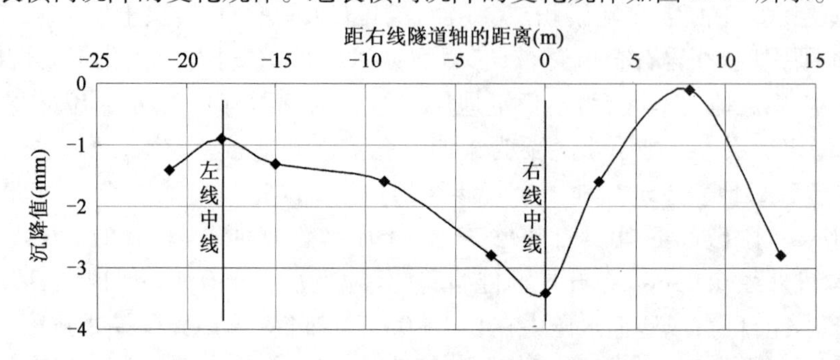

图 8.14　地表横断面沉降曲线图(1)

对右线附近横向沉降槽进行回归分析,结果表明靠近左线测点实际沉降值比回归值大,主要是受左线施工影响,沉降叠加的结果。

通过回归分析,沉降槽范围为隧道轴线两侧 9 ~ 15m,隧道最大沉降值为 2 ~ 5mm(一般),个别点达到 8 ~ 10mm;沉降槽宽度系数 i 为 3 ~ 5m,地层损失系数为 0.1% ~0.15%。

2)气压平衡掘进模式

在通过火车站站场时,为了严格控制盾构对周边土体的影响,不影响正常铁路营运,在本段的微风化⑨和中风化⑧地层中掘进时采用了半敞开掘进模式(气压平衡模式)。

(1)地表纵向沉降的变化规律。由于地层稳定性较好,相应的地层损失较小,地表沉降量明显减小,累计沉降量一般小于 4mm,个别点在 7mm 左右,但均小于要求的 10mm 限值,且从监测情况看,没有明显纵向影响沉降槽,所以沉降范围很小,如图 8.15 所示。

(2)地表横向沉降的变化规律。地表横向沉降的变化规律如图 8.16 所示。由以上典型测点的横向沉降曲线图可以看出,由于该地段地质较好,又采用了气压平衡模式,使得横向沉降量很小,且没有出现明显沉降槽,沉降影响范围不大。

3)土压平衡掘进模式

对于全风化⑥和强风化⑦地层,由于隧道开挖面不能自稳,采用土压平衡模式开挖,同步注浆或即时注浆。

(1)地表纵向沉降的变化规律。如图 8.17 和图 8.18 所示,在全风化⑥和强风化⑦地层中,由于采用土压平衡模式,地表在盾构到达时出现微量的隆起。但由于地层软弱、掘进参数不合适、注浆开始时间距盾尾脱出后过长等因素的影响,沉降跟微风化⑨和中风化⑧地层中的

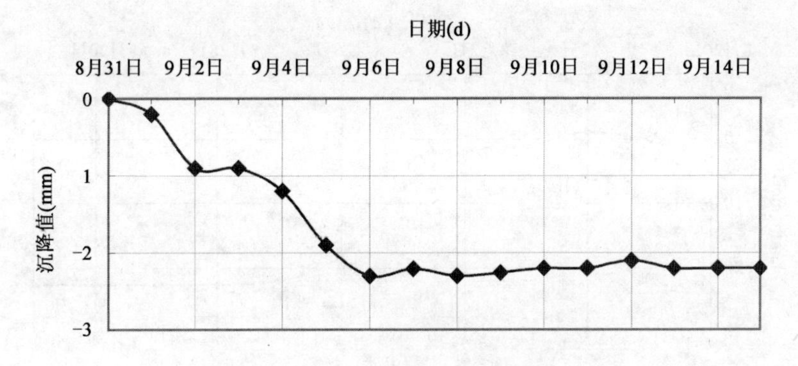

图 8.15　地表测点沉降—历时曲线图(2)

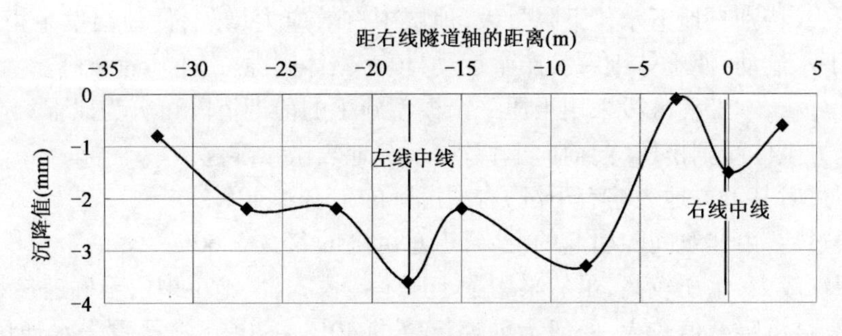

图 8.16　地表横断面沉降曲线图(2)

敞开式相比略大，右线一般在 7～15mm，大大小于 30mm 的控制值。但右线由于受左线施工二次扰动及地下水流失的影响，地表在经过一个短暂的稳定期后重新发生沉降，且数值较大，部分地段沉降超过 30.0mm；在初始基本稳定时沉降为 13mm，后受左线影响沉降值高达 52mm，又增加了 3 倍。

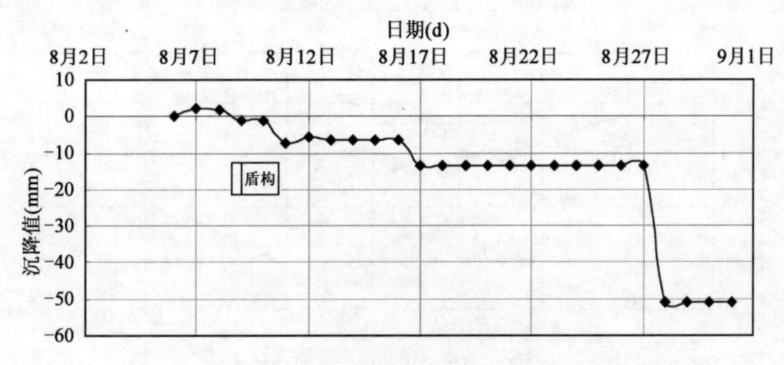

图 8.17　右线地表测点典型沉降—历时曲线图

左线隧道在掘进中由于地层软弱、掘进参数不合适、注浆开始时间距盾尾脱出后过长、失水等因素的影响发生了相对较大的沉降，一般在 15～25mm，少数地段超过了 30.0mm 的限值。

在全风化的⑥地层或强风化的⑦地层中，由施工引起地表下沉较大的原因有：地层较软弱，孔隙比较大，可压缩性高，由于地下水位下降，致使有效应力增加，导致土体固结沉降；注浆开始时间距盾尾脱出管片后过长，没能有效及时填充建筑间隙；部分地段没有建立土压平衡，

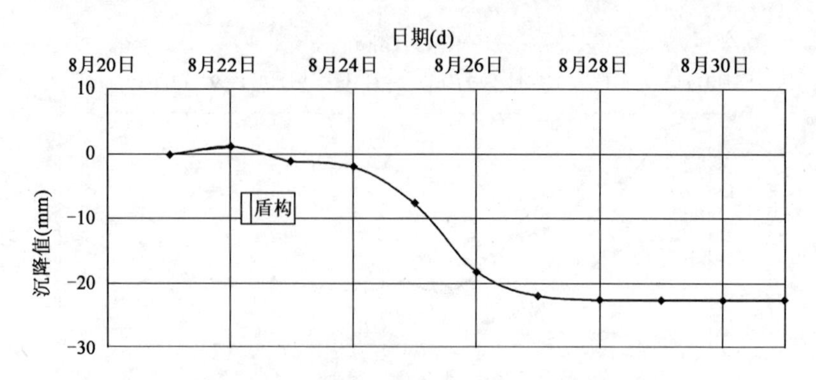

图 8.18　左线地表测点典型沉降—历时曲线图

增大了地层损失,特别是地下水位下降过大,地层中有效应力增加,使地层发生很大的固结沉降。另外,地下水流动,使土体细颗粒产生运动,填充土体间隙,产生压密沉降。

根据统计分析,本工程区段采用土压平衡模型施工的前期沉降可分为以下三个阶段。

①盾构前方土体受到挤压,向前向上移动,引起地表微量隆起。

②盾构通过时其上方地表略有下沉,占总沉降的 15% ~40%。

③盾构通过后,由建筑间隙引起的沉降,占总沉降的 85% ~60%。

本区段埋深较大,水压较高,虽然采用了土压平衡模式,但施工中由于掘进参数不当、管片漏水等原因,固结沉降数值较大,一般为前期沉降的 40% ~70%,在严重失水地段,固结沉降达到前期沉降的 3 ~5 倍。

(2)横向沉降的变化规律。隧道施工进入不能自稳的全风化⑥地层和强风化⑦地层,地表沉降值增大,同时地表沉降范围增大。图 8.19 为右线某断面在左线通过前的沉降情况,最大沉降量为 8.2mm。

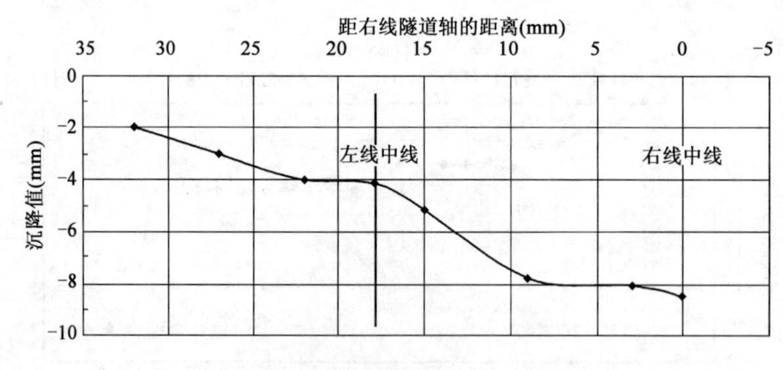

图 8.19　地表横断面沉降曲线图

对该段地层条件和掘进模式下的地表变形进行回归分析的结果如下。

隧道最大沉降值为:

一般情况下为 7 ~25mm;

土压平衡没有有效建立及失水严重的情况下为 30 ~55mm。

影响宽度为 $4D$ ~$7D$。

沉降槽宽度系数 i 为 10 ~15m。

地层损失系数为：一般情况下为0.5%～1.7%；

土压平衡没有有效建立及失水严重的情况下为2%～3.7%。

8.4.3　深层土体的变形

根据研究需要，在隧道通过地层较软弱的、含水丰富的全风化地层位置布置了两个主监测断面，该位置的隧道埋深为26m左右。主要监测项目与隧道的关系见表8.2、图8.20。

监 测 项 目 表　　表8.2

编　号	里　程	孔　深
地中水平位移监测孔		
RHH1	YDK17+116	30
RHH2	YDK17+116	31
LHH1	ZDK17+97	30
LHH2	ZDK17+97	30
地中垂直位移监测孔		
RVH1	YDK17+116	21
	ZDK17+97	22

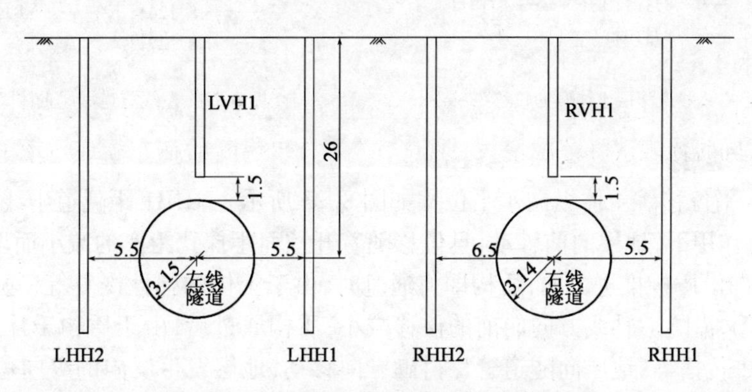

图8.20　主断面测点布置示意图(尺寸单位:m)

其中，地中水平位移监测采用测斜仪，测点间距为2m；地中垂直位移监测采用分层沉降仪。

1)深层土体沉降

如图8.21所示(正值为隆起，负值为沉降)，右线隧道在掘进中建立了有效的土压平衡，在盾构到达开挖面前，由于盾构刀盘和土舱内的土压推力，开挖面前方土体向前移动，同时隆起，在8月7日(距开挖面约26m)的观测中，土体向上隆起，隆起值由下向上减小。随着盾构开挖面逐渐接近探孔，隆起值增大，在8月9日上午(距开挖面约0.5m)的观测中，最大隆起值达到11.6mm；根据8月9日下午(距开挖面约－6m)的观测，表明在盾构的穿越过程中，土体开始下沉，这主要是由于盾构的锥形和穿越过程中对土体扰动引起的；由于盾尾脱出管片后，注浆不及时、注浆不充分，土体急速下沉，在8月10日(距开挖面约－13m)最大沉降已达到15.3mm；然后土体沉降速率逐渐减慢，到8月13日(距开挖面约－45m)基本稳定，此时，最大沉降为－17.7mm。

如图 8.22 所示，左线隧道由于在掘进中没有建立有效的土压平衡，且掘进过程中失水较为严重，隧道上方土体没有出现隆起，而是一直下沉，在 8 月 27 日时，最大沉降达到 80mm。但地层位移的规律仍是由下往上逐渐减小。

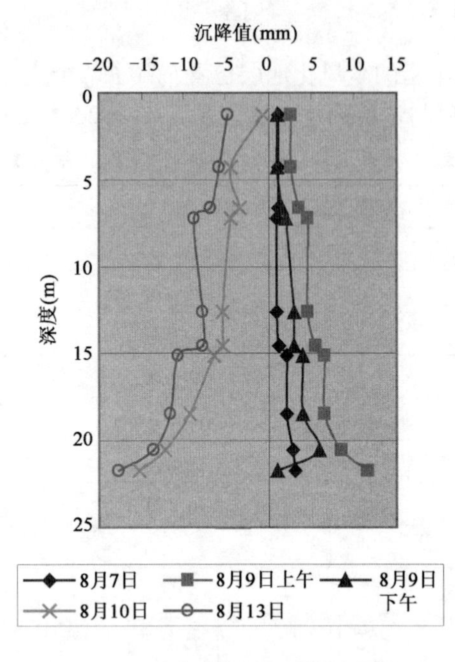

图 8.21　右线隧道深层土体竖向位移

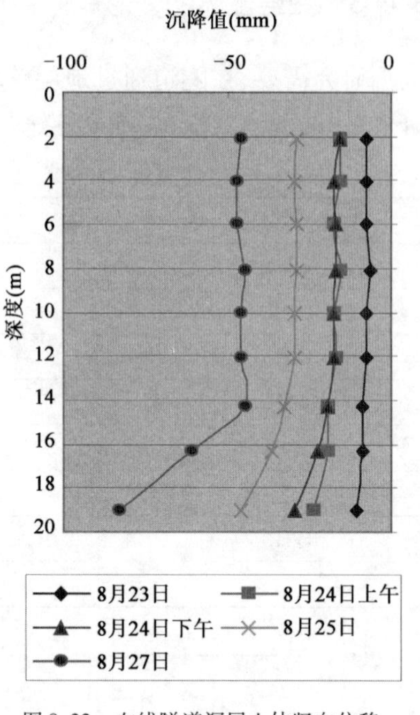

图 8.22　左线隧道深层土体竖向位移

2）土体水平位移

（1）纵向水平位移。土体纵向水平位移如图 8.23 所示。RHH1 距隧道中线 5m，盾构到达前，在盾构推力作用下，地层向前移动，且位移随着开挖面距探孔距离的减小而增大，但位移小于 6.28mm，方向沿盾构推进方向；盾构即将通过时，由于土体的弹性恢复等，地层位移已开始向相反方向移动，沿隧道轴线方向向前的位移减小；盾构通过后，由于盾构千斤顶的作用并通过管片在土体中传播等，地层向隧道管片衬砌方向移动，地层发生反向的纵向位移（背向掘进方向），最大为 6.58mm。RHH2 距隧道中线 6.5m，土体随盾构推进而发生变形的规律和 RHH2 孔相似，但由于土体的不均匀性，以及掘进中的蛇行、注浆的不对称性，使得两孔的变形曲线形状有所不同。

（2）横向水平位移。如图 8.24 所示，右线由于建立了有效的土压平衡，盾构到达前，在盾构推力作用下，盾构周围地层在向前移动的同时向周围移动，但位移小于 5mm；由于盾构的锥形、穿越过程中对土体的扰动等，在盾构即将穿越探孔时，土体开始向内移动；盾尾脱出管片后，由于注浆不及时、注浆不充分等，向内移动，但同时由于注浆压力的作用使得土体向内移动的速率和数值相对减少；到 8 月 13 日时（距开挖面约 -45m）土体水平移动基本稳定，此时，在隧道轴线的埋深处产生最大水平位移，为 4.4mm。如图 8.25 所示，左线由于没有建立有效的土压平衡，且施工中失水严重，盾构到达前，土体在沿隧道轴向隧道内移动的同时，垂直隧道轴向内移动；并且在穿越过程中垂直隧道轴向内的位移有所增大，直到变形基本稳定；盾尾脱出管片后，由于注浆压力的作用，土体发生向隧道外的位移，但总的位移仍为向内；随后由于浆液的缩水固结、土体的固结

等,土体向隧道内移动,最大达到20.2mm,但变形曲线跟右线相比变得规律性不强。

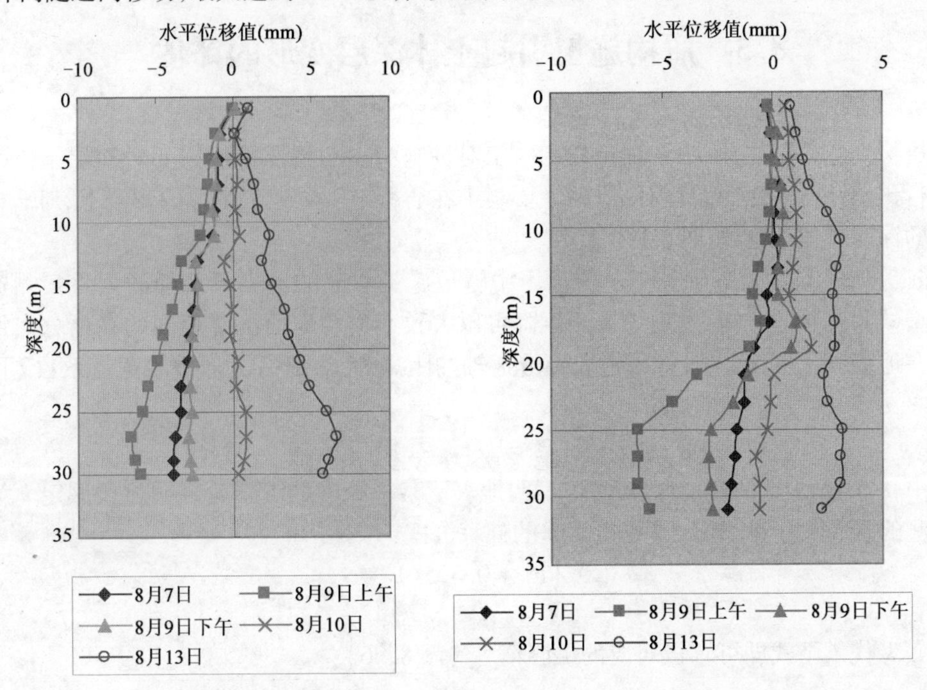

图8.23　右线隧道深层土体水平位移(－为沿轴线向前,＋为沿轴线向后)

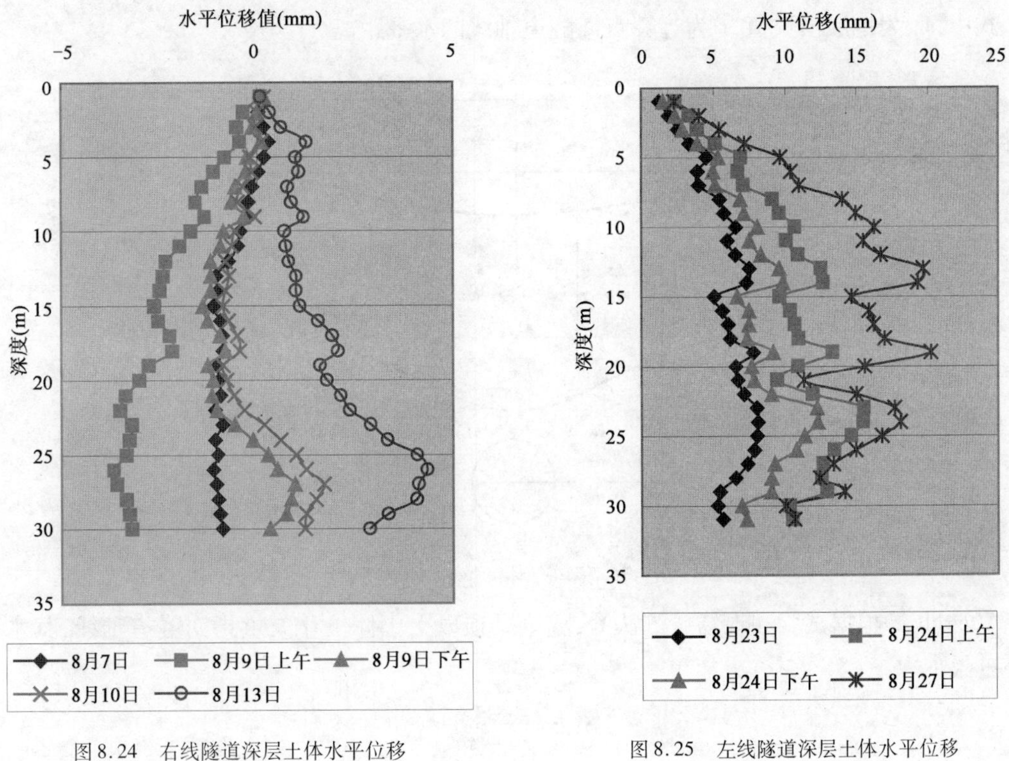

图8.24　右线隧道深层土体水平位移
(－为向隧道外,＋为向隧道内)

图8.25　左线隧道深层土体水平位移
(－为向隧道外,＋为向隧道内)

8.5 盾构施工引起土体深层变形的评估

在盾构到达桩基之前，为了评价盾构施工对桩基的影响情况可能需要对深层土体的位移情况进行预估评价。然而，目前的研究主要集中在盾构施工对地表变形的影响上，对盾构施工所引起的深层土体移动的研究还不太多。

Mair 等（1993）通过对硬黏土及软黏土中隧道施工引起的地表下沉降的大量实测资料和离心模型试验资料的分析，发现地表下沉降可以大致通过和地面沉降相同的高斯分布形式来描述。在地表下深度为 z 处，如果地表距隧道轴的距离为 z_0，那么沉降槽的宽度系数 i 可以表示为

$$i_z = k(z_0 - z) \tag{8.5}$$

式中，k 值随深度的增加而增大，这表明地表下某一深度的沉降轮廓明显比假定 k 为常数时所预测的要宽。于是，Mair 等提出了 k 的计算公式：

$$k = \frac{0.175 + 0.325(1 - z/z_0)}{1 - z/z_0} \tag{8.6}$$

将 i_z，k 代入下式即可求得对应的沉降值 S_{xz}（图 8.26）：

$$S_{xz} = S(x,z) = \frac{V_l}{\sqrt{2\pi} i_z}\exp\left(-\frac{x^2}{2i_z^2}\right) \tag{8.7}$$

式中，V_l 为地层损失值，x 为计算点离隧道轴线的水平距离。

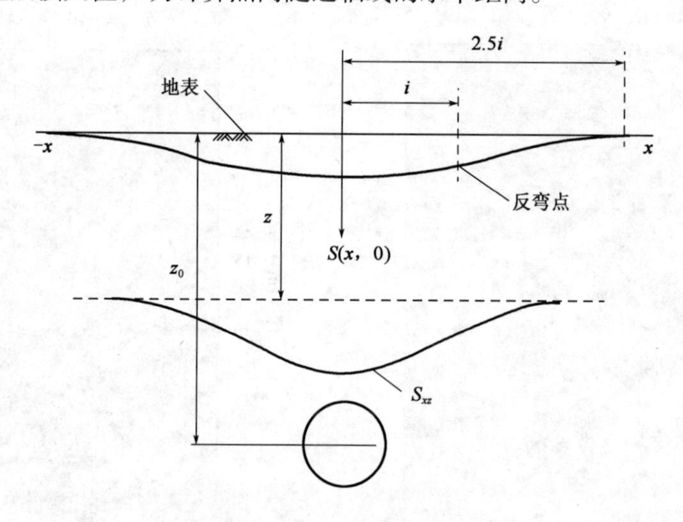

图 8.26 深层土体沉降变形示意图

Attewell 等根据试验和现场量测认为，隧道拱顶以上土体位移矢量指向隧道轴线，其水平位移可表示为

$$S_h = \frac{x}{z_0 - z} S_{xz} \tag{8.8}$$

Mair 和 Attewell 所提出的深层土体的沉降、水平位移公式对近地表土体的预测结果较好，

对深层土体的预测结果则不是很理想,特别是对于隧道附近土体的位移。式(8.8)所预测的隧道位置处的水平位移结果为趋于无穷大(图8.27);式(8.7)所预测的沉降结果在隧道下面仍会有很大的值(图8.28);这些与实际有着较大的差别。

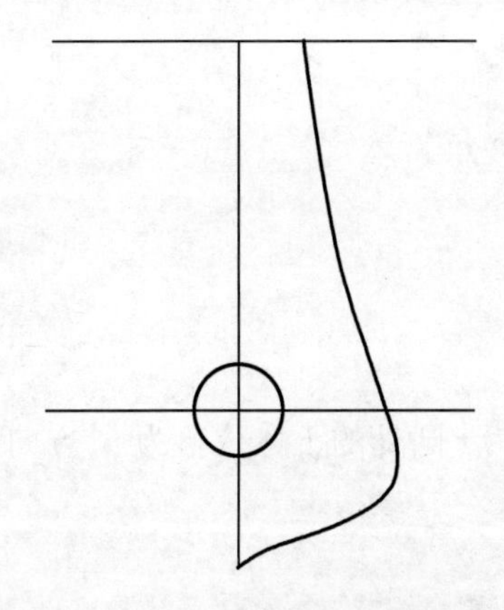

图8.27 式(8.8)预测的水平位移结果

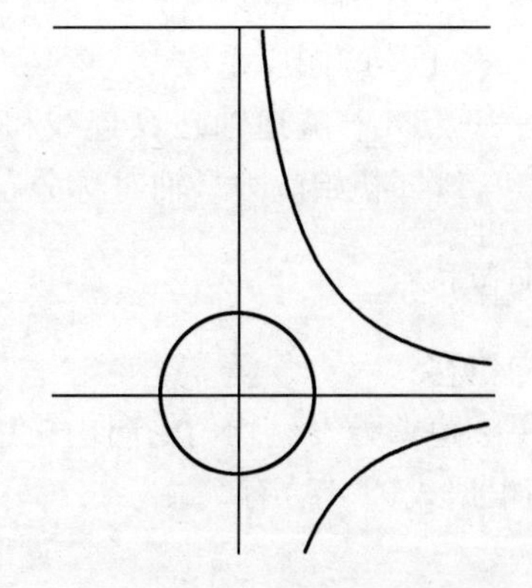

图8.28 式(8.7)预测的沉降位移结果

8.5.1 深层土体水平位移的预测

盾构施工中,管片脱出盾尾后,周围土体向间隙移动,但由于注浆充填和衬砌管片的支承作用,隧道周围土体的向内作用受到限制,土体最终如果不是处于弹性状态,则一般处于有限的弹塑性状态。对于周围地层的近似评估,假定土体处于弹性状态的精度是精确的,能够满足一般的工程需要。

基尔西(G. Kirsch)曾对均质弹性无限平面中的孔洞问题进行了研究(图8.29),假定在隧道对应深度范围内土体的竖向及侧向应力不随深度变化,大小为隧道轴线处土体应力。

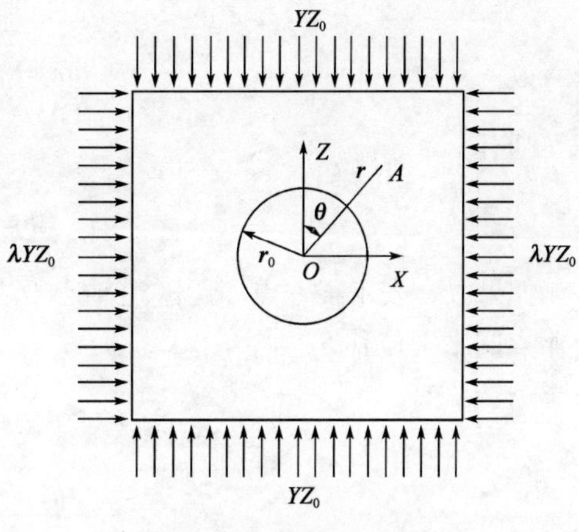

图8.29 深埋隧道模型图

则隧道周围土体的位移为

径向位移:
$$u = \frac{\gamma z_0 r_0}{4Gr}\left\{(1+\lambda) + (1-\lambda)\left[(k+1) - \frac{r_0^2}{r^2}\right]\cos 2\theta\right\} \tag{8.9}$$

切向位移:
$$v = -\frac{\gamma z_0 r_0}{4Gr}(1-\lambda)\left[(k-1) + \frac{r_0^2}{r^2}\right]\sin 2\theta \tag{8.10}$$

其中:

$$G = \frac{E}{2(1+\nu)} \tag{8.11}$$

$$K = 3 - 4\nu \tag{8.12}$$

式中:r_0——隧道半径;

r——土体中某点离隧道轴线的距离;

z_0——隧道轴到地面的距离；

E——土体的弹性模量；

ν——土体的泊松比；

γ——土体的重度；

λ——土体的侧压系数；

θ——点 A 与隧道轴心 O 连线和竖向坐标轴 Z 的夹角。

当 $\lambda=1$,即初始应力呈轴对称分布时,有

径向位移:

$$u = \frac{\gamma z_0 r_0^2}{2Gr} \tag{8.13}$$

切向位移:

$$v = 0 \tag{8.14}$$

如果隧道壁处发生均匀的向内位移 u_0,隧道外半径为 r 圆处的土体位移为 u,方向指向隧道轴,则根据式(8.13)有

$$u = \frac{\gamma z_0 r_0^2}{2Gr}$$

$$u_0 = \frac{\gamma z_0 r_0^2}{2Gr_0}$$

则

$$ur = \frac{\gamma z_0 r_0^2}{2G} = u_0 r_0 \tag{8.15}$$

则有

$$u = u_0 \times \frac{r_0}{r} \tag{8.16}$$

如果以 x 表示某一点 A 距隧道轴心 O 的水平距离,z 表示点 A 距隧道轴心 O 的竖向距离,则 A 点的水平位移 S_h 为

$$\begin{aligned} S_h &= u \times \sin\theta = u_0 \times \frac{r_0}{r} \times \sin\theta \\ &= u_0 \times \frac{r_0}{\sqrt{x^2+z^2}} \times \frac{x}{\sqrt{x^2+z^2}} = u_0 \frac{r_0 x}{x^2+z^2} \end{aligned} \tag{8.17}$$

式中,θ 为点 A 与隧道轴心 O 连线与竖向坐标轴 Z 的夹角。

对于盾构隧道,盾尾脱出时在隧道壁和衬砌之间存在一定的间隙,常称为盾尾间隙。间隙大小一般约为衬砌外径的2%,对于一般的地铁隧道常在10~20cm。盾尾间隙存在的主要原因是:盾尾壳板有一定的厚度,其又因盾构埋深、盾构直径、盾构长度和壳板材质而异;为了便于管片衬砌在盾壳内的拼装以及盾构推进时的纠偏等,通常在盾壳内面和衬砌外径之间要留一定的空隙。盾尾间隙如果不及时充填材料必然会被周围土体所占。同时因盾构施工的超挖往往使得衬砌和隧道壁的间隙增大。另外,由于盾构开挖面的应力释放或加压,也会造成土体的向内或向外移动。Rowe 和 Kack(1983)提出了间隙参数的概念,Lee 等(1992)通过理论分析提出了间隙参数的估算方法[图 8.30a)]。根据 Lee 的定义有

$$\text{GAP} = G_p + U_{3D}^* + \omega \tag{8.18}$$

式中：GAP——间隙参数；

G_p——盾构外径和衬砌之间的几何净空，它等于盾构外径和衬砌外径之差；

U_{3D}^*——由于开挖面应力释放导致土体的三维运动，使得土体塌落到开挖面造成的超挖土量；

ω——施工因素（包括盾构的纠偏、上仰、扣头、后退等）产生的土体损失。

在密闭型盾构盛行的今天，地层变位的主要原因在于壁后注浆效果的好坏。根据 Lee 的研究（1996），对于土压平衡盾构、泥水盾构等密闭型盾构 $U_{3D}^*=0$。

盾构施工时一般要对间隙进行注浆回填，这样抑制了土体的向内移动，因此应2计入浆液有效注入率 α 的影响。浆液有效注入率是指浆液填补的实际间隙量与实际间隙量的比值。则有

$$\mathrm{GAP} = (1-\alpha) \times (G_p + U_{3D}^* + \omega) \tag{8.19}$$

根据文献的研究，注浆将使地层损失得以减少，一般情况下如果采用通过盾构机盾尾注浆管的同步注浆，一般可以减少80%以上的地层损失，即 $\alpha \geqslant 0.8$；如果通过衬砌管片上的注浆孔进行及时注浆，一般可以减少70%以上的地层损失，即 $\alpha \geqslant 0.7$。

由图8.30知，隧道壁的径向位移即间隙参数沿圆周呈非均匀分布。下面推求其随角度 θ 的变化情况，用 $g(\theta)$ 表示角度为 θ 时隧道壁的径向位移值。如图8.30b）所示，O 为隧道开挖圆面的圆心，P 为隧道开挖面变形后圆面的圆心，OC、PD 为水平线，AD 垂直 PD，OB 的长为外圆半径 R，PA 的长度为内圆半径 $R-\mathrm{GAP}/2$。

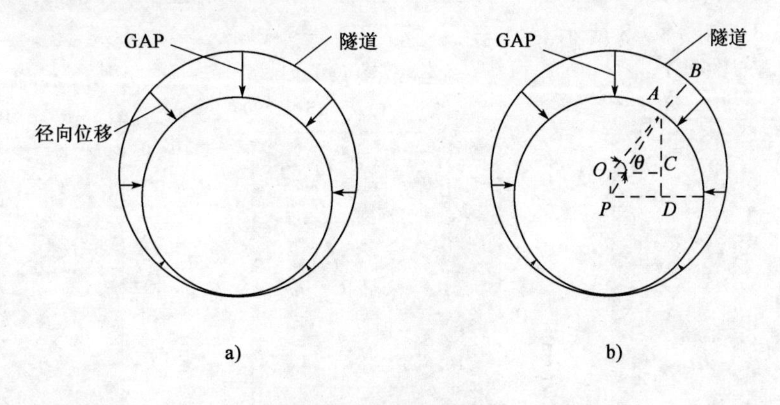

图8.30　隧道周边位移

有

$$AC = OA \times \sin\theta$$
$$OC = OA \times \cos\theta$$
$$CD = OP = \mathrm{GAP}/2$$
$$AD = AC + CD$$

根据

$$PA^2 = AD^2 + PD^2$$

可求得

$$OA = -\frac{\mathrm{GAP}}{2}\sin\theta + \sqrt{(r - \mathrm{GAP}/2)^2 - (\mathrm{GAP}/2)^2\cos^2\theta}$$

根据 $g(\theta) = AB = OB - OA$ 可得

$$g(\theta) = r + \frac{\mathrm{GAP}}{2}\sin\theta - \sqrt{(r - \mathrm{GAP}/2)^2 - (\mathrm{GAP}/2)^2\cos^2\theta}$$

假定隧道周围各点的径向位移只与隧道壁上对应点的位移有关，且以 x 表示某点距隧道轴心的水平距离，z 为以隧道轴心为原点、向上为正时的竖向坐标，则有

$$g(x,z) = r + \frac{\mathrm{GAP}}{2} \times \frac{z}{\sqrt{x^2 + z^2}} - \sqrt{(r - \mathrm{GAP}/2)^2 - (\mathrm{GAP}/2)^2 \times \frac{z^2}{x^2 + z^2}} \quad (8.20)$$

将式(8.20)代入式(8.17)有

$$S_h = g(x,z)\frac{rx}{x^2 + z^2}$$

$$= \left(r + \frac{\mathrm{GAP}}{2} \times \frac{z}{\sqrt{x^2 + z^2}} - \sqrt{(r - \mathrm{GAP}/2)^2 - (\mathrm{GAP}/2)^2 \times \frac{z^2}{x^2 + z^2}}\right) \times \frac{rx}{x^2 + z^2} \quad (8.21)$$

以上分析计算是基于基尔西(G. Kirsch)解，它适用于均质弹性体中的深埋隧道，且假定各点的径向位移只与隧道壁点对应点的位移有关而与隧道壁上其他点的位移无关，这是近似处理，只有隧道壁的位移为均匀时才完全符合。下面将把 Ansys 有限元程序的计算结果和式(8.21)的计算结果进行对比。工程条件为隧道埋深为 20m，隧道开挖直径为 6m，间隙参数 GAP = 40mm，如图 8.31 和图 8.32 所示。

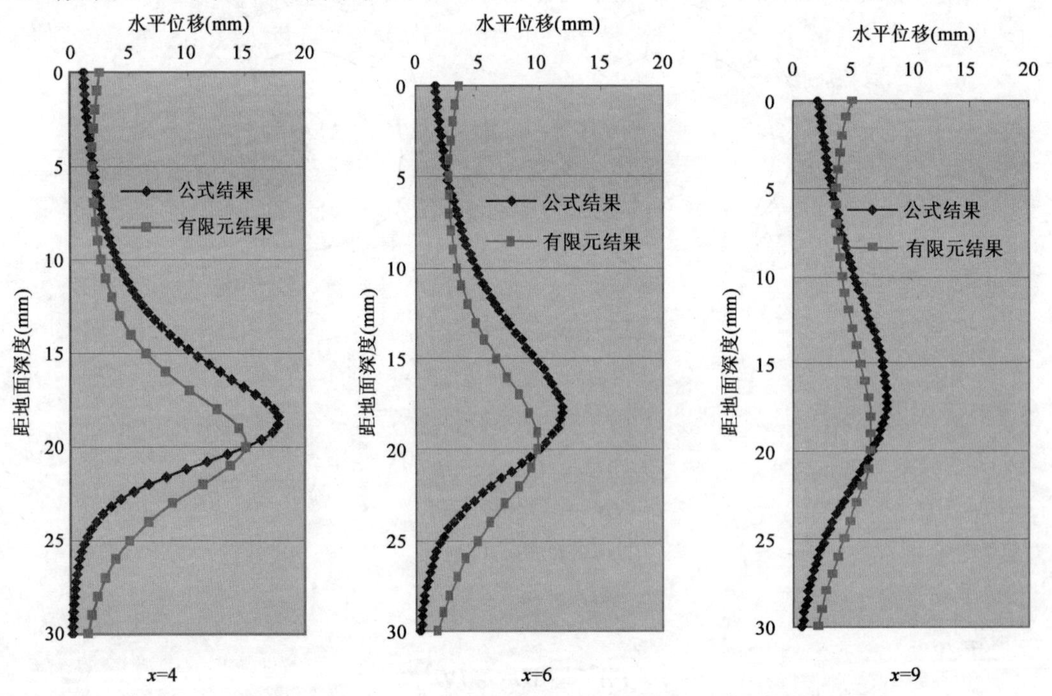

图 8.31 泊松比为 0.2 时不同水平距离处式(8.21)结果和有限元结果对比

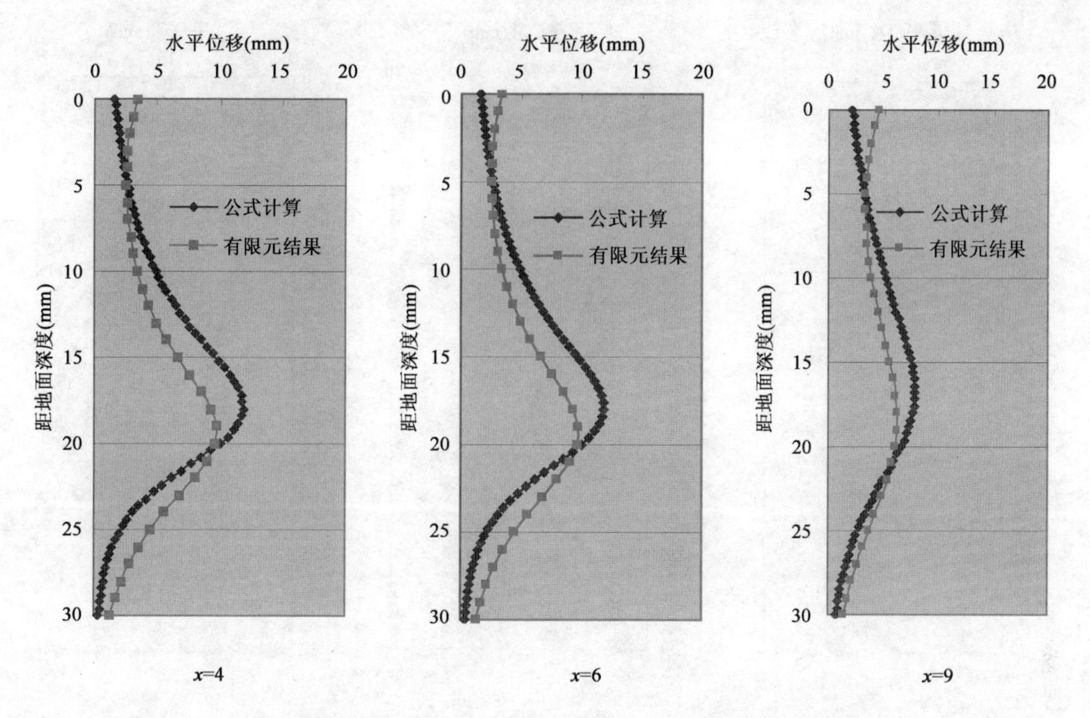

图 8.32　泊松比为 0.4 时不同水平距离处式(8.21)结果和有限元结果对比

从以上计算结果来看,采用式(8.21)的计算结果和有限元结果相比,有限元分析结果和公式计算值有着较大的偏差,在顶部和隧道轴下有限元结果大于公式计算值,在中间段则是有限元结果小于公式计算值,公式计算的最大值比有限元计算值要偏大,最大值位置比有限元结果略靠上。

通过上述分析发现,对于某一竖直线上各点,近似式(8.21)的计算值与有限元结果在隧道轴上附近偏大,轴下则偏小,这主要是在考虑间隙非均匀分布的影响时假定各点的径向位移只与隧道壁点对应点的位移有关而与隧道壁上其他点的位移无关,而实际上与隧道壁上其他点的位移相关,此假定扩大了间隙非均匀性对水平位移的影响程度,特别是在隧道轴附近。为了修正这种偏差,假定距隧道一定水平距离 x 的某一竖直线上各点对应的间隙参数为随深度变化的直线,在地面点为 GAP,即为均匀间隙时的两倍;在隧道轴位置为 GAP/2,即为均匀间隙时的参数值;如果隧道埋深为 z_0,则在隧道轴下 z_0 处为零,再往下的各点认为不受隧道开挖的影响。如果以 z 表示以隧道轴心为原点、向下为正时的竖向坐标,则有

$$g(x,z) = \frac{\text{GAP}}{2} \times \left(1 - \frac{z}{z_0}\right) = \frac{\text{GAP}}{2} \times \left(1 - \frac{z}{z_0}\right)$$

$$S_h = g(x,z) \times \frac{rx}{x^2 + z^2} = \frac{\text{GAP}}{2} \times \left(1 - \frac{z}{z_0}\right) \times \frac{rx}{x^2 + z^2} \tag{8.22}$$

下面是式(8.22)的计算值和有限元结果的对比情况(图 8.33 和图 8.34)。

可以看出式(8.22)和有限元的计算结果非常接近,只有在顶部时略有偏差,这主要是基尔西(G. Kirsch)是针对无限平面而言的,有限元法则是针对半无限平面。但从数值上来看,采用比较简便的式(8.22)来预测隧道周围土体的水平变形可以满足工程要求。

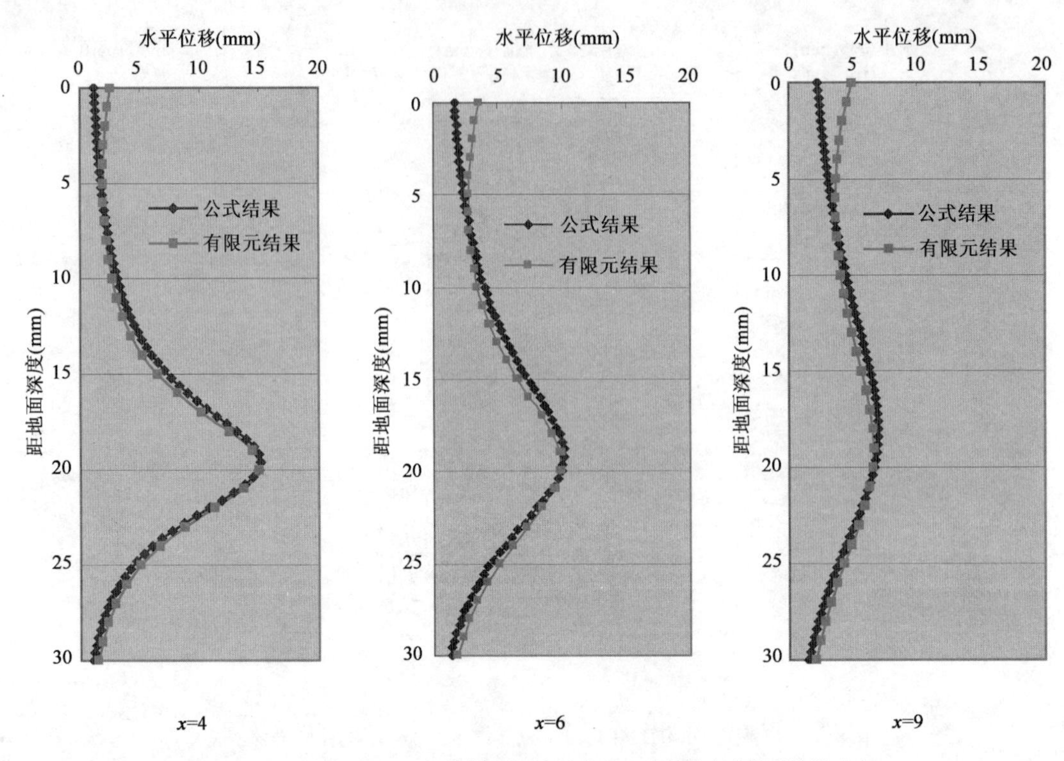

图 8.33 泊松比为 0.2 时不同水平距离处式(8.22)结果和有限元结果对比

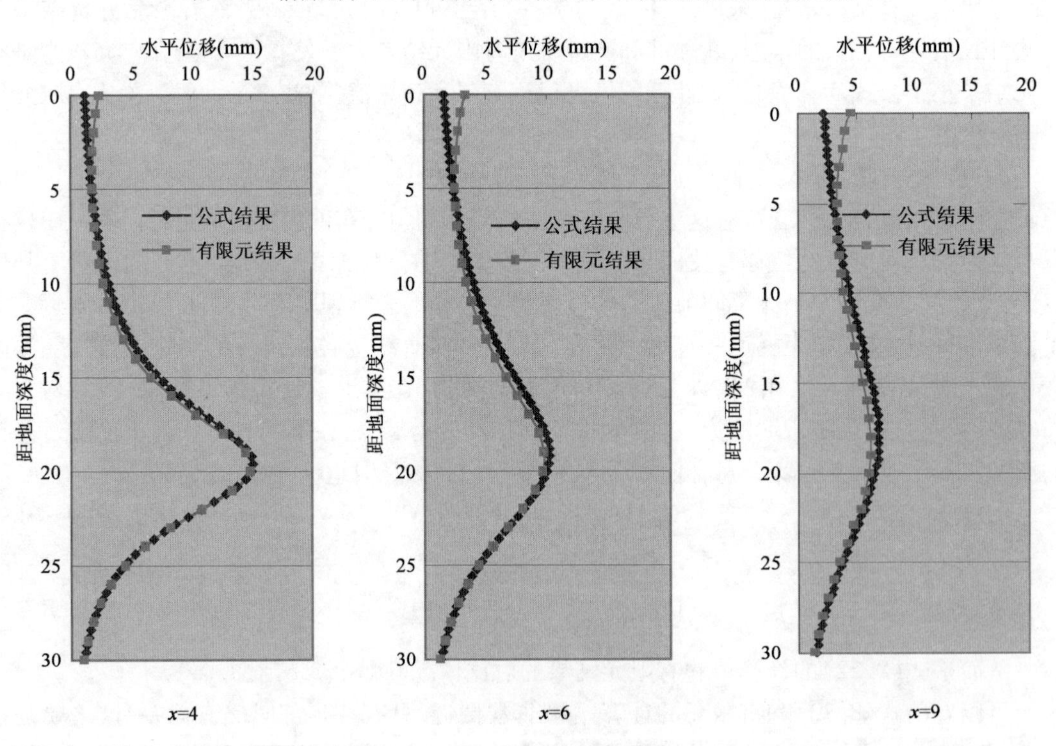

图 8.34 泊松比为 0.4 时不同水平距离处式(8.22)结果和有限元结果对比

另外，还和 Attewell 法的式(8.8)的结果进行了对比，如图 8.35 所示，其中 1 为 Attewell 法的预测结果，2 为式(8.22)的预测结果。可以看出，二者在隧道顶上预测值基本相同，而在隧道附近，式(8.22)的结果明显好于 Attewell 法的预测结果。

8.5.2　深层土体竖向位移的预测

根据 Mair 等的研究，地表下某一深度水平面上土体的沉降可以大致通过和地面沉降相同的高斯分布形式来描述。这样，确定相应沉降槽宽度系数就成为关键。沉降槽的范围和沉降槽宽度系数之间具有一定的关系，根据 Taylor 等的研究，一般可假定沉降槽的宽度为 $w = 2.5i$。一般假定沉降槽边界为和隧道圆相切且与水平线成 45°角的斜线。这样的沉降槽范围在下部比实际测得的要窄，而在上部要宽，如图 8.36 所示。

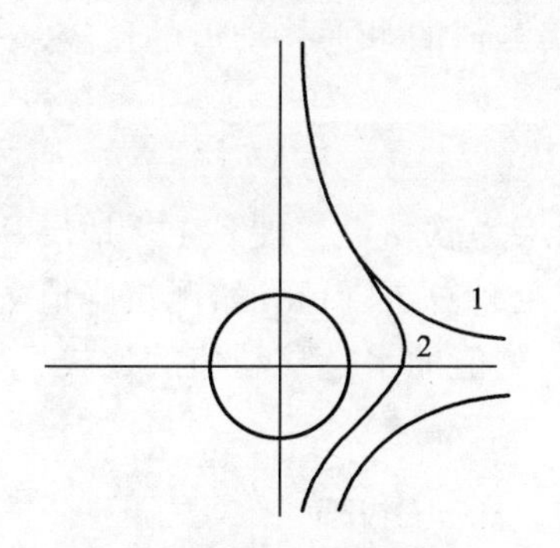

图 8.35　式(8.22)结果和 Attewell 法预测结果的对比

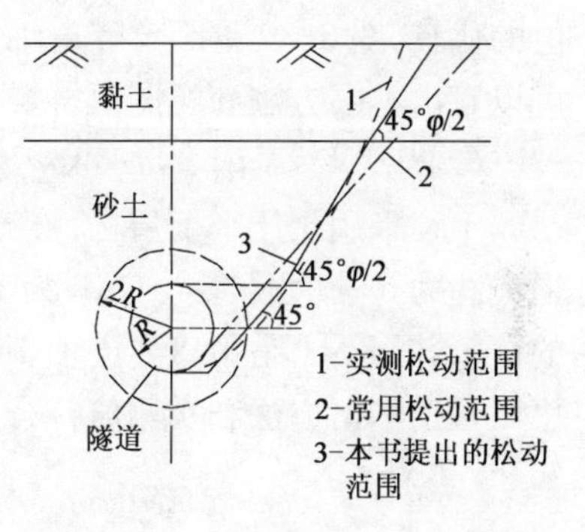

图 8.36　沉降范围

为了修正这种差别，同时为尽量满足在隧道顶处水平面上的最大沉降值为 GAP，假定沉降槽如图 8.36 折线 3 所示：在隧道范围内为与水平线成 45°角且穿过两倍隧道半径的圆和经过圆心的水平线的交点，在隧道上为和水平线成 $45^\circ + \varphi/2$ 的斜线。则沉降槽宽度系数为

隧道上：

$$i_z = \left[3R + \sum_{j=1}^{n} h_j \tan(45^\circ + \varphi_j/2)\right]/2.5 \quad z < z_0 - R$$

隧道范围：

$$i_z = \left[2R + (z_0 - z)\right]/2.5 \quad z_0 - R \leqslant z \leqslant z_0 + R \tag{8.23}$$

其中，R 为隧道半径，j 为隧道顶到计算深度处范围内的土层数，h_j、φ_j 为隧道顶到计算深度处范围内各土层的厚度及内摩擦角，z 为计算深度，为计算处离地表的距离，z_0 为地表距隧道轴的距离，且有

$$\sum_{j=1}^{n} h_j = (z_0 - R - z) \tag{8.24}$$

然后把上面求得的沉降槽宽度系数 i_z 代入式(8.8)即可求得相应的沉降值，对于隧道下方及沉降槽范围外的土体一般认为沉降为零。

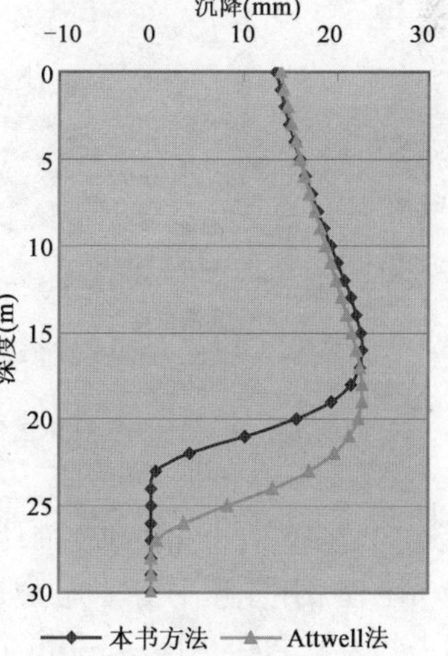

图 8.37　本书方法和 Attewell 法对沉降预测结果的对比

图 8.37 是本书方法和 Attewell 法的对比图，隧道直径为

6m,埋深为20m,计算位置距离隧道轴线4m。可以看出在隧道顶部二者比较接近,但在隧道范围及以下位置则有较大的差别,Attewell 法在这些位置的预测结果偏大,在隧道下仍有较大的沉降值,跟实际结果有着较大的出入;本书方法在这些位置的预测结果要好一些。

8.5.3 工程实例分析

为了验证本书所提出的深层土体变形预测方法的适用性,下面对一些工程实例进行了预测结果和实际观测结果的对比分析。

(1)工程1:英国 Heathrow Express Trail Tunnel 工程

工程采用传统的开敞式盾构,隧道埋深19m,隧道直径8.5m,主要土层为伦敦硬黏土。地层损失为1.4%,间隙参数 GAP 为58mm。图8.38是隧道顶中心线处计算沉降值和实测沉降值的比较,图8.39是距离隧道轴6m位置处预测的水平移动和实测值的水平移动值的比较,可以看出本书方法和实测值符合较好。

(2)工程2:泰国 Bangkok 污水隧道工程

工程采用土压平衡盾构,隧道埋深18m,直径2.67m,主要土层为软黏土~硬黏土。地层损失约为6%,间隙参数 GAP 为30mm。图8.40是隧道顶中心线处计算沉降值和实测沉降值的比较,图8.41是距离隧道轴4m位置处预测的水平移动值和实测值的水平移动值的比较,可以看出本书方法和实测值符合较好。

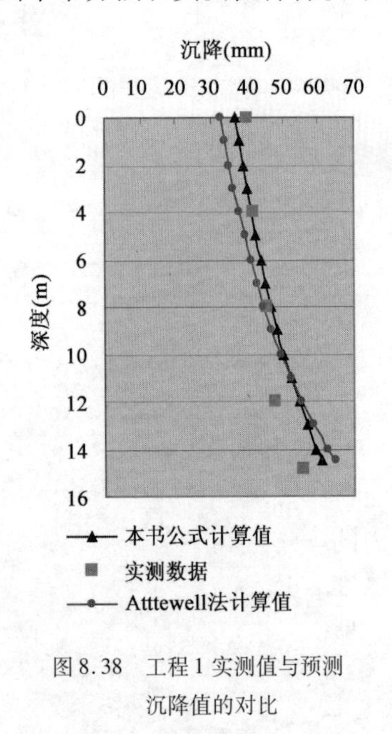

图8.38 工程1实测值与预测沉降值的对比

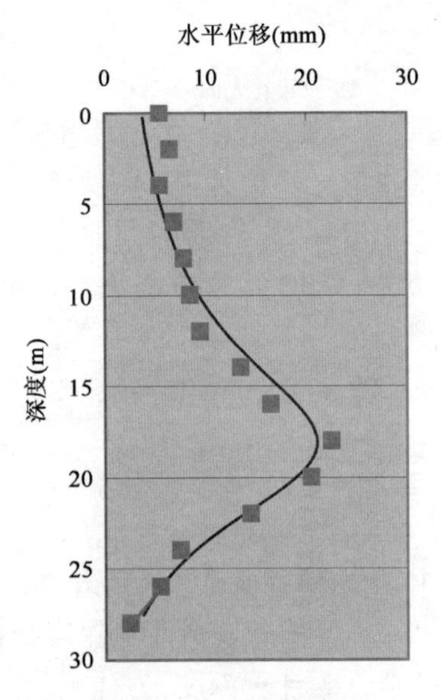

图8.39 工程1实测值与式(8.22)预测水平位移的对比

(3)工程3:台北快速交通体系工程

工程采用土压平衡盾构,隧道埋深18.5m,直径6m,主要土层为淤泥质黏土和砂土,地层损失约为1.3%。图8.42是隧道中心线处不同深度土体的沉降观测值和预测值的比较,可以看出本书方法和实测值符合较好。

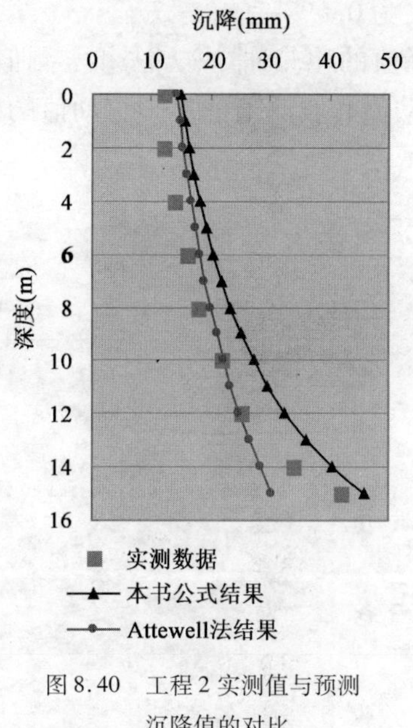

图 8.40　工程 2 实测值与预测沉降值的对比

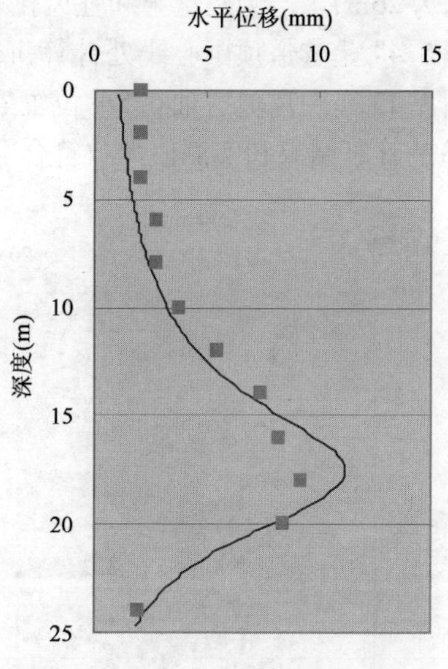

图 8.41　工程 2 实测值与式(8.22)预测水平位移值的对比

(4)工程 4:Mexico City 盾构工程

工程采用泥浆盾构,隧道埋深 12.8m,直径 4m,主要土层为软黏土。地层损失约为 3%,间隙参数 GAP 为 30mm。图 8.43 是距离隧道轴 2.5m 位置处预测的水平移动和实测值的水平移动值的比较,二者符合较好。

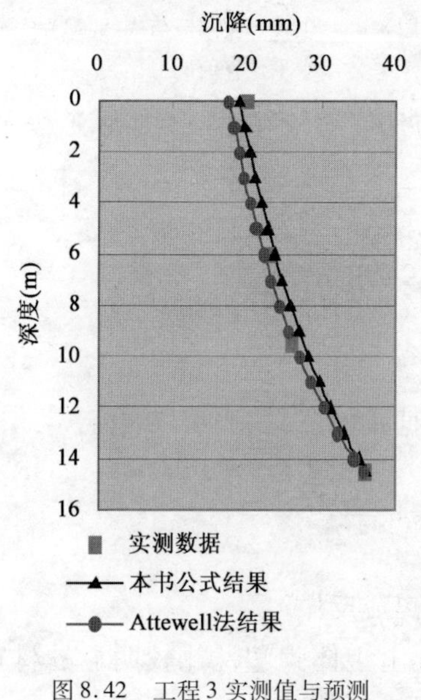

图 8.42　工程 3 实测值与预测沉降的对比

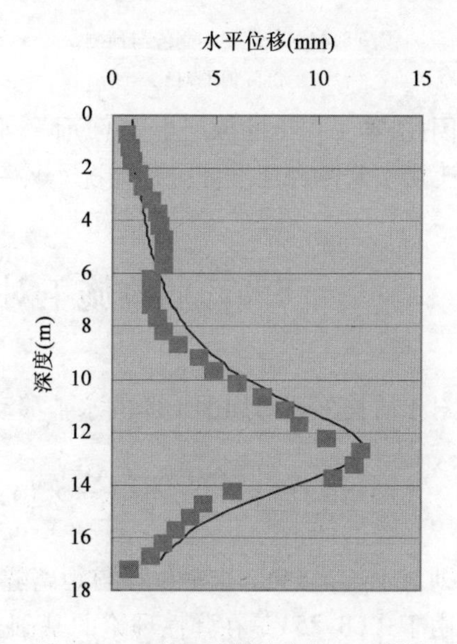

图 8.43　工程 4 实测值与(式 8.22)预测水平位移的对比

(5)工程 5:广州地铁二号线盾构工程

工程采用具有土压平衡、气压平衡、敞开式三种模式的复合盾构机,盾构直径为 6.28m,隧道埋深为26m,土层为黏性土和强风化岩土层,地层损失为0.6%。

图8.44是隧道顶中心线处计算沉降值和实测沉降值的比较,本书方法和实测值符合较好。图8.45是距离隧道轴6.5m位置处预测的水平移动值和实测值的水平移动值的比较,式(8.22)的计算结果和实测值大致符合。

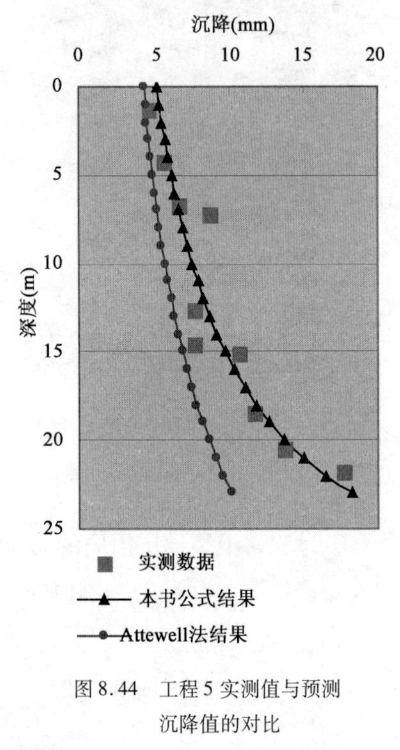

图8.44 工程5实测值与预测沉降值的对比

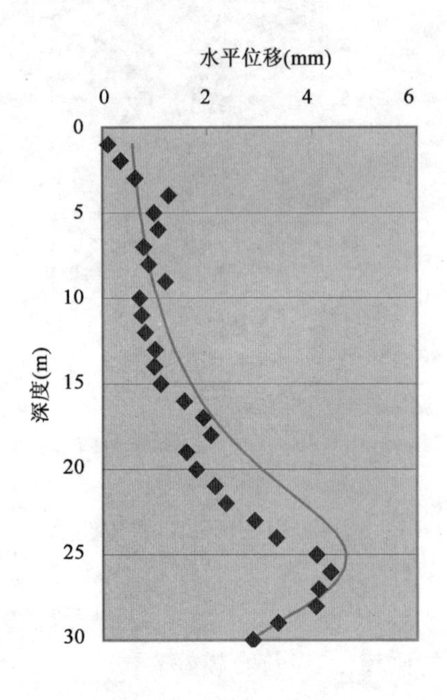

图8.45 工程5实测值与式(8.22)预测水平位移值的对比

因此,本书提出的深层土体的沉降、水平位移预测方法能够较好地预测实际工程中盾构隧道施工所引起的深层土体位移情况。

8.6 盾构施工对周围土体影响范围的讨论

对于盾构隧道对周围土体的水平移动影响来说,根据式(8.22),当$z=0$有

$$S_x=\frac{\mathrm{GAP}}{2}\times\left(1-\frac{0}{z_0}\right)\times\frac{rx}{x^2+0}=\frac{\mathrm{GAP}}{2}\times\frac{r}{x} \tag{8.25}$$

即对于隧道轴处,水平位移与距离隧道轴的水平距离成反比。

由于式(8.25)是在弹性理论的基础上推得的,实际上土体为塑性比较明显的材料,因此随着距离隧道的水平距离的增大,土体水平位移很快衰减。根据Mair和Taylor的研究,当距离隧道轴的水平距离超过4倍隧道半径时,土体的水平位移已趋为零值。因此,对于离隧道的水平距离超过4倍隧道半径的土体,其水平位移可以不予考虑。

对于土体的竖向位移,可根据图8.36中提出的松动范围来定。

8.7　本章小结

(1)本章主要总结了盾构施工对周围地层影响的规律、机理、因素。在盾构掘进过程中，地基变形的特征是以盾构机为中心成三维扩散分布，且其分布随盾构机推进而向前移动。地层竖向变形一般可随盾构的推进分为：先期沉降、开挖面前部的下沉或隆起、盾构通过时的下沉或隆起、盾尾脱出时的隆起或沉降、后续下沉5个阶段。

(2)影响盾构隧道地层移动规律的因素较多，主要有隧道的埋深和直径、地层的物理力学性质、盾构施工参数、管片衬砌、周围环境等。

(3)针对广州地铁二号线工程，进行了较为详细的监测，并对结果进行了分析。通过分析发现土层情况和掘进模式对隧道周围地层的位移有较大的影响。土层较好时，如中风化地层，虽采用敞开式掘进，但变形仍然较小，一般小于10mm，沉降影响范围也较小。在地层条件不好的地层如全风化地层和强风化地层，如果不能建立有效的土压平衡，控制土体损失和失水，就会引起较大的地层变形，部分地段的地表变形超过了30mm。因此当采用复合式盾构时必须根据土层选择相应的掘进模式，及时进行转换，特别是当进入软弱地层时要及时转换到土压平衡掘进模式。另外，在软弱地层中，盾尾脱出管片后沉降速度很大，要尽量采用同步注浆。如果注浆不及时，由于地层坍塌，浆液不能顺利注入，注浆量就会不足，引起大的地层变形。地下水位下降对地表沉降影响很大，因此在施工过程中必须严格控制隧道涌水，在地下水丰富，水压力比较大的地段最好采用土平衡模式。

(4)从深层土体的变形上看，隧道上方的土体沉降一般是从下往上逐渐减小，且下部减小速度要大一些。在土压平衡模式下，盾构通过前，地层隆起；通过过程中，就开始发生沉降；盾尾脱出管片后沉降很快发生，然后沉降速率逐渐减小。当没有建立有效的土压平衡时，土体在盾构通过前一般是沉降。对于深层土体的纵向水平位移，在土压平衡模式下，土体先向前移动，然后逐渐恢复，并最终向后移动。横向水平位移则为盾构通过前向外移动，通过时逐渐向内移动；由于注浆压力的作用，会引起向内移动速率的减慢、数值的减小，甚至使土体向外移动。

(5)盾构施工引起的地层移动的原因复杂，施工中必须注意各施工参数如注浆量、注浆开始时间、土仓压力、推进速度、出土量等的合理控制，减小对周围土体的扰动。对于复合式盾构开挖模式在开挖过程中还要注意开挖模式及时变换。

(6)提出了深层土体的水平位移和竖向沉降位移的预测评估方法，通过和有限元结果以及一些典型案例的对比分析，证明其能够较好地预测实际工程中盾构引起的深层土体位移情况。

9 盾构隧道邻近施工原理与技术

城市地下工程施工环境中往往存在一些既有的结构物或构筑物，如建筑物、桩基、既有隧道、既有管线等。这些既有的结构物或构筑物与新建盾构隧道可能平行、垂直或斜交。盾构邻近既有的结构物或构筑物施工时，新建隧道与既有结构物之间以中间土体为媒介，相互产生影响。影响方式和影响程度与二者之间的距离、土体性质及空间位置关系等有关。

9.1 盾构隧道邻近施工扰动机理及扰动现象

9.1.1 盾构隧道掘进特征分析

本节以常用的封闭式盾构工作原理说明盾构工作原理及其掘进特征。

1）盾构工作原理

常用的盾构机一般由推进机构、切土及排土机构、管片拼装机构及盾壳等组成。盾构法施工是使用盾构机在地下掘进，边防止开挖面土砂崩塌边在机内安全地进行开挖作业和衬砌作业从而构筑成隧道的施工方法。因此，盾构法的三大组成要素为：稳定开挖面、盾构机挖掘和管片拼装。为了保证地层不发生过大的沉降或隆起变形，盾构前方密封舱内必须保证一定的压力，以与地层土压力及水压力保持动态的平衡，这种压力平衡的保持方法依盾构类型而不同，可通过土压、泥水压或气压来实现，如图9.1所示。同时，为了充填管片背后间隙，需要在盾尾及其后部进行注浆。其中，盾构推进、刀盘旋转切土及背后注浆都会对地层各部位的土体产生不同程度的扰动。

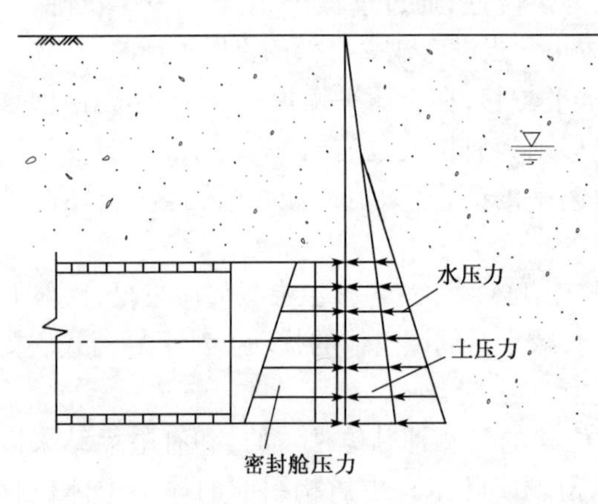

图9.1 盾构推进密封舱压力平衡示意图

2）盾构掘进特征分析

盾构施工时的掘进动作将引起周围土体的初始应力状态发生变化，使得原状土经历了挤压、剪切、扭曲等复杂的应力路径。由于盾构机前进靠后座千斤顶的推力，因此只有盾构千斤顶有足够的力量克服前进过程所遇到各种阻力，盾构才能前进，同时这些阻力反作用于土体，产生土体附加应力，引起土体变形甚至破坏。而对于已经存在的结构物而言，地层的位移和应力的变化也就相当于结构物的支承条件发生变化,已有的结构物势必受到影响。

引起土体扰动的阻力主要包括:盾构外壳与周围土层摩阻力 F_1、切口环部分刀口切入土层阻力 F_2、管片与盾尾之间的摩擦力 F_3、盾构机和配套车驾设备产生的摩擦力 F_4、开挖面阻力 F_5 等。

当千斤顶总推力 $T \geqslant \sum F = F_1 + F_2 + F_3 + F_4 + F_5$ 时,盾构前方土体经历挤压加载($\Delta\sigma_p$)并产生弹塑性变形。土体受到挤压影响的范围如图9.2虚线所围的截圆锥体。此时,盾构工作面正前方土体处于被动土压力状态,截圆锥体母线与水平面的夹角为($45° - \varphi/2$)。其中,①区土体应力状态未发生变化,土体的水平、垂直应力分别为 σ_h 和 σ_v。由于推力引起土体挤压加载 $\Delta\sigma_p$,②区和④区土体承受很大的挤压变形,②区 σ_h 和 σ_v 均有增加;④区只有 σ_h 产生变化。③区土体受到大刀盘切削搅拌的影响,处于十分复杂的应力状态,如支撑不及时,开挖面应力松弛,水平应力减少($\sigma_h - \Delta\sigma_p$),反之应力可能增加。盾构法施工引起前方不同分区土体应力状态变化,可以借助摩尔应力圆进行形象的显示,如图9.3所示。

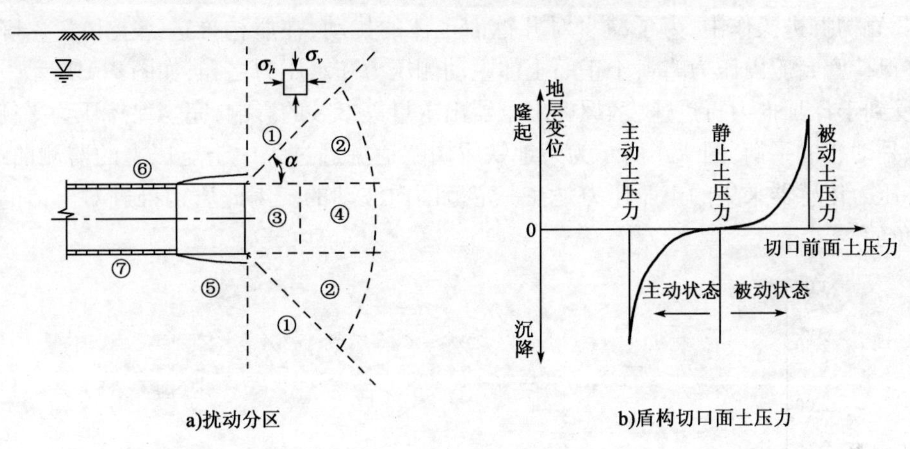

图9.2 盾构推进及其对前方土体的扰动情况

当千斤顶总推力 $T < \sum F = F_1 + F_2 + F_3 + F_4 + F_5$ 时,盾构机处于静止状态。该状态对应于千斤顶漏油失控,土体严重超挖。盾构机前方土体经历一个卸载、挤压扭曲破坏的过程。因为开挖前方土体未及时施加支撑力,土体应力释放并向盾构内临空面滑移,此时盾构前方工作面土体为主动土压力状态,截圆锥体母线与水平面的夹角为($45° + \varphi/2$),对应于图9.3的应力状态③。

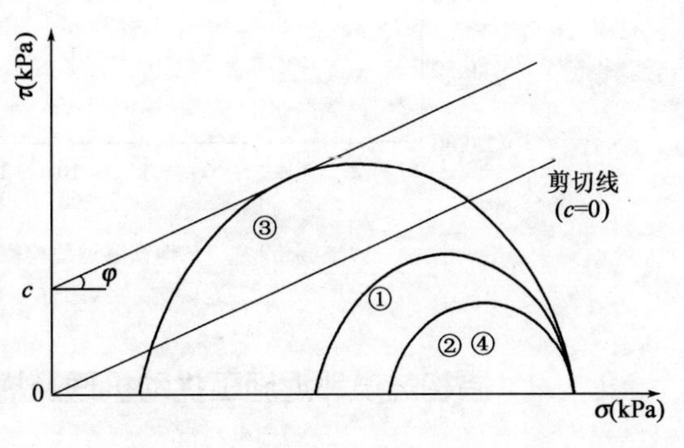

图9.3 土体扰动区对应的摩尔应力圆

当千斤顶总推力 $T = \sum F = F_1 + F_2 + F_3 + F_4 + F_5$ 时,盾构机处于静止状态,土体处于静止状态,密封舱内压力等于正面土体侧压力和水压力之和。此时盾构前方工作面土体为静止土压力状态。

在盾构掘进过程中,盾壳与周围土体之间产生摩擦阻力,该力的作用结果则在盾壳周围土体中产生剪切扰动区⑤，该区的特点是范围较其他区域小。在剪切扰动区⑤以外，由于盾尾建筑间隙的存在，土体向建筑间隙内移动，引起土体松动、塌落而导致地表下沉，盾构上方土体由于自重和地面超载（当地面有超载时）向下移动而形成卸荷扰动区⑥，该区内土体力学参数先降低，而后随土体的固结将有所增加。盾构下方土体可能出现微量隆起以及由于衬砌、盾构机的重力压载作用而引起的下沉，该区则称为卸荷扰动区⑦。

盾构掘进对土体扰动所引起的周围土体初始应力状态的变化，表现为分层土体移动。隧道开挖时土体卸荷的程度随沿隧道径向土体位移的增大而增大，当隧道支护受力与土体卸荷达到平衡时，隧道周围土体将不再卸荷。然而，如果不对软土隧道进行支护，则土体持续卸荷，最终将导致土体的破坏和隧道的坍塌。因此，必须及时进行支护，以承受上覆土层的自重应力和后续的流变压力。在盾构法施工时，当推力小于正面土体的原始侧向压力时，开挖作业面前方和侧面土体应力释放，引起大面积土体应力松弛，从而进一步引起地层损失。而当推力大于正面土体的原始侧向压力时，开挖作业面前方土体受到挤压，引起负地层损失。

实际盾构掘进操作中，为了减少对开挖面土体的扰动，在盾构推进挖土和管片拼装过程中，始终保持密封舱内压力略大于正面土体主动侧压力和水压力之和，如图 9.1 所示。密封舱的压力受到千斤顶推力行进速度、螺旋出土器出土量等参数的影响，完全保持压力平衡是不可能的，只是动态的平衡，图 9.4 所示为某地铁盾构隧道掘进过程中土舱压力的监测曲线，可以看出，各压力传感器采集的土舱压力是在一定范围内波动的。因此盾构推进对土体的扰动是不可避免的。

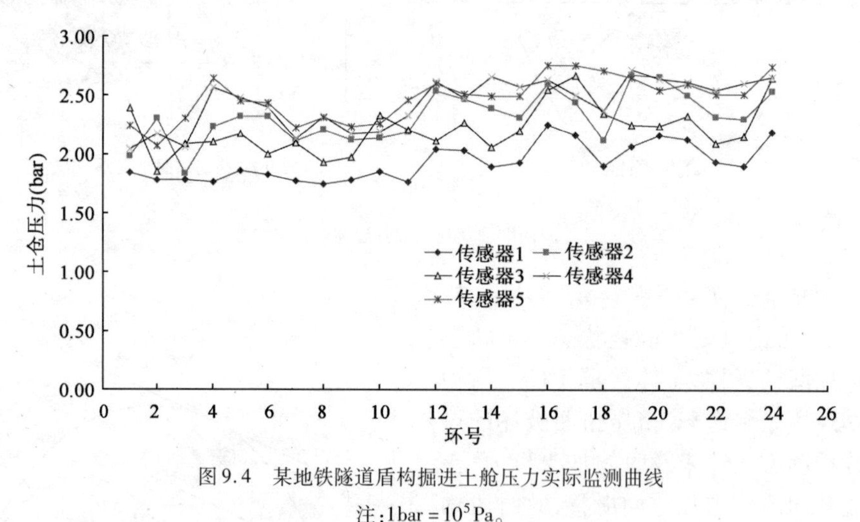

图 9.4　某地铁隧道盾构掘进土舱压力实际监测曲线

注：1bar = 10^5 Pa。

9.1.2　盾构隧道邻近施工扰动机理及扰动现象

1）扰动过程及扰动现象

由盾构工作原理可知，盾构掘进时对地层的扰动要素主要有：盾构刀盘对前方土体的推压作用；盾构刀盘切口对土体的剪切作用；刀盘及刀具对土体的掘削及扰动作用；盾壳与土体的摩擦阻力引起的拖曳和剪切作用；盾构姿态调整对地层的挤压作用；管片背后注浆压力对土体的挤压作用。这些施工要素对地层土体的扰动如图 9.5 所示。

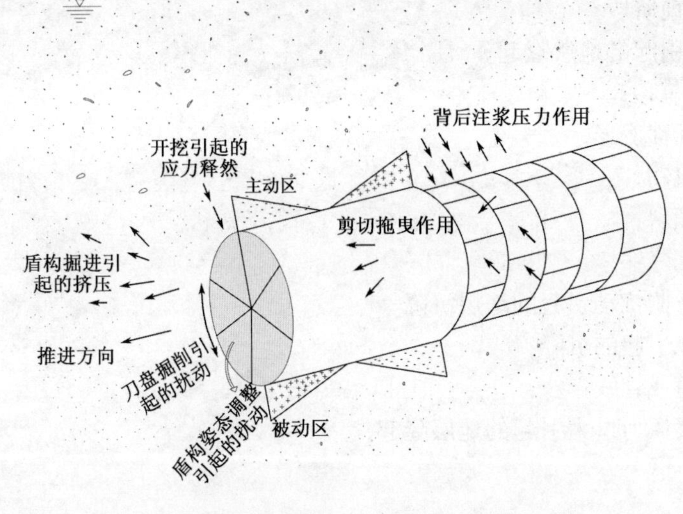

图9.5　盾构施工对地层的扰动要素及扰动工况

当盾构邻近既有结构物掘进时，盾构、土体与既有结构三者之间相互作用的问题：盾构掘进对既有结构的扰动是通过土体应力场及位移场的变化来传递的，既有结构也是通过改变土体自然应力场对盾构施工产生影响的，盾构掘进与既有隧道、建筑物、桩基之间相互影响原理如图9.6所示。

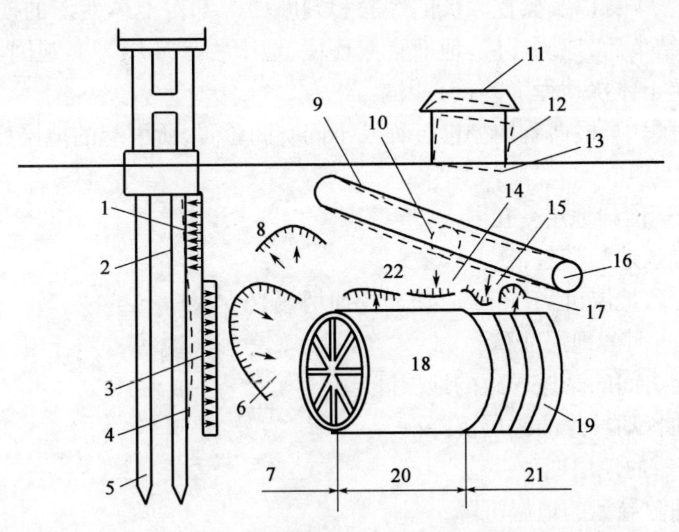

图9.6　盾构邻近施工相互作用原理图式

图9.6中盾构掘进与土体及既有结构相互作用引起的地层变位、表现过程及表现部位主要有：

1—负载土压造成的侧向土压力增大；

2，4—侧向位移；

3—应力释放引起的侧向土体反力减小；

5—既有建筑物或桥梁桩基；

6—推力过小引起的土体沉陷；
7—盾构开挖前阶段；
8—推力过大引起的地层隆起；
9—既有隧道位移；
10—既有线断面变形；
11—普通建筑物；
12—建筑物倾斜；
13—建筑物沉降；
14—超挖和弯曲扰动引起的地层沉降；
15—盾尾间隙引起的沉降；
16—既有隧道或管线；
17—背后注浆压力过大引起的地层隆起；
18—盾构机；
19—管片；
20—盾构通过时；
21—盾尾脱离后；
22—盾壳与围岩间摩擦引起的隆起。

由工程实践和实际测试可知，隧道所处的工程地质和水文地质环境、地面自然环境、地中物理环境、施工机械本身以及操控人员的经验和判断力等都对土体变形的模式和程度产生影响。在选线、设计结束后，地质环境、地面自然环境、地中物理环境等客观因素都已经确定，施工因素就成为决定土体扰动程度的核心因素。

在盾构施工过程中，根据盾构掘进过程及不同空间位置，所引起的地层变位可以分为以下几类。

(1)盾构机到达前的地层变位：
①推力过大导致地层隆起；
②推力过小导致地层沉陷(严重时使开挖面坍塌)。
(2)盾构机通过时的地层变位：
①盾壳与地层之间的摩擦导致的地层隆起；
②超挖和弯曲扰动导致的地层沉降。
(3)盾尾脱离后的地层变位：
①由于盾尾间隙导致的地层沉降；
②背后注浆压力过大引起的地层隆起。

此外，由于洞内出现涌水，或由于气压致使地下水位下降时，也可能产生大面积的沉降。在软弱黏土地层中掘进时，若地层明显受到扰动，则盾构机通过数月后仍会产生后续沉降。

以上3个施工阶段中，地层变位发生的形式及其原因见表9.1。从盾构机的位置和地层变位表现方式来看，可通过试验查明原因，修正后续的施工方法，从而找出使地层变位最小的掘进方法。

盾构掘进地层变位形式及原因　　表 9.1

盾构掘进状况		地层变位发生形式		估计原因	确认原因	管理对策
		变形图式	变形表现			
盾构到达前	盾构相距数十米以上	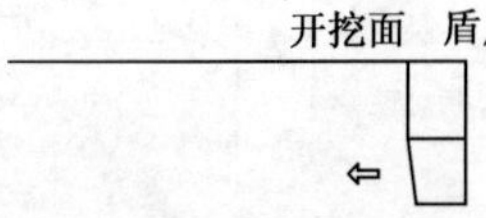 开挖面　盾尾	正常	—	—	—
		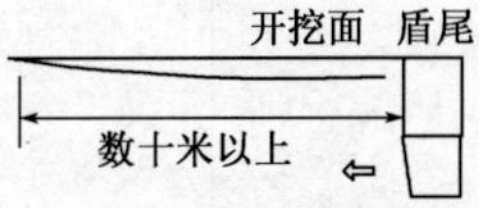 开挖面　盾尾 数十米以上	先行沉降	地下水位下降（砂质土）	洞内涌水状况，压气压力，地下水位	管片环止水，闸门止水
				围岩凹陷（软黏土）	1. 开挖面压力（泥水压、泥土压）； 2. 排土率、开口率、千斤顶推力、刀盘扭矩	1. 增大泥水压力、泥土压力及千斤顶推力； 2. 减小排土率及开口率
	即将到达开挖面	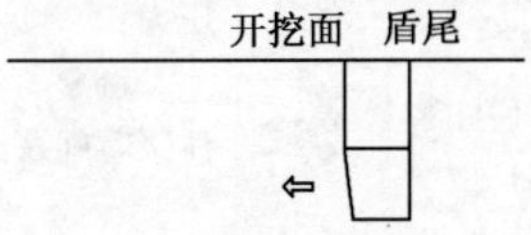 开挖面　盾尾	正常	—	—	—
		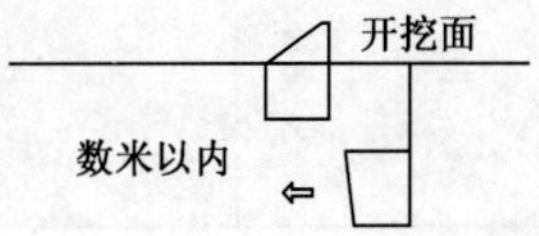 开挖面 数米以内	开挖面前隆起	开挖面压力过大	1. 开挖面压力（泥水压、泥土压）； 2. 排土率、开口率、千斤顶推力、刀盘扭矩	1. 降低泥水压力、泥土压力及千斤顶推力； 2. 增大排土率及开口率
		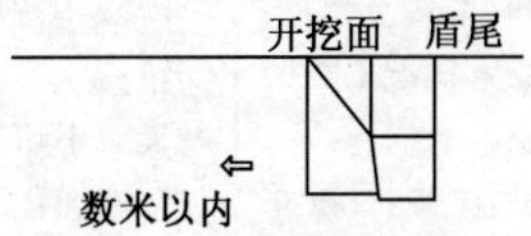 开挖面　盾尾 数米以内	开挖面前沉降	开挖面压力过小（明显时开挖面可能坍塌）	1. 开挖面压力（泥水压、泥土压）； 2. 排土率、开口率、千斤顶推力、刀盘扭矩	1. 增大泥水压力、泥土压力及千斤顶推力； 2. 较小排土率及开口率
盾构通过时		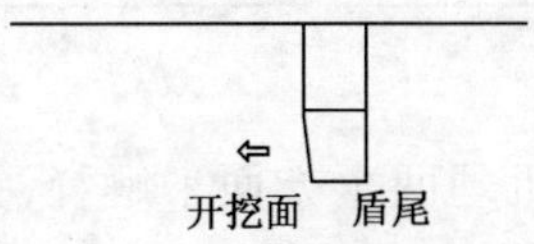 开挖面　盾尾	正常（稍许隆起）	刀盘面板与土体间的摩擦力	—	—
		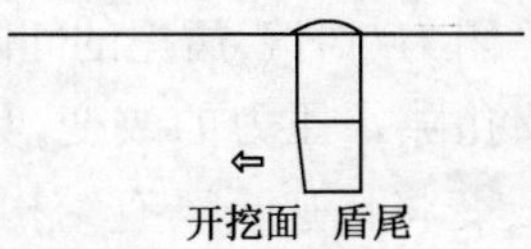 开挖面　盾尾	通过时隆起	锯齿形、俯仰	垂直、水平锯齿形	减小弯曲量、缩短停机时间
		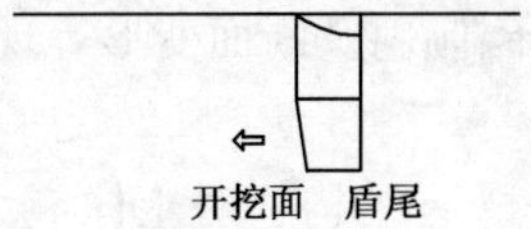 开挖面　盾尾	通过时沉降	超挖、锯齿形、扰乱、俯仰及偏转	1. 垂直、水平弯曲量俯仰和偏转； 2. 扰乱状况（圆锥灌入试验）	1. 减小弯曲、俯仰及偏转； 2. 减小超挖量

续上表

盾构掘进状况		地层变位发生形式		估计原因	确认原因	管理对策
		变形图式	变形表现			
盾构通过后	盾尾刚脱离后	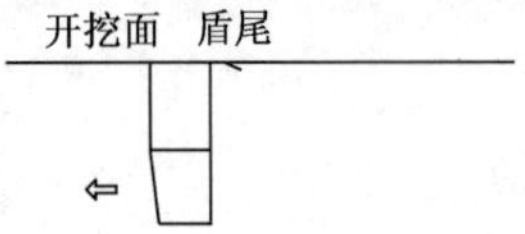 开挖面 盾尾	正常（稍许沉降）	盾尾间隙产生	—	—
		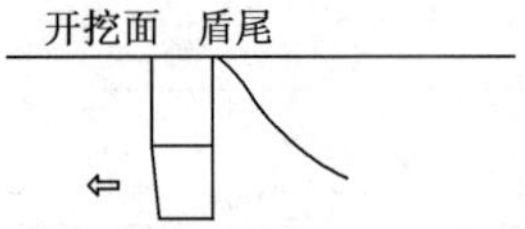 开挖面 盾尾	盾尾间隙沉降	盾尾间隙产生并扩大	1. 扰乱状况（圆锥灌入试验）； 2. 管片变形； 3. 背后注浆状况（采集芯样）	1. 减小超挖、弯曲、俯仰及偏转； 2. 减小管片环变形量； 3. 增加背后充填率
		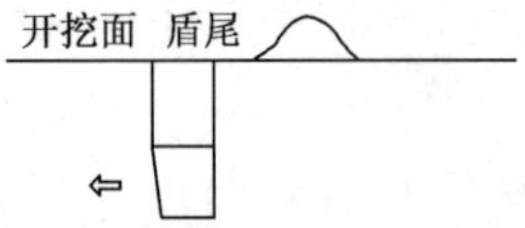 开挖面 盾尾	通过后隆起	背后注浆压力过大	1. 背后注浆量、注浆时间、注浆次数、注浆压力； 2. 背后注浆状况（采集芯样）	1. 降低背后注浆压力； 2. 调整背后注浆量、注浆时间及注浆地点
	盾构通过十几天后	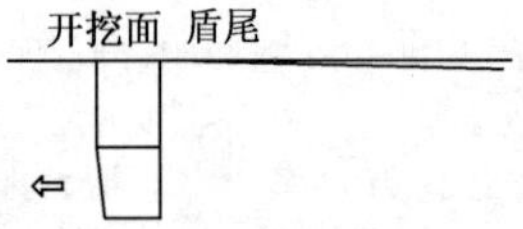 开挖面 盾尾	正常	—	—	—
		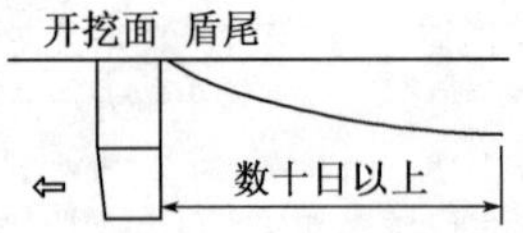 开挖面 盾尾 数十日以上	后续沉降	扰乱（软黏土）	1. 垂直、水平弯曲量、俯仰、偏转及超挖； 2. 扰乱状况（圆锥灌入试验）； 3. 背后注浆状况（采集芯样）	1. 减小弯曲、俯仰及偏转； 2. 减小超挖量； 3. 增加背后充填率

2）扰动机理

以上整个过程引起的土体变位可以从施工现象和内在机理两个方面来解释，如图 9.7 所示。

盾构施工过程中，盾构前方工作面压力，盾构侧向的侧壁摩阻力、纠偏，盾尾的间隙及注浆等施工力学行为将引起周围土体压力增加或者应力释放以及孔隙水压力的改变，具体如表 9.2 所示。一旦地层出现上述应力变化和变位，土体位移场的改变将传递至既有结构物，作用在既有结构物上的水土压力、地基反力的大小及分布就会改变。因此，既有结构物的外力条件和支承状态将发生变化，既有结构物就会受到影响，会发生沉降、倾斜及断面变形等现象，严重时会使既有结构物结构及功能受损，如图 9.8 所示。

反过来，既有结构物对新建隧道也有着不可忽视的影响。既有结构物对土体应力场及位移场的影响包括以下两个方面的内容。

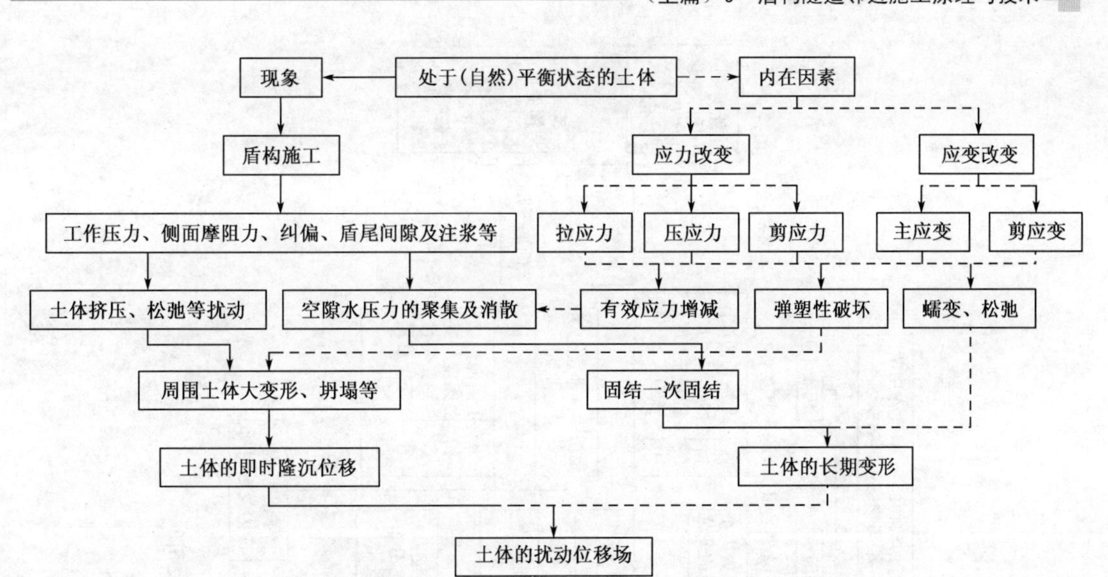

图9.7　盾构掘进引起的土体位移机理图式

盾构掘进主要力学扰动行为分析　　　　表9.2

位　置	施工力学行为		作 用 效 应
盾构前方	工作面压力	过大	土体压力增大导致压密沉降,引起垂直土压力增大
			引起土体的竖向的固结及次固结沉降
		不足	土体应力释放导致弹塑性变形,引起地层反力增大及其分布出现变化
盾构侧壁	摩阻力		引起土体牵连及剪切破坏,扰动邻近土体,产生弹塑性变形
	纠偏(采挖、蛇行)	受压侧	土体压力增大导致压密沉降,引起垂直土压力增大
			孔隙水压力增大,引起土体劈裂或胀裂破坏
		另一侧	土体应力释放导致弹塑性变形,引起地层反力增大及其分布出现变化
盾尾	盾尾间隙		土体应力释放导致弹塑性变形,引起地层反力增大及其分布出现变化
	同步注浆、二次补偿注浆		土体压力增大导致压密沉降,引起垂直土压力增大
			引起土体的竖向的固结及次固结沉降
	衬砌结构置换土体		土体应力释放导致弹塑性变形,引起地层反力增大及其分布出现变化
盾构通过后	土体的流变性		引起土体的蠕变及长期变形

(1)既有结构的存在改变了天然土体中应力场的分布。既有结构物修建本身也使其周围土体经历了加载、卸载、再加载等一系列复杂的应力路径,土体应力场经历了由稳定到变化再趋于新的稳定的过程。从土体开挖到衬砌施作,再到充填注浆,既有结构置换了原来位置处的土体,由于既有结构与土体在自重、纵向及横向刚度等物理力学特性上的差异,在修筑后其周围一定范围内土体的应力场已不同于土体的天然应力场。因而在盾构掘进至既有结构物周围一定范围时,需要合理地调整施工参数以适应土体应力场的变化。

(2)既有结构物被周围土体紧紧包裹,在隧道、管线或建筑物基础与土的接触面上,变形应保持协调。若结构与土间纵向刚度相同,则盾构近距离施工时隧道所发生的变形,与盾构在

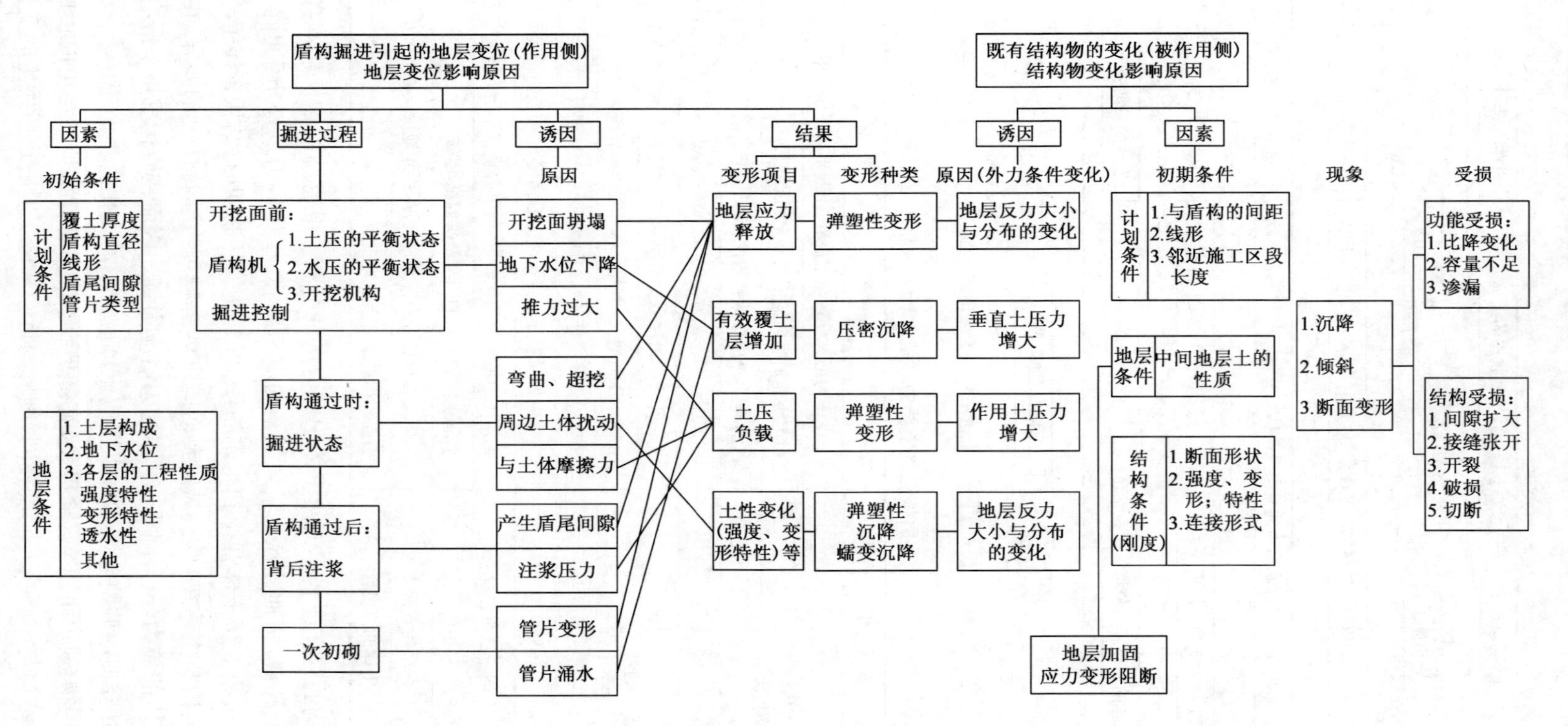

图9.8　盾构邻近施工时地层与结构物变化影响原因关系图

天然土层中施工相同位置处土体的变形完全一致。但实际上隧道纵向刚度远大于土体刚度，不可避免地会对土体位移场及应力场产生影响。

有无变化及变化程度，随既有结构物的设计条件（与盾构的距离、线性、邻近施工区间长度）、中间地层土的性质、既有结构物的结构条件和刚度（截面形状、强度和变形特性、连接形式）等的不同而不同。在研究邻近施工参数的影响时，要充分考虑以上事项，准确预测现场条件下可能发生的现象，建立相应的模型进行预测分析，对其环境影响进行评价。

9.2　盾构隧道邻近施工空间位置关系及邻近度判断

9.2.1　盾构隧道邻近施工空间位置关系

新建盾构隧道与既有结构物的空间位置关系有交叉和平行两种。

1）空间夹角的影响

以两隧道为例，近距离施工可以根据新建隧道与既有隧道的空间夹角（θ）分为平行（即 $\theta=0°$）和空间异面（即 $\theta\neq0°$）两种情况（不考虑两隧道轴线平面相交的情况），再根据两隧道轴线在水平面及竖直面的投影不同对近距离施工进行细分，如表 9.3 所示。

近距离施工空间位置关系划分　　表 9.3

项目	空间位置关系	水平投影面位置关系	竖直投影面位置关系	竖直面投影高程关系	类　型	编号
盾构近距离施工	平行	平行	重合	—	平行施工	1
		重合	平行	既有隧道在上	下交叉施工	2
				既有隧道在下	上交叉施工	3
		平行	平行	—	空间平行施工	4
	异面	交叉	平行	既有隧道在上	穿越施工	5
				既有隧道在下	穿越施工	6
		平行	交叉	—	—	7
		交叉	交叉	—	—	8

注：（1）本表格按照近距离施工两隧道轴线空间位置关系、水平面投影位置关系及竖直面投影位置关系从理论上对近距离施工进行划分，其中，有些类型未有工程实例，如 4、7、8。

（2）类型 4 实际上是介于类型 1、2、3 之间的复合，可以参照 1、2 或 1、3 单独考虑后叠加。

（3）在大部分情况下，盾构施工纵坡较小，因而类型 7 可以参照类型 1 进行分析，而类型 8 可以按照类型 5、6 考虑。

空间夹角对近距离施工的影响主要体现在既有隧道受扰动变形模式的不同（T. I. Addenbrookeetai.，1996）。对于 1、2、3 这 3 种空间夹角 $\theta=0°$ 的情况以及 5、6 这两种空间夹角（等于水平面投影夹角）$\theta\neq0°$ 的典型近距离施工类型，它们各自对隧道的扰动模式是不同的。图 9.9 所示为 2、5 两种近距离施工类型下既有隧道的动态变形模式。表 9.4 对 5 种类型近距离施工进行了简单比较。

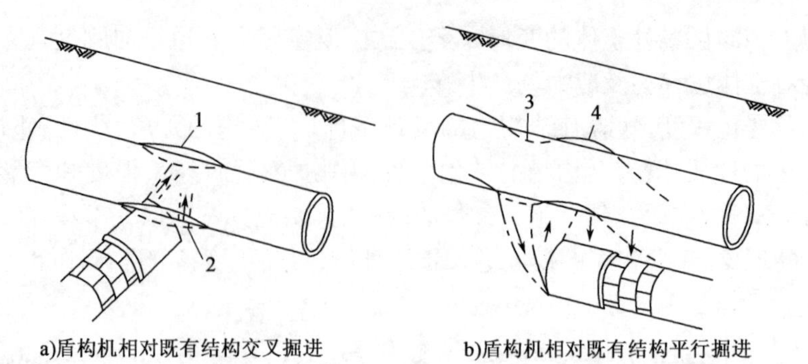

a)盾构机相对既有结构交叉掘进　　b)盾构机相对既有结构平行掘进

图 9.9　盾构与既有结构交叉或平行掘进时既有结构物工况模式图

1、4-地层隆起;2、3-地层沉降

典型 5 种类型近距离施工对既有隧道的影响比较　　表 9.4

θ	类型	施工加、卸载方向	既有隧道变形			
			主方向	主方向变形形状		位移峰值类型
				施工状态	稳定状态	
=0°	1	左侧或右侧	水平	盾构切口前后一定范围内呈波浪状,盾尾过后基本为直线	基本为直线	水平位移
	2	下方	垂直			沉降
	3	上方				隆起
≠0°	5	下方		类正态分布曲线	类正态分布曲线	沉降
	6	上方				隆起

2)隧道间距的影响

隧道间距是指近距离施工两隧道间的最小净距(衬砌外缘之间的距离),它是影响盾构近距离施工扰动程度的主要参数之一,习惯上用 d(单位:m)表示。当 $d\to+\infty$ 时,两隧道间无影响,随着 d 的减小,两隧道间的影响逐渐增大,当 d 减小到一定程度,隧道施工对既有隧道存在不可忽略的影响时,就可认为是近距离施工(或称为邻近施工或近接施工)。

隧道间距 d 越小,近距离施工对已建隧道扰动越明显,施工难度越大,也就需要引起更高的重视。国内外习惯上用隧道间距与在建隧道直径(D)之间的关系来衡量近距离施工过程中邻近程度,如第 2 章图 2.6 和表 2.7 所示,此处不再赘述。

9.2.2　盾构隧道施工邻近度判断

1)盾构隧道施工邻近度判断方法说明

盾构隧道邻近程度的判断是指在某前提条件下施工时,判断对既有结构物是否会造成不利影响,以便为以后的设计、施工确定方向。因此,需要在考虑前提推荐的基础上,参考施工实例客观地进行判断。但因既有结构物及开挖地层各不相同,故难以按照一个统一的标准处理,目前,尚无客观判断隧道施工邻近程度的统一标准。因此,目前的情况是针对各工程做不同的处理。在无明确标准可供遵循的情况下,一般按照以下 3 种方法进行处理:根据以往规范等进行判断;先进行预测分析,根据分析结果进行协商判断;根据摩尔-库伦破坏准则的破裂线进行判断,详见第 2 章 2.2.4 节的分析。

2）根据以往规范等进行判断

（1）根据日本《既有铁路隧道接近施工指南》（1997）进行判断。本书第2章第2.2.4节及本章9.2.1节中根据间距进行的邻近度判断就依据日本1997年公布的《既有铁路隧道接近施工指南》进行的。

（2）根据日本《首都高速公路近邻结构物的施工要领（草案）》及《地下输电线土木工程中结构物近邻段设计施工指南》进行判断。在这两本规范中，将盾构隧道施工的邻近程度范围分为三类，图9.10所示是既有结构物为直接基础的邻近程度范围，是其中的一例。图中，在《首都高速公路近邻结构施工要领（草案）》中的"需注意的范围"、"限制范围"内的工程，以及在《地下输电线土木工程中结构物近邻段设计施工指南》中的"需注意的范围"、"需采取措施的

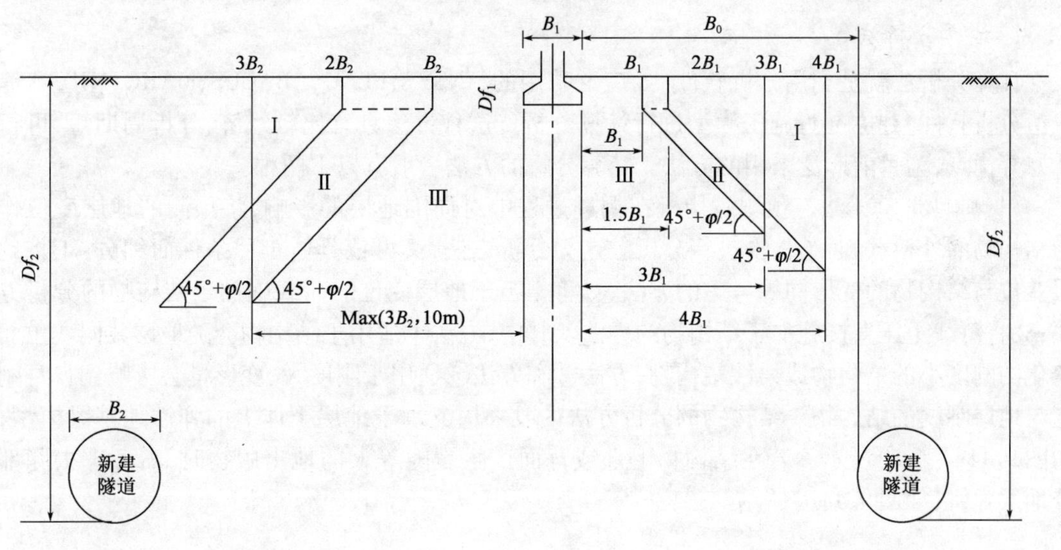

需采取措施的范围（Ⅲ）	①$b \leqslant B_2$，$f \geqslant 0$ ②$b \leqslant \max(3B_2, 10m)$ $f \leqslant (b-B_2)\tan(45°+\varphi/2)$ 由①、②所决定的范围	限制范围（Ⅲ）	①$B_0 \leqslant B_1$ ②$B_0 \leqslant (Df_2-Df_2)\tan(45°+\varphi/2)+B_1$ 由①、②所决定的范围
需采取措施的范围（Ⅱ）	①$b \leqslant 2B_2$，$f \geqslant 0$ ②$b \leqslant \max(3B_2, 10m)$ $f \geqslant (b-B_2)\tan(45°+\varphi/2)+Df_1$ 由①、②所决定的范围中除(Ⅲ)以外的范围	需注意的范围（Ⅱ）	不符合Ⅰ、Ⅱ条件中的任何一条的范围 $B_1 \leqslant 5m$时取$B_1=5m$
需采取措施的范围（Ⅱ）	（Ⅱ、Ⅲ）以外的范围	无条件范围（Ⅱ）	①$B_2 > 1.5B_1$ ②$B_2 > (Df_2-Df_1)\tan(45°+\varphi/2)+B_1$ 其中，右边的最大值为$4B_1$ 由①、②所决定的范围
引自《地下输电线土木工程中结构物近邻段设计施工指南》		引自《首都高速公路近邻结构施工要领草案》	

图9.10　各公司对盾构设定邻近程度范围的划分方法（既有结构物为直接基础）

范围”内的工程,分别被判断为“邻近施工”。这两个规范对邻近程度范围的划分有所不同,如与既有结构物水平方向的划分,前者是根据既有结构物的宽度来定,而后者是根据盾构机的外径来定。

9.2.3　盾构隧道施工对邻近结构物影响的预测

通过施工邻近度判断,确定为邻近施工后,为了确定是否需要采取措施或者具体需要哪些施工措施,需就邻近施工对既有结构物的影响作一个预测分析,从定量上掌握施工影响范围及影响程度。邻近施工影响预测分析的方法一般有以下几种:计算分析、经验类比、模型试验及现场监测。

1)计算分析法

计算分析法就是利用分析软件(如广泛采用的 ANSYS、FLAC、ABACUS、MARC、MIDAS 等数值分析软件)建立邻近施工模型进行计算分析。这种方法具有比较经济、分析周期短、可行性好等优点,为目前广泛采用的方法。计算分析的方法一般有以下两种。

(1)弹性地基梁法。预测盾构机在掘进过程中对周围地层的影响,将预测的地层变位作为结构物的外荷载,对结构物进行分析。这类分析方法,又可依具体工程条件而细分:①将地层变位与结构物的变形同等考虑的方法;②将相当于地层变位的荷载施加于结构物的分析方法;③将负载土压直接施加于结构物的方法。其中,方法①适用于结构物会随地层共同变位而变化的刚度小的结构物或柔性结构物;方法②和方法③适用于刚度大、变形量会影响到自身刚度与地层刚度的结构物。结构物的分析方法一般采用支承于地层土体上的弹性地基梁模型,如图 9.11a)和 b)所示。若在结构物下部或背面产生裂隙等大的地出版物时,需考虑去除部分地层弹簧,如图 9.11c)所示。

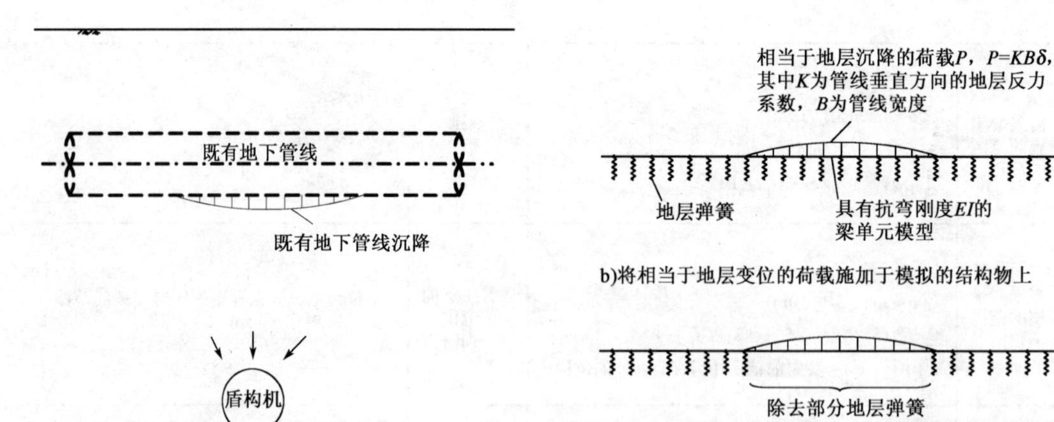

图 9.11　将相当于地层变位的荷载施加于结构物的模型分析方法

(2)有限单元法。采用有限单元法将地层变位和结构物变形及工况进行协同分析。这种方法是将地层和结构物作为一个连续体来分析,即将梁置于地层之中,通过有限元分析直接求出梁截面内力。这种方法具有一定的局限性,如有时候在地层远离结构物方向上的变位与实际情况相违背；它能较好地模拟不影响地层变位的小刚度的结构物，但一旦遇上刚度较大的结构物时，若直接去分析，可能会得到意外的结果，通常需要另想办法，一般是对结构物和地层的边界条件做一些处理。随着计算技术的发展，利用计算机模型对邻近施工所考虑的因素越来越全面，还能考虑施工步序对地层变位的影响。在分析地层变位时，无论采用哪一种方法，既要考虑盾构机与结构物的距离，也要考虑结构物本身的结构特征及施工方法等。在地层变位及结构物变形分析过程中，重点要考虑盾构机刀盘接近结构物时、盾构机通过结构物时以及盾尾脱离时这三个过程中的工况。

2）经验类比法

除了计算分析之外，在实际工程中还用经验类比法来预测邻近施工的影响。经验类比法是指根据以往的工程经验进行总结分析。通过调查类似的工程实例，对将要进行的工程进行解释，解释的方法因边界条件和输入常数不同，其结果会有很大的不同。收集、评价和分析类似实例时，经验判断很重要，应注意：邻近施工的种类、邻近施工的规模、邻近施工的设计及施工方法、与既有结构物的间距及位置关系、原地形及地质情况、既有结构物的健全度、管理体制和管理标准、邻近工程的工程概况、安全监视的测量结果等。

另外，模型试验也是预测分析的一种手段，但模型试验费用较高，周期也较长，所以一般要视工程的重要程度来选择使用。模型试验要求在模型上能模拟围岩、隧道等结构的几何形状及材料的某些物理力学性质。为了使模型上产生的物理现象与原型相似，模型所选用的材料、形状尺寸和荷载必须遵循相似原理。

3）现场监测法

现场监测法是目前保证地下工程施工安全顺利的重要手段。在进行安全监测时，应当以施工调查为基础，制订合理可行的测量计划，保证既有结构物的安全。测量计划应当根据围岩级别、设计参数、施工方法和施工管理等条件来制订。现场监测首先要确定测量的目的、项目和手段，然后选定测量断面、测点布置及测量频率，将测量数据进行分析，预测邻近施工的影响，并将分析结果反馈到施工当中以指导施工。现场监测结果可靠、对施工的指导性好，但费用较高、周期较长，一般考虑工程的重要性来选择使用及选定监测项目。

9.3　盾构隧道邻近施工控制措施

盾构隧道邻近结构物施工时，一是通过控制盾构掘进参数来减小盾构机对地层及邻近结构物的扰动，二是通过地层及结构物加固处理来提高其抵抗变形的能力。

9.3.1　盾构邻近施工的加固处理措施

盾构隧道邻近施工的处理措施，按照处理的对象可分为以下三大类。

1）在盾构机一侧采取处理措施

在盾构机一侧采取的措施主要与施工方法有关，其目的就是从影响产生的根源入手，在盾构机开挖推进时减少施工的影响，如在盾构机转弯时应尽量减少超挖，因为超挖直接导致地层损失,从而产生地层的沉降;由于盾壳具有一定的厚度,盾构机外径比管片外径要大2%左右,针对盾尾脱出后的壁后间隙,常采用与盾构推进同步的壁后注浆来有效地充填,减小盾尾脱出后的地层变形。

2)在既有结构物一侧进行加固处理

邻近施工前通常也可对既有结构物进行加固处理,以增强结构物本身抵抗变形的能力,如在既有隧道一侧修建新隧道时,需要对老隧道的衬砌结构进行加固,使之允许邻近施工。对结构物的处理措施又有以下两种。一种是直接对结构物进行加固,增大其变形阻力,具体又可分为:结构物内部加固和对其下部基础结构进行加固两种。结构物内部加固有加劲、加固墙体、增加支撑等方式;对下部基础加固的加固有加固桩、网状桩和锚杆等手段。图9.12为某邻近施工对建筑物墙体基础的加固示意图,图9.13为对基桩进行加粗的示意图。另外一种是采用桩基托换的方法,如隧道施工影响既有房屋的基础时,需要从隧道内部对基础进行托换,并且把隧道衬砌作为托换结构的一部分,如图9.14所示。

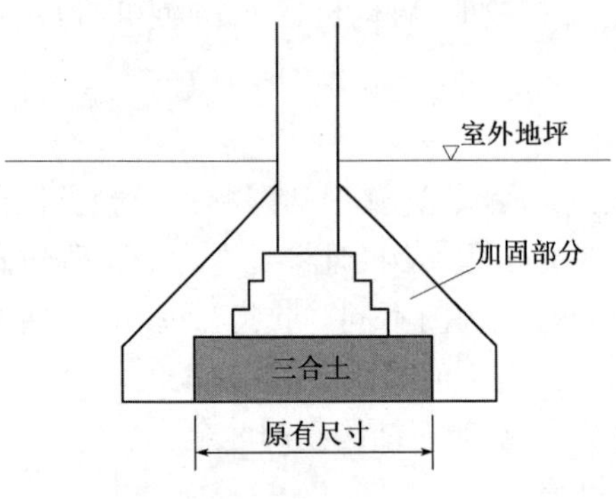

图9.12 对某建筑物条形基础的加固示意图

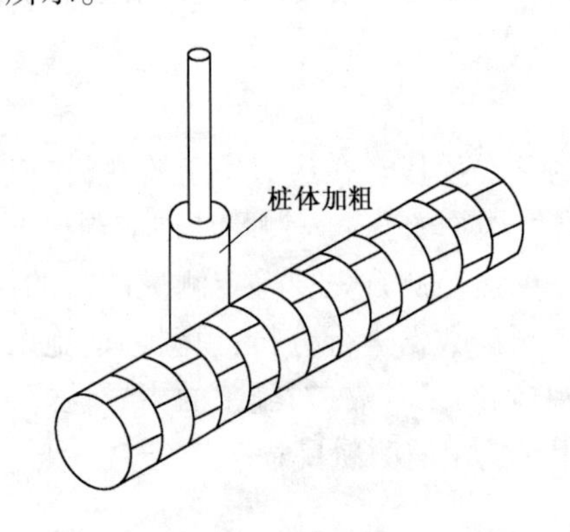

图9.13 对基桩进行加粗的示意图

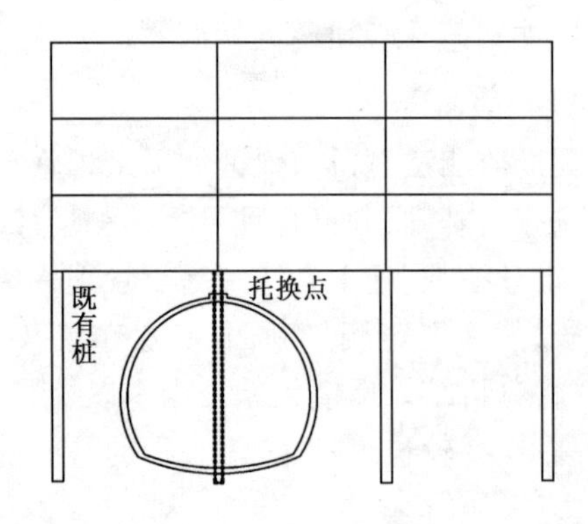

图9.14 桩基托换示意图

3)在盾构机与结构物之间的地层内衬砌处理措施

有时即使施工方法掌握得很好,施工上也没有什么纰漏,但盾构施工周围环境的影响也是不可避免的。因此,即使在盾构机一侧采取了处理措施,仍然可能使既有结构物出现超出控制标准的变形。为进一步减轻盾构机掘进时的不利影响,可在盾构机与既有结构物之间的地层内采取处理措施,一般有下面4类处理方法。

(1)加固盾构机周围的地层。

(2)加固既有结构物的承载地基。

(3)阻断盾构机掘进时产生的地层变位。

(4)加固中间地层。

加固盾构机周围的地层,其目的就是增大盾构机周围的土体强度,减轻盾构机掘进时周围土体的松弛和扰动，使地层变形不致过大。具体的处理方法多采用注浆、搅拌喷射等地层加固方法，如图9.15所示。

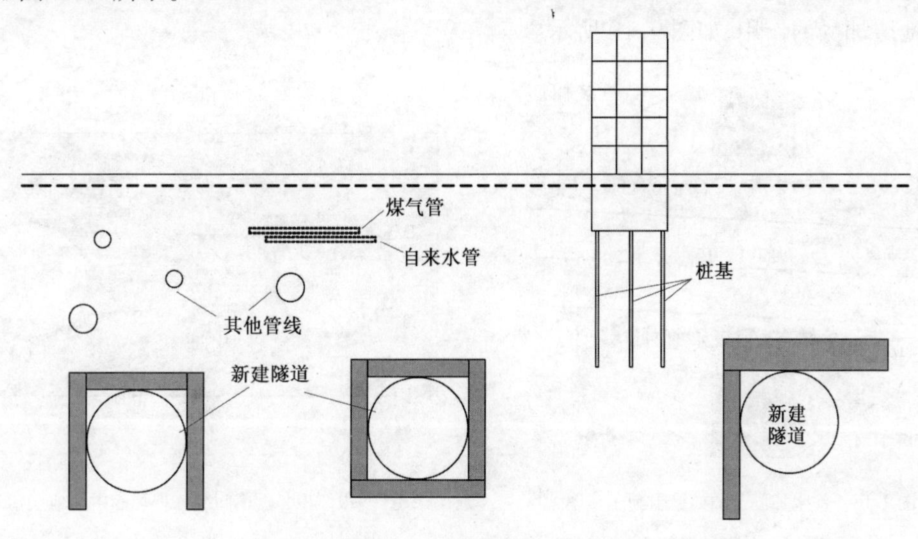

图9.15　通过加固盾构周围的地层来控制邻近施工变形

如果遇到的结构物本身地基承载力不足，那么小的扰动也可能导致较大的地层沉降，此时则可以有针对性地加固结构物的地基，通过提高其地基承载力来控制结构物的沉降。上海的隧道工程建设中，许多地方都对邻近结构物的地基进行加固，如延安东路隧道中对某建筑的地基进行注浆加固，施工期间，对地基进行加固前的沉降速度为20mm/d，而注浆加固后的沉降速度为2mm/d，加固效果显著。

阻断盾构掘进产生的地层变位，顾名思义，就是在盾构机与既有结构物之间构建一道屏障，使地层变位得以阻断或得到有效减小，不影响结构的正常使用。通常的做法是在盾构机与结构物之间构建桩、墙等结构。另外，作为处理措施的地层加固工程及桩、墙等的施工，其本身有时也属于邻近施工，施工时应充分考虑，注意减小其施工扰动。各种阻断措施如图9.16～图9.18所示。

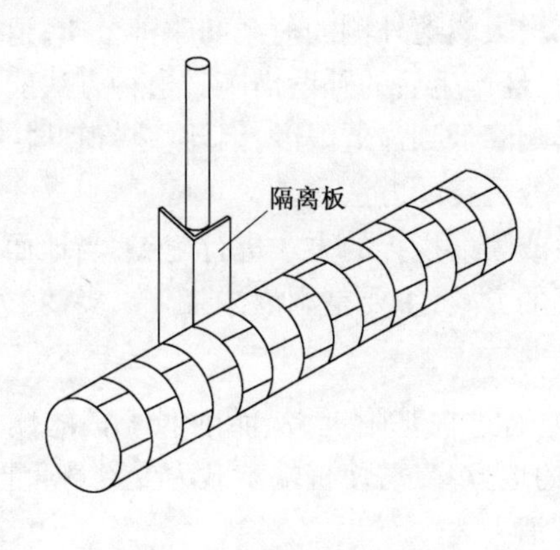

图9.16　隔离板阻断示意图

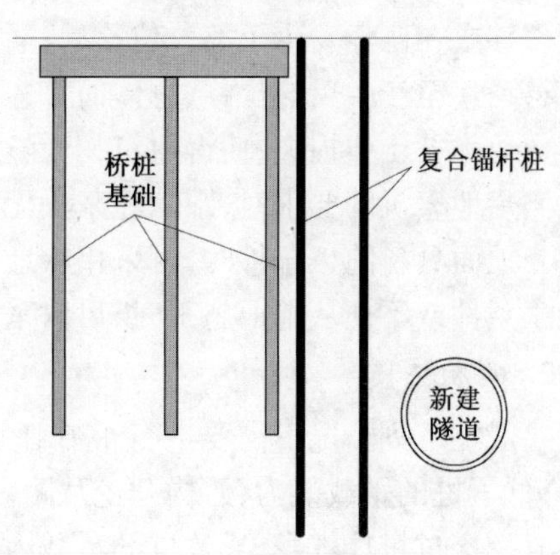

图9.17　复合锚杆桩阻断示意图

如果两隧道之间间隔非常近，那么中间地层受到的压力将会非常大，则既有隧道很可能在施工中遭受损害。此时，可以通过从既有隧道一侧向新建隧道一侧施作锚杆或锚索，从而起到对中间地层加固的作用，如图 9.19 所示。

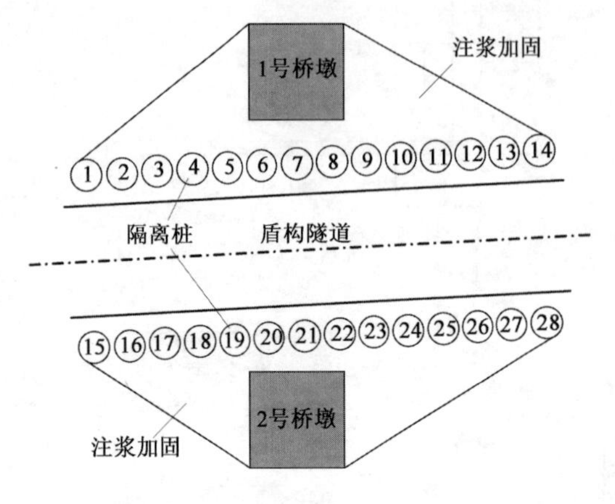

图 9.18　注浆加固与隔离桩阻断示意图

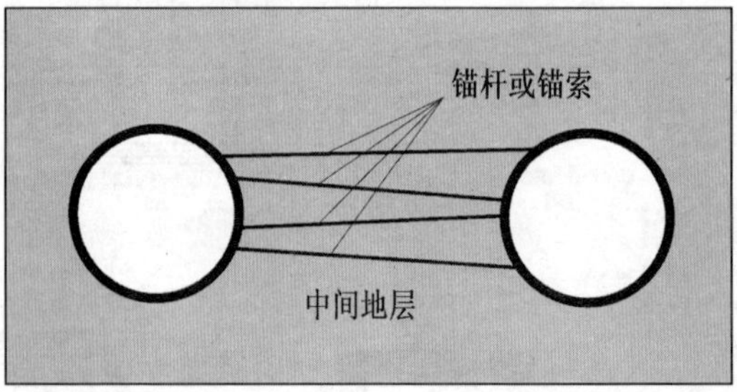

图 9.19　相邻隧道间用锚杆加固中间地层示意图

邻近施工的对策是多样的，应当根据实际情况和经济指标进行优化选择，必要时进行组合使用。一般情况下，第一种处理措施是主动控制沉降的产生，从根本上消除不利影响，易于掌握，可行性好，是应当优先考虑的；然后是第二种方法；第三种方法成本较高且工程量较大，最后才考虑。

9.3.2　盾构邻近施工的几种具体加固措施

1）注浆加固地基

跟踪注浆法是一种治理土体移动的常用方法，利用土体损失影响地面沉降的滞后现象，在隧道开挖影响范围与被控制的基础之间设置补偿注浆层，即在土层沉降处注入适量的水泥或化学浆，以起到补偿土体的作用，然后通过施工过程中的监测数据，不断控制各注浆管的注浆量，实现隧道开挖与基础沉降的同步控制，从而减小土体的沉降。跟踪注浆根据隧道可能发生过大位移或在已经发生了部分位移后，通过注浆局部增大隧道外侧的荷载和改善土质，迫使其停止移动甚至产生反向位移，总体而言，是一种位移已经产生后的补偿措施。这种方法能够非常有效地弥补土体损失，使得建筑物受隧道开挖的影响降低到最低限度，因此在隧道开挖措施无法满足地表沉降要求时，跟踪注浆法无疑是一种十分可行的方法。

当地面具备施工条件时，可采用从地面进行注浆或喷射搅拌的方式进行施工；当地面不具备施工条件或不便从地面施工时，可以采用洞内处理的方式，主要是洞内注浆。

2）桩基托换

一般在下列情况下需要进行桩基托换：盾构开挖通过桩基附近，从而削弱了桩的侧向约束，降低了桩的承载能力；盾构开挖从距离桩端很近的地方穿过，使桩端承载力受到严重损失；盾构开挖穿过桩体本身，导致桩的承载力大幅下降或消失。

桩基托换就是将建筑物对桩基的载荷，通过托换的方式转移到新建的桩体上去，与原有地基形成多元化桩基并共同分担上部荷载，或是拆除原有的桩，以达到缓解和改善原有地基的应力应变状态，直至取得控制沉降与差异沉降的预期效果。托换处理主要有门式桩梁、片筏基础、顶升及树根桩等方法，如广州地铁二号线隧道从广园西路一栋6层的宿舍大楼下方穿越而过。隧道施工采用盾构法，楼房基础为挖孔灌注桩，为了确保楼房的安全，采用由托换桩和托换梁组成的托换结构体系，对部分楼房桩基分别进行托换和加固，使楼房在原有基础被破坏的情况下，继续保持正常使用和安全状态。

3）设置隔断墙

隔断法是指在建筑物附近进行地下工程施工时，通过在盾构隧道和建筑物间设置隔断墙等措施，阻断盾构机掘进造成的地基变位，以减少对建筑物的影响，避免建筑物产生破坏的工程保护法。该法需要建筑物基础和隧道之间有一定的施工空间。隔断墙墙体可由钢板桩、地下连续墙、树根桩、深层搅拌桩和挖孔桩等构成，主要用于承受由地下工程施工引起的侧向土压力和由地基差异沉降产生的负摩阻力，使之减小建筑物靠盾构隧道侧的土体变形。为防止隔断墙侧向位移，还可以在墙体顶部构筑联系梁，并以地锚支撑。

4）建筑物本体加固措施

建筑物本体加固是指对建筑物结构补强，提高结构刚度，以抵抗或适应由地表沉降引起的变形和附加内力。具体的加固措施有以下几种。

（1）增大截面法。该方法通过外包混凝土或增设混凝土面层加固混凝土梁、板、柱，通过增设砖扶壁柱加固砖墙。增大截面法可增大构件刚度，提高构件的承载能力，从而提高构件的抗变形能力。

（2）外包钢法。该方法通过在混凝土构件或砌体构件四周包以型钢、钢板从而提高构件性能，可在基本不增大构件截面尺寸的情况下提高构件的承载力，提高结构的刚度和延度。

（3）外包混凝土法。该方法通过外包钢筋混凝土加固独立柱和壁柱，增设钢筋混凝土扶壁柱加固砖墙，增设钢筋网混凝土或钢筋网水泥砂浆（俗称夹板墙）加固砖墙：与外包钢法相比，这种方法可更好地实现新旧材料的共同工作。

（4）粘钢法和粘贴碳纤维法。该方法通过黏结剂将钢板或碳纤维粘贴于构件表面从而提高构件性能，可在不改变构件外形和不影响建筑物使用空间的条件下提高构件的承载力和适用性能。

5）改善建筑物设计方法

在地下工程建造活跃的地区，在建筑物的设计中宜考虑后期地基变形等因素，将建筑物的抗变形设计融入到现有的结构设计中，以提高结构物抗变形的能力。对于框架结构，在设计时可兼顾刚性设计和柔性设计原则。刚性设计可提高建筑物的整体性和刚度，提高建筑物的抗变形能力；柔性设计是人为地在建筑物上部结构或地基基础上形成软弱面，用以吸收大部分开挖引起的地表变形，或是阻断地表变形的传递和扩散。此外，还可将现有的抗震设计理论扩展到结构抗变形理论中，如将框架结构的“强柱弱梁、强剪弱弯、强节点弱构件”抗震原则扩展到结构的抗变形设计当中。

9.3.3　盾构掘进参数控制

盾构机的掘进参数决定盾构的行进状态及其对周边地层的扰动程度，对地层变位控制的工况(如地表控制沉降、邻近施工等),严密控制盾构机的掘进参数尤为重要。主要的掘进参数及其控制要点如下。

1)密封舱压力设定及添加剂

盾构机密封舱压力设定影响开挖面的稳定,继而决定盾构刀盘前方土体的运动趋势及方向,从而影响前方邻近结构物的变形。

泥水加压平衡盾构掘进时,把水、黏土及添加剂混合制成的泥水,经输送管道压入并充满泥水舱,推进力经舱内泥水传递到开挖面的土体上,即泥水对开挖面土体有一定的压力(与推进力对应),该压力称为泥水压力。为使开挖面稳定,通常要使泥水压等于地层土压和地下水压之和。同时,泥浆的性质即在开挖面上所形成的泥膜对开挖面的稳定性起着至关重要的作用。因此,对于泥水加压平衡盾构而言,泥水压、泥浆特性、泥膜的有效形成及渗透作用是重点控制的参数。

土压平衡盾构掘进时,刀盘掘削下来的土体与注入的添加剂搅拌混合,在密封舱内形成塑流性和抗渗性良好的泥土,密封舱内泥土压力与地层土压及地下水压之和平衡,从而保持开挖面稳定。密封舱内泥土压及泥土的塑流性、抗渗性是重点控制的参数。

2)排土量控制

无论是泥水平衡盾构还是土压平衡盾构,从理论上讲,盾构的排土量应与刀盘掘削土量相等,方能保证开挖面稳定。排土量多少直接影响密封舱压力,继而影响开挖面稳定。因此控制排土量是控制地层变形的重要措施。泥水平衡盾构多采用送排泥水管上设置流量计和密度计来计量掘削土量;土压平衡盾构一般通过重量或流量等参数来计量掘削土量,土压平衡盾构的排土量取决于螺旋输送机的转速,而螺旋输送机的转速则和盾构千斤顶推进速度自动协调控制。按国外统计,在主动破坏和被动破坏限界之间的开挖面稳定区间内,压力差和排土量大致呈比例关系。在邻近结构物掘进时,一般控制排土量宜不超过理论值的95%,以避免过度取土而使地层损失增大。当然,由于地层变异、机械参数的不稳定、添加剂种类及添加量、运出方法等因素,精细控制排土量较为困难。例如,北京地铁十号线盾构隧道穿越国贸桥时出土量控制在43~47m^3/环;北京地铁四号线盾构隧道穿越万芳桥时出土量控制在37m^3/环左右,类似工程可以参考。

3)盾构推力及掘进速度控制

盾构推力是决定掘进速度的主要因素,而掘进速度过快会使地层挤压增大,出现地层隆起或对邻近结构物的额外负载。掘进速度的选取应使土体尽量受剪切而不是挤压。过量的挤压,势必产生密封舱内外压差,增加对地层的扰动。当盾构纠偏时,应取比正常掘进时低的速度。同样,不同的地质条件,推进速度也应不同。因土压平衡是依赖排土来控制的,所以,密封舱的入土量必须与排土量匹配。合理设定土压力控制值的同时应限制推进速度,如推进速度过快,螺旋输送机转速相应值达到极限,密封舱内土体来不及排出,会造成土压力设定失控。所以应根据螺旋输送机转速(相应极限值)控制最高掘进速度。由于推进速度和排土量的变化,密封舱压力也会在地层压力值附近波动,施工中应特别注意调整推进速度和排土量,使压力波动控制在最小幅度。

例如,北京地铁十号线盾构隧道穿越国贸桥时盾构推进速度在50mm/min以内,北京地铁四号线穿越万芳桥时盾构推进速度控制在30~40mm/min。在类似地质及水文条件下地铁盾构隧道在穿越桥梁时,盾构推进速度宜控制在10~50mm/min。

再如,北京地铁某盾构穿越既有车站,考虑盾构机设计掘进速度、地质状况、工期进度要求并参考以往盾构施工经验,盾构过轨段掘进速度确定为 10 ~ 20mm/min,相对正常条件下掘进速度有较大减慢,确保盾构比较匀速地穿越既有线,同时保证刀盘对土体进行充分切割,以减少开挖扰动。

4)刀盘的扭矩和转速

刀盘的扭矩和转速决定刀盘旋转的输出功率,表达刀盘对开挖面土体的做功能力。刀盘的输出功率越大,对土体的开挖能力越大。由电机功率表达式可知,当刀盘输出功率一定时,其输出扭矩与转速成反比。刀盘转速越大,对开挖面土体的掘削速度越大,对土体的扰动程度也会有适度增加。邻近结构物施工时宜采用大扭矩低转速掘进模式通过。

5)盾构背后注浆参数

盾构施工中的背后注浆包括同步注浆及滞后补注浆,其目的有三点:防止地层变形;提高隧道的抗渗性;确保管片衬砌的早期稳定(外力作用均匀)。考虑盾构邻近施工的严苛状况,应按盾构形式和土层性质,准确选用相应的注浆材料、注浆时机、注浆压力、注浆量及注浆范围。

(1)浆液要求。盾构被注浆浆液要求充填性好,不漏到开挖面及围岩土体中去;浆液流动性好,离析少,材料分离少;早期强度均匀,与原状土强度相当。

(2)浆液类型和凝胶时间。背后注浆浆液有单液浆液、水玻璃类双液型浆液及氯化铝类双液型浆液三大类。不同类型的浆液其凝胶时间长短不同,有缓凝固型和瞬凝固型,一般要求其凝胶时间≤1min,其中,凝胶时间≥30s 的为缓凝型,凝胶时间≤20s 的为瞬凝型。邻近施工时,地层变形控制严格,宜优先选用凝胶时间短的瞬凝型浆液。但在砂土地层中有时也会出现土砂崩塌和存在空洞的情况,此时要充填好包括崩塌松散土砂间隙在内的所有空隙,根据实际情况,也可能选用缓凝型浆液,所以应充分调查研究之后决定。

(3)注入量和注浆压力。注入量要能很好地填充盾尾间隙及地层中可能存在的空隙。背后注浆向土体中的渗透、泄漏损失、小曲率半径施工、超挖、浆液类型等会影响注入量。一般来说,使用双液型浆液时,注入量多为理论空隙量的 150% ~ 200%,极少也有 300% 的情况。施工中如果发现注入量持续增多,应检查超挖、漏失等因素。注浆压力取值通常为地层阻力强度与注入条件(浆液性质、喷出量及注入工法等)决定的附加项之和,一般为 0.2 ~ 0.4MPa。邻近结构物掘进时,注入量与注浆压力的选定要综合考虑浆液类型、土质条件、盾构与结构物距离等。并且应加强地层与结构物变形及应力的监测,根据监测结果实时调整注入量和注浆压力。

总之,盾构在邻近穿越结构物期间,应根据模拟推进时采集的数据,合理设定土压力、同步注浆量及注浆压力,降低推进速度,严格控制盾构方向,减少纠偏特别是大量值纠偏。

9.4　盾构隧道邻近施工组织

对于盾构隧道的邻近施工,关键是掌握盾构开挖所引起的围岩变形状况及事先充分调查既有建筑物的结构、形状、老化程度等特征。

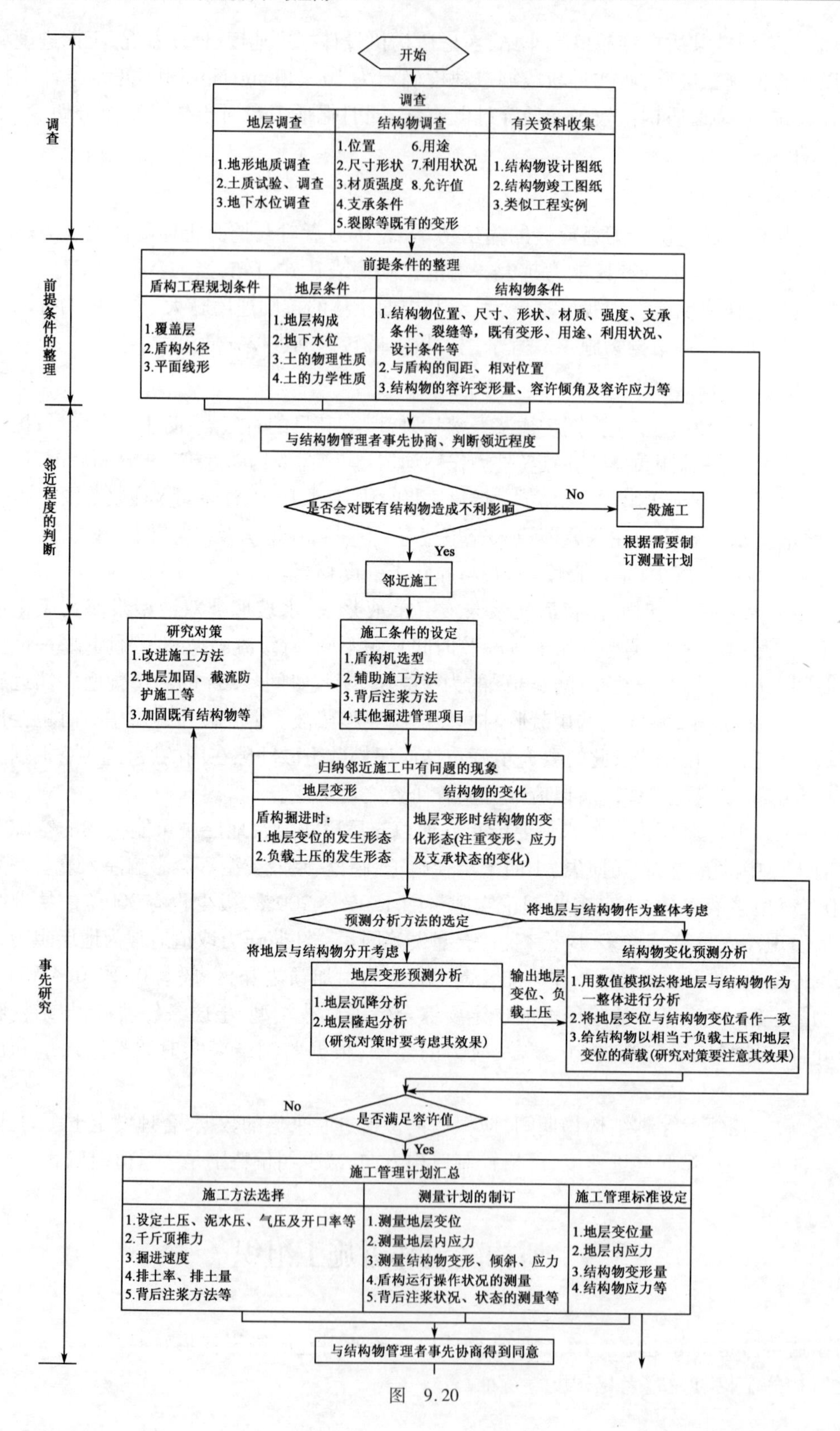

调查
前提条件的整理
邻近程度的判断
事先研究
开始
调查
地层调查
1.地形地质调查
2.土质试验、调查
3.地下水位调查
结构物调查
1.位置 6.用途
2.尺寸形状 7.利用状况
3.材质强度 8.允许值
4.支承条件
5.裂隙等既有的变形
有关资料收集
1.结构物设计图纸
2.结构物竣工图纸
3.类似工程实例
前提条件的整理
盾构工程规划条件
1.覆盖层
2.盾构外径
3.平面线形
地层条件
1.地层构成
2.地下水位
3.土的物理性质
4.土的力学性质
结构物条件
1.结构物位置、尺寸、形状、材质、强度、支承条件、裂缝等，既有变形、用途、利用状况、设计条件等
2.与盾构的间距、相对位置
3.结构物的容许变形量、容许倾角及容许应力等
与结构物管理者事先协商、判断领近程度
是否会对既有结构物造成不利影响
No
一般施工
根据需要制订测量计划
Yes
邻近施工
研究对策
1.改进施工方法
2.地层加固、截流防护施工等
3.加固既有结构物等
施工条件的设定
1.盾构机选型
2.辅助施工方法
3.背后注浆方法
4.其他掘进管理项目
归纳邻近施工中有问题的现象
地层变形
盾构掘进时：
1.地层变位的发生形态
2.负载土压的发生形态
结构物的变化
地层变形时结构物的变化形态(注重变形、应力及支承状态的变化)
预测分析方法的选定
将地层与结构物作为整体考虑
将地层与结构物分开考虑
地层变形预测分析
1.地层沉降分析
2.地层隆起分析
(研究对策时要考虑其效果)
输出地层变位、负载土压
结构物变化预测分析
1.用数值模拟法将地层与结构物作为一整体进行分析
2.将地层变位与结构物变位看作一致
3.给结构物以相当于负载土压和地层变位的荷载(研究对策要注意其效果)
No
是否满足容许值
Yes
施工管理计划汇总
施工方法选择
1.设定土压、泥水压、气压及开口率等
2.千斤顶推力
3.掘进速度
4.排土率、排土量
5.背后注浆方法等
测量计划的制订
1.测量地层变位
2.测量地层内应力
3.测量结构物变形、倾斜、应力
4.盾构运行操作状况的测量
5.背后注浆状况、状态的测量等
施工管理标准设定
1.地层变位量
2.地层内应力
3.结构物变形量
4.结构物应力等
与结构物管理者事先协商得到同意

图 9.20

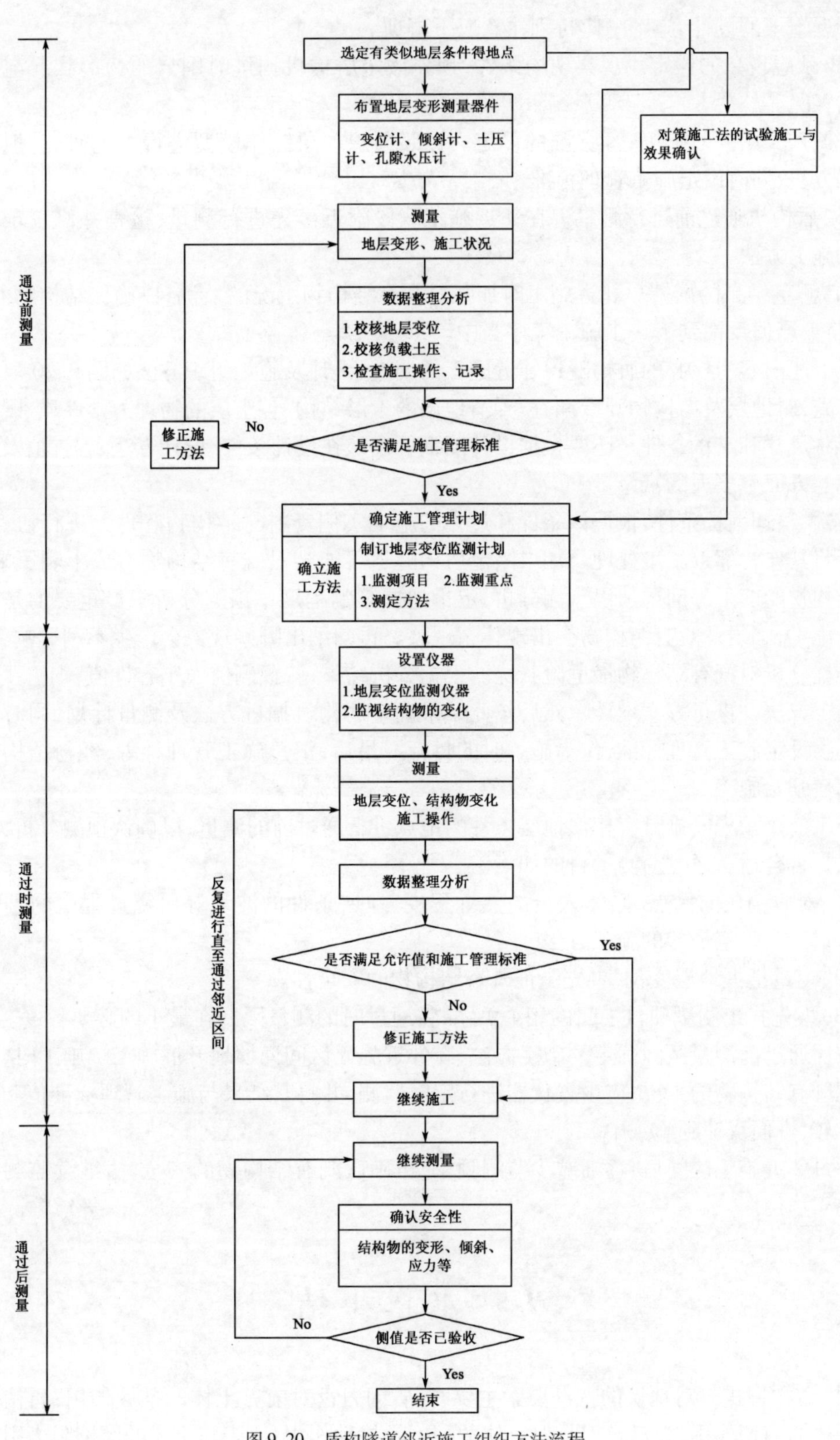

图9.20　盾构隧道邻近施工组织方法流程

邻近施工的设计、施工中应特别注意以下事项。

(1)预想现象的假定。观察现场条件,预先假定盾构机掘进时围岩的变形状况与既有结构物的工况。

(2)变形预测及施工管理标准的设定。按照预想现象制作模型进行事先研究,拟定相应的施工方法,同时设定施工管理标准。

(3)盾构机通过前进行测量。在邻近施工区段附近事先进行测量、检查并修正预测的准确性和施工方法。

(4)测量结果的反馈。邻近施工时加强对既有结构物工况的监测,以确保结构物的安全。同时,将量测值反馈到下一步施工工序当中。

以上述内容为核心的盾构隧道邻近施工的调查、设计及施工组织方法如图 9.20 所示。

首先,对地层及结构物开展调查,弄清地层的土层结构、各土层的物理力学性质、既有结构物的形状尺寸和支承条件。还要根据设计图纸等确认在设计条件、设计方法、容许值及当前应力状态等方面有多大的富余量。

其次,整理前提条件,根据该条件和过去的施工实例资料与结构物管理方进行协商,以确定应否将其作为邻近施工处理。如果断定盾构隧道可能会对既有结构物造成不利影响,则对既有结构物的变形等问题加以预测分析,定量把握影响程度。预测分析中最重要的是事先预测一旦施工,围岩及既有结构物会出现什么现象。再归纳出哪些现象会产生不利影响,在此基础上准确分析对既有结构物最危险状况。根据分析结果,若预测值大于容许值,则需要选择相应的施工方法并进行方案设计。然后按此结果确定盾构机掘进方法及测量计划,同时对地层和结构物设定施工管理标准,作为施工时的目标。最后,汇总施工管理计划,经与结构物管理方协商后开始施工。

施工前要预先安排具有相似地层条件的地点进行通过前的测量,以确认预测分析方法、施工方法是否合适。通过前测量目的如下。

(1)对盾构机的特点、操作人员的熟练程度、地层条件的波动等研究过程中的不确定因素,加以补充,确定最佳的施工方法。

(2)定量把握地层变位,事先验证既有结构物的安全性。

(3)事先找出测量项目之间的相关关系,将通过时的测量限制在最小的必要程度。

按照通过前测量区间确定的施工方法,在邻近施工区间谨慎地开展施工。施工时,为了准确把握既有结构物的工况,应设置仪器进行定时监测,并将其结果与施工管理标准值和容许值进行比较,进而反馈到施工中。

通过邻近施工区间后,逐渐减少监测频率,边确认既有结构物的安全,边继续监测直至监测值趋于稳定。

9.5 本章小结

(1)盾构掘进时对地层的扰动要素主要有:盾构刀盘对前方土体的推压作用;盾构刀盘切口对土体的剪切作用;刀盘及刀具对土体的掘削及扰动作用;盾壳与土体的摩擦阻力引起的拖

曳和剪切作用;盾构姿态调整对地层的挤压作用;管片背后注浆压力对土体的挤压作用。因此,盾构掘进引起的地层变位可分为到达前、通过时及盾尾脱离后三个阶段。

(2)盾构施工过程中,盾构前方工作面压力,盾构侧向的侧壁摩阻力、纠偏,盾尾的间隙及注浆等施工力学行为将引起周围土体压力增加或者应力释放以及孔隙水压力的改变,土体位移场的改变将传递至既有结构物,作用在既有结构物上的水土压力、地基反力的大小及分布就会改变。因此,既有结构物的外力条件和支承状态将发生变化,既有结构物就会受到影响,会发生沉降、倾斜及断面变形等现象,严重时会使既有结构物结构及功能受损。

(3)既有结构物对新建隧道也有着不可忽视的影响。既有结构物对土体应力场及位移场的影响包括:既有结构的存在改变了天然土体中应力场的分布;既有结构物为周围土体紧紧包裹,在隧道、管线或建筑物基础与土的接触面上,变形应保持协调。若结构与土间纵向刚度相同,则盾构近距离施工时隧道所发生的变形,与盾构在天然土层中施工相同位置处土体的变形完全一致。但实际上隧道纵向刚度远大于土体刚度,不可避免地会对土体位移场及应力场产生影响。

(4)新建盾构隧道与既有结构物的空间位置关系有交叉和平行两种,其空间夹角和隧道间距是邻近度的主要影响因素。目前,盾构隧道邻近程度尚无客观判断隧道施工邻近程度的统一标准。一般按照以下三种方法进行处理:根据以往规范等进行判断;先进行预测分析,根据分析结果进行协商判断;根据摩尔-库伦破坏准则的破裂线进行判断。

(5)盾构隧道邻近结构物施工时,一是通过控制盾构掘进参数来减小盾构机对地层及邻近结构物的扰动,二是通过地层及结构物加固处理来提高其抵抗变形的能力。盾构隧道邻近施工的加固处理措施,可分为:在盾构机一侧采取处理措施;在既有结构物一侧进行加固处理;在盾构机与结构物之间的地层内衬砌处理措施。盾构机的掘进参数决定盾构的行进状态及其对周边地层的扰动程度,邻近施工时应严密控制盾构机的掘进参数。盾构在邻近穿越结构物期间,应根据模拟推进时采集的数据,合理设定土压力、同步注浆量及注浆压力,降低推进速度,严格控制盾构方向,减少纠偏特别是大量值纠偏。

(6)盾构隧道邻近施工应坚持事前调查、邻近度判断、研究制订邻近施工计划、通过前、通过中及通过后的监控量测等施工组织流程。

10　邻近施工监控量测与反馈控制技术

邻近施工的首要管理目标是保证既有结构的安全。为此,必须首先界定出既有土工环境结构安全使用所需的各种指标的控制值,即控制基准。之后,才能在施工中,以此为标尺,对各施工步序进行有效管理。换言之,只要各项控制指标符合预先制定的控制基准,就可以保证既有土工环境结构处于安全使用状态。为此,本章在前述各章节内容基础上,确定既有土工环境结构安全使用的控制基准、监测内容及如何有效反馈指导施工。

10.1　隧道邻近施工影响控制标准确定原则

邻近施工必须尽量避免对既有结构物造成损害,因此首先要确定隧道邻近施工结构物变形及损伤控制标准。影响控制标准定量地表示了结构物对损伤的承受程度。一般来说,结构物的影响控制标准主要是参照结构物的管理维护来确定。如果既有结构物存在一个确定的容许值标准,则应当尽量予以满足;对没有确定容许值的结构物,一般与结构物的管理者协商确定。在确定其影响控制标准时一般考虑以下两个方面的因素。

(1)结构物的使用功能。包括结构物的基本功能和使用舒适性。结构物的使用功能,首先要为此结构物的基本功能,这是最基本的要求,如公路和轨道交通的行驶功能、建筑物的居住功能、水渠的过水功能等;结构物的使用舒适性是参与结构物功能评价的一个指标,如公路路面的平整度、轨道交通的轨距及平顺性等,它们虽然不影响基本功能,但会影响其运行的舒适度。

(2)确保结构物的安全性。确定影响控制标准的目的就是用以指导施工,确保结构物的安全性。包括结构物的剩余承载力和正常使用极限状态的要求,结构物的裂隙、倾斜及偏移等指标需要重点考虑。

在确定结构物的影响控制标准时,既要保证结构物的功能又要保证结构物的安全。在实际施工过程中,应当考虑施工控制误差,施工中的容许值控制在略小于确定的标准。

可以按照分区、分级的原则来制定沉降的控制标准。所谓分区,是指依据桥梁上部结构的不同形式,采用不同的控制指标;所谓分级,是指把结构物保护等级统一划分为若干个等级。

10.2　邻近施工主要控制指标和控制基准

为了保证既有环境结构的使用安全,新建地铁工程的施工过程中,必须保证一些指标不超过基准。这些指标不仅能表明结构的安全与否,在施工过程中还要容易监测,而且它的变化与施工阶段的关系紧密。这些指标称为控制指标。为了便于既有结构的安全管理,控制指标的极限允许值称为控制基准。

10.2.1　邻近既有线施工控制指标与控制基准

1)邻近既有线施工控制指标与基准现状

对邻近既有铁路施工,目前其控制基准值大多由铁路运营部门提供,如日本的筑波、三之轮隧道纵向下穿地表既有线时,所规定的地表铁路线沿轨道纵向10m内变位控制基准值分别见表10.1和表10.2。

JR货运线规定控制基准值　　表10.1

项目	轨间距增量	沿轨道纵向沉降量	轨道侧向平移	两轨道高差
警戒值	±5.0	±9.0	±9.0	±7.0
停工值	±9.0	±13.0	±13.0	±12.0

JR常盘线规定控制基准值　　表10.2

项目	轨间距增量	沿轨道纵向沉降量	轨道侧向平移	两轨道高差
警戒值	±5.0	±5.0	±6.0	±7.0
停工值	±9.0	±10.0	±10.0	±12.0
限界值	±14.0	±15.0	±15.0	±18.0

在意大利横向下穿RAVONE铁路站场的隧道施工中,根据意大利国家铁路规范要求,在时速达80km/h的铁路线下进行隧道施工的情况下,轨道变位控制基准值规定如表10.3所示。

日本在一个近距穿越山岭隧道的施工中,按照以下三步确定控制基准。

第一步:根据隧道衬砌的设计基准,确定目前状态的既有隧道混凝土衬砌的最大允许拉应力增长为0.72MPa(表10.4,日本高速公路公司1998)。因为混凝土衬砌承受压荷载的能力有限,所以允许拉应力的增长是非常重要的指标。

第二步:如表10.5所示,基于受拉强度限制0.72MPa,设定拉应力增长的3个管理阶段。

既有铁路变位控制基准值　　表10.3

项　目	纵向40m长度内轨道沉降(mm)	轨道差异沉降(‰)		
		纵向3m长度内	纵向7m长度内	纵向10m长度内
警戒值	20	2.5	2.0	1.0
报警值	30	5.0	4.0	3.0

既有隧道允许拉应力增长　　表10.4

既有隧道衬砌健全度	压应力增量(MPa)	拉应力增量(MPa)	备　注
B,C,S	5.40	1.08	衬砌健全度AA,是指位移速率为3~10mm/年;对于健全度为A的混凝土衬砌,是指位移速率为1~3mm/年
A_2,A_1	3.60	0.72	
AA	1.80	0.36	

管理阶段 表10.5

管理阶段	拉应力增长	允许应力的安全系数
T	0.36	2.0(50%的允许应力)
U	0.54	1.3(75%的允许应力)
V	0.72	1.0(100%的允许应力)

第三步;用有限元算法确定新隧道施工(边墙位移)与既有隧道混凝土衬砌拉应力增长间的关系。

第四步:根据第三步中计算得出的关系,确定每个管理阶段新隧道的边墙位移。

上海为保证一号地铁列车的安全顺利运行,对一号线隧道保护的具体技术指标要求如下。

(1)由于邻近建筑物的施工开挖等影响所造成的运营隧道的沉降及水平位移 <20mm。

(2)地铁隧道最大隆起量 <15mm。

(3)由地铁隧道衬砌结构纵向位移引起的断面直径横向变形≤10mm。

(4)因打桩、爆破引起的振动峰值 <2.5cm/s。

(5)地铁隧道变形相对曲率 <1/2500。

(6)地铁隧道变形曲率半径 >15000m。

(7)因建筑物垂直荷载及施工引起的外加荷载 <20kPa。

(8)左右两侧轨道高差 <4mm。

俄罗斯《地铁线路和接触轨日常维护细则》在2.1.4~2.1.6条中,允许在轨道和横向坡度位置的高程上,与规定基准有4mm的偏差。

我国铁路线路维护基准较为严格,达到作业验收的基准为线路轨距:+6mm、-2mm;水平:4mm;高低:4mm;道岔轨距:+3mm、-2mm;水平:4mm;高低:4mm。

日本某一两车道高速公路近距穿越运营铁路时,新线施工的控制基准,按如下方法确定。

(1)主要监测项目中拱顶沉降和边墙绝对位移的控制基准可用公式表示为

$$C_v = (\sigma_{ba}/\sigma_b)S \tag{10.1}$$

式中:C_v——控制基准;

σ_{ba}——允许弯曲拉应力;

σ_b——最大弯曲拉应力;

S——位移。

(2)主要监测项目的相对位移。根据线路维护手册的规定,确定纵向相对沉降的控制基准值为每10m沉降7mm。边墙径向变形的相对位移值是由以上公式算得左右边墙的位移值,再求二者之差得到。

(3)主要监测项目二衬混凝土裂缝宽度。纵向裂缝比横向裂缝更重要,裂缝宽度的控制基准值为3mm。

(4)次要监测项目的绝对位移。考虑浅埋情况,认为地表沉降与拱顶沉降相等。地中位移用设置在既有隧道与新建隧道中点处的倾斜计来监测。因此地中沉降的控制值可用倾斜仪处的分析值代入式(10.1)来确定。

(5)次要监测项目中的相对位移。横向相对沉降的控制值可由式(10.1)确定,为左右边

墙处的沉降差。

(6)次要监测项目中二衬混凝土平面应变。二衬混凝土平面应变值可用下式确定:

$$\varepsilon = \frac{\sigma_a}{E_c} \tag{10.2}$$

由上所确定的所有控制基准值见表10.6,管理级别见表10.7。

所有控制基准值 表10.6

监测项目		控制基准值	
主要监测项目	绝对位移	拱顶,边墙	7mm
	相对位移	纵向	7mm/10m
		边墙径向变形	3mm
	二衬裂缝宽度	—	3mm
次要监测项目	绝对位移	地表沉降	7mm
		地中位移(新旧中间位置)	9mm
	相对位移	横向	4mm
	二衬平面应变	压缩	81×10^{-5}
		拉伸	12×10^{-5}

管理级别表 表10.7

管理级别	监测值	控制措施
Ⅰ	50% Cv > Mv	安全,不必采取特别措施
Ⅱ	50% Cv ≤ Mv 但 70% Cv > Mv	引起注意,后续施工步序对既有隧道实行更加严格的监测
Ⅲ	70% Cv ≤ Mv	紧急,施工暂停,采取补救措施

2)确定控制基准的原则

(1)控制基准值必须在监控量测工作实施前,由建设、设计、监理、施工、市政、监控量测等有关部门,根据当地水文地质、地下地上结构特点共同商定,列入监控量测方案。

(2)近距穿越既有隧道工程,应该从轨道变形、隧道结构稳定、建筑限界三个方面制定相应的控制指标及控制基准值,以确保既有线的安全运营。

(3)制定控制指标和基准时,新建隧道的建设单位应与既有线的所有者或运营单位一起共同完成,制定好的控制指标和基准应得到运营单位的认可。

(4)控制基准的制定应参照相关基准、类似工程,并根据现状评估结果和影响预测分析综合确定。

(5)轨道变形以不超过轨道管理基准值为基准。

(6)隧道结构稳定。严密进行隧道结构稳定性评价,在技术上是很难的,目前可参照相关规范进行。

①结构裂缝。可根据《地铁设计规范》,最大裂缝宽度允许取值:迎土面0.2mm,非迎土面0.3mm。

②结构强度控制。验算时应按既有线设计时参照的规范进行验算,如北京地铁2号线,结

构设计遵循当时的规范《钢筋混凝土结构设计规范》(TJ 10—1974),因此,在核算车站结构承载能力的时候,也按照该规范进行验算。强度设计安全系数取:受弯构件 1.40,轴心受压构件 1.55。

(7)建筑限界,以不侵入规定的建筑限界为基准。

(8)考虑到隧道结构和道床之间的变形不协调,可能产生脱离,应规定相应的基准。隧道结构如果有变形缝的存在,可能会对轨道结构、防水产生不利影响,应规定相应的控制基准。

(9)对于变形控制指标不仅要重视其绝对值,还要重视变形的速率值。

(10)控制基准值应具有工程施工可行性,在满足安全的前提下,应考虑提高施工速度和减少施工费用。

(11)控制基准值应有利于补充和完善现行的相关设计、施工法规、规范和规程。

3)主要控制指标与控制基准的确定

(1)主要控制指标的确定。由于对第四纪地层采用浅埋暗挖法施工,围岩及结构内部应力量测,目前尚不具备制定控制基准的条件,而净空位移量测值在一定程度上反映了支护结构的受力特点,故不对围岩及支护结构内部应力(位移)量测进行施工控制管理。在既有线这个大的结构系统中,位移包括既有线结构位移、道床位移和轨道位移。轨道结构允许变形制约既有线结构允许位移,而通过结构计算可以根据既有线结构位移确定道床与轨道结构位移,因此确定将结构位移作为控制指标。轨道结构变形允许值包括变形速率和累计变形允许值。变形速率即日变形允许值,就是允许轨道结构每天在地铁运营时段内发生的变形值。结合《北京地铁工务维修规则》中规定的正线轨道静态几何尺寸的精度要求,轨道结构日允许值确定如表 10.8 所示,表中结构沉降差表示结构沉降缝两端轨道结构的日沉降差允许值。累积变形允许值就是通过增加扣件零部件种类和加厚铁垫板等方法使钢轨方向和轨面高程基本复原的轨道结构变形累积值。对于扣件类型为弹性分开式 DTI 型扣件,根据扣件的特点,轨道结构竖直方向变形累积允许值 ±40mm;轨道结构水平方向变形累积值允许值 ±6mm。根据各个穿越方式的受影响特点、各个指标与施工阶段和其他指标的相关程度、施工中可操作性,建议在既有线穿越工程中采用既有地铁结构底板沉降量(隆起量)和沉降速率(隆起速率)作为控制指标。

轨道结构变形的预警值、允许值及处理措施(单位:mm)　　表 10.8

变形类别		沉降	上拱	平移	沉降差	道床开裂	超限防护措施
预警值	每日	3	3	1	2	0.5	限速 10km/h,加强观测
	累计	30	30	4	—	1	停止施工,查原因,排隐患
允许值	每日	4	4	2	3	0.5	临时停运抢修,从施工中查原因
	累计	40	40	6	—	1	启用应急防护方案

(2)控制基准值的确定。当前控制基准的拟定仍只能在经验和统计的基础上加以制定。控制基准的确定主要依据实测统计资料、施工经验及常规隧道基准给出。基准以允许变形值为上限,同时应该考虑变形持续的特点,并本着严格管理、给控制措施留出时间(余量)的原则给出。在既有线为地下铁道线路的情况下,对于既有线的监测和管理不仅包括轨道,还包括既有隧道结构。对于既有线的管理包括变形与受力两个方面。综合来说,应该根据调查情况、影

响预测分析、类似工程经验、工程要求综合制定控制基准。

控制基准确定的步骤通常可分为以下4步。

①按照拟定或可能的隧道施工方法，将施工对结构的附加影响分为不同的模式和类型，包括在结构中的变形量及其分布规律。

②将不同的变形量及其分布形式施加到相应的结构上，根据结构的响应状况，在变形累计递增的过程中找出结构发生破坏的临界值，即给出相应模式下的广义变形极限值。

③针对不同指标，按照小值优先的原则，给出破坏极限值，考虑一定的安全储备系数后即为控制基准。

④结合类似工程经验，工程的特殊要求等调整控制基准，得出控制基准的最终值。

根据北京地铁5号线穿越既有线的工程实践，崇文门车站下穿既有线安全运营的变形控制指标及基准见表10.9，东单车站上穿既有线控制指标及控制基准见表10.10。

崇文门线轨道结构变形预警值和基准值（单位：mm） 表10.9

变形类别		沉降	平移	沉降差	道床开裂	隧道结构与道床脱离
预警值	每日	3	1	2	0.5	1
	累积	30	4	6	1	3
基准值	每日	4	2	3	0.5	2
	累积	40	6	10	1	5

东单车站地表及轨道变形预警值和基准值（单位：mm） 表10.10

变形类别		上拱	平移	沉降差	道床开裂	隧道结构与道床脱离
预警值	每日	3	1	2	0.5	1
	累积	18	4	6	1	3
基准值	每日	4	2	3	0.5	2
	累积	20	6	10	1	5

10.2.2 邻近建（构）筑物施工控制指标与控制基准

1）邻近建（构）筑物施工控制指标与基准的一般确定方法

邻近建（构）筑物施工控制指标主要有两个：建（构）筑物沉降和建（构）筑物倾斜。尤其是建（构）筑物的不均匀沉降引发的建筑物倾斜则是判定建筑物是否安全的一个关键指标。

由建（构）筑物倾斜引发的相应建筑物的反应见表10.11。

另一个控制指标是建（构）筑物沉降。该指标用于评价对建筑物的影响，是将建筑物视为均质无重量弹性地基梁，认为房屋的破坏是由于拉应变所致。考虑地表的垂直位移和水平位移，计算出房屋的最大拉应变，对照相关的标准，给出建筑物受地表沉降影响的级别。具体评价过程如下。

因地表垂直沉降和水平应变而在建筑物内产生的弯曲拉应变和剪切拉应变可分别由式（10.3）和式（10.4）计算。

差异沉降与建筑物的反应 表 10.11

建筑结构类型	δ/L(L 为建筑物长度，δ 为差异沉降)	建筑物反应
一般砖墙承重结构，包括有内筐架的结构；建筑物长高比小于10有圈梁；天然基础(条形基础)	达 1/150	分隔墙及承重墙发生相当多的裂缝，可能发生结构破坏
一般钢筋混凝土框架结构	达 1/150	发生严重变形
	达 1/50	开始出现裂缝
高层刚性建筑(箱型基础、桩基)	达 1/250	可观察到建筑物倾斜
有桥式行车的单层排架结构的厂房；天然地基或桩基	达 1/300	轨面水平难运行，分隔墙有裂缝
有斜撑的框架结构	达 1/600	处于安全极限状态
一般对沉降差反应敏感的机器基础	达 1/850	机器使用可能会发生困难，处于可运行的极限状态

$$\varepsilon_{br} = \varepsilon_h + \varepsilon_{b\max} \tag{10.3}$$

$$\varepsilon_{dr} = \varepsilon_h\left(\frac{1-\nu}{2}\right) + \sqrt{\varepsilon_h^2\left(\frac{1+\nu}{2}\right) + \varepsilon_{d\max}^2} \tag{10.4}$$

式中，ε_{br}和ε_{dr}分别为弯曲拉应变和剪切拉应变，$\varepsilon_{b\max}$和$\varepsilon_{d\max}$分别为仅考虑地表垂直位移和房屋几何尺寸与强度参数的弯曲拉应变和剪切拉应变，可按式(10.5)、式(10.6)计算：

$$\varepsilon_{b\max} = \frac{\dfrac{\Delta}{L}}{\left(\dfrac{L}{12t} + \dfrac{3I}{2tLH}\cdot\dfrac{E}{G}\right)} \tag{10.5}$$

$$\varepsilon_{d\max} = \frac{\dfrac{\Delta}{L}}{1 + \dfrac{HL^2}{18I}\cdot\dfrac{G}{E}} \tag{10.6}$$

以上各式中参数意义如下：

ν——泊松比；

L——房屋等效梁沿垂直隧道纵向的长度(m)；

H——房屋等效梁高度(m)；

Δ——建筑物最大沉降量(m)；

I——房屋等效梁的惯性矩(m^4)；

G——房屋剪切模量(kPa)；

E——房屋弹性模量(kPa)；

t——等效梁中性轴距梁底边的最大距离(m)。

ε_h 为地表水平应变，按式(10.7)和式(10.8)计算：

$$\varepsilon_h = \frac{1}{Z_0 - z}\cdot W\cdot\left(\frac{y^2}{i^2} - 1\right) \tag{10.7}$$

$$w = \frac{V_s}{\sqrt{2\pi}i}\exp\left[-\frac{y^2}{2i^2}\right]\left\{G\left[\frac{x-x_i}{i}\right]-G\left[\frac{x-x_f}{i}\right]\right\} \tag{10.8}$$

式中所采用坐标系以地表沉降槽最大沉降点在地表投影位置为坐标原点，x，y，z 分别为沿隧道纵向，垂直隧道走向和垂直向下坐标方向，i 为沉降槽反弯点在 y 轴上的坐标值，Z_0 为隧道中线距地表深度，w 为地表在 y 方向的水平位移函数，V_s 为沿隧道纵向单位长度内沉降槽体积，$G(\alpha)$ 为概率分布函数，x_i，x_f 分别为隧道起点和工作面位置坐标。

由极限拉应变而导致的建筑物反应见表 10.12。建筑物损坏级别分 0、1、2、3、4、5 六个级别，对应于每个级别的建筑物可见损坏程度见表 10.13。

房屋损坏级别与极限拉应变间对应关系 表 10.12

损坏级别	严重性描述	极限拉应变
0	几乎可以忽略的	0 ~ 0.05
1	非常轻微	0.05 ~ 0.075
2	轻微	0.075 ~ 0.15
3	中等程度	0.15 ~ 0.3
4,5	严重至很严重	>0.3

房屋可见损坏程度分类表 表 10.13

损坏级别	损坏程度	典型破损的描述
0	几乎可以忽略的	裂缝小于 0.1mm
1	很轻微	裂缝细微，可通过装潢处理掉；破坏通常发生在内墙，典型裂缝宽度在 1mm 以内
2	轻微	裂缝易于填充，可能需要重新装潢，从外面可见裂缝；门窗可能会略微变紧；典型裂缝可以宽达 5mm
3	中等程度	裂缝需要修缮，门窗难以打开，水管或煤气管等可能会断裂，防水层削弱，典型裂缝宽可达 5 ~ 15mm
4	严重	需要普遍修缮，尤其是门窗上部的墙体可能需要凿除，门窗框扭曲，地板倾斜可以感知，墙的倾斜或凸出可以感知，管线断裂，典型裂缝宽可达 15 ~ 25mm
5	很严重	本项可能需要原房屋局部或全部重建，梁失去承载力，墙体严重倾斜，窗户扭曲、破碎，结构有失稳的危险，典型裂缝宽度大于 25mm

2）邻近建（构）筑物一般控制基准确定

工程实践中，对一般建（构）筑物地表沉降按 30mm，建筑物倾斜按 3‰控制；对重要建（构）筑物地表沉降按 15 ~ 20mm，倾斜按 1‰控制；对特别重要的建（构）筑物地表沉降按 10mm，差异沉降按 5mm 控制。

在实际工程中，一般仍应根据环境条件、地质条件等，在上述经验数据的基础上，对重要建（构）筑物必须结合数值模拟来确定。

例如，北京地区依照地面建筑（工业民用建筑）的功能及重要性，参照国家规定的标准制定建筑物基础沉降控制标准，见表 10.14。

构筑物容许位移沉降参考值　　表 10.14

基础种类	基础形式	相对沉降量(mm)		最大沉降量(mm)	
混凝土	连续基础	10	20	20	40
钢筋混凝土	独立基础	15	30	50	100
	连续基础	30	40	100	100
	筏形基础	20～30	100～150	100～150	200～300

10.2.3　邻近桥梁施工控制指标与控制基准

1)邻近桥梁施工控制指标的选取

施工控制指标应包括但不限于以下指标内容。

(1)桥墩绝对沉降(单墩沉降)。

(2)横桥向同一盖梁下相邻桥墩之间的差异沉降。

(3)顺桥向相邻桥墩之间的差异沉降。

(4)桥基附近的地表沉降。

2)邻近桥梁施工控制基准的确定原则与方法

(1)邻近桥梁施工控制基准的确定原则。

①邻近桥梁的桥基沉降控制基准应在地铁初步设计提交前(最迟应在施工图提交前)确定。

②邻近桥梁的桥基沉降控制基准应征得桥梁产权单位和桥梁养护部门的同意后方有效。

(2)邻近桥梁施工控制基准的确定方法。

第一,应在完成邻近桥梁评估之后制定桥基沉降控制基准。

第二,应按照"分区、分级、分阶段"的原则来制定桥基沉降的控制基准。

①所谓分区。按邻近桥梁上部结构类型的差异,划分不同的影响分区,在一个分区内,其桥基受地铁施工的影响等级是相同的,应执行统一的控制基准。不同的分区应体现出控制基准的差异。

②所谓分级。根据邻近桥梁影响等级。综合考虑桥基的承载特征及地铁隧道的空间位置关系,制定不同的控制基准。

③所谓分阶段。根据工法特点,将其施工过程划分为几个主要的施工阶段,并提出每一阶段的桥基沉降控制指标。这样做的目的是便于进行施工过程的控制,明确每个主要施工阶段的桥基沉降控制指标。一旦某个阶段的控制值超过了允许值,就要对后续工序的施工措施进行调整,从而满足整个沉降控制基准的要求。

第三,在制定邻近桥基的沉降控制基准时,必须考虑满足表 10.15 中有关规范的要求。

第四,在制定邻近桥梁施工控制基准时,还需要特别注意以下几点。

①桥梁的保护不能仅以单个桥墩的沉降指标作为桥墩保护的控制指标,必须考虑桥梁纵向相邻桥墩之间及桥梁横向同一盖梁下相邻桥墩间变形协调。

②对于短桩桥墩,如果桥桩的长度几乎全部处于开挖影响范围内,桥墩处的地表沉降、桥墩所处结构横断面处的最大地表沉降能够间接地反映桥墩的沉降。

③对于长桩桥墩，由于桥桩的沉降与附近地表的沉降并不一定成比例，隧道施工影响控制只能从桥墩本身的沉降来考虑，桥墩处的地表沉降或桥墩所处结构横断面处的最大地表沉降或洞内拱顶的沉降仅是参考指标。

④桥梁纵向相邻桥墩之间的差异沉降往往只能通过施工顺序和工艺来控制。

⑤单墩沉降的指标应参照相关规范并综合考虑相邻桥墩的差异沉降的限制及实际的施工技术水平制定。

3）邻近桥梁施工的一般控制基准

根据工程实践，目前北京地铁新线施工对邻近桥梁施工的一般控制基准见表10.16。

有关规范对墩台沉降值的规定　　表10.15

规范名称	墩台沉降规定
城市桥梁养护技术规范（CJJ 99—2003 J 281—2003）	1. 简支梁桥的墩台基础均匀总沉降值大于 $2.0\sqrt{L}$cm、相邻墩台均匀总沉降差值大于 $1.0\sqrt{L}$cm 或墩台顶面水平位移值大于 $0.5\sqrt{L}$cm 时，应及时对简支梁的墩台基础进行加固（总沉降值和总沉降差值不包括基础和桥梁施工中的沉降，L 为相邻墩台间最小的跨径长度，以 m 计，跨径小于 25m 时仍以 25m 计）； 2. 当连续梁桥墩台和拱桥的不均匀沉降值超过设计允许变形时，应查明原因，进行加固处理和调整高程
公路桥涵地基与基础设计规范（JTG D63—2007）	墩台的均匀总沉降不应大于 $2.0\sqrt{L}$cm（L 为相邻墩台间最小的跨径长度，以 m 计，跨径小于 25m 时仍以 25m 计）。对于外超静定体系的桥梁应考虑引起附加内力的基础不均匀沉降和位移
地基基础设计规范（DGJ 08-11—1999）	简支梁桥墩台基础中心最终沉降计算值不应大于 200mm，相邻墩台最终沉降差不应大于 50mm；混凝土连续梁桥墩台基础中心最终沉降计算值不应大于 100 ~ 150mm，且相邻墩台最终沉降计算值宜大致相等。相邻墩台不均匀沉降的允许值，应根据不均匀沉降对上部结构产生的附加内力大小而定
地铁设计规范（GB 50157—2003）	对于外静定结构，墩台均匀沉降量不得超过 50mm，相邻墩台沉降量之差不得超过 20mm；对于外静不定结构，其相邻墩台不均匀沉降量之差的容许值还应根据沉降对结构产生的附加影响来确定

邻近桥梁施工一般控制基准　　表10.16

结构类型	顺桥向差异沉降（mm）	横桥向差异沉降（mm）
钢—混凝土叠合变截面连续箱梁	5	5
预应力混凝土简支T梁	20	5
钢筋混凝土异形板	5	5
预应力混凝土连续箱梁	5	5

10.2.4　邻近管线施工控制指标与控制基准

1）邻近管线施工控制指标的确定

地下管线一般是指供（排）水管、煤（暖）气管、工业管道、各类电缆等，过量的地面沉降会导致管线的断裂,影响其正常使用甚至引起灾难性事故。由于各种管线对沉降影响的敏感性和耐受力因其材质、连接方式、接口材料、变形的允许指标及施工质量、使用年限不同而有较大的差异。邻近施工中,一般以控制管线的接头(管线的差异沉降或管接头的倾斜值)满足正常运营的技术标准进行控制。具体计算时,是根据结构在正常使用时其受到的应力应小于其允许应力这一标准,管道在地层沉降时产生的变形应小于或等于其允许应力的相应变形范围,得出各种常用管线材料的允许沉降值。限于实际工程中难以对管线进行有效监测,因此邻近管线施工的控制指标还是以允许的地表沉降并结合管线部位的地中地层沉降综合来确定。

2)邻近管线施工沉降控制基准确定

沉降控制基准包含两个方面内容:其一是出于环境控制的需要;其二是出于工程结构稳定本身的需要。实施的控制基准必须两者兼顾。

为确保管线安全,本节以对沉降耐受力最低的承插式砂浆接缝混凝土污水管作为沉降控制基准研究的控制对象。尽管如此,实际工程中还是基于工程类比法或工程类比与计算(理论计算与数值模拟计算)来综合确定控制基准。

(1)当管线走向与隧道纵向垂直时。沉降槽上方的管线变形类似于建筑物相邻柱基间距大于或等于 $2f$ 时的情况,随着地层的沉降其受力条件发生转化,这时可视为受垂直均布荷载的弹性地基梁来考虑(图 10.1)。根据结构在正常使用时受到的应力小于其允许的设计应力这一标准,管道在地表沉降时所产生变形应小于或等于其允许应力的相应变形范围。

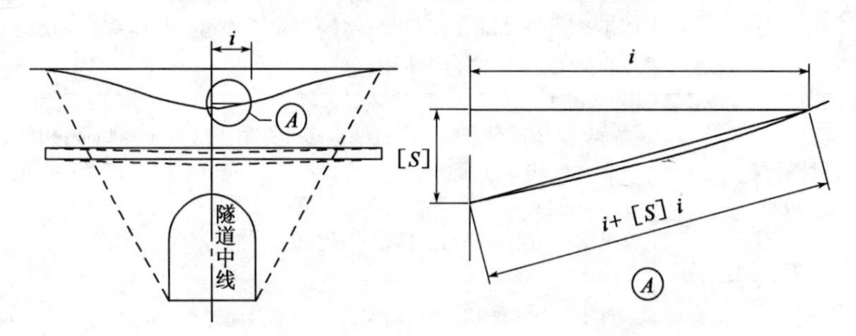

图 10.1　隧道施工对管线影响示意图

由

$$[\varepsilon] = [\sigma]/E \tag{10.9}$$

式中:$[\varepsilon]$——允许拉应变;

$[\sigma]$——允许拉应力;

E——材料弹性模量。

可知,管道在地层沉降时产生的变形应小于(或等于)其允许应力的相应变形$[S]$,即

$$[S] = \sqrt{(\Delta m + m)^2 - m^2} \tag{10.10}$$

式中:m——计算长度;

Δm——管道极限伸长量($\Delta m = [\varepsilon]m$)。

当管道走向垂直于隧道纵向时,$m = i$,此时$[S]$值最小,有

$$[S] = \sqrt{([\varepsilon]i + i)^2 - i^2} \tag{10.11}$$

(2)当管线走向与隧道纵向平行时。管线走向和隧道纵向平行时，隧道工程对周围管线影响很大，而直接以管线的变形和应变作为控制目标不易做到，所以根据管线与隧道的空间关系，通过控制地表沉降来间接控制管线的变形和应变，即以地表最大沉降值 w_{max}（此时对应的最大水平位移值为 V_s），作为隧道工程环境影响动态优化控制模型的控制指标。

找出地表最大沉降值 W_{max} 与管线的变形及应变的关系之前，首先确定以下参数。

①地表沉降槽宽度系数 i_0：

$$i_0 = 0.43Z_0 + 1.1m \quad (黏性土,3 \leqslant Z_0 \leqslant 34) \tag{10.12a}$$

$$i_0 = 0.282 - 0.1m \quad (砂土,6 \leqslant Z_0 \leqslant 34) \tag{10.12b}$$

②管线平面上沉降槽宽度系数 i_p：

$$i_p = 0.43(Z_0 - Z_p) + 1.1m \quad (黏性土,3 \leqslant Z_0 \leqslant 34) \tag{10.13a}$$

$$i_p = 0.28(Z_0 - Z_p) - 0.1m \quad (砂土土,6 \leqslant Z_0 \leqslant 34) \tag{10.13b}$$

其中，Z_p 为从地表到管线轴线的深度；Z_0 为从地表到隧道轴线的深度。

③地表最大沉降值 W_{max}：

$$W_{max} = \frac{V_S}{\sqrt{2\pi i_0}} \tag{10.14}$$

④管线平面上最大沉降值 w^p_{max}：

$$w^p_{max} = \frac{V_S}{\sqrt{2\pi i_p}} = \frac{i_0}{i_p} w_{max} \tag{10.15}$$

3)邻近管线施工一般控制基准

对于承插式接头的铸铁水管、钢筋混凝土水管，两个接头之间的局部倾斜值不应大于0.0025，采用焊接接头的水管两个接头之间的局部倾斜值不应大于0.006，采用焊接接头的煤气管两个接头之间的局部倾斜值不应大于0.002。另外，据工程实践，对有管线的地表沉降控制为：一般周边环境的区间隧道地表沉降不应大于30mm，大断面隧道地表沉降不应大于60mm；重要周边环境的区间隧道地表沉降不应大于20mm，大断面隧道地表沉降不应大于50mm。

10.3　邻近施工监控量测

10.3.1　邻近既有线施工监控量测

1)邻近既有线施工监控量测主要内容

邻近既有线施工监控量测内容如下，具体应用时可根据要求进行选择。

(1)隧道结构的沉降：在隧道结构两侧墙上分别布设静力水准测点。

(2)道床结构的沉降：在整体道床中间排水沟位置布设静力水准测点。

(3)轨道水平间距：量测两轨道水平间距。

(4)轨道横向断面的倾斜：量测两轨道的相对高差，即轨道横向的不平顺。

(5)变形缝张开情况的量测：用测缝计量测结构变形缝的张开情况。

(6)既有地铁二衬结构(边墙、顶板)混凝土裂缝的监测。

(7)道床与结构脱离的观测。

(8)隧道净空的监控量测。

(9)道床表面裂缝、道床底面与洞体结构间裂缝监测。

(10)既有线振动的监测。

2)邻近既有线施工监测方法与布置

为不影响既有地铁的正常运营,邻近既有线施工的现场监测,一般应采用远程监测与常规监测相结合的方法。在既有地铁受施工影响的轨道上同时埋设应变片和水准测点(不影响列车正常通过)。当隧道开挖至轨道附近时,利用远程监测系统连续对轨道进行监测;每天深夜(列车停运时)采用水准测量对轨道进行监测,两者结合来监测轨道的变位情况。

监测布点应考虑新建车站施工引起的沉降槽情况,同时考虑既有线隧道结构、轨道结构的特点。隧道结构刚度较大,但变形缝处易发生差异沉降,应为监测和关注的重点。道床刚度较小,且道床与隧道结构无连接,易脱开,为柔性结构,应加密测点。既有隧道结构在横断面产生倾斜的量一般较小,走行轨设置了轨距拉杆防护,故两走行轨的横向差异沉降监测和水平距离变化监测布点可以相对稀疏。

既有线隧道监测项目及测点布置等见表10.17。

既有线隧道主要监测项目、监测仪器与监测频率　　表10.17

序号	监测项目	监测仪器	监测频率	测点布置
1	隧道结构沉降监测	静力水准系统	施工关键期:1次/20min; 一般施工状态:1次/2h	在两侧墙每隔9m处设1沉降测点
2	变形缝差异沉降监测	静力水准系统		左右线各选择3条变形缝,每1变形缝在结构底设1测点
3	变形缝胀缩监测	测缝计		左右线各选择3条变形缝,每1变形缝在两侧墙各设1测点
4	轨道结构纵向变形监测	静力水准系统		车站对应范围每2.5~3m布置1个测点,其他范围4.5m1点
5	两走行轨横向差异沉降监测	梁式倾斜仪		从1端以间距15m、15m、10m、5m、5m、5m、5m、10m、15m、15m布点,车站对应范围布点密,两侧疏

10.3.2 邻近桥梁施工监控量测

1)邻近桥梁施工监控量测主要内容

由于桥基变形能直观反映隧道开挖对邻近桥基力学性态的影响,也比较容易建立一些标准来判断施工对邻近桥梁的影响程度。因此邻近桥梁施工建议选择桥基变形为主要量测项目。但是对于重要部位应设应力监测,对于裂缝要求进行全过程监测。

监测主要内容应包括但不限于以下项目。

(1)桥墩、承台的沉降和倾斜。

(2)顺桥向和横桥向的桥墩差异沉降。

(3)邻近桥梁一侧地层水平位移。

(4)邻近桥梁附近的地层变形。

(5)对桥梁重要部位进行应力监测。

(6)对于裂缝的发展进行全程监测。

2)邻近桥梁施工监测方法与布置

根据桥梁的重要性,邻近桥梁施工监测方法可采用连续监测(实时监测)和间断监测的方法,相应地调整监测点的布置数量。重要桥梁的监测项目与测点布置等见表10-18。

邻近桥梁施工监测项目与测点布置　　表10-18

序号	监测项目	监测仪器	测点布置	监测频率
1	桥下地表沉降	精密水准仪	在影响区范围内,对桩的变形应逐桩布置;地表沉降间隔3m布置	开挖面距量测断面前后$<2B$时1~2次/d; 开挖面距量测断面前后$<5B$时1次/2d; 开挖面距量测断面前后$>5B$时1次/周
2	桥面竖向变形观测	精密水准仪、铟钢水准尺		
3	桥桩沉降	精密水准仪		
4	桥盖梁应变	表面应变仪		
5	桥桩应变	表面应变仪		
6	裂缝和变形缝监测	测缝计		

10.3.3　邻近建(构)筑物、管线施工监控量测

1)邻近建(构)筑物施工监控量测

(1)邻近建(构)筑物施工监控量测主要内容。邻近建(构)筑物施工,对建(构)筑物监控量测的主要内容有以下几个方面。

①邻近建(构)筑物地表沉降。

②建(构)筑物沉降。

③建(构)筑物倾斜。

④对建(构)筑物重要部位进行应力监测。

⑤裂缝发展全过程监测。

(2)邻近建(构)筑物施工监控量测方法与布置。根据新建隧道工程特点、建(构)筑物的重要性程度或评估结果,邻近建(构)筑物施工监控量测可采用连续监测(实时监测)和间断监测的方法,相应地调整监测点的布置数量。建(构)筑物沉降测点主要布设在建筑物主体结构的四角点上;建筑物倾斜测点布设在高层建筑的主楼及特殊建筑物上。间断性监测沉降一般采用精密电子水准仪测量,连续监测一般采用远程监控系统。

2)邻近管线施工监控量测

(1)邻近管线施工监控量测主要内容。邻近管线施工,对管线的监控量测主要内容有以下几个方面。

①邻近管线处地表沉降。

②邻近管线处地中地层沉降。

③管线接头部位沉降或倾斜或张开度。

④管线方沟或隧道结构沉降。

⑤管线方沟或隧道结构倾斜。

⑥管线方沟或隧道结构重要部位进行应力监测。

⑦管线方沟或隧道结构裂缝发展全过程监测。

(2)邻近管线施工监控量测方法与布置。对直埋管线,一般很难直接对管线本身进行监测,通常是监测管线处地表沉降和地中地层沉降,通过计算间接验证监控管线的安全性,或是根据管线调查与评估,计算最大允许地表沉降值,在施工过程中进行严格控制。对人可以进行实地监测的管线隧道,其监测方法与一般隧道相同。地下管线观测点主要布设在管线接头处或其他重要部位,并且以给水管和煤气管为首要的监测对象。

10.4 邻近施工监控量测管理与反馈控制

10.4.1 监控量测管理

监控量测数据一般按三个阶段进行管理(表 10.19),根据监测状态调整反馈施工措施。其中把邻近施工允许的最大变形值即控制基准值的 60% 作为预警值;把邻近施工允许的最大变形值的 80% 作为报警值。如果某一施工阶段的控制标准超标,则调整或加强后续施工措施,保证控制指标总量不超过控制基准。

监控量测管理阶段表　　　　表 10.19

管理阶段	管理值 G = 控制指标值/控制基准值	监测状态	施工状态
Ⅲ	$G \leqslant 0.6$	一般状态	正常施工
Ⅱ	$0.6 < G \leqslant 0.8$	预警状态	加强监测
Ⅰ	$0.8 < G \leqslant 1.0$	报警状态	加强监测并采取相应工程措施

10.4.2 监测数据的反馈

为确保邻近施工的安全,真正实现信息化施工,必须加快信息反馈速度,针对每一测点的监测结果要根据控制基准和三个阶段的管理等综合判断邻近施工的安全状况。全部监测数据(数据采集及数据分析)均由计算机管理,准时提供监测日报、周报和月报。一旦监测有异常现象如在报警状态时,必须及时通知施工、设计、监理、产权单位和建设单位,研究采取控制措施。

10.5 本章小结

通过对邻近施工监控量测与反馈的分析,可以得出如下初步结论。

(1)根据工程与既有环境特点,合理确定既有土工环境结构安全使用的控制基准,实施必要的监测与反馈,才能确保既有环境的安全性。

(2)在确保限界的条件下,对穿越既有线工程,鉴于地铁隧道结构底板与轨道的连接方式,控制既有地铁结构底板沉降量(隆起量)和沉降速率(隆起速率)是确保运营安全控制的关键。

(3)对邻近建(构)筑物施工,建(构)筑物的差异沉降(倾斜)控制是关键。

(4)对邻近管线施工,尽管不同类型和材料的管线有不同的控制要求,但控制接头部位的沉降是确保管线安全运营的关键。

(5)给出了邻近不同既有环境结构的监控量测的主要内容。

(6)对邻近施工,工程实践表明监控量测值的三级管理是施工反馈控制最为有效的手段。

下　　篇

城市地下工程邻近施工实践

11 浅埋暗挖区间隧道零距离穿越既有地铁车站关键施工技术

11.1 工程概况及难点

11.1.1 工程位置

北京地铁5号线土建工程18号合同段包括东四站—张自忠路站区间(盾构区间)、雍和宫站—和平里北街站区间(盾构、暗挖法区间)两个区间,如图11.1所示。其中,雍和宫站—和平里北街站暗挖法区间北起地坛公园南门东侧盾构竖井,南至雍和宫站,左线在桩号K12+318.000~K12+352.475段下穿环线地铁,长度为34.475m,如图11.2所示,完全处在环线地铁底板下的长度为22.9m。具体的穿越位置关系见图11.3。

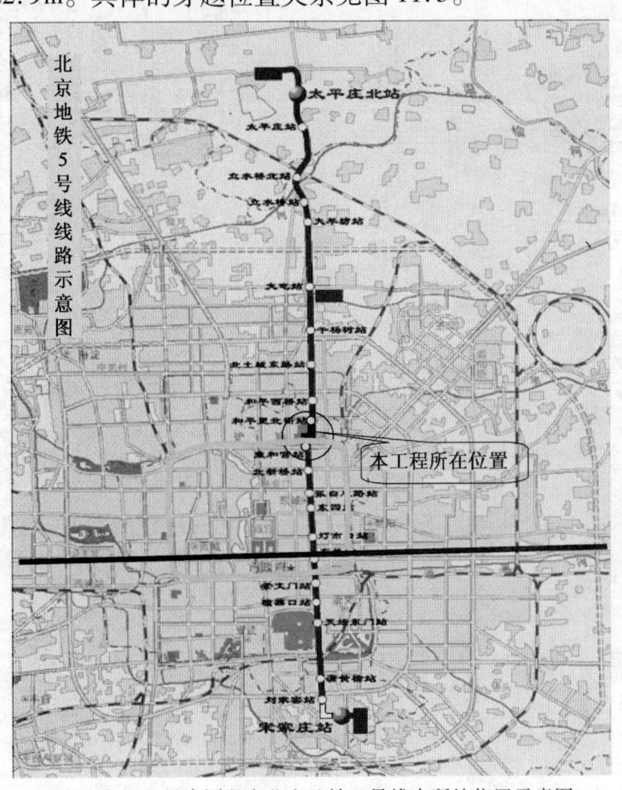

图11.1 18号合同段在北京地铁5号线中所处位置示意图

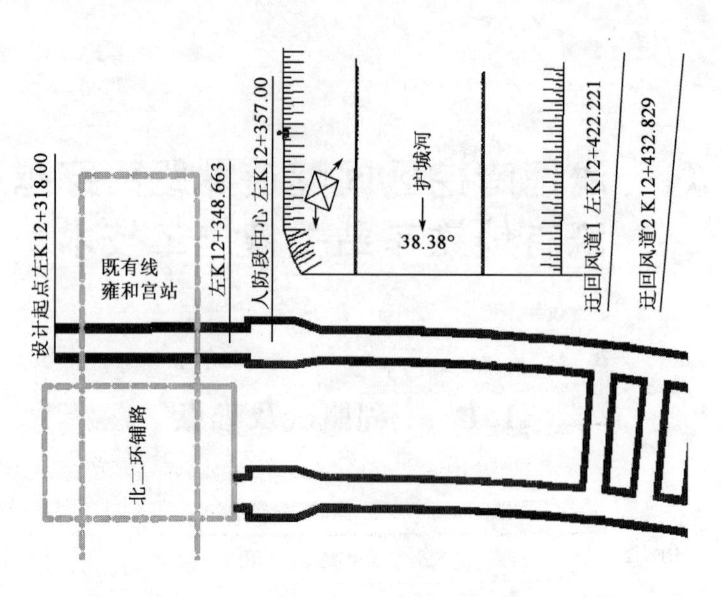

图 11.2 北京地铁 5 号线与环线雍和宫站位置关系

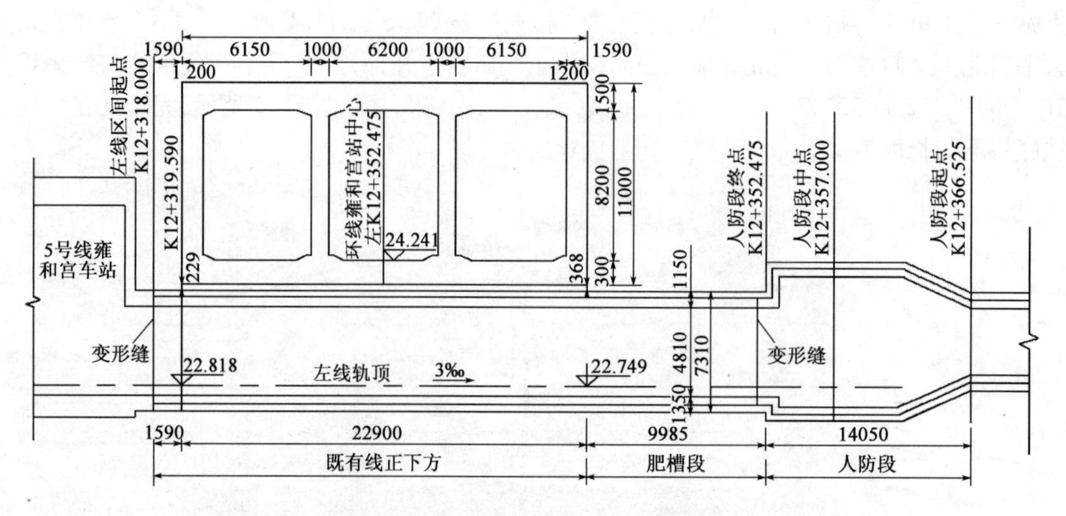

图 11.3 北京地铁 5 号线与环线雍和宫站位置关系剖面图(尺寸单位:mm)

11.1.2 暗挖过环线段地质及水文情况

暗挖穿越环线地铁区间地面高程 44.0m,隧道底高程 20.908m,隧道主要穿越粉质黏土、黏土④层:夹粉土$④_1$层。

1)地质条件

根据地质勘察报告,本段区间勘察揭露地层土质自上而下依次为以下几层。

(1)人工堆积层。粉土填土①层。局部为房碴土$①_1$层:褐色、疏松、稍湿,厚度为 1.20m,层底高程为 42.80m。

(2)第四纪全新世冲洪积地层(Q_4^{al+pl})。粉土③层:褐黄色、硬塑~可塑、上层稍湿、下层饱和,厚度为3.80m,层底高程为36m。

粉细砂③$_2$层:褐黄、黄褐色、中下密、饱和,为局部夹砂层,厚度为1.3m,层底高程为34.7m。

粉质黏土、黏土④层,夹粉土④$_1$层:褐黄色、硬塑、饱和,厚度为10m,层底高程为24.7m。

(3)第四纪晚更新世冲洪积地层(Q_3^{al+pl})。中粗砂⑤$_1$层:褐黄色、密实、饱和,厚度为1.5~3.2m,层底高程为21.03~19.88m。卵石圆砾⑤层:杂色、中密~密实、饱和,厚度为0.00~1.80m,层底高程为21.03~18.50m。粉质黏土、黏土⑥层:棕黄色、硬塑、饱和,厚度为4.00~6.70m,层底高程为16.13~14.70m。细中砂⑦$_1$层:褐黄色及杂色、中密~密实、饱和,厚度为0.00~4.00m,层底高程为11.50m。卵石圆砾⑨层:杂色、中密~密实、饱和。

上述各层土的分布详见雍和宫站~和平里北街站区间(暗挖法区间)地质纵剖面,见图11.4。

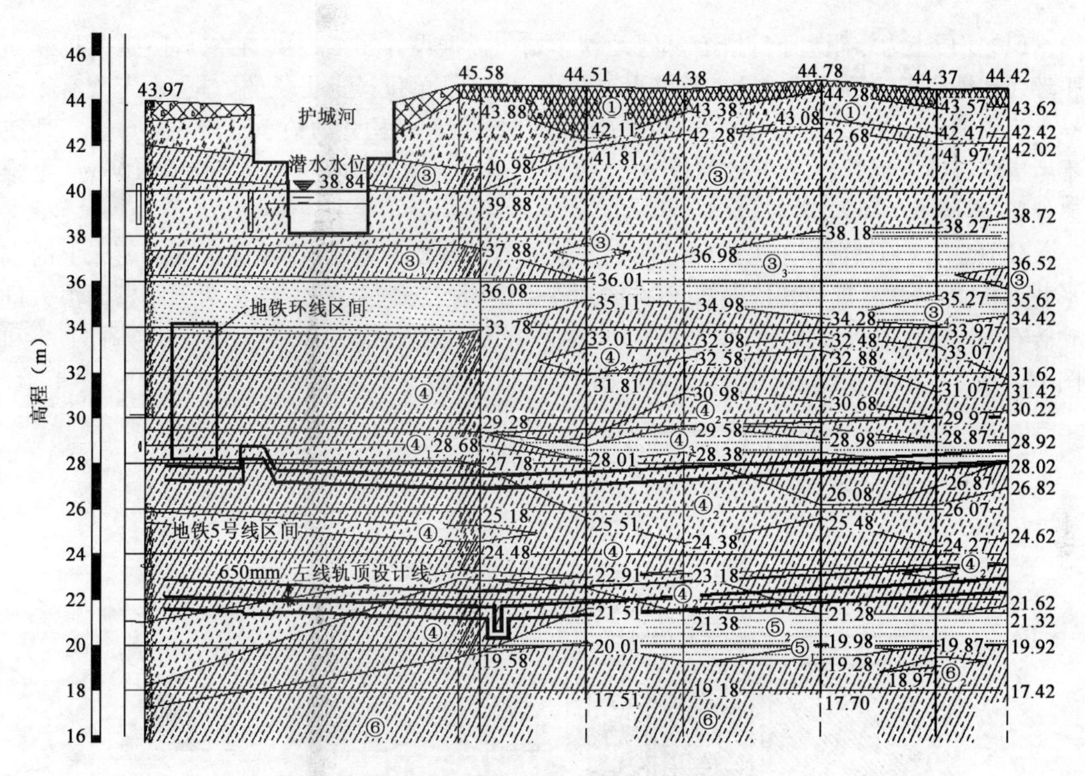

图11.4　暗挖左线穿越环线地质断面图

2)水文条件

地下水位分类车站场区第四纪地层中赋存上层滞水、潜水和承压水。

(1)上层滞水、潜水。水位标高为38.84m,水位埋深为2.46m左右。含水层为粉土③层,含水层为粉细砂③$_2$层、粉土④$_2$层,主要接受大气降水和灌溉水垂直渗透补给和管沟渗漏补给。

(2)承压水。水头标高为22.33m,水头埋深为22.45m左右。含水层为粉细砂⑤$_2$层,卵石⑨层。

11.1.3 隧道结构及支护基本参数

隧道结构尺寸及支护形式:左线区间穿越环线地铁矩形隧道结构净空尺寸为高 4.81m × 宽 4.3m,开挖尺寸为高 7.31m × 宽 6.8m,C20 早强喷射混凝土隧道初衬厚度为 350mm,钢格栅间距 500mm,钢筋网 $\phi6@150\times150$。C30 混凝土二衬厚度为 800 ~ 1000 mm。

超前支护参数:采用 $\phi32\text{mm}\times3.25\text{mm}$ 普通水煤气管,环向间距 300mm,纵向间距 1m,长度 3 m,布置范围为隧道两侧墙,浆体为水泥浆液。

隧道施工方法、施工工序:采用 CRD 法施工,即首先施工 1 号、2 号导洞,贯通后再进行 3 号、4 号导洞开挖。

11.1.4 工程特点与难点分析

(1)实质上为零距离下穿既有环线地铁车站。根据设计图纸提供的数据,隧道开挖断面距环线地铁底板垫层底部的最小距离为 106mm,但测量单位最近提供的数据,由于既有线已经下沉约 100mm,环线雍和宫站结构底与本工程左线区间结构顶的最小距离减至 6mm。即使不考虑既有线下沉影响,在开挖过程中,既有地铁车站与新建地铁区间隧道预留 106mm 也难以保留,实质上类同零距离下穿。

(2)既有线地铁回填土为饱和砂性土。根据资料和现场勘测,以及在护城河河床上的水平井钻孔、右线接口部位开挖得知,既有线地铁采用明挖法施工,原有结构两侧肥槽回填大量碎砖石、砂、级配料,同时还杂有混凝土块、废木方,对开挖断面形成很大的隐患(图 11.5 和图 11.6)。实际揭露的情况见图 11.7 和图 11.8。

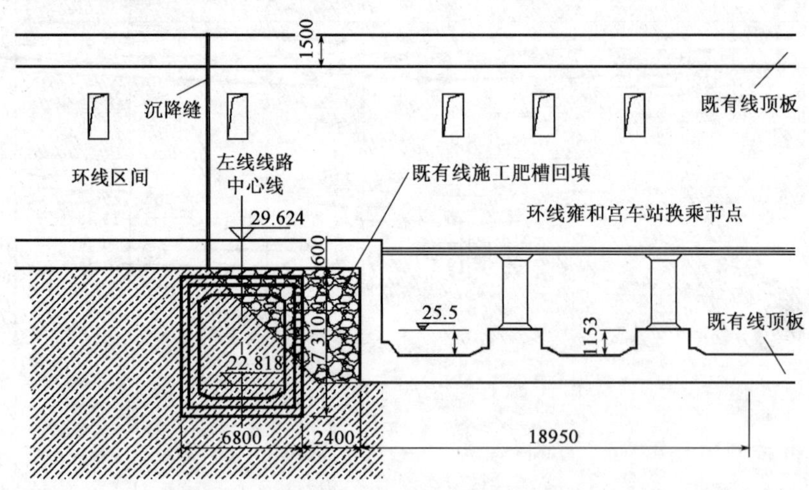

图 11.5 左线区间下穿 2 号环线地铁站(尺寸单位:mm)

(3)穿环线区间隧道所处地层已进入承压水层(根据勘察报告,承压水水头高程为 22.33m,水头高出含水层 1 ~ 3m,暗挖结构外底高 20.908m),尤其是穿越北二环路和环线地铁无法从地面进行降水。

环线施工回填土富含水影响:根据对环线地铁施工情况的调查,在环线地铁施工时肥槽回填均为砂卵石级配,多年以来该土层富含地下水,给暗挖穿越环线造成较大的影响。现有施工

降水受条件限制采用水平降水，降水效果较差，如何避免地下水对施工和周边环境产生不利影响为本工程难点。

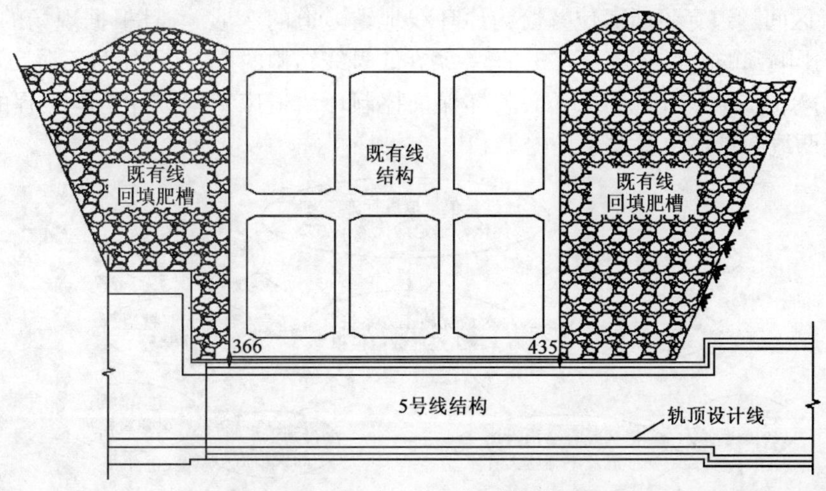

图11.6　左线区间下穿环线地铁纵剖面图

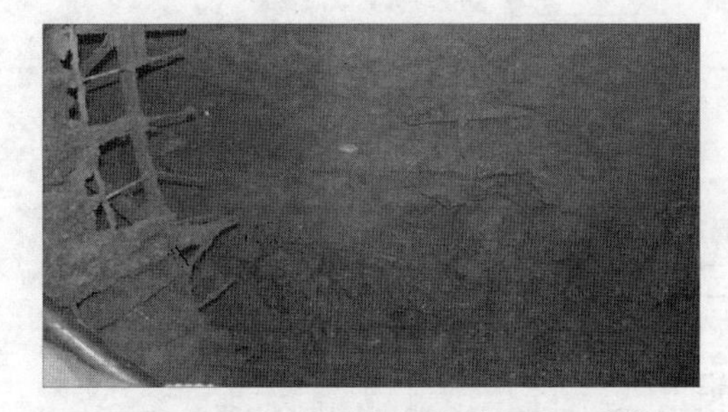

图11.7　既有线地铁回填土实际揭露渣土类情况

图11.8　既有线地铁回填土实际揭露废弃木方等情况

(4)既有地铁结构垫层与新建隧道初支结构凹凸不平与潜在间隙的处理。

(5)暗挖穿越既有线为平顶直墙结构，比较马蹄形标准断面受力效果较差。且利用CRD法新建平顶直墙结构断面正处于既有地铁结构变形缝下面，这势必又增加沉降控制的难度。

11.2　穿越雍和宫车站的施工方案优化及安全性评估

进行结构安全性评估前应进行施工方案优化，根据最优施工方案进行结构安全性评估，其评估程序见图11.9，评估包括既有地铁结构承载力计算及轨道内力检算。

11.2.1　穿越既有车站施工方案优化

1)穿越既有雍和宫车站概况

(1)两线位置关系。北京地铁5号线雍和宫站—和平里北街站暗挖法区间北起地坛公园南侧，由北向南开挖，右线向南下穿雍和宫跨河桥、北护城河后与地铁2号线雍和宫站预留换乘节点相接，左线向南下穿雍和宫跨河桥、北护城河、地铁2号线雍和宫站后与新建5号线雍和宫站暗挖段相接，左线在 K12 + 318.000 ~ K12 + 352.475 段下穿二号线雍和宫站并恰好通过它的一条变形缝（宽 20mm），穿越长度为 34.475m，其中完全处在环线地铁底板下的长度为 22.9m，由于区间隧道穿越断面位置恰为原环线地铁隧道的变形缝，且根据现场的调查，左线区间暗挖会影响到的变形缝总共有 3 条，一条在 5 号线结构的上方，另外两条在 5 号线结构的两侧，距离分别为 26.46m 和 36.13m，怎样保证控制环线道床结构沉降是本工程的一重点难题。该工程两线的具体位置关系见图 11.10。

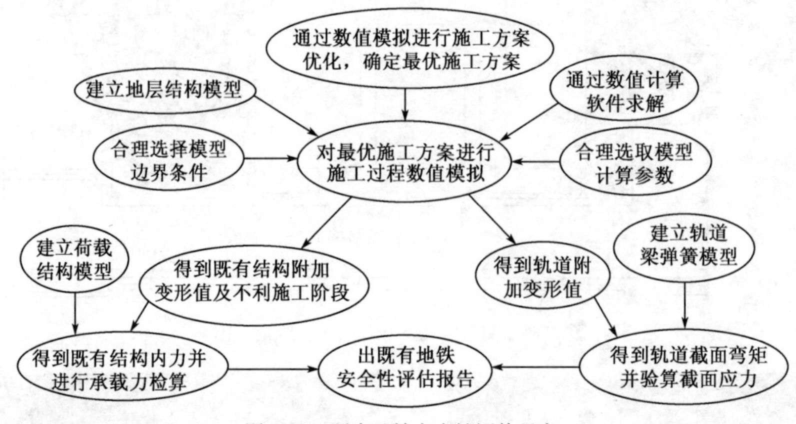

图 11.9　既有地铁安全性评估程序

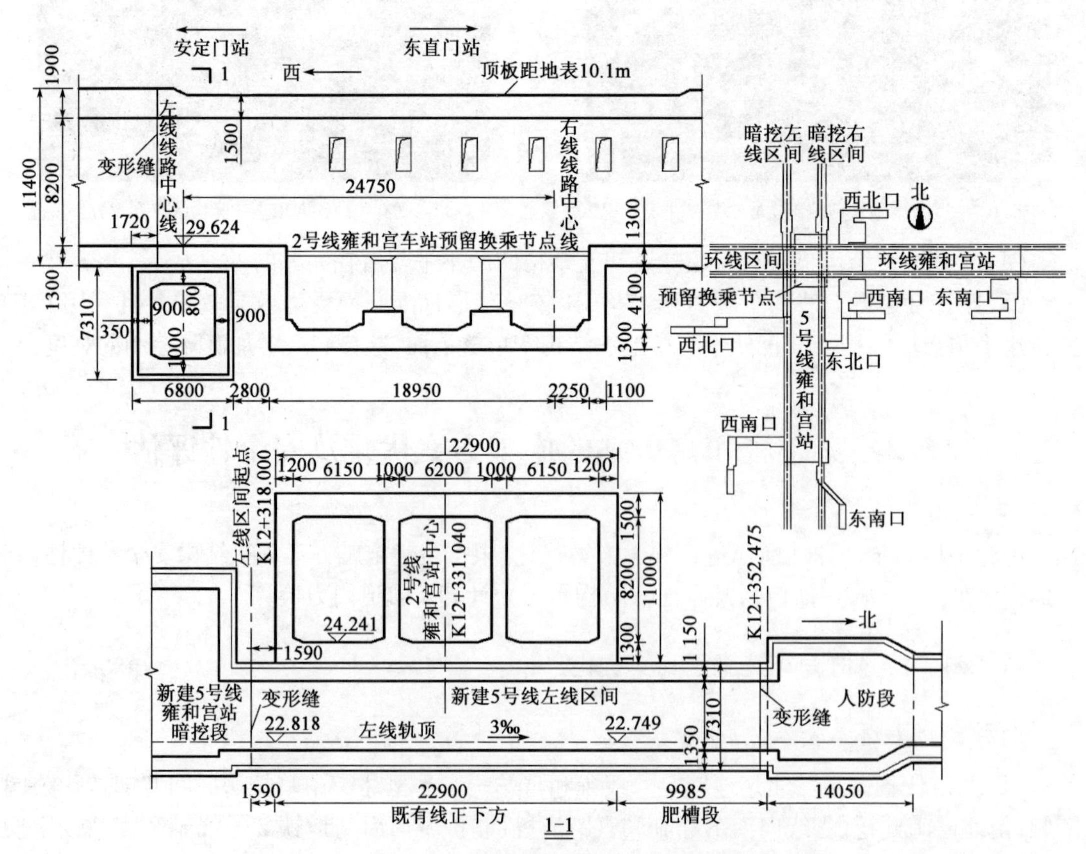

图 11.10　5 号线左线区间与 2 号线雍和宫车站的竖向位置关系图

(2)地层材料参数。该段的地层情况由上到下依次为:人工填土层、粉质黏土②层、黏质粉土层、粉细砂层、既有线、粉质黏土③和卵石层,详见表11.1。

穿越段地层材料参数　　　　表11.1

土　层	弹性模量 E(MPa)	泊松比 ν	重度 γ(kN/m^3)	黏聚力 c(kPa)	内摩擦角 φ(°)	土层厚度(m)
填土	5.0	0.35	16.5	25	20	2
粉质黏土②	15	0.33	21.3	36.8	19.4	4
黏质粉土	5.7	0.35	22.6	28	30	1.5
粉细砂	15.0	0.23	19.5	0.1	30	1.5
既有线	2000	0.30	28.0	5000	70	11.4
注浆加固区	30	0.22	100	40	20	2.35
变形缝	0.01	0.30	10	1	2	—
粉质黏土③	25	0.29	19.5	32.4	30	10
卵石层	50	0.2	21	1	0	3.2
二衬	30000	0.3	25	19500	70	—

2)左线穿越施工方案优化

(1)左线穿越施工方案的提出。左线区间下穿既有线断面采用平顶直墙断面且其顶板密贴既有线底板,其断面尺寸见图11.10,根据研究报告一第六章的分析,拟采用CRD工法开挖,导洞采用环形开挖留核心土台阶法,如图11.11所示。由于左线区间穿越断面恰好位于既有线变形缝正下方,左线施工易引起变形缝两端既有线结构的差异沉降,过大差异沉降会造成轨道与道床脱开,严重时将会拉裂轨道,影响既有线车辆的运营安全。

因此,如何控制变形缝两侧既有线结构的差异沉降是该工程的关键所在。为此拟定了6种方案进行对比分析,方案一~方案四为4个导洞开挖,见图11.12;方案五~方案六为6个导洞开挖,见图11.13。这6种方案分别如下。

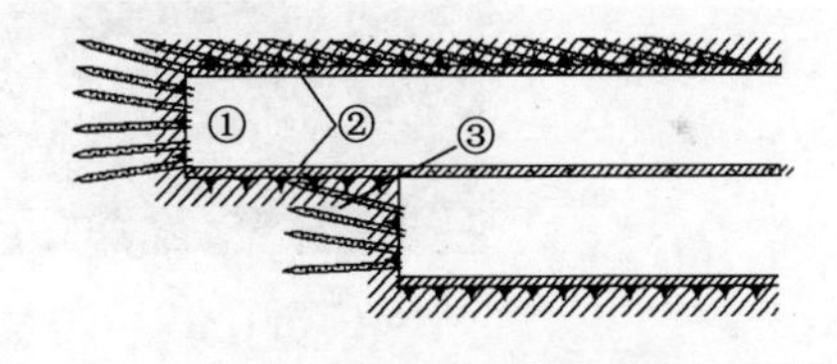

图11.11　左线区间穿越环线地铁纵断面施工步骤图

方案一:新建隧道与既有隧道之间留有200mm厚的土层且周围不注浆的情况。

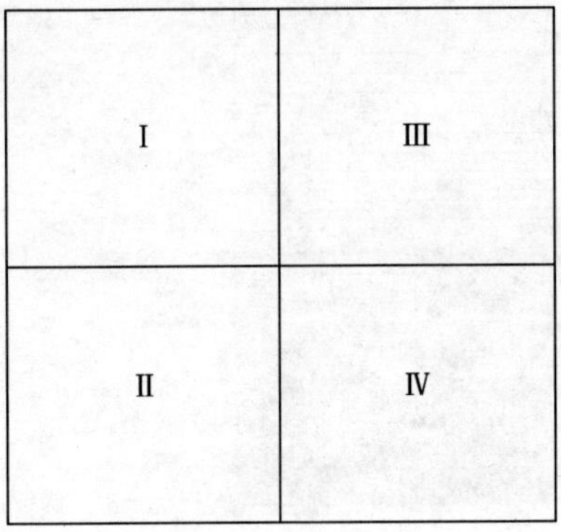

Ⅰ	Ⅲ
Ⅱ	Ⅳ

图11.12　方案一~方案四的施工顺序图

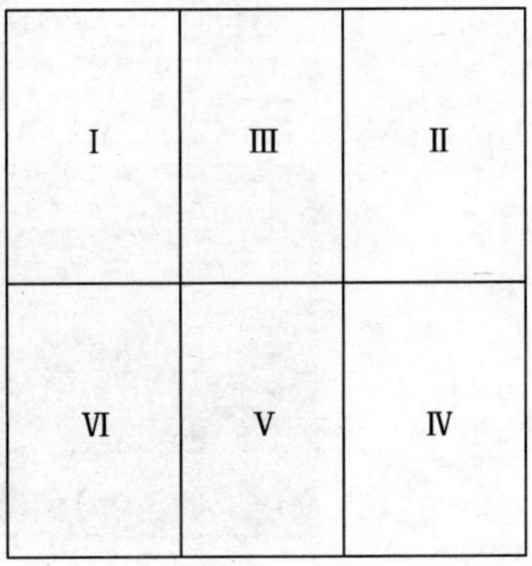

Ⅰ	Ⅲ	Ⅱ
Ⅵ	Ⅴ	Ⅳ

图11.13　方案五、六的施工顺序图

方案二:新建隧道与既有隧道之间留有200mm厚的土层且周围注浆的情况(其中,注浆范围为底部2.2m,左侧3m,右侧为新建隧道与既有隧道之间的部分)。

方案三:既有隧道与新建隧道之间不留土层,新建隧道周围未作注浆时的情况。

方案四:既有隧道与新建隧道之间不留土层,新建隧道周围注浆时的情况(其中,注浆范围为底部2.2m,左侧3m,右侧为新建隧道与既有隧道之间的部分)。

方案五:既有隧道与新建隧道之间留土,新建隧道断面分为6块,上下各两层,每层3块。施工顺序为I、II、III、IV、V,见图11.13。新建隧道周围不注浆。

方案六:既有隧道与新建隧道之间留土,新建隧道断面分为6块,上下各两层,每层3块。施工顺序为I、II、III、IV、V,见图11.13。新建隧道周围注浆(其中,注浆范围为底部2.2m,左侧3m,右侧为新建隧道与既有隧道之间的部分)。

(2)数值计算模型。数值模拟采用软脑公司编制的2D-Sigma二维数值分析软件,以实际土层情况为基础,模拟现场开挖和支护。计算中应力释放率:开挖70%,支护30%。计算取66m×46m的一个平面进行分析,建立两种数值模型,见图11.14和图11.15。

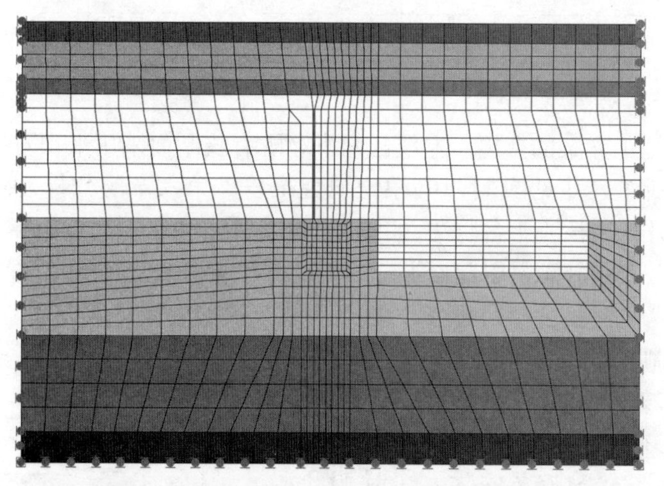

图11.14　计算模型1(单元数1075,节点数3348)

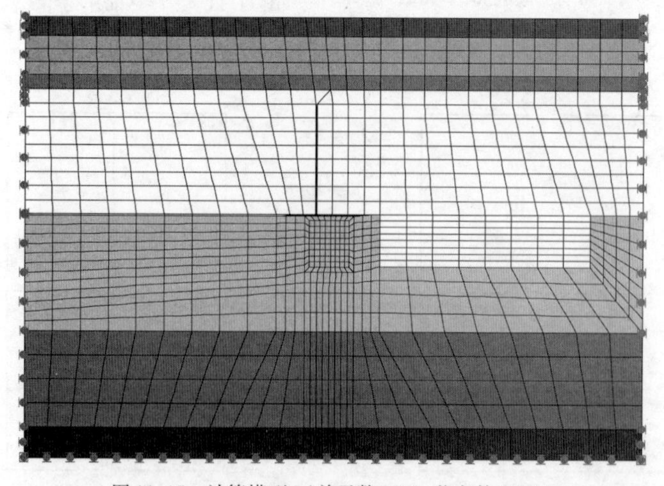

图11.15　计算模型2(单元数1050,节点数3263)

(3)数值计算结果。

方案一:新建隧道与既有隧道之间留有200mm厚的土层且周围不注浆的情况。计算结果见图11.16及图11.17。

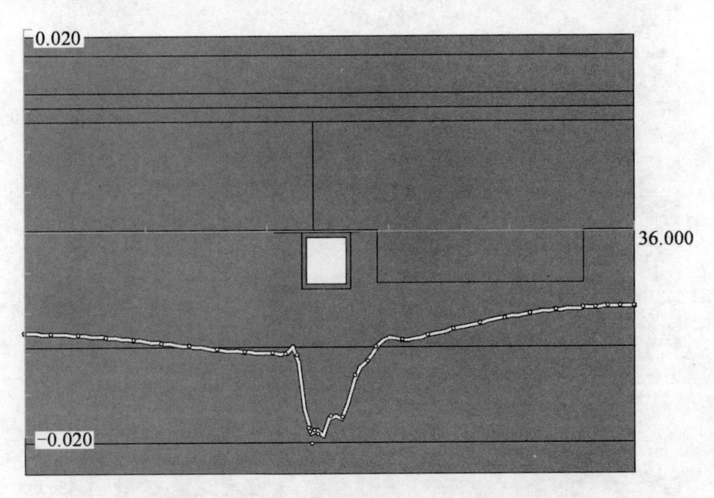

图11.16　既有线底部的竖向变形曲线(1)

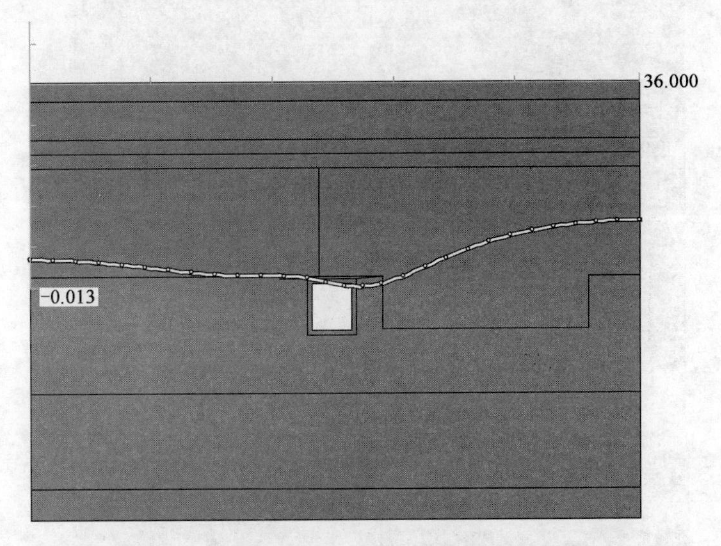

图11.17　地面变形曲线(地表最大下沉量为12.89mm)

方案二:新建隧道与既有隧道之间留有200mm厚的土层且周围注浆的情况(其中,注浆范围为底部2.2m,左侧3m,右侧为新建隧道与既有隧道之间的部分)。计算结果见图11.18及图11.19。

方案三:既有隧道与新建隧道之间不留土层,新建隧道周围未作注浆时的情况。计算结果见图11.20及图11.21。

方案四:既有隧道与新建隧道之间不留土层,新建隧道周围注浆时的情况(其中,注浆范围为底部2.2m,左侧3m,右侧为新建隧道与既有隧道之间的部分)。计算结果见图11.22及图11.23。

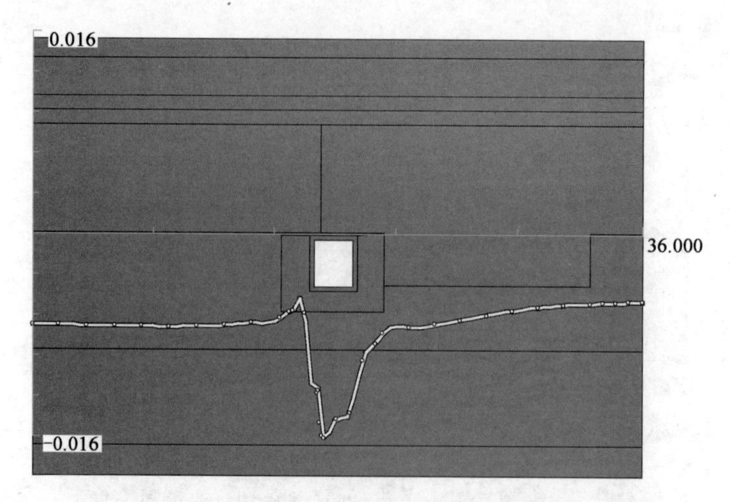

图 11.18　既有线底部的竖向变形曲线(2)

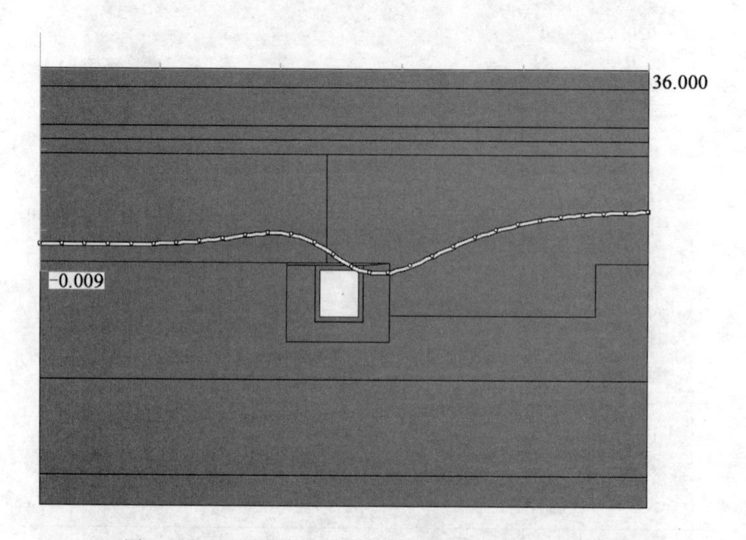

图 11.19　地面变形曲线(地表最大下沉量为 9.33mm)

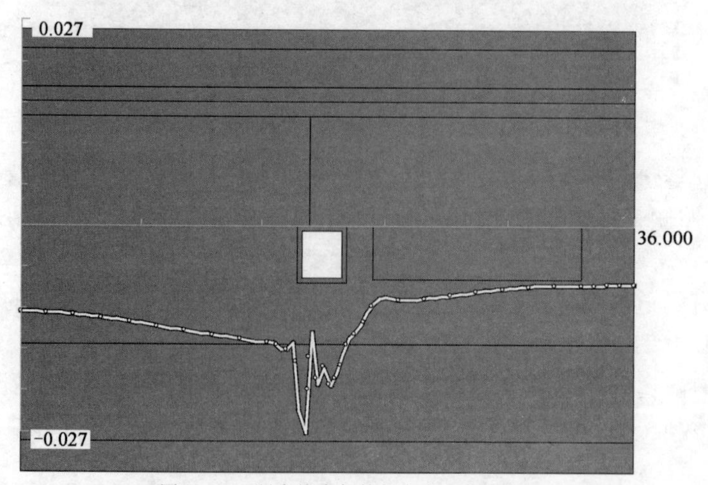

图 11.20　既有线底部的竖向变形曲线(3)

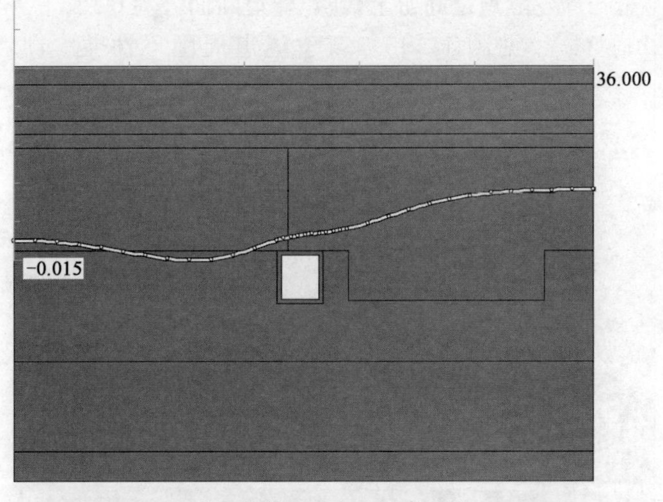

图 11.21　地表沉降曲线(地表最大下沉量为 14.91mm)

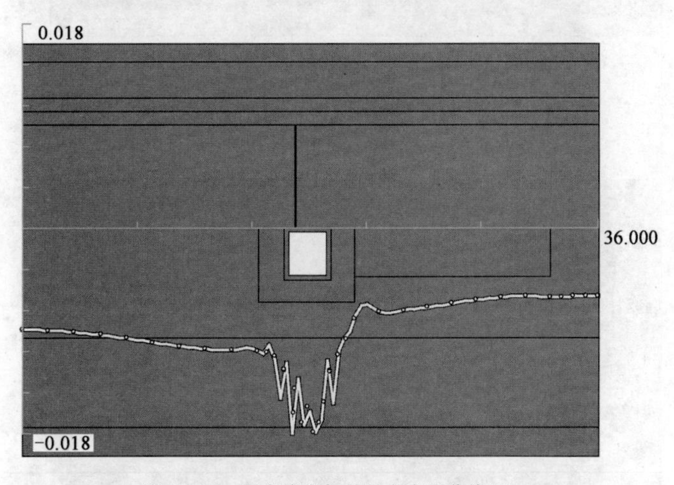

图 11.22　既有线底部的竖向变形曲线(4)

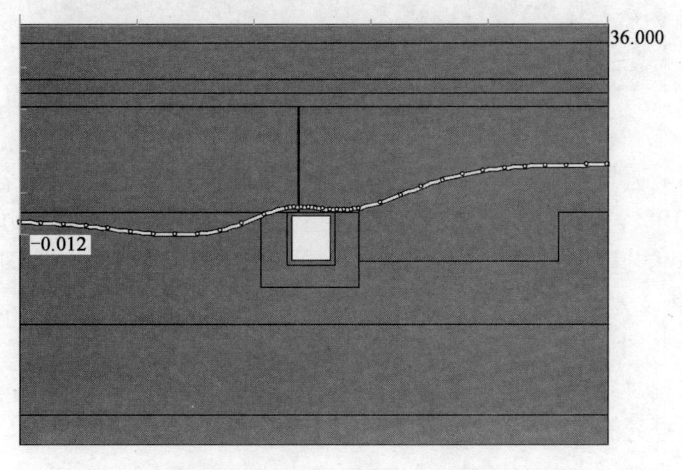

图 11.23　地表变形曲线(地表最大下沉量为 11.65mm)

方案五:既有隧道与新建隧道之间留土,新建隧道断面分为6块,上下各两层,每层3块。施工顺序为Ⅰ、Ⅱ、Ⅲ、Ⅳ、Ⅴ,见图11.13。新建隧道周围不注浆。计算结果见图11.24及图11.25。

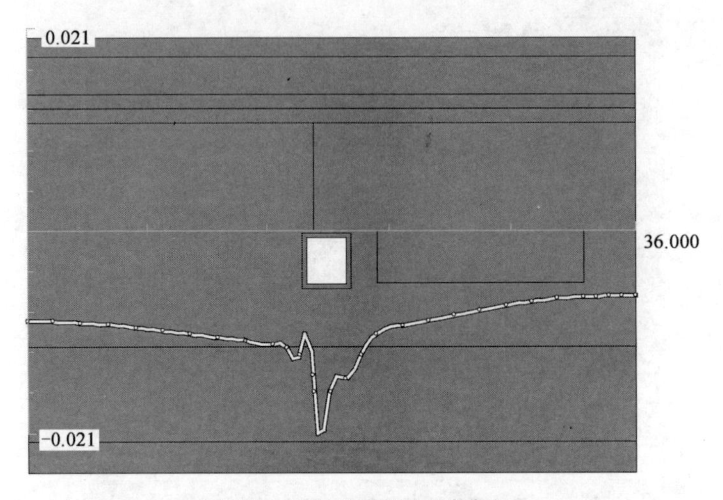

图11.24 既有线底部的沉降曲线

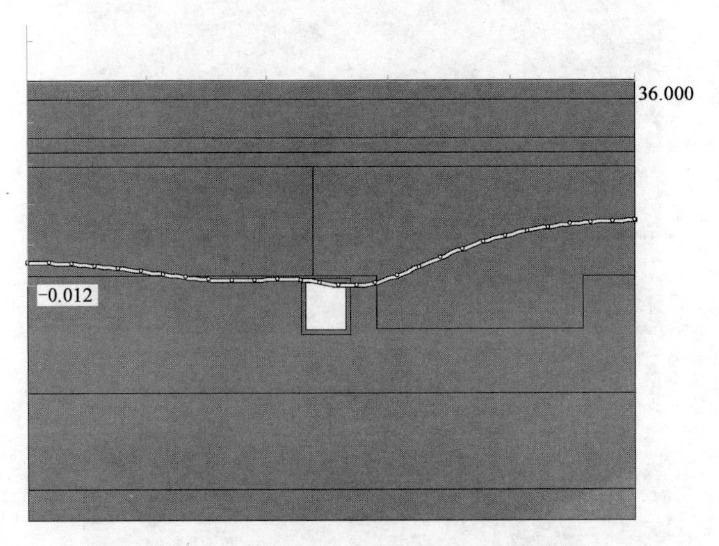

图11.25 地表沉降曲线(地表最大下沉量为11.70mm)

方案六:既有隧道与新建隧道之间留土,新建隧道断面分为6块,上下各两层,每层3块。施工顺序为Ⅰ、Ⅱ、Ⅲ、Ⅳ、Ⅴ,见图11.13。新建隧道周围注浆(其中,注浆范围为底部2.2m,左侧3m,右侧为新建隧道与既有隧道之间的部分)。计算结果见图11.26及图11.27。

计算结果分析及方案比较(图11.28和图11.29)

其中施工步序(图11.12、图11.13)分别指:

施工步1指:挖衬洞室Ⅰ;

施工步2指:挖衬洞室Ⅱ;

施工步3指:挖衬洞室Ⅲ;

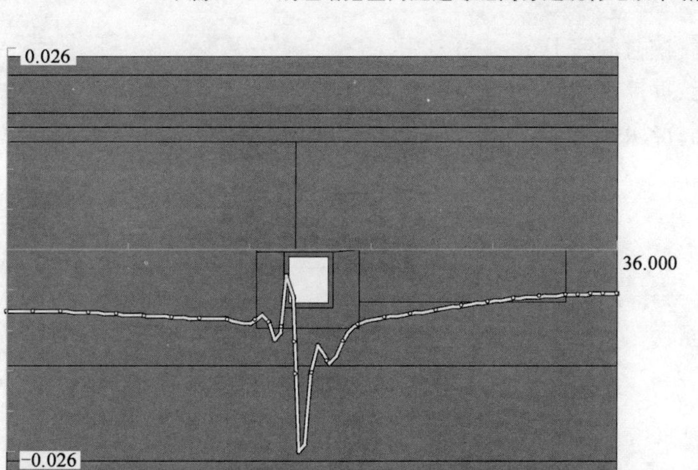

图 11.26　既有线底部的竖向变形曲线(5)

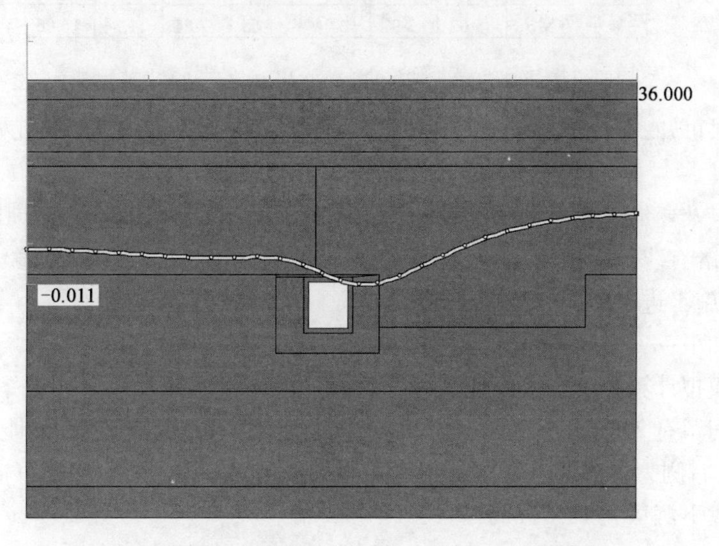

图 11.27　地面沉降曲线(地面最大下沉量为 10.56mm)

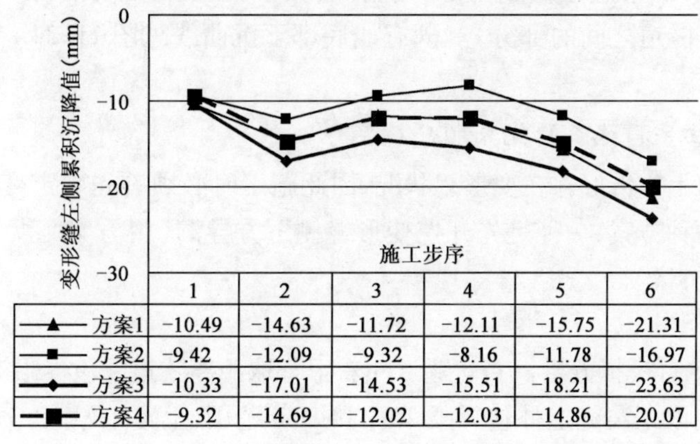

	1	2	3	4	5	6
方案1	-10.49	-14.63	-11.72	-12.11	-15.75	-21.31
方案2	-9.42	-12.09	-9.32	-8.16	-11.78	-16.97
方案3	-10.33	-17.01	-14.53	-15.51	-18.21	-23.63
方案4	-9.32	-14.69	-12.02	-12.03	-14.86	-20.07

图 11.28　方案一、二、三、四变形缝处各施工工序的累计沉降量比较图

施工步 4 指:挖衬洞室 IV;

施工步 5 指:拆撑;

施工步 6 指:浇筑二衬。

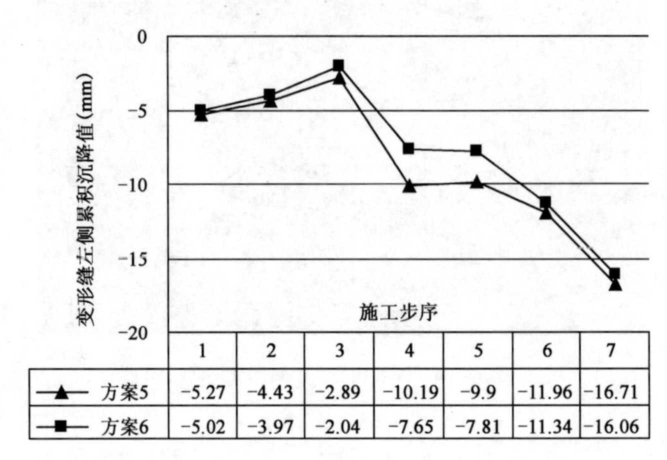

	1	2	3	4	5	6	7
方案5	-5.27	-4.43	-2.89	-10.19	-9.9	-11.96	-16.71
方案6	-5.02	-3.97	-2.04	-7.65	-7.81	-11.34	-16.06

图 11.29　方案五、六变形缝处各施工工序的累计沉降量比较图

由计算结果可知,在新建隧道施工过程中,既有线将会下沉,最大下沉处发生在变形缝附近。

由计算结果及变形缝处下沉量比较图 11.28、图 11.29 可知,方案六对周围环境的影响最小,地面沉降及既有线沉降都较小;但其洞室分块较多,开挖过程中会多次扰动土层;另外施工步序较多,影响施工进度。

分析结论如下:

经过数值模拟计算及综合考虑施工进度、经济性等因素,建议可采用方案二,即新建隧道与既有隧道之间留有 200mm 的土层,且在新建隧道周围实行注浆(注浆范围为新建隧道底部 2.2m,左侧 3m,右侧为新建隧道与既有隧道之间的部分)。既有线底部下沉曲线见图 11.24。既有线底部最大下沉量为 16.97mm。

但考虑到实际施工中 200mm 的土难以保留时,因而考虑实行方案四,即既有隧道与新建隧道之间不留土层,新建隧道周围注浆时的情况(其中,注浆范围为底部 2.2m,左侧 3m,右侧为新建隧道与既有隧道之间的部分)。既有线底部下沉曲线见图 11.24。既有线底部最大下沉量为 20.07mm。

3)变形缝部位导洞施工的优先顺序确定

由于新建隧道上方恰好存在变形缝状况,因此施工时必须首先确定变形缝部位导洞开挖的优先顺序。有两种方案:一种是先开挖变形缝侧下方导洞(甲方案),另一种是先开挖变形缝正下方导洞(乙方案)。

首先,建立模型。

采用 $FLAC^{3D}$ 进行模拟分析。新建隧道左右下都取距离隧道外包界限 18m 范围,其上的既有线结构左右分别取距离隧道外包界限 20m 和 18m 范围,上覆土厚 10.1m,见图 11.30 和图 11.31。模型共有 27768 个单元,29736 个节点。变形缝两侧各布置一个点,观测点 X 方向坐

标分别为19.34m 和 19.36m。

两个隧道中间夹土层为0.4m。模型共有27768个单元,29736个节点。

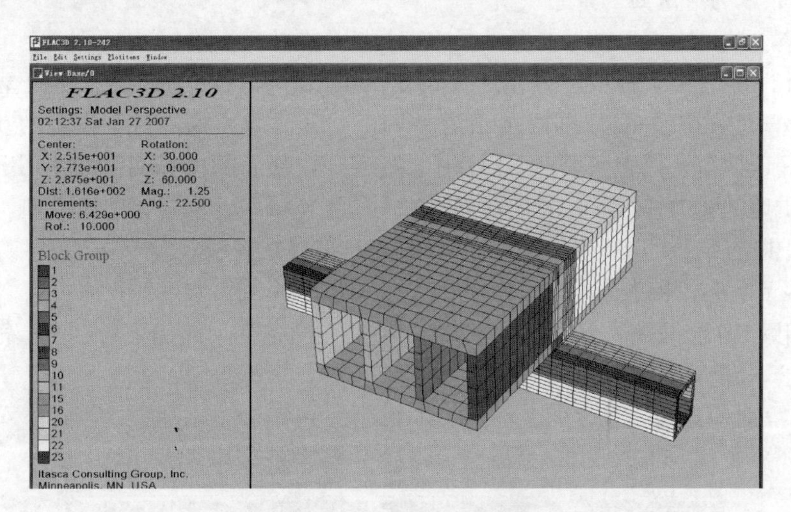

图11.30　新建隧道下穿既有线车站建模关系图

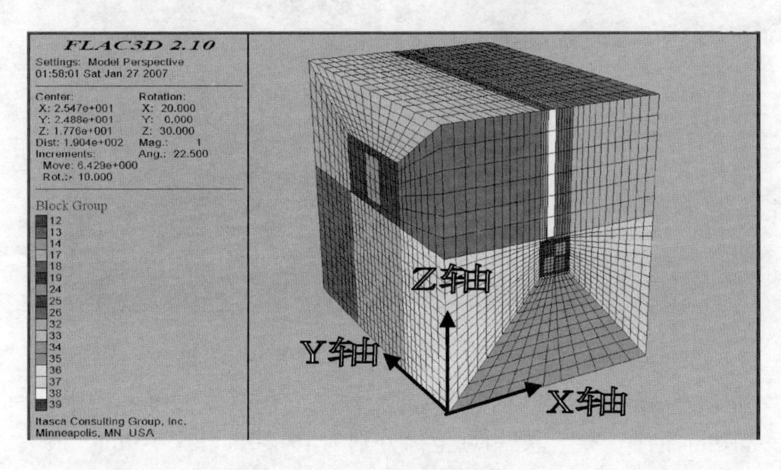

图11.31　整体模型图

其次,进行模型描述。

(1)计算所需要的地层物理力学参数。地层物理力学参数见表11.2。

数值模拟选用的土层分布及性质　　表11.2

地 层 名 称	厚度(m)	密度(g/cm^3)	压缩模量(MPa)	泊松比	黏聚力(kPa)	摩擦角(°)
杂填土	2.5	1.65	8	0.35	5	10
黏质粉土	2	2.02	12.5	0.45	41.6	18
粉土	3	2.04	19.0	0.27	0.1	31
黏质粉土	2	2.02	12.5	0.45	41.6	18
细砂	4	1.95	35.0	0.25	0.1	29
粉质黏土	31	2.04	70.0	0.18	0.1	31

(2)边界条件。模型侧面和底面为位移边界,侧面限制水平位移,底部限制垂直移动,模型顶面为地面,取为自由面。

(3)计算力学模型。$FLAC^{3D}$中提供了10种内嵌的材料本构模型,1种“空”模型(NULL模型)、3种弹性模型和6种塑性模型。被设定为NULL模型的单元表示从模型中删除的单元,但是在计算过程中,它可以随时被激活,NULL单元的应力将被自动设置为0,使用NULL单元可以很好地模拟开挖和回填,本计算中的隧道开挖部分的模拟就是使用NULL模型。因为是城市土质地铁隧道,故围岩的计算力学模型选用Mohr-Coulomb弹塑性模型。

本计算中既有结构的变形缝通过实体单元null模型来实现。

最后,进行计算结果说明。

隧道采用CRD法开挖。分为两种方案,一种是先开挖变形缝侧下方(甲方案),一种是先开挖变形缝正下方(乙方案)。

(1)甲方案计算结果。

①塑性区分布(图11.32)。

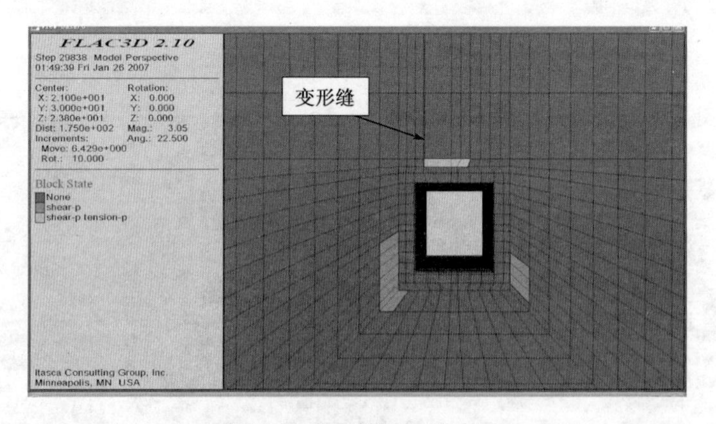

图11.32 甲方案塑性区分布图

②沉降槽。沉降观测点布置在既有结构的底板上。在以后的沉降图中,隧道边界范围为18~24m,变形缝两侧各有一个点,观测点坐标分别为19.34m和19.36m。最大沉降在变形缝两侧,左侧-4.661mm,右侧-5.09mm,见图11.33。

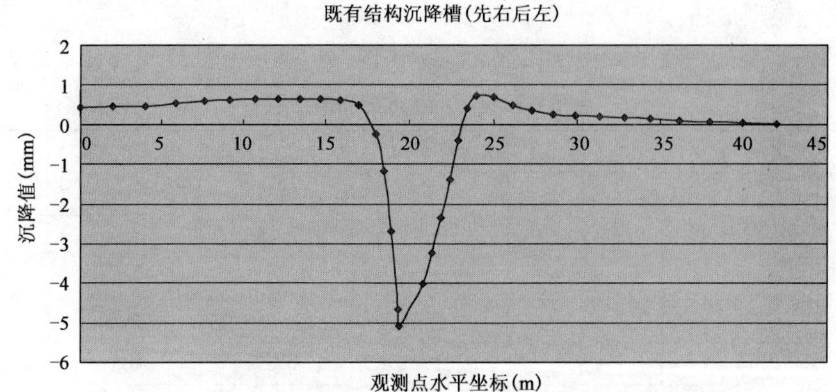

图11.33 甲方案的沉降槽曲线图

③位移云图（图11.34）。

④变形缝处左侧监测点沉降历史曲线图。由图11.35可知，在远离变形缝一侧（右侧）隧道上导洞开挖至监测点处，监测点仅仅沉降了0.5mm，右侧开挖完毕时，沉降值为0.6mm，当远离变形缝一侧（左侧）的隧道上导洞开挖至监测点处，沉降值为2.0mm，左侧开挖完毕时，沉降值为2.2mm，由于计算时设定二衬是跳段施工，监测点又设在新建隧道纵向的中间位置，因此图中曲线在二衬施工阶段显现出两次下滑，第一次下滑至3.25mm，第二次达到最终值4.661mm，详见表11.3。

图11.34　甲方案的位移沉降云图

（注：明显断裂处为变形缝）

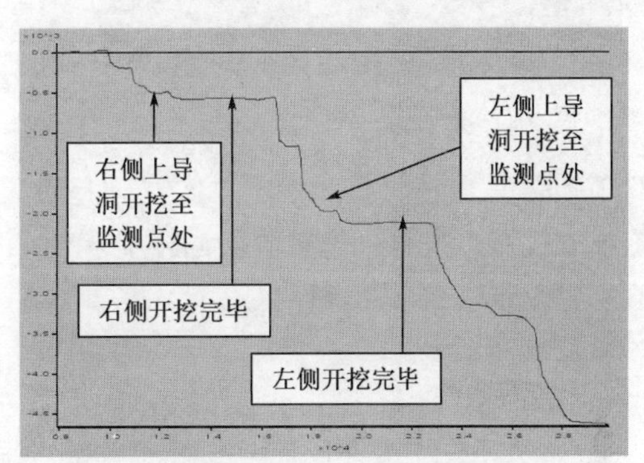

图11.35　变形缝左侧监测点沉降的历史曲线图

（甲方案）

土层塑性化主要出现在左侧隧道开挖阶段，二次衬砌施工时塑性区域基本稳定，无变化，参见图11.36及图11.37。

甲方案变形缝处左侧监测点沉降数值表　　表11.3

施工阶段	本阶段沉降值	沉降值累计	本阶段沉降值的百分比	累计值百分比
右侧上导洞开挖至监测点处	0.5	0.5	0.11	0.11
右侧开挖完毕	0.1	0.6	0.02	0.13
左侧上导洞开挖至监测点处	1.4	2.0	0.30	0.43
左侧开挖完毕	0.2	2.2	0.04	0.47
二次衬砌施作完毕	2.461	4.661	0.53	1

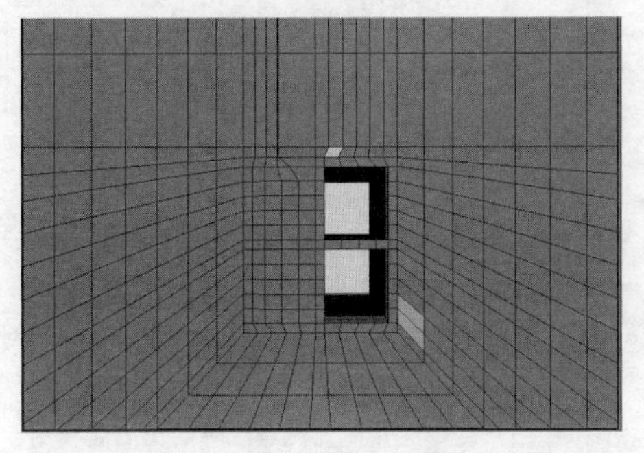

图11.36　甲方案右侧开挖完毕塑性区分布云图

图11.37　甲方案二次衬砌施作前塑性区分布云图

(2)乙方案计算结果。

①塑性区分布（图11.38）。

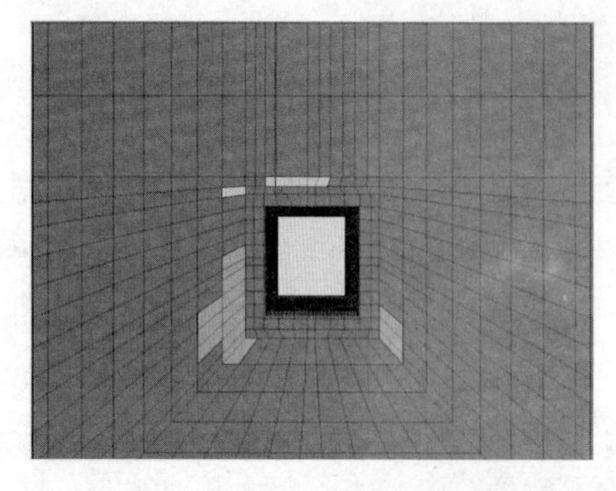

图 11.38　乙方案塑性区分布云图

②沉降槽。沉降观测点布置同上。最大沉降在变形缝两侧,左侧 -4.495mm,右侧 -4.948mm,见图 11.39。

③位移云图(图 11.40)。

④变形缝处左侧监测点沉降历史曲线图。由图 11.41 可知,左侧隧道上导洞开挖至监测点处,监测点沉降了 1.1mm。左侧开挖完毕后,沉降值为 1.25mm(远大于甲方案第一阶段的 0.6mm)。右侧隧道上导洞开挖至监测点处,沉降值为 2.6mm,右侧开挖完毕,沉降值为 3.0mm(也大于甲方案第二阶段的 2.2mm),由于计算时设定二次衬砌是跳段施工,监测点在新建隧道纵向的中间位置,因此图中曲线在二次衬砌施工阶段同样显现出两次下滑,第一次下滑至 3.6mm,第二次达到最终值 4.495mm。详见表 11.4。

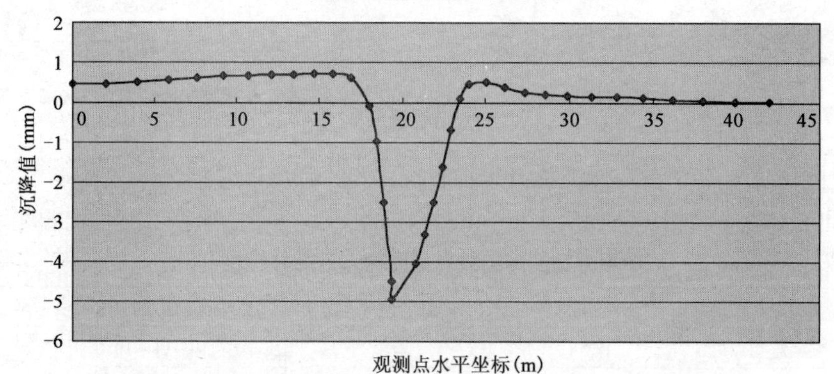

图 11.39　乙方案的沉降槽曲线图

图 11.40　乙方案的位移沉降云图

(注:明显断裂处为变形缝)

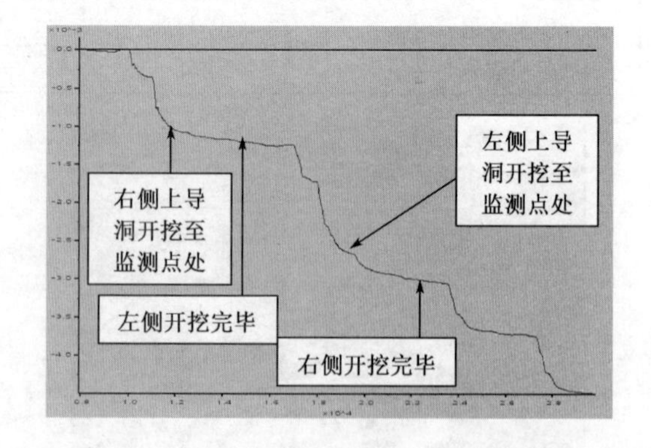

图 11.41　变形缝左侧监测点沉降的历史曲线图

(乙方案)

早在左侧开挖时就已经出现塑性区,如图 11.42 所示,右侧开挖时扩大,如图 11.43 所示,二次衬砌施工时塑性区域基本稳定,无变化。

乙方案变形缝处左侧监测点沉降数值表　　表 11.4

施工阶段	本阶段沉降值(mm)	沉降值累计(mm)	本阶段沉降值的百分比(%)	累计值百分比(%)
右侧上导洞开挖至监测点处	1.1	1.1	0.24	0.24
右侧开挖完毕	0.15	1.25	0.04	0.28
左侧上导洞开挖至监测点处	1.35	2.6	0.3	0.58
左侧开挖完毕	0.4	3.0	0.09	0.67
二次衬砌施作完毕	1.495	4.495	0.33	1

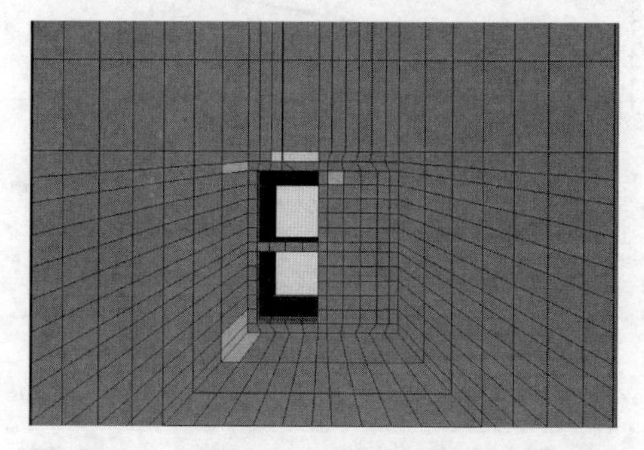

图 11.42　乙方案左侧开挖完毕塑性区分布云图

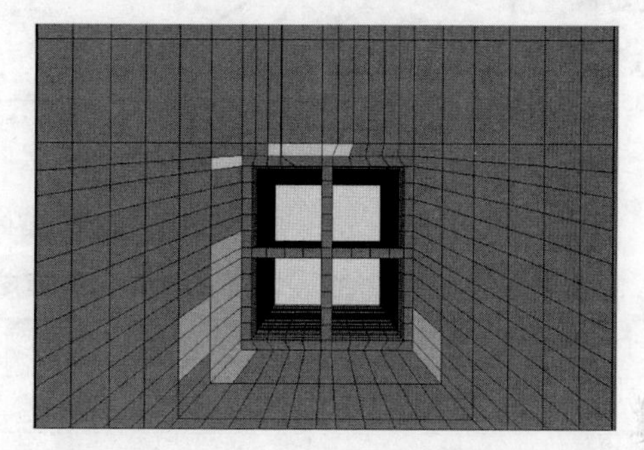

图 11.43　乙方案二次衬砌施作前塑性区分布云图

(3)对比说明(表 11.5)。

①变形缝两侧沉降值相差不大,乙方案稍微偏小。甲方案在二次衬砌施作之前沉降较小,但二次衬砌施作完毕后,沉降较大,而乙方案相反。

②两者相比,塑性区分布都很小,乙方案塑性区分布区稍微偏大。

③相比之下,倾向于选择乙方案,可通过减小变形缝下导洞开挖层次并及时施作二次衬砌来控制二次衬砌施作之前的沉降。

变形缝两侧沉降计算结果对比表　　表 11.5

方案	变形缝两侧沉降最大值(mm)	
	左侧	右侧
甲	-4.661	-5.09
乙	-4.495	-4.948

11.2.2　新线与既有线之间夹层土厚度影响分析

新线与既有线之间夹层土的厚度对既有线与新线的力学性态及周围土体的塑性区有什么影响,两线之间是留间隔土还是刚性接触好,如果留间隔土的话,间隔土应该有一个最佳值,那么这个最佳值是多少,本节将基于乙方案的开挖方式对此进行研究,为建模及命令流控制方便,分别选取间隔土为 0、0.5m、1.145m、1.7m、2.2m、3m、4.75m 以及 6.5m,同样以既有结构沉降最大值(δ_{max})及既有结构顶底板最大弯矩值(M_{1max})、新线初支结构最大弯矩值(M_{2max})及周边土体塑性面积($A_{plastic}$)为评价指标,8 种间隔土厚度方案的对比计算结果见图 11.44 和表 11.6。

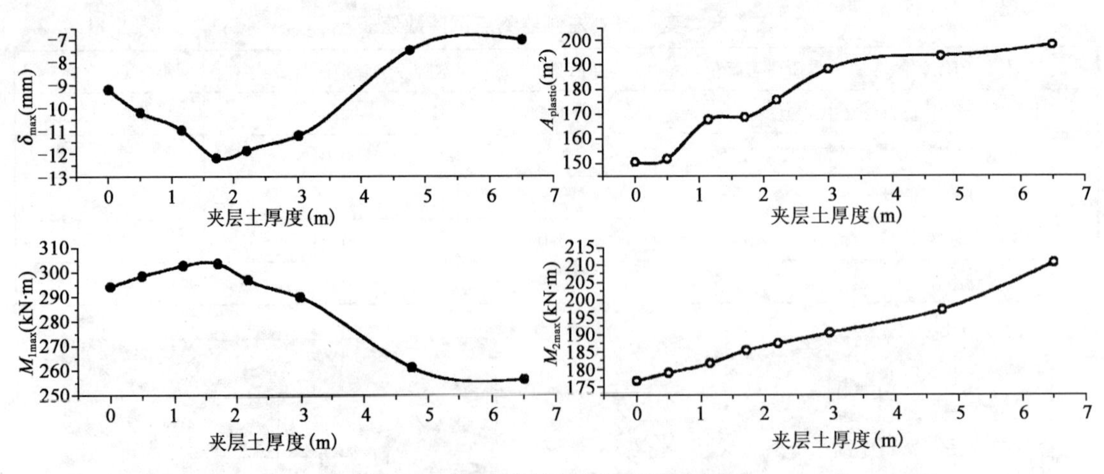

图 11.44　控制指标随夹层土厚度的变化趋势

8 种间隔土厚度方案的计算结果对比　　表 11.6

夹层土厚度(m)	0	0.5	1.145	1.7	2.2	3	4.75	6.5
δ_{max}(mm)	-9.177	-10.192	-10.965	-12.184	-11.867	-11.21	-7.465	-7.01
$A_{plastic}$(m^2)	150.6	151.89	167.82	168.71	175.63	188.09	193.52	197.98
M_{1max}(kN·m)	294.1	298.5	302.6	303.4	296.77	289.71	261.13	256.36
M_{2max}(kN·m)	176.61	178.92	181.65	185.29	187.32	190.337	197.05	210.52

分析结论如下。

(1)从图 11.44 和表 11.6 可以看出,随着夹层土厚度的增加,新线结构由于埋深逐渐增加,其初支结构的弯矩值及周围土层的塑性区面积成逐渐增大趋势,而随夹层土厚度增加,既有线结构的最大沉降值及最大弯矩值先增大,当夹层土厚度达 2m 的时候,既有线的控制值逐渐减小,当夹层土厚度达 3.5m 的时候,新线施工对既有线的影响基本与零距离穿越对既有线的影响相等。

(2)因此,为较好地控制既有线稳定性,在地下空间要求可以得到满足的情况下,可以优先考虑采用较 3.5m 以上夹层土厚度,在此范围内夹层土厚度越大,新线施工对既有线的影响越小,但是随夹层土厚度的增大,新线区间埋深也增大,新线车站埋深同样也增大,这增加了施工竖井的深度,同时新建地铁的内力也随之增大,要想较好地控制周围土体的塑性区,需要较大的新建地铁抗弯刚度,即增大其结构断面,增加配筋,其经济合理性较低。

(3)夹层厚度在 1.7m 左右时,沉降最大,既有线的弯矩也最大,这个厚度是非常不利的。从既有线沉降和弯矩的变化趋势来看,可以认为在夹层厚度为 3.0m 以上时,夹层土发挥了一定的自稳能力,而在夹层厚度为 2.0m 以下时,这种自稳能力未能发挥或者发挥得非常小,因此认为夹层土厚度在 1.7 ~ 2.0m 以下时,夹层土没有发挥出自稳能力,应以零距离穿越为优。

11.2.3　既有雍和宫车站安全评估与风险

1)既有结构与轨道结构变形

5 号线区间下穿 2 号线地段位于 2 号线雍和宫站西,车站内为直线,西侧为一半径 700m

的曲线，2 号线雍和宫车站采用矩形框架结构。地铁 2 号线采用 50kg/m 钢轨，道床为短枕式整体道床，道床中心设矩形排水沟，排水沟地即为隧道结构底板。扣件为有挡肩弹性分开式 DTI 型扣件，直线地段轨枕布置为 1760 对/km，曲线地段轨枕布置为 1840 对/km，曲线实设超高为 30m。下穿段最大线路纵坡为 0.39%。

根据工程实践，2 号线雍和宫站结构变形主要是沉降变形，另外在结构变形缝处可能出现不均匀沉降，不太可能出现扭转、倾斜变形。沉降对车站的影响局限在车站两侧的变形缝间。当结构出现速率小于 2mm/天的沉降时，轨道结构是安全的。但在变形发生后，应尽快采取措施恢复轨道形位。根据结构变形分析，主要采取调整扣件的方法调整轨面高程。

一般地，对扣件的具体调整方法如下。

(1)轨道结构累计沉降 1 ~ 12mm 时，在轨下垫入调高垫片Ⅰ，调高垫片Ⅰ厚度分为 2mm 及 5mm 两种，两种厚度的垫板通过不同组合，可调节轨道高度 2 ~ 12mm，调节高度为 7 ~ 12mm 时，扣板下设扣板垫。

(2)轨道结构累计沉降 10 ~ 20mm 时，可通过扣件铁垫板下再垫入调高垫板Ⅱ以及选用不同的调高垫板Ⅰ实现轨面高度调节。调高垫板Ⅱ只设一种，其厚度为 8mm。调节高度为 15 ~ 20mm 时，扣板下设扣板垫。

结构沉降变形还可能引起道床开裂，道床开裂超过 1mm 时进行补修，以保证其整体性。

2)既有车站结构变形缝

在 5 号线下穿 2 号线区段，恰巧遇有一个 2 号线的结构变形缝，这更增加了下穿施工的风险和难度。根据现场的调查，5 号线暗挖会影响到的变形缝总共有 3 条，一条在 5 号线结构的上方，另外两条在 5 号线结构的两侧，距离分别为 26m 和 36m。既有结构的变形缝已有张开、错动的迹象(图 11.45)，这 3 条变形缝都在监测范围之内。

图 11.45　既有线结构变形缝现状

对变形缝，DTI 型扣件弹程大于 5mm。据实践并计算分析，在结构出现 5mm 不均匀沉降，行车过程中钢轨变形时，弹片随之变形，扣件不损坏。

按照研究报告一第三章的邻近既有线施工安全评估原理对 2 号线雍和宫车站进行综合分析，5 号线下穿既有雍和宫车站为变形缝下零距离穿越，施工风险确定为特级风险。

11.3　穿越雍和宫车站施工变形控制技术

穿越既有线施工，关键是既有线的变形控制。首先确定穿越既有线的各变形控制基准值，并按施工步骤进行变位分配，而后在施工过程中采取严密的变形控制措施，确保各步骤变形不超过控制基准值。穿越过程中采取的变形控制技术主要包括：开挖位置及开挖步序优化、注浆浆液优选、辐射井降水、地层预加固、导洞开挖环节控制、衬砌施作的及时性、背后回填注浆、监控量测与信息反馈等。

11.3.1 控制基准与变位分配控制

1)控制基准值

根据运营安全、相关规范规程以及具体既有线的实际情况,结合崇文门站实际穿越施工情况,通过分析,确定的穿越雍和宫车站的控制基准值如下。

(1)轨道方向变位警戒值为4mm/10m。

(2)轨道差异沉降为4mm。

(3)日变化量(包括以上两项)为0.5mm。

(4)轨道水平距离变窄2mm。

(5)轨道水平距离变宽6mm。

(6)既有线结构沉降20mm。

(7)变形缝两侧差异沉降5mm。

2)变位分配与控制

近接穿越施工每一个施工步序都会对既有结构与轨道产生不同程度的影响,最终变形则是每一个施工步序产生影响的累加。基于研究报告一第五章变位分配、控制原理与方法,在对既有车站结构进行勘测、预测、监测和对策研究的基础上,制定穿越雍和宫车站的变位分配与控制措施。

(1)变位分配。施工中,主要按既有线结构沉降为控制目标进行变位分配与控制,包括施作初衬与二次衬砌完毕,各施工步骤的变位分配见表11.7。

各施工步骤的变位分配 表11.7

工序	1号导洞初衬(第一步)	2号导洞初衬(第二步)	3号导洞初衬(第三步)	4号导洞初衬(第四步)	西侧半部二次衬砌(第五步)	东侧半部二次衬砌(第六步)	钢支撑拆除(第七步)
控制值(mm)	5	10	12	13	15	18	20
警戒值(mm)	3.5	7	8.4	9.1	10.5	12.6	14
报警值(mm)	4.25	8.5	10.2	11.05	12.75	15.3	17

注:警戒值为控制值的70%,报警值为控制值的85%。

(2)分步分阶段控制技术措施。分步分阶段控制技术措施见表11.8。

分步分阶段控制技术措施 表11.8

工序	技术措施			
	正常情况	出现预警值	出现报警值	备注
第一步	加强日常观察和监控量测,正常施工	分析原因,增设临时中隔壁小导管注浆,减少日施工进尺,继续施工	停止开挖,找出原因,采取加强注浆等各种辅助措施	可在扣件上加垫调高垫板的方式调整轨道顶面高程,以保持线路状态,确定变形稳定后恢复施工
第二步	可在扣件上加垫调高垫板的方式调整轨顶面高程,以保持线路状态	分析原因,增设临时中隔壁小导管注浆,减少日施工进尺,继续施工	停止开挖,找出原因,采取加强注浆等各种辅助措施	调高垫板,如果出现道床裂缝扩展或与结构底板剥离时,采用磨细超流态CGM灌浆料填充

续上表

工序	技术措施			
	正常情况	出现预警值	出现报警值	备注
第三步	加强日常观察和监控量测,正常施工	分析原因,减少日施工进尺,继续施工	停止开挖,找出原因,对工作面加强注浆	本步施工引起的变形值很小,只需要加强对轨道和道床的日常维护工作
第四步	加强日常观察和监控量测,正常施工	分析原因,减少日施工进尺,继续施工	停止开挖,找出原因,对工作面加强注浆	本步施工引起的变形值略大,需要调高垫板,确定变形稳定后恢复施工
第五步	加强日常观察和监控量测,正常施工	分析原因,根据量测数据确定是否减少拆除临时支撑长度,继续施工	停止拆除初期支护临时支撑,找出原因,根据量测数据确定下步拆除长度,检查新做衬砌临时支撑强度	本步施工引起的变形值是后续工序中较大的,可调高垫板,根据情况决定是否进行道床底 CGM 灌浆料填充,确定变形稳定后恢复施工
第六步	加强日常观察和监控量测,正常施工。本步完成后已经有 1 个月时间,可再次调高垫板或进行道床底 CGM 灌浆料填充	分析原因,根据量测数据确定是否减少拆除临时支撑长度,继续施工	停止拆除初期支护临时支撑,找出原因,根据量测数据确定下步拆除长度,检查新做衬砌临时支撑强度	本步施工引起的变形值是后续工序中最大的,施工到此,变形和沉降基本完成。可调高垫板,根据情况决定是否进行道床底 CGM 灌浆料填充,确定变形稳定后恢复施工
第七步	加强日常观察和监控量测,正常施工。对轨道和道床进行日常维护,继续进行工后变形量测	分析原因,根据量测数据确定是否减少拆除临时支撑长度,继续施工	停止拆除初期支护临时支撑,检查新做衬砌临时混凝土强度	新做衬砌混凝土强度达到要求后恢复施工。本步施工引起的变形值很小,但需要对轨道和道床进行日常维护,继续进行工后变形量测

11.3.2　穿越雍和宫车站施工变形控制技术

1)地层预加固原始设计参数及其问题

(1)地层预加固的原始设计参数。

①超前支护参数:采用 ϕ32mm×3.25mm 普通水煤气管,环向间距 300mm,纵向间距 1m,长度 3m,布置范围为隧道两侧墙,浆体为水泥浆液。

②正面支护:每一循环后,正面喷射 C20 早强混凝土。

③暗挖穿越环线段地面无法施工降水井,因此利用辐射井进行降水,即在二环路南北两侧隧道两边施工四眼辐射井,呈矩形布设,水平井南北向放射交叉,水平孔直径为 ϕ114mm,插入钢管直径为 ϕ50mm,壁厚为 3mm,长度为 20~36m。

(2)原始设计参数应用中存在的问题。

①实质上为零距离下穿既有环线地铁车站。根据设计图纸提供的数据,隧道开挖断面距环线地铁底板垫层底部的最小距离为 106mm,但测量单位最近提供的数据,由于既有线已经

下沉约100mm,环线雍和宫站结构底与本工程左线区间结构顶的最小距离减至6mm。即使不考虑既有线下沉影响,在开挖过程中,既有地铁车站与新建地铁区间隧道预留106mm也难以保留,实质上类同零距离下穿。这样在地层预加固设计中必须考虑其带来的影响。

②既有线地铁回填土为饱和砂土。根据资料和现场勘测,以及在护城河河床上的水平井钻孔、右线接口部位开挖得知,既有线地铁采用的明开法施工,原有结构两侧肥槽回填为大量富含水的碎砖石、砂、级配料,同时还杂有混凝土块、废木方,对开挖断面形成很大的隐患,因此必须对既有线肥槽进行地层预加固。

③根据探孔勘测得出的数据,隧道开挖断面地质条件比较复杂。穿越地层为垫层、粉质黏土、粉细砂,又加之水平降水效果难以保证等原因,为控制沉降,工作面土体有必要实施地层预加固。

④既有地铁结构垫层与新建隧道初支结构凹凸不平与潜在间隙的处理。

⑤利用CRD法新建平顶直墙结构断面正处于既有地铁结构变形缝下面,这势必又带来为控制沉降在地层预加固方面是先开挖位于变形缝下方的导洞为优还是后开挖为优的问题。

2)地层预加固设计参数优化

第一,原始设计参数的合理性检验。为提出更合理的地层预加固参数,本节依据研究报告一第七章给出的设计计算方法,对上述地层预加固原始设计参数就人防段(肥槽段)和穿越段进行合理性验算。

(1)基本参数。

①隧道参数:人防段 D 为7.8m,穿越段 D 为6.8m,H 为3 .65m(考虑核心土影响为2m),一次进尺 a 为0.5m。

②地层参数:人防段(肥槽段),Z 为13m,隧道穿越为肥槽填土,按最不利填土考虑,c 为25kPa,φ 为20°,E_e 为5MPa,K 为20MPa/m,k_0 为0.54,ν 为0.35,γ_a 为16.5kN/m^3,k 为0.6;穿越段,Z 为14.4m,隧道穿越大部分为粉质黏土,少部分为细砂,c 为32.4kPa,φ 为30°,E_e 为25MPa,K 为22.5MPa/m,k_0 为0.41,ν 为0.29,γ_a 为19.5kN/m^3。

(2)工作面上覆地层结构稳定性判别。对人防段(肥槽段),Z/D 为1.67,考虑填土且上层滞水影响,认为上覆地层为第一类地层条件,即隧道工作面上覆有富水砂层及流塑状软土。依据研究结果,应根据式(7.18)和式(7.19)进行相对隔水层厚度检验计算。考虑进尺 a 为0.5m,则抛物线拱的最大高度 h_{to} 为4.2m,椭球体拱的最大高度 h_{eo} 为3.7m。对填土层因上覆地层无相对隔水层,因此地层预加固的作用荷载应按全土柱法计算。

(3)超前预加固结构作用荷载 q 的确定。对人防段(肥槽段),q 为上覆土柱荷载:$16.5\times13=214.5$kN/m^2。

(4)选择力学模型并求解其力学参数。

①力学模型选择。对富水砂层条件,选用模型Ⅱ。

②弯矩的求解和比较。由模型Ⅱ,对肥槽段,其弯矩 M_{-a} 为0.64kN·m。由式(7.25),对 ϕ32mm的小导管,其允许的最大弯矩值 M_{max} 为0.394kN·m,显然填土条件不能满足。也就是说在肥槽段,小导管的强度过小,难以满足地层条件的要求。

综上所述,对肥槽段原始设计的预加固参数合理性评价为:原设计的预加固参数不能满足地层条件的要求,也不能有效控制地表的沉降量。

第二,地层预加固参数的优化设计。基于对原预加固参数的合理性检验,结合研究报告一

的研究成果，与设计、施工方相配合，在技术经济合理的条件下，对地层预加固参数作了如下优化设计。

(1)肥槽段地层条件的预加固参数优化设计。对肥槽段，为确保沉降的控制，地层预加固参数主要作了如下变更。

①采用超前深孔注浆方式，注浆加固范围拱部为5m，两侧墙为2m，拱部注浆管 ϕ76mm×5mm，钢管留置在土体中以增加土体的强度和刚度，两侧墙超前小导管仍采用 ϕ32mm×3.25mm，小导管长度为3m，纵向间距为1m，即每2榀打设1次。

②改原微台阶布置为控制台阶长度1D留设。在保证施工方便的前提下，加大核心土的高度和宽度参数，核心土长度为2m，控制工作面的自由高度不大于1.65m，沿核心土宽度方向两侧最大开挖不超过0.75m。

③据地层条件以及工作面土体的稳定性变化，适时注浆。

在上述参数条件下，其工作面稳定性分析的上限解为：N_s 为3.98，H_{cr} 为4.38m，L_{pcr} 为2.4m。说明该参数完全能满足隧道工作面的安全开挖。肥槽段地层预加固参数设计示意图见图11.46和图11.47。

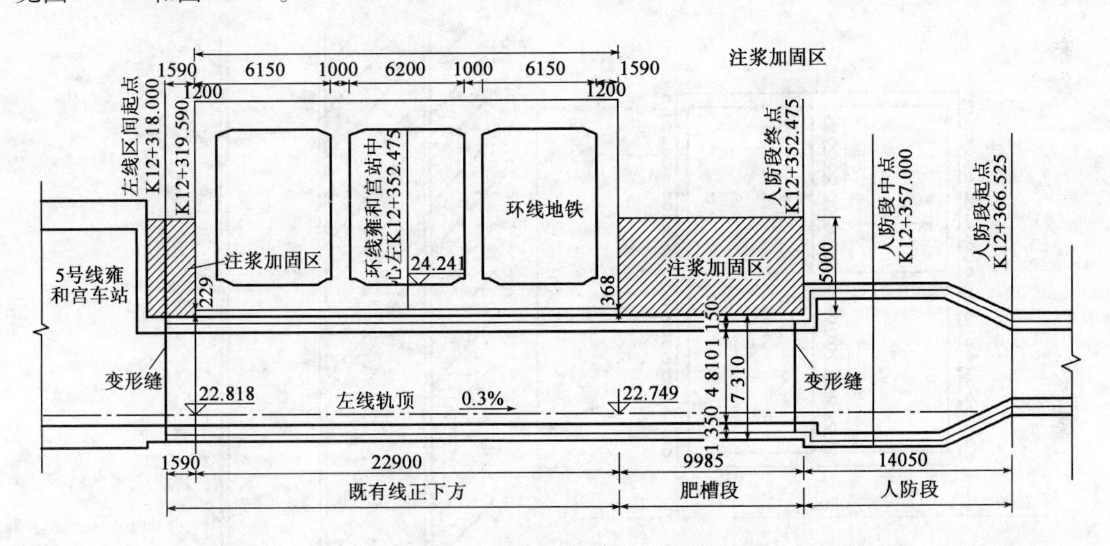

图11.46　注浆加固范围剖面图

(2)穿越段地层条件的预加固参数优化设计。对穿越段，由于是零距离下穿，所以控制既有结构和新建隧道结构沉降是关键，特别是如何控制新建隧道初支结构沉降更为关键。基于椭球体理论和工作面土体稳定性分析，拱脚的土体加固以及工作面正面土体的加固是确保穿越结构沉降控制的重中之重。

基于此，穿越段地层预加固参数设计如下。

①拱脚及工作面正面土体加固。按最大高度计算，工作面两侧墙方向破裂长度为2.15m。依据正常开挖为正台阶法，确定两侧墙最小加固范围为2m。两侧墙超前小导管采用 ϕ32mm×3.25mm，小导管长度为3m，纵向间距为1m，即每2榀打设1次。工作面土体加固仍采用 ϕ32mm×3.25mm，小导管长度为3m，注浆孔与开挖断面上呈梅花形布置，纵向间距为1.5m。拱脚及工作面正面土体加固范围见图11.48。

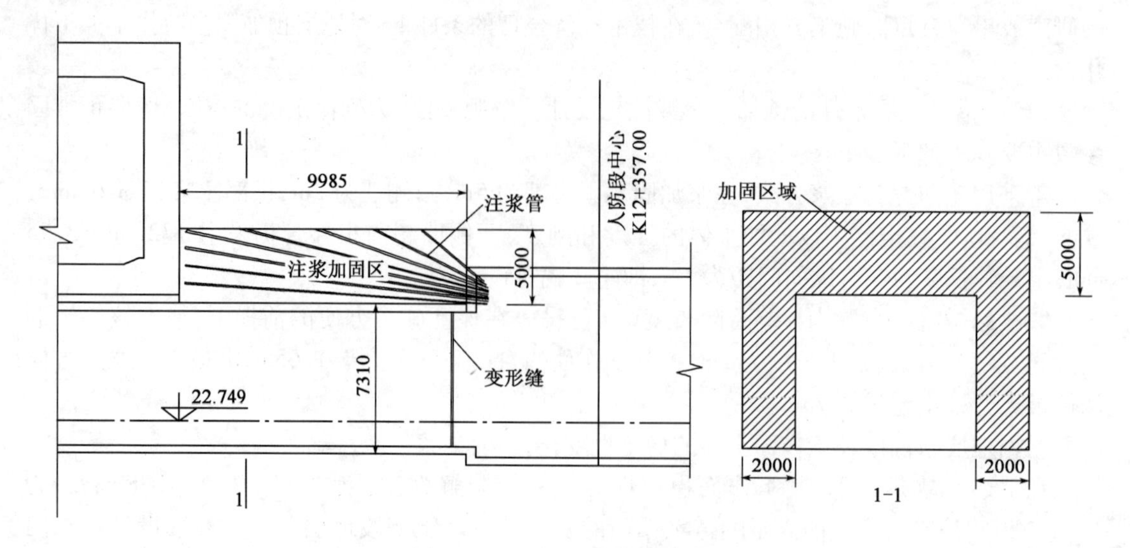

图 11.47　肥槽段注浆加固范围图

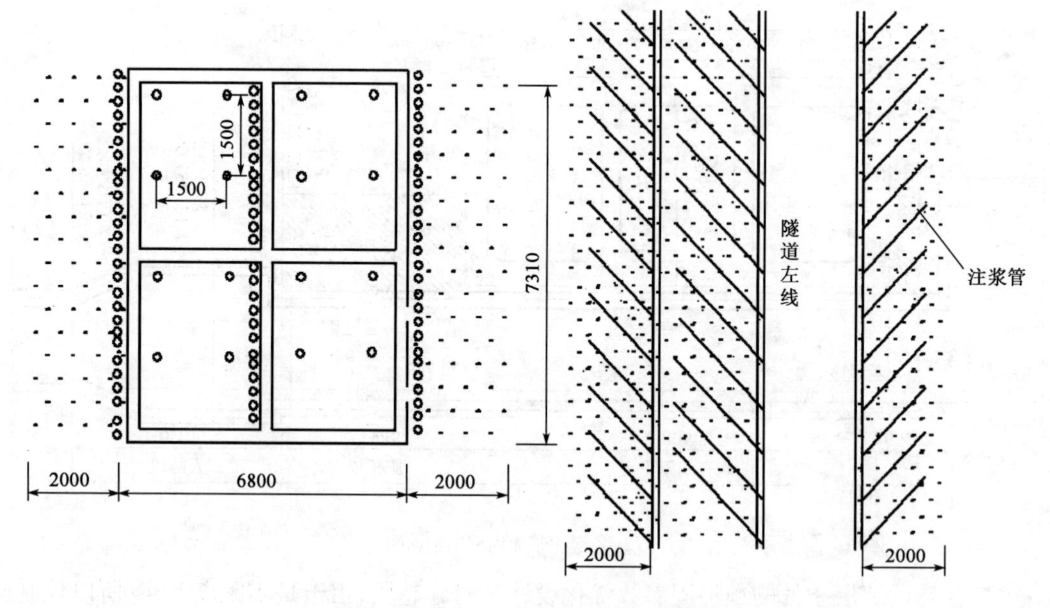

图 11.48　拱脚及工作面正面土体加固范围

②既有地铁结构垫层与新建隧道初支结构凹凸不平与潜在间隙的补偿注浆(图 11.49)。对新建结构顶板的两上角部位,在暗挖穿越既有线平顶直墙段初衬两侧预留 $\phi32$ 注浆管,管长 3.0m,每榀两根,隔榀打设,深入到环线地铁结构底板下。注浆时间为待喷混凝土达到 70% 的设计强度时,但与开挖掌子面距离不要大于 1m。对新建隧道顶板初支里预留 $\phi32$ 注浆管,管长 0.5m,间距 1m,每榀 5 根,隔榀打设,注浆管深入初衬与既有结构外垫层土之间。注浆时间在初支喷混凝土达到 100% 设计强度后,通过预留注浆管对初衬与环线结构底板间进行注浆,起到对间隙填充的作用。浆液材料均选用有微膨胀剂的 HSC 超细水泥,注浆压力为 0.5 ~ 1.0MPa。

③增设注浆锁脚锚管。为控制格栅安装过程中脚部基础薄弱引起顶拱格栅的整体沉降，每一导洞优化格栅连接尺寸，增设联结板和锁脚注浆锚管，尽量缩短架设时间。在各导洞上部格栅安装完毕后，及时在导洞内各分部格栅脚部打锁脚锚管，锁脚锚管采用 $\phi32$ 钢花管，长 2.5m。锚喷后锚管内注 HSC 单液水泥浆，压力 0.5～1.0MPa，考虑到浆液扩散半径约为 0.3m，注入率为 30%；锁脚锚管纵向间距为 0.5m，每榀 6 根。锁脚锚管与格栅焊接。每一榀格栅注浆锁脚锚管布置见图 11.50。

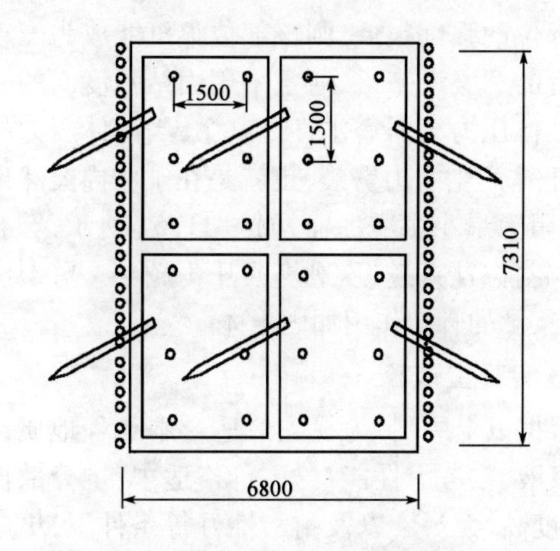

图 11.49　锁脚锚管位置示意图（尺寸单位：mm）

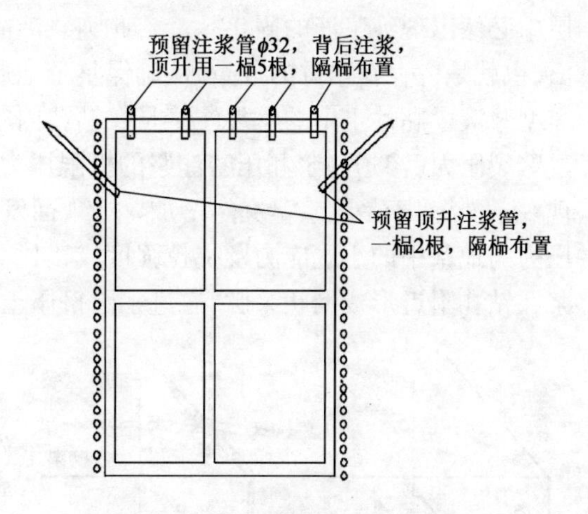

图 11.50　既有地铁结构垫层与新建隧道初支结构间隙的补偿注浆图

11.3.3　注浆浆液优化选择

该段暗挖隧道断面土质以粉质黏土为主，断面上部有部分粉细砂，土质渗透性较差。原有结构两侧肥槽回填为大量富含水碎砖石、砂、级配料，同时还杂有碎砖石、混凝土块、废木方，对开挖断面形成很大的隐患。原设计采用普通水泥浆或普通水泥浆和水玻璃双液浆。根据工程实践，对粉质黏土类普通水泥浆基本没有效果，而对穿越段沉降控制最为关键，必须确保既有线的运营安全，因此必须对注浆材料进行深入分析，以选择适合的注浆材料。

1）浆液类型及适应性

浆液一般可以分为溶液型和悬浮液型。化学浆液（溶液型），理论上可以进入任意小的孔隙，但实际上，如果被注地层的孔隙很小（如细颗粒的砂土），浆液的黏度很大，浆液在孔隙内流动速度将会很慢，扩散的范围非常小，甚至注不进去。

颗粒悬浮型浆液，当浆材颗粒直径大于土颗粒间孔隙的有效直径或岩层裂隙宽度时，在注入过程中，浆液中的粗颗粒在注浆管口附近或岩缝口形成滤层，使其他较小的颗粒无法进入地层。浆液的确定与土质有关，因为在砂质土中为渗透注入，在黏土层中为脉状注入，与上述机理吻合是选定浆液的重要依据。由土质条件选定浆液的一般标准如表 11.9 所示。

对砂质土而言，其注入机理是浆液在压力作用下，取代位于土颗粒间隙中的水，故要求浆液的黏性必须近于水，同时不含颗粒。

选定浆液的一般标准　　表 11.9

浆液种类	适用土质和注入状态
溶液型浆液	适用于砂质土层的渗透注入,可望提高土层的防渗能力和土体的内聚力
超细粒状悬浮液	适用于多种注入方式,这种浆液多用来稳定开挖面等注入加固情形
悬浮液	适用于黏土层中的劈裂注入,增加内聚力,填充空洞,卵石层及粗砂层等大孔隙

对黏性土而言,由于注入浆液的走向为脉状,因此构成压缩周围土体的劈裂注入。所以地层中必然出现纯浆液的固化脉。若此纯浆液固结部位的强度很低,则该部位很可能成为滑动面,也就是说存在塌方的危险,从确保整个地层强度的意义上来讲,通常采用固结强度高的悬浮型浆液。黏性土中的劈裂注浆是在钻孔内施加液体压力于弱透水性地基中,当液体压力超过劈裂压力(渗透注浆和压密注浆的极限压力)时土体产生水力劈裂,也就是在土体内突然出现一条裂缝,于是吃浆量突然增加。劈裂面发生在阻力最小主应力面,如图 11.51 所示,劈裂压力与地基中的小主应力及抗拉强度成正比,浆液越稀,注入越慢,则劈裂压力越小。劈裂注浆在钻孔附近形成网状浆脉,通过浆脉挤压土体和浆脉的骨架作用加固土体。

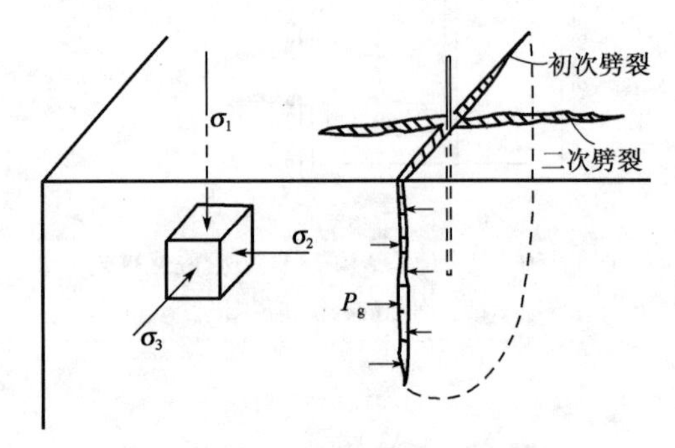

图 11.51　土体中的应力和劈裂面

2)实验室试验

根据以上原则,为找到最适合本工程地质条件的浆液,在考虑性能良好、价格适中、抗分散性好、强度高、无污染以及耐久性好等条件下,更应注意到所选材料的可注性、流动性、凝结时间的可控性以及材料本身粒径分布均匀性等。在实验室试验中选用了如下几种材料的浆液:

(1)普通水泥 + 水玻璃。

(2)超细水泥浆。

(3)超细水泥 + 水玻璃。

(4)HSC 超细型高早强特种水泥浆。

对上述材料分别进行了室内物理力学性能试验,试验步骤主要如下:

(1)在现场标准段区间进行原状土取样,进行室内土工试验,获取原状土的物理、力学性质参数。

(2)在原状土取样的断面上进行现场注浆试验,注浆的同时,对注浆压力、流量、时间进行记录,以便后期进行 p-q-t 曲线分析。

(3)注浆 12h 后,分别开挖三个注浆工作面,检验注浆效果,检查浆脉形成情况。然后对注浆土体进行取样,进行室内土工试验,获取注浆后土体的物理、力学性质参数,并将之与之前所获得的原状土物理、力学参数比较、分析。

试验结果分别见浆液材料的耐久性测试结果表 11.10,凝胶、凝结时间测定结果表 11.11 以及强度测试结果表 11.12。由实验室结果,特别是穿越既有线沉降控制的特殊要求,必须选择具有耐久性的浆液材料,因此 HSC 超细水泥和超细水泥可作为进一步进行现场试验的选择材料,其他浆液材料均不能满足耐久性要求,特别是对后期沉降控制极为不利,因此予以淘汰。

几种材料的耐久性试验　　表 11.10

项目 材料名称	抗冻融循环	抗干湿循环	耐酸性试验	备　注
超细水泥	D25 合 格	合 格	合 格	—
超细水泥＋水玻璃	D25 合 格	合 格	合 格	$W/C \leqslant 1.0$；$C/S \leqslant 1:0.3$
超细水泥＋水玻璃	D20 不合格	不合格	合 格	$W/C > 1.0$；$C/S > 1:0.3$
HSC 超细水泥	D25 合 格	合 格	合 格	—
普通水泥＋水玻璃	D20 不合格	不合格	不合格	—

几种材料的凝胶、凝结时间测定　　表 11.11

项目 材料名称	水灰比(W/C)	体积比(C/S)	凝胶时间(′″)	凝结时间	
				初凝	终凝
超细水泥	0.6	—	—	2h10min	4h05min
	1.0	—	—	5h30min	7h30min
	1.5	—	—	7h10min	10h10min
超细水泥＋水玻璃	1.0	1.0	0′10″	2min	3min
	1.25	0.6	0′10″	4min	8min
	1.5	1.0	0′10″	2min	4min
	2.0	1.0	0′10″	3min	5min
	1.0	0.6	0′10″	4min	8min
	1.0	0.3	0′20″	15min	30min
HSC 超细高强水泥	0.6	—	—	14′	16′
	0.7	—	—	16′	18′
普通水泥＋水玻璃	0.6	1:1	0′52″	—	—
	0.8	1:1	1′00″	—	—
	1.0	1:1	1′09″	—	—
	1.5	1:1	1′32″	—	—

3）现场注浆试验

（1）试验材料与目的。依据实验室结果，在现场注浆试验中选用了以下几种具耐久性的浆液材料：

①普通水泥浆。

②超细水泥浆。

③HSC 型水泥浆。

试验目的是进行注浆参数的分析，试验施工选择在 5 号线 18 标暗挖段 2 号竖井向雍和宫方向施工的工作面，该地段的土层主要为粉质黏土和黏质粉土。平面布孔采用等边三角形布置，共 9 个孔（图 11.52）。各材料的注浆孔直线间距在 2m 左右，保证各个孔有相对独立的效果。孔深

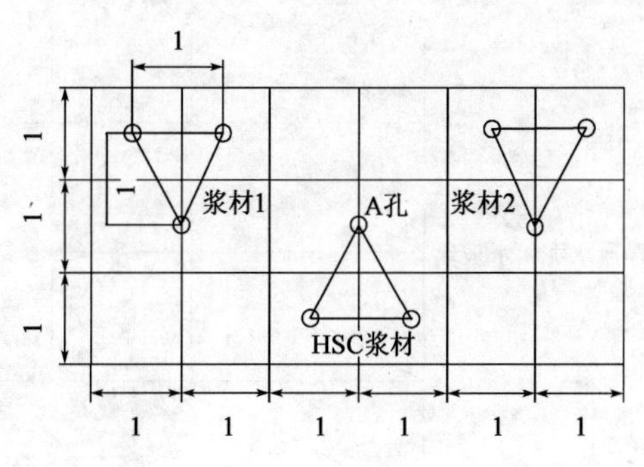

图 11.52　现场注浆试验孔位布置图（尺寸单位：m）

15m。采用单液注浆方法施工，后退式注浆，注入顺序：先注 HSC 浆材，从底部的两孔开始注。现场注浆见图 11.53。

几种材料的强度测试　　表 11.12

材料名称 \ 项目	水灰比 \ 体积比	强度(MPa)						
		1d	3d	7d	28d	3 个月	半年	1 年
超细水泥	0.42	—	52.4	59.1	74.6	75.5	76.7	—
	0.6	—	17.3	34.8	51.4	53.1	—	—
	1.0	—	2.8	6.3	11.6	11.6	—	—
	1.5	—	2.4	3.8	8.4	8.5	—	—
超细水泥 + 水玻璃	2.0 / 1:0.8	—	2.2	3.4	3.6	3.1	2.7	—
	2.0 / 1:1	—	2.2	3.7	3.7	1.9	1.5	—
	1.5 / 1:0.6	—	—	—	12.2	10.8	—	—
	1.5 / 1:1	—	—	—	9.6	7.5	—	—
	1.25 / 1:0.6	—	—	—	5.3	4.7	—	—
	1.0 / 1:0.6	—	—	—	10.7	10.9	—	—
	1.0 / 1:1	—	—	—	17.3	17.6	—	—
HSC 超细高强水泥	0.6	24.7	30.9	31.3	39.9	40.1	—	—
	0.7	18.3	23.9	24.8	30.2	30.8	—	—
普通水泥 + 水玻璃	0.6 / 1:1	—	6.4	6.9	9.0	9.9	3.7	—
	0.8 / 1:1	—	5.7	7.9	8.0	8.7	4.5	—
	1.0 / 1:1	—	3.4	3.6	6.1	6.5	2.1	—
	1.5 / 1:1	—	1.1	3.1	4.2	4.6	2.5	—

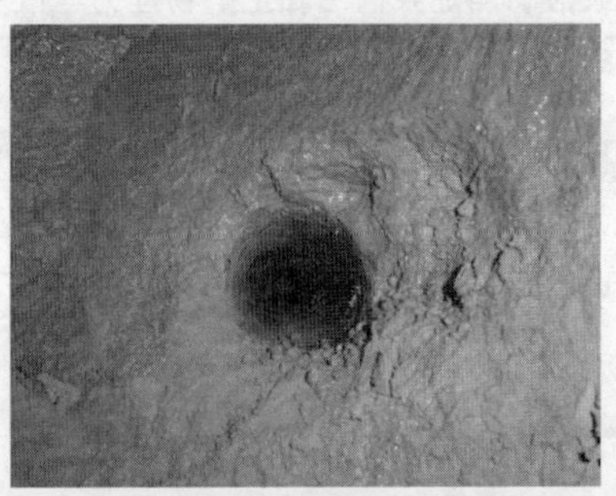

a)现场钻孔示意图

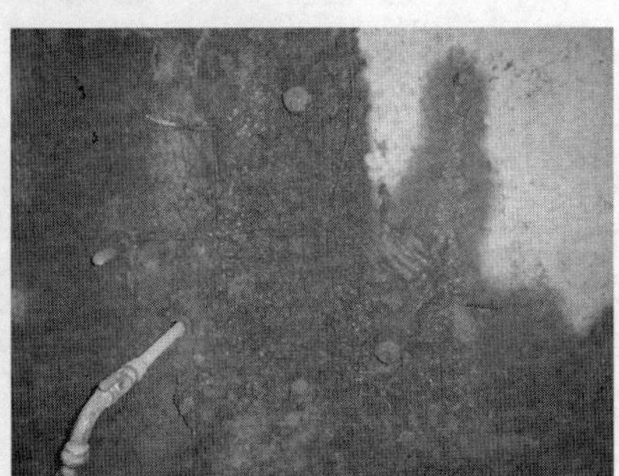

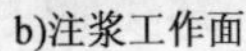

b)注浆工作面　　c)HSC注浆孔布置

图 11.53　现场注浆试验示意图

选取灌注 HSC 注浆材料的一个钻孔的 p-q-t 曲线进行分析，如图 11.54 所示。

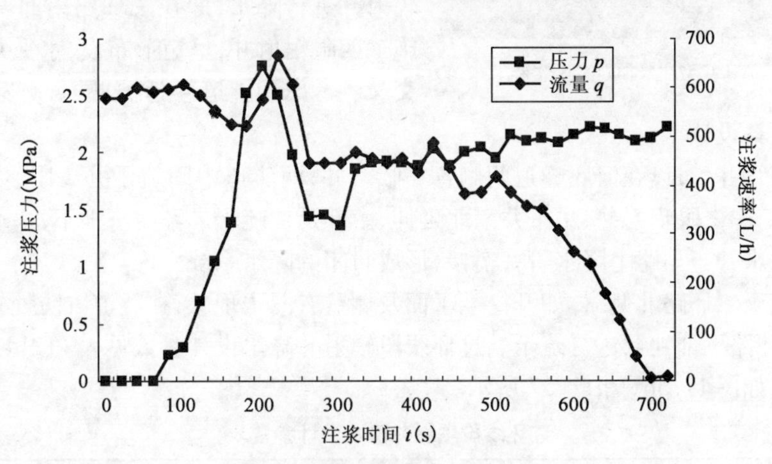

图 11.54　HSC 浆液 p-q-t 曲线分析

从图 11.54 中可以得到以下几点认识：

①土体的劈裂注浆压力为 2.75MPa 左右。

②在劈裂前，注浆速度基本保持不变，注浆压力逐渐增大。维持一段时间后，注浆压力突然上升，发生第一次劈裂，即在土体内突然出现一裂缝，于是吃浆量突然增加。之后注浆速率继续减小，当注浆压力达到 2.2MPa 基本不再发生变化时，地层基本注不进浆。

(2)现场试验结果。现场注浆试验结果见表 11.13。

不同浆液材料注浆前后黏土的物理力学试验结果表　　表 11.13

材　　料	重度 γ (kN/m^3)	含水率 w(%)	孔隙比 e	饱和度 S_r(%)	渗透系数 k(10^{-6}cm/s)	黏聚力 c (kPa)	内摩擦角 φ(°)
原状土	19.25	25.60	0.752	93.50	57.88	25.30	9.6
普通水泥注浆土	20.20	23.08	0.663	91.75	15.58	25.25	10.4
超细水泥注浆土	21.43	19.15	0.589	93.00	10.15	31.53	12.5
HSC 型浆注浆土	21.83	19.58	0.571	91.25	7.56	39.73	13.5

通过实验对比,可以发现注浆后土体的工程性质有所提高。黏土重度提高,孔隙比及含水率降低,其中以 HSC 型浆材效果最为明显。最后决定选择 HSC 型注浆材料作为肥槽段和穿越段地层注浆加固的浆液材料。实践证明,它极好地满足了既有线开挖土体加固和既有线结构沉降控制值的要求。HSC 型注浆材料注浆加固实际效果见图 11.55。

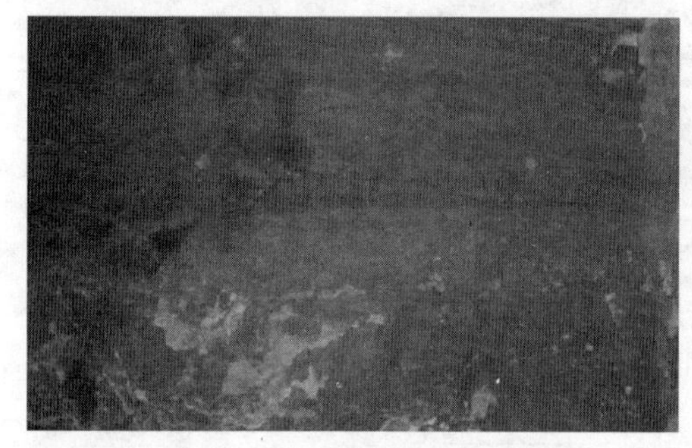

图 11.55　HSC 型注浆加固实际效果

11.3.4　辐射井降水措施

雍和宫站～和平里北街站区间暗挖段穿越北二环雍和宫桥、环线地铁及北护城河,水文地质工程地质条件复杂,且地面没有施工管井的场地条件,降水施工难度大,经多次方案优化,设计利用辐射井进行降水,即在二环路南北两侧隧道两边施工四眼辐射井,呈矩形布设,水平井南北向放射交叉。考虑到隧道穿越护城河,对穿越护城河降水进行一并方案设计。

设计 8 眼管井,布设在河底隧道两侧各 3 眼管井,两隧道中间疏干井 2 眼,为护城河底隧道降水;河底南岸 2 眼辐射井,水平井南北延伸,南部延伸疏干二环路下地下水,北部延伸疏干护城河底地下水并与马路上降水管井衔接,形成封闭的降水系统。

隧道开挖至二环路北侧时,如开挖掌子面及侧壁有漏水现象,在隧道人防处外扩面上施工水平井,对二环路下部地层进行疏干。过环线段辐射井降水设计参数见表 11.14。

降水系统如图 11.56、图 11.57 所示。

过环线段辐射井降水设计参数表　　表 11.14

井 类 型	井径 (mm)	外径/壁厚 (mm)	井 管 类 型	井深 (m)	位　　置	井　　数
辐射井竖井	ϕ3500	ϕ3400/200	加筋水泥管	20	—	2
辐射井水平孔	ϕ114	ϕ50/3	钢管	24～36	潜水含水层底板处	12
辐射井水平孔	ϕ114	ϕ50/3	钢 管	20	环线地铁底板下	2
辐射井水平孔	ϕ114	ϕ50/3	钢 管	20	隧道人防内	10

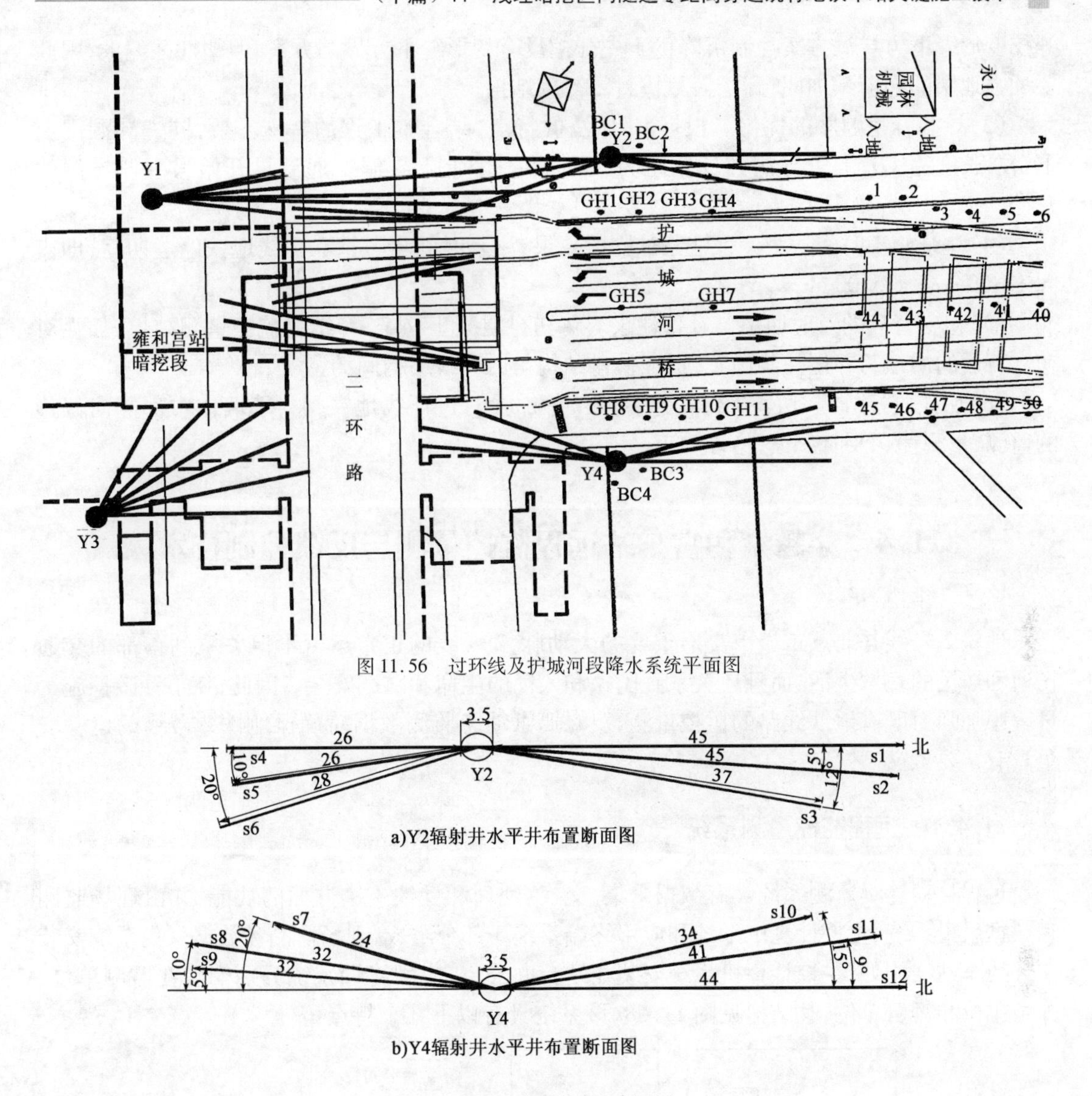

图 11.56　过环线及护城河段降水系统平面图

a)Y2辐射井水平井布置断面图

b)Y4辐射井水平井布置断面图

图 11.57　水平井布置断面图

11.3.5　零距离穿越既有地铁车站变形控制关键点

在前面分析的基础上，将零距离穿越既有地铁车站变形关键控制总结如下。

(1)肥槽段(人防段)与穿越段隧道衔接部位的稳定性控制。人防区间段与下穿环线地铁区间段衔接处，人防结构断面大于穿越隧道断面，采取直接变截面施工，人防段各导洞施工完成后，封闭掌子面的同时在设计位置预埋第一榀平顶直墙格栅，为控制环线地铁沉降，在开始进入平顶直墙结构时，连续三榀格栅密排，确保变截面端口部位的稳定性。在人防段施工至穿越隧道断面位置时，预埋顶横梁，同时转换施工工艺，采用下穿环线地铁施工方法进行施工。

(2)既有地铁车站变形缝下方导洞是否先行开挖的选择。针对新建隧道下穿既有地铁线正处于变形缝下方的问题，为确保沉降的控制，进行了数值模拟预测和力学分析，结果表明：先开挖变形缝下方导洞方案控制沉降优于先开挖没有变形缝下方导洞方案，但塑性区偏大，因此要加强地层的超前预加固，开挖后尽快封闭衬砌结构。

(3)导洞开挖顺序的优化。根据 CRD 法的特点，结合本工程的特殊需要，同一导洞内上下台阶长度为 $1D$，上下导洞开挖错距为 5m。待一侧上下导洞贯通后再开始另一侧导洞的开挖。

(4)注浆施工时间。为保证注浆加固的效果，注浆时间尽量选在环线地铁停运期间，即夜间 11:30 ~ 凌晨 5:00。

(5)初支背后的及时回填与补偿注浆。待初衬混凝土稳定后，结合监控量测结果，加强对初支背后的回填与补偿注浆施工，保证初衬结构与原环线结构间的密实。

(6)加强监控量测，切实确保信息化施工。加强对过环线地铁初衬墙墙体中部侧向位移的监测，量测信息及时反馈，指导施工。

11.4 穿越雍和宫车站远程监控量测与反馈控制技术

地铁 2 号线是北京市城市交通重要的大动脉，2 号线的正常运营不但关系到首都的交通畅通和居民的正常生活，而且还关系到国家和人民的生命和财产安全。因此，在下穿暗挖施工过程中加强对既有地铁线路的监控量测，及时提供动态监测数据对确保地铁 2 号线的运营安全具有重要意义。

11.4.1 远程监控量测系统

远程自动连续监测系统具有数据采集、交换、处理和反馈 4 个方面的功能，并由现场监测和数据采集系统、主控计算机系统和应用终端系统 3 部分组成，现场监测和数据采集系统安装在环线车站结构处，主控计算机系统安装在站台办公室，应用终端系统分别安装在监测单位、施工单位和运营单位，其结构见图 11.58，该系统具有以下几个特点：

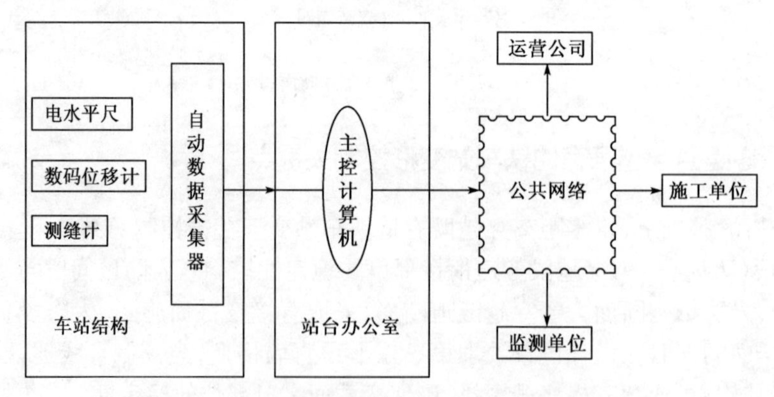

图 11.58 远程监控量测系统组成

(1)监测数据自动连续标准化采集，并按照标准数据格式保存。

(2)可靠的数据传输与共享。数据在监测单位、施工单位、运营公司之间能快速传输和共享，防止意外情况而引起监测系统异常，系统所涉及的监测仪器、软件、硬件和网络必须稳定可靠。

(3)及时反映被监测结构情况，根据监测数据反映出来的规律调整施工措施与施工参数。

(4)先进的后台数据处理与分析判断，并自动进行安全报警。

(5)及时进行多方位信息反馈，利用手机短信、电子邮件等信息终端发布信息，使监测单位、施工单位和运营单位在第一时间自动获取需要的信息。

11.4.2　监控量测项目及布设

1)主要监测项目与测点布置

2号线的运营期安全监测关系重大，在监测范围、监测项目、测点布设、仪器设备的选用、数据的采集处理和信息的反馈等多方面进行考虑，针对轨道形位变化、隧道结构变化等方面进行全面的监控量测。远程监测的关键是轨道的变位监测和2号线变形缝的监测。所以测点布设以以上两个方面为重点，辅以其余方面的监测共同形成一个严密的运营安全监测系统，全程监测及时处理、及时反馈。零距离穿越既有线监测项目见表11.15，监测点布置见图11.59～图11.61。

零距离穿越既有线地铁车站主要监测项目　　表11.15

<table>
<tr><th>序号</th><th>监测项目</th><th>监测仪器</th><th>仪器精度</th><th>监测部位</th><th>监测周期</th><th>备注</th></tr>
<tr><td>1</td><td>轨顶差异沉降</td><td>电水平尺</td><td>0.005mm/m</td><td>轨道</td><td>连续监测</td><td rowspan="2">动态监测3天至变形速率小于0.2mm/30天时停止监测</td></tr>
<tr><td>2</td><td>中心线平顺性(竖向)监测</td><td>电水平尺
精密水准</td><td>0.005mm/m</td><td>轨道</td><td>连续监测</td></tr>
<tr><td>3</td><td>中心线平顺性(水平)监测</td><td>轨道尺</td><td>1mm</td><td>轨道</td><td>每天一次</td><td></td></tr>
<tr><td>4</td><td>轨距动态扩张</td><td>智能数码位移计</td><td>0.01mm</td><td>轨道</td><td>连续监测</td><td>动态监测3天至变形速率小于0.2mm/30天时停止监测</td></tr>
<tr><td>5</td><td>隧道变形缝监测</td><td>测缝计</td><td>0.01mm</td><td>2号线结构变形缝</td><td>连续监测</td><td rowspan="8">施工结束半个月2天一次，施工结束1个月后一周一次，施工结束3个月后两周一次。施工结束半年后停止监测</td></tr>
<tr><td>6</td><td>结构沉降(底板)</td><td>精密水准</td><td>0.01mm</td><td>2号线结构</td><td>每天一次</td></tr>
<tr><td>7</td><td>道床与结构剥离</td><td>观察，卡尺</td><td></td><td></td><td>每天一次</td></tr>
<tr><td>8</td><td>结构沉降(侧墙)</td><td>精密水准</td><td>0.005mm/m</td><td>2号线结构</td><td>每天一次</td></tr>
<tr><td>9</td><td>接触轨顶面高程变化与水平位移</td><td>精密水准</td><td>0.01mm</td><td>接触轨</td><td>每天一次</td></tr>
<tr><td>10</td><td>结构裂缝宽度、长度</td><td>裂缝卡、钢卷尺</td><td>0.02mm</td><td>2号线结构</td><td>每天一次</td></tr>
<tr><td>11</td><td>结构渗漏水情况</td><td>观察、描绘</td><td></td><td>2号线结构</td><td>每天一次</td></tr>
<tr><td>12</td><td>管线差异沉降</td><td>精密水准</td><td>0.01mm</td><td>消防管线接头处</td><td>每天一次</td></tr>
</table>

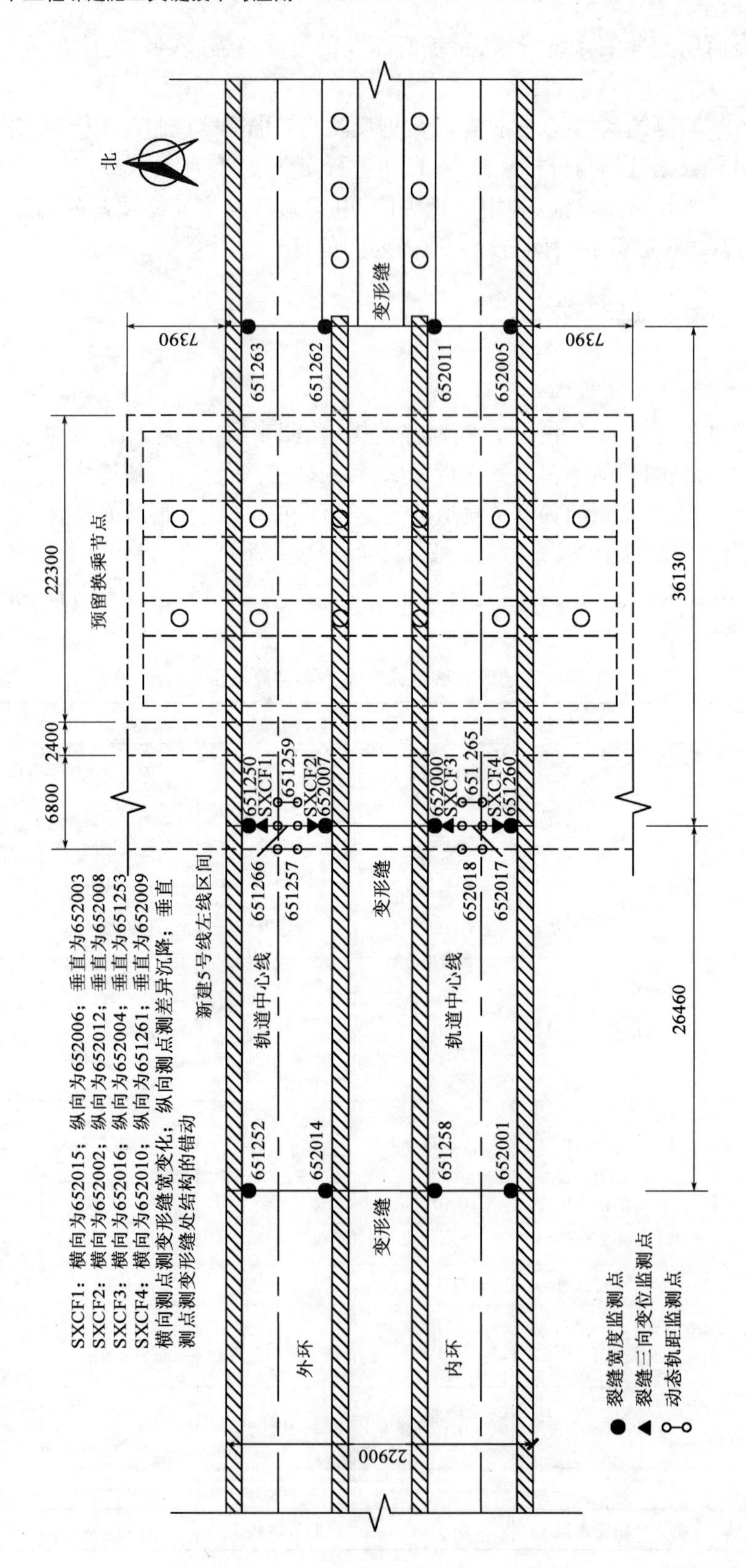

图 11.59 既有线结构变形缝及轨道轨距监测点布置(尺寸单位:mm)

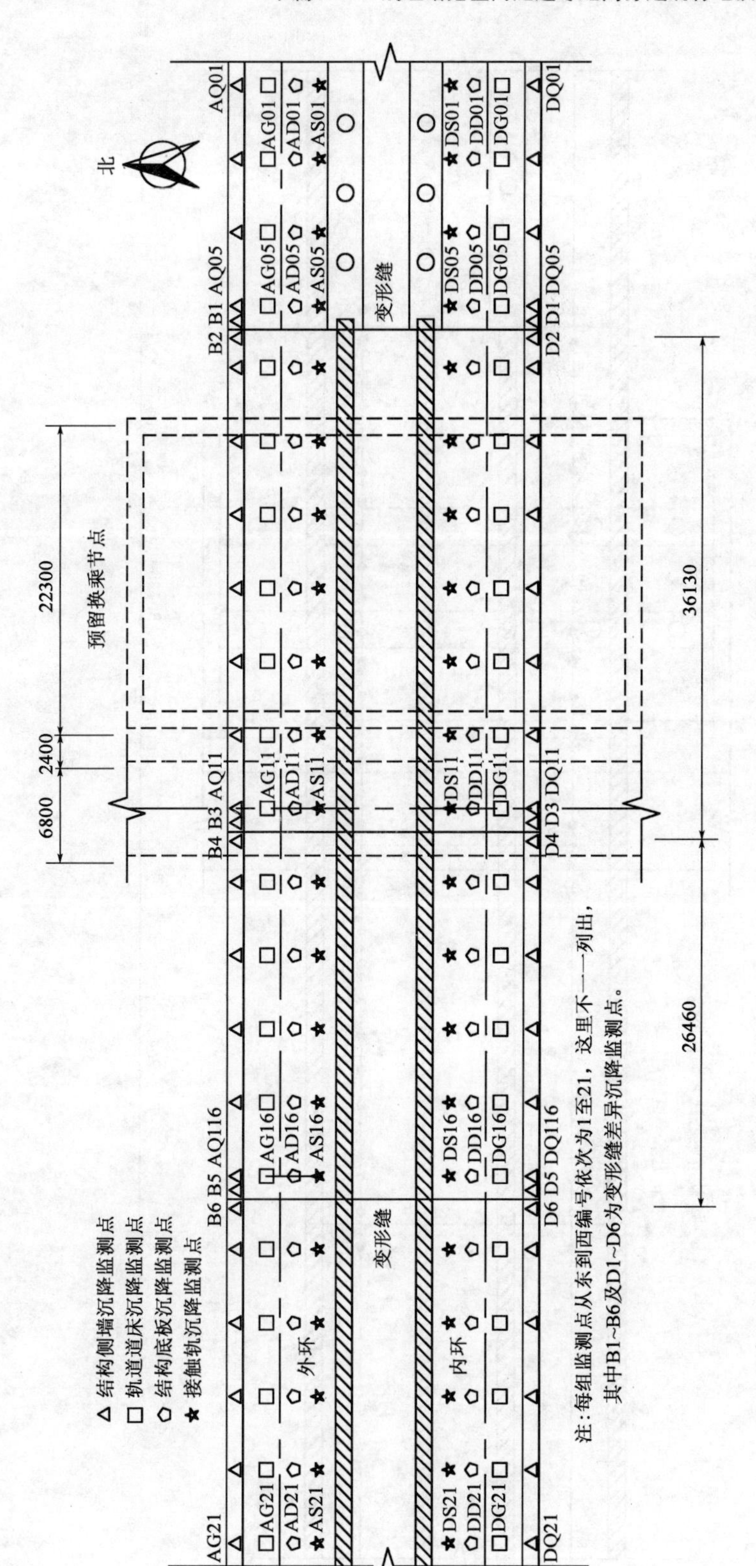

图11.60　既有线结构及轨道道床沉降监测点布置(尺寸单位:mm)

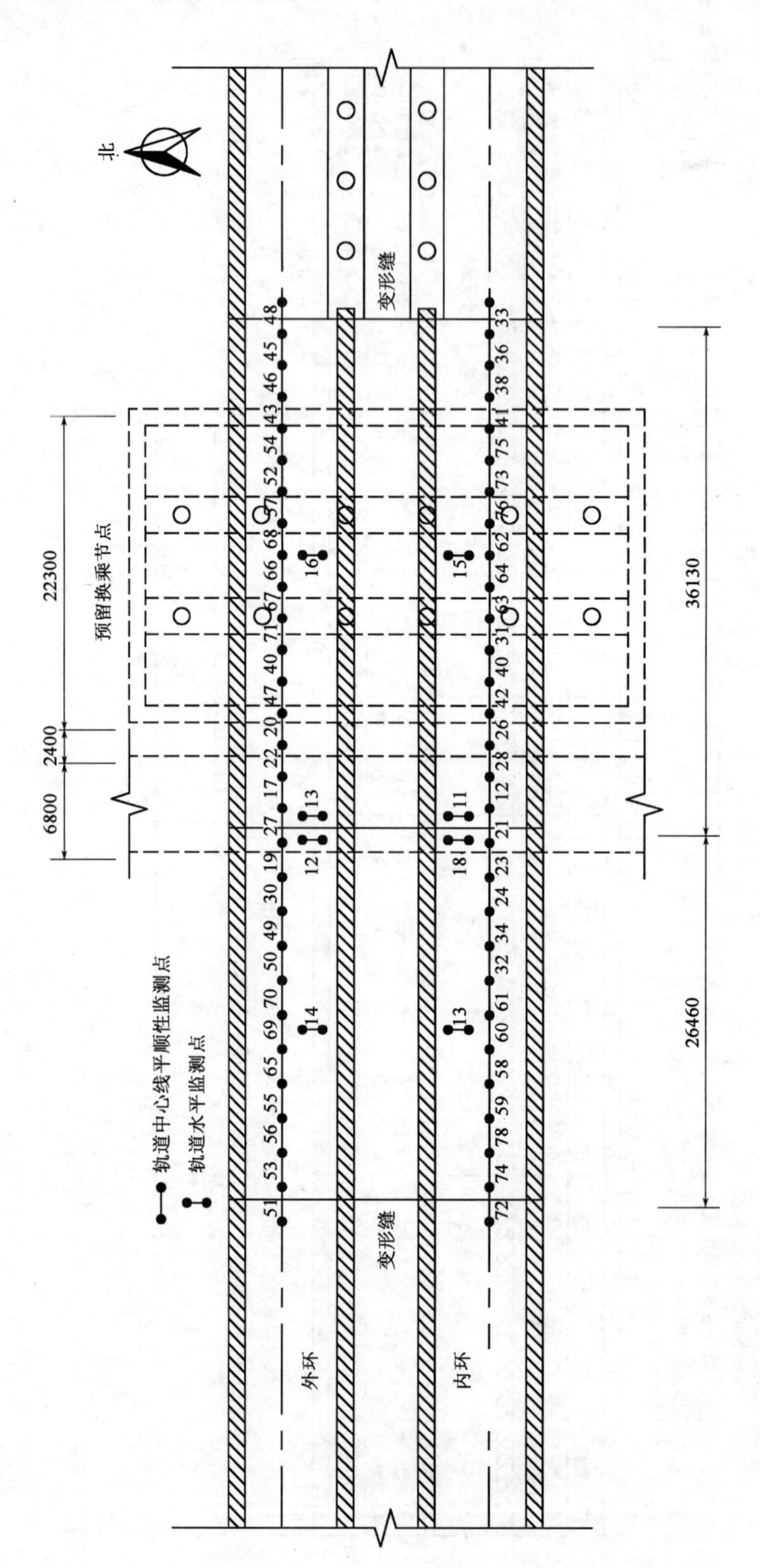

图11.61　既有线轨道中心线平顺性及轨道水平监测点布置(尺寸单位:mm)

(1)轨道沉降根据100m的监测范围采用电水平尺和水准测点进行布设。主要布设原则和方法是以穿越中心线为基准，沿线路纵向前后在受影响的变形缝范围内安排30支电水平尺，在剩余的影响较小的范围内采用水准点按照每天一次的频率进行监测。在左右水平方向上，在穿越中心线处，安排一支横向的电水平尺，以监测安装处线路“左右水平”的变化(上、下行线皆然)。电水平尺用专用的夹紧件固定在道枕上，共用8支电水平尺(均为1m长)。

(2)变形缝是结构变形监测的关键部位，在变形缝附近布设了4个三向测缝计监测变形缝的变位情况。同时在相邻的变形缝上布设测缝计各4支。共布设测缝计30支。

(3)除了上述测点还在轨道上布设了轨距动态扩张监测测点并利用智能数码位移计实现连续监测，另外利用轨距尺进行轨道方向偏差的监测。

(4)对2号线结构布设了结构沉降观测点。通过在道床中心的水槽底部和侧墙距底板0.6m处分别钻50mm深的孔安装膨胀钉。待凝固获得沉降初始值后即可按周期进行结构沉降的监测。

(5)由于接触轨和行车轨之间的变位会影响行车的安全，所以在接触轨附近的道床上也布设了沉降水准点，与布设在行车轨附近的测点相对照。通过钻孔安装膨胀钉，待凝固获得沉降初始值后即可按周期进行结构沉降的监测。

2)监测仪器与现场安装

(1)远程监测系统仪器设备见表11.16。

高精度远程监测系统的仪器设备　　表11.16

序　号	设备名称	精　度	产　地	备　注
1	电水平尺	0.005mm/m	美国	可接数据采集器
2	三向测缝计	0.01mm	国产	可接数据采集器
3	智能数码位移计	0.01	国产	可接数据采集器
4	自动数据采集器		澳大利亚	
5	精密水准	0.3mm	德国	
6	轨道尺	1mm	国产	

(2)监测仪器现场安装。

①电水平尺。电水平尺可以用于检测结构物不同程度的移动和倾斜，所以将它安装在轨道中心来监测轨道的差异沉降和轨道的竖向平顺性即轨道前后高低的变位。电水平尺实例及大样见图11.62，布置安装如图11.63所示，实际工程安装见图11.64。该仪器一般长1~3m，用锚栓安装在结构物上。其内置倾角传感器为精密气泡式水准仪，像电桥电路一样工作，根据传感器的倾角变化输出相应位移$\Delta L=L(\sin\theta_1-\sin\theta_0)$(其中，$L$为电水平尺长度，$\theta_1$为现时倾角值，$\theta_0$为初始倾角值)，$\Delta L$即电水平尺两端的差异位移。

②三向测缝计。三向测缝计可以测变形缝的三向变位，该仪器由三支位移传感器组合，间接测量变形缝两测结构的三向相对位移。测缝计由保护罩组成，是一种安装在被测结构表面测量结构表面裂缝、变形缝的电感调频类智能数码位移传感器，见图11.65。传感器两端的万向结构可以适用于各种场合的位移测量。其外形尺寸为长170mm、ϕ15的圆柱体，量程可达100mm，灵敏度为0.01mm。将测缝计安装在精制的支架上实现三向变位的监测。三向测缝计安装如图11.66所示，现场安装见图11.67。

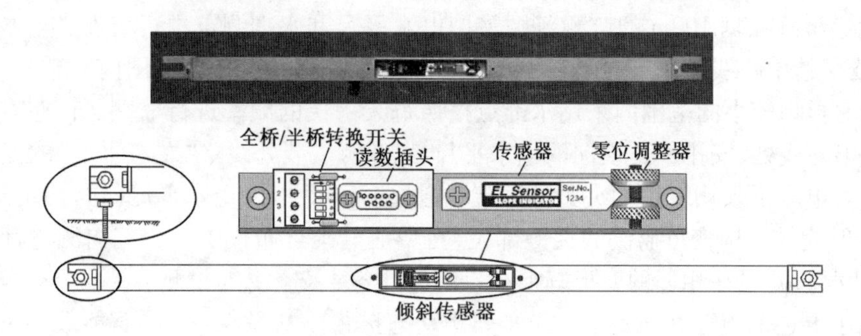

图 11.62　电水平尺实例及大样图

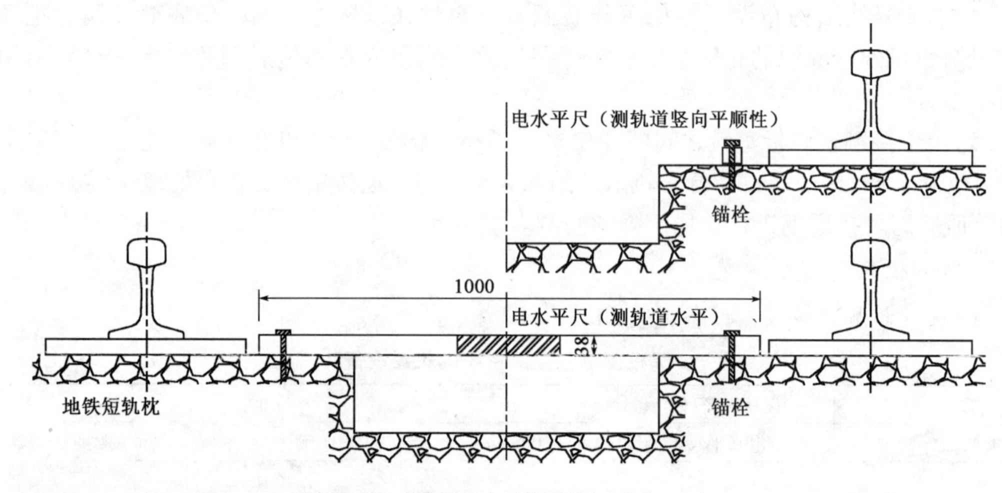

图 11.63　电水平尺布置简图(尺寸单位:mm)

图 11.64　电水平尺现场安装图

图 11.65　通用测缝计实例

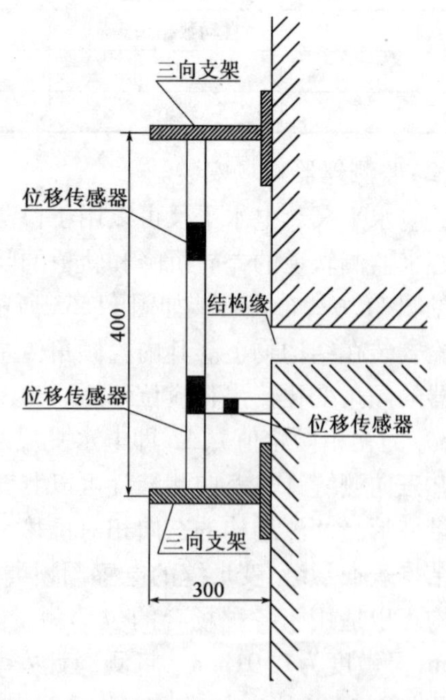

图 11.66　三向测缝计安装示意图(尺寸单位:mm)

③智能数码位移计。智能数码位移计用于测量轨道静态轨距,该位移计的原理和测缝计的原理相同,但它可以连接加长杆,可以实现较大距离的相对位移的监测。量程可达100mm,精度为0.01mm。其布置如图11.68所示。

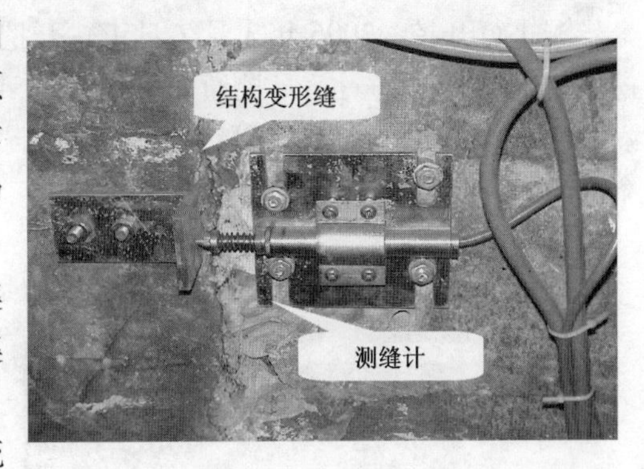

图11.67 测缝计现场安装

④远程监测系统数据自动采集器。数据采集仪实例见图11.69,远程监测系统数据自动采集器现场安装见图11.70。

(3)监测数据采集传输系统。自动量测系统由安装的电水平尺、智能数码测缝计、智能数码位移计等测试设备和自动数据采集器及主控计算机组成。各测试设备的输出信号通过电缆接到附近的数据采集器上,数据采集器通过通信线路连接主控计算机。监测系统可以设定为自动工作,也可以在任何时候由操作人员改成手动控制。主控计算机内装有专门的控制软件,完成数据的传输、整理计算、存盘和实时显示监测图形等功能。通过主控计算机也可以完成信息的反馈,可以把监测数据直接发送到运营公司、施工单位等相关部门。监测系统的构造见图11.71。

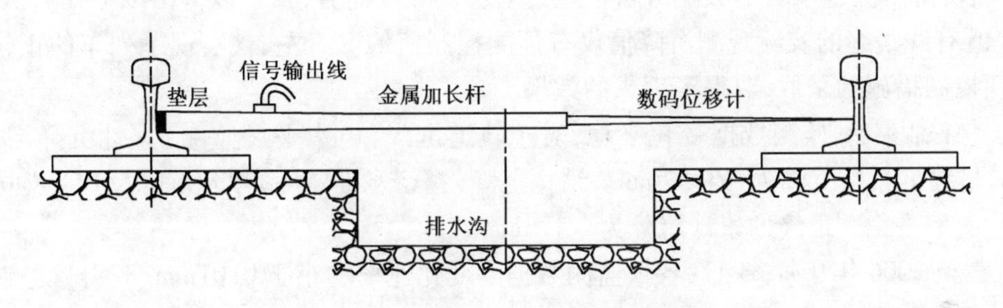

图11.68 数码位移计布置示意

图11.69 CR10数据采集系统实例

图11.70 数据自动采集器现场安装

11.4.3 监控量测结果与分析

北京地铁5号线暗挖下穿地铁2号线雍和宫段采用平顶直墙浅埋暗挖施工方法。共分4

个导洞进行开挖。2006年3月2日正式开挖,1号导洞于3月24日挖通、2号导洞于4月1日挖通、3号导洞于4月7日挖通、4号导洞于4月16日挖通,初衬于4月16日完成,初支的中隔墙于5月7日开始分段拆除,边拆边做二衬,于6月1日中隔墙拆除完毕,二衬于6月8日全部做完。至此进入施工后期监测。

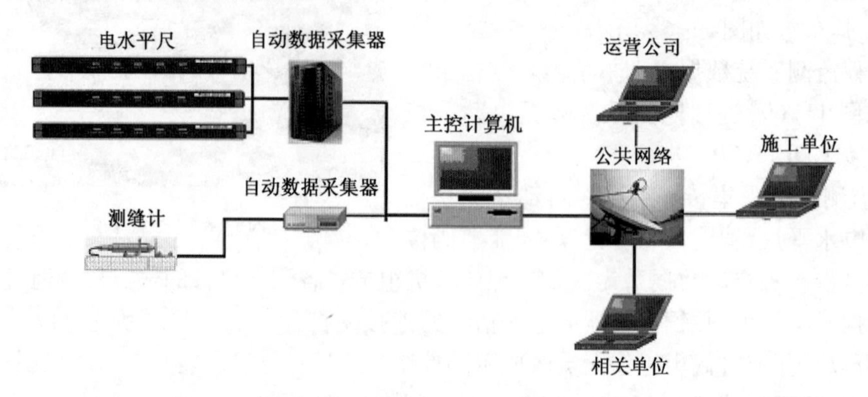

图11.71 远程自动监测系统构造图

因监测项目众多,监测数据量巨大,为更好地体现结构的状态,特进行结构沉降、轨道沉降、接触轨沉降等关键项目的数据分析。通过对实测数据的分析,可以得出以下几点认识。

(1)既有线最终的实际观测沉降值仅有预测控制值的1/3左右,实现了列车的正常运营,表明各项控制措施的采取,取得了理想的效果。

(2)施工结束后,监测数据变化平稳,对于轨道沉降(电水平尺监测)累计沉降增加量为0.08mm,最终的累计沉降为-3.57mm。结构沉降(精密水准监测)累积沉降增加量为0.5mm;而且变化速率平稳。最终的累计沉降为-4.6mm。

(3)截至2006年9月23日,各项监测数据的变化速率均小于0.01mm/d。自动监测部分速率均小于0.008mm/d。

(4)充分发挥远程监测系统的实时功能,在主动补偿注浆的过程中实时跟踪监测,将注浆过程纳入监测的控制之下,成功地完成了补偿注浆,达到了预期效果。

(5)远程自动监测系统具有实时连续、高精度和节省人力的特点,在新建隧道穿越既有地铁和既有建筑施工监测中体现了强大生命力。

11.4.4 信息反馈控制技术

1)控制值及分步管理

监测信息的反馈是保证监测信息时效性的一个重要环节,量测数据的处理主要根据运营安全要求和相关规范规程的要求,结合具体既有线的实际情况进行警戒值的确定。对轨道变位数据确定如下。

(1)轨道方向变位警戒值为4mm/10m。

(2)轨道差异沉降为4mm。

(3)日变化量(包括以上两项)0.5mm。

(4)轨道水平距离变窄2mm。

(5)轨道水平距离变宽6mm。

(6)结构沉降20mm。

(7)变形缝两侧差异沉降5mm。

对变形值按照分步分级逐层管理及分步控制的方式,各级的取值见表11.17;各步的控制值见表11.18。

对监测数据的管理采用三级预警状态判定(表11.19),即黄色、橙色及红色三级预警,采用双控指标判断既有地铁的三级预警状态,出现黄色预警时应加密监测频率,并增加对既有地铁结构裂缝的动态观测;出现橙色预警时,应继续加密监测频率,应根据预警状态的特点进一步完善针对该状态的预警方案,同时应对施工方案、开挖进度、支护参数、工艺方法等作检查和完善;出现红色预警时应立即停止施工,并经设计、施工、监理和建设单位分析和认定后,改变施工程序或参数,必要时对既有地铁结构采取补强加固并对既有地铁的运行进行限速。

变形管理等级 表11.17

管理等级	管理位移	施工状态
Ⅲ	$U_0<0.6U_n$	可正常施工
Ⅱ	$0.6U_n\leqslant U_0\leqslant 0.8U_n$	应加强支护
Ⅰ	$U_0>0.8U_n$	应采取特殊措施

注:U_0——实测变形值;U_n——允许变形值。

分步控制值选取表 表11.18

施工步骤	控制值(mm)	施工状
1	5	开挖1号导洞
2	10	开挖2号导洞
3	12	开挖3号、4号导洞
4	16.8	拆除左侧临时支撑施作二次衬砌
5	19	拆除右侧临时支撑
6	20	施作右侧二次衬砌拆除左侧临时支撑

穿越既有地铁的三级预警状态判断 表11.19

黄色预警	既有地铁结构监测点和轨道监测点的实际值和速率值均达到控制值的60%~80%,或两者有一项达到控制值的80%~100%
橙色预警	既有地铁结构监测点和轨道监测点的实际值和速率值均达到控制值的80%~100%,或两者有一项已经达到控制值
红色预警	既有地铁结构监测点和轨道监测点的实际值和速率值均达到控制值,或监测实际值出现急剧增长,既有地铁结构出现明显裂缝

2)信息反馈控制

在监测过程中,对现场测的所有观测数据,均实行信息化管理,由富有经验的专职人员根据不同的观测要求,绘制不同的变形或形变曲线,预测变形发展趋向,根据实际情况及相关要求形式向运营公司及时汇报或者直接将监测数据发送到运营公司的负责人处。

监控量测反馈控制程序见图 11.72。

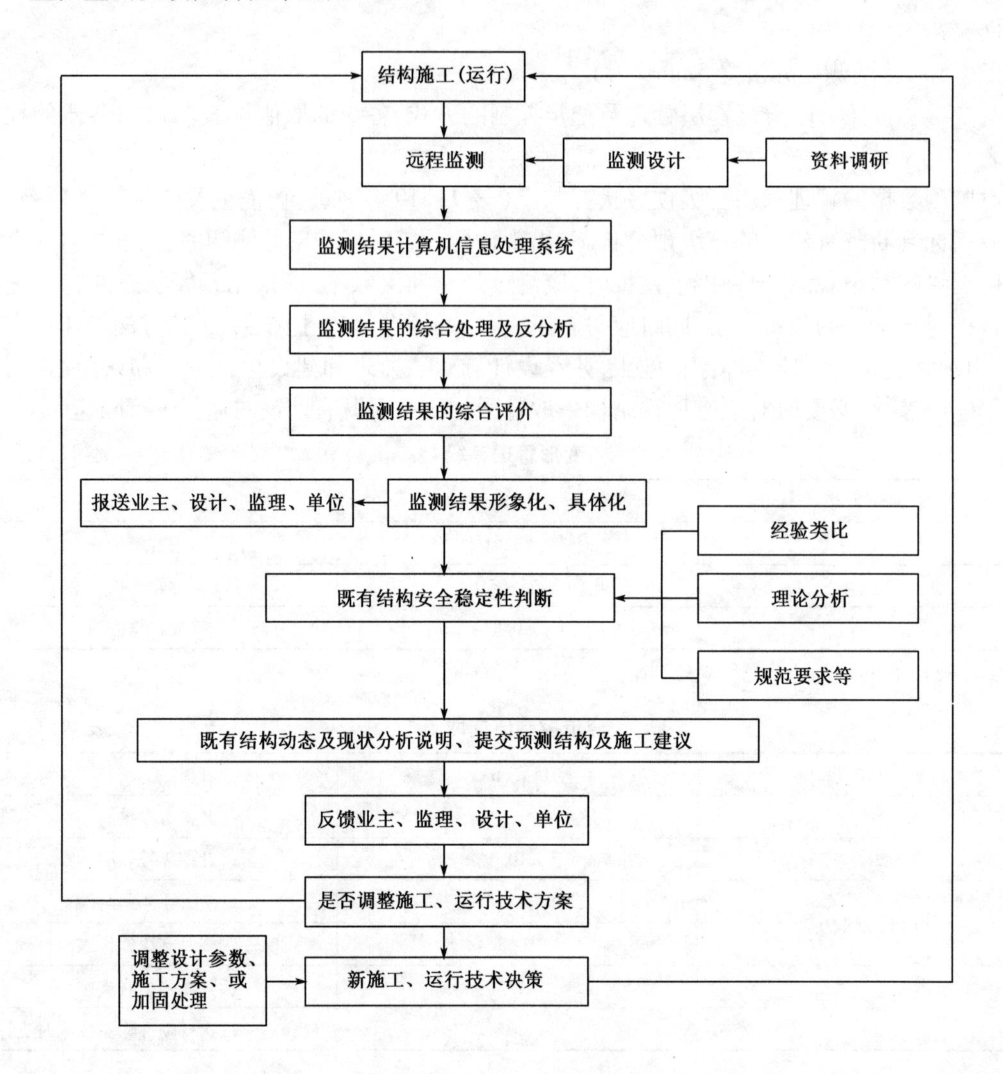

图 11.72　下穿既有线监控量测信息反馈控制流程

(1)一般情况的处理。一般情况下,24h 全天候监测。监测数据可以保存在数据库中,根据运营要求可以随时提供当时的监测数据。运营期安全监测的信息反馈要和施工监测及施工单位的施工进度相联系。在两套监测系统之间建立紧密的联系。在监测数据方面可以进行相互验证,并为下一步施工参数的选取和施工进度的控制提供依据。对反馈的信息内容和频率,一般应每天形成报表,通过电子邮件或者传真发送到运营公司和相关部门。若遇特殊情况则必须立即手机通知到各单位负责人处。

(2)监控量测资料处理程序。监测资料均用计算机配专业技术软件进行自动化初步分析、处理。根据实测数据分析、绘制各种表格及曲线图,当曲线趋于平缓时推算出最终值。进行计算机模拟计算、对比计算,并在全部监测工作完成后,提出完整的监测报告。

对监测数据的信息反馈应根据不同的观测要求,必要时采用时态曲线预测变形的发展趋

势，分析施工工序、时间、空间效应与量测数据间的关系，以便在出现异常情况时在第一时间采用应对措施。时态曲线可采用回归分析得到，以位移—时间曲线为例，可以使用回归函数：

对数函数 $$u = a\lg(t+1), u = a + A\frac{b}{\lg(t+1)E}A \tag{11.1}$$

指数函数 $$u = ae^{-b/t}, u = a(1 - e^{-b/t}) \tag{11.2}$$

双曲函数 $$u = A\frac{t}{at+bE}A, u = a\left[1 - \left(A\frac{1}{1+btE}A\right)^2\right] + A\frac{b}{\lg(t+1)E}A \tag{11.3}$$

此外变形发展趋势的预测也可采用时间序列、神经网络、模糊数学、灰色理论以及层次分析法等理论进行。

11.5　本章小结

(1)根据5号线左线区间与2号线雍和宫车站的穿越关系，针对穿越施工拟订了6种开挖方案，方案一~方案四为4个导洞开挖，方案五和方案六为6个导洞开挖。优化分析表明，新建隧道施工过程中，既有线将会下沉，最大下沉处发生在变形缝附近。其中，方案六对周围环境的影响最小，地面沉降及既有线沉降都较小；但其洞室分块较多，开挖过程中会多次扰动土层，另外施工步续较多，影响施工进度。考虑到实际施工中200mm夹层土难以保留，一般采用方案四。针对变形缝部位导洞施工的优先顺序，拟订两种方案：一种是先开挖变形缝侧下方导洞（甲方案），另一种是先开挖变形缝正下方导洞（乙方案）。计算分析表明，选择乙方案进行开挖导洞。

(2)新线与既有线之间夹层土的厚度对结构内力、土体变形机塑性区分布有较大的影响。分析表明，夹层土厚度在3.0m以上时，夹层土发挥了一定的自稳能力，而在2.0m以下时，这种自稳能力未能发挥或者发挥很小。因此认为夹层土厚度在1.7~2.0m以下时，夹层土没有发挥出自稳能力，应以零距离穿越为优。按照邻近既有线施工安全评估原理，5号线下穿既有雍和宫车站为变形缝下零距离穿越，施工风险确定为特级风险。

(3)根据运营安全、相关规范规程以及具体既有线的实际情况，通过分析，确定的穿越雍和宫车站的控制基准值为：轨道方向变位警戒值为4mm/10m；轨道差异沉降为4mm；日变化量（包括以上两项）0.5mm；轨道水平距离变窄2mm；轨道水平距离变宽6mm；既有线结构沉降20mm；变形缝两侧差异沉降5mm。

(4)施工中，主要按既有线结构沉降为控制目标进行变位分配与控制。将控制目标按控制值、警戒值及报警值分配，各开挖及支护步骤中分层次控制，并分步分阶段采取相关技术措施。

(5)针对地层预加固原始设计参数存在的问题，在肥槽段从注浆方式、台阶长度、核心土两侧最大开挖宽度等方面对预加固参数进行了优化设计，在穿越段从拱脚及工作面正面土体加固、既有地铁结构垫层与新建隧道初支结构潜在间隙的补偿注浆、增设注浆锁脚锚管等方面进行优化设计，保证了预加固地层的稳定性。

(6)暗挖地层以粉质黏土和粉细砂为主，渗透性较差，因此对注浆浆液进行了优化配方，开展对比室内实验与现场检验。选择HSC型注浆材料作为肥槽段和穿越段地层注浆加固的浆液材料,能极好地满足既有线开挖土体加固和既有线结构沉涤控制值的要求。

(7)对降水方案进行了优化,采用水平辐射井进行降水,即在二环路南北两侧隧道两边施工四眼辐射井,呈矩形布设,水平井南北向放射交叉。考虑到隧道穿越护城河,对穿越护城河降水方案进行了一并设计。通过实施辐射井降水,有效地疏干了地层,保证了安全穿越。

(8)采用远程监控量测系统对轨顶差异沉降、中心线平顺性、隧道变形缝监测、轨距动态扩张、结构沉降、结构裂缝等进行远程自动连续监测。该监测系统具有数据采集、交换、处理和反馈4个方面的功能。各项目监测数值均未超过允许值,有效地实施了监控,保证了2号线的安全运营。

12 浅埋暗挖双孔隧道邻近建筑物关键施工技术

12.1 工程概况及难点

12.1.1 工程概况

1)工程地貌及周边环境

北京地铁4号线9标西单—灵境胡同双线区间隧道全长1606.184m,结构为复合式衬砌,含渡线一处,防灾联络通道一座、泵房一座等附属结构,采用暗挖法施工。工程位于北京市西城区,为西单~灵境胡同站区间,区间的平面位置见图12.1。

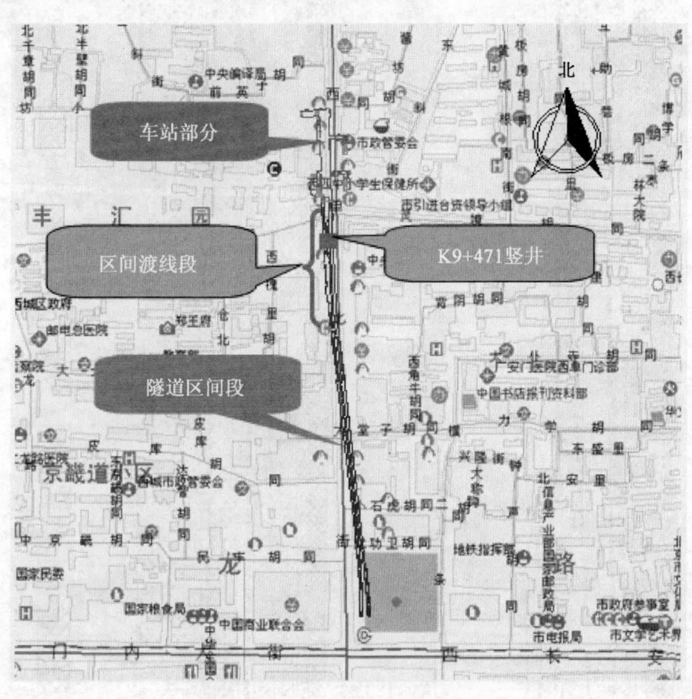

图12.1 区间隧道地理位置详图

2)工程地质与水文条件

勘察揭露地层最大深度为50.0m,地层层序自上而下依次为:人工填土层(Q^{ml})、新近沉积层(Q^{42+3al})、第四纪全新世冲洪积层($Q^{41al+pl}$)和第四纪晚更新世冲洪积层(Q^{3al+pl})。

区间隧道的地质纵断面图如图12.2所示。

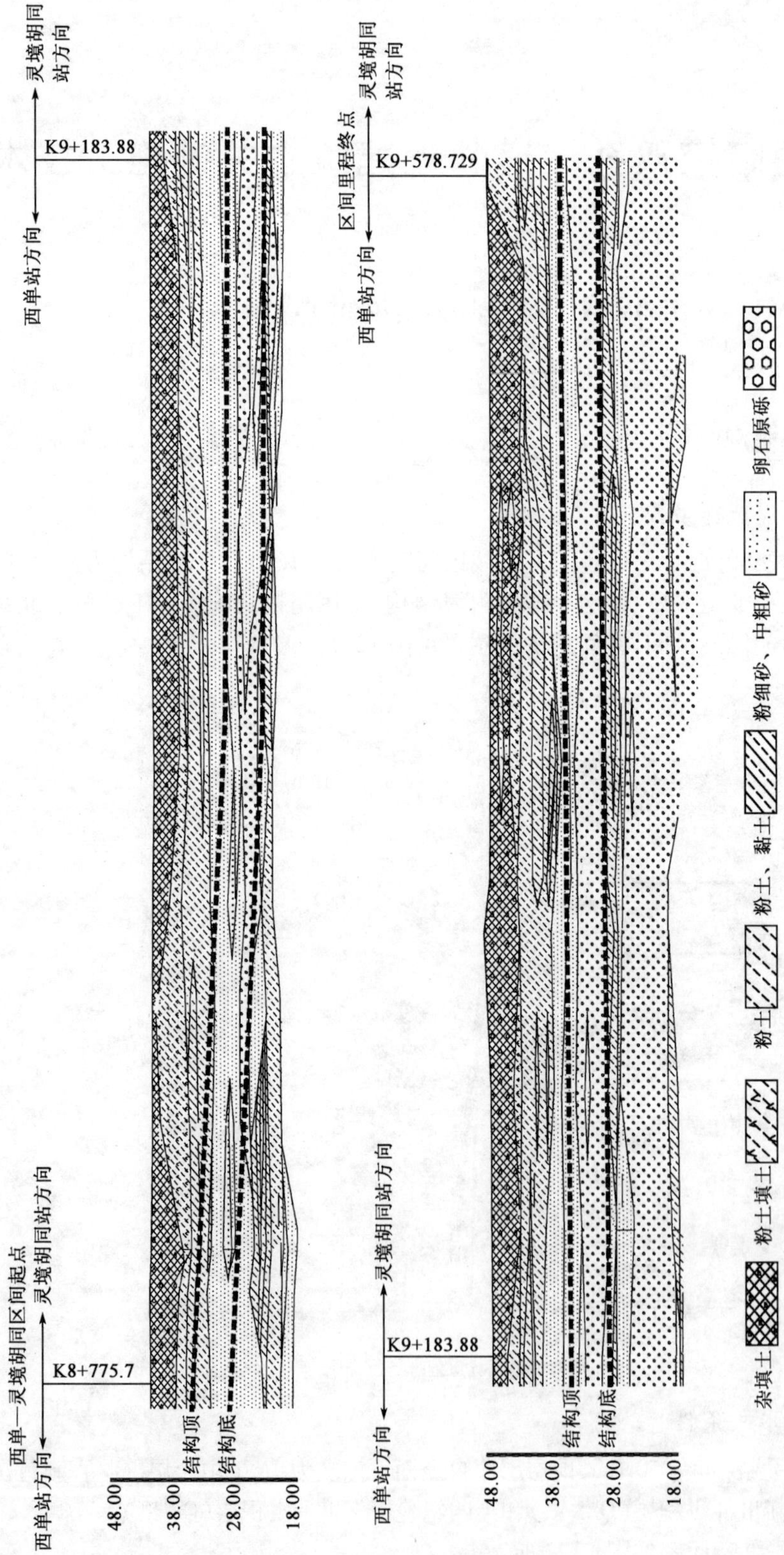

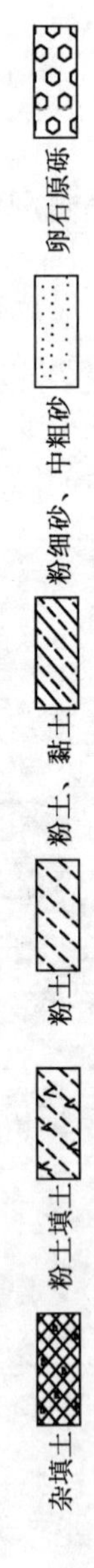

图12.2 西单—灵境胡同站区间工程水文地质纵剖面图

根据勘察报告,场区地层层序自上而下依次为:

(1)人工填土层(Q^{ml})。杂填土①$_1$ 层,高程为38.17~43.03m,粉土填土①层。

(2)新近沉积层(Q^{42+3al}):粉土②层,高程为37.58~41.90m,粉细砂②$_3$ 层。

(3)第四纪全新世冲洪积层($Q^{41al+pl}$)。粉土③层,高程为36.10~38.61 m,粉质黏土③$_1$ 层,黏土③$_2$ 层,粉细砂③$_3$ 层,粉细砂④$_3$ 层,高程为32.47~35.43m,中粗砂④$_4$ 层。

(4)第四纪晚更新世冲洪积层(Q^{3al+pl})。卵石圆砾⑤层,高程为30.47~32.34m,中粗砂⑤$_1$ 层,粉质黏土⑥层,高程为26.37~28.53 m,黏土⑥$_1$ 层,粉土$_⑥$2 层,细中砂⑥$_3$ 层,卵石圆砾⑦层,高程为14.35~19.47m,中粗砂⑦$_1$ 层,粉质黏土⑧层,高程为13.85~18.37m,粉土⑧$_2$ 层,卵石圆砾⑨层,高程为8.60~10.13 m,中粗砂⑨$_1$ 层,粉质黏土⑩层,卵石圆砾⑪层,中粗砂⑪层。

暗挖结构穿越的地层主要有粉细砂、中粗砂、圆砾、卵石圆砾层,拱顶以上为粉土③层、中粗砂④$_4$ 层或粉细砂④$_3$ 层,砂层占80%,隧道穿越地层条件差,土体自稳能力差,地层透水性较好,易发生流沙,甚至塌方。

本区间在勘察深度范围内,沿线内仅见一层地下水,为层间潜水:含水层为卵石圆砾⑦层,隔水层为粉质黏土⑥层,黏土⑥$_1$ 层,水位高程为24.92~25.55m,水位埋深为19.85~21.25m。

12.1.2　工程难点

通过调研和论证认为,本段工程存在以下施工难点:

(1)本段区间隧道上方为西单北大街东辅路及人行步道,人行步道东侧紧邻现况两层临时商业楼,商业楼一层共17家商铺,主营服装,每天车辆、行人众多。根据勘察报告,本段穿越两层临时商业楼的区间隧道,拱顶位于中粗砂④中,土体属Ⅵ类围岩,自稳性极差,地层透水性较好,易发生塌方。

(2)暗挖隧道近距离下穿各类管线,如何降低管线和施工的相互影响,确保管线正常运营和施工安全是一个难点。

12.2　穿越邻近建筑物模拟计算

为了在施工之前了解隧道施工过程中所可能产生地层变位和应力的影响,明确这种影响的大小量级和范围,明确危险可能发生的部位、方式及应采取的施工对策,同时为现场监控量测提供管理基准和依据,下面对隧道进行了施工过程的动态分析,主要计算施工时对地面建筑物的变形影响,来研究地铁隧道穿越建筑物施工关键技术。

12.2.1　计算范围

本段区间隧道为南北走向,位于现况西单北大街东半幅,其中右线下穿现况两层临时商业楼。现况两层临时商业楼位于华南大厦西北角,其中一层共17家商铺,主营服装;二层4家商铺及一工商银行营业厅，此建筑为钢结构，结构尺寸：117.5m（长）×14 m（宽）×8 m（高）。位置关系如图 12.3 所示。

右线 K8 +950 ~ K9 +080，L = 130m，左线 K8 +950 ~ K9 +050，L = 100m，采用马蹄形断面，位于直线段，隧道中线与线路中线重合。

本次勘察揭露地层最大深度为 50.0m，地层层序自上而下依次为：人工填土层（Q^{ml}）、新近沉积层（Q^{42+3al}）、第四纪全新世冲洪积层（$Q^{41al+pl}$）和第四纪晚更新世冲洪积层（Q^{3al+pl}）。

为确保地上现状两层商业楼的正常使用，必须在隧道掘进前对前方土体进行预加固。另外，在隧道上方有雨、污水管，电力、热力方沟，最近处只有 3.4m，这些带水管线都不同程度地存在渗漏情况，严重威胁暗挖施工的安全，区间隧道施工时必须加强超前支护，确保现况管线安全运行。

12.2.2 计算参数及模型

采用 Plaxis 3D tunnel 软件进行计算分析，计算范围，从上往下依次为 4m 人工填土层、5m 粉细砂层、4m 中粗砂层、19m 圆砾卵石层。横向取 80m，沿区间隧道纵向取 10m。为了突出双层小导管注浆加固的可行性和必要性，分别对区间隧道进行自由开挖、普通小导管注浆和双层小导管注浆加固开挖模拟，其中注浆加固范围为沿半径方向 2.0m。地层由上到下依次为人工填土层、粉细砂层、中粗砂层、圆砾卵石层。土层的参数如表 12.1 所示。

地 层 参 数 表　　表 12.1

土体编号	地　层	重度（kN/m³）	计算弹性模量（MPa）	黏聚力（kPa）	内摩擦角（°）
1	人工填土层	17	5	15	28
2	粉细砂层	19	15	1	34
3	中粗砂层	21	25	0.2	38
4	圆砾卵石层	22	35	1.0	40

主要的支护结构有钢拱架、喷射混凝土层、注浆土层以及模筑钢筋混凝土衬砌。根据工程类比，给出主要支护结构的力学参数。

喷射混凝土层和钢拱架共同作用，用实体单元模拟，弹性模量 E 取 17.5GPa，泊松比 ν 取 0.2，重度 γ 取 25kN/m³。

对于注浆土层，采用增大加大地层参数来模拟，其中对于小导管注浆加固土层，弹性模量 E 取 50MPa，泊松比 ν 取 0.22，重度 γ 取 23kN/m³，黏聚力 c 取 1kPa，内摩擦角 φ 取 40°。对于双层小导管注浆加固土层，弹性模量 E 取 80MPa，泊松比 ν 取 0.22，重度 γ 取 23kN/m³，黏聚力 c 取 2kPa，内摩擦角 φ 取 40°。钢管的弹性模量 E 取 200GPa，泊松比 ν 取 0.2，重度 γ 取 26kN/m³。对于模筑钢筋混凝土衬砌，采用弹性单元模拟，弹性模量 E 取 30GPa，泊松比 ν 取 0.2，重度 γ 取 25kN/m³。

整个模型采用实体单元建模，土层采用摩尔库仑模型，隧道结构采用弹性体模型，共划分 1712/1722（加固）个实体单元，3509/3529（加固）个实体单元节点。计算模型及网格划分如图 12.4 所示。

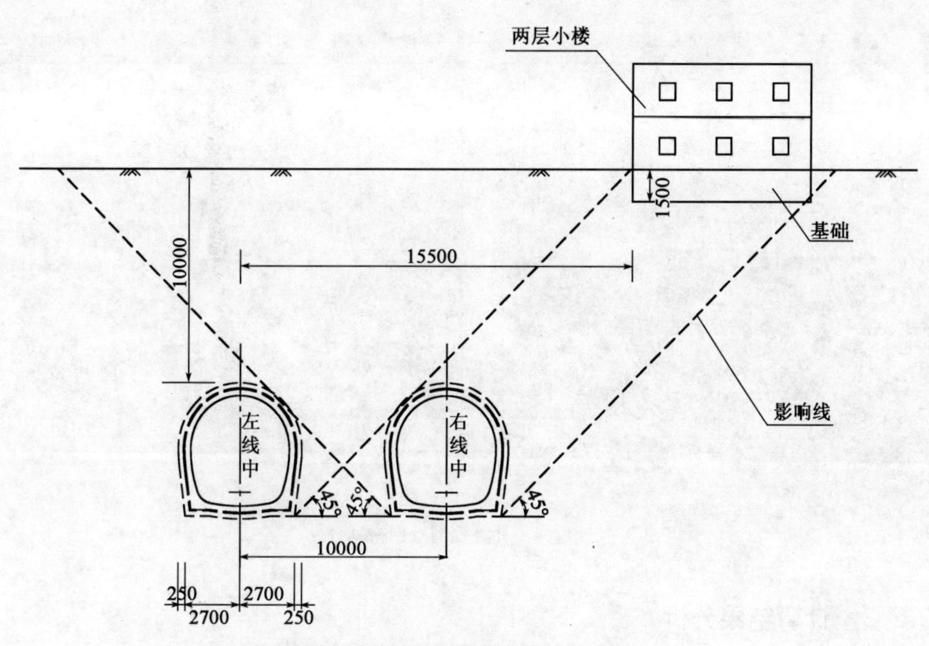

a)区间隧道穿越两层小楼剖面图Ⅰ(K9+067.5)

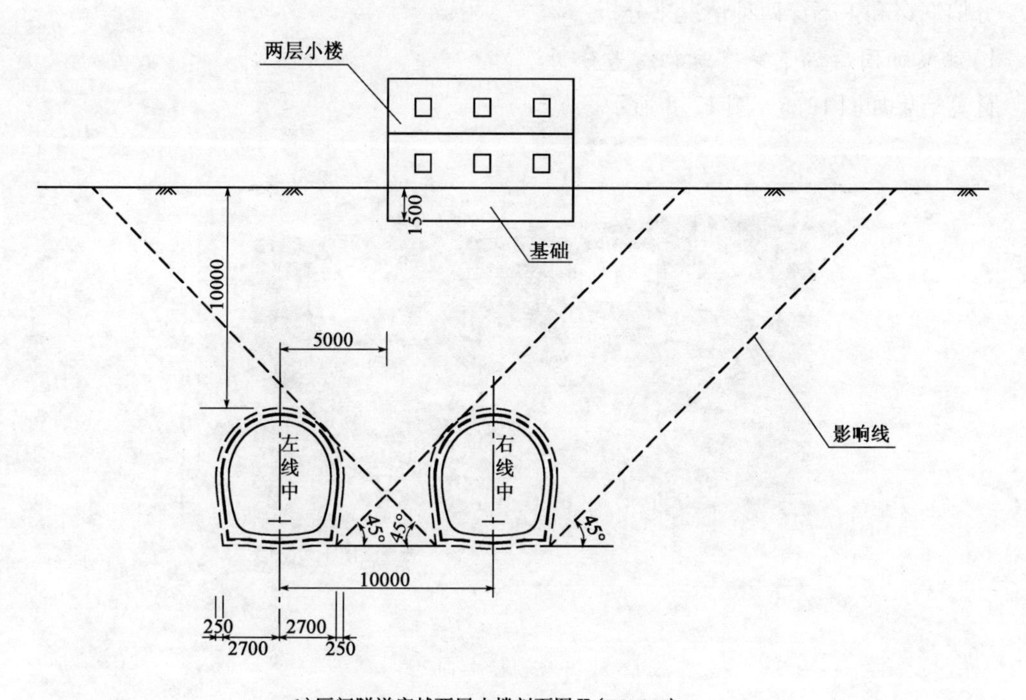

b)区间隧道穿越两层小楼剖面图Ⅱ(K8+957)

图12.3　隧道与现况两层商业楼位置剖面图(尺寸单位:mm)

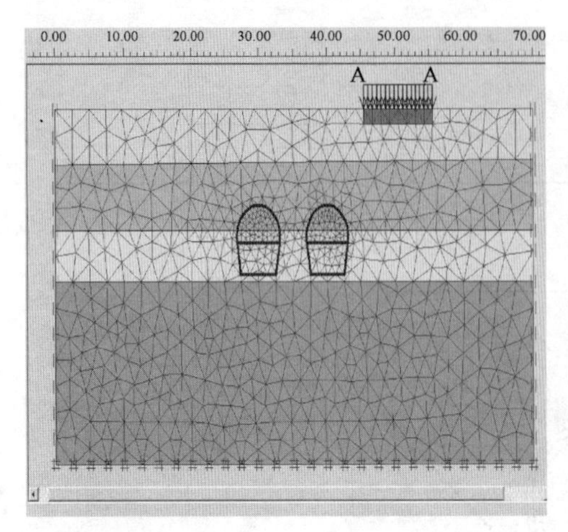

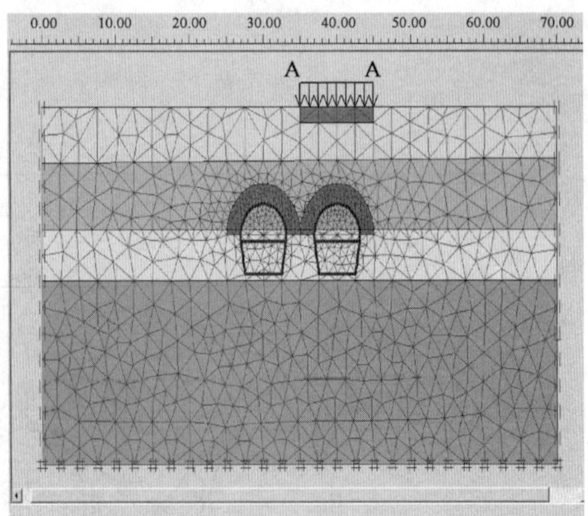

图 12.4　计算模型及网格划分

12.2.3　计算结果分析

分偏下穿和正下穿两种情况来分析。

1)注浆加固后偏下穿建筑物结果分析

计算结果如图 12.5 ~ 图 12.8 所示。

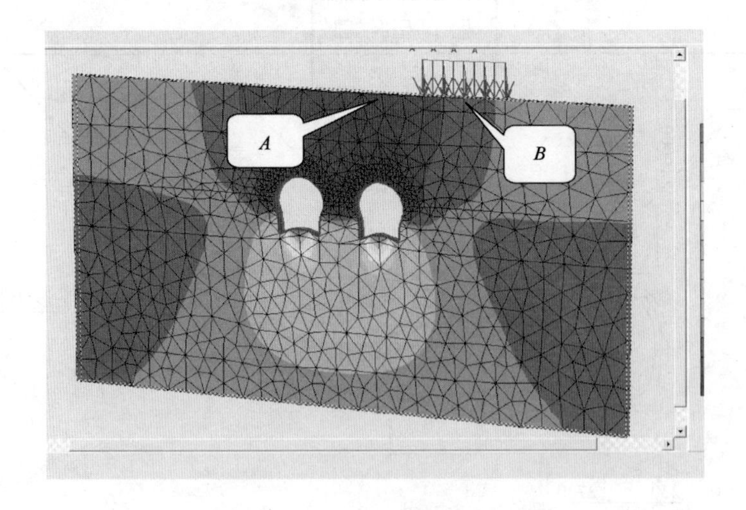

图 12.5　开挖完成后竖向变形云图

左线下穿建筑物位移曲线如图 12.7、图 12.8 所示。

2)注浆加固后正下穿建筑物结果分析

计算结果如图 12.9 ~ 图 12.12 所示。

最终数据整理如表 12.2 所示。

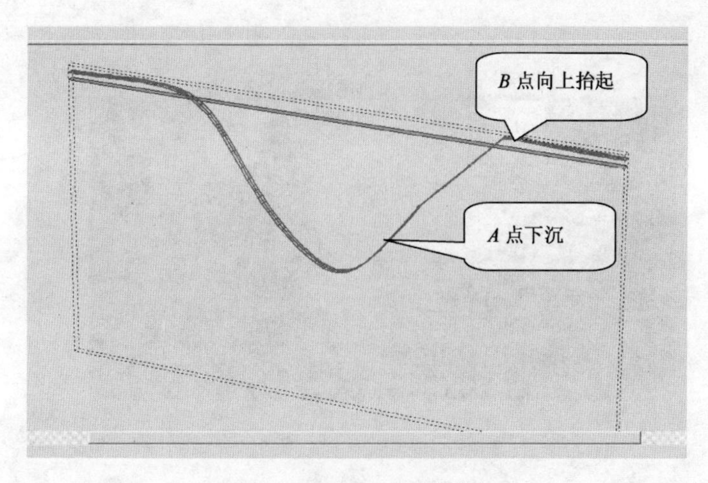

图 12.6　开挖完成后基底最终变形

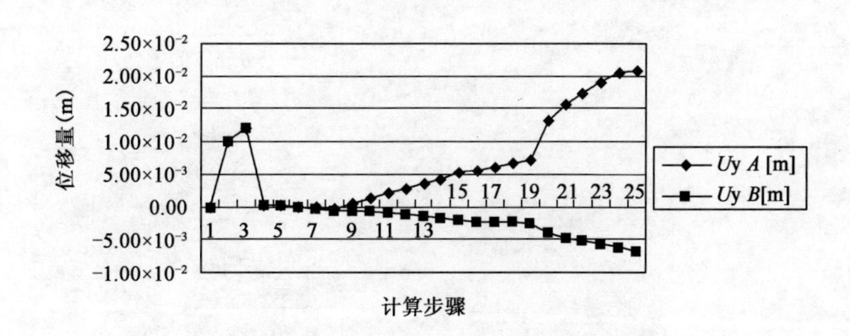

图 12.7　小导管加固 A、B 位移图（最大差异沉降 28mm）

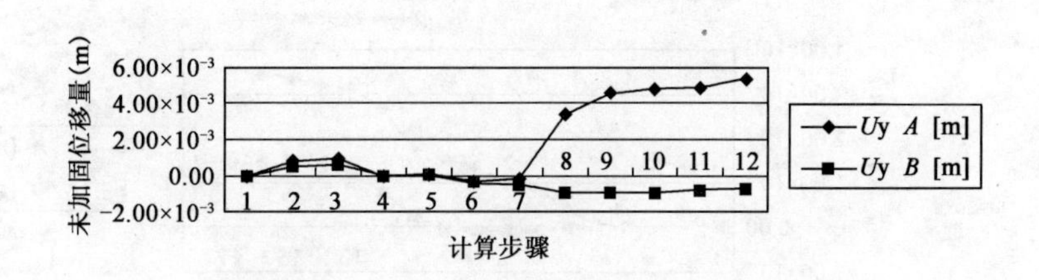

图 12.8　双重管双液注浆加固后 A、B 位移图（最大差异沉降 6.0mm）

3）模拟计算结论

由计算结果可知，无论是偏下穿建筑物还是正下穿建筑物，只要不对隧道采取适当的措施，差异沉降比较大，都会对地表建筑物造成一定的破坏。只有采取适当的措施，如注浆加固，才能保证较小的沉降差异，保证隧道结构的正常施工，才能保证建筑物正常使用。

具体来说，通过数值模拟分析，左线下穿建筑物未采取措施时，差异沉降很大，达到 28mm

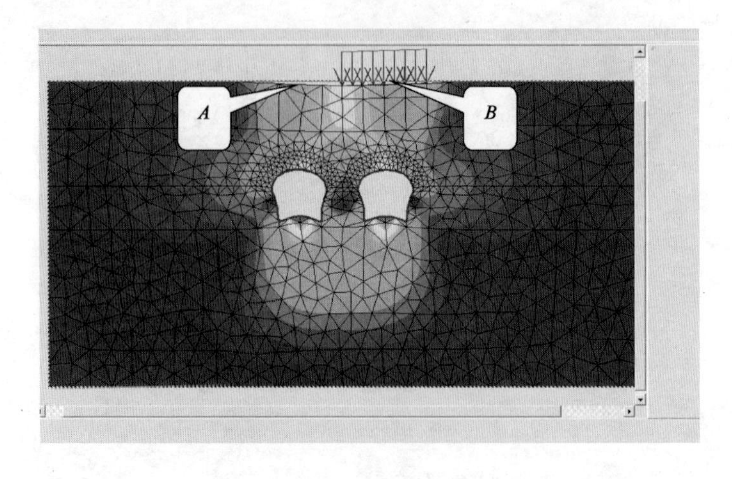

图 12.9 开挖完成后竖向变形云图

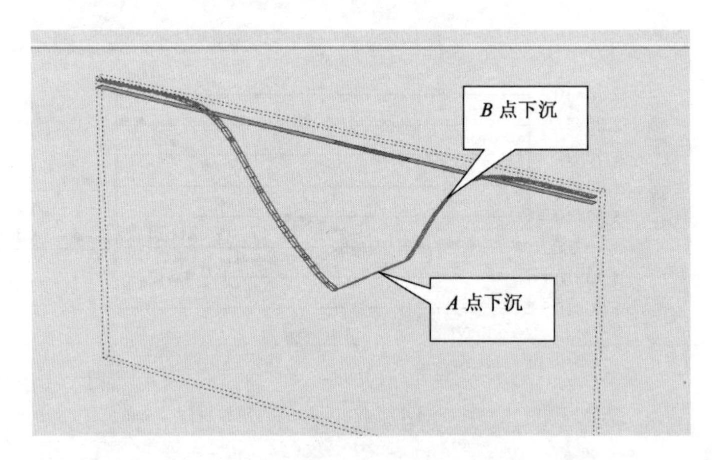

图 12.10 开挖完成后基底最终变形

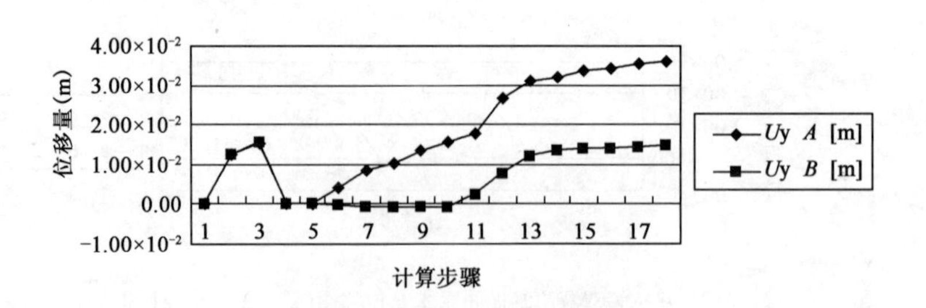

图 12.11 小导管加固 A、B 位移图(最大差异沉降 20.9mm)

(A 点下沉,B 点上抬);对于正下穿建筑物时,绝对位移虽然较大,但差异沉降不是太明显(A 点下沉,B 点也下沉)。通过注浆加固分析,最终差异沉降分别为 6.1mm 和 5.0mm,达到差异沉降内限值 10.0mm,所以说注浆加固是必要的,也是成功的。

经以上数值分析,并结合工程实际,加固方案如表 12.3 所示。

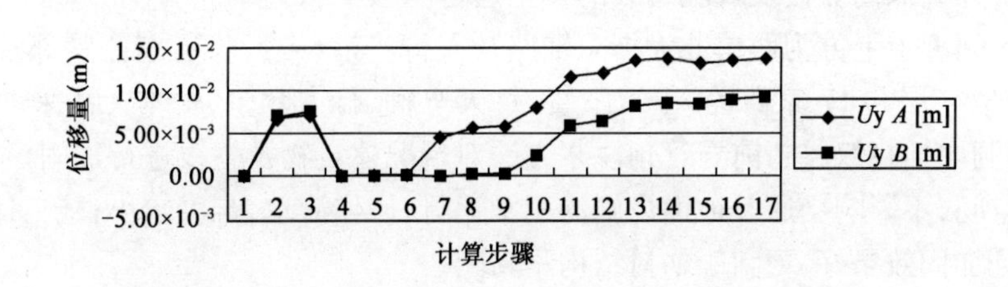

图 12.12　袖阀管注浆加固后 A、B 位移图，最大差异沉降 5.0mm

不同加固方案下的差异沉降　　表 12.2

区间分段及加固方案 \ 最终变形量(mm)		A	B	差异沉降(mm)
（左线）K8 +980 ~ K9 +050	双层导管注浆	17.3	11.8	5.5
（左线）K8 +950 ~ K8 +980，（右线）K9 +040 ~ K9 +080	双层导管注浆	35.8↓	14.9↓	20.8
	双重管双液深孔注浆	14↓	9↓	5
（右线）K8 +950 ~ K9 +040	双层导管注浆	21↓	7↑	28
	袖阀管注浆	5.4↓	0.7↑	6.1

各加固方案　　表 12.3

左线	K8 +950 ~ K8 +980	K8 +980 ~ K9 +050
注浆方法	双重管双液深孔注浆	双层小导管注浆
注浆距离	30m	70m
注浆范围	径向 2.0m	径向 1.5m
右线	K8 +950 ~ K9 +040	K9 +040 ~ K9 +080
注浆方法	袖阀管注浆	双重管双液深孔注浆
注浆距离	90m	40m
注浆范围	径向 2.0m	径向 2.0m

12.3　洞内双层超前导管预注浆施工

12.3.1　施工方法简介

本工程实施洞内双层超前导管预注浆主要是解决隧道开挖过程中砂层稳定性差及控制暗挖施工对地面建筑物基础的扰动问题，即在隧道开挖前对掌子面拱顶前方一定范围内砂层插打双层超前导管预注超细水泥浆及水玻璃浆液，通过上层长导管注超细单液水泥浆形成壳体，对临时商业楼基础及现况管线进行有效超前支护，防止建筑物及现况管线出现垮塌；下层短导管注改性水玻璃浆液，对拱顶上方局部砂层进行固结，防止出现砂层坍塌，有效控制沉降。长、短导管结合，两种浆液并用，形成具有一定抗压强度和支承能力的复合支护结构，使本段隧道能顺利施工并确保商业楼及现况管线的安全运行。

本段区间隧道上方为西单北大街东辅路及人行步道，人行步道东侧紧邻现况两层临时商业楼，商业楼一层共 17 家商铺，主营服装，每天车辆、行人众多，根本无法采取地面注浆法加固，故采用洞内插打双层超前导管预注浆方法对现况建筑物及管线进行加固。本工法特点：不占用地面空间，不影响交通及地面设施的正常运行；操作简单，难度较小；施工速度较其他加固方法更快且加固效果好，更利于初衬结构早封闭。

12.3.2 选择超细水泥浆的必要性及浆液特性

由于本段区间隧道上部管线密集，分别有电力管线、热力管线、污水管线、雨水管线，这些带水管线与隧道顺行交叉且时间较长，并且各管线距离隧道拱顶较近，加上管线必定有渗漏水现象，容易导致初次衬砌施工中出现塌方等危险事故。同时，隧道拱顶土层为粉细砂，孔隙较小，普通水泥浆液压入较为困难，止水、防水效果较差。综合以上情况分析，本次拱顶上方长导管注浆选用超细水泥浆。

超细水泥浆具有以下优势。

1）主要特点

（1）早期强度高。超细水泥 3d 抗压强度 21MPa，超出国标 5MPa。

（2）富余标号高。超细水泥 28d 抗压强度 43MPa，超出国标 10MPa 。

（3）质量稳定。28d 抗压强度标准偏差 $<1.4\%$，远低于国家标准 $<1.65\%$ 的要求。

（4）凝结时间适中。超细水泥初凝时间 3h 左右，终凝时间 4h 左右，并能根据施工要求随时调整。

（5）耐久性好，固结析水小，具有良好的防渗固结效果。

（6）无毒，对地下水和环境无污染。

2）主要性能

（1）工作性能。超细水泥，由于采用“四掺”混合材，在混合材品种的选择上，注重选用对水泥各项性能互为补充的混合材进行复合，克服单一混合材对水泥性能产生的不足，取得最佳的复合效果，因此水泥的和易性得到极大改善。超细水泥，由于采用“超细”粉磨技术，水泥的粉磨细度达 5000cm^2/g 以上，水泥的流动性、黏聚性大幅度提高，取得理想的工作性能。

（2）力学性能。超细水泥，由于采用“超细”粉磨技术，水泥粉磨细度很小，水泥颗粒中对水泥强度起决定性作用的 3 ~ 32μm 颗粒占 85%，远远超过传统粉磨中 3 ~ 32μm 颗粒的比例。因此，超细水泥各龄期强度大幅度提高。超细水泥，由于采用“超细”粉磨技术，水泥颗粒分布范围发生根本变化，水泥颗粒级配（主要集中在 16 ~ 24μm）范围变窄，水泥各项性能较高。而传统粉磨中水泥的颗粒级配范围较宽，水泥各项性能较低。超细水泥，由于采用“超细”粉磨技术，水泥颗粒形状发生了根本的变化，表现为水泥颗粒的球形化程度很高。而传统粉磨中水泥颗粒形状大都为不规则多角形。球形化程度高，水泥的流动性好，需水量低。因此，水泥各龄期强度都较高。

(3)耐久性能。超细水泥，由于采用"超细"粉磨技术，掺入的混合材细度很小，这样较细的混合材粉可充分填充到水泥的孔隙中，从而增加了水泥的密实性，减小水泥的孔隙率，因此极大地提高了水泥的抗冻性、抗渗性和抗浸蚀性。超细水泥，由于采 用"超细"粉磨技术，微细的石灰石混合材参与水化反应，生成针状的水化碳酸钙晶体，具有很高的强度。同时微细的火山灰混合材具有不定型的 SiO_2、Al_2O_3，与水泥水化形成的 $Ca(OH)_2$ 反应，生成水化碳酸钙和水化铝酸钙，极大地提高了水泥各组分的黏结作用，使水泥的长期强度逐步增长。

3)试验对比

(1)普通水泥掺早强剂与超细水泥掺早强剂进行强度对比试验试拌。

试验条件：室温17℃，水温14℃。

试验结果如表12.4所示。

普通水泥和超细水泥试验对比　　表12.4

普通水泥			超细水泥		
掺量(%)	3d强度值(MPa)		掺量(%)	3d强度值MPa	
	水灰比0.8	水灰比0.6		水灰比0.8	水灰比0.6
0	5.5	8.7	0	10.3	11.0
2	—	15.1	2	13.2	13.1
4	—	15.8	4	10.1	17.0
6	—	14.1	6	7.0	17.5
8	—	19.5	8	7.0	—
10	—	19.5	10	13.2	15.6

(2)对普通水泥不掺早强剂与超细水泥不掺早强剂进行强度对比试验。

试验条件：室温15℃，水温13℃，试验结果如表12.5所示。

普通水泥和超细水泥试验对比图　　表12.5

普通水泥			超细水泥		
时间(h)	强度值(MPa)		时间(h)	强度值(MPa)	
	水灰比0.8	水灰比0.6		水灰比0.8	水灰比0.6
12	0.07	0.16	12	0.07	0.13
24	0.68	1.53	24	0.81	1.6
36	2.01	3.37	36	1.58	3.29
48	3.2	2.84	48	2.4	4.4

12.3.3　双层超前导管预注浆施工工艺

双层超前导管预注浆施工内容主要包括封闭工作面、钻孔、安设小导管、注浆、效果检验等工序。小导管注浆施工工艺流程见图12.13。

1)注浆加固范围及双层超前导管布设

开挖时超前预支护采用双层 ϕ42mm×3.25mm 普通水煤气花管注超细水泥浆及改性水玻

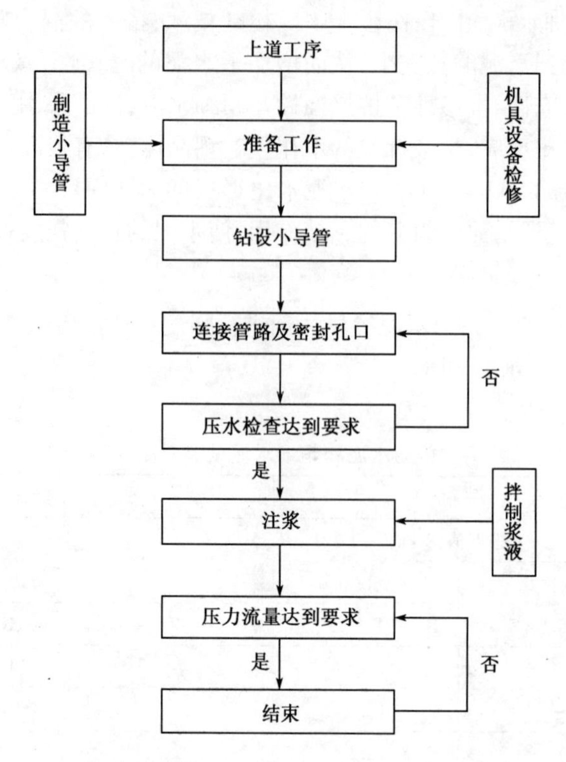

图 12.13　小导管注浆施工工艺流程图

璃浆液加固地层。

(1)上层长导管。沿开挖轮廓从格栅腹部穿过,环向间距 300mm,纵向间距 1000m,仰角 30°,布设范围 150°圆心角;导管单根长 3m,前后导管重叠 1.6m,预注超细单液水泥浆加固地层。

(2)下层短导管。沿开挖轮廓从格栅腹部穿过,环向间距 200mm,纵向间距 500mm,单根长 1.5m,仰角及外插角 10°~15°(角度过小影响格栅的架设,极易造成侵限,角度过大,易出现严重超挖现象),布设范围 150°圆心角。预注改性水玻璃浆液固结砂层。

2)导管加工制作

(1)先把 ϕ42mm×3.25mm 无缝钢管截成需要的长度,在钢管的一端做成 100mm 长的圆锥状,便于插打在距另一端 100mm 处焊接 ϕ6 钢筋箍,防止打设小导管时端部开裂,影响注浆管路连接。

(2)距钢筋箍一端 700mm 不开孔,以防漏浆,剩余部分每隔 200mm 梅花形布设 Φ8mm 溢浆孔用于泄浆,防止注浆出现死角。

小导管加工见图 12.14。

3)导管安装

(1)由于区间隧道全断面及拱顶以上 4~5m 均为砂层,施工时用 ϕ20mm 钢管制作风管,将吹风管缓缓插入土中,用高压风射孔,成孔后将小导管插入。

(2)插入小导管时如果困难,使用风镐顶入。

(3)用吹风管将管内砂石吹出或用掏钩将砂石掏出。

(4)小导管周围缝隙用塑胶泥封堵，并用棉纱将孔口堵塞。

(5)为防止注浆过程中工作面漏浆，小导管安设后对工作面进行喷射混凝土封闭，喷射厚度视土质情况以50～80mm为宜。

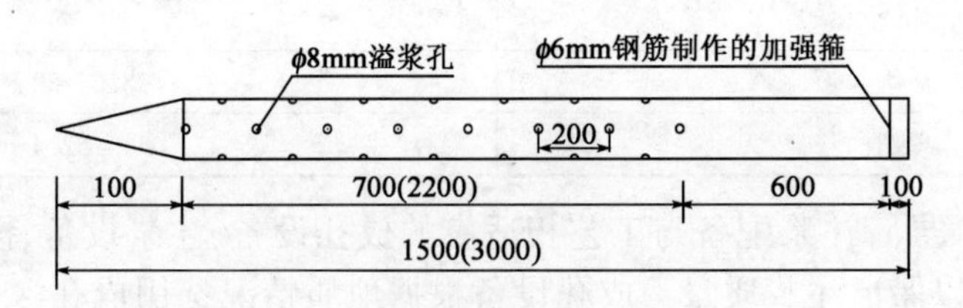

图12.14　小导管加工示意（尺寸单位：mm）

注：括号内数字为长导管尺寸

4)浆液选择

区间正线隧道内设双层超前导管，其中上层长导管预注超细单液水泥浆，下层短导管预注改性水玻璃浆液。

5)超细单液水泥浆配制

超细单液水泥浆由超细水泥和水搅拌而成。

注浆原材料：超细水泥，粒径 $d_{90} \leqslant 20$um，比表面积 >8000cm^2。

浆液配合比：超细单液水泥浆水灰比为1∶1（重量比）。

6)改性水玻璃浆液配制

酸性水玻璃由碱性水玻璃加入稀硫酸配制而成。

(1)注浆原材料。

水玻璃：模数2.8～3.3；浓度不低于40Be′。

硫酸：浓度98%以上，也可用废酸代替。

(2)浆液配合比。

甲液：浓度为10～20Be′水玻璃。

乙液：10%～20%稀硫酸。

将一定量的甲液倒入乙液中，其比例根据所配浆液的pH值确定。

7)注浆

(1)注浆参数的选择。注浆参数选择见表12.6。土的空隙率参数见表12.7。

注 浆 参 数　　表12.6

项目 指标	超细单液水泥浆	改性水玻璃浆液
注浆初压（MPa）	0.2	0.2
注浆终压（MPa）	0.4	0.4
浆液扩散半径（m）	0.2	0.25
注浆速度（L/min）	≤50	≤30
浆液注入量：按公式 $Q=\pi R^2 Ln\alpha\beta$ 计算。式中，R 为浆液扩散半径（m）；L 为注浆管长度（m）；n 为地层孔隙率；α 为地层填充系数，取0.8；β 为浆液消耗系数，取1.1～1.2		

土空隙率参数　　表 12.7

土名称	空隙率(%)
冲积中、粗、砂砾	33 ~ 46
粉砂	33 ~ 49
亚黏土	28.6 ~ 50
黏土	41 ~ 52.4

(2)注浆设备。导管注浆配备与工艺相适应的成孔设备、注浆设备、搅拌设备和其他设备,不可临时拼凑,以保证注浆质量。成孔设备根据地质情况选用成孔深度 3m 以上的高压(0.6MPa)吹管。根据注浆工艺,配有双液注浆泵,搅拌水泥浆液采用人工搅拌方式,其注浆压力不小于 5MPa,排浆量大于 50L/min 并可连续注浆。搅拌改性水玻璃采用风动搅拌方式,搅拌水泥浆液采用人工搅拌方式,其搅拌桶有效容积不小于 400L。导管注浆时,根据需要配有混合器、抗震压力表、高压胶管、高压球阀、水箱及储浆桶等辅助设备。导管注浆时,还配备必要的检验测试设备,如秒表,pH 值量测计等。所有计量仪器、仪表均有产品合格证及检定单位检定合格证。

(3)注浆工艺。

①注浆开始前,根据注浆方式(单液)正确连接管路。

②注浆开始前,进行压水试验,检验管路的密封性和地层的吸浆情况,压水试验的压力不小于终压 0.5MPa,时间不小于 5min。

③管路畅通后,将配好的浆液倒入泵储浆桶中,开动注浆泵,再通过小导管压入地层。注浆施工工艺流程见图 12.15。

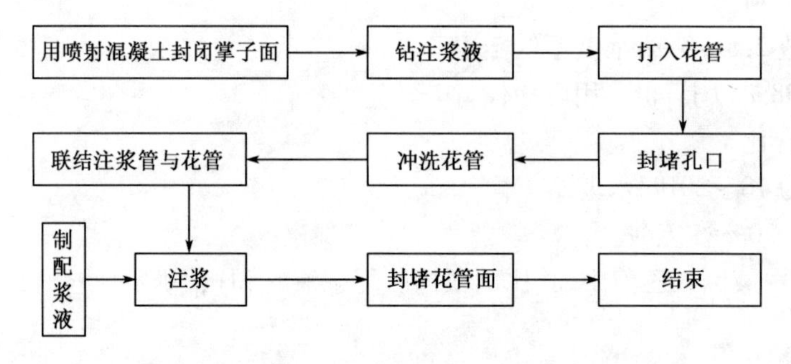

图 12.15　注浆施工工艺流程

④注浆关键技术措施。注浆过程中,严格控制注浆压力,注浆终压力必须达到 0.2 ~ 0.4MPa,并稳压,保证浆液的渗透范围,防止出现结构变形、串浆,危及地下构筑物、地面建筑物的异常现象。当出现浆液从其他孔内流出的串浆现象时,将串浆孔击实堵塞,轮到该管注浆时再拔下堵塞物,用铁丝或细钢筋清除管内杂物,并用高压风或水冲洗(拔管后向外流浆不必进行此工序),然后再注浆。注浆管与小导管采用活接头连接,保证快速装拆,拆下活接头后,快速封堵小导管口,防止未凝固的浆液外流。注浆的次序由两侧对称向中间进行,自下而上隔孔注浆。注浆过程有专人记录,每隔 5min 详细记录压力、流量、凝胶时间等,并记录注浆过程中的情况。

12.4　袖阀管加固土层施工方案

12.4.1　袖阀管工法原理

袖阀管注浆工法就是在注浆孔内套入带有内外止浆塞的注浆芯管，注浆芯管在注浆孔内可自由地移动，根据地层变化情况和注浆要求，把止浆塞限定在某一注浆区间进行注浆。在注浆区间内各注浆参数可以自由设定，在各区间内可以实现反复注浆。

袖阀管注浆工法首先用钻机成孔，待钻到规定的深度后，插入具有特殊构造的袖阀芯管。然后，一边拔出注浆芯管一边注入特定浆液，浆液在管子周围和土层接触形成固结的高强度浆块来起到地层加固改良效果。具体工艺流程见图12.16。

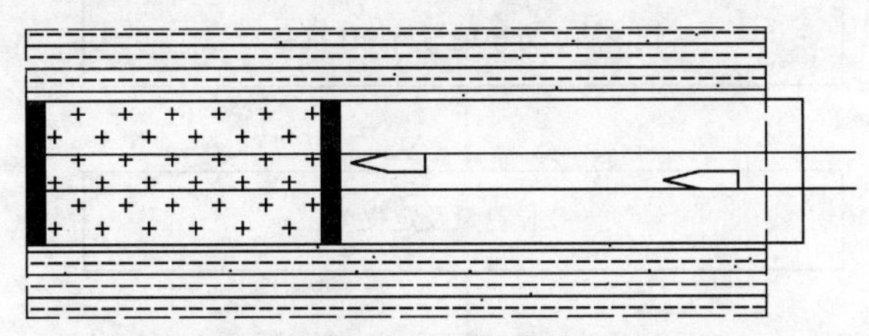

a)袖阀管注浆示意图（第一区间）

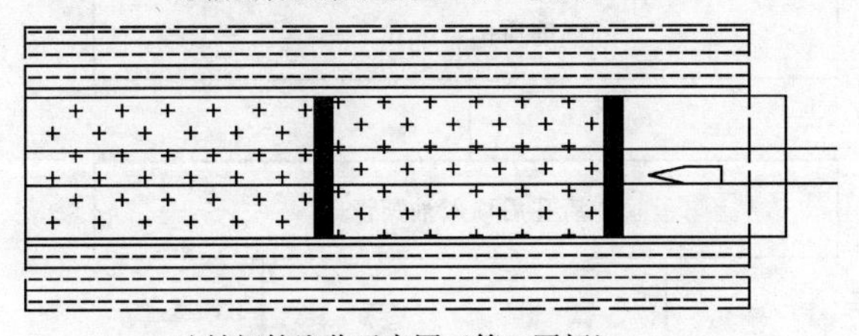

b)袖阀管注浆示意图（第二区间）

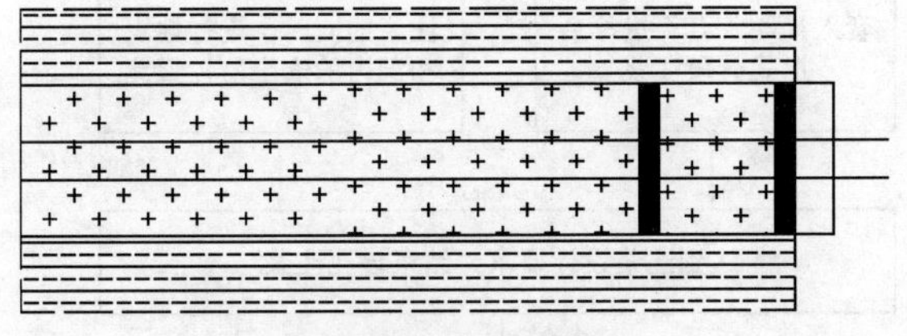

c)袖阀管注浆结束示意图

图12.16　袖阀管注浆流程示意

主要的注浆设备及材料配备见表12.8。

主要设备及材料一览表　　表12.8

名　称	单　位	数　量	工作内容
地质钻机	台	4	打孔
KBY50/70 注浆泵	台	4	灌浆
低速搅拌机	台	3	储浆

续上表

名　称	单　位	数　量	工作内容
高速搅拌机	台	3	制浆
袖阀芯管止浆塞	个	100	分段止浆
袖阀注浆管	m	10363	注浆外管
普通水泥	t	若干	浆料

12.4.2　土层加固处置施工工艺

根据相关的设计图纸及地质剖面图,拟采用袖阀管后退式分段注浆工艺对地铁4号线9标区间隧道土层进行注浆加固处置。主要是使用工程地质钻成孔,然后顶入袖阀管式注浆管,套入袖阀注浆套管注浆。具体施工工艺流程如图12.17所示。

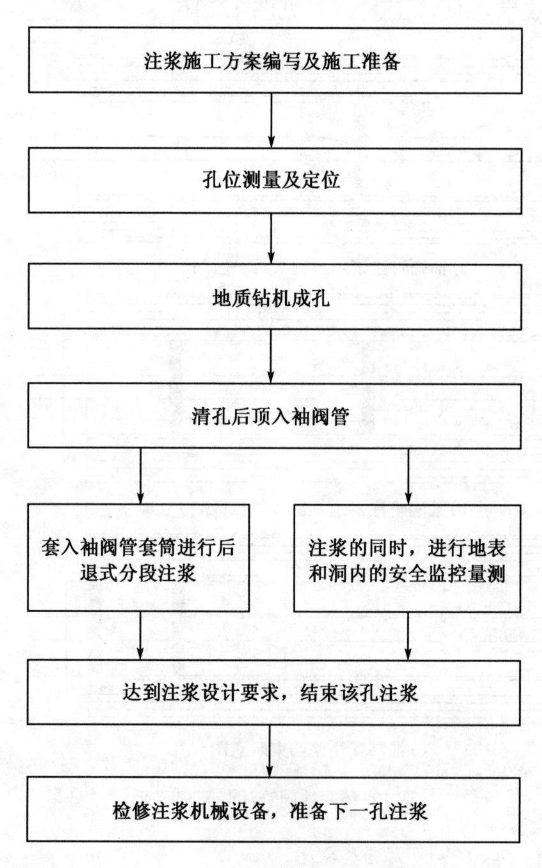

图12.17　袖阀管注浆工艺流程

12.4.3　土层注浆加固处置方案参数设置

1)孔位布置

根据具体土层地质情况,采用半圆形布孔方案。为保证加固处置范围满足要求,注浆孔位

设计布置时沿开挖轮廓线依次向内侧布设。具体影响辐射计算图见图12.18。

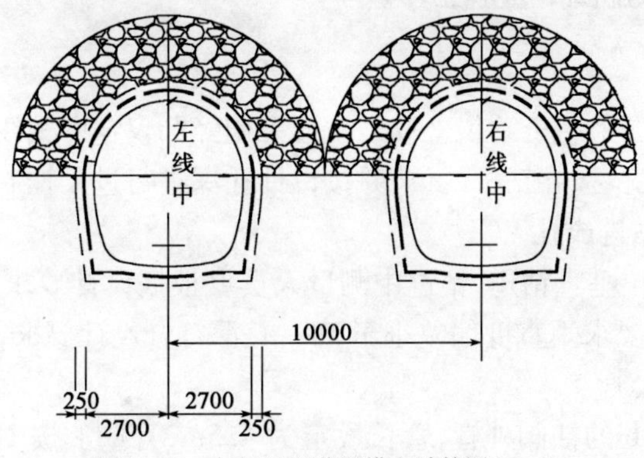

图12.18　加固处置范围横向计算图(mm)

2)注浆压力设置

注浆压力是浆液在裂缝中扩散、充填、压实、脱水的动力,注浆压力太低,浆液不能很好充填裂缝,扩散范围受到限制而影响注浆质量;注浆压力太高,会引起裂缝扩大、岩层移动和抬升,浆液会扩散到预定注浆范围之外。

特别要注意注浆不可引起地表隆起,破坏地面设施或洞内结构物现象发生,压力应以不使地层和结构物受到较大变形影响为基础,把拌制浆液均匀注入岩土孔隙内,其大小结合地层情况及以往成功经验进行确定和调整。根据地质剖面图情况确定袖阀管分段后退式注浆各注浆区段的注浆压力,在粉细砂层压力采取1.2~2.0MPa,使粉细砂层不稳定层通过挤密、劈裂、渗透填充来增强整体强度;黏土区采取压力1.0~1.5MPa,这样使浆液很好地渗透于黏土裂隙,同时可把黏土层间不稳定层挤密填充浆液以增强整体稳定性和土体整体强度。注浆过程中要随时注意压力变化和洞内结构物变形情况,当出现的情况与设计不符时应及时根据地层剖面图进行分析、总结、调整、设计和整参。

3)注浆材料及其他各项数据设定

注浆材料及其他各项数据设定见表12.9。

注浆参数设定　　表12.9

名　称	中粗砂层	粉细砂层
注浆材料	42.5级水泥单液浆	42.5级水泥单液浆
配合比	0.8:1	1:1
注浆压力(MPa)	1.2~2.0	1.0~1.5
设定扩散半径(m)	0.8	0.8
分段长度(cm)	120	80
单位注浆量(m^3/延米)	0.5	0.3
设置孔径(mm)	50	50
浆液损失率(%)	15	15
注浆速度(L/min)	5~100	5~100

12.4.4 土层注浆加固处置施工步骤

(1)测量定孔位

根据设计孔位布置图采用全站仪坐标定位或采用经纬仪定中轴线配合钢尺丈量的方式确定孔位,随后根据布设孔位指导钻机就位,并按设计孔深进行进尺控制。

(2)工程地质钻机钻进成孔

根据测量确定的孔位垂直钻进,钻进中测量人员要根据设计要求二次校正钻孔垂直度及孔位,孔径设为50mm。要求垂直度偏差小于1%,孔深符合设计要求,钻孔要进行分序施工。

(3)安装袖阀管及套管

袖阀注浆管采用ϕ46的袖阀外管,管长设定为4.5m,管壁上按150~300mm间距梅花状钻8mm孔溢浆孔,以利于浆液扩散。要求袖阀注浆外管内壁光滑、无杂物。

在确保清孔彻底后,将带有内外止浆塞的袖阀芯管插入已制作成型的袖阀注浆外管内预定位置,连同袖阀注浆外管一起下放到注浆孔底。注浆管下方到预定位置后,注浆外管端部封孔,以保证注浆过程中浆液不外漏,注浆管稳定。在分段注浆过程中,袖阀芯管止浆塞主要起到隔离作用,能将浆液限定在注浆预定区段内的任意范围内注浆,防止浆液外冒。

(4)制浆

注浆材料的选择关系着注浆工程的成败、质量,要保证浆液渗透性,提高形成结石体的强度。浆液要流动性好、黏度低,能进入细小裂隙;形成的结石体要有一定的抗压和抗拉强度,且抗渗性、耐老化性能好。

制浆应使用不小于200r/min的制浆机,搅拌时间不少于5min,不大于90min,出浆孔处设置过滤网,以防大的块状物堵塞注浆管路。

(5)袖阀管分段后退注浆

粉细砂—黏土层由于孔隙小、渗透性差,采用袖阀管后退式注浆,注浆压力不宜超过2.0MPa,达到注浆量或压力后,停止注浆。当注浆压力或注浆量达到设计要求,即可后退80~120cm继续进行注浆,直至注浆结束。注浆后退时要在压力有所下降和浆液略微初凝后进行,以免出现浆液倒出和压力顶出注浆管路,同时注浆压力或注浆量达到上限后须稳压2~3min。浆液注入土层后,以800mm扩散半径渗透、填充、挤密土体,形成高强度的固结体。注浆孔及扩散范围布置如图12.19所示。

注浆过程中应注意监测反馈信息及注浆周围结构物的变化情况,结合设计和施工组织设计给定的参数范围,适时调整、灵活掌握。

(6)现场清理

注浆结束后要及时对注浆泵、制浆机及所有注浆管路进行清洗,对现场施工场地进行清理,做好现场文明施工和环境保护工作。

12.4.5 施工管理及控制

1)加固地层变形监测及安全控制

注浆施工过程中被加固地层及地面结构物的安全控制主要是监控量测和人工巡查。监控

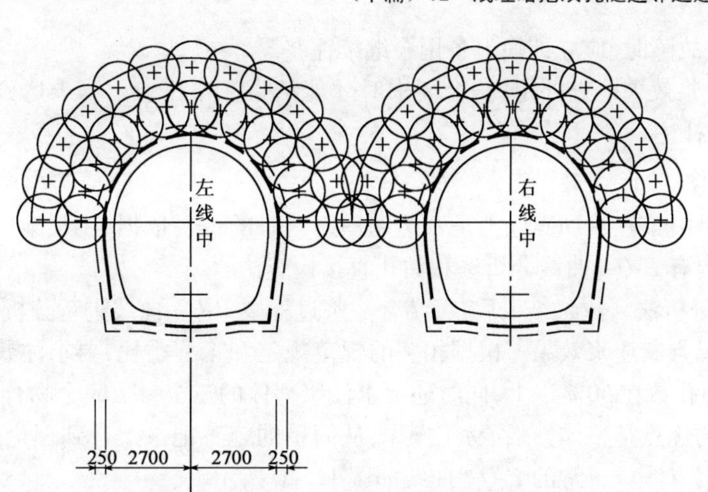

图 12.19　注浆孔及扩散范围布置

量测是最主要的控制被加固地层变形的措施，该方法通过对注浆区域附近地表和洞内的监测，能精确地了解到注浆施工过程中地层微小的变形情况，及时预报险情，防患于未然。人工巡查就是在注浆施工过程中安排人工在地表和洞内进行不间断的巡视，当巡视人员发现突然出现的险情，及时通知注浆人员停止注浆，分析原因、采取措施，将险情造成的损失降至最低。这两种措施合理安排、相互补充，构成一个相对比较完整的控制地层变形的安全体系。

(1)监控量测。注浆施工中进行监控量测的目的是掌握注浆施工所产生的压力对周围土体、洞内结构物及地表的影响，通过获取变形的动态信息，以此预报可能存在的险情，通过调整注浆参数(如注浆压力、浆液比例调整及分段长度等)消除危险隐患。

(2)人工巡查法。在注浆施工过程中，一小部分浆脉的走向具有随机性，而所进行的精确的监控量测主要在于地层变化的整体性和可预见性，但该方法在空间和时间上均存在一定的间断，所以人工巡查法的意义在于能在局部地点和时间，及时发现已经出现的险情，及时处理，减少损失。具体是在加固注浆施工过程中，分别安排专人在地表和洞内进行不间断、全区域的巡视。

当巡查人员发现险情后，要立即通知作业施工的技术人员即刻停止注浆作业，技术员然后通知相关领导，根据险情的具体情况召开相关人员的技术讨论会，分析险情出现的原因，采取相关措施消除类似险情的重现。

2)质量保证措施

(1)施工过程要严格工序控制，加大施工的技术含量，专业技术人员现场值班，划分作业区域、采用“双控”指标作业，根据施工和地层的变化情况，适时调整注浆压力、分段长度和注浆材料的种类及配比，保证注浆效果。

(2)应严格按照设计参数进行钻孔，钻孔孔位及垂直度偏差符合相关规范规定。

(3)注浆材料应满足设计要求，严禁使用过期结块的水泥，必要时进行检验。

(4)浆液搅拌应均匀，搅拌时间为 3 ~ 5min，但不得超过 90min，未搅拌均匀或沉淀的浆液严禁使用。

(5)注浆过程中，时刻注意泵压和流量的变化，若吸浆量很大或压力突然下降，应及时查明原因，采取措施。

(6)一台泵发生故障时,应立即换上备用泵继续注浆。

(7)严格进行注浆效果检查评定,符合要求时才能结束注浆作业。当未达到注浆结束标准时,应进行分区间补注。

3)注浆效果评价

注浆效果评价是决策注浆加固施工是否达到预期效果的主要依据,注浆施工中目前普遍采取的检查方法主要有 *P-Q-t* 曲线分析法和钻孔直接检查法。

(1)*P-Q-t* 曲线分析法。注浆结束后,可结合注浆过程中 *P-Q-t* 曲线进行分析,通过这三个相关参数的变化情况判断注浆效果。根据相关的规范规定和工程类比,要求注浆时单孔吻合正常的 *P-Q-t* 曲线的孔数在60%以上,同时还要求注浆整体的三个参数完全吻合正常的 *P-Q-t* 曲线。该评价方法的优点是整体性强、易于操作,从简单的施工记录上升到理论分析,是评价地层加固注浆的常用方法。正常的 *P-Q-t* 曲线如图12.20所示。

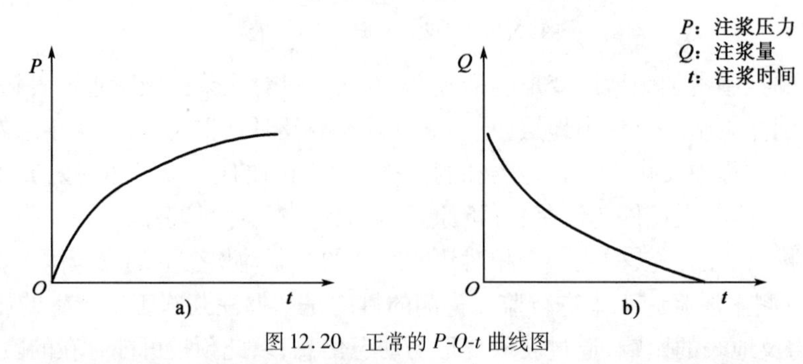

图12.20　正常的 *P-Q-t* 曲线图

(2)钻孔直接检查法。注浆施工结束以后,每隔1横排孔设一个检查孔,要求70%以上的检查孔,做到注浆效果明显、注浆结块强度达到1.2MPa 。该方法的特点是地层改良的效果比较直观,但随机性较大。为了保证注浆效果检查的可靠性,结合以上两种评价方法的优缺点,对这两种评价方法同时采用,综合分析,复核评价。

4)安全保证措施

(1)严格执行量测监控体系,确保注浆施工过程中结构物变形的安全性。

(2)施工作业过程必须做到安全用电,加固注浆施工队配备专门的电工,按项目安全用电的相关规则作业。

(3)注浆管路及连接件必须采用耐高压装置,当压力上升时,要防止管路连接部位爆裂伤人。

(4)孔口管、止浆塞要安装牢固,施工期间严禁人员站在其冲出方向前方,以防止孔口管、止浆塞冲出伤人。

12.5　深孔注浆施工方案设计

12.5.1　主要设计内容

(1)地层影响分析

区间隧道穿越的地层条件差，暗挖结构穿越的地层主要有粉细砂、中粗砂、圆砾、卵石圆砾层，拱顶以上为粉土③层、中粗砂④$_4$层或粉细砂④$_3$层，砂层占80%，土体自稳能力差，地层透水性较好，易发生塌方，施工中要做好超前支护等工作，防止坍塌。

(2)水文地质条件

本区间在勘察深度范围内，沿线内仅见一层地下水，为层间潜水：含水层为卵石圆砾⑦层，隔水层为粉质黏土⑥层，黏土⑥$_1$层，水位高程为24.92～25.55m，水位埋深为19.85～21.25m。

根据勘察报告，本段穿越两层临时商业楼的区间隧道，拱顶位于中粗砂④中，土体属Ⅵ类围岩，自稳性极差，地层透水性较好，易发生塌方。

12.5.2 施工方法

根据本工程注浆加固范围不同可分为两套施工方案，方案一为隧道全断面注浆加固措施，采用此方案，全封闭防水，可靠性及稳定性好，且能靠自身结构的整体性承重，但工程量大，造价相应较高；方案二为上导式半断面注浆加固措施，此方案仅为隧道上半断面土层加固，下部不封闭，防水性较方案一差，且下部由土体受力，如果土体自稳差，或土体稍有扰动，可能会造成安全事故发生。

扩散式倾斜钻杆回抽注浆法在隧道穿越管线及地表建筑物，不能垂直钻孔时采用，其特点：孔位分布均匀性较差，倾斜钻孔难度较大，且浆液扩散分布均匀度较差，故须采用增加注浆孔数来确保加固效果。

12.5.3 注浆设计

1)注浆材料

注浆材料的特性有：对地下水而言，不易溶解；对不同地层，凝结时间可调节；高强度、止水。

注浆材料配比如表12.10所示。

注浆材料配比　　表12.10

A　液	B　液	C　液
硅酸钠100L	Gs剂8.5%	水泥42%
水100L	P剂4.5%	H剂4.6%
	H剂6.7%	C剂3.2%
	C剂7.1%	水
	水	
200L	200L	200L

注：溶液由A、B液组成；悬浊液由A、C液组成。

注浆时，根据现场实际情况选择不同的浆液类型，适当调整配合比，并适当加入特种材料以增加可灌性和堵水性能，进而提高止水效果。

2)注浆范围

根据岩土工程勘察资料，结合隧道已开挖暴露的地质及地下水情况，经分析和验算，初步确定沿隧道径向加固厚度为2.0m,加固90m,如图12.21所示。加固范围可根据开挖效果,在后续施工中作适当调整。

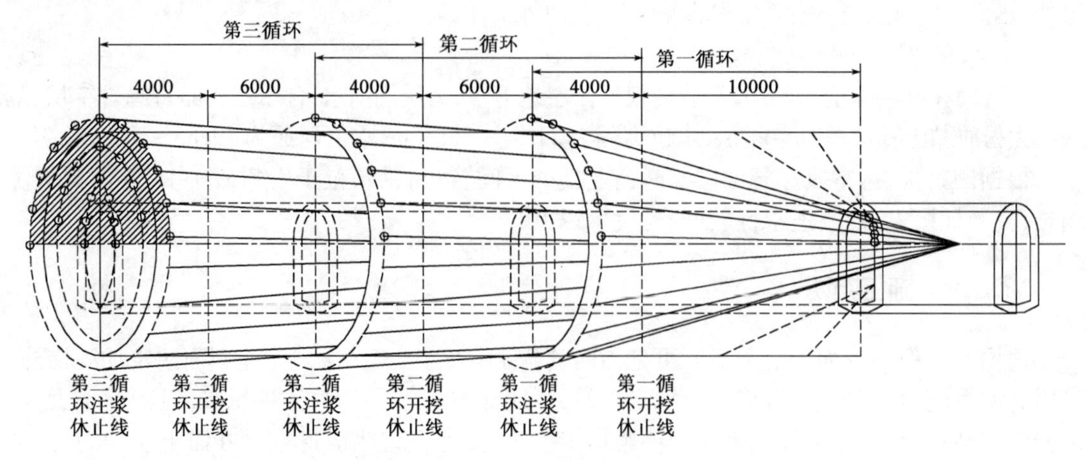

图12.21　加固范围立面(尺寸单位:mm)

3)注浆孔的布置及注入顺序

根据注浆扩散半径计算,孔距一般为1~1.5m,本工程拟采用0.90(内侧)~1.30m(外侧),排距为1.20m,平面布孔采用交联等边四角形布置,如图12.22所示(在后续施工中可根据开挖情况作适当调整)。

注入顺序:隧道加固区域将从外围到中心进行施工。

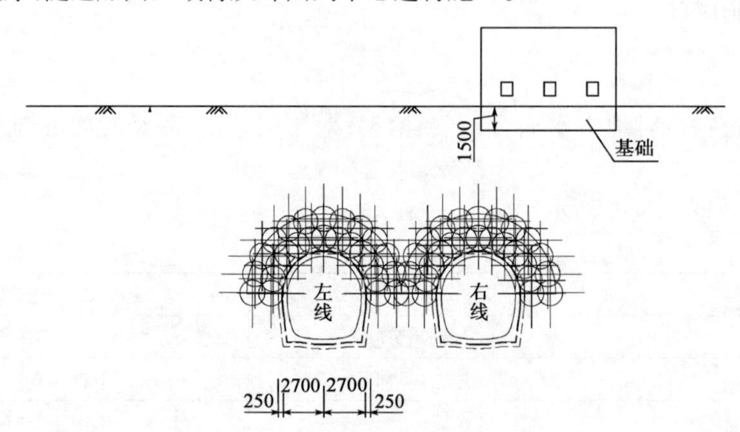

图12.22　注浆孔及扩散范围断面(尺寸单位:mm)

注:1.左线由北向南穿越两层小楼,加固范围为K9+050~K8+950,L=100m;

2.右线由北向南穿越两层小楼,加固范围为K9+080~K8+950,L=130m。

4)主要注浆参数

注浆深度为14m;注浆孔直径为ϕ46mm;浆液扩散半径为0.8m;浆液凝结时间为20s~30min;注浆压力为0.3~1MPa。

5)全断面注浆加固主要工程量

注浆量计算(以加固长度90m计算)。

(1)改良土体土方量:区间隧道 $V = 90 \times 25.6\text{m}^3 = 2304\text{m}^3$。

(2)注入率:25% ~65% 。根据岩土工程勘察资料分析,并结合类似工程注浆数据,为提高注浆止水的效果,提高土体密实度,综合以上情况,本工程取注入率为40%(含损失率)。

(3)浆液注入量:$2303 \times 40\% = 921.3(\text{m}^3)$。

12.5.4　施工管理

1)质量控制

(1)工程质量严格按照本工程制定,并经甲方和监理工程师认可的施工方案执行,严格按国家有关技术规范、规程、标准控制施工。

(2)根据施工程序,严把钻孔深度、配料注浆压力、注浆量关,每一道工序均安排专人负责,并记录好每一道工序的原始数据。

(3)工程质量保证制度:成立工程项目经理为责任的质量管理小组,完善质量保证体系,严格按照质量体系中规定的责权要求运行;定期召开质量分析会议,组织质量教育,严格执行“三检”制度,加强技术交底工作,强化工序控制,由责任心强、经验丰富的工程师担任质量控制人员,实行监督检查,保证工程质量;加强现场施工材料管理,严格执行进料检验制度,保证施工材料满足设计和规范要求,不合格材料不得进场使用,确保工程质量;配备好施工机具和计量工具以满足施工要求,建立健全各种资料、原始记录,作为评价工程质量的重要依据;加强与甲方、监理的配合,认真接受指导和监督。

(4)工程质量措施。

①钻孔施工。开钻前,严格按照施工布置图,布好孔位。钻机定位要准确,开钻前的钻头点位与布孔点之距相差不得大于5cm。钻杆度不得大于1°。钻孔时,密切观察钻孔进度,如果发生涌水情况,应立即停止钻孔,先进行注浆止水(压力应达到0.3~1MPa),确认止水效果后,方可停止注浆,向前继续钻孔施工。

②配料。根据现场不同地质情况选择由A、B液组成的溶液型浆液或A、C液组成的悬浊液浆液,应采用准确的计量工具,严格按照设计配方配料施工。

③注浆。注浆一定要按程序施工,每段进浆要准确,注浆压力一定要严格控制在0.3~1MPa,专人操作。当压力突然上升或从孔壁溢浆,应立即停止注浆,每段注浆量应严格按设计进行,跑浆时,应采取措施确保注浆量满足设计要求。

④注浆完成后,应采用措施保证注浆不溢浆、跑浆。

每道工序均要按排专人负责每道工序的操作记录。

2)安全措施

(1)建立健全各种岗位责任制,严格执行现场交接制度。

(2)钻机注浆泵及高压管路必须试运转,确认机械性能和各种阀门管路以及压力表完好后,方准施工。

(3)每次注浆前,要认真检查安全阀、压力表的灵敏度,并调整到规定注浆压力位置。

(4)安装高压管路和泵头各部件时,各丝扣的连接必须拧紧,确保连接完好。

(5)注浆过程中,禁止现场人员在注浆孔附近停留,防止密封胶冲式阀门破裂伤人。

(6)注浆时不得随意停水停电,必要时必须事先通知,待注浆完成并冲洗后方可停水停电。

(7)注浆施工期间,必须有专门机电修理工,以便出现机械和电器故障时能及时处理。

(8)注浆现场操作人员必须佩戴安全帽、防护眼镜、口罩和手套等劳保用品,方可进行注浆施工。

12.5.5 现场监测

通过现场监测,A、B 两点沉降以及它们之间的差异沉降如图 12.23 和图 12.24 所示。

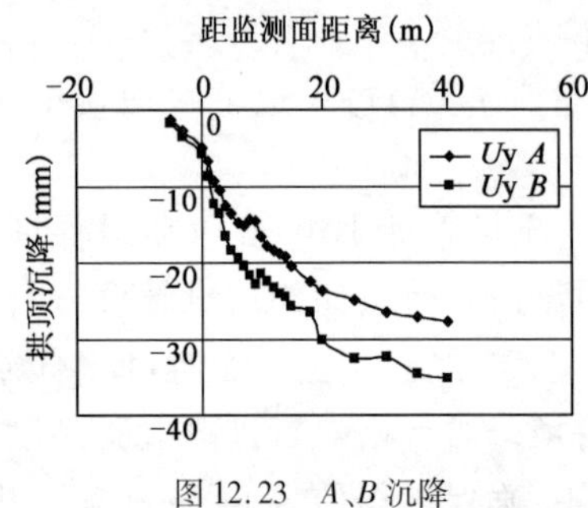

图 12.23 A、B 沉降

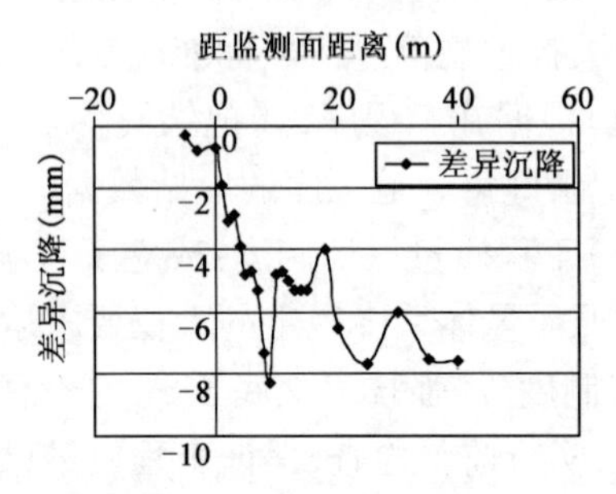

图 12.24 A、B 差异沉降

A、B 两点的沉降及差异沉降如表 12.11 所示。

A、B 两点的沉降及差异沉降 表 12.11

距监测面距离(m)	A 点沉降(mm)	B 点沉降(mm)	差异沉降(mm)
−5	−1.3	−1.6	−0.3
0	−4.9	−5.6	−0.7
5	−13.5	−18.3	−4.8
9	−14.5	−22.8	−8.3
10	−16.6	−21.4	−4.8
15	−20.4	−25.7	−5.3
20	−23.6	−30.1	−6.5
25	−24.8	−32.5	−7.7
30	−26.4	−32.4	−6.0
35	−27.1	−34.6	−7.5
40	−27.6	−35.2	−7.6

图 12.23 显示,A、B 两点沉降规律和地表沉降规律基本一致,由图 12.24 并结合表 12.11 可知,隧道开挖 0 ~ 9m(0 ~ $2D$),拱顶差异沉降速率增长较快;9 ~ 20m($2D$ ~ $4D$)范围内,拱顶差异沉降开始回弹,最后趋于稳定。

由表 12.11 可知,A、B 两点的沉降最终分别为 27.6mm、35.2mm,差异沉降在施工过程中均控制在 10mm 之内,最后收敛于 7.6mm,与预测值 8mm 误差很小,达到了保证隧道施工过程中地下管线和地面建筑物安全的施工要求。

12.6　本 章 小 结

通过对双孔隧道邻近建筑物施工的数值分析以及地层加固技术的研究应用,得到以下结论。

(1)邻近建筑物隧道施工会引起差异沉降,如果不采取相应的措施,对地表建筑物会造成较大的破坏,因此,如何有效地控制差异沉降成为解决穿越邻近建筑物施工技术的关键。通过数值模拟并结合以往的工程经验提出了合理的注浆加固方案,成功地解决了这一难题。

(2)结合北京地铁4号线西单-灵境胡同站区间隧道的具体地质及水文条件,对洞内双层超前导管预注浆、袖阀管加固土层及深孔注浆等地层加固措施进行参数和工艺设计,得以合理应用,在浅埋条件及不良地质条件下成功穿越了建筑物。

(3)监测显示,开挖进尺0~10m(0~$2D$)对小导管应力以及基底的差异沉降影响较大。

13 砂卵石地层浅埋暗挖隧道穿越桥梁关键施工技术

13.1 工程概况及难点

13.1.1 桥梁概况

本工程为北京地铁四号线西直门站—动物园站区间隧道在西直门外大街下穿行。本区间起点里程左线为 K13 + 902.747、右线为 K13 + 903.000，终点里程为 K15 + 125.853，左线全长为 1224.066m、右线全长为 1222.853m。设计隧道穿越西直门桥（高梁桥），隧道正线于桩号 K14 + 000 ~ K14 + 104 段穿过高梁桥基础，设计过桥段长 104m。桥梁外观结构及设计隧道与高梁桥基础位置关系如图 13.1 和图 13.2 所示。

图 13.1 桥梁外观结构

高梁桥上部结构为 3 跨跨度 23m 的预应力简支 T 梁；下部结构沿区间纵向两侧各一个条形桥台，中间为两排独立基础，其中每排独立基础由 4 个厚 2m 的扩大基础组成，中心间距平均为 11.546m，扩大基础分两层浇筑，底层面积为 5.0m × 5.0m，上层面积为 3m × 3m，基础埋深为 4.874m。扩大基础上为独立桥墩，4 个桥墩两侧两个桥墩上由盖梁相连。

根据工程类比和经验分析，提出砂卵石地层浅埋暗挖地铁隧道近接桥梁施工的桥梁变形控制标准。西直门桥为连续梁结构，其桥桩变形控制值为：横向 5mm，纵向 10mm，沉降 30mm。

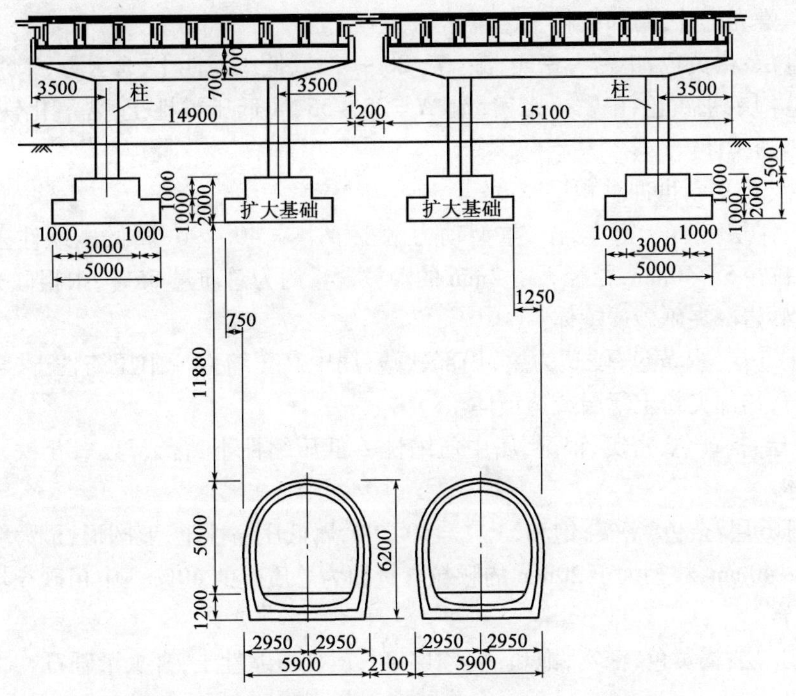

图 13.2 设计隧道与高梁桥基础位置关系图(尺寸单位:mm)

13.1.2 工程场地、工程地质及水文地质条件

1)抗震设防烈度

根据《北京地区建筑地基基础勘察设计规范》(DBJ 01-501—92)附录 P:《北京地区地震烈度区划图》(50 年超越概率 10%),拟建车站位于地震基本烈度 8 度区内。

2)建筑场地分类

根据《西直门站-动物园区间勘察报告》(编号 2003-211-02)及《动物园站勘察报告》(编号 2003-211-03)所提供的资料和勘察结果及《铁路工程抗震设计规范》(GBJ 111—87),判定本场地类别为Ⅱ类。

3)各层土的地层岩性及其特点

岩土工程勘察报告显示,各层土的地层岩性及其特点自上而下依次为:

(1)人工填土层厚度。

粉土填土①层:褐色~黄褐色,稍密,稍湿~湿,含砖渣、灰渣、水泥块、树根等,局部为粉质黏土填土。

房渣土$①_1$ 层:杂色,稍密,稍湿~湿,含砖块、石块,局部为生活垃圾。

(2)第四纪全新世冲洪积层厚度。

粉土②层:褐黄色,中密~密实,稍湿~很湿,属中低压缩性~低压缩性土,含云母、氧化铁、姜石,局部夹粉质黏土、粉砂透镜体。

粉质黏土$②_1$ 层:褐黄色,硬塑为主,局部软塑,属中高压缩性土~中低压缩性土,含云母、氧化铁、姜石、螺壳碎片，局部夹粉土透镜体。

粉细砂③层：褐黄色，中密～密实，湿，$N=20\sim43$，属低压缩性土，含云母、个别砾石。

粉细砂$③_1$层：褐黄色，中密～密实，湿，$N=25\sim55$，属低压缩性土，含氧化铁、个别砾石，局部夹中粗砂透镜体。

(3)第四纪晚更新世冲洪积层厚度。

圆砾卵石④层：杂色，密实，湿，重型动力触探 $N_{63.5}=40\sim90$，属低压缩性土，最大粒径130mm，一般粒径5～40mm，粒径大于2mm的颗粒含量约为总质量55%，中粗砂充填，母岩成分为辉绿岩、砂岩。夹砾砂透镜体。

粉质黏土⑤层：褐黄色，硬塑为主，局部软塑，属中高压缩性～中压缩性土，含云母、氧化铁、螺壳、姜石，局部夹粉土薄层或透镜体。

粉土$⑤_1$层：褐黄色，密实，很湿，属中压缩性～低压缩性土，含云母、氧化铁，局部夹黏土薄层或透镜体。

卵石圆砾⑥层：杂色，密实，饱和，$N_{63.5}=40\sim90$，属低压缩性土，亚圆形，最大粒径110mm，一般粒径15～40mm，粒径大于20mm的颗粒含量约为总质量的60%。中粗砂充填，母岩成分为辉绿岩、砂岩。

中粗砂$⑥_1$层：褐黄色，密实，饱和，$N=31\sim40$，属低压缩性土，含少量砾石。

4)水文地质条件

在勘察范围内，实际量测到3层地下水，第一层为一般第四纪孔隙潜水，含水层土质为卵石⑤层，水位埋深16.8～17.4m，水位高程为33.59～32.41m；第二层为层间潜水，含水层土质为卵石⑦层及粉土$⑦_3$层，水位埋深23.7～28m，水位高程为25.83～21.69m；第三层为承压水，含水层土质为卵石⑨层，水位埋深34.2m，水位高程为16.33m。潜水补给来源主要以大气降水、生活污水及管线渗漏为主，以蒸发、向下越流补给和人工抽降地下水的方式排泄；承压水和层间潜水则以侧向径流和越流方式补给为主，以侧向径流和人工抽降方式排泄。实际工程揭露存在上层滞水和界面水，尽管流量不大，但给隧道施工以及控制沉降带来一定的影响。

13.1.3 施工特点和难点分析

本标段暗挖隧道工程左右线计大于4km，90%是全部穿越砂卵石地层。砂卵石地层是一种典型的力学不稳定地层，颗粒之间空隙大，没有黏聚力，尤其是在无水状态下。颗粒之间点对点传力，地层反应灵敏，稍微受到扰动，就很容易破坏原来的相对稳定平衡状态而坍塌，引起较大的围岩扰动，使开挖面和洞壁都失去约束而产生不稳定。通过实验室筛分试验表明，本处地层为卵石-圆砾层，粒径为20～70mm，最大粒径达到150mm，含砂率为11%～30%，平均内摩擦角为35°左右，N值为27～50，施工中遇到过最大的卵石达250mm，如图13.3所示。本标段砂卵石级配曲线和粒径级配比例示意图分别如图13.4和图13.5所示。

在这种地层中用浅埋暗挖法施工存在以下难点：

(1)在砂卵石地层中施工超前小导管或注浆孔时的成孔难度大，施工速度慢。

(2)砂卵石地层容易坍塌，地层成拱性差，超挖量较大，工作面稳定性难以保证。

(3)上部存在难以降水的上层滞水时，使得砂卵石地层带水施工可能造成砂体的部分流

失,增加地层沉降量控制的难度。

(4)砂卵石地层中浅埋暗挖法隧道下穿越建构(筑)物如桥墩桩基和热力管线等重要结构物容易造成不均匀沉降,从而影响建构(筑)物的安全运营。

图 13.3 施工及实验室筛分的最大粒径

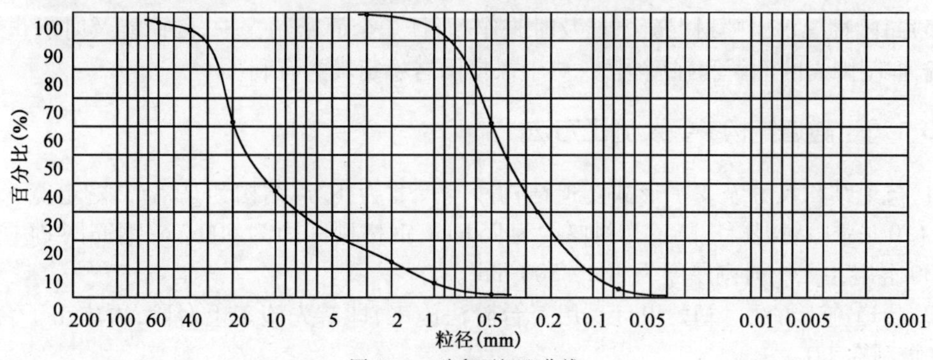

图 13.4 砂卵石级配曲线

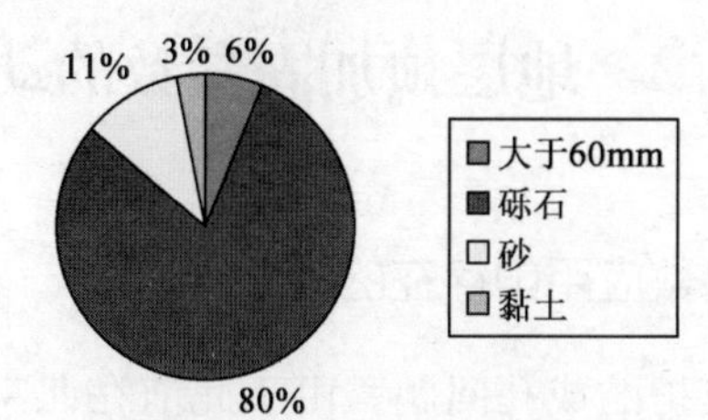

图 13.5 砂卵石粒径级配比例示意图

13.1.4 砂卵石地层浅埋暗挖法的施工技术特点

1)浅埋暗挖法的施工要求

在区间隧道的开挖支护施工中,严格执行"管超前、严注浆、短开挖、强支护、早封闭、勤量测"的十八字施工原则。在施工工序上坚持"开挖一段,支护一段,封闭一段"的基本工艺。

(1)管超前。在工作面开挖前,沿隧道拱部周边按设计打入超前小导管。

(2)严注浆。在打设超前小导管后注浆加固地层,使松散、松软的土体胶结成整体。增强土体的自稳能力,和超前小导管一起形成纵向超前支护体系,防止工作面失稳。

(3)短开挖。每次开挖循环进尺要短,开挖和支护时间尽可能缩短。

(4)强支护。采用格栅钢架和喷射混凝土进行较强的早期支护,以限制地层变形。

(5)早封闭。开挖后初期支护要尽早封闭成环,以改善受力条件。

(6)勤量测。量测是对施工过程中围岩及结构变化情况进行动态跟踪的重要手段,是对围岩和支护结构的变形监测,保证围岩和支护处于稳定状态,以确保施工安全。

2)浅埋暗挖法在施工过程中的技术特点

(1)支护及时性。格栅钢架+钢筋网+喷射混凝土支护施工的及时性能使围岩不因开挖暴露过多而使其强度降低,且能迅速给围岩提供支护抗力,从而改善围岩应力状态。

(2)粘贴性。喷射混凝土同围岩能全面密贴地粘贴,黏结力一般可达700N/cm^2,不仅提高了围岩的强度,而且减少了围岩的应力集中。

(3)柔性。由于喷射混凝土与围岩密贴黏结,且喷得较薄,故呈现一定的柔性,因而易于调节围岩变形,能有效地控制允许围岩塑性区有适度地发展,以发挥围岩的自承能力。

(4)灵活性。由于喷射混凝土施工工艺可随时调整并可分次完成,因而具有相当大的灵活性,这对于加固围岩、提高承载力非常有利。

(5)封闭性。由于喷射混凝土能及时施作,而且是全面密贴支护,因而能及时阻止地下水的渗流,抑制围岩的潮解和强度损失,对于保持围岩稳定极为有利。

13.1.5 隧道结构参数及施工方法

(1)隧道结构尺寸及支护形式隧道结构净空尺寸为:隧道结构为马蹄形,隧道宽5.9m,高6.28m。C20早强喷射混凝土隧道初衬厚度为250mm,钢格栅间距为500mm,钢筋网ϕ6@150×150,C30混凝土二次衬砌厚度为300~500 mm。

(2)隧道施工方法。初始设计采用正台阶法施工,即首先施工上台阶,再施工下台阶,台阶长度控制在1D。

13.2 地层预加固参数的动态设计

13.2.1 原始设计参数应用中存在的问题

(1)砂卵石地层超前支护的成孔问题。由于此前在北京地铁施工中,尚无砂卵石地层浅埋暗挖隧道施工经验,设计按常规选择超前支护为3m长小导管,格栅榀距0.75m,两榀打设一次的方式,而实践证明传统的打设小导管方式难以适用于砂卵石地层,超前小导管打设异常困难,费时费力,工作面塌方不断。

(2)难以做到无水作业施工。尽管地层偶有变化,但隧道穿越地层基本为砂卵石层,由于地表无法实施降水,虽然在工作面采取了一定的洞内降水措施,但基于砂卵石地层的特点,工作面核心土处的拱脚部位积水严重,不利于隧道的及时支护与封闭,对控制沉降极为不利。

(3)隧道穿越砂卵石地层,拱部尚有3m左右的砂卵石地层,其上为3m左右的粉质黏土,对含水砂卵石地层而言,极易造成工作面的失稳。

13.2.2 地层预加固参数的动态设计及应用

为提出更合理的地层预加固参数,依据本书第7章给出的设计计算方法,对上述地层预加

固原始设计参数进行合理性验算。

1）基本参数

（1）隧道参数：D 为6.2m，H 为3.2m，一次进尺 a 为0.75m。

（2）地层参数：Z 为15.2m，隧道穿越砂卵石地层，c 为5.0kPa，φ 为45°，E_e 为40MPa，K 为30MPa/m，k_0 为0.39，ν 为0.28，γ_a 为22kN/m^3。

2）工作面上覆地层结构稳定性判别

覆跨比 Z/D 为2.45，依据本书第5章研究结果，可认为上覆地层为第一类地层条件，即隧道工作面上覆有富水砂层及流塑状软土条件。根据式(7.18)和式(7.19)进行相对隔水层厚度检验计算。考虑进尺 a 为0.75m，则抛物线拱的最大高度 h_{to} 为1.1m，椭球体拱的最大高度 h_{eo} 为2.8m。上覆地层有3m左右相对隔水层粉质黏土，因此地层预加固的作用荷载应按全拱法计算。

3）超前预加固结构作用荷载 q 的确定

对穿越桥区段，q 按全拱法计算：$2.8\times22=61.6$kN/m^2。

4）选择力学模型并求解其力学参数

（1）力学模型选择。对富水砂卵石地层条件，选用模型Ⅰ。

（2）弯矩的求解和比较。由模型Ⅰ，弯矩 M_{-a} 为0.44kN·m。由式(7.25)，对 ϕ32的小导管，其允许的最大弯矩值 M_{max} 为0.394kN·m，在穿越桥区段，设计采用的超前小导管参数的强度稍偏小。值得说明，上述分析中，还未考虑桥梁自重及桥梁上部活荷载等的作用和影响。

5）工作面土体的稳定性分析

上述参数条件下，工作面土体的稳定性分析的最小上限解为：N_s 为2.62，H_{cr} 为2.45m，L_{pcr} 为1.5m。由判别式(7.27)，如果不考虑核心土的效果，则临界高度小于工作面自由高度3.2m，对砂卵石地层而言，核心土即使留设也极为困难，难以达到一定的效果，因此为确保安全，可按不考虑核心土来分析工作面土体稳定性问题。

这说明在进尺为0.75m的情况下，原设计参数并不能完全保证工作面土体稳定特别是控制沉降的要求。

综上，对原始设计的预加固参数的合理性评价如下。

（1）选用 $\phi32\times3.25$mm的超前小导管，其强度稍偏小，如果考虑桥梁自重及桥梁上部活荷载等的作用的和影响，超前小导管不满足要求。

（2）如果不考虑核心土的作用效果，地层预加固参数并不能完全保证工作面土体的稳定，也不能有效控制地表的沉降量。

非穿越段的施工实践表明，上述预加固参数也不尽合理。在未修改地层预加固参数前，工作面小塌方频繁，地表沉降量超标准值30mm。

13.3　工程施工方案论证

13.3.1　各备用方案说明

1）隧道断面开挖方案

隧道下穿高梁桥时采用CRD工法开挖施工和一般全断面开挖两种方案来进行对比分析。

提出的 CRD 开挖方案如图 13.6 所示。

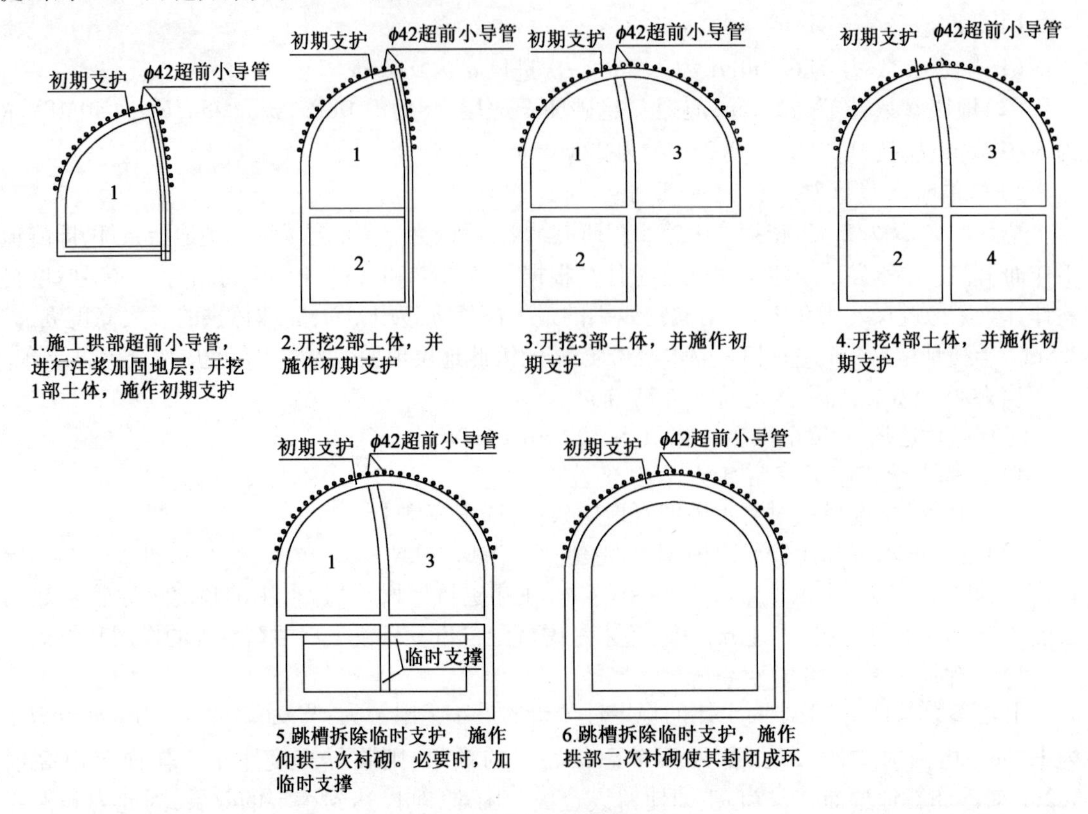

图 13.6　区间隧道施工步序

2）注浆加固方案

在工程施工前，提出并制订了全断面前进式深孔注浆加固方案，以备实施。

3）桥桩加固方案

高梁桥基础为 4 个扩大基础，为控制桥桩的变形，在两个扩大基础中间补充基础，此加固措施在地铁区间结构施工前完成并且达到强度的 80%。同时在既有及新建基础下部预埋补偿注浆管，如果发现桥梁基础下沉超过产权单位允许值，对基础进行注浆加固。如图 13.7 所示。

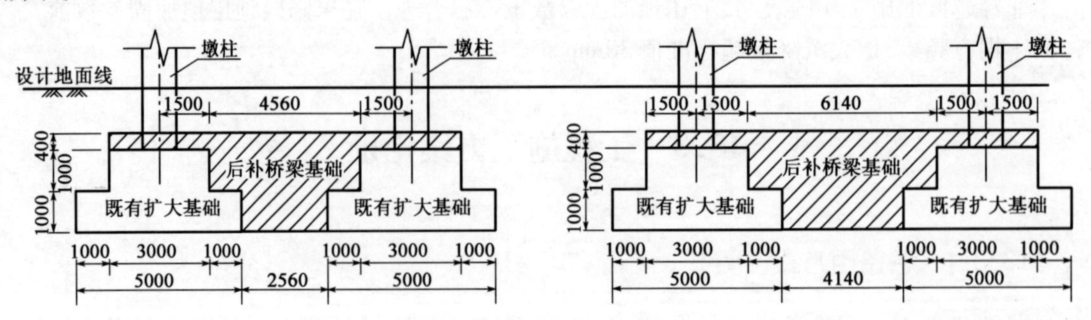

图 13.7　桥桩加固（尺寸单位：mm）

同时在该桥下施工时应采取以下措施：

(1)风道开洞施工区间正洞前，必须先施工风道二衬结构，待强度达到100%后方可施工正洞。

(2)在既有桥基范围内，区间初支施工由台阶法改为CRD工法。

(3)在既有桥基范围内，区间二次衬砌混凝土加强配筋，并在一侧混凝土强度达到100%后才能进行另一侧混凝土施工。

为了确定隧道施工对桥梁的影响是否真的需要对桥桩进行加固，下面对隧道进行了施工过程的动态分析，主要计算施工时对高梁桥桥墩变形的影响。

13.3.2　方案组合分析论证

为了选定最终的安全合适的方案，通过有限元数值模拟计算，对各种合理的方案组合进行了分析，对比各方案最终的沉降变形，得到了最优方案来进行施工。

1)方案组合说明

根据13.2.1节中提出的各个专项方案，通过将其组合优化，对表13.1中的各种组合方案进行了数值模拟分析。

方案组合说明　表13.1

方案组合Ⅰ	对桥桩进行加固、超前小导管施工
方案组合Ⅱ	对桥桩进行加固、超前小导管施工、全断面深孔注浆
方案组合Ⅲ	对桥桩进行加固、CRD工法、超前小导管施工、全断面深孔注浆

2)计算模型

采用FLAC^{3D}进行计算分析，计算范围为顶部取到地面，左右两侧和底部各取50m，沿隧道轴线方向取1m，隧道均考虑小导管超前注浆加固地层；地层由上到下依次为杂填土层、粉质黏土、粉细砂层、中粗砂层、砂卵石层、粉土层和砾石层。土层的参数如表13.2所示。

地层参数表　表13.2

土体编号	地　层	重度(kN/m^3)	计算弹性模量(kPa)	黏聚力(kPa)	内摩擦角(°)
1	杂填土	18.5	15000	20	20
2	粉质黏土	19.2	23000	30	24
3	粉细砂	20.2	28000	0	32
4	中粗砂	21.0	35000	0	38
5	砂卵石	21.8	40000	0	45
6	粉土	21.5	32000	15	35
7	砾石	22.0	45000	0	50

整个模型采用实体单元建模，土层采用摩尔—库仑模型，隧道结构采用弹性体模型，共划分了1086个实体单元，以及2304个实体单元节点，具体模型如图13.8所示。

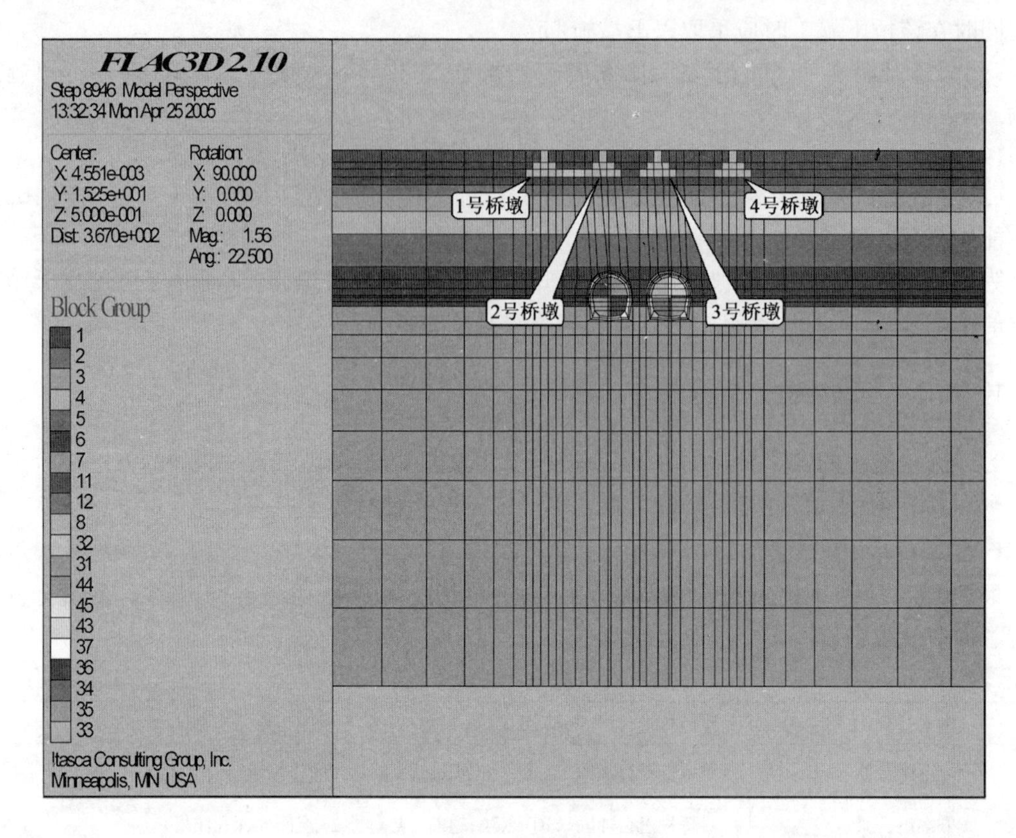

图 13.8　计算模型

3)计算结果分析

通过对上面3种方案组合进行数值模拟分析,得到了各个方案下的桥墩基础差异沉降结果,如表13.3所示。

各方案组合下的桥墩差异沉降　　表13.3

方案Ⅰ:对桥桩进行加固、超前小导管施工		
	1号、2号桥墩基础差异沉降	3号、4号桥墩基础差异沉降
左隧道施工完成时	12mm	15mm
右隧道施工完成时	25mm	27mm
方案Ⅱ:对桥桩进行加固、超前小导管施工、全断面深孔注浆		
	1号、2号桥墩基础差异沉降	3号、4号桥墩基础差异沉降
左隧道施工完成时	7mm	8mm
右隧道施工完成时	12mm	15mm
方案Ⅲ:对桥桩进行加固、CRD工法、超前小导管施工、全断面深孔注浆		
	1号、2号桥墩基础差异沉降	3号、4号桥墩基础差异沉降
左隧道施工完成时	2.36mm	2.57mm
右隧道施工完成时	4.24mm	5.08mm

对比上述数值分析结果可以得出，对桥桩进行必要的加固措施，同时采取 CRD 工法开挖掌子面，并且使用全断面前进式深孔注浆，能够更好地控制差异沉降，保证桥梁的安全。

通过上述数值模拟分析，以及工程经验类比，对各方案进行了优化对比，选择出了最优方案，即对既有的高梁桥桥桩进行加固措施，隧道通过桥梁下方时，掌子面开挖采用 CRD 工法，并使用全断面前进式深孔注浆加固。

13.4　分段前进式深孔注浆工艺

2006 年 5 月份开始进行实验段注浆施工，刚开始施工采用后退式注浆施工，在施工过程不仅暴露出在卵砾石地层钻进困难，钻杆易磨损、易断裂等重多问题，而且施工工效很低，施工质量很难保证，前后共施工 15 天左右，进展缓慢。经过甲方和乙方共同讨论决定，调整施工工艺，改为分段前进式注浆工艺，并在该工艺实施过程中不断进行调整，使得工效大大提高。在保证注浆质量，确保施工安全的前提下，每循环施工提前到 4 天内完成，节约了施工工期。

起初选用后退式注浆，由于后退式注浆需要一次性成孔，但钻进过程中卵石大且含量高，地层松散，钻进过程需用水泥浆或膨润土护壁，导致现场脏乱，文明施工差且功效低。

改进情况：采用前进式注浆方式，前进式注浆为钻进一段，注浆一段，既有效地保证了注浆效果，又不需要进行护壁，保证了现场清洁。

两种注浆工艺的特点对照见表 13.4。

注浆工艺对照表　　表 13.4

项　　目	后退式注浆	前进式注浆
成孔方式	需一次性成孔	可分段成孔
护壁形式	采用水泥浆或膨润土护壁	不需要护壁
注浆方式	通过钻杆注浆	通过与封闭孔口的法兰盘连接的注浆管口注浆
注浆压力	0.3MPa	0.5MPa
特点	现场泥浆较多，需多次清理	基本无泥浆

13.4.1　注浆施工设计

1）注浆范围设计

通过地质分析和评价，隧道在开挖前必须采取超前加固措施，以确保隧道开挖过程中的施工安全，从而控制地表沉降和桥桩的沉降。根据以上要求，设计拟加固范围是风道向东至区间隧道 K14 +0.0，共约 104m。注浆孔在每一循环开始的掌子面上按扇行布置，注浆孔的间距应保证孔的末端间距控制在 1m 的间距范围内，并保证每一断面的拱部、侧墙 2m 范围以及两隧道中间土体得到加固（图 13.9）。

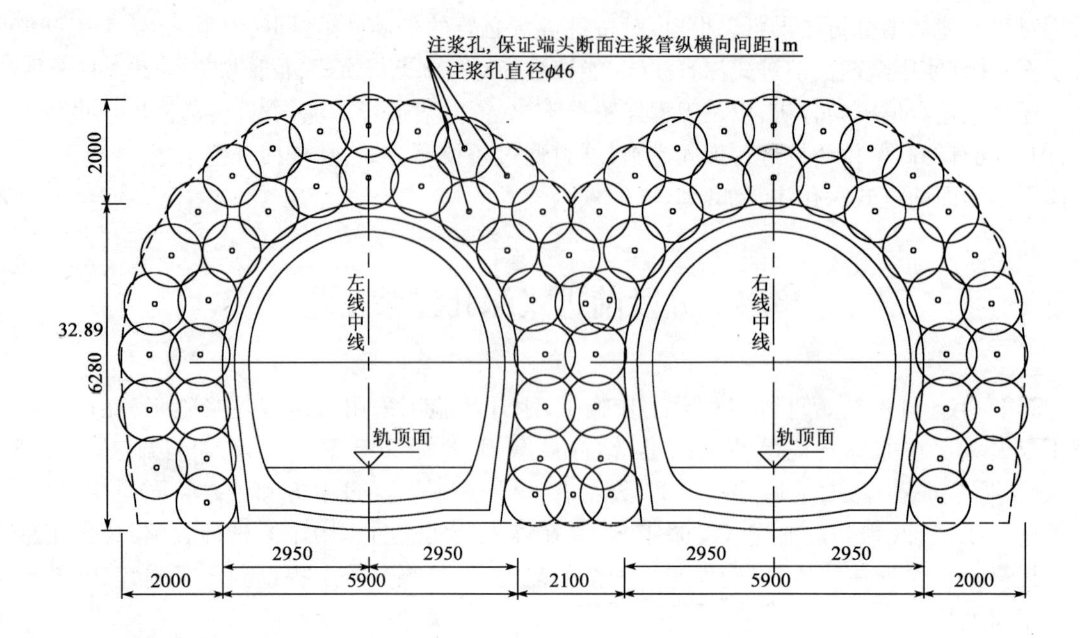

图 13.9 注浆加固范围横截面(尺寸单位:mm)

2)每循环长度设计

设计每循环注浆加固长度为 14m,后序注浆段均预留 4m 已注浆段作为止浆岩盘(图 13.10)。在钻孔施工过程中先进行外圈钻孔注浆施工,后进行内圈钻注浆施工,间隔钻孔注浆。

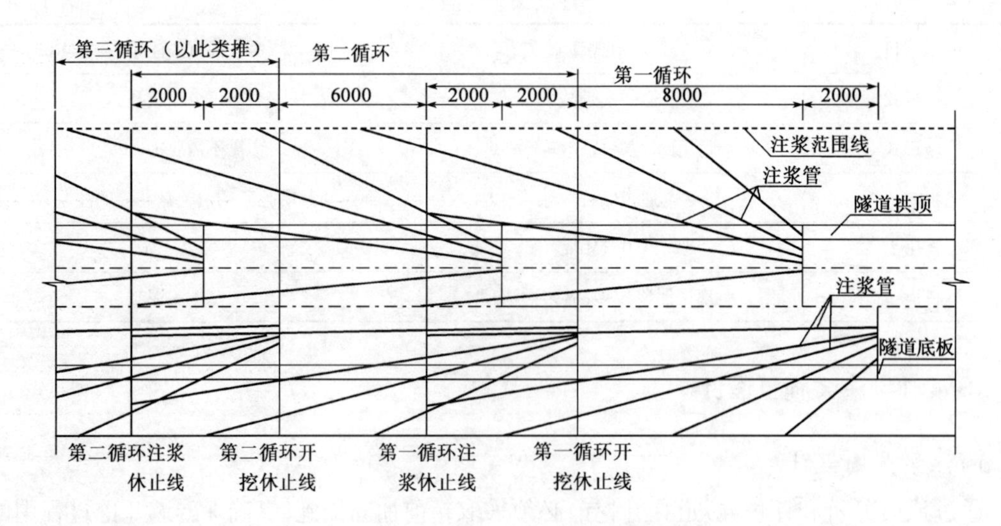

图 13.10 注浆加固范围立面(尺寸单位:mm)

3)注浆参数设计

注浆压力宜控制在 0.3MPa,每根注浆孔的注浆终压达到 0.5MPa,持续 20min,不吸浆或者吸浆很少的时候,方可结束本孔注浆。

4)检验标准设计

全部注浆工作结束后,在工作面范围内选 2 ~ 3 个检查孔并取芯,观察浆液扩散情况,注浆加固后土体渗透系数达到 0.01m/d 量级,黏结力不小于 50kPa。

13.4.2 施工设备

TGRM 分段前进式 超前深孔注浆工艺所采用设备均为国产设备,便于在隧道等狭小空间使用。所用主要包括钻孔设备和注浆设备。

1)钻孔设备

钻孔施工采用 MK—5 型钻机,该钻机是动力头式全液压钻机,具有转速范围宽、扭矩大、给进行程长等特点,即适用于复合片钻进、硬质合金钻进及冲击回转钻进。可满足于瓦斯抽放孔、注水注浆孔、排放水孔、锚固、管棚等工程用孔。

其结构特点为如下:

(1)采用全液压动力头结构,分主机、泵站、操纵台三大部分,解体性好,搬迁方便,钻场布置灵活。

(2)回转器通孔直径大,更换不同规格的卡瓦组可适用多种不同直径的钻杆,钻杆长度不受钻机结构尺寸的限制。

(3)液压拧卸钻具,减轻工人劳动强度,提高了工作效率。

(4)无级调速;转速与扭矩调整范围大,提高了钻机对不同钻进工艺的适应能力。

(5)用支撑油缸调整机身倾角既方便省力又安全可靠。

(6)操纵台集中操作,人员可远离孔口,有利于人身安全。

(7)液压系统保护完备,提高了钻机工作的可靠性。液压元件性能稳定,通用性强。

其主要性能指标见表 13.5。

钻机设备基本性能参数 表 13.5

序 号	性能指标	性能参数	备 注
1	开孔直径	150 ~ 110mm	
2	终孔直径	94 ~ 75mm	
3	钻杆直径	73mm	
4	钻孔倾角	0 ~ ±90°	
5	回转速度	10 ~ 300r/min	
6	最大扭矩	1850N · m	
7	给进能力	37kN	
8	起拔能力	53kN	
9	功率	30kW	
10	整机质量	2000kg	
11	主机质量	1250kg	
12	主机外形尺寸	2.46m × 0.95m × 1.70m	

2)注浆设备

注浆设备采用KBY—50/70型双液注浆泵,该注浆泵由河北铸诚工矿机械有限公司生产,是单缸双液往复式注浆泵。该注浆泵压力、流量是靠调节液压油流量来实现的,可以在泵的运转过程中任意调节。该泵体积小、重量轻、操作简单,但是由于单缸实现双液注入,浆液脉冲大,不易混合,双液比例能较好地实现1:1配合比注浆。注浆泵主要技术参数见表13.6。

注浆设备性能参数　　表13.6

型　号	KBY—50/70	型　号	KBY—50/70
公称流量(L/min)	50	外形尺寸(mm)	1600×720×700
公称压力(MPa)	0.5~7	质量(kg)	300
电机功率(kW)	11		

13.4.3　注浆效果检查

按照地铁暗挖隧道注浆施工技术规程,目前注浆效果的检查主要方法有分析法和直观检查法。

(1)分析法

对注浆记录进行统计分析,检查每孔压力流量是否达到注浆结束标准,有无漏浆、串浆情况,从而反算浆液扩散范围,判定注浆效果。

(2)直观检查法

在开挖过程中观察浆液扩散情况,地层是否达到有效的固结,完善和修改下次循环注浆参数。而直接检查最能有效地说明现场加固情况,如图13.11所示。

a)试验孔浆液扩散情况

b)左线1号洞开挖时现场浆液扩散照片

c)3号洞开挖时现场浆液扩散照片

d)1号洞第三循环开挖时现场浆液扩散照片

图13.11　注浆加固情况实录

为了进一步检验注浆效果,在现场取了岩芯试样,通过试验,结果显示注浆加固后强度完全符合工程控制要求,现场取样示意图如图13.12所示。

a)注浆后取出的岩芯

b)取芯后的孔壁

图13.12　注浆加固情况取芯实录

通过现场注浆效果检查,发现使用了分段前进式深孔注浆工艺的加固效果非常好,达到了工程控制标准的要求。

13.5　TGRM改进型注浆浆液研究

13.5.1　TGRM浆液简介

1)材料简介

注浆材料采用TGRM水泥基特种灌浆料,该材料是北京中铁瑞威工程技术有限公司根据1997年"大瑶山隧道基床病害整治工程"要求(在流速1m/s左右的流水中不被冲散,30min抗压强度不低于8MPa)而研制开发的一种新型灌浆材料,它选择合适的水泥主骨架材料及早强剂来解决超早强问题,利用水下不分散剂实现流水中施工,用合适的高效减水剂及掺和料解决灌浆可靠性问题。经过"大瑶山隧道基床病害整治工程"使用,TGRM水泥基特种灌浆料满足了水下施工、超早强及耐久性要求,是一种新型的灌浆材料。

该产品通过了铁道部产品质量监督检验中心和北京市建筑材料质量监督检验站的检验,于2001年7月通过北京市科委的科技成果鉴定,并写入2004年北京市建委的《地铁暗挖隧道注浆施工技术规程》。由于在地铁隧道超前加固中大范围使用时成本较大,依据现场需要在原TGRM浆液配方基础上进行了改进,使其成本和水泥－水玻璃双液浆成本相当。

2)TGRM材料成分及性能指标

TGRM特种灌浆料主要成分见表13.7。

TGRM 特种灌浆料主要成分 表 13.7

序 号	名 称	主 要 成 分	含量(%)
1	主料	硫铝酸钙、硫酸钙、硅酸钙等	大部分(>70)
2	矿物掺料	硅粉、沸石粉等	10~20
3	减水剂	木质素黄酸钙等	1~2
4	膨胀剂	氢氧化钙等	3~5
5	早强剂	三乙醇胺、亚硝酸钠等	1~2
6	引气剂	松香热烷基苯磺酸钠等	0.05~0.1

TGRM 特种灌浆料主要性能指标见表 13.8。

TGRM 特种灌浆料主要性能指标 13.8

项 目	指 标 值	项 目	指 标 值
比表面积(m^2/kg)	≥400	初凝(min)	≥12
可操作时间(min)	≤9	终凝(min)	≤15
流动度(mm)	≥240		

注:凝结时间,用户有特殊要求时,可以变动。

3)TGRM 材料特点

(1)早强性。浆液在水灰比1:1 的使用条件下,浆液的初凝时间为20min,30min 后浆液固结的强度可达到0.3MPa,2h 的强度可达到2MPa,24h 的强度可达到10MPa 以上,使隧道被注浆加固后,不需要时间等待浆液凝固即可实现开挖施工,与普通水泥浆相比,有效地提高了施工效率。

(2)耐久性。TGRM 注浆材料主要成分为 P·O52.5 级水泥,外加多种特种外加剂组成,为永久性注浆加固浆材,浆块与混凝土块耐久性相当,可满足工程50~100 年的使用寿命要求。与水泥-水玻璃双液浆相比,既达到了双液浆早期凝固的要求,又解决了双液浆没有耐久性的问题。

(3)微膨胀性。与一般浆材液凝结固化体积收缩相比,TGRM 浆液在注入地层固化的过程中浆块具有1%~2%的膨胀率,能有效地填补钻孔注浆施工过程中对土体的扰动而引起的隧道围岩变形。

(4)针对性。经过近几年的发展,针对不同地层 TGRM 灌浆料开发出了系列产品,如针对地下水丰富地层注浆施工的防水型、针对粉细砂层的超细型、针对疏松地层的发泡型及普通早强型。

(5)综合性。TGRM 浆液同时具有早强性和耐久性的特点,解决了双液浆早强但不耐久的问题,也解决了普通水泥浆液扩散无法有效控制、在固化时浆块收缩、注浆后的隧道开挖施工需等待等问题。表13.9 反映了常见注浆材料性能的对比。

注浆材料性能对比表　　　　表 13.9

材料名称		普通水泥单液浆		普通水泥—水玻璃双液浆		TGRM 单液浆
原材料名称		P·O42.5R 普通硅酸盐水泥		P·O42.5R 普通硅酸盐水泥、Be38 水玻璃		TGRM 材料
浆液配比	W:C	0.6:1	0.8:1	0.8:1	1:1	1:1
	C:S	—	—	1:1	1:1	—
凝胶时间	初凝	16h	24h	40s	55s	30min
	终凝	16h	24h	42s	55s	30min
抗压强度(MPa)	8h	—	—	0.3	0.3	10.1
	1d	—	—	0.3	0.3	12.3
	3d	2.1	1.5	0.3	0.3	12.8
	7d	11.0	3.9	0.1	0.1	16.8
	28d	20.5	10.0	0	0	19.9
	90d	23.0	17.8	0	0	20.7
抗折强度(MPa)	8h	—	—	0.1	0.1	1.8
	1d	—	—	0.1	0.1	1.9
	3d	2.3	0.8	00.1	0.1	2.3
	7d	3.3	1.8	—	—	2.3
	28d	5.0	3.0	—	—	3.1
	90d	5.7	4.4	—	—	3.8
试件胀缩率	—	-3.34%	-6.3%	-2.7%	-2.9%	1.6%

13.5.2　TGRM 改进型浆材试验

1)研制方案

(1)研制方法。在参照“TGRM 浆材”的配制原则及技术途径基础上,选择合适的水泥基料,在此水泥基料中掺入外加剂和矿物掺和料,使其具有良好的灌注施工性、适宜的强度、体积为膨胀性和耐久性,性价比比较理想。灌浆材料研制除灌浆材料性能,还必须进行实际灌浆效果试验,以使灌浆材料施工性和力学特性得以调整,确保灌浆工程成功。具体研制流程如图 13.13 所示。

(2)技术路线。

①灌浆液流动性能。为了保证灌浆液具有足够的流动性,采用减水剂和降黏材料来改善

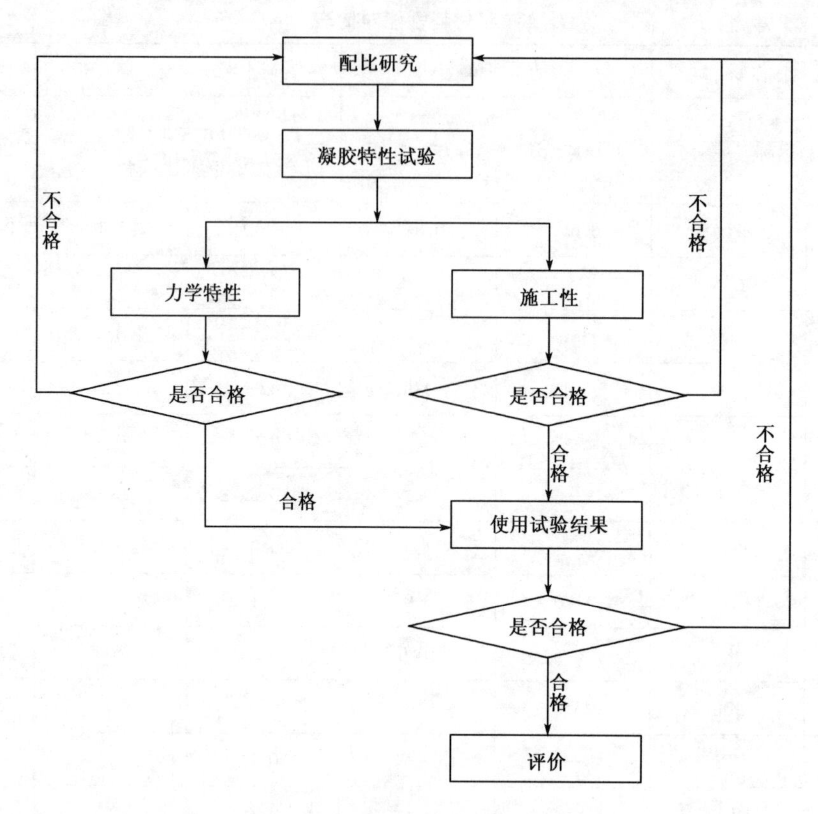

图 13.13　TGRM 改进型浆材研制流程

水泥基灌浆材料的流动性。由于减水剂是分散剂,降低水泥基灌浆材料的黏聚力,与水下部分散剂是矛盾的,因此需要研究解决水下不分散剂造成的流动性降低与减水剂造成的水中黏聚力降低的矛盾,使水下不分散性和流动性之间达到平衡,从而使 TGRM 水泥基灌浆料既具有水下不分散性又具有很好的流动性。

②灌浆材料凝结时间的可调可控性。一般的水泥基灌浆材料对凝结时间的调节是利用速凝剂来实现的,但速凝剂对灌浆液的流动性不利,且造成灌浆材料结石体抗压强度下降。因此,通过优选水泥和早强剂及缓凝剂配合来达到 TGRM 水泥基特种灌浆料的凝结时间可调可控性,达到既不影响灌浆材料的施工流动性又不影响固结体的抗压强度。

③灌浆材料的超早强性。达到超早强效果,即 30min 抗压强度 3MPa 以上,并不困难。但对水泥基灌浆材料而言,要在保证有效的可操作时间的基础上满足上述早强要求,难度很大。因此,TGRM 改进型水泥基特种灌浆料主要是解决超早强问题与可操作时间的矛盾。通过优选水泥配合高效减水剂和早强剂等外加剂解决了上述难题。

2)TGRM 改进型水泥基特种灌浆料性能实验

(1)净浆流动度。根据《混凝土外加剂匀质性试验方法》(GB 8077—1987)测定了 TGRM 水泥基特种灌浆料的净浆流动度。

不同水灰比的 TGRM 改进型浆液初始流动度相关关系如图 13.14 所示,水灰比越大,浆液流动度越大。流动度随时间变化趋势如图 13.15 所示。

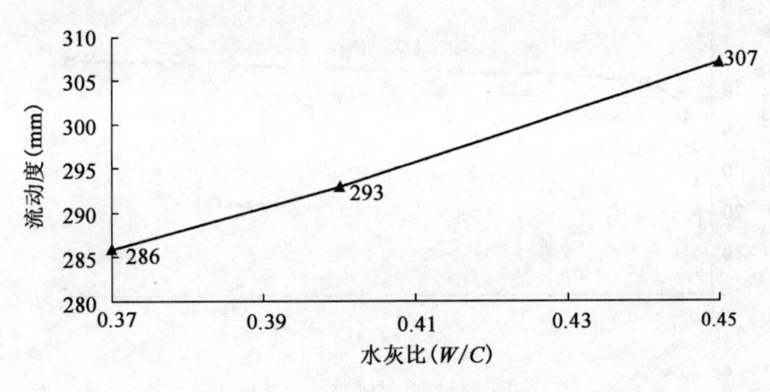

图 13.14　水灰比与初始流动度关系

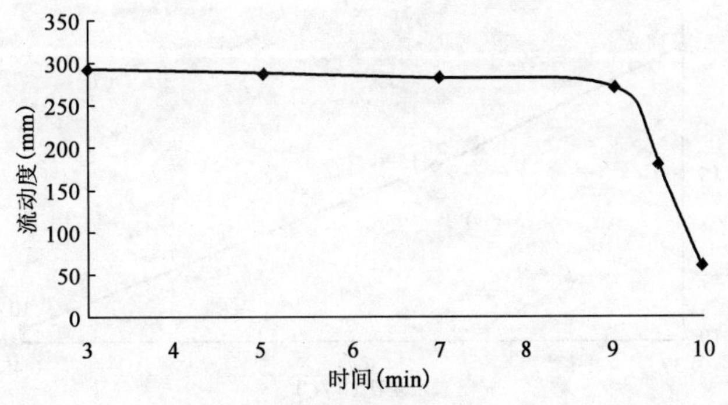

图 13.15　流动度随时间变化趋势

(2)抗压强度。根据《水泥胶砂强度检验方法》(GB 177—1985)测定了TGRM改进型水泥基特种灌浆料抗压强度。

①不同水灰比的抗压强度。不同水灰比的TGRM改进型水泥基特种灌浆料抗压强度相关关系如图13.16所示，水灰比越大，28d抗压强度越低。

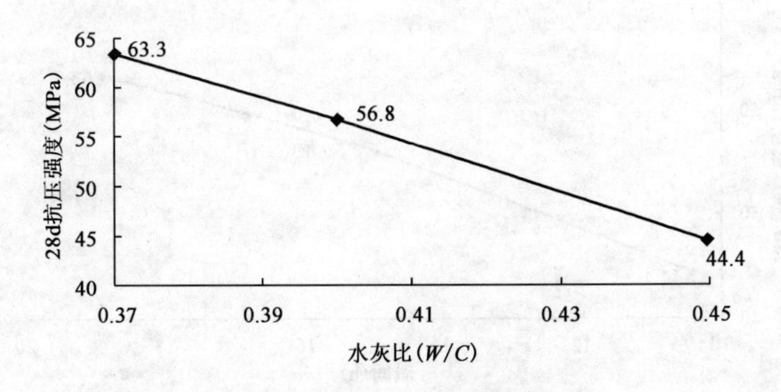

图 13.16　水灰比与28d抗压强度关系

②不同龄期的抗压强度。不同龄期的TGRM改进型水泥基特种灌浆料相关关系如图13.17所示，随龄期增长，抗压强度增大，没有倒缩的现象。

③不同水灰比固结体早期抗压强度。不同水灰比的TGRM改进型水泥基特种灌浆料30min龄期抗压强度相关关系如图13.18所示，水灰比越大，30min龄期抗压强度越小。

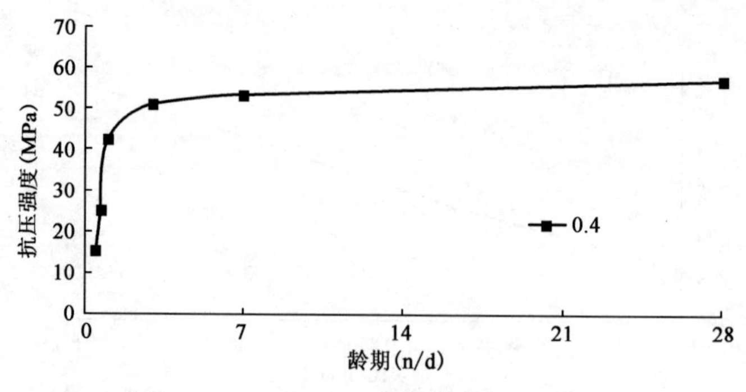

图 13.17　抗压强度随龄期变化曲线

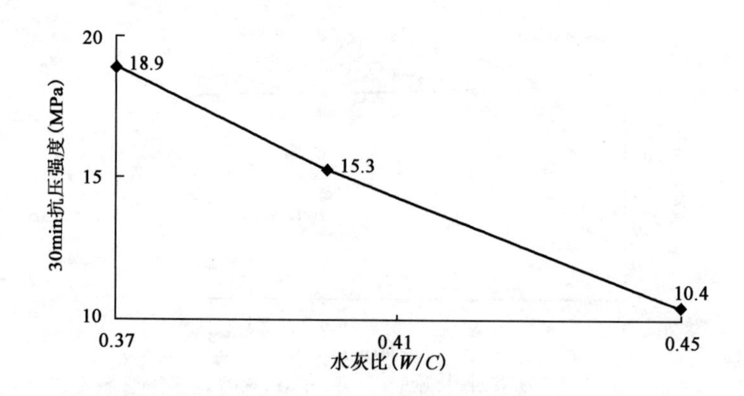

图 13.18　30min 抗压强度随水灰比变化关系

④TGRM 改进型水泥基特种灌浆料抗压强度发展特性。TGRM 改进型水泥基特种灌浆料抗压强度发展特性见图 13.19，早期抗压强度增加不影响 28d 后期抗压强度。

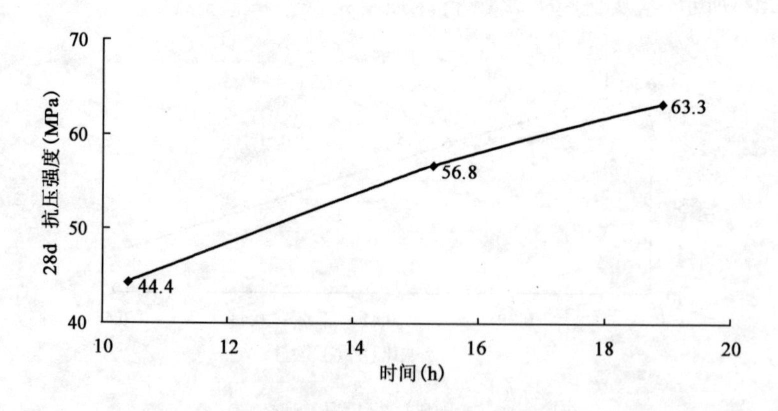

图 13.19　TGRM 改进型水泥基特种灌浆料抗压强度发展特性

(3)初、终凝时间。根据《水泥标准稠度用水量、凝结时间、安定性检验、方法》(GB 1346—1989)中的“水泥凝结时间检验方法”测定的不同水灰比 TGRM 改进型水泥基特种灌浆料初、终凝时间列于表 13.10。

不同水灰比 TGRM 改进型水泥基特种灌浆料初、终凝时间　　表 13.10

水灰比	0.37	0.40	0.45
初凝时间	13min	13min30s	16min5s
终凝时间	14min	15min	19min30s

（4）水中不分散性。根据《水工混凝土外加剂试验标准》（DL/T 5100—1999）进行水下不分散性试验，pH≤12 表示浆液满足水下不分散性，pH > 12 表示浆液不满足水下不分散性。

①水下不分散剂掺量与水下不分散性的关系。水下不分散剂掺量与水下不分散性相关关系如图 13.20 所示，水下不分散剂掺量越大，pH 值越小。这表明随着水下不分散剂掺量的加大，水下不分散浆液黏聚力随之增强，水中抗分散性越好。

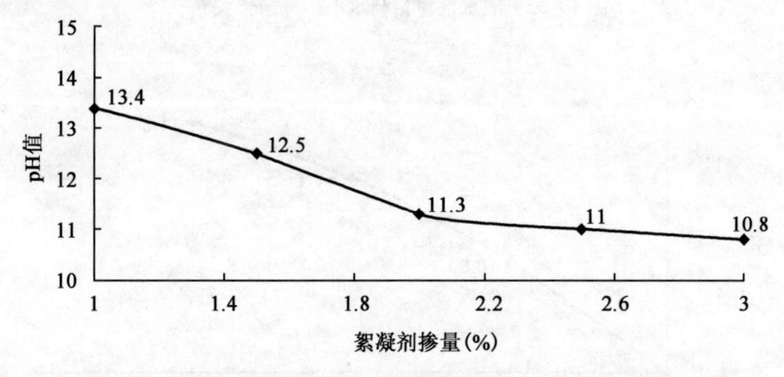

图 13.20　水下不分散剂对水下不分散灌浆材料的影响

②水灰比与水下不分散性的关系。水灰比与水下不分散性相关关系如图 13.21 所示，水灰比越大，pH 值越大。这表明水灰比越大，水下不分散性越差。

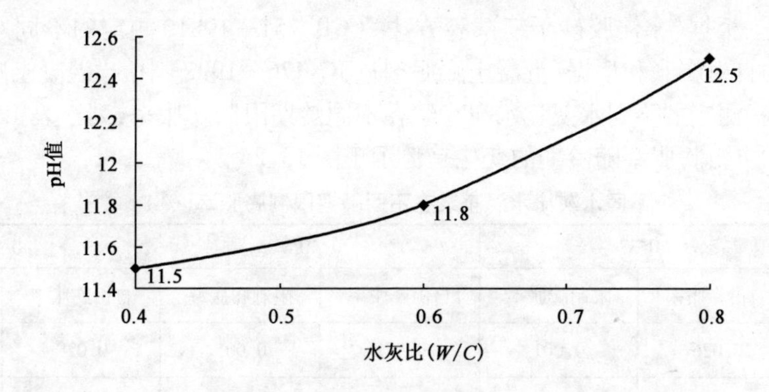

图 13.21　水下不分散性随水变化关系

③减水剂掺量与水下不分散性的关系。减水剂掺量与水下不分散性相关关系如图 13.22 所示，减水剂掺量越多，pH 值越大。这表明，减水剂掺量越多，水下不分散性越差。

④流动度与水下不分散性相关。TGRM 改进型水泥基特种灌浆料初始流动度与水下不分散性相关关系如图 13.23 所示。水泥浆液的流动度和水下不分散性是一对矛盾体，TGRM 改进型水泥基特种灌浆料则是二者对立统一的结果，其既具有良好的流动性，又能满足水下不分散性要求。

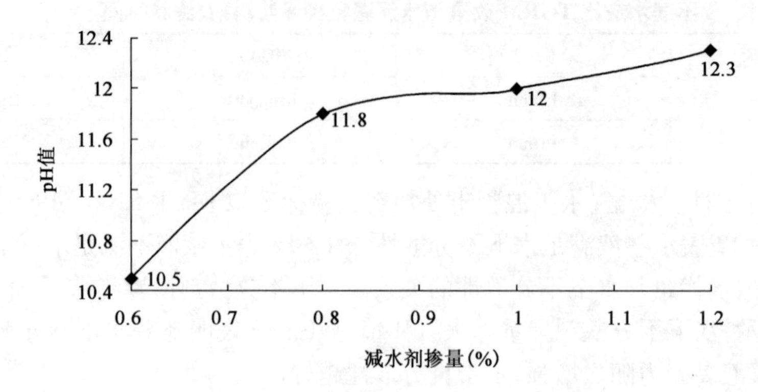

图 13.22 减水剂掺量与水下不分散性关系

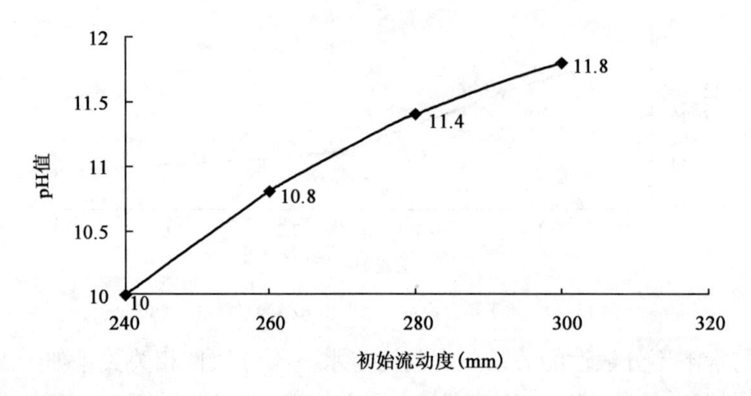

图 13.23 初始流动度与水下不分散性的关系

(5)膨胀性。根据《水泥胶砂干缩试验方法》(GB 751—1981)测定的不同水灰比水泥净浆在不同龄期的自由膨胀和根据《混凝土膨胀剂》(JC 476—1992)中的"混凝土膨胀剂的限制膨胀率试验方法"测定的不同水灰比水泥净浆在不同龄期限制膨胀率,列于表13.11。不同水灰比水泥净浆的自由膨胀率随龄期的变化趋势示于图13.24。

不同水灰比水泥净浆在不同龄期限制膨胀率(%) 表13.11

水灰比	0.37		0.40		0.45	
龄期	自由膨胀率	限制膨胀率	自由膨胀率	限制膨胀率	自由膨胀率	限制膨胀率
1d	0.026	0.001	0.025	0.005	0.028	0.002
3d	0.029	0.004	0.029	0.001	0.031	0.006
7d	0.035	0.005	0.036	0.003	0.039	0.011
14d	0.042	0.010	0.041	0.004	0.049	0.016
28d	0.053	0.053	0.053	0.012	0.056	0.018

3)TGRM改进型水泥基特种灌浆料实验结果分析

从上述实验结果可以得出结论,研制的TGRM改进型水泥基特种灌浆料的性能达到了预期目标,除具有目前常用灌浆材料的性能外,还具有以下性能。

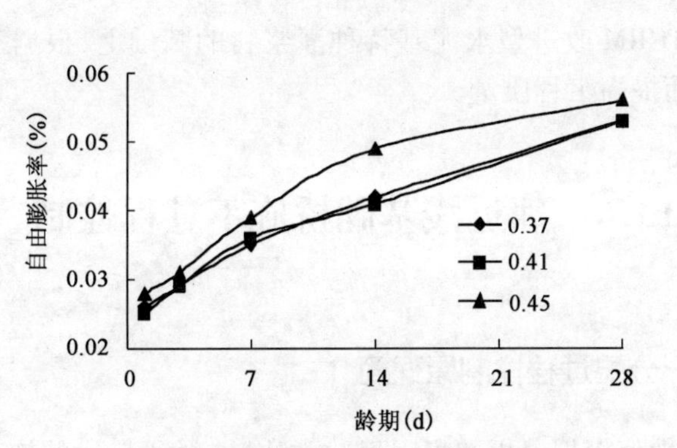

图 13.24　不同水灰比水泥净浆自由膨胀率随龄期的变化趋势

(1) TGRM 改进型水泥基特种灌浆料具有超早强、高强性能，耐久性好。由图 13.24 可以看出当水灰比为 0.37 时，30min 抗压强度达到 18.9MPa，28d 抗压强度达到 63.3MPa；水灰比为 0.41 时，30min 抗压强度达到 15.3MPa，28d 抗压强度达到 56.8MPa；水灰比为 0.45 时，30min 抗压强度达到 10.4MPa，28d 抗压强度达到 44.4MPa。材料的终极强度不下降而有缓慢上升的趋势。材料本身以水泥基为主，不含水玻璃及有机材料，耐久性良好。因此，该种材料的这种性能特别适用于运营铁路隧道“开天窗”整治病害，如使用水泥-水玻璃或双快水泥，因其早期强度不足而使凝胶体受到破坏，质量难以保证。

(2) TGRM 改进型水泥基特种灌浆料具有良好的水中不分散性。当该种材料水灰比为 0.4 ~ 0.6 时，pH 值均小于 12，满足浆液水中不分散的要求。并且具有良好的流动度，最大可达 300mm 以上，可灌性优良。因此，TGRM 改进型水泥基特种灌浆料，在隧道及地下工程防水堵水施工中，完全可以替代水泥-水玻璃和有机堵水材料，其耐久性优于上述两种材料。

(3) TGRM 改进型水泥基特种灌浆料，凝胶时间可调整，具有广阔的应用范围。其凝结时间可在 3min 至几十分钟之间调节，在施工温度、水灰一定的情况下，凝胶时间可以得到准确控制；其次浆液的初凝、终凝间隔非常短，如水灰比为 0.37 时，初凝 13min，终凝 14min，间隔只有 1min；水灰比为 0.40 时，初凝 13min30s，终凝 15min，间隔只有 1min30s；水灰比为 0.45 时，初凝 16min5s，终凝 19min30s，间隔只有 3min25s。使用该种材料注浆，不仅可以有效地控制注浆区域，而且可以避免注浆材料的大量流失，达到质优价廉的病害整治效果。

(4) TGRM 改进型水泥基特种灌浆料凝结时体积微膨胀，可提高注浆的密实性。在不同水灰比的情况下，自由膨胀率大于 0.02%，限制膨胀率大于 0.01%。采用该材料进行空洞或围岩裂隙注浆，使空洞或裂隙填充密实，如果用于防水堵水，可以提高防堵水的终期效果。

TGRM 改进型水泥基特种灌浆料是根据大瑶山隧道基床病害整治要求而研制的，具有优良的灌注性，同时还具有超早强、水下不分散及耐久性，与现有其他水泥基材料相比，是一种可提高灌浆质量满足特殊要求的灌浆材料。

TGRM 改进型水泥基特种灌浆料根据不同工程对灌浆材料性能的需要，可配制不同要求的灌浆料，如岩层裂隙或隧道衬砌背后填充灌浆，要求具有水下不分散性，对凝结时间的要求各不相同，TGRM 改进型水泥基特种灌浆料可进行调整以达到工程要求，又如岩层小裂隙、砂层、隧道衬砌防渗水灌浆，可调整 TGRM 改进型水泥基灌浆材料的细度，使其具有超细水泥的比表面积，以提高可灌性及抗渗要求。

因此,可以在现有 TGRM 改进型水泥基特种灌浆料的基础上,根据工程的具体条件配制出适用的灌浆材料,从而提高工程质量。

13.6　邻近浅基础桥施工过程控制

13.6.1　地层变形分配过程控制原理简介

在 13.2 节中,通过数值模拟分析和工程经验类比,选择了最优的施工方案。为了进一步保证工程施工的安全和可靠,提出了地层变形分配过程控制原理。

浅埋暗挖大断面隧道施工是一个庞杂的系统工程,涉及多种工艺、多道工序,自始至终是动态的、不断变化的过程,因此它对地表沉降的影响是一个累积的效果,所以可以把对地表沉降的控制标准分解到每一个施工步序中,形成施工各具体步序的控制标准或控制指标,只要单个步序的沉降量得到控制,则整个工程的安全管理就能得以实现,这就是所谓地层变形分配过程控制原理。地层变形分配过程控制方法实际上是集预测变形、规划变形和控制变形于一体的系统工程,它贯穿于整个隧道工程的始终。勘测、预测、监测、对策是实现变形分配控制方法的主要环节。做好每个阶段的工作,就可以将地表变形或周边既有构筑物的变形控制在理想范围内,实现安全施工的核心目标。

采用理论计算结合施工经验,将地表变形的控制值分解到每个施工步序中,建立分布施工的控制标准。在施工中,根据既有结构的监测结果,及时掌握施工动态,将监测结果与分布控制标准相比较,随时了解地表变形的发展情况,分析变形过大或者急剧变形的原因,及时采取措施,将变形控制于安全范围。

1)勘测

根据施工场区地质勘测数据,掌握场区地形、地质条件、土层性质、地下水赋存方式等,结合隧道设计参数初步选定施工方案。

2)预测

根据施工管理的各项指标,确定施工方案优化指标,采用理论分析和经验类比的方法,预测各阶段性施工可能引起的变位在总体结构变位中所占的比例,再根据总体管理标准值计算各分步施工沉降值,详细研究各施工步序实现其控制变位量的可能性,分析产生沉降的各种可能因素,比选各种可能采取的措施,做到使每一步施工控制都有较为充分的保障。

3)监测

根据设计的监测指标,在地表、地中、衬砌里、既有构筑物上设置观测点,适时记录施工过程所发生的各种变位值,为施工和安全管理提供依据。

4)对策

根据设计好的细化施工方案,按计划分布施工,及时掌握各点监测信息,与分配变形控制标准相对照,根据两者复合或偏离的程度,决定施工的进程。对过度变形要分析原因,拿出相应对策,修改施工方案。其控制的底线是施工累计沉降要小于分布变位累计管理值,即满足式(13.1)的要求。

$$\sum_{j=1}^{i} S_i \leqslant \sum_{j=1}^{i} P_i \tag{13.1}$$

式中：S_i——第 i 步施工导致的测点变位监测值；

P_i——第 i 步施工测点设计的预测值，若值偏离过大，就要研究恢复方案。

根据地层变形分配过程控制的原理进行隧道施工管理有以下优势。

(1)将总体变形控制量分解到每一步工序中，使每一步施工都有明确的变形控制目标，具有很强的可操作性。

(2)对重点观测测点变位控制有整体规划，可以明确施工控制的重点，做到有的放矢。

(3)及时掌握测点变位监测值和设计预测值的偏离动态，分析原因，及时处理，避免了风险的积累，使安全施工处于积极主动的地位。

13.6.2　施工步序数值计算模型

按照图13.6所示的区间隧道近接桥梁的施工步序建立计算机数值分析模型。采用FLAC^{3D}进行计算分析，计算范围为顶部取到地面，沿区间隧道纵向，向新街口方向取过桥桩10m，向动物园方向取过桥台15m，风道和区间隧道均考虑小导管超前注浆加固地层；地层由上到下依次为杂填土层、粉质黏土、粉细砂层、中粗砂层、砂卵石层和砾石层。土层的参数如表13.12所示。

地层参数表　　13.12

土体编号	地　层	重度 (kN/m³)	计算弹性模量 (kPa)	黏聚力 (kPa)	内摩擦角 (°)
1	杂填土	18.5	15000	20	20
2	粉质黏土	19.2	23000	30	24
3	粉细砂	20.2	28000	0	32
4	中粗砂	21.0	35000	0	38
5	砂卵石	21.8	40000	0	45
6	砾石	22.0	45000	0	50

整个模型采用实体单元建模，土层采用摩尔库仑模型，隧道结构采用弹性体模型，共划分25173个实体单元，27618个实体单元节点，如图13.25所示。

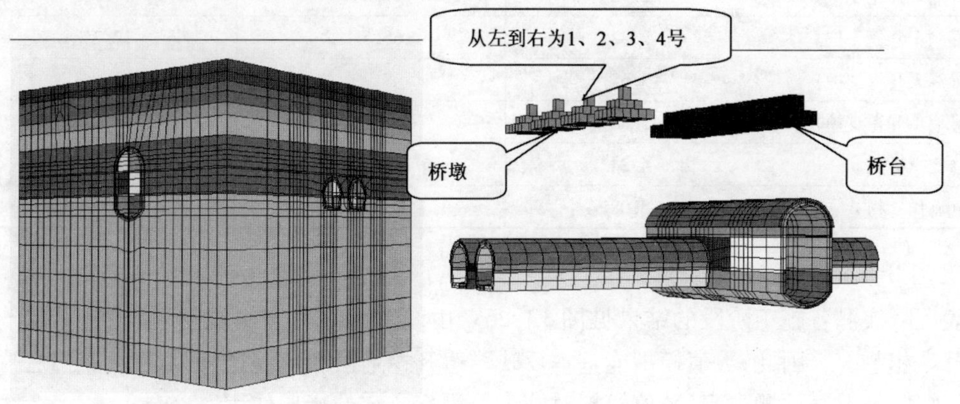

图13.25　穿越桥桩数值计算模型

13.6.3 地层变形分配的预测规划和实施

1)地层变形分配的规划

采用上述模型对砂卵石地层浅埋暗挖隧道近接高梁桥施工进行数值模拟,对施工引起的桥梁桥墩差异沉降进行预测规划,计算结果见表13.13。从表13.13中可以看出,4个导洞开挖后的沉降为差异沉降的主要部分,占最终差异沉降的75%左右,支撑拆除施作完后的沉降占最终沉降的92.5%左右;各施工步序开挖产生的地表沉降分别占最终沉降的百分比有很大差别,1步开挖(1号导洞开挖)所占的百分比最大。

沉降分阶段控制计算值　　表13.13

施工步序	1、2号桥墩基础差异沉降	与最终沉降的百分比	各施工步的步百分比
1(左导洞1开挖支护)	-0.32	19.7%	19.7%
2(左导洞2开挖支护)	-0.53	26.1%	6.40%
3(左导洞3开挖支护)	-0.71	38.6%	12.50%
4(左导洞4开挖支护)	-1.06	44.5%	5.90%
5(右导洞1开挖支护)	-1.32	49.9%	5.40%
6(右导洞2开挖支护)	-1.81	57.5%	7.60%
7(右导洞3开挖支护)	-2.31	66.6%	9.10%
8(右导洞4开挖支护)	-2.76	72.5%	5.90%
5(支撑拆除)	-3.22	92.6%	20.10%
6(施作二衬)	-4.24	100%	7.40%
施工步序	3、4号桥墩基础差异沉降	与最终沉降的百分比	各施工步的步百分比
1(左导洞1开挖支护)	-0.55	18.6%	15.1%
2(左导洞2开挖支护)	-1.02	25.8%	12.2%
3(左导洞3开挖支护)	-1.75	35.1%	13.9%
4(左导洞4开挖支护)	-2.57	42.4%	10.0%
5(右导洞1开挖支护)	-2.95	57.5%	15.1%
6(右导洞2开挖支护)	-3.22	65.5%	12.2%
7(右导洞3开挖支护)	-3.65	68.2%	13.9%
8(右导洞4开挖支护)	-3.83	75.5%	10.0%
5(支撑拆除)	-4.24	93.0%	11.6%
6(施作二衬)	-5.08	100%	9.9%

2)变形分配规划实施与监测数据对比分析

地表沉降实测各施工阶段的结果见图13.26。由图13.26可知,数值模拟计算结果与监测结果基本相吻合。因此,数值模拟能基本反映隧道开挖地层相应规律,而对于开挖过程中出现渗水等特殊情况则预测失真,数值模拟对施工监测有一定的指导作用。

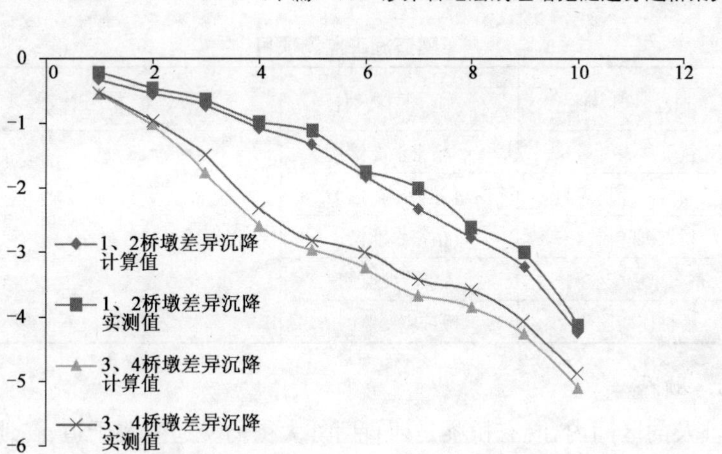

图 13.26　实测地表沉降历时曲线与数值模拟曲线比较

13.7　邻近西直门桥施工监测

13.7.1　监测的重点和项目

1）监测的重点

对桥梁施工段进行数值模拟计算，目的在于通过数值模拟计算和了解桥梁应力应变变化规律，从而确定监测重点。根据模拟计算结果，桥梁受力变形以桥梁竖向差异沉降引起的位移变化最为突出，水平方向由于受到开挖影响，桥梁基础向隧道方向变形。结合暗挖法施工特点，本方案将监测重点分为以下内容。

（1）桥面变形。桥面变形直接影响到交通能否正常通行，是桥梁安全与否的直接体现。其中，尤其重要的是桥面的曲率变化及平整度。

（2）桥盖梁及桥桩应力应变。隧道开挖引起桥基变形，从而影响到上部结构产生应力应变，盖梁及桥桩受力及变形情况直接反映桥梁结构是否安全。本方案通过在盖梁及桥桩上安装应变计来观测盖梁及桥桩应变及应力变化。

（3）桥桩沉降。由于地铁开挖使地层变形，从而导致地表的不均匀变形，桥桩随着地层的变形而产生沉降，两相邻桥桩之间的差异沉降如果大于相关范围将会引起桥桩及上部结构应力应变集中，严重者导致桥梁巨大变形而影响桥面及桥下车辆正常通行。

2）监测的项目

根据相关规范，并结合数值模拟结果，在地铁 4 号线下穿高梁桥区间段需进行监测的项目如表 13.14 所示。

隧道施工监测项目　　表 13.14

序　号	监测项目	监测仪器	测点数量	监测频率
1	桥下地表变形	精密水准仪	根据桥梁特点布置	1. 开挖面距量测断面前后 $<2B$ 时 1~2 次/d; 2. 开挖面距量测断面前后 $<5B$ 时 1 次/2d; 3. 开挖面距量测断面前后 $>5B$ 时 1 次/周
2	桥面竖向变形观测	精密水准仪、铟钢水准尺		
3	桥桩沉降监测	精密水准仪		
4	桥盖梁应变监测	桥桩应变监测		
5	桥桩应变监测	桥桩应变监测		

3)监测施工顺序

本方案所涉及的区间内,既有桥梁是西直门外大街的交通主要干道,在地铁施工中能否正常使用关系重大,所以在施工过程中监测控制工作非常重要。施工监测流程如图 13.27 所示。图中,F = 最终预测值/容许值。

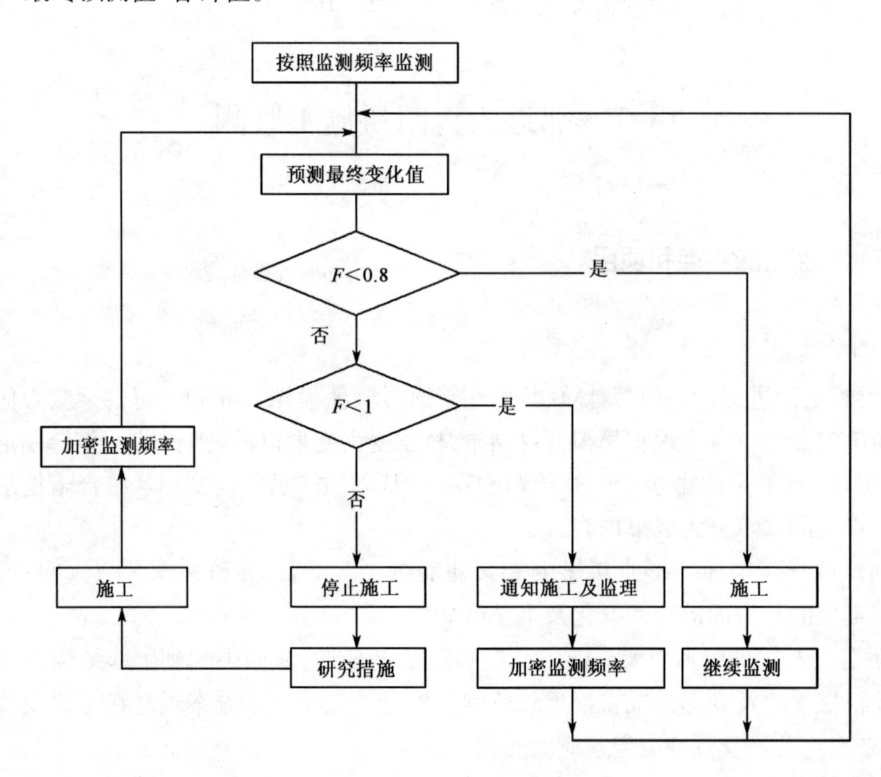

图 13.27　邻近桥桩施工监测流程

13.7.2 监测仪器的介绍及使用原理

1)仪器的介绍

(1)应变计。本工程在现场监测时采用的应变计是 XJM 型表面应变计(图13.28),主要用于结构表面,如桥梁、隧道、衬砌和钢管表面。使用原理依据振弦测量应变原理。在两端的钢块之间张拉一根钢弦,两钢块焊接在检测的钢表面上,表面的应变将引起两端钢块的相互移动,这样就改变了钢弦的张力。用电磁线圈激拨钢弦并通过测量钢弦的共振频率测出钢弦的张力。XJM 型应变计的结构合理,便于仪器安装、修理、维护。应变计应现场调试好使用。XJM 型表面应变计安装方法技术指标最大应变范围:3000με;灵敏度:0.1με;温度范围:-20~60℃;仪器长:150mm;总长度:165mm;电缆:两芯屏蔽。

(2)读数仪。本工程在读取监测数据时采用的是 DC-5 型振弦读数仪(图 13.29),是钢弦式传感器使用的掌上型袖珍式仪器。该类仪器适用于水、电力、铁道、交通、冶金、煤炭、市政等部门在水坝、隧道、公路、桥梁、矿井等建筑物中的量测使用。工作电压:DC=3~6V;消耗电流:15mA(平均值);测量范围:频率(F1)100~3000Hz(F2);测量精度:±0.008Hz;分辨率(可读变化值):±0.1Hz;环境温度:-5~45℃;相对湿度:<75%。

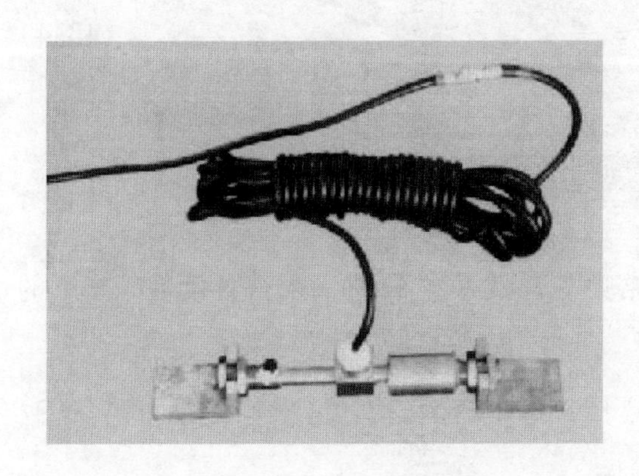

图 13.28 表面应变计

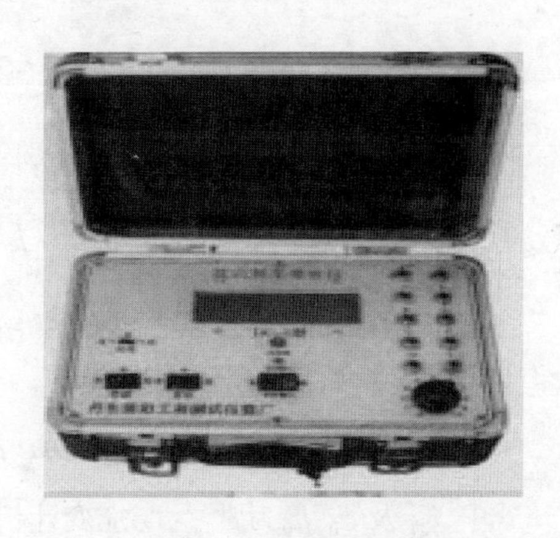

图 13.29 振弦读数仪

2)振弦式应变计的使用原理

振弦式应变计是利用弦振频率与弦的拉力的变化关系来测量应变计所在点的应变,原理见图 13.30。

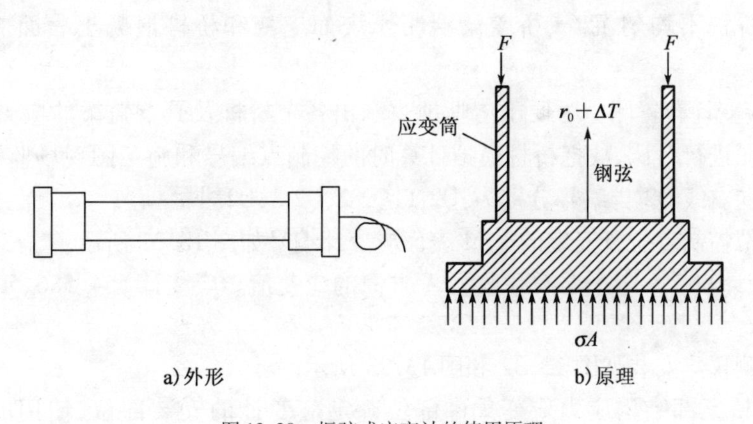

图 13.30 振弦式应变计的使用原理

应变计在制作出厂后,其中钢弦具有一定的初始拉力 T_0,因而具有初始频率 f_0,当应变计被固定在混凝土上之后,应变筒随混凝土变形而变形,筒中弦的拉力随变形而变化,利用弦的拉力变化可以测出应变筒的应变大小。现假定应变计两端承受压力,则弦的张力减少,此时弦的自振频率也减少,设弦的张力为 T,自振频率为 f,张力与频率关系可用式(13.2)表示。

$$T = Kf^2 \tag{13.2}$$

式中,系数 K 与弦的长度、单位长质量有关。很显然,有

$$\triangle T = T - T_0 = K(f^2 - f_0^2) \tag{13.3}$$

应变计的应变筒与其中钢弦变形协调,应变增量相同,设应变筒的应变增量为 ε_h,弦的应变增量为 ε_g,则

$$\varepsilon_h = \varepsilon_g = \frac{\triangle T}{EA} \tag{13.4}$$

式中,EA 为钢弦的轴向刚度,故

$$\varepsilon_h = \frac{K}{EA}(f^2 - f_0^2) = K_h(f^2 - f_0^2) \tag{13.5}$$

在应变计出厂前,通过压力机标定,给出初始频率 f_0 及系数 k_h 进而求得各读数频率下的应变值 ε_h 为

$$\varepsilon_h = K_h(f^2 - f_0^2) = K_h f^2 - \alpha_0 \tag{13.6}$$

式中,K_h 及 α_0、f_0^2为常量,与应变计相关。

13.7.3 监测点的布置

1)监测点及应变计的布置

(1)监测点平面布置图。根据相关规范要求,地铁4号线暗挖下穿高梁桥施工中,需进行地表变形、桥桩不均匀沉降、桥盖梁混凝土表面应变和桥桩混凝土表面应变等项目的监测。

(2)桥梁应变计布置图。为便于清晰地表示出各个桥桩及其上盖梁的应力应变变化,并且便于和施工图进行对比,故把桥桩模拟计算时的控制点编号和施工图现场监测点编号对应起来。自左线向右线 Q2 排编号分别为:Q2-1,Q2-2,Q2-3,Q2-4。

对应于模拟控制点位置安装的 XJM 表面应变计编号如图13.31所示。

说明:应变计506、522、515、600 监测 X 方向的应变值。应变计554、586、507、537 监测 Y 方向的应变值。

测点处监测仪器安装如图13.32和图13.33所示。

根据高梁桥上部结构应力应变集中部位确定应变计的安装部位,使用的监测仪器为丹东前阳仪器厂生产的 XJM 表面应变计,为防止仪器在长期监测中受到破坏特制作铁质保护盒。

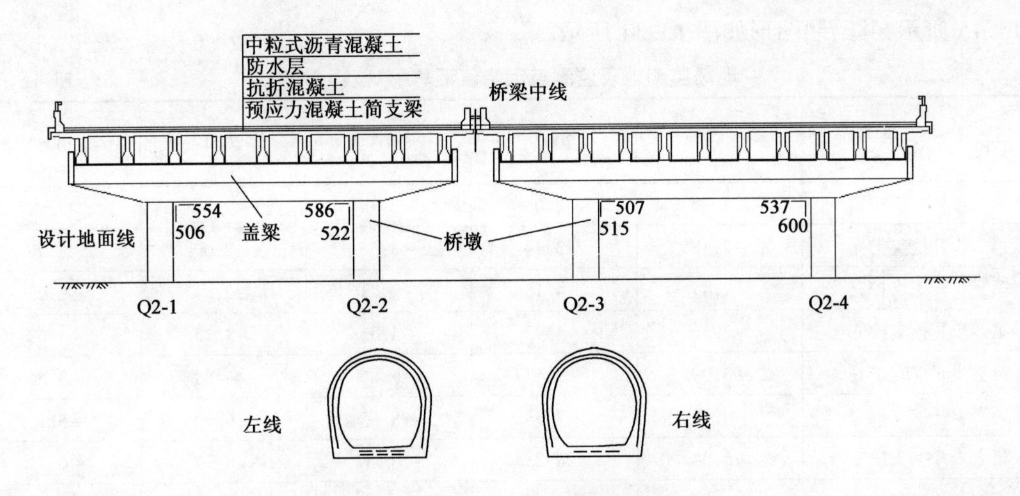

图 13.31　Q2 排应变计编号及布置

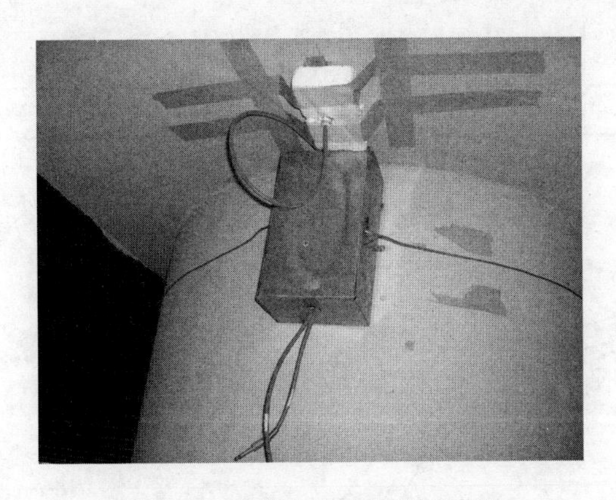

图 13.32　梁盖及桥桩应变计安装图

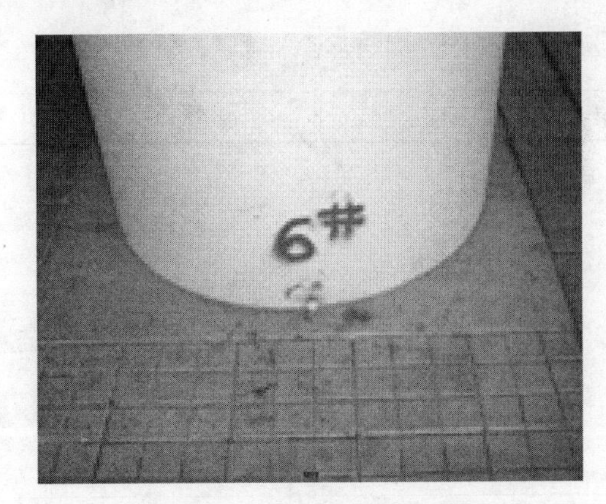

图 13.33　桥桩沉降监测点布置图

2）监测控制标准

（1）桥梁及地表监测控制标准。桥梁的桩及桥台竖向沉降控制值为 30mm，同一盖梁下基础差异沉降控制在 5mm，地表沉降控制值为 30mm。

（2）监控量测警戒值的确定。最大允许值、警戒值均以设计提供的要求为准。根据相关规范取设计允许值为最大允许值，取设计允许值的 80% 作为警戒值。

13.7.4　监测数据处理

1）现场监测地表沉降位移

地铁 4 号线西直门—动物园段过上部既有高梁桥段施工，自 2006 年 12 月 4 日开始施工到 2007 年 3 月 3 日二衬施工完成，期间施工主要包括以下施工阶段：高梁桥基础加固阶段，左隧道开挖支护施工阶段，右隧道开挖支护施工阶段，左隧道支护拆除二衬施工阶段，右隧道支护拆除二衬施工阶段。根据地表及桥桩监测的记录，对施工中地表及桥桩的沉降位移及相邻桥桩的差异沉降特点和沉降原因分别进行分析和总结。相对于前述数值模拟施工的 10 个步骤，在 72d 的隧道过桥段施工过程中，按照每一施工步对应的施工日期把监测数据取出汇成如

表 13.15 所示,并绘制图形如图 13.34 所示。

现场监测地表监测点沉降值汇总(单位:mm)　　表 13.15

步骤＼监测点	2001	2002	2003	2004	2005
第一步开挖支护完	-1.73	-2.05	-2.14	-2.22	-1.02
第二步开挖支护完	-2.18	-3.34	-3.55	-2.00	-1.77
第三步开挖支护完	-2.47	-4.18	-4.21	-2.64	-2.03
第四步开挖支护完	-2.56	-4.92	-4.35	-3.22	-1.62
第五步开挖支护完	-3.09	-5.47	-5.86	-4.88	-3.56
第六步开挖支护完	-4.53	-7.38	-8.65	-6.09	-5.15
第七步开挖支护完	-5.34	-8.23	-10.57	-8.94	-6.43
第八步开挖支护完	-6.05	-9.67	-12.28	-11.52	-8.95
第九步左支护拆除二衬完成	-13.43	-17.83	-21.37	-20.48	-12.64
第十步右支护拆除二衬完成	-19.78	-24.32	-29.23	-28.87	-20.63

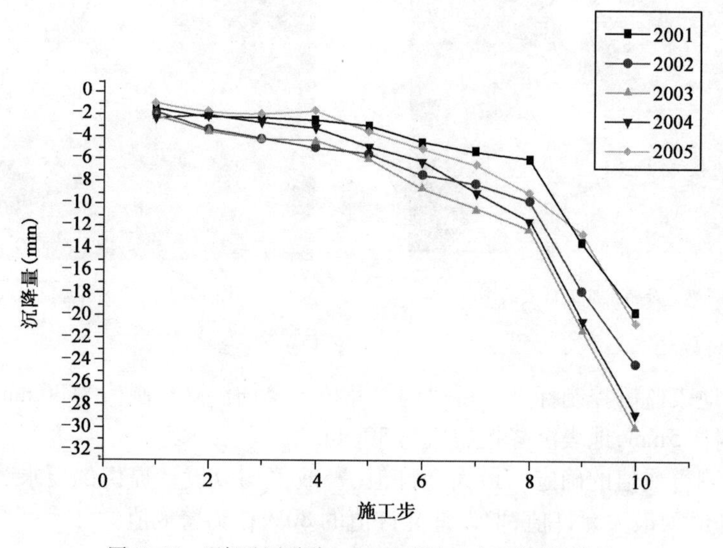

图 13.34　现场监测隧道上方地表随施工步开挖的沉降量

2)地表监测点沉降值监测数据结果分析

(1)在隧道近桥段施工前对桥梁基础进行加固,从现场监测隧道在桥基下方通过时隧道上方地表随施工步开挖的沉降量(图 13.34)可以看出,当隧道开始由第一步开挖时,由于前方多日的开挖地表已有少量的沉降,随着开挖地地表的沉降量逐渐增加,但是实际现场监测中 2003 点与 2004 点的最终沉降量较大,且 2003 点达到了 29.23mm 在控制标准 30mm 之内。

(2)图 13.35 为现场监测与数值模拟隧道上方地表监测沉降槽曲线,是在隧道开挖第十步右线隧道支护拆除二衬施工完成后进行绘制的,通过对比可以看出,数值模拟产生的地表沉

降槽在两隧道中线处位置最大,两侧逐渐减少呈漏斗状分布比较满足 Peck 曲线的分布图,但是从现场监测的地面沉降槽中控制点的监测值可以看出,监测点 2001 点、2002 点及 2003 点在第十步完成时的沉降值几乎呈直线分布,而以 2003 点为分界点,右侧 2003 点、2004 点与 2005 点的分布线类似 Peck 曲线分布。

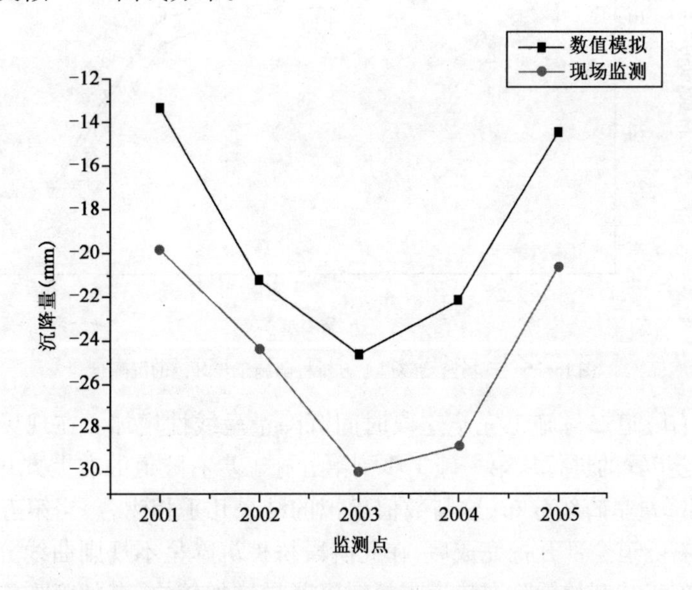

图 13.35 现场监测与数值模拟隧道上方地表监测沉降槽曲线

3)现场监测桥桩沉降位移

现场监测桥桩沉降位移见图 13.36 和表 13.16。

现场监测桥桩监测点沉降值汇总(单位:mm) 表 13.16

步骤(日期) \ 桥桩	2-1	2-2	2-3	2-4
第一步开挖支护完	-2.47	-2.68	-1.92	-1.37
第二步开挖支护完	-3.05	-4.73	-2.77	-1.75
第三步开挖支护完	-4.71	-5.69	-3.35	-2.88
第四步开挖支护完	-5.46	-7.21	-4.98	-3.49
第五步开挖支护完	-7.09	-9.09	-7.75	-5.42
第六步开挖支护完	-8.68	-9.34	-8.99	-6.17
第七步开挖支护完	-9.22	-10.33	-10.06	-8.34
第八步开挖支护完	-9.86	-12.46	-13.23	-9.28
第九步左支护拆除二衬完	-16.74	-19.48	-20.21	-17.43
第十步右支护拆除二衬完	-24.73	-28.85	-29.05	-25.28

从图 13.36 与数值模拟的桥桩随施工步开挖的沉降量相对比:在数值模拟中随着开挖地进行桥桩沉降量逐渐增加,从第一施工步到第八施工步随着施工阶段的开展沉降量增加比较均匀且几乎呈线性分布;从第八施工步到第九施工步开始拆除左隧道支撑时沉降量增加较快,

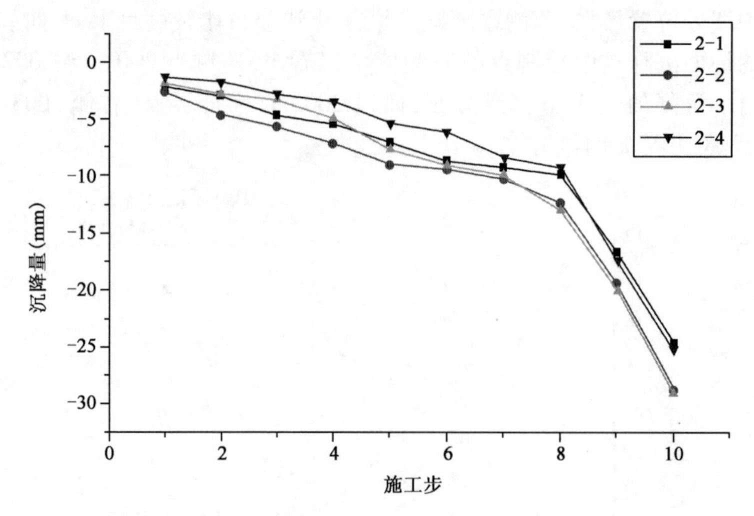

图 13.36　现场监测隧道上方桥桩随施工步开挖的沉降量

直到第十施工步右隧道二衬施工完毕这段时间沉降量呈线性增加。在现场监测桥桩沉降图 13.36 中随着开挖步骤的进行从第一施工步到第五施工步右隧道的右上方开挖完成后这个期间,4 个桥桩的沉降量呈直线分布,这与数值模拟的结果几乎相吻合,当第五施工步施工完成后到第八施工步右隧道全部开挖完成后,在此阶段桥桩沉降呈不规则曲线分布。从第八施工步施工完到第九施工步开始拆除左隧道支撑时沉降量增加较快,直到第十施工步右隧道二衬施工完毕这段时间沉降量呈直线增加。当第十施工步完成后两侧较远处桥桩 2-1 和桥桩 2-4 的沉降量比中间隧道正上方处桥桩 2-2 和桥桩 2-3 略小,分别为 24.73mm 和 25.28mm,桥桩 2-2 和桥桩 2-3 沉降量较大,分别为 28.85mm 和 29.05mm,均满足了设计规范在过桥段隧道施工阶段上方桥桩的沉降控制值 30mm,由此说明采取基础加固的方式来减小桥桩的沉降量是切实可行的,并且起到了明显的效果,此施工方法经有效的现场监测实验得到了验证,此工程案例可为今后其他工程借鉴。

4)现场监测相邻桥桩的差异沉降

相邻桥桩的差异沉降见图 13.37 和表 13.17。

相邻桥桩 1、2 号差异沉降及 3、4 号差异沉降(单位:mm)　　表 13.17

施工步项目	1	2	3	4	5	6	7	8	9	10
1、2 差异沉降	0.21	1.68	0.98	1.75	2.00	0.66	1.11	2.60	2.74	4.12
3、4 差异沉降	0.55	1.02	0.47	1.49	2.33	2.82	1.72	3.95	2.78	3.77

由图 13.37 和表 13.17 可以看出,在第一个至第十个施工环节中,1、2 号桥桩的差异沉降分别是:0.21mm、1.68mm、0.98mm、1.75mm、2.00mm、0.66mm、1.11mm、2.60mm、2.74mm 和 4.12mm。3、4 号桥桩的差异沉降分别是:0.55mm、1.02mm、0.47mm、1.49mm、2.33mm、2.82mm、1.72mm、3.95mm、2.78mm 和 3.77mm。由表 13.17 的数据可以看出桥桩 2-1 与桥桩 2-2 的差异沉降以及桥桩 2-3 与桥桩 2-4 的差异沉降值不是随着开挖的进行逐步增加的;而在数值模拟过程中这两组差异沉降是随着施工的进行逐渐增加的,原因主要是数值模拟过程中

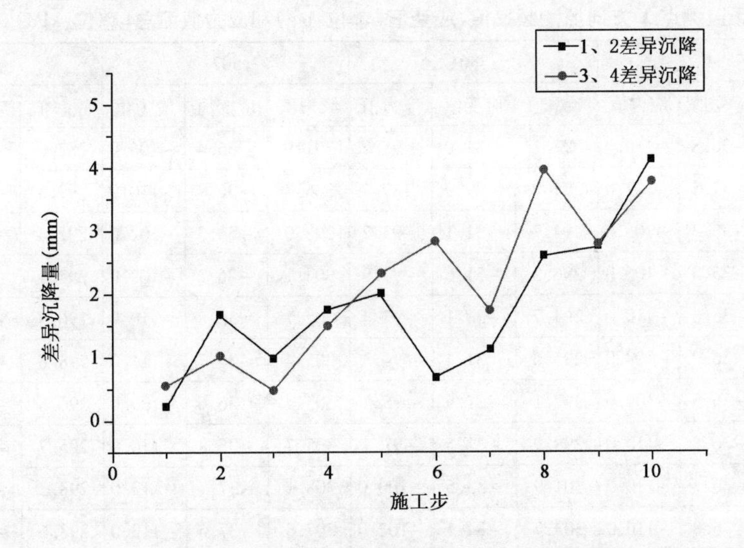

图 13.37　现场监测隧道上方相邻桥桩的差异沉降

假设同一地层地质条件完全相同，而在实际中即使同一地层其土质条件如压缩性、密实度等在不同部位也有所变化，故在现场监测中差异沉降不是严格逐步增加的。但是桥桩 2-1 与桥桩 2-2 的差异沉降值以及桥桩 2-3 与桥桩 2-4 的差异沉降值总体上呈上升趋势，这与数值模拟桥桩差异沉降图相吻合。由现场监测差异沉降可以看出桥桩 2-1 和桥桩 2-2 的差异沉降最大值为 4.12mm，桥桩 2-3 和桥桩 2-4 的差异沉降最大值为 3.95mm，均在设计控制标准值允许范围之内。

5）现场监测桥梁表面应变计监测点数据汇总

为了便于观察在下部隧道施工过程中上部桥梁的结构变化，在相邻桥桩存在差异沉降的情况下桥梁上部的盖梁及桥桩相连接处容易发生应力集中现象，故在危险部位安装应变计便于及时了解结构的应变及应力的变化情况，为隧道开挖正常施工进行指导。在隧道通过桥段的施工阶段，应变计每天读取两次数据，当施工通过桥段之后可适当减少数据读取次数及延长数据读取的天数。以下表格是依照开挖的步骤并对应相应的时间选取的监测频率值，运用式(13.6)计算换算成应变值，由应变值根据混凝土弹性阶段应力应变公式 $\sigma = E\varepsilon$ 转换成应力值，所以求得的应力值可用以下公式求出以便于和数值模拟值进行比较。

$$\sigma = E(K_h f_0^2 - \alpha_0) \tag{13.7}$$

各应变计系数见表 13.18，系数 K_h、α_0、f_0^2 随着每个应变计而改变。

应变计系数统计表　　表 13.18

系数＼编号	554	586	507	537	506	522	515	600
$K_h(10^{-10})$	6.2	5.6	6.1	5.9	6.6	6.0	6.3	5.9
f_0	180	177	182	178	181	185	184	175

应力计算汇总见表 13.19 和表 13.20。

现场监测点 X 方向监测频率值、应变值(单位:$\mu\varepsilon$)和应力值汇总(单位:kPa) 表 13.19

步骤＼编号	554			586			507			537		
	频率值	应变值	应力值	频率值	应变值	应力值	频率值	应变值	应力值	频率值	应变值	应力值
第一步	303.9	-36.8	-110.0	297.1	-31.9	-95.7	301.9	-35.4	-106.0	287.6	-30.1	-90.3
第二步	304.2	-37.2	-111.0	291.0	-29.9	-89.7	305.4	-36.7	-110.0	292.5	-31.8	-95.4
第三步	299.7	-35.3	-106.0	294.7	-31.1	-93.2	298.9	-34.3	-102.0	295.4	-32.8	-98.3
第四步	299.7	-35.3	-106.0	296.2	-31.6	-94.9	304.1	-36.2	-108.0	297.1	-33.4	-100.0
第五步	303.9	-36.8	-110.0	294.7	-31.1	-93.4	305.7	-36.8	-110.0	296.3	-33.1	-99.3
第六步	301.3	-36.2	-108.0	295.6	-31.4	-94.3	305.4	-36.7	-111.0	298.6	-33.9	-101.0
第七步	302.5	-36.5	-109.0	297.1	-31.9	-95.7	305.2	-36.6	-109.0	296.6	-33.2	-99.5
第八步	303.9	-36.8	-110.0	298.9	-32.5	-97.4	305.7	-36.8	-110.0	295.7	-32.9	-98.8
第九步	303.6	-36.7	-110.0	301.9	-33.5	-100.0	308.1	-37.7	-113.0	298.3	-33.8	-101.0
第十步	303.9	-36.8	-110.0	303.7	-34.1	-102.0	307.8	-37.6	-112.0	298.6	-33.9	-101.0

现场监测点 Y 方向监测频率值、应变值(单位:$\mu\varepsilon$)和应力值汇总(单位:kPa) 表 13.20

步骤＼编号	554			586			507			537		
	频率值	应变值	应力值	频率值	应变值	应力值	频率值	应变值	应力值	频率值	应变值	应力值
第一步	785.6	-385.7	-1157	814.7	-377.7	-1133	797.1	-379.0	-1137	818.0	-376.7	-1130
第二步	784.9	-385.0	-1155	815.3	-378.3	-1135	797.8	-379.7	-1139	819.6	-378.3	-1135
第三步	786.0	-386.1	-1158	816.3	-379.3	-1138	798.4	-380.3	-1141	819.6	-378.3	-1135
第四步	786.8	-387.0	-1161	816.0	-379.0	-1137	799.4	-381.3	-1144	820.4	-379.0	-1137
第五步	787.5	-387.7	-1163	817.3	-380.3	-1141	799.8	-381.7	-1145	821.1	-379.7	-1139
第六步	786.6	-386.7	-1160	818.5	-381.4	-1144	800.8	-382.7	-1148	822.8	-381.4	-1144
第七步	787.5	-387.7	-1163	819.4	-382.3	-1147	801.1	-383.0	-1149	822.8	-381.4	-1144
第八步	788.1	-388.3	-1165	820.8	-383.7	-1151	802.1	-384.0	-1152	824.5	-383.0	-1149
第九步	790.0	-390.3	-1171	823.1	-386.0	-1158	804.4	-386.3	-1159	826.8	-385.3	-1156
第十步	791.9	-392.3	-1177	824.9	-387.7	-1163	806.7	-388.7	-1166	830.0	-388.3	-1165

6)现场监测桥梁监测点应变应力监测值分析

(1)在隧道开挖的影响下,桥梁基础下的地层的沉降是逐步实现的,从而基础的沉降也是逐渐增加的,由于地层的不均匀沉降导致基础的不均匀沉降,从而表现为上部相邻桩柱的差异沉降。桥梁结构在上部荷载及相邻桥桩的差异沉降共同作用下产生应力应变。表 13.19 与表 13.20 是从实际现场监测的数据转换的监测点的 X 方向及 Y 方向的应变值与应力值。

(2)当不均匀沉降产生的应力超过桥梁的容许应力时,结构将发生变形;当结构拉应变较大超过混凝土抗拉强度时将导致裂缝的产生。从监测数据可以看出,在桥梁的危险部位安装应变计从读取的频率值运用公式转化为混凝土结构表面的应变值,监测点 X 方向的应变全部是压应变,变化范围在(29.9~37.7)$\mu\varepsilon$ 远小于混凝土在弹性阶段的压应变。

(3)从表 13.19 可以看出监测点 Y 方向全部处于受压状态,压应变值最大出现在第十步右线隧道二衬施作完毕后2-1桩柱上方桥桩内侧，最大值为392.3με，小于C30混凝土在持久状态无裂缝时弹性阶段的应变402με。

(4)通过对现场监测点监测的应力值表13.19与表13.20与数值模拟控制点X方向应力值及Y方向应力值进行对比分析可知，现场监测的结构受压部位的压应力值除个别外几乎全部大于数值模拟时得出的压应力值。从表中现场监测值和数值模拟值可以得出结构受力均在规范允许范围之内，受压区混凝土没有被压碎和受拉区混凝土没有被拉裂破坏，且无裂缝出现，施工结束后在现场观察盖梁及桩柱可以看出结构确实完好，且没有影响交通正常运行。从而证实了采取加固桥梁基础使独立基础变成条形基础的方案是成功的，有效地减小了相邻桥桩的差异沉降及结构变形，保证了施工的正常顺利进行。

13.7.5 监测值和模拟值误差原因分析

从现场监测值汇总表13.19和表13.20及前述模拟值汇总表可以看出，监测值和模拟值之间有一定的误差，主要是由于以下原因产生的：在实际结构中，弹性应变、徐变应变、收缩应变和温度应变总是混合在一起，由于有多种变形混合在一起，传感器显示的读数为周围混凝土的总应变，总应变可以表示为：总应变 = 荷载引起的弹性应变 + 相应的徐变应变 + 混凝土自身体积应变 + 自由温度应变 + 混凝土收缩徐变，即

$$\varepsilon_{总} = (\varepsilon_{弹} + \varepsilon_{徐变}) + (\varepsilon_{自身} + \varepsilon_{温度} + \varepsilon_{收缩}) \tag{13.8}$$

式中：$\varepsilon_{弹}$——荷载引起的弹性应变；

$\varepsilon_{徐变}$——相应的徐变应变；

$\varepsilon_{自身}$——混凝土自身体积应变；

$\varepsilon_{温度}$——自由温度应变；

$\varepsilon_{收缩}$——混凝土收缩徐变。

而模拟时应变不包含温度应变、徐变应变和混凝土收缩徐变。徐变应变和混凝土收缩徐变因桥建成已久故变化不大，所以对实测和模拟误差影响不是很大。

另外，由于传感器与被测物体的弹性模量不一致也会引起测量误差。因为：

$$\frac{(\varepsilon_r - \varepsilon_m)}{\varepsilon_r} = \frac{C(1 - E_s/S_c)}{1 + CE_s/E_c} \tag{13.9}$$

其中：

$$C = \frac{\pi(1 - \upsilon^2)[r - \pi(1 - \upsilon^2)]}{2l}$$

式中：ε_r——被测物体的真实应变(m/m)；

ε_m——传感器的计算应变(m/m)；

E_s——钢弦的弹性模量(m^2/N)；

E_c——被测物体的弹性模量(m^2/N)；

r——传感器套筒直径(m)；

υ——被测物体的泊松比。

从式(13.9)可以看出，只有传感器的弹性模量和被测物体的弹性模量相同时，应变误差才为零，而实际情况很难实现，故现场实际监测时的误差也难免存在。

13.8 本章小结

通过对含水砂卵石地层浅埋暗挖下穿浅基础桥梁施工关键技术的研究,取得了以下结论。

(1)通过文献检索、现场调研和数值模拟等手段,依托各个工程施工规范和工程类比经验,提出了砂卵石地层浅埋暗挖下穿浅基础桥梁的变形控制标准,并对施工的方案进行了对比验证,最终确定了最优化的施工方案,即采用对桥桩进行加固,超前小导管注浆采用全断面前进式超前深孔注浆,并采用 CRD 法开挖掌子面。

(2)对前进式深孔注浆技术在砂卵石地层中的应用设计流程,双液注浆工法特点进行研究,对注浆参数如注浆范围、注浆方案、注浆压力、注浆流量及注浆孔布置等进行优化,并应用该技术成功穿越了西直门桥。

(3)针对西直门桥所处地层条件差和变形控制标准严格的情况,选择前进式深孔注浆技术,采用水泥基为主注浆材料,成功地解决了砂卵石地层成孔和护壁等注浆技术难题,应用数值模拟方法对桥桩的沉降进行预测,实测数据表明了注浆方案是成功的。

(4)对近接西直门桥施工进行了变形分配控制,通过数值模拟,得出了理论上的变形分配比例,为施工提供了有力的技术支持。同时根据监测结果,对比分析实测值和计算值,证明了最优化方案的正确性,也说明了数值模拟在指导工程施工中的重要性。

(5)在"TGRM 浆材"的配制原则及技术途径基础上,选择合适的水泥基料,在此水泥基料中掺入外加剂和矿物掺和料,研制成功了 TGRM 改进型浆液,这种新的改进浆液具有良好的灌注施工性,适宜的强度,体积为膨胀性和耐久性,而且经济廉价,性价比比较理想。

14 富水软塑性地层热力隧道下穿危旧房屋关键施工技术

本章针对北京北三环路热力外线工程热力隧道,在富水软塑性地层条件下,下穿危旧房屋施工实例,介绍地层预加固技术的应用。

14.1 工程概况

14.1.1 危旧建筑物简介

本工程为东、北三环(和平东桥—燕莎桥)热力外线工程,干线管线为 DN800,全长 4587.62m。工程起点位于和平街北口,沿三环路敷设,经太阳宫西路、三元桥,终点至东三环燕莎桥。其中和平东桥—太阳宫西路长 1463.33m。本实例介绍的就是热力隧道穿越 17 号竖井西侧的危旧群房区以及宝瑞通典当行施工。

17 号竖井西侧地表群房为地表一层房屋,砖砌结构,由于建造年代较久,其基础情况已无从查起。部分房屋外侧可见裂缝。群房面积约为 28m×35m,隧道在此处拱顶埋深仅为 5.5m。群房分布范围与隧道位置关系见图 14.1。

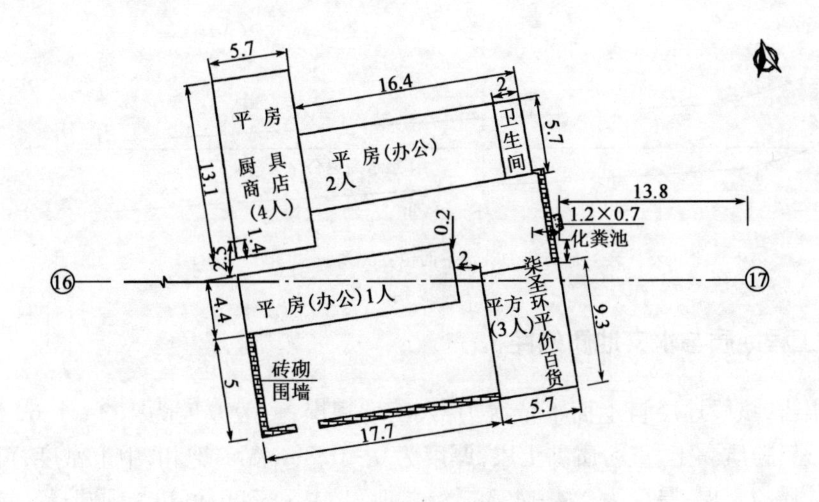

图 14.1 群房区与隧道平面位置关系(尺寸单位:m)

注:平房均为单层砖砌。

宝瑞通典当行是一、二层楼房，位于北京市北三环路与京承高速公路交叉地带，见图14.2。该建筑物为砖混凝土结构、无地下室，放大角基础（按从地面埋深2m，扩大0.5m放角基础考虑），楼房与西侧砖砌平房整体长度27.3m，宽度为9m，平面上与热力隧道正交，隧道在该处拱顶至二层楼房基础地面覆土厚度为6.166m。楼房、砖砌平房与隧道平面位置关系见图14.3。

图14.2 宝瑞通典当行地理位置

由于建造年代较久，房屋墙体已发生多处开裂，属危旧建筑，肉眼可见裂缝很多，最宽裂缝发生在北墙饰面砖及屋顶挑檐上，宽度达到2～3cm，见图14.4a)～图14.4d)。

从两处房屋现况可知，在危旧建筑下实施穿越施工，其工程重点在于控制地表沉降，最大限度地减小房屋的不均匀沉降，即差异沉降的控制。

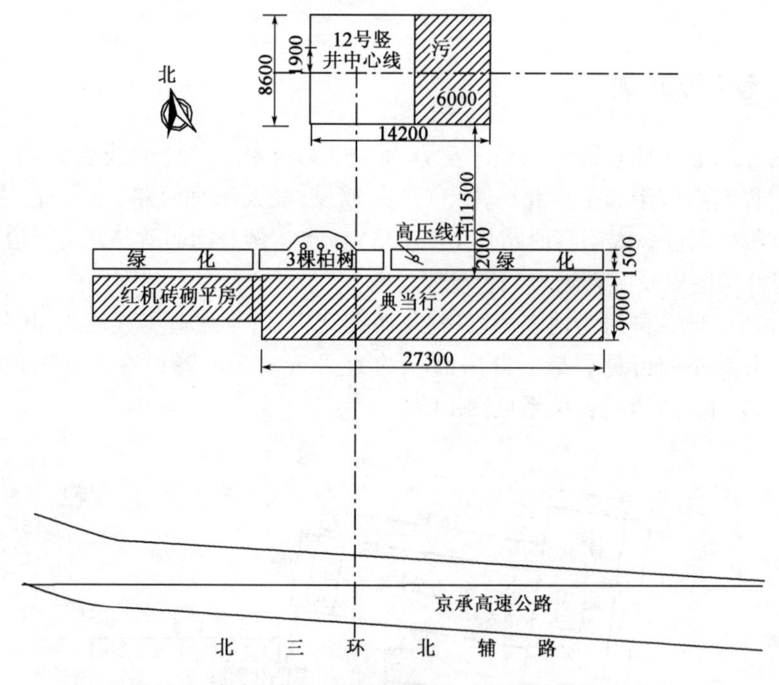

图14.3 典当行与热力隧道平面位置关系（尺寸单位：mm）

14.1.2 工程地质与水文地质条件

根据勘察报告，该段地层自上而下依次为：人工堆积层，一般厚度为1.3～1.6m，湿～饱和，稍密～中下密；粉质黏土、重粉质黏土层，厚度为0～0.8m，湿～饱和，中下密度，可塑～软塑；黏质粉土、砂质粉土层：厚度为2.4～4.3m，湿～饱和，中下密度，可塑～硬塑；粉质黏土、重粉质黏土层，厚度为0～1.2m，湿～饱和，中下密度，可塑～软塑；黏质粉土、砂质粉土层，厚度为0～1.2m，湿～饱和，中下密度，可塑～硬塑；粉质黏土、重粉质黏土层，厚度为4.2～6m，

湿~饱和，中下密度，可塑~软塑。

隧道主要穿越地层为砂质粉土与粉质黏土，为可塑~软塑地层。

地下水类型为上层滞水，水位埋深不规律，分布不连续，基本为地面以下2~7m不等，且水量较丰富。

a)北墙中部屋顶开裂情况

b)北墙东侧"Y"型裂纹

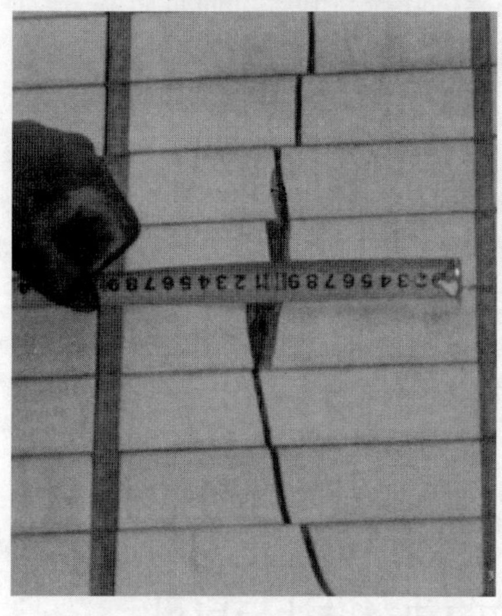

c)北墙中部屋顶开裂向下延伸部分

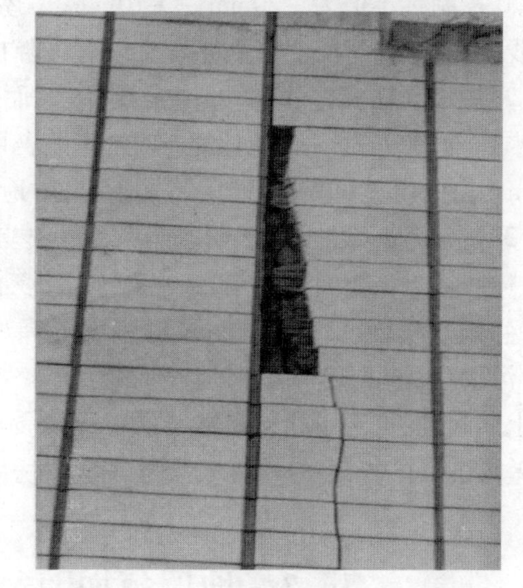

d)墙体竖向裂缝

图14.4　宝瑞通典当行墙体开裂情况

14.1.3　隧道设计概况

隧道结构为马蹄形，直边墙，平底板，采用复合衬砌结构形式。主隧道断面尺寸为3600mm×2500mm。隧道开挖尺寸为4700mm×3900mm。隧道初支喷射混凝土为早强C20，初支厚度为250mm，隧道二衬为C30，二衬厚度侧墙为300mm，底板为600mm，抗渗等级为S8，防水为全封闭，隧道采用LDPE防水卷材板外防水，隧道二衬施工缝间距约25m，设XZ-322-30型橡胶止水带。

隧道施工方法设计为台阶法。

14.2 地层预加固的原始设计参数及存在的问题

14.2.1 地层预加固的原始设计参数

(1)超前支护参数。采用 $\phi 32 \times 3.25$mm 普通水煤气管,环向间距 300mm,长度 2.5m,搭接 1.5m,布置范围为隧道拱部 15°范围,浆液为水泥浆液。

(2)格栅榀距为 0.5m,超前小导管两榀打设一次。

(3)暗挖穿越房屋段,地面无法施工降水固结土体。

14.2.2 原始设计参数应用中存在的问题

(1)热力隧道穿越的两处房屋为危旧房屋,穿越施工风险极大。因此沉降控制标准要求高(沉降控制标准值为 -20mm ~ +10mm,房屋差异沉降控制值为 5mm),而就一般地段的施工实践,单纯常规超前注浆小导管难以对沉降控制有明显效果。

(2)地表无法实施降水,即使实施降水,而对黏质粉土与粉质黏土来说,隧道内也很难做到无水作业施工。一般地段的监控量测表明,地表沉降值一般为 70 ~ 80mm,最大可达 110mm。由此可见,穿越危旧房屋施工时,对地层实施止水加固,进行必要的地层改良是前提。

(3)隧道埋深浅,群房区覆土为5.5m,典当行为6.2m。地层又多处于可塑 ~ 软塑状态,强度低,隧道施工工作面易坍塌,施工对地面扰动大,沉降不易控制。

(4)地表房屋已属危旧建筑,对过大沉降难以承受,同时,地下管网密布,包括上水管、雨水管、污水管、电讯管等,都对地表沉降有严格要求。

上述问题,决定了如何在复杂的工程地质与水文地质条件下,控制地表与建筑物沉降,尤其是差异沉降的控制,是确保安全穿越危旧房屋施工的关键。

14.3 地层预加固参数的动态设计与应用

14.3.1 原始设计参数的合理性检验

为提出更合理的地层预加固参数,本节依据本书第 5 章给出的设计计算方法,对上述地层预加固原始设计参数进行合理性验算。

1)基本参数

(1)隧道参数:D 为 4.7m,H 为 2m,一次进尺 a 为 0.5m。

(2)地层参数:群房区 Z 为 5.5 m,典当行为 6.2m,隧道主要穿越粉质黏土和黏质粉土层,c 为 6.0kPa,φ 为20°,E_e 为 30MPa,K 为 25MPa/m,k_0 为 0.43,ν 为 0.3,γ_a 为 20kN/m^3。

2）工作面上覆地层结构稳定性判别

群房区覆跨比 Z/D 为1.17，典当行为1.32，依据本书第5章研究结果，可认为上覆地层为第二类地层条件，即隧道穿越饱水砂层或流塑状软土地层条件。根据式(7.18)和式(7.19)考虑进尺 a 为0.5m，则抛物线拱的最大高度 h_{to} 为2.64m，椭球体拱的最大高度 h_{eo} 为3.59m。该段地层最小埋深为5.5m，且依据工程地质与水文地质条件，可认为是流塑状软土地层。因此由式(7.21)，实际软塑性土层厚度皆大于计算的拱高度，也就是说，如果不采取地层预加固措施，隧道工作面向不稳定方向发展，其预加固结构的作用荷载可以考虑采用全土柱法计算。

3）超前预加固结构作用荷载 q 的确定

对穿越群房区段，q 按全土柱法计算：$5.5\times20=110\text{kN/m}^2$；对穿越典当行区段，$q$ 为 $6.2\times20=124\text{kN/m}^2$。

4）选择力学模型并求解其力学参数

(1)力学模型选择。超前小导管选用模型Ⅱ。

(2)弯矩的求解和比较。由模型Ⅱ，按穿越群房区荷载 q 计算弯矩 M_{-a} 为1.12kNm。由式(5.15)，对 $\phi32$ 的小导管，其允许的最大弯矩值 $M_{\max}$ 为0.394kN·m，因此可见，在这两处穿越房屋段，设计采用的超前小导管参数的强度稍过小。值得说明，上述分析中，还未考虑房屋荷载等的影响。

5）工作面土体的稳定性分析

在上述地层预加固参数条件下，两处穿越房屋段，隧道工作面土体的稳定性分析无最小上限解。也就是说现况设计的地层预加固参数不能够满足工作面土体的安全开挖。

综上，原始设计的预加固参数不能满足最基本的隧道安全开挖，如果不进一步采取措施，工作面将随挖随塌，这已不仅仅是隧道开挖不安全的问题，更重要的是也势必会造成房屋的坍塌，极易带来人员和财产的损失。

14.3.2　地层预加固动态设计参数

根据穿越地段的4个环境条件(地表环境条件、地层环境条件、地中管线环境条件和地下水环境条件)，借鉴类似工程经验，该段地层预加固参数设计应遵循以下两个基本原则。

(1)为确保必要的隧道开挖环境，首要的是必须对地层进行止水加固，基本实现无水施工。

(2)房屋为危旧房屋，在严格控制沉降的同时，采取措施确保差异沉降控制是安全穿越的关键。

根据本书的研究成果，在满足上述两个基本原则的基础上，穿越房屋段地层预加固参数动态设计如下。

(1)实施双重管超前深孔注浆(WSS)，浆液根据土层情况，采用水玻璃悬浊液(劈裂为主，渗透为辅)进行止水加固。水泥采用P.O.32.5普通硅酸盐水泥，水玻璃采用45°Be′水灰比和体积比皆为1∶1双液浆。注浆范围为隧道半断面注浆加固。考虑土质渗透系数很小，浆液不易扩散，隧道拱顶加固厚度为3m(加固高度为5m)，加固宽度为7.7m。注浆循环段长14m，开挖10m，留设4m止浆墙。浆液扩散半径为0.8m，注浆压力为0.5~1.2MPa。注浆加固沿纵方向见图14.5，注浆孔布置见图14.6。

(2)实施水平大管棚超前支护。实施大管棚的最大特点是能够确保沉降的均匀,也即能够控制差异沉降。大管棚主要参数:管长最大为40m,管径为$\phi108$,壁厚为6mm,自隧道起拱线以上沿隧道初支开挖轮廓线以外800mm环向布设,管间距250mm(管中至管中距离)。管棚采用1.8~2.5m的管节,管节采用对口丝扣连接,管棚方向与隧道中线平行。为保证钻进效果,钢管上不设置注浆孔,管棚施工完成后进行管内注浆,浆液为水泥浆,水灰比控制在0.45:1~0.5:1,注浆压力控制在0.3~0.5MPa。大管棚布置横断面见图14.7。

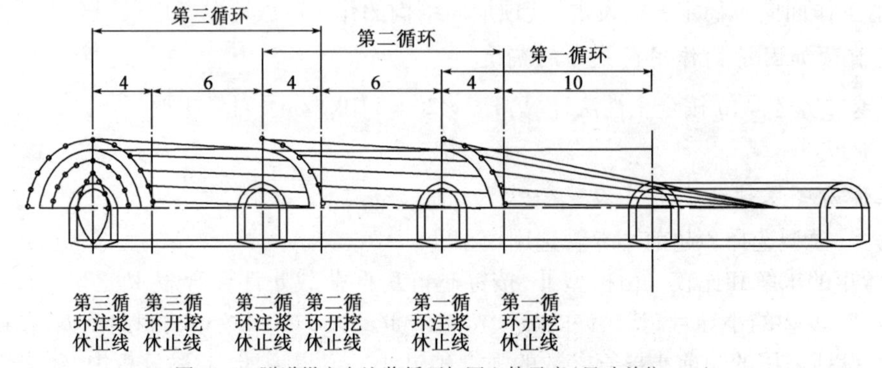

图14.5　隧道纵方向注浆循环加固立体示意(尺寸单位:mm)

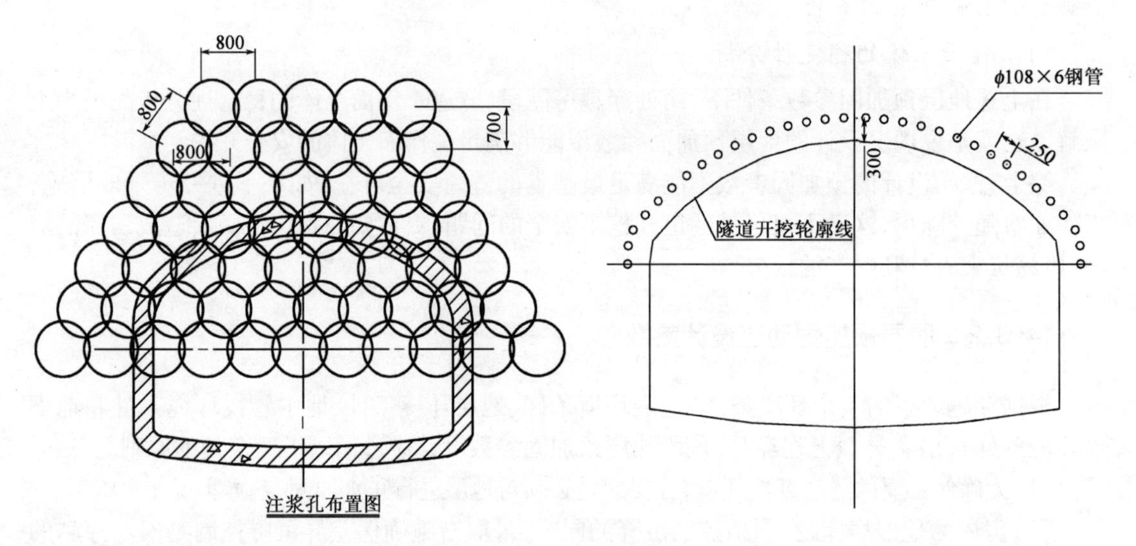

图14.6　隧道横断面注浆孔布置(尺寸单位:mm)

图14.7　大管棚布置横断面

(3)自大管棚之间实施$\phi32\times3.25$mm超前注浆小导管,环向间距为300mm,长度3m,搭接1.0m,布置范围为隧道拱部180°范围,浆液为水泥基类浆液,以补偿双重管注浆水玻璃的离析带来的强度丧失、后期沉降问题。

(4)设置初支背后的径向回填注浆小导管,间距由3m加密为1.5m,长度适当加长,适时在二衬未完成前进行补偿加固注浆。

对上述参数,即使按最不利工况,求得的弯矩M_{-a}为1.12kN·m也小于大管棚($\phi108\times$6mm)的允许弯矩,同时也没有考虑土体加固,作用在超前预加固结构的荷载减少以及超前小导管自身的强度,因此可认为超前预加固结构的强度条件满足要求。在单纯考虑注浆加固的条件下，由实验室试验地层参数改良为 c 为 10kPa，φ 为 40°，E_e 为 50MPa，K 为 30MPa/m，k_0 为 0.43，ν 为 0.3，γ_a 为 22kN/m³，核心土自由高度为 1.5m。根据式(5.8)和式(5.9)考虑进尺 a 为0.5m，则抛物线拱的最大高度 h_{to}为 0.71m，椭球体拱的最大高度 h_{eo}为 1.52m。由前分析，施工中拱顶以上 3m 的土体均实施了很好的加固，这部分土体起到了隔水层和硬层的作用，有利于稳定拱的形成。此时 q 为 33.44kN/m²，仅为原始设计参数穿越群房区的 27.64%，穿越典当行的 24.52%。按最大荷载 q 计算的工作面稳定性分析的上限解为：N_s 为 4.35，临界高度 H_{cr}为 4.58m，临界长度 L_{pcr}为 2.62m。显然预加固参数满足工作面稳定性的要求。

14.3.3　地层预加固参数动态设计优化的模拟分析

1）不同方案对沉降的影响分析

为进一步判定提出的地层预加固方案所引起的沉降对房屋的影响程度，以及技术经济的优化选择预加固方案，这里采用数值模拟分析，对方案一（工作面双重管超前深孔注浆）、方案二（工作面双重管超前深孔注浆配合水平大管棚超前预支护）进行分析与评价。

模拟建模根据现场勘察资料，决定土层分布和选取土层参数，注浆区土体根据以往经验适当提高其物理参数，模型计算采用的地层参数见表 14.1。管棚的模拟采用等效刚度的原则，以与其相当的物理强度参数的块体单元进行模拟。

模型计算采用的地层参数　　表 14.1

参数＼土层	杂填土	黏质粉土	粉质黏土	注浆土
干重度(kN/ m³)	17.5	19	17	21
湿重度(kN/ m³)	19	20.2	19.2	22
弹性模量(GPa)	11	30	35	50
泊松比	0.3	0.31	0.29	0.3
黏聚力(kPa)	1	4	10	10
内摩擦角(°)	10	18	30	40

模型采用线弹性本构模型，计算范围横向单侧取 4 倍洞径，隧道底部取 3 倍洞径，上部取至地表。应力场由重力场自行生成。模型网格剖分图见图 14.8。

模拟正台阶法施工步序，得出的地表沉降和拱顶沉降见表 14.2。

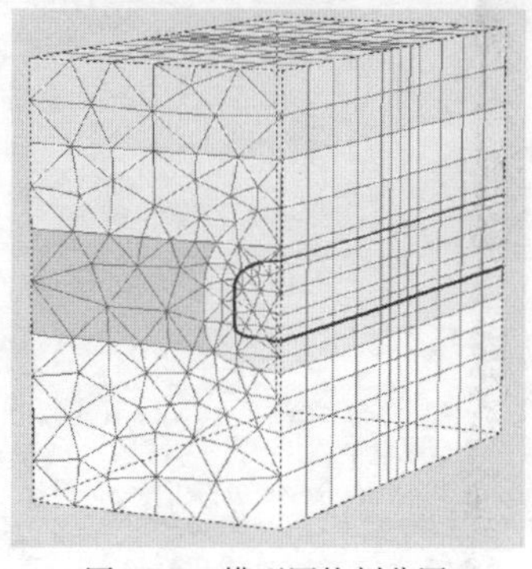

图 14.8　模型网格剖分图

计算结果分析表(单位：mm)　　表 14.2

分 析 项 目	地表沉降	拱顶沉降
方案一（双重管深孔注浆）	41.32	37.21
方案二（双重管深孔注浆＋大管棚预支护）	28.66	13.54

由表 14.2 计算结果可以看出,与局部地段不对土体注浆加固(沉降量可达 70 ~ 80mm)相比,工作面注浆可以较为有效地控制土体变位和地表沉降,而管棚的作用则在于进一步更好地控制地表沉降和拱顶沉降。

2)不同方案沉降变形对房屋的影响程度评价分析

对沉降对于房屋的影响程度评价,采用已被世界上许多国家应用的评价原则和标准。该标准是英国在 Jubilee 延长线(2000 年)施工中创建。该套评价方法将房屋视为均质无重量弹性地基梁,认为房屋的破坏是由于拉应变所致。考虑地表的垂直位移和水平位移,计算出房屋的最大拉应变,对照相关的标准,给出建筑物受地表沉降影响的级别。具体评价过程如下。

因地表垂直沉降和水平应变而在建筑物内产生的弯曲拉应变和剪切拉应变可分别由式(14.1)和(14.2)计算:

$$\varepsilon_{br} = \varepsilon_h + \varepsilon_{b\max} \tag{14.1}$$

$$\varepsilon_{dr} = \varepsilon_h\left(\frac{1-\nu}{2}\right) + \sqrt{\varepsilon_h^2\left(\frac{1+\nu}{2}\right) + \varepsilon_{d\max}^2} \tag{14.2}$$

式中,ε_{br} 和 ε_{dr} 分别为弯曲拉应变和剪切拉应变,$\varepsilon_{b\max}$ 和 $\varepsilon_{d\max}$ 分别为仅考虑地表垂直位移和房屋几何尺寸与强度参数的弯曲拉应变和剪切拉应变,可按式(14.3)和式(14.4)计算:

$$\varepsilon_{b\max} = \frac{\dfrac{\Delta}{L}}{\left(\dfrac{L}{12t} + \dfrac{3I}{2tLH}\cdot\dfrac{E}{G}\right)} \tag{14.3}$$

$$\varepsilon_{d\max} = \frac{\dfrac{\Delta}{L}}{1 + \dfrac{HL^2}{18I}\cdot\dfrac{G}{E}} \tag{14.4}$$

以上各式中参数意义如下:

ν——泊松比;

L——房屋等效梁沿垂直隧道纵向的长度(m);

H——房屋等效梁高度(m);

Δ——建筑物最大沉降量(m);

I——房屋等效梁的惯性矩(m^4);

G——房屋剪切模量;

E——房屋弹性模量(kPa);

t——等效梁中性轴距梁底边的最大距离(m)。

ε_h——地表水平应变,按式(14.5)和式(14.6)计算:

$$\varepsilon_h = \frac{1}{Z_0 - Z}\cdot W\cdot\left(\frac{y^2}{i^2} - 1\right) \tag{14.5}$$

$$w = \frac{V_s}{\sqrt{2\pi}i}\exp\left[-\frac{y^2}{2i^2}\right]\left\{G\left[\frac{x-x_i}{i}\right] - G\left[\frac{x-x_f}{i}\right]\right\} \tag{14.6}$$

式中所采用坐标系以地表沉降槽最大沉降点在地表投影位置为坐标原点,x,y,z 分别为沿隧道纵向,垂直隧道走向和垂直向下坐标方向,i 为沉降槽反弯点在 y 轴上的坐标值,Z_0 为隧道中线距地表深度,W 为地表在 y 方向的水平位移函数,V_s 为沿隧道纵向单位长度内沉降槽体积,$G(\alpha)$为概率分布函数,x_i,x_f 分别为隧道起点和工作面位置坐标。

根据上节中计算得到的两种方案的地表沉降值,采用上述评价方法分别加以计算,得出的房屋结构拉应变如下:

对应方案一,$\varepsilon_{dr}=0.167$,$\varepsilon_{br}=0.110$;

对应方案二,$\varepsilon_{dr}=0.068$,$\varepsilon_{br}=0.032$。

因 $\varepsilon_{dr}>\varepsilon_{br}$,则采用较大值 ε_{dr}进行评价。由表 14.3 可知,采用方案一,对房屋造成的破坏为 3 级偏下,其表现见表 14.4,为裂缝需要修缮,门窗难以打开,水管或煤气管等可能会断裂,防水层削弱,典型裂缝宽可达 5 ~ 15mm;而方案二对房屋的损坏均在 1 级范围内。其表现为裂缝细微,可通过装潢处理掉;破坏通常发生在内墙,典型裂缝宽度在 1mm 以内。

房屋损坏级别与极限拉应变关系　　表 14.3

损坏级别	严重性描述	极限拉应变
0	几乎可以忽略的	0 ~ 0.05
1	非常轻微	0.05 ~ 0.075
2	轻微	0.075 ~ 0.15
3	中等程度	0.15 ~ 0.3
4,5	严重至很严重	>0.3

房屋可见损坏程度分类　　表 14.4

损坏类型	损坏程度	典型破损的描述
0	几乎可以忽略的	裂缝小于 0.1mm
1	很轻微	裂缝细微,可通过装潢处理掉;破坏通常发生在内墙,典型裂缝宽度在 1mm 以内
2	轻微	裂缝易于填充,可能需要重新装潢,从外面可见裂缝;门窗可能会略微变紧;典型裂缝宽可以达 5mm
3	中等程度	裂缝需要修缮,门窗难以打开,水管或煤气管等可能会断裂,防水层削弱,典型裂缝宽可达 5 ~ 15mm
4	严重	需要普遍修缮,尤其是门窗上部的墙体可能需要凿除,门窗框扭曲,地板倾斜可以感知,墙的倾斜或凸出可以感知,管线断裂,典型裂缝宽可达 15 ~ 25mm
5	很严重	本项可能需要原房屋局部或全部重建,梁失去承载力,墙体严重倾斜,窗户扭曲、破碎,结构有失稳的危险,典型裂缝宽大于 25mm

通过上述评价,即使单纯采用双重管超前深孔注浆加固方案(方案一)对房屋造成的损坏也不是很大,但考虑穿越房屋为危旧建筑,其结构已部分开裂,因此选择双重管与大管棚相结合方案无疑能确保危旧建筑物的安全穿越。

14.4 工程实施及效果监测

14.4.1 WSS 双重管超前深孔注浆施工

1）WSS 双重管超前深孔注浆施工工艺

双重管注浆系统见图 14.9，双重管注浆施工工艺见图 14.10。

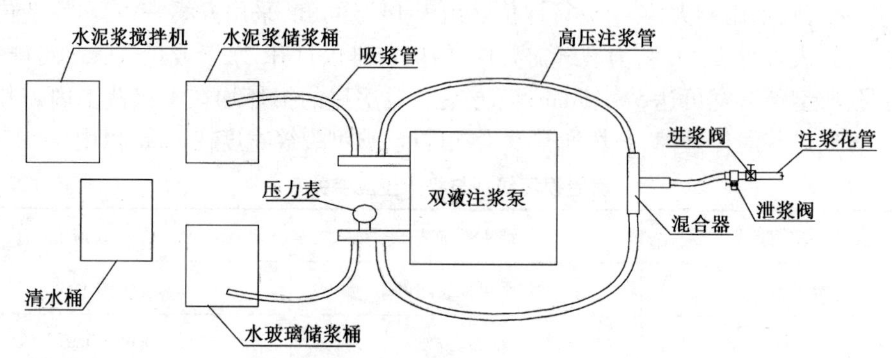

图 14.9 双重管注浆系统

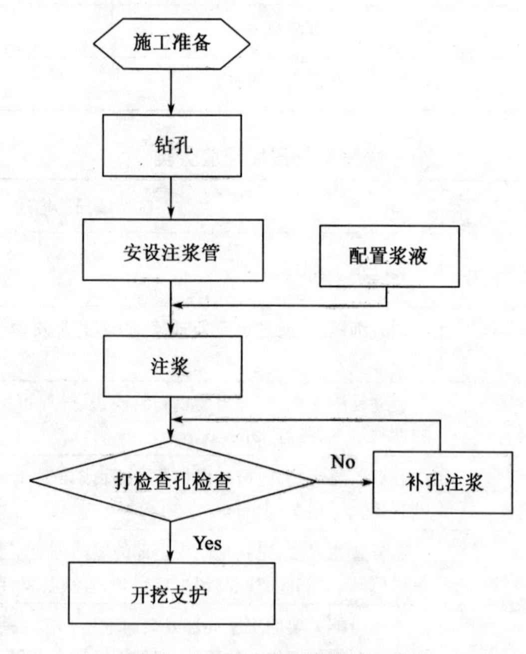

图 14.10 双重管注浆施工工艺

（1）钻孔。首先将钻机的钻头精确定位，为防止注浆串孔，采用跳孔施工法成孔。钻机安装要水平、牢固，工作时不得移动，成孔向上倾斜，孔径 ϕ46，角度 30°，成孔深 14m。钻孔实施见图 14.11。

(2)注浆管与注浆。注浆管采用ϕ24无缝钢管,周身打孔,孔径6mm,间距100~200mm,顶部楔状,单根管长为3m,两管之间采用套丝连接。将加工好的花管送入成孔内,尾部用棉麻和快硬水泥封堵。注浆管全部布设完毕后,开始进行注浆作业(图14.12)。注浆宜按约束~开放型注浆顺序进行设计和施工,其注浆顺序如下。

①首先将群孔的周圈进行注浆,从而达到约束的目的,以防止浆液过远扩散。

②采取开放型注浆,由一侧向另一侧平行推进,以达到排水的目的。

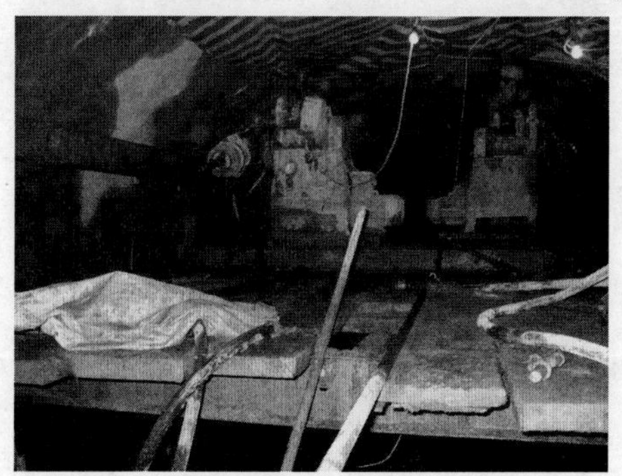

图14.11 钻孔施工

图14.12 注浆施工

(3)注浆主要配套设备。合理的机械设备配套是保证施工质量和施工进度的关键,在此次穿越房屋注浆施工中,主要采用的机械设备见表14.5。

注浆机械设备配套表 表14.5

序号	机具名称	规格型号	单位	数量
1	风钻	7665	台	2
2	注浆泵	KBY-50/70	台	2
3	高压胶管	D25mm-Q16MPa×10(5)	根	20(5)
4	SJY双层立体式搅拌机	0.3m^3,20r/min	台	2
5	混合器	T形	个	3
6	储浆桶	0.5m^3、1.0m^3	个	各2个

2)双重管注浆前后土体的加固效果比较

注浆前后土体的物理力学性质比较见表14.6。

注浆前后土体的物理力学性质比较 表14.6

材料	项目	重度(kN/m^3)	含水率(%)	孔隙比 e	饱和度 S_r(%)	渗透系数 K(cm/s)	黏聚力 c(kPa)	内摩擦角 φ(°)
注浆黏土	均值	20.9	19.30	0.513	94.63	3.73×10^{-6}	32.88	16.01
	标准差	0.491	0.493	0.038	4.476	1.3×10^{-6}	9.51	2.18
	变异系数	0.027	0.013	0.036	0.047	0.020	0.374	0.13
原始黏土	均值	19.20	25.80	0.70	95.0	6.2×10^{-5}	37.0	16
	标准差	0.601	0.406	0.046	7.48	1.2×10^{-6}	6.51	1.18
	变异系数	0.029	0.019	0.072	0.081	0.021	0.364	0.14

由表 14.6,对比注浆前后黏土所做的试验成果,发现注浆后土体的工程性质有所提高。黏土的重度提高了 8.8%,孔隙比降低了 26.7%,含水率降低了 25.2%,渗透系数较原状土降低了 93.98%,这一结果说明注浆从止水的目的来说,效果是显著的。

劈裂注浆加固效果见图 14.13。根据开挖检验结果,工作面干燥,没有渗水现象,表明注浆止水效果较好,达到了预期目的。

a)

b)

图 14.13　劈裂注浆加固效果

14.4.2　水平大管棚超前预支护施工

采用 40m 水平长管棚一次打设的施工工艺在国内热力隧道的施工中是第一次。由于施工空间相对狭小,这样,在设备选型和管棚施工精度上有较高的要求。根据工区的特点,采用非开挖水平导向钻(TT40 水平导向钻机)进行超前大管棚的打设。其理由如下。

(1)由于管棚长度较长(宝瑞通典当行处管棚长度为 30m,17 号竖井西侧群房区管棚长度为 40m),普通水平钻的有效钻距仅为 15 ~ 20m,TT40 水平导向钻机的最大钻距为 30 ~ 40m,能够满足施工要求。

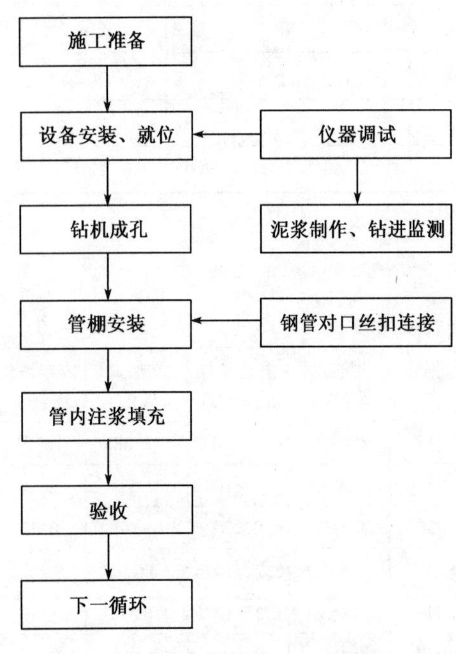

图 14.14　管棚施工工艺流程

(2)采用水平钻施工比夯管锤施工对地表建筑物影响小。由于埋深浅,如果采用夯管施工,施工时所产生的震动将影响地表建筑物安全,因此不宜采用夯管施工工艺。

(3)水平钻施工过程中通过泥浆护壁、保护钻孔,钻孔不会发生坍塌,能有效地防止地表沉降。

(4)TT40 型水平导向钻对于钻孔方位的控制有足够的精度,不会发生管棚侵入隧道净空的过大偏差。

1)管棚施工工艺流程

管棚施工工艺流程见图 14.14。

2)施工准备

(1)进场前,确保管棚施工有足够的作业空间,小室底部搭设红脚手架。

(2)测量放线。施工前放出管棚施工轮廓

线、隧道中线及高程。

(3)施工前调查清楚地下管线分布情况，并在此基础上进一步对现场情况进行详细的调查。

(4)施工脚手架的搭设。由于施工范围高差较大(最低一根与最高一根高差达2.05m)，因此，脚手架搭设两层工作平台，层间相距为1.2m，具体搭设方法如下。

①脚手架用ϕ50钢管搭设，横、纵向间距均为600mm。

②工作平台采用100×100(cm)方板及五板木板铺设，方木上满铺五板木板作为钻机施工平台。具体见图14.15。

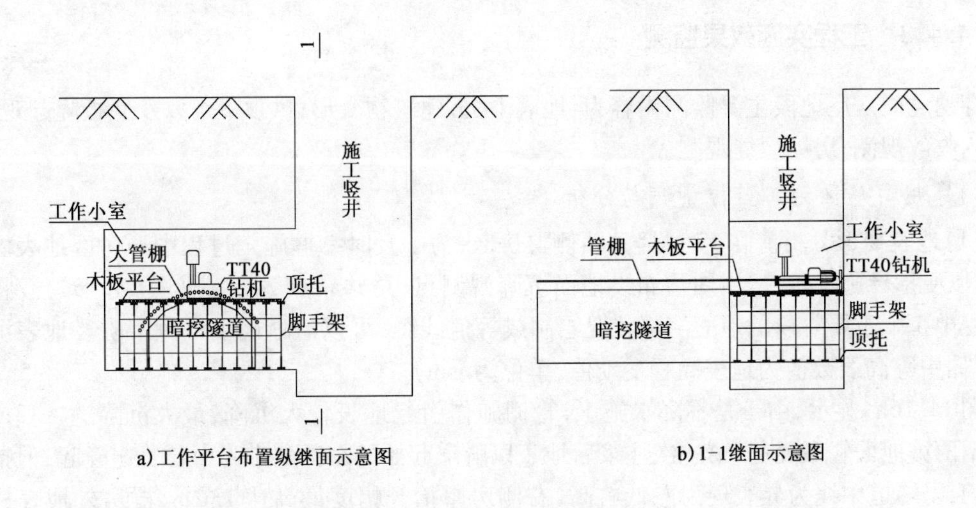

图14.15　利用施工竖井打设管棚钻机布置图

3)管棚钻孔与注浆

(1)放孔。

①破除井壁混凝土。根据放出的管棚孔位位置，用风镐破除既有工作面小室墙壁的初期支护混凝土。

②根据各个孔位的设计位置，调整工作平台高度。施工自上而下，因此施工时先搭设上一层的工作平台。

(2)水平钻机施工。

①按照设计顺序准确安装TT40水平导向钻机，安装牢固，管路连接准确无误。

②配置泥浆，准备钻进施工。

③根据此处工程特点，钻进时直接采用ϕ108×6mm钢管作为钻杆，钢管两端加工成丝扣连接。

④由于钻孔位置要求严格，每一根钻杆钻进过程中，都必须严格控制钻进参数。

⑤地表测量要严格遵守测量技术规范，准确测量各项参数(深度、轨迹方向等)，及时与司钻人员联系沟通，确保钻孔施工准确无误。

⑥在钻进过程中注意，由于孔位间距比较近(250mm)，为防止对土体扰动的影响，采取间隔孔位钻进，以保证施工进度。

(3)钻进与注浆控制措施。

①管棚水平位置控制。为减小施工导致的土体沉降,钻机就位时,水平方向有选择地调设1°~2°的上仰角,以抵消钢管因自重而产生的垂头效应。

②钻进过程中地表沉降的控制。施工过程中,对经过地表地段的点位由专业测量人员进行监测,及时对监测结果进行分析,以指导施工,调整施工参数,控制好地表沉降。

③注浆控制。为充填管孔空隙及增加管棚刚度,管棚内采用水泥浆注浆充填,注浆压力不小于0.3~0.5MPa。

14.4.3 工程实施效果监测

穿越危旧房屋地段主要监测内容为:地表下沉;建筑物变形;拱顶下沉以及底板隆起观测;隧道内收敛观测;房屋裂缝观测。

1)穿越群房区施工监控量测与分析

(1)地表变形分析。在17号竖井西侧群房区,为了及时掌握施工过程中群房区地表沉降情况,以便指导施工,在房屋周边布设地面沉降观测点,总共布点24个,见图14.16a)。将施工过程中5个重要阶段的地面沉降状况绘制成等值线图,可以清晰地了解每个阶段地表沉降情况(图中等高线数值为地表高程变动值,单位为mm)。

图14.16a)显示,由于是不降水施工,管棚施作引起地表较大沉降,最大沉降达-13mm,沉降槽两翼地面轻微隆起;第一次注浆后地表以隧道起始的东部地带为中心普遍隆起,但抬升不均匀,以隧道中线为界表现为左低右高,右侧房屋抬升幅度最高达13mm,群房外地表最大抬升幅度达21mm,见图14.16b);开挖后地表回落,沉降中心沿隧道掘进方向移动,沉降槽趋于规则,但左低右高的局面没有扭转,沉降中心回落幅度达10mm,见图14.16c);第二次注浆后,群房的西北部显著抬升,且隧道左侧土体抬升高于右侧土体,隧道中线抬升9mm,见图14.16d);第二次开挖后,随工作面穿越群房地表沉降中心显著前移,群房分布区域沉降稳定在-10mm,见图14.16e)。

(2)房屋变形分析。为了反映地表沉降对房屋的影响程度,将受施工影响最大的北部最长房屋基础的沉降偏斜率(Δ_{max}/L,即基础最大沉降点相对于基础两端点连线的沉降量与基础长度的比值)列于表14.7中。

施工各重要阶段房屋沉降偏斜率　　表14.7

项　目	打设管棚	第一次注浆	第一次开挖	第二次注浆	第二次开挖
Δ_{max}/L	0.00023	0.00011	0.00024	0.00039	0.00042

由表14.7知,每个阶段房屋沉降偏斜率均小于0.0005,也就是说,通过打设管棚和工作面注浆加固,将开挖对房屋的影响控制在3级以下,事实证明为2级以下,即墙体局部出现了微细裂纹或部分旧有裂纹发生闭合或扩张,此外,未见其他变化。

2)穿越典当行段施工监控量测与分析

隧道穿越典当行以及北三环路监控量测布点见图14.17。以隧道穿越典当行的墙体监测

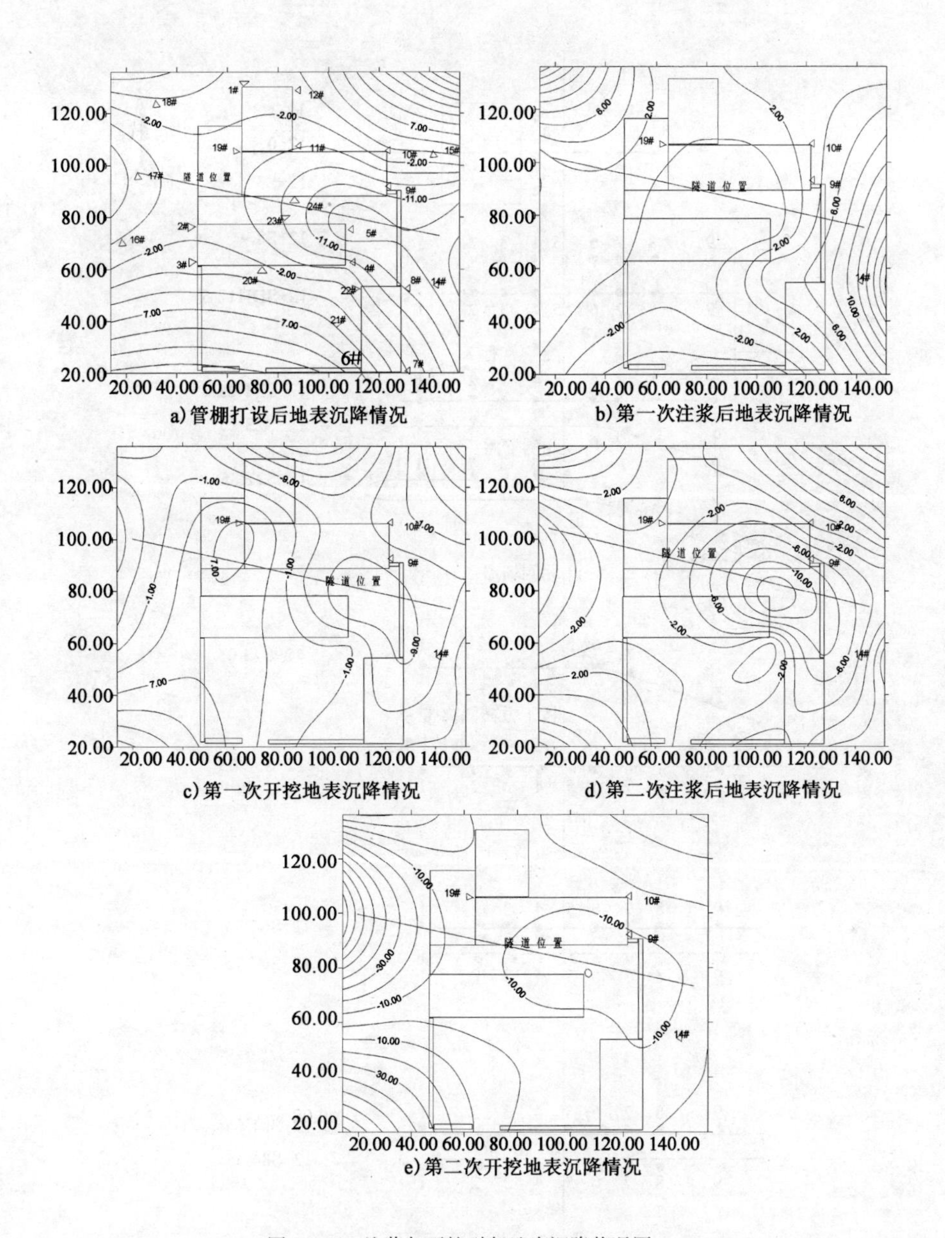

a)管棚打设后地表沉降情况

b)第一次注浆后地表沉降情况

c)第一次开挖地表沉降情况

d)第二次注浆后地表沉降情况

e)第二次开挖地表沉降情况

图 14.16　注浆与开挖引起地表沉降状况图

资料来分析地层预加固的效果。

典当行北墙沉降曲线见图 14.18，南墙沉降曲线见图 14.19。

由图 14.18 和图 14.19 可知，房屋北侧沉降控制在 14.8mm，南侧沉降控制在 11mm，说明整体沉降变形控制效果很好，最大差异沉降在 5mm 控制值内。

通过现场监控量测，其结果表明，隧道穿越群房区和典当行这两处危旧建筑物，采用双重管超前深孔注浆加固和水平长管棚超前预支护方案，在软塑状黏土中可以有效地止水和加固，控制了沉降，保护了施工和房屋的安全。

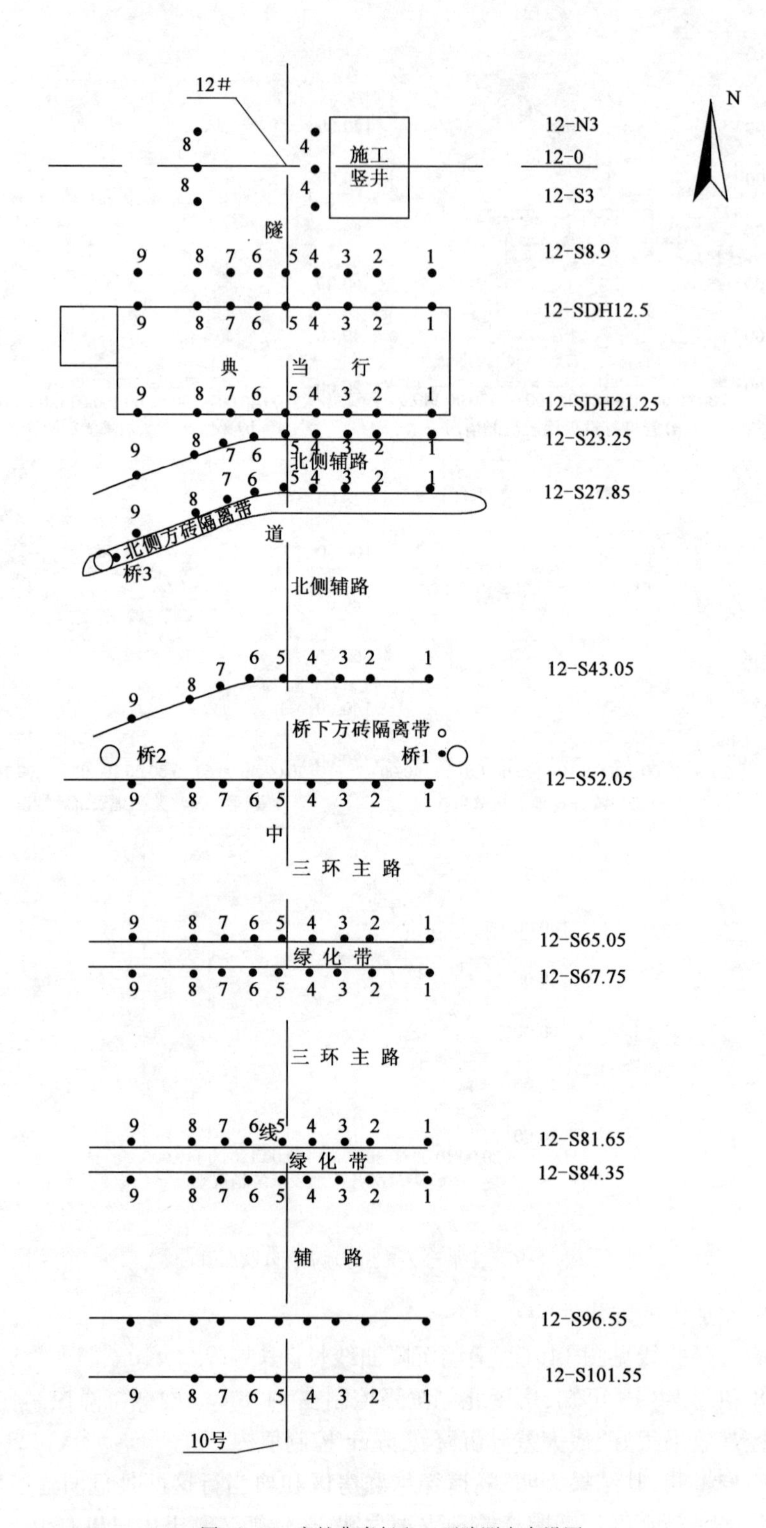

图 14.17 穿越典当行和三环路测点布设图

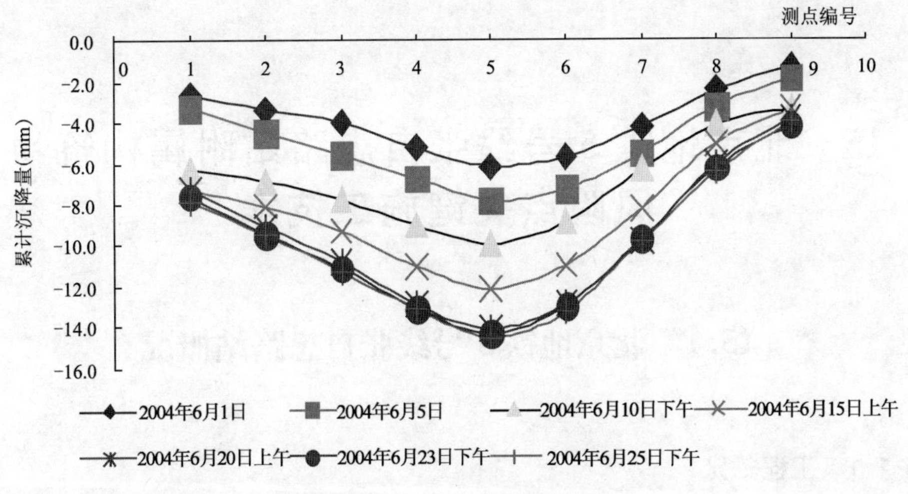

图 14.18　典当行北墙沉降曲线图

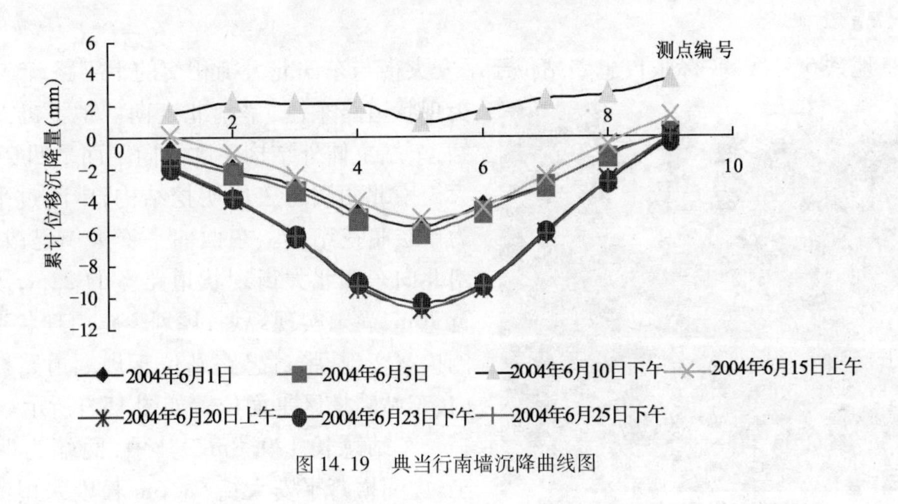

图 14.19　典当行南墙沉降曲线图

14.5　本 章 小 结

(1)在富水软塑状粉质黏土条件下,穿越危旧房屋,采用双重管超前深孔注浆配合水平大管棚超前预支护,可有效地控制地表和建筑物变形,能成功地保护地表房屋的安全使用。

(2)该工程再一次说明,在沉降控制严格的施工中,地层预加固参数的动态设计不仅仅是满足工作面稳定性的基本问题,更重要的是采取更为有效的地层预加固方式来控制沉降。

(3)尽管在富水条件下,双重管注浆可有效地实施止水加固,但由于双液浆存在时效性问题,因此在邻近施工中对后期沉降有苛刻要求的环境,必须采用改进的水泥基类浆液或者外周为双液浆,内周为水泥基类浆液,并视情实施初支背后径向动态补偿注浆。

(4)施工表明,首先施作大管棚不利于控制沉降,为此应在先加固的条件下,后实施大管棚。

15 北京地铁5号线张自忠路站附属构筑物风险点关键施工技术

15.1 北京地铁5号线张自忠路站概况

15.1.1 工程概况

1)位置及概况

北京地铁5号线08标张自忠路站位于平安大街与东四北大街相交的十字路口,东四北大街现状道路东侧,呈南北走向。地下岛式站台车站,车站主体外结构轮廓纵向剖面呈凹字形,平安大街南北两端为三层明挖结构,中间过平安大街为单层暗挖结构。东西向平安大街已改造完毕,南北向东四北大街现状道路宽约22m,规划道路宽70m,尚未实现规划;规划道路由现状道路向东侧扩宽实现,张自忠路站位于规划道路红线范围内,车站暗挖区平面位置如图15.1所示。

图15.1 车站平面位置

车站总长179.8m。其中,两端为明挖法施工,中间横跨平安大街68.6m长度采用浅埋暗挖侧洞法施工。暗挖车站为单层三跨两柱连续结构,开挖跨度23.86m,开挖高度10.64m,覆土厚度11.5m。车站暗挖段拱部为粉细砂层,开挖时自稳能力差,尤其遇到上层滞水容易产生流沙,造成施工困难;仰拱坐落在黏土层,承载力高,自稳能力好。本车站暗挖段受上层滞水、潜水及承压水影响。上层滞水水位埋深为6.03~10.71m。暗挖车站结构及地质剖面见图15.2。

2)施工环境

现状道路来往车辆较多,交通繁忙。车站周边建筑物密集,东四北大街东西两侧均为低矮小平房,仅在沿街周围有一些2~3层的店铺。路口东南角为东四九条小学,东北角为人民日报宿舍,西北角为段府。还有平安大街在现状道路红线内有1~2层的仿古建筑。

车站暗挖段通过的地层主要为粉细砂、卵石及可塑状的黏性土。地层松软,自稳能力较差,车站地质纵剖面如图15.3所示。

暗挖段受上层滞水、潜水及承压水影响,施工前进行降水处理,车站水文地质如图15.4所示。

该区域地下管网密布,尤其是在路口。其中,在平安大街下控制管线主要有:顶埋深9.0m的1.7m×3.3m电力管沟,据有关部门了解,该电力管沟并未通线;横跨车站结构底埋深8.0m左右的ϕ1200污水管线,沿车站纵向底埋深7.5m的ϕ800污水管线。共有各种管线11条。

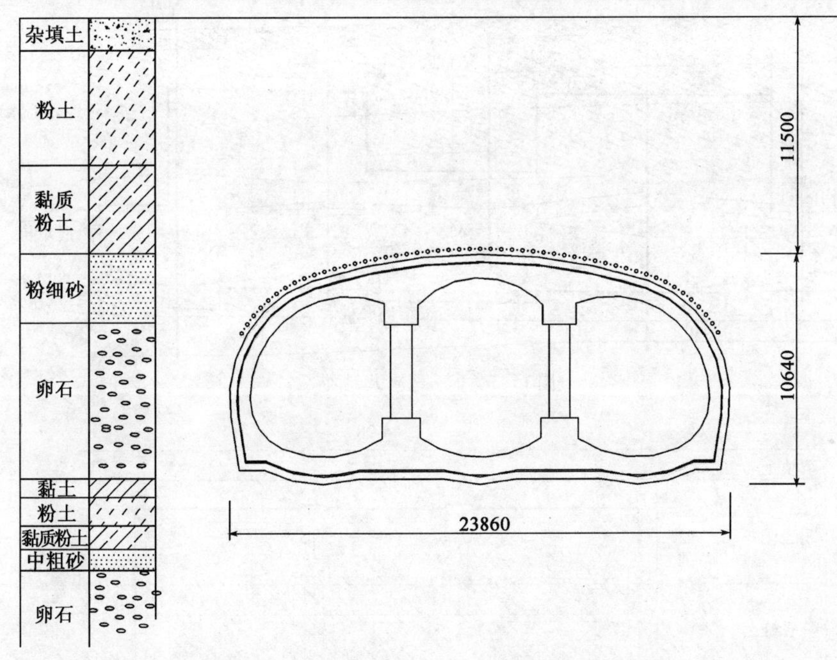

图15.2　暗挖车站结构及地质剖面(尺寸单位:mm)

15.1.2　工程地质及水文地质概况

1)工程地质概况

车站范围为第四系覆盖层,冲洪积成因的松散沉积物。按照沉积年代、成因类型及岩性,地层自上而下依次为:

(1)杂填土层,一般厚度1.0~2.0m。

(2)粉土及粉质黏土层,一般厚度2.0~8.2m。

(3)粉细砂层,一般厚度1.0~3.6m。

(4)卵石层,一般厚度2.0~8.3m。

(5)粉黏土层,一般厚度0.5~1.5m。

(6)中粗砂层,一般厚度0.5~1.5m。

(7)卵石层,一般厚度1.5~5.0m。

本车站暗挖段主要穿越粉细砂层、卵石层,如图15.3和图15.4所示。

2)水文地质概况

本车站地下水自上而下分层为:

(1)上层滞水,水位高程为34.62~40.90m(水位埋深为6.03~10.71m)。

(2)潜水,水位高程为25.52~27.76m(水位埋深为19.20~20.30m)。

(3)承压水,水位高程为20.92~24.97m(水位埋深为20.00~24.00m)。

本车站暗挖段受上层滞水、潜水及承压水影响。

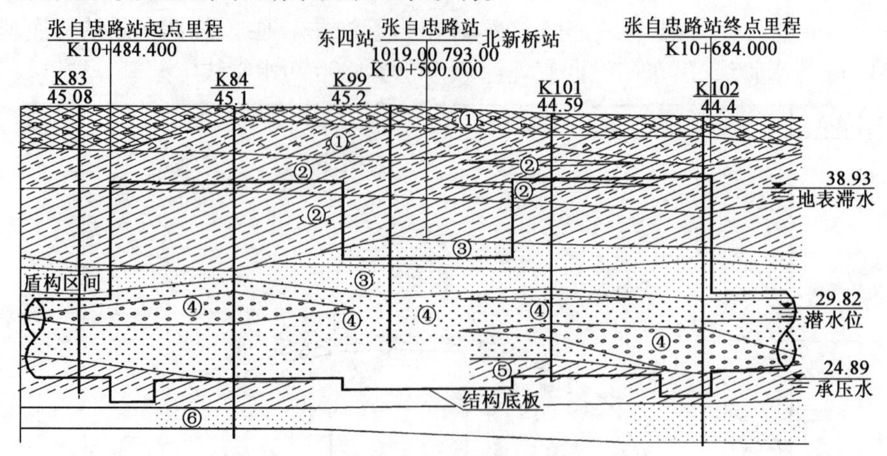

图 15.3　车站地质纵剖面

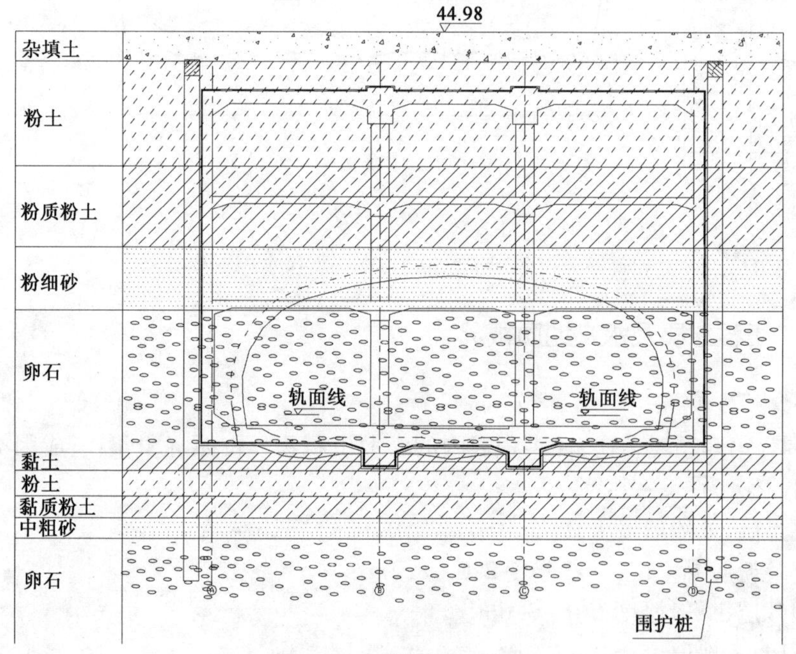

图 15.4　暗挖车站水文地质

15.2　西南出入口与区间盾构重叠段关键施工技术

15.2.1　工程概况

1）概述

北京地铁 5 号线张自忠路站西南出入口横跨东四北大街，除出地面部分采用明挖法施工外，其他部分均采用暗挖法施工，平面位置如图 15.5 所示。

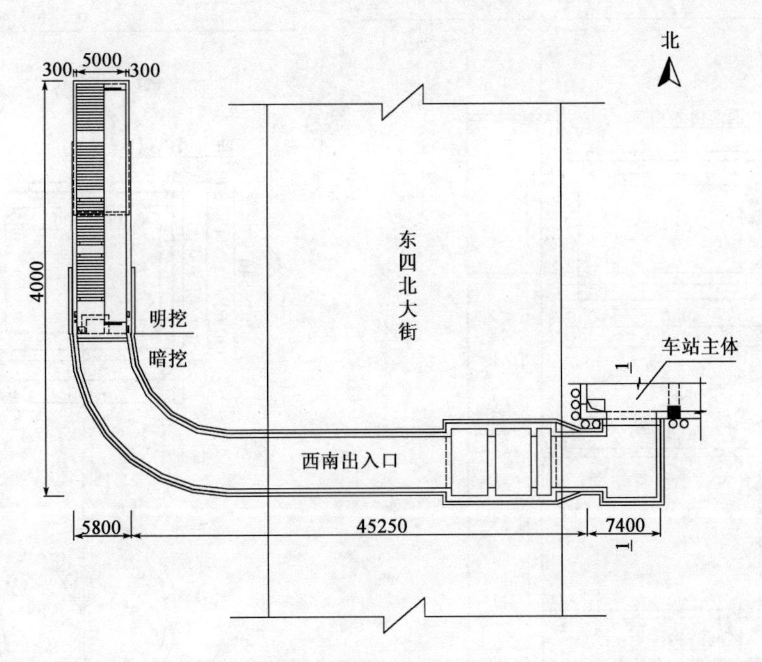

图 15.5　西南出入口平面位置

本工点张自忠路站西南出入口出主体车站后向南与东(四)—张(自忠路)盾构区间左线隧道重叠,重叠段长度为 8.38m。出入口埋深 4.67m,出入口与区间盾构之间土层厚度 4.907m。出入口与盾构区间相互位置关系如图 15.6 ~ 图 15.8 所示。

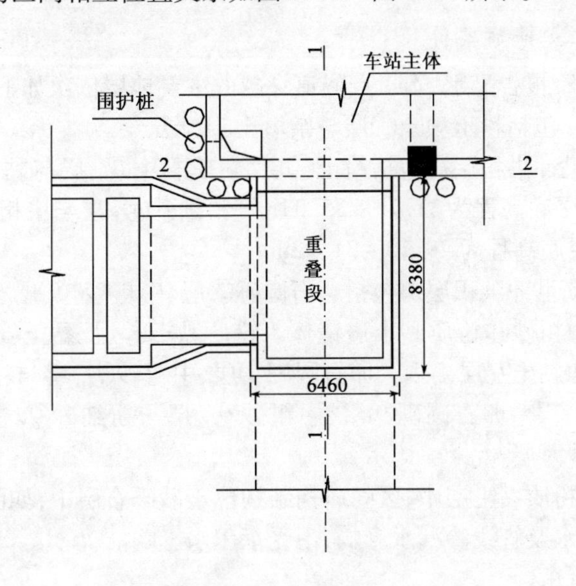

图 15.6　重叠段平面(尺寸单位:mm)

西南出入口为单层单跨平顶直墙结构,采用 CD 法分为左右两个导洞施工。结构采用复合式衬砌(初期支护 + 二次衬砌)。初期支护由喷射混凝土、钢筋网及钢筋格栅拱组成。二次衬砌为模筑钢筋混凝土,初期支护与二次衬砌之间敷设防水层。

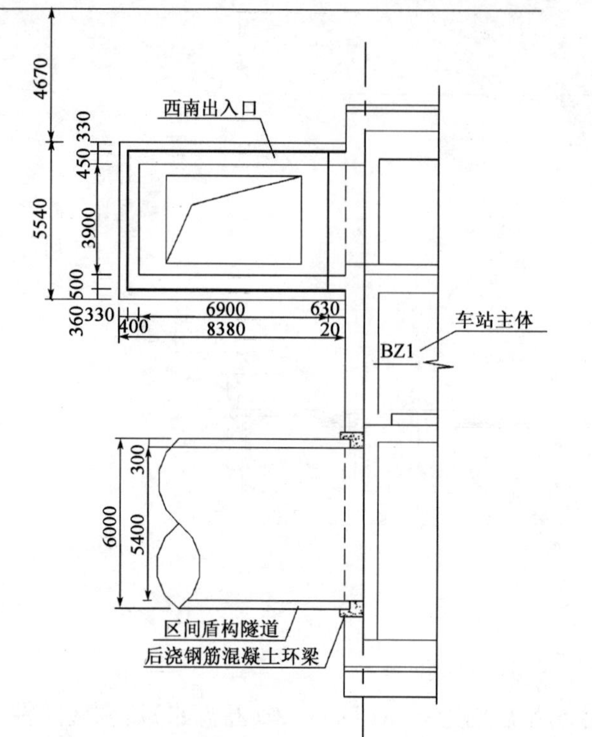

图 15.7　重叠段 1—1 剖面图(尺寸单位:mm)

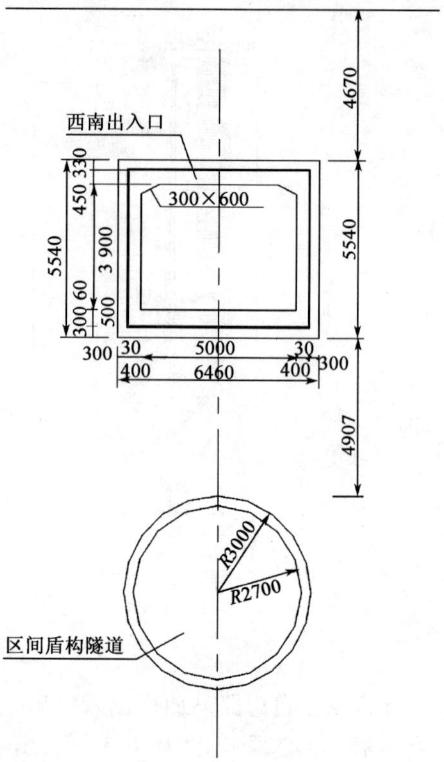

图 15.8　重叠段 2—2 断面图(尺寸单位:mm)

2) 工程地质与水文地质条件

根据岩土工程勘察报告显示,本工点隧道穿越的主要地层依次如下。

(1)人工填土层。包括粉土填土①层与杂填土$①_1$层。

(2)第四纪全新世冲洪积层。包括粉土③层、粉质黏土$③_1$层与黏土$③_2$层。该层总厚度一般为8.0~10.0m,层底高程为31.72~35.34m。粉细砂$④_3$层与中粗砂$④_4$层。该层总厚度一般为3.0~5.0m,层底高程为29.10~31.92m。

(3)第四纪晚更新世冲洪积层。包括卵石圆砾⑤层、中粗砂$⑤_1$层、粉质黏土$⑤_4$层。地层以卵石圆砾为主,夹中粗砂和粉质黏土透镜体。粉质黏土⑥层、黏土$⑥_1$层与粉土$⑥_2$层。地层为粉土、粉质黏土和黏土互层出现。卵石圆砾⑦层、中粗砂$⑦_1$层与粉细砂$⑦_2$层,该层为粉质黏土⑧层与粉土$⑧_2$层。卵石圆砾⑨层、中粗砂$⑨_1$层与粉细砂$⑨_2$层,该层以卵石圆砾为主,夹粉细砂及中粗砂薄层。

出入口结构位于粉质黏土层中,区间盾构结构位于砂砾石层中,如图15.9所示。

出入口受上层滞水及管线渗漏水影响,不受承压水影响。

3) 重叠段施工顺序

根据整体工期要求及施工场地安排,重叠段先进行盾构施工,盾构施工完成后腾出场地,由主体车站开始进行出入口暗挖施工。

东(四)—张(自忠)盾构区间左线隧道由张自忠路车站南端盾构井进行始发,往南向东四站掘进。鉴于现场施工条件的限制,采用开口负环进行初始掘进。并且由于区间盾构位于砂砾石层中，盾构始发所需推力较大(1800t)，盾构姿态调整困难，始发过程中对地层造成较大扰动，地表沉降达到50mm。出入口施工前采用地质雷达对盾构上方土体进行检测，发现土体较为松散。

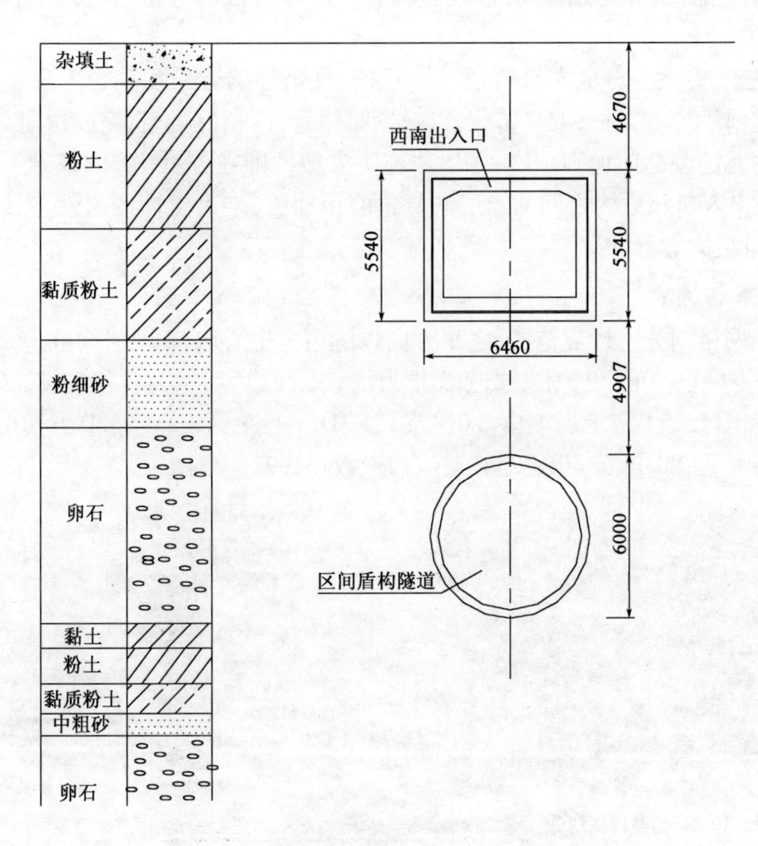

图15.9 重叠段地质剖面图(尺寸单位:mm)

4)工程重点与难点分析

考虑到盾构初始掘进对地层造成较大扰动，盾构上方土体松散，在后期进行上方出入口施工时，本工点施工的重点和难点如下。

(1)控制对成型盾构隧道结构的扰动，保证盾构管片拼装及防水质量。上方出入口的开挖施工必将引起地应力的重新分布，对下部区间盾构管片产生扰动，引起成型盾构结构上浮。当盾构结构变形过大时，盾构管片将有可能出现错台及轴线超标、管片碎裂，以及管片四周同步注浆体破裂，进而影响盾构防水效果。因此，如何采取适当的措施，控制对下部盾构结构的扰动，保证盾构管片的拼装质量及防水质量是本重叠段的一大重点和难点。

(2)控制出入口结构的差异沉降，保证初衬及二衬结构质量。由于盾构施工对上方土体扰动造成土层松散，出入口施工时底部及四周土体不实，容易引起初衬结构下沉侵限，以及发生塌方等工程事故；同时二衬结构完成后由于下部土体的固结沉降，二衬容易产生不均匀沉降，使其出现裂缝，发生质量事故及影响防水效果。因此，必须采取有效措施对出入口下方土体进行改良，控制出入口结构的差异沉降，保证初衬及二衬结构质量。

15.2.2 施工方案优化

针对以上工程难点，在总结施工经验的基础上，对重叠段的隧道施工，提出以下两种方案进行比选。

(1)CD 法施工方案。分成左右两个导洞开挖，每个导洞皆采用正台阶法施工，台阶长度 1D，即先施作超前小导管支护，架立格栅、打设锁脚锚管，网喷混凝土，完成初期支护的封闭。

(2)底部深孔注浆超前加固土体 + CD 法施工方案。即在方案(1)的基础上，考虑采取深孔注浆方案，对出入口和盾构之间的土层进行超前预加固，增大土体的岩性参数，减小盾构结构上浮和出入口结构的下沉。

1)施工方案数值分析

(1)建模及网格划分。计算范围：水平方向以隧道为中心取 60m，竖向取 35m，上部取至地表，沿隧道掘进方向取 10m。计算主要考虑重力场，水平应力由重力自行生成。模型及网格划分如图 15.10 和图 15.11 所示。该模型(注浆)是 3D 平行平面模型，15 节点楔形单元，Z 平面倾角 0°；其中单元数：8832，节点数：25877，应力点数：52992。

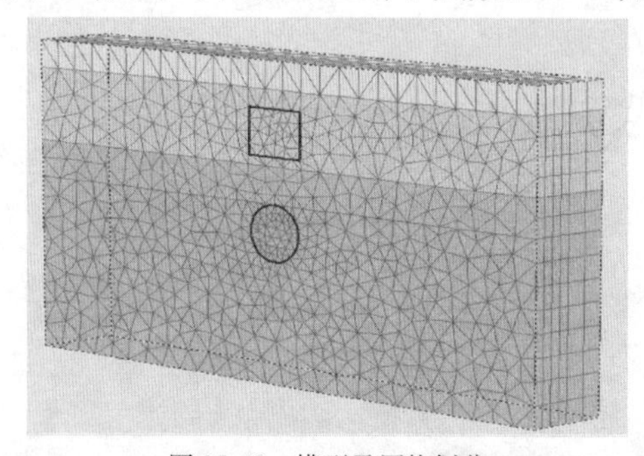

图 15.10 模型及网格划分

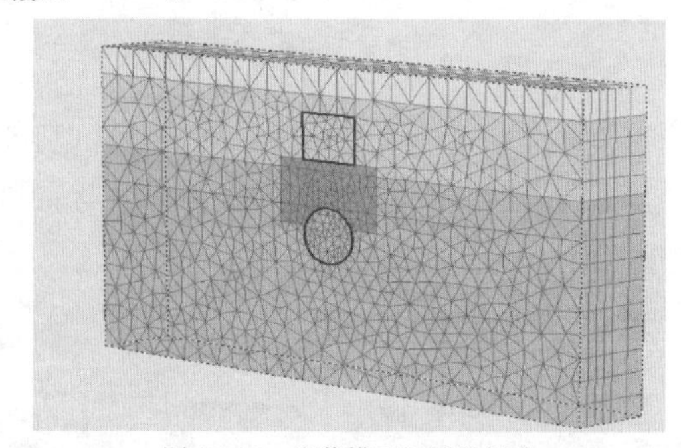

图 15.11 注浆模型及网格划分

(2)计算参数。数值计算需采用的土层参数主要由表 15.1 给出，结构衬砌模型计算参数由表 15.2 给出。其中，E 为弹性模量，c 为黏聚力，φ 为摩擦角，ν 为泊松比，γ 为重度，w 为重力因子，EA 为额定刚度，EI 抗弯刚度。

计算地层参数表　　表 15.1

地层 \ 参数	干重度 (kN/m³)	湿重度 (kN/m³)	弹性模量 (GPa)	泊松比	黏聚力 (kPa)	摩擦角 (°)
粉土填土	19	20.2	15	0.35	23	2.3
粉质黏土	18	20	10	0.32	32	20
粉细砂	21	21.2	40	0.25	0	40
砂卵石	22	22	45	0.25	0	45

计算衬砌参数表　　表 15.2

参数	EA(GN)	EI(MN/gm²)	w(kN/m)	ν
衬砌	211	891	4	0.15

(3)计算结果分析。图15.12至图15.13为采用两种不同施工方法(其中,方案1代表未注浆施工方式,方案2相反)导致的结构衬砌变形图。计算结果表明,方案1产生的地表沉降值为11.4mm,隧道上浮7.7mm,超出盾构结构的控制标准;方案2采用深孔注浆加固后地表沉降值为4.1mm,隧道上浮1.6mm,在控制标准之内,能够保证盾构结构的安全和施工安全。

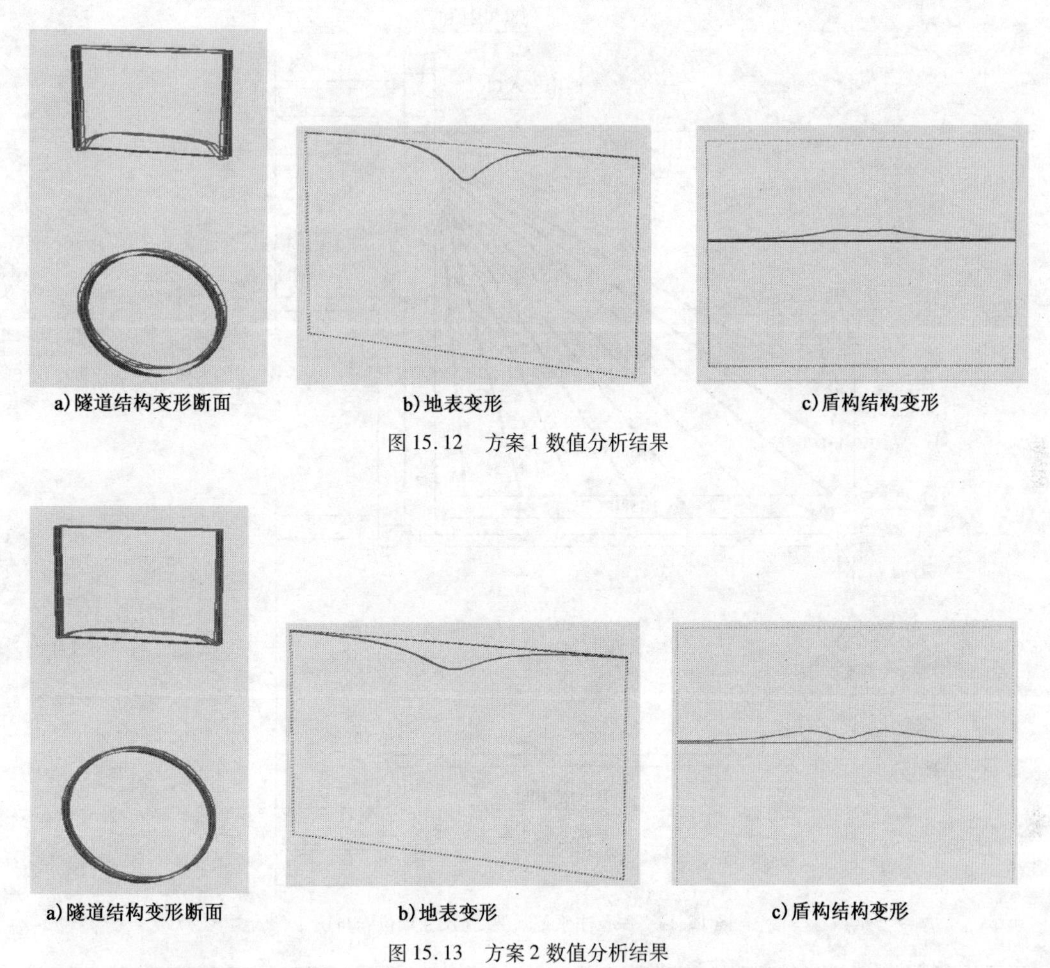

a)隧道结构变形断面　　b)地表变形　　c)盾构结构变形

图15.12　方案1数值分析结果

a)隧道结构变形断面　　b)地表变形　　c)盾构结构变形

图15.13　方案2数值分析结果

2)施工方案确定

从以上理论计算结果可以看出,深孔注浆加固方案通过对出入口与盾构管片之间松动土体的加固处理,提高了土体的物理力学参数,在出入口开挖时有效地控制了盾构结构的上浮。所以最终决定采用方案2进行重叠段的施工。

15.2.3　超前深孔注浆施工

1)施工部署

西南出入口借助盾构井预留洞作为出土及下料通道,在车站站厅层搭设作业平台进行深孔注浆。根据现场的作业条件,为方便进行钻孔及注浆,首先凿除出入口马头门围护桩,接着左右洞上台阶开挖2m后封闭掌子面,为深孔注浆作业提供空间。

2)注浆范围

根据岩土工程勘察资料,结合出入口上台阶已开挖暴露的地质情况,经分析和验算,加固高度范围初定为长度:通道轴线方向长度 10.58m(注浆范围超出堵头墙 3m);宽度 9.46m(通道宽 6.46m + 两侧各 1.5m);高度 5.9m。注浆范围如图 15.14 和图 15.15 所示。

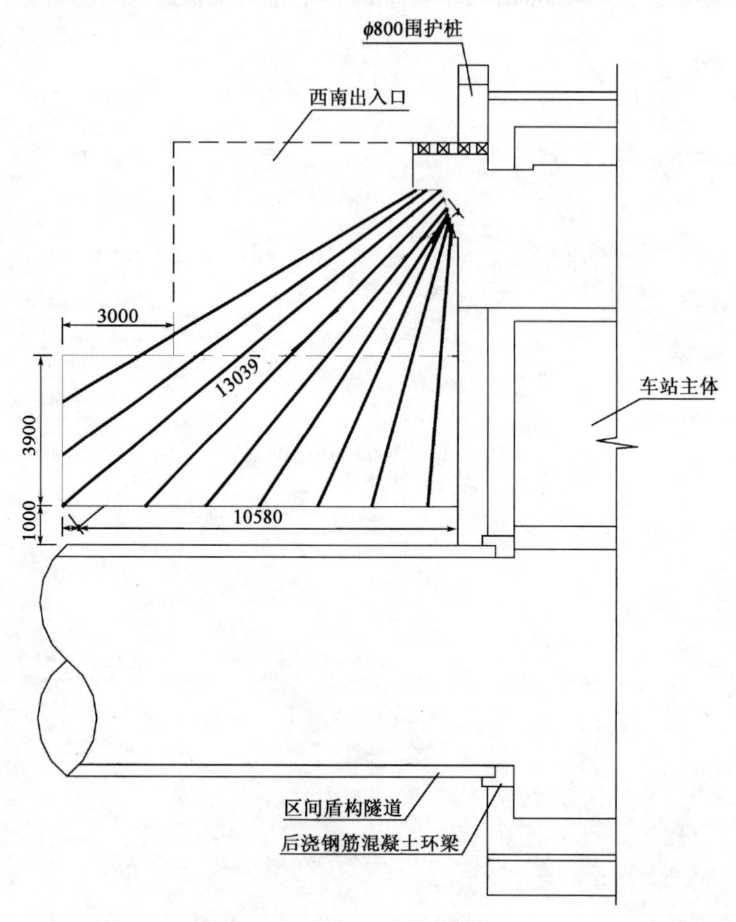

图 15.14　深孔注浆范围剖面(尺寸单位:mm)

3)注浆材料

本次注浆主要以加固土体为目的,对注浆材料有如下要求:其特性对地下水而言,不易溶解;对不同地层,凝结时间可调节;高强度、止水,最终选用水泥-水玻璃双液浆作为注浆材料,配比见表 15.3。注浆时,根据现场实际情况适当加入特种材料以增加可灌性和堵水性能提高土体加固效果。

水玻璃悬浊液配比　　　　表 15.3

浆 液 种 类	水 泥 品 号	水灰比(W:C)	体积比(C:S)	水玻璃浓度
普通水泥-水玻璃双浆液	普通硅酸盐水泥(32.5 级)	1:0.5	1:1	43°Be'

4)注浆参数

根据注浆扩散半径计算,孔距一般为 1 ~ 1.5m。注入顺序:隧道加固区域按从外至内隔孔

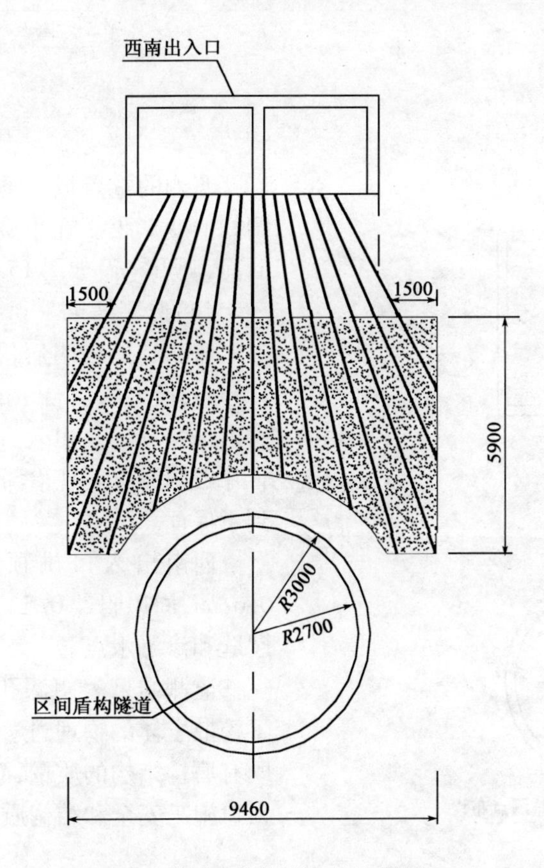

图15.15　深孔注浆范围断面(尺寸单位:mm)

跳注浆施工顺序进行施工。

主要注浆参数如下:

①注浆深度:9~16m。

②注浆孔直径:ϕ46mm。

③浆液扩散半径:1m。

④浆液凝结时间:20s~30min。

⑤注浆压力:0.3~1.0MPa。

⑥注浆段长:10.58m

⑦开挖段长:7.58m

⑧预留止浆盘(因前方为竖井护坡桩故无须预留)。

通道隧道上方土体加固主要工程量如下:

①改良土体土方量:区间隧道 $V=10.58\times9.46\times5.9=590.5(\mathrm{m}^3)$。

②注入率:25%~65%。根据岩土工程勘测资料分析,并结合类似工程注浆数据,为提高注浆加固的效果,提高土体密实度。综合以上情况,本工程取注入率为40%(含损失率)。(注:可根据实际注入量来计量)

③浆液注入量:$590.5\times40\%=236(\mathrm{m}^3)$。

④根据本工程的特殊性,其开挖后回填注浆量以实际注入量计算。

15.2.4 监控量测

(1)监测布点

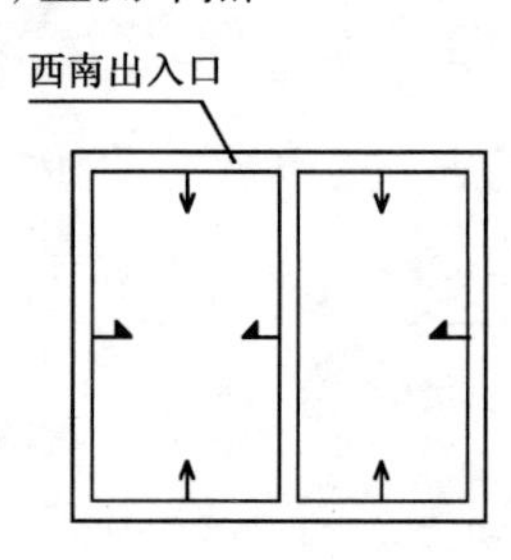

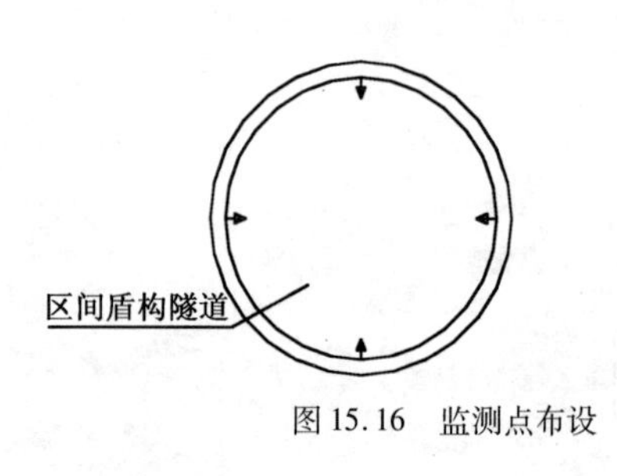

图15.16 监测点布设

监测的重点放在盾构管片错台和出入口结构的变形上。在重叠段内布设了两个监测断面,测点布设如图15.16所示。

(2)监测结果

监测结果表明盾构管片错台量最大增加1.4mm,最大总错台量4.6mm,在规范允许范围内(≤5mm)。出入口工程完工至今3个月,管片四周没有发现渗漏水点,盾构防水质量得到了保证。

西南出入口拱顶沉降7mm,底部隆起0.6mm,周边收敛0.5mm。至今二衬没有发现裂缝和渗漏水点。

监测结果表明深孔注浆方案有效地改良了松散土体的物理力学参数,不仅保证了底部既有盾构结构的质量,而且保证了上部西南出入口施工安全和结构质量。

15.2.5 小结

(1)针对在受扰动的含水粉细砂、砂卵石地层对地层中上穿既有盾构隧道施工特点,采用超前双重管后退式注浆加固地层措施,起到了控抗浮作用,观测结果表明工程达到了预期的目的,是成功的。

(2)基于数值模拟分析和试验,设计实施了技术经济合理的注浆范围和注浆参数。

(3)监测结果表明,施工中有效控制了对已成型盾构隧道结构的扰动,保证了盾构管片拼装及防水质量。

(4)优化了注浆材料的配比,增强了加固效果的耐久性,成功控制了出入口结构的差异沉降,保证了初衬及二衬结构质量。

15.3 西北出入口下穿段琪瑞府东南房屋关键施工技术

15.3.1 工程概况

(1)概述

北京地铁5号线张自忠路站西北出入口自车站主体向西穿过东四北大街,在段祺瑞府东南角穿出地面,其间下穿段祺瑞府东南房屋,出入口拱顶距房屋基础仅3.4m,如图15.17所示。

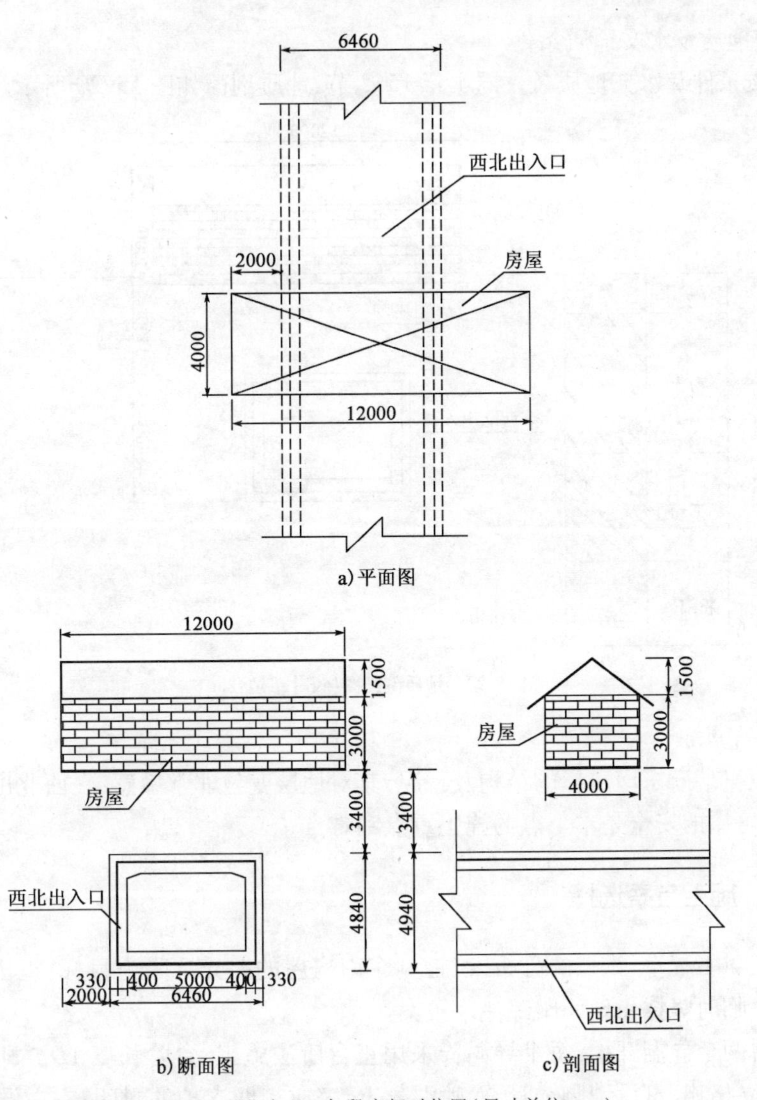

图15.17　西北出入口与段府相对位置(尺寸单位:mm)

段祺瑞府为北京市文物保护单位,其东南房屋为条形基础,砖混结构。现况照片如图15.18所示。由于年代已久,现墙壁已多处出现裂纹,如图15.19所示。

图15.18　穿越房屋现况

图15.19　房屋裂缝

(2)工程地质及水文地质条件

工程地质条件及水文地质条件同本章15.2节,地质剖面如图15.20所示。

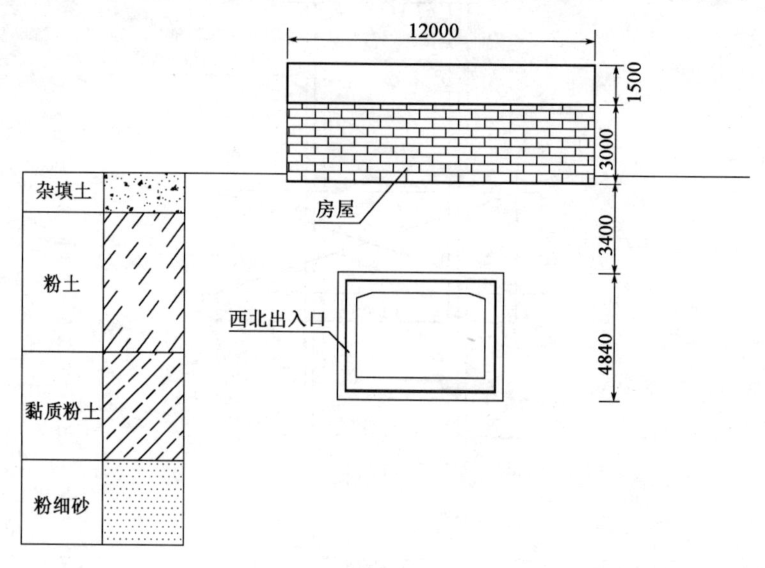

图15.20　地质剖面图(尺寸单位:mm)

(3)工程难点

考虑到段祺瑞府东南房屋的结构及现况,其对地层变位非常敏感,在西北出入口下穿施工时,如何保证房屋的安全是本工点的施工重点和难点。

15.3.2　施工方案选择

针对以上对工程重、难点的分析,以控制东南房屋的差异沉降为目标,提出以下方案:CD法施工方案+临时竖撑+地面跟踪注浆预案。

分成左右两个导洞开挖,每个导洞皆采用正台阶法施工,台阶长度1*D*。即先施作超前小导管支护,架立格栅、打设锁脚锚管,网喷混凝土,完成初期支护的封闭;左右洞施工时分别在上台阶增加临时竖向支撑,以减小临时建筑物的整体沉降和差异沉降;根据监控量测结果及时进行跟踪注浆,控制和减小建筑物变形,保证房屋的正常使用和施工安全。

15.3.3　地表跟踪注浆施工

1)跟踪注浆技术原理

隧道开挖时,土体初始地应力原有的平衡被打破,产生地应力的重新分配,从而引起地面沉降与土体变形,并进而引起四周建(构)筑物的变形,这种变形是随着隧道开挖的进行不断发展变化的。

基于上述原因和变形特性,在充分监测各种位移、沉降的基础上,在合适的时机、合适的层位,采用注浆的办法充填土体开挖时产生的土层空隙,使土体位移不向外发展,从而控制地面沉降。注浆是随着隧道的开挖和变形而不断进行的,故称为跟踪注浆。

2）跟踪注浆方案设计

跟踪注浆采用袖阀管注浆方式，沿房屋外围直线双排梅花形布置，距基坑外侧1.5m，排距1.0m，单排孔距1.5m。袖阀管斜向设置，夹角50°，管长4.5m，管底距出入口顶部留0.5m距离。袖阀管具体布设如图15.21所示。跟踪注浆剖面见图15.22。

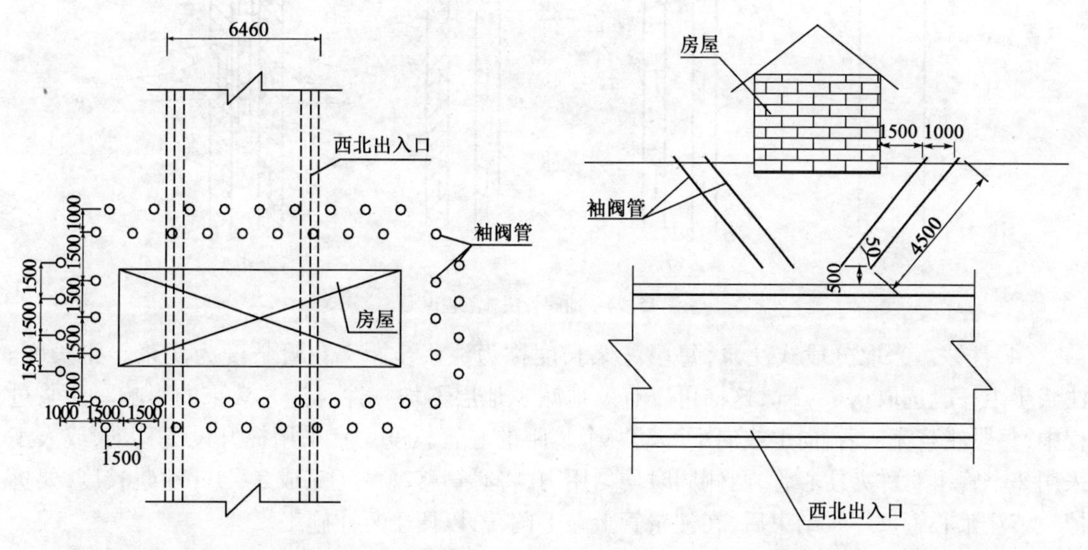

图15.21　跟踪注浆孔位平面（尺寸单位：mm）　　图15.22　跟踪注浆剖面（尺寸单位：mm）

跟踪注浆的实施依据监测结果决定，在暗挖掌子面超前影响范围到达房屋时，开始加大监测频率，当房屋的差异沉降及裂缝发展超过警戒阀值时，开始实施跟踪注浆，直至暗挖影响范围顺利通过房屋。房屋的差异沉降及裂缝控制指标见监控量测部分。

3）袖阀管注浆工法工艺流程

袖阀管注浆工法工艺流程如图15.23所示。袖阀管法的施工可分4个步骤，如图15.24所示。

（1）钻孔。采用套管护壁水冲法钻进成孔，钻进深度应达到注浆固结段高度。在钻孔过程中要做好记录，以供注浆作业参考［图15.24a）］。

（2）下管。根据注浆要求，在注浆部位下B型注浆管，非注浆部位下A型注浆管。首先在连接好的注浆管底部加下闷盖，将注浆管下入注浆钻孔中，要确保注浆管下到孔底，上部要高出地面，然后在注浆管中加满水，利用重力作用，使注浆管不会浮起，之后将套管缓慢地提出，最后在注浆管上部盖上闷盖，以防止杂物进入注浆管，影响注浆作业质量［图15.24b）］。

（3）封孔。套管拔出后，在地面1m处以下采用砂或碎石填充，在地面1m处以上至地面段和孔口周围采用速凝水泥砂浆封堵，以防止注浆过程中冒浆现象发

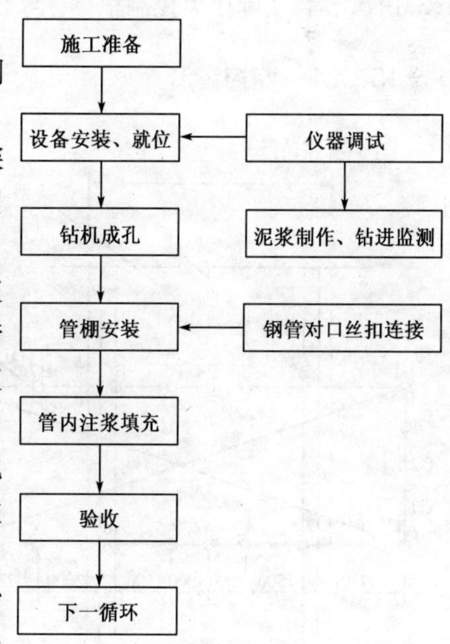

图15.23　袖阀管注浆工法工艺流程

生。或者用套壳料置换孔内泥浆,套壳料的作用是封闭袖阀管与钻孔壁之间的环状空间,防止灌浆时浆液流窜,套壳在规定的灌浆段范围内受到破碎而开环,逼使灌浆浆液在一个灌浆段范围内进入地层。

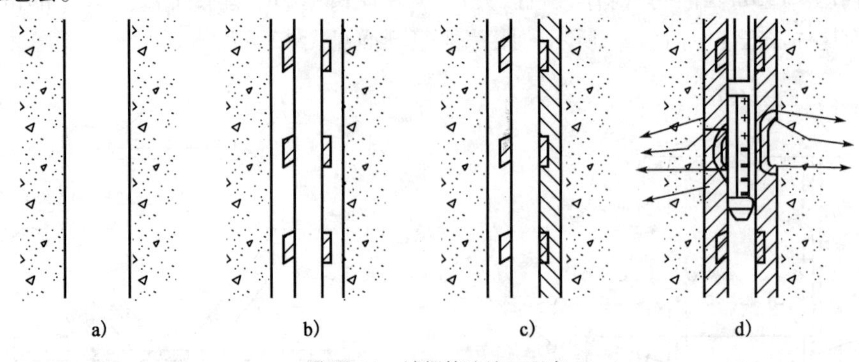

图 15.24　袖阀管法施工程序

(4)注浆。采取分段式注浆,每段注浆长度称为注浆步距。花管长度为注浆步距长度。注浆步距一般选取0.6~1m,这样可以有效地减少地层不均一性对注浆效果的影响。注浆过程中,每段注浆完成后,向上或向下移动一个步距的心管长度。宜采用提升设备移动,或人工采用2个管钳对称夹住心管,两侧同时均匀用力,将心管移动。每完成3~4m注浆长度,要拆掉一节注浆心管。注浆结束后,在注浆管上盖上闷盖,以便于复注施工。

(5)注浆参数。

①注浆量。注浆量要根据位移监测情况而定,一般每孔每延米注浆量为0.1~0.2m^3。

②注浆材料。注浆采用水泥-水玻璃双液速凝浆液,水泥中可加入部分粉煤灰。

③注浆压力。注浆压力要严格控制,地层内注浆点压力控制在0.3~0.5MPa,泵压控制在1.5MPa以内,实际压力控制根据注浆深度、浆液胶凝时间和监测结果而定。

15.3.4　监控量测

(1)测点布设

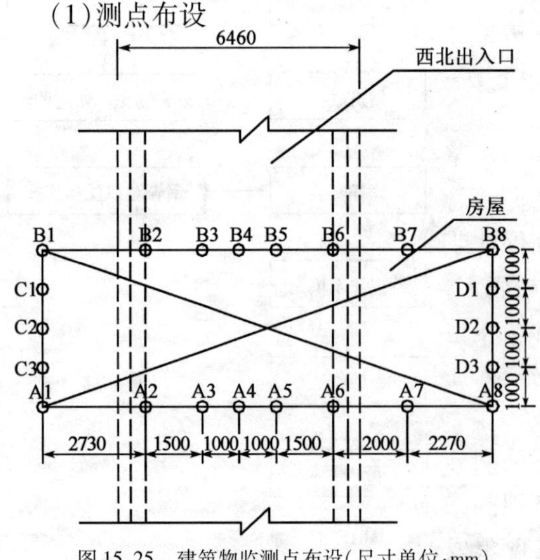

图 15.25　建筑物监测点布设(尺寸单位:mm)

为了及时掌握施工过程中房屋沉降及倾斜情况,以便指导施工,在房屋周边布设建筑物沉降观测点,总共布点22个,见图15.25,其中A、B断面用于监测房屋横向的倾斜情况,C、D断面用于监测房屋纵向倾斜情况。

(2)监测控制标准

鉴于段祺瑞府东南房屋的文物性质,将其损坏级别定为1级(非常轻微),据此确定建筑物沉降控制标准,从而确定跟踪注浆时机。为了反映地表沉降对房屋的影响程度,以房屋基础的沉降偏斜率(Δ_{max}/L,即基础最大沉降点相对于基础两端点连线的沉降量与

基础长度的比值）来作为换算控制指标，列入表 15.4。

建筑物沉降偏斜率控制标准　　表 15.4

控制项目	终　值	警戒阀值（跟踪注浆时机）（终值×60%）
Δ_{max}/L	0.0006	0.00036

（3）监测结果

在施工过程中，左洞开挖到房屋基底时，房屋沉降偏斜率达到了警戒阀值，现场根据监测结果及时进行了跟踪注浆，取得了良好效果。施工各阶段房屋最大沉降偏斜率监测结果列入表 15.5。

施工各重要阶段房屋沉降偏斜率　　表 15.5

控制项目	左洞施工	跟踪注浆	右洞施工	跟踪注浆	二衬施工
Δ_{max}/L	0.00039	0.00034	0.00048	0.00042	0.0005

由表 15.5 可知，通过及时进行跟踪注浆施工，每个阶段房屋沉降偏斜率均控制在 0.0006 以内，即将开挖对房屋的影响控制在 1 级以下，墙体局部出现了微细裂纹或部分旧有裂纹发生闭合或扩张，此外，未见其他变化。

15.3.5　小结

（1）针对工程的特殊性，实践表明，选用袖阀管地表跟踪补偿注浆技术，有效地保证了地表古旧建筑物的安全，取得了良好的社会经济效果。

（2）充分利用监控量测技术，实时地改变施工方案，与地表跟踪补偿注浆技术相结合，真正实现了信息化施工。

15.4　马头门施工技术

15.4.1　概述

浅埋暗挖法施工的隧道工程，在明暗挖结合及两隧道交叉、接口等马头门部位，因其开挖时周围土体被多次扰动，土体自身成拱性降低，在该施工部位时容易出现塌冒事故，出现较大的结构变形和地面沉降；同时马头门处的防水施工困难，破桩时容易破坏防水层，且补救困难，因此马头门部位一般都是施工重点部位。

明挖段施工时应做好超前大管棚及第一排超前小导管的施工，以及马头门处防水层接茬的保护工作。而在马头门施工时应按照暗挖施工步序，分部凿桩，并及时施作临时支撑，以确保马头门施工质量和施工安全。

张自忠路站共有 4 处明暗挖接合处的马头门施工，本章以张自忠路站主体暗挖段马头门施工为例，介绍马头门综合施工技术。

15.4.2　主体暗挖段施工方法及步骤

（1）结构形式

车站主体暗挖段为单层三跨两柱连续结构，由侧墙、梁、板、柱及三拱等构件组成。断面尺寸为:宽 23.86m,高 10.64m,长 68.6m。上覆土厚度为 12.5m 左右,为浅埋隧道,围岩稳定性较差。

(2)施工方法

浅埋暗挖法——侧洞法施工。

(3)施工步骤

车站主体暗挖段在南端结构完成后从南端头厅向北端头厅进行施工,首先需分部破除南端洞口处的围护灌注桩,进行马头门的施工,接着进行暗挖段的施工,到达北端时破除被基坑围护桩,继而完成整个暗挖段施工。

车站主体暗挖段先施工两端侧洞,然后施工中洞,侧洞采用交叉中隔壁法形成。侧洞法开挖分部如图 15.26 所示。

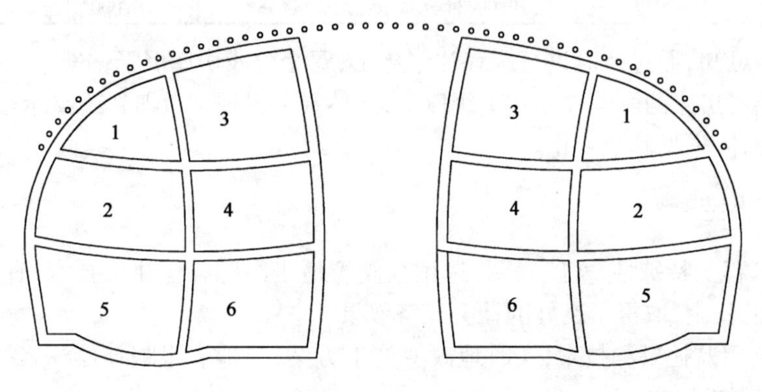

图 15.26 侧洞法开挖分部

15.4.3 马头门施工技术

1)马头门常见结构形式

暗挖法马头门常见的施工形式有两种:一种是马头门处明挖结构侧墙内为环形暗梁预留主筋接头,暂不施作环形暗梁,待暗挖初衬结束后与侧墙环形暗梁与暗挖结构二衬一起施作;另一种方法是马头门处明挖结构侧墙与暗梁一起浇筑,暗梁外侧预留与暗挖二衬结构连接的钢筋接头,暗梁与二衬结构连接处按施工缝处理。这两种结构形式优缺点列入表 15.6。

马头门两种结构形式比较 表 15.6

序 号	暂不施作环形暗梁	先行施作环形暗梁
1	明开混凝土结构侧墙存在环向施工缝,防水性能较差	明开混凝土结构侧墙整体性好,无环向施工缝,防水性能好
2	较易出现结构裂缝	不易出现结构裂缝
3	马头门施工时明开结构较安全	马头门施工时明开结构非常安全
4	马头门施工操作面较大	马头门施工操作面较小
5	马头门处防水接茬较易保护	马头门处防水接茬不易保护

张自忠路车站采用先行施作环形暗梁的结构形式:车站明挖结构施工时预留暗挖洞口,考虑结构受力,在洞口周边结构墙内设置了 600mm 高的环梁。明开结构施工完成后暗挖洞口情

况如图 15.27 所示。

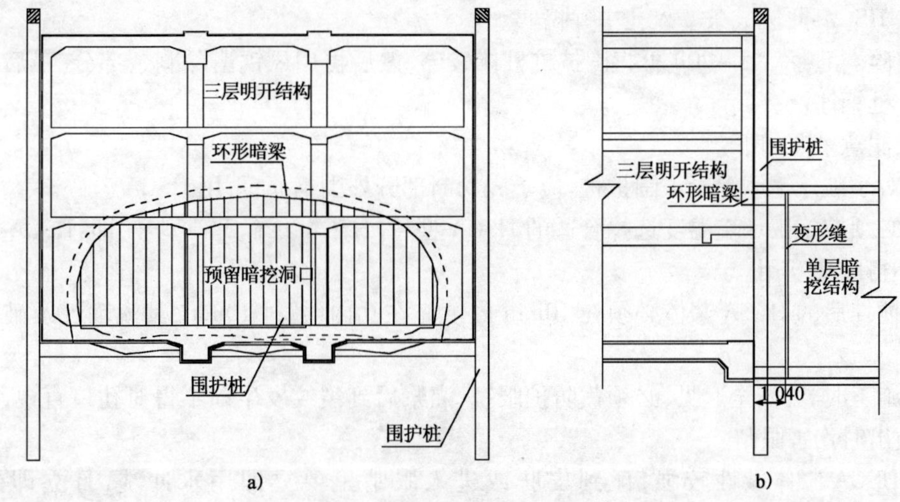

图 15.27 马头门预留洞口剖面图(尺寸单位:mm)

2)马头门施工方法

马头门施工主要包括三个步序:超前管棚支护、马头门围护桩凿除和马头门进洞段初期支护。

(1)超前管棚支护。为了确保车站主体暗挖施工安全,在两端明挖基坑土方开挖至暗挖拱顶位置时,预先施作超前管棚支护。

①超前大管棚。由两端明挖基坑对打一次 $L=34$m,ϕ159mm 的热轧钢管($t=8$mm),环向间距为 500mm,管壁打眼,每隔 1m 交错分布,眼孔 10mm,预注水泥浆加固周围土体及填充管内。

②超前小导管。大管棚间采用小导管周壁预注浆。小导管选用 ϕ32.5 的热轧钢管,$t=3.5$mm,长度 3.0m,外插角 10°~12°,环向间距 500mm,管壁每隔 100~200 交错钻眼,眼孔直径 6~8mm。由于本暗挖段顶部处于粉细砂层中,根据现场试验确定,采用改性水泥-水玻璃浆液。

(2)马头门围护桩凿除。明挖结构围护桩为 ϕ800 钢筋混凝土灌注桩,用常规的人工凿除将费工费力,在本工程中采用高效无声破碎剂(HSCA-Ⅱ,适应温度 10~25℃),进行围护桩的破除。

①钻孔。钻孔采用 YT28 气腿式凿岩机。孔径 50mm,孔深 700mm,孔距 150mm 梅花形布设,抵抗线 300mm。马头门围护桩钻孔破碎如图 15.28所示。

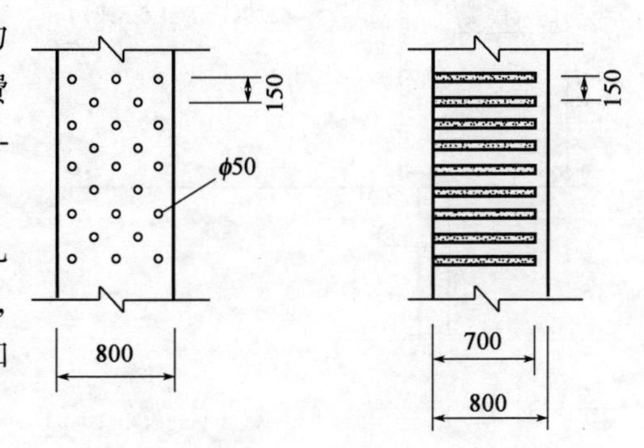

图 15.28 马头门围护桩钻孔破碎示意(尺寸单位:mm)

②搅拌。先将按 HSCA-Ⅱ重量比为 28%~35%的水倒入容器中,然后加入 HSCA-Ⅱ,用机械或手工(用手搅拌要戴橡皮手套)搅拌成具有流动性的均匀浆液。HSCA-Ⅱ使用量为 25kg/m^3。

③充填。填孔之前必须将孔清理干净,不得有水和杂物,充填作业可以采用直接灌入法或

用灰浆泵压入法。垂直孔不必堵塞孔口，水平或倾斜孔要堵塞孔口，以免浆体流出，或用干稠的胶泥状 HSCA-Ⅱ搓成条塞入孔中并捣实。

④破碎。灌浆后 5 ~ 20h 可将围护桩桩体破碎，然后再用风镐凿除剩余部分，最后用气割割掉围护桩钢筋。

施工注意事项如下：

(1)对于破碎钢筋混凝土围护桩，应予先切断部分外围钢筋，再用 HSCA 破碎。

(2)必须按施工环境温度选择合适的 HSCA 型号(HSCA 共有 3 种型号，即：HSCA-Ⅰ、Ⅱ、Ⅲ型)，不得随意互用。

(3)搅拌后的 HSCA 浆体必须在 10min 内填充在孔内，超过 10min，其流动性及破碎效果明显降低。

(4)施工时，为安全起见，必须戴防护眼镜，灌浆后到裂纹发生前不得对孔口直视，以防万一发生喷出时伤害眼睛。

(5)HSCA 浆体碱性较强，碰到皮肤或进入眼睛里要立即用水冲洗，且立即到医院就医。

(6)HSCA 要存放于干燥所内，严防受潮，在不受潮情况下，保存期为一年。

(3)马头门初衬施工

①掌子面土体加固

马头门凿桩时必须考虑掌子面土体的稳定性，当洞室高度小于 3m 时，采用全断面破桩，并采取措施加固掌子面；当洞室高度大于 3m 时，采用分上下台阶半断面破桩，上台阶预留核心土环形开挖，如图 15.29 和图 15.30 所示。

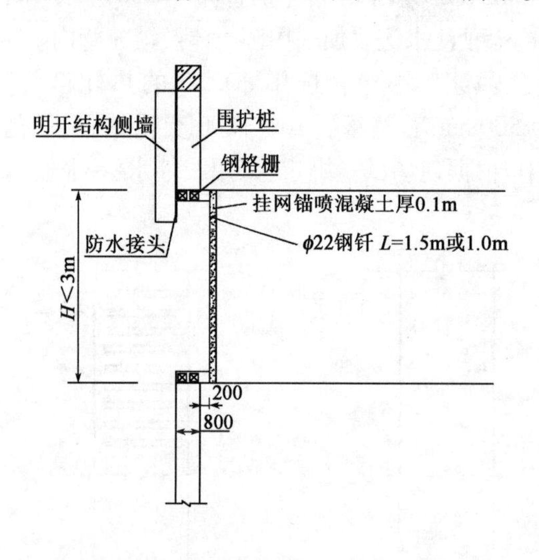

图 15.29　马头门全断面破桩示意(尺寸单位：mm)

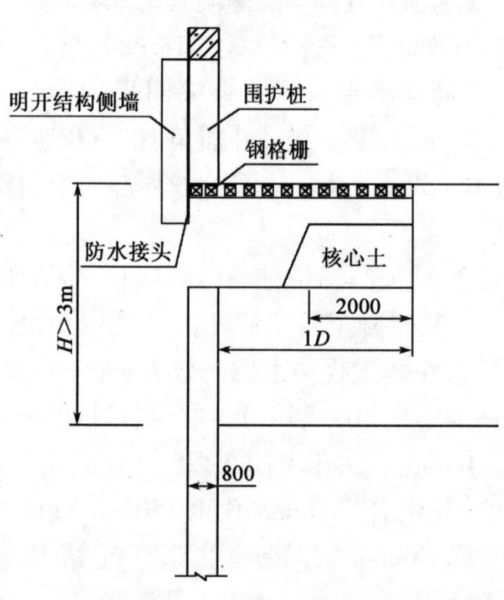

图15.30　马头门分上下台阶破桩示意(尺寸单位：mm)

全断面破桩时，必须对背后土体进行加固。加固采用打钢钎、挂网锚喷的方法。钢钎长度 1.5m，间距 1m 梅花形布设。当遇水或土体自稳能力较差时，采用打设 $\phi32$ 钢管、挂网锚喷的方法。钢管长度 3.0m 间距 1m 梅花形布设。喷层厚度 8 ~ 10cm。

半断面破桩时，上台阶破桩后可暗挖进洞 $1D$ 后封闭掌子面，然后进行下台阶围护桩的

凿除。

②格栅架立

马头门围护桩凿除到位后，围护桩顶、底部预留300mm长主筋，架立格栅时，附加L型钢筋与格栅主筋及纵向连接筋焊接，焊接长度$10d$。左右两侧拱角处的围护桩的主筋要与格栅连接板处的钢筋焊接牢固，并及时打入锁脚锚管，锚管与格栅焊牢。马头门处格栅架立必须两榀格栅密排，架立时格栅拱顶高程提高50mm，预留结构下沉量。纵向连接筋位置躲开格栅连接板位置分布，环向间距1000mm，内外两侧梅花形布置。然后挂设钢筋网片，绑扎在钢架的设计位置，并与格栅钢架连接牢固，然后喷射混凝土，封闭成环，如图15.31所示。

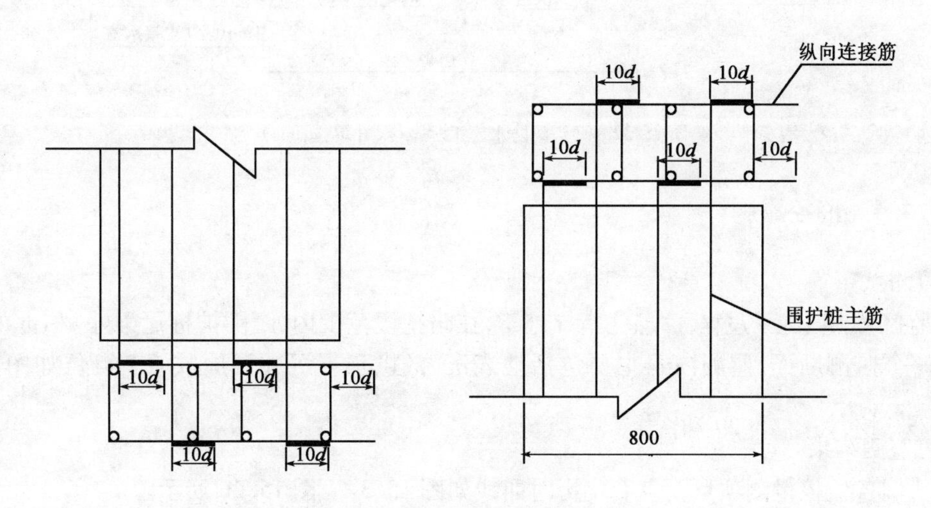

图15.31　马头门格栅与围护桩主筋连接示意（尺寸单位：mm）

③锚喷混凝土

格栅架立完成后立即锚喷混凝土，喷射混凝土时先喷仰拱，再喷侧墙，最后喷拱顶。自下而上依次喷射，喷射过程中严禁使用回弹料。喷头应与受喷面垂直，距离受喷面60～100cm，连续缓慢地做横向环形运动。混凝土表面应湿润光泽、无干、无滑和无流淌现象。在拱脚处用土将格栅连接板埋20cm，在下台阶续接格栅时用高压风吹净。锚喷完成后立即用刮杠或木抹子找平。

④马头门防水层施工

张自忠路车站明挖段采用SBS防水卷材，暗挖段采取ECB防水板，两种防水材料不仅要在马头门部位搭接，而且在马头门围护桩凿除时必须做好SBS防水卷材的保护工作，因此马头门是防水施工质量重点控制的部位之一。

马头门的防水接茬预留处在明挖结构施工时用1mm厚的铁皮保护，但在围护桩破桩时产生了局部破坏，在围护桩凿除完成后；及时对此处防水层使用SBS防水卷材进行了修补，修补完成后再用1mm厚铁皮保护。

两种防水材料的搭接方法如图15.32所示，在此处SBS防水层外侧要保证与明开结构密贴，确保不渗不漏；里侧要与暗挖ECB防水层完好过渡。同时为加强防水效果，在此处施工缝暗挖结构中加两条复合式遇水膨胀止水条。

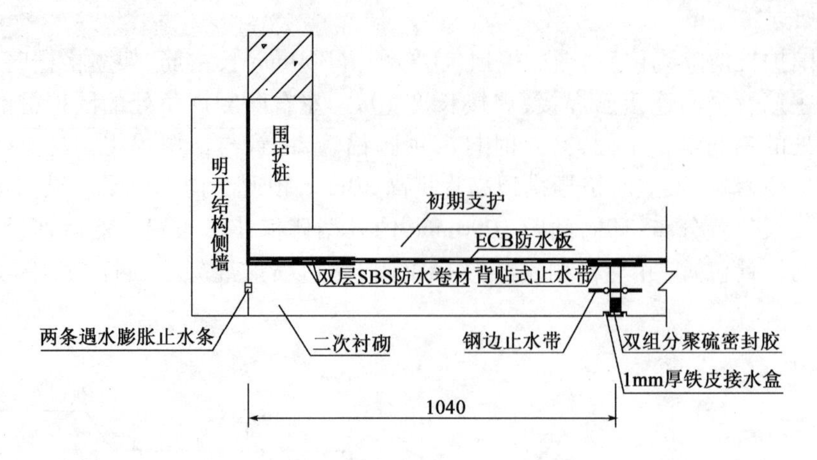

图15.32　马头门防水施工示意(尺寸单位:mm)

15.4.4　监控量测

(1)测点布置

为监控马头门施工过程,信息化指导施工,在暗挖段范围内,距围护桩冠梁外侧1m的位置布设了一个监测断面,监测内容主要包括地表沉降、拱顶下沉和洞周收敛。点位如图15.33所示。

(2)监测结果

马头门各监控量测项目测点变化历时曲线如图15.34~图15.36所示。

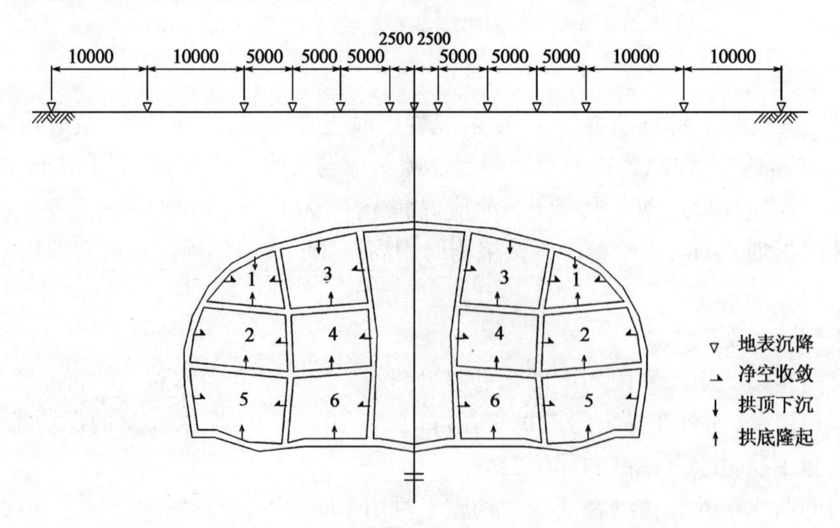

图15.33　马头门监控量测布点示意图(尺寸单位:mm)

从各测点的数据及曲线分析,马头门附近地层和结构变形都较小,采取的马头门施工方法是有效的。

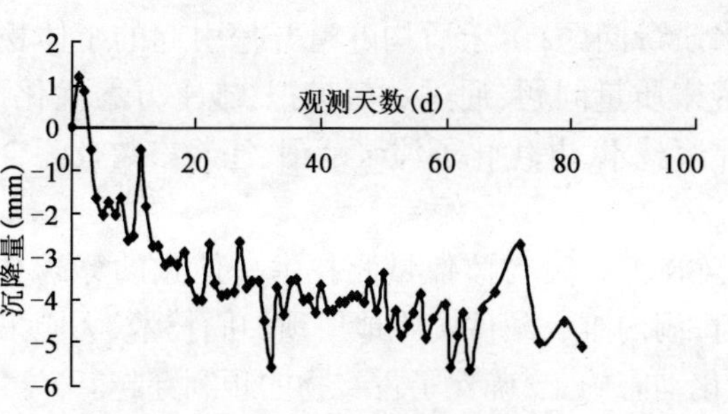

图15.34　地表沉降历时曲线

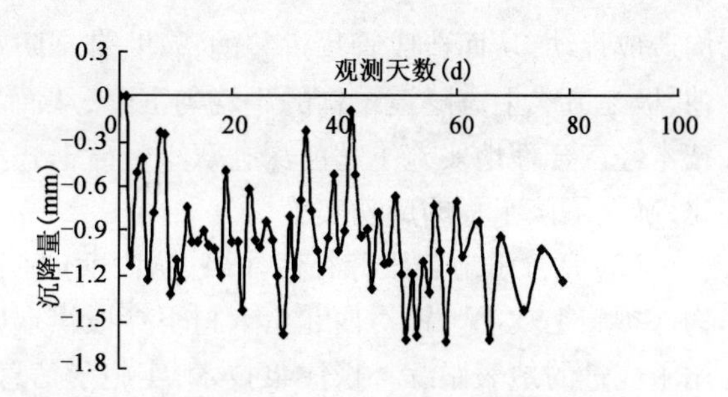

图15.35　拱顶沉降历时曲线

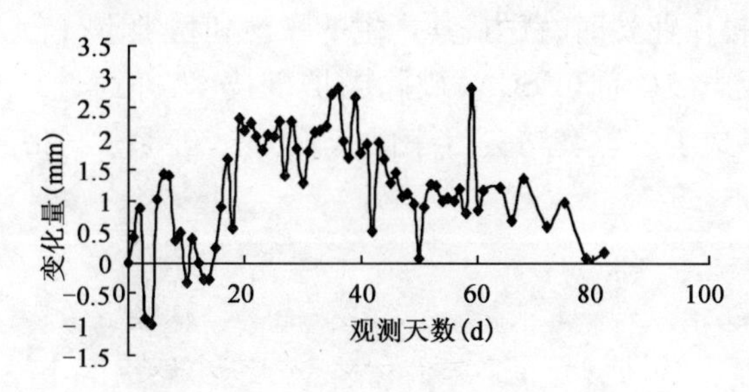

图15.36　收敛变形历时曲线

15.4.5　小结

(1)地铁车站明暗挖接合处的马头门施工无疑是关键困难部位,它包括围护桩的凿除、马头门初衬施工、马头门防水施工等工序,通过研究和实践形成了一套马头门综合施工技术,不仅有效地保证了马头门施工安全,而且保证了马头门施工完成后的防水质量。

(2)实践证明,采用高效无声破碎剂HSCA是成功的,不仅大大缩短了工期,而且降低了成本。

(3)根据不同条件,总结了马头门衬砌施工的成套施工工艺,确保了因凿桩应力平衡被破坏造成的土体失稳。针对马头门施工,认为应注意以下技术要点。

①加强对马头门处桩顶的监测,防止桩体突然下沉。

②及时施作临时仰拱,形成封闭环,控制桩和围岩的位移。

③上部格栅未封闭前,及时施作竖向及横向临时支撑,确保上台阶结构稳定。

④马头门开口后,前两排格栅钢架间距应加密,以后的格栅钢架可按设计间距施工。

⑤明开结构按设计要求与暗挖结构相交处设置沉降变形缝,暗挖初衬施工过程中,要严格妥善地保护好防水接茬部位,并做好不同防水卷材的搭接处理。

15.5　本章小结

(1)在受扰动的含水粉细砂、卵石互层的盾构和浅埋暗挖隧道近距重叠段,成功地实施了超前深孔双重管后退式注浆技术。针对处于受扰动的含水粉细砂、卵石互层的盾构和浅埋暗挖隧道近距重叠段,围绕控制施工的两个难点:上方浅埋暗挖隧道施工势必对已有盾构隧道结构造成扰动，从而造成管片拼装的错动，带来防水质量问题；由于盾构隧道开挖引起的土体松弛，极易造成上方隧道结构的不均匀沉降，从而带来质量问题，通过数值模拟、施工方案优化，技术经济合理地实施了超前深孔双重管后退式注浆技术，并优化了注浆范围、注浆参数及配合比，确保了该工程的成功实施。

(2)完善了地表跟踪补偿注浆、洞内实时变换施工方案与监控量测技术一体化的穿越文物保护施工技术。针对西北出入口下穿段祺瑞府，洞内难有条件实施地层预加固技术，大胆采用了先进的地表跟踪补偿注浆技术，实施了信息化动态施工，确保了古文物的顺利穿越。

(3)完善形成了一整套地铁车站明暗挖接合处的马头门施工技术。针对马头门施工时，传统人工风镐凿除围护桩作业费时、费力，其产生的噪声和粉尘不符合文明施工和职业健康要求等问题，采用了高效无声破碎剂(HSCA)破除围护桩技术，并通过马头门初衬施工、马头门防水施工等工序，总结形成了一整套马头门综合施工技术，确保了马头门开挖时的施工安全和马头门部位的防水质量。

16 盾构隧道近距离小角度上穿既有隧道关键施工技术

16.1 工程背景

16.1.1 课题研究背景

北京地铁四号线动物园—白石桥区间隧道采用盾构法施工,区间左线盾构隧道在 K16 + 330 至 K16 +400 区段与地铁 9 号线区间浅埋暗挖法隧道以大约 15°的小角度空间立体交叉,4 号线盾构隧道在上,9 号线浅埋暗挖法隧道在下。4 号线从 9 号线上方以超近距离小角度斜穿,由于交叉穿越的角度较小,彼此间相互影响较显著的范围较大,大约为 60m。空间立交地段范围内盾构隧道结构底部与 9 号线隧道初期支护拱顶在竖直方向上的最小间距为 1.39m。因此该段洞群段隧道施工难度较大。工程空间立交段范围内的隧道位置如图 16.1 所示。

本段区间地层主要为:填土层、粉土层、粉质黏土层、砂土层以及圆砾卵石层,区间隧道基本是穿过砂土层和圆砾卵石层,结构上的覆土以填土、粉土、粉黏土和砂土为主。地质情况及参数见表 16.1。

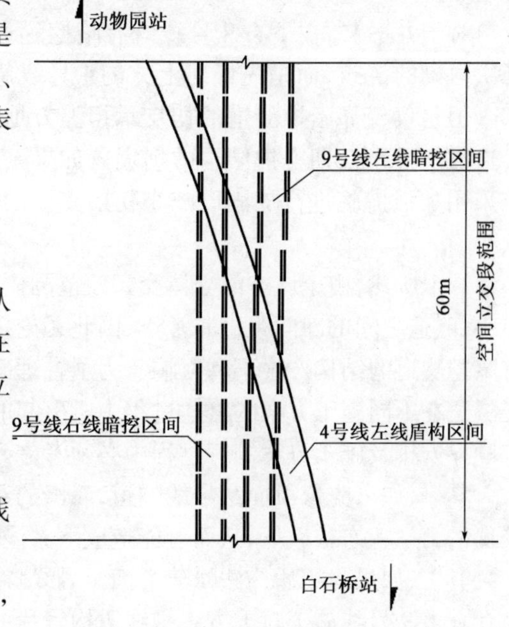

图 16.1 4 号线左线盾构隧道与 9 号线暗挖隧道空间小角度斜交地段平面

16.1.2 施工顺序

该工程是北京乃至国内首例新建盾构隧道从既有暗挖隧道上方交叠穿越的结构形式,并且在空间上呈现出“小角度、近间距、长距离”空间立交的特点。

实际施工中可能存在以下两种施工安排。

(1)先修建上方 4 号线盾构隧道,然后用浅埋暗挖法修建下方 9 号线隧道。

(2)先用浅埋暗挖法修建下方 9 号线隧道,然后修建上方 4 号线盾构隧道。

对于第二种情况,由于 9 号线是采用浅埋暗挖法修建的,因此,就会出现以下两种施工方案。

方案一:9 号线完成开挖初支并施作二衬后再进行 4 号线隧道的施工。

方案二:在 9 号线完成开挖初支后,不急于施作二衬,而是先着手盾构隧道的掘进。待盾构隧道通过后,再进行 9 号线二衬的浇筑。

地层物理力学参数 表 16.1

编号	土层名称	厚度(m)	E(MPa)	泊松比	c(MPa)	φ(°)	重度(kN/m^3)	抗拉强度(MPa)	侧压系数
1	杂填土	2.5	10.0	0.3	0.015	18.0	16.5	0.015	0.3
2	砂质粉土	4.8	12.0	0.3	0.020	18.0	19.0	0.015	0.3
3	粉细砂	2.3	20.0	0.28	0	30.0	19.8	0.005	0.35
4	卵石圆砾	7.2	55.0	0.20	0	36.0	20.5	0.003	0.2
5	粉质黏土	2.4	15.0	0.45	0.04	20.5	19.8	0.015	0.4
6	卵石圆砾	38.5	70.0	0.20	0	40.0	21.5	0.001	0.2

对于方案一,如果在下层 9 号线开挖支护结束后及时浇筑二衬形成完整的隧道结构,这样就能使地面沉降得到更好的控制,也有利于隧道结构的稳定。但是由于上部盾构隧道和先面浅埋暗挖法隧道的距离只有 1.39m,盾构的推力对周围地层的扰动很大,可能使下层隧道二衬结构变形、产生裂缝甚至结构破坏。因此,需要考虑的主要问题在于如何减弱或消除新建盾构隧道施工对既有暗挖隧道衬砌结构的不利影响,尽可能地避免既有隧道的衬砌结构出现裂纹乃至破损。

对于方案二,在下方 9 号线既有暗挖隧道的初期支护施工完毕后,先暂不进行暗挖隧道二次衬砌的浇筑,而是先修建上方的 4 号线盾构隧道,然后再修建 9 号线暗挖隧道的二次衬砌。但是仅仅靠暗挖隧道的初支承担上方地层中通过盾构机所额外附带的施工动荷载等,会造成 9 号线初期支护结构的坍塌。如果一旦既有隧道结构的变形超出允许范围,那么应该采用加强措施进行加固以减小初期支护的变形和改善其受力状况,使相互间的不利影响减小。

综上所述,由于该空间立体交叉段范围内新建盾构隧道与既有暗挖隧道之间的平面交角很小,隧道之间的净间距也非常小,因此无论采用何种施工方案,新建的盾构隧道必然会对既有暗挖隧道的结构产生不利影响。为了合理确定空间立交隧道的施工方案,必须对该空间立交隧道在不同施工方案的修建过程中所引起的相互影响规律进行研究,在 9 号线和 4 号线施工顺序安排及施工方案制订过程中必须考虑到以下两点。

其一,如果先修下面 9 号线隧道,后修的 4 号线盾构隧道必然使得下方隧道周围已经相对平衡的力学状态被破坏,从而可能造成下方浅埋暗挖法隧道的结构上浮或结构破损。

其二,如果先用盾构法修建上面 4 号线隧道,再用浅埋暗挖法修建下方 9 号线隧道,同样也存在着 9 号线施工对上方 4 号线盾构管片的扰动问题。

因此,对上下立交段的施工,必须在弄清楚 9 号线和 4 号线的施工相互影响的基础上,就“4 号线盾构隧道与 9 号线浅埋暗挖法隧道的施工顺序安排、施工方案、隧道结构加固”等问题进行深入探讨。

16.2　4 号线盾构隧道与 9 号线浅埋暗挖法隧道合理施工顺序研究

北京地铁 4 号线动物园—白石桥区间在白石新桥地段与地铁 9 号线区间隧道呈现上下重叠或者上下交叉，区间平面示意图如图 16.2 所示。9 号线施工在下，4 号线从 9 号线上方以超近距离小角度斜穿，两线隧道垂直土层距离仅为 1.6m。

根据两条线路隧道的空间位置关系，选择的建模范围如图 16.3 所示。

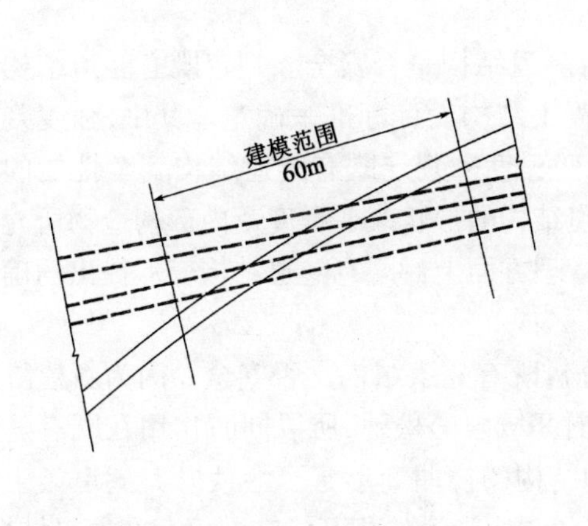

图 16.2　空间立交区间及建模范围平面示意

图 16.3　立交隧道建模段平面位置关系图及典型断面选取

16.2.1　盾构隧道和浅埋暗挖法隧道施工顺序的探讨

采用数值分析进行施工顺序分析，计算考虑以下两种情况。

(1) 先用浅埋暗挖法修建下方 9 号线隧道，然后修建上方 4 号线盾构隧道。

(2) 先修建上方 4 号线盾构隧道，然后用浅埋暗挖法修建下方 9 号线隧道。

对于第一种情况，由于 9 号线是采用浅埋暗挖法修建的，因此，这就涉及是等 9 号线完成开挖初支并施作二衬后再进行 4 号线隧道的施工，还是在 9 号线完成开挖初支后，不急于施作二衬，而是先着手盾构隧道的掘进。

对于动物园—白石桥区间空间立交段，如果在下层 9 号线开挖支护结束后及时浇筑二衬形成完整的隧道结构，这样就能使地面沉降得到更好的控制，也有利于隧道结构的稳定。但是上部盾构隧道开挖时，其带来的影响可能使下层隧道二衬结构变形、产生裂缝甚至结构破坏；如果下层 9 号线施工后暂不浇筑二衬，待上部盾构隧道施工完后再施作二衬，这种情况下，上部盾构隧道施工引起的下层隧道的初衬变形等是允许的，且可以在交叠范围内，对下部隧道结构进行临时支撑加固，减小初衬结构的变形及减小地面沉降，使相互间的不利影响减小，但长时间不浇筑二衬同样也不利于隧道结构的稳定。

基于以上考虑，在计算时考虑到以下两种可能的施工安排。

其一,9 号线开挖初支并施作二衬后进行 4 号线盾构隧道的掘进。

其二,9 号线完成开挖初支但不施作二衬,然后进行 4 号线盾构隧道的掘进。

对上述两种施工安排,分别建立了计算模型进行数值计算。

9 号线浅埋暗挖法隧道采用台阶法施工,上下台阶间隔 5m,由于 9 号线左右线间距较小,故在建模段内,先左线贯通再施工右线隧道。

16.2.2 新建地铁隧道对既有地铁隧道影响的判断方法

目前,在空间立交隧道工程的相互影响的分析中,主要根据以下两个条件对既有隧道结构的安全性加以判定。

(1)从隧道结构物自身的稳定性角度判断既有隧道结构是否安全。判定既有隧道结构的稳定可以通过衬砌结构的强度和刚度是否满足混凝土结构设计标准来确定。其中,强度判断原则是指按新建隧道引起既有结构物承载力的改变程度来判定既有隧道结构安全性能的原则。而刚度判断原则是根据新建隧道引起既有隧道结构的形状改变程度及内部构造物所允许的变位等要求来确定的。这同时也是在建筑限界管理方面上对既有隧道结构变形提出的确保隧道建筑限界的要求。

(2)根据周边地层的应力场和位移场的变化分析既有隧道结构是否安全。因为新建隧道的施工会使既有暗挖隧道的周边地层产生相当范围区域内的松弛,所以同时作用在既有隧道结构衬砌上的荷载也随之增加,产生的偏压作用和结构的挠曲变形甚至会使既有隧道产生结构性的破坏和周边地层的塑性破坏。如前所述,空间立交隧道的相互影响不仅存在着局域性,而且在局部的范围内应力的重分布是有梯度变化的,因此可以根据周边地层受到再次扰动引起应力重分布的梯度变化范围和应力集中程度来分析既有隧道的结构安全。此外,如果施工过程引起周边地层应力重分布后仍处于弹性状态时,说明周边地层的抗压强度仍有潜力,对既有结构引起的受力变化不大。如果隧道周边地层一旦出现塑性区,而且与既有隧道一侧连通时,则会引起对既有隧道结构的较大影响。这说明塑性区域的大小和分布也是判定既有隧道结构安全度的明显特征。

16.2.3 先施工 9 号线浅埋暗挖法隧道再施工 4 号线盾构隧道的沉降分析

如果在下层 9 号线开挖支护结束后及时浇筑二衬形成完整的隧道结构,这样就能使地面沉降得到更好的控制,也有利于隧道结构的稳定。但是上部盾构隧道开挖时,其带来的影响可能使下层隧道二衬结构变形、产生裂缝甚至结构破坏;如果下层 9 号线施工后暂不浇筑二衬,待上部盾构隧道施工完后再施作二衬,这种情况下,上部盾构隧道施工引起的下层隧道的初衬变形等是允许的,且可以在交叠范围内,对下部隧道结构进行临时支撑加固,减小初衬结构的变形及减小地面沉降,使相互间的不利影响减小,但长时间不浇筑二衬同样也不利于隧道结构的稳定。

在实际施工中上述两种施工安排都可能出现,因此,本次模拟计算时考虑了两种施工安排,即在已开挖的 9 号线施加二衬和不施加二衬情况下分别进行上部盾构隧道的开挖,并对两种施工安排进行了三维模拟比较分析。

(1)9 号线施作二衬情况下的施工过程沉降分析

计算采用 ANSYS 及 FLAC^{3D}进行分析。有限元部分模型如图 16.4 所示。

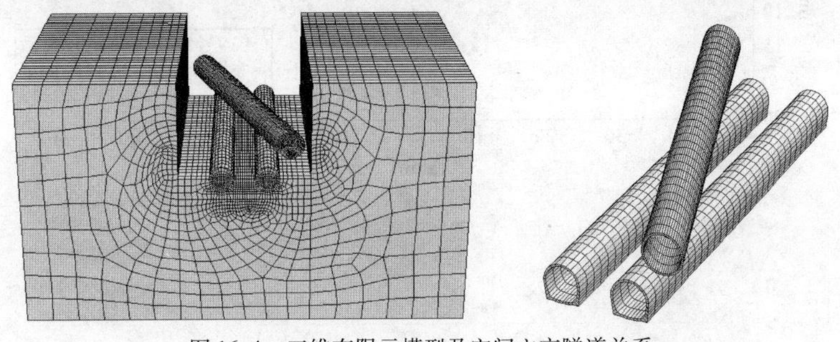

图 16.4　三维有限元模型及空间立交隧道关系

9 号线施工完后典型断面($y = 30$m)的地表横向沉降曲线如图 16.5 所示,沉降槽宽度为 58m。

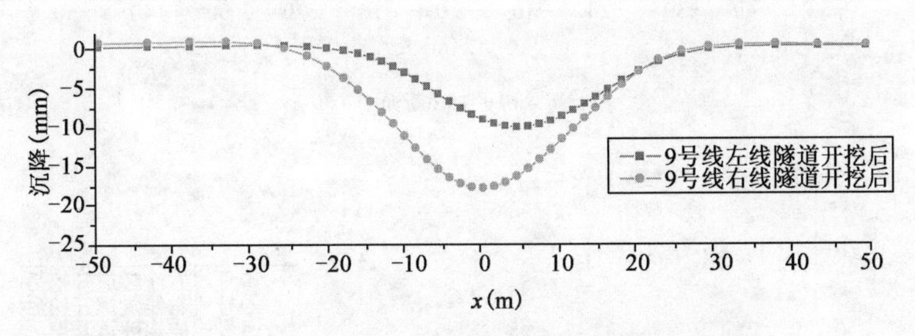

图 16.5　9 号线施工完后典型断面的地表横向沉降曲线(1)

施工中各典型断面的地表横向沉降曲线如图 16.6 所示,由图可知,交叠区中心由于受上浮影响及 9 号线二衬刚度影响大等原因,地表沉降小,向外受影响减小,地表沉降也增大。由图 16.6 可知,随着盾构隧道开挖的进行,地表最大沉降增加量不大,分析其原因,主要是:施工上部 4 号线左线盾构隧道时,下部 9 号线二衬结构已经施作完毕,在上部荷载作用下,9 号线隧道自身的收敛变形很小,即由此产生的地层损失很小,同时,随着上部土层开挖卸载及应力释放,下部隧道随着土体移动产生整体上浮。

另外,经过比较计算分析可知,上方盾构隧道施工引起的总沉降减小了。如果在此模型下,仅开挖上部盾构隧道,其引起的地表沉降最大值为 13 ~ 15mm,而现在在下部 9 号线施工的基础上开挖上部盾构隧道,盾构开挖引起的地表沉降仅 1 ~ 5mm,也就是由于 9 号线的存在使得地表总沉降减小了,这是有利的一面。

(2)9 号线不施作二衬情况下的施工过程的沉降分析

9 号线施工完后典型断面($y = 30$m)的地表横向沉降曲线如图 16.7 所示,沉降槽宽度约为 58m。

施工中,典型断面的地表横向沉降曲线如图 16.8 所示,由于 9 号线没有施作二衬,结构刚度降低,在上部荷载作用下,会继续产生向内的收敛变形,故地表沉降增大。

16.2.4　先施工上方 4 号线盾构隧道情况下的施工过程沉降分析

1)上方盾构隧道施工完之后

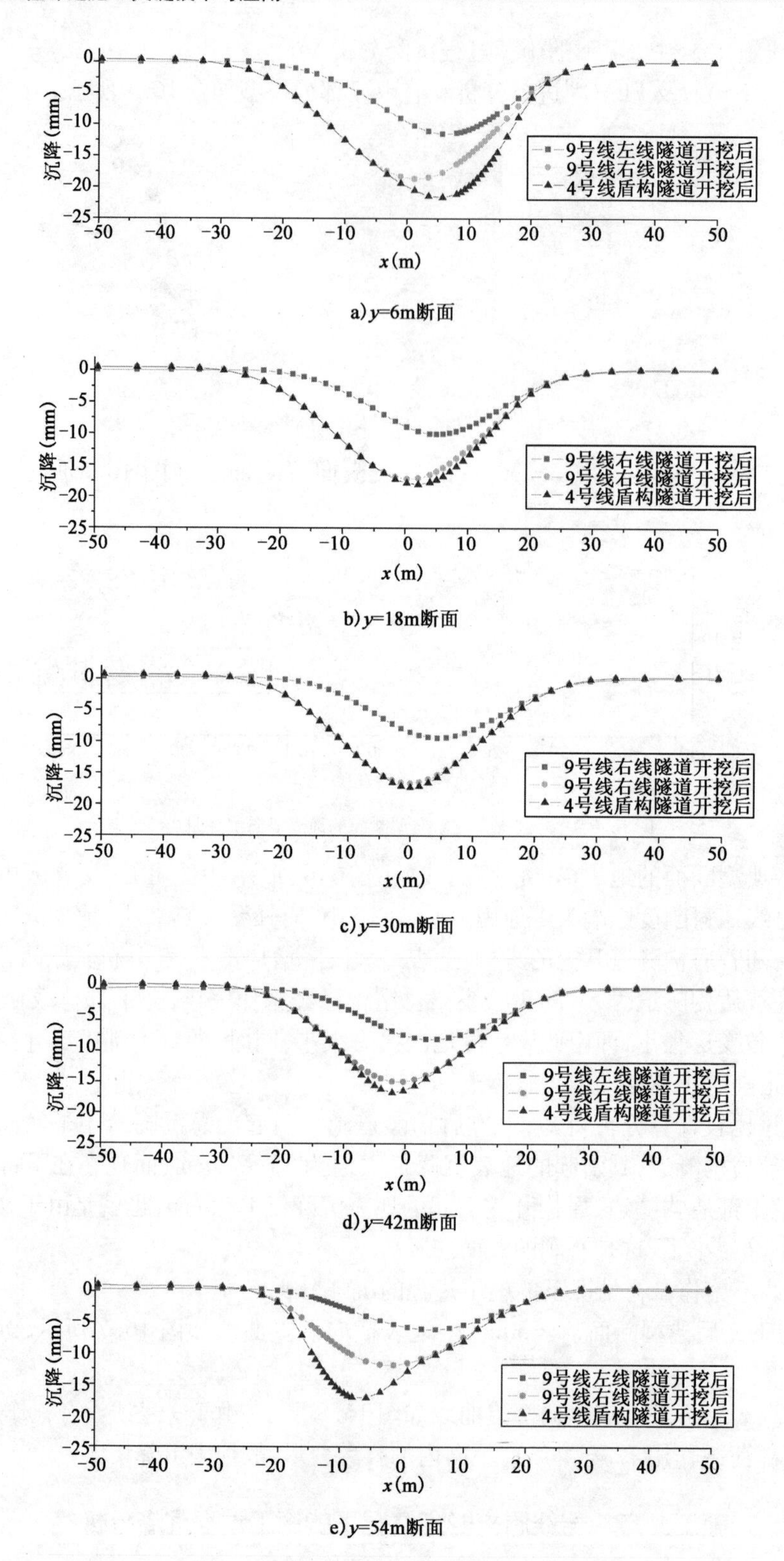

a) y=6m断面

b) y=18m断面

c) y=30m断面

d) y=42m断面

e) y=54m断面

图16.6　施作二衬情况下各典型断面的地表横向沉降曲线

沉降(mm)
x(m)
9号线左线隧道开挖后
9号线右线隧道开挖后

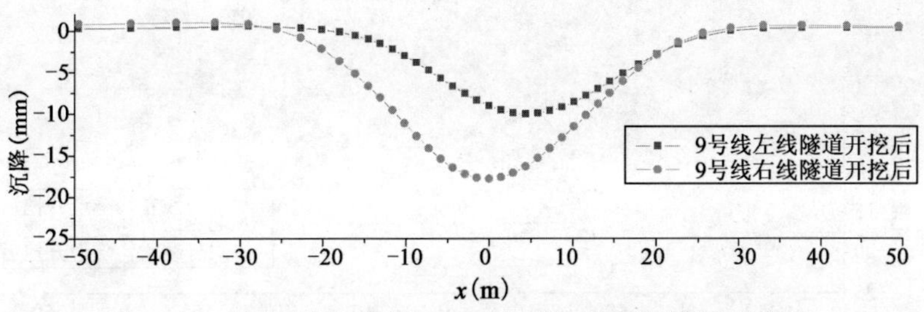

图 16.7　9 号线不施作二衬施工完后典型断面的地表横向沉降曲线

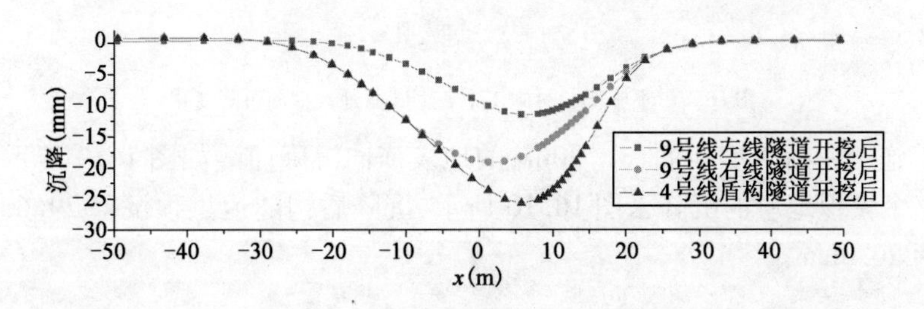

沉降(mm)
x(m)
9号线左线隧道开挖后
9号线右线隧道开挖后
4号线盾构隧道开挖后

a) y=6m断面

沉降(mm)
x(m)
9号线左线隧道开挖后
9号线右线隧道开挖后
4号线盾构隧道开挖后

b) y=18m断面

沉降(mm)
x(m)
9号线左线隧道开挖后
9号线右线隧道开挖后
4号线盾构隧道开挖后

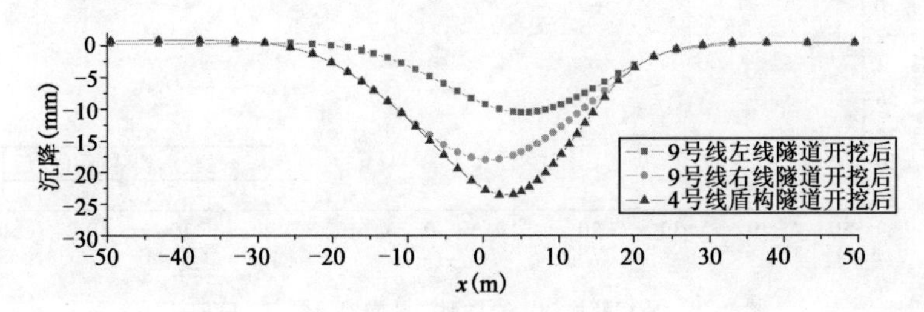

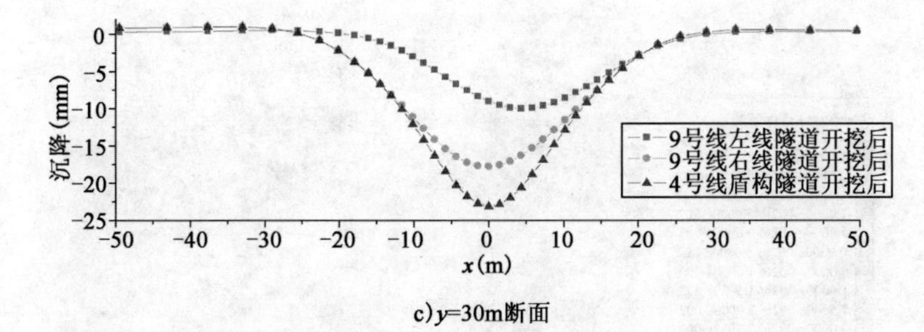

c) y=30m断面

沉降(mm)
x(m)
9号线左线隧道开挖后
9号线右线隧道开挖后
4号线盾构隧道开挖后

d) y=42m断面

图　16.8

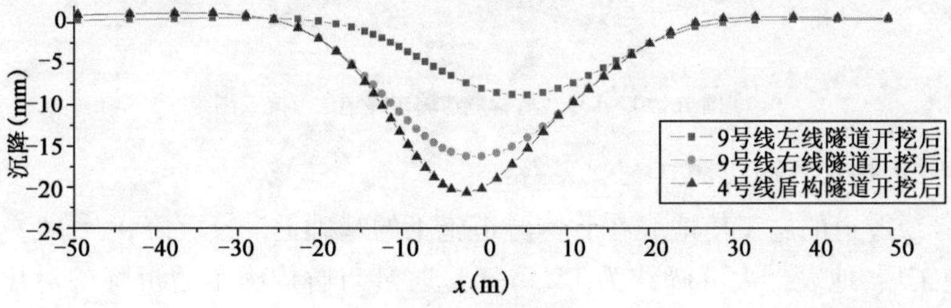

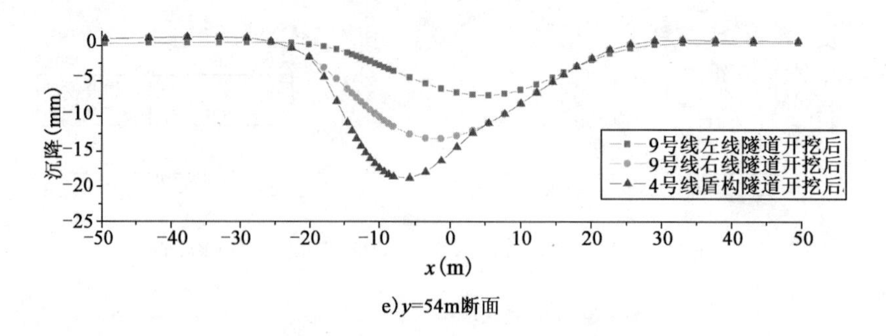

e)y=54m断面

图 16.8　不施作二衬施工中典型断面地表横向沉降变化

盾构隧道施工完后典型断面(y = 30m)的地表横向沉降曲线如图 16.9 所示,沉降槽宽度约为 50m。整个模拟地层的沉降云图 16.10 所示,沉降盾构隧道拱顶沉降 29.6mm,拱底位置最大隆起量为 20.0mm。

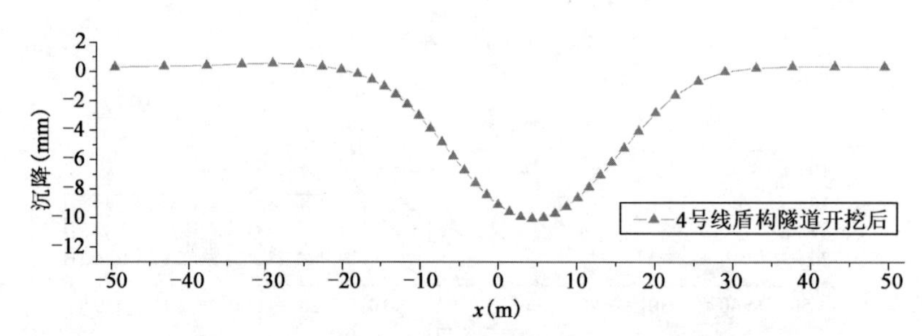

图 16.9　盾构隧道施工完后典型断面地表横向沉降曲线

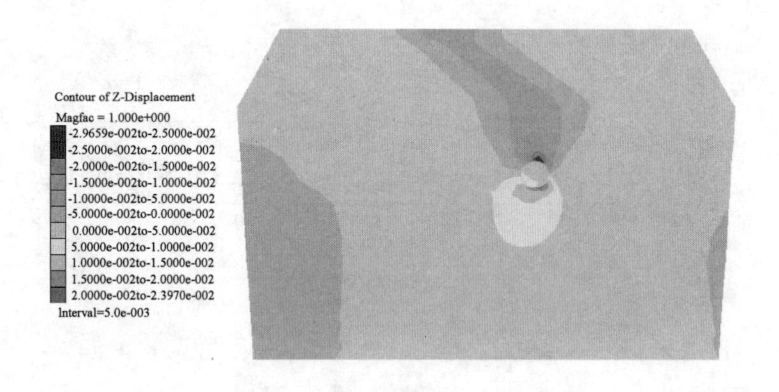

图 16.10　4 号线盾构隧道施工完地层沉降云图

2)下方 9 号线左线隧道施工完之后

下方 9 号线隧道的施工使地表在盾构隧道施工的基础上继续沉降,9 号线左线(位于模型右侧)隧道施工后,地表最大沉降约为 15.0mm。通过与盾构施工后沉降的对比,地表最大沉降继续增加了约 5mm。

左线施工完之后,地层最大沉降 39.9mm,为盾构隧道拱顶沉降,与盾构隧道施工完之后

地层位移相比，可知盾构拱顶最大沉降增加了10.4mm，再看盾构隧道拱底位置的最大隆起量，减少了11.2mm，由此可判断，盾构隧道管片结构产生了整体下沉，最大下沉量在左线施工完后约为11.0mm。分析其原因，随着下部土层开挖卸载及应力释放，上部盾构隧道随着上部土体的下沉产生整体下沉，由于上下隧道是斜交的，下沉量在纵向上是变化的，与9号线左线交叠位置的上方盾构隧道结构下沉最大。

3）下方9号线右线隧道施工完之后

9号线右线（位于模型左侧）隧道施工后，地表最大沉降约为19.2mm。通过与左线施工后的沉降的对比，地表最大沉降继续增加了约4.2mm。

9号线右线隧道施工后，典型断面的地表横向沉降曲线如图16.11所示，从地表沉降情况来看，先施工上方盾构隧道的情形下地表最大沉降是本空间立交隧道的三种施工方式中最小的，分析其原因，主要是上方盾构隧道结构的存在使得9号线施工时上覆地层的地层损失减小，故地表沉降也减小，但本施工方式不利之处并不体现在地表沉降上，而是体现在施工对上方盾构隧道结构的不利影响上。

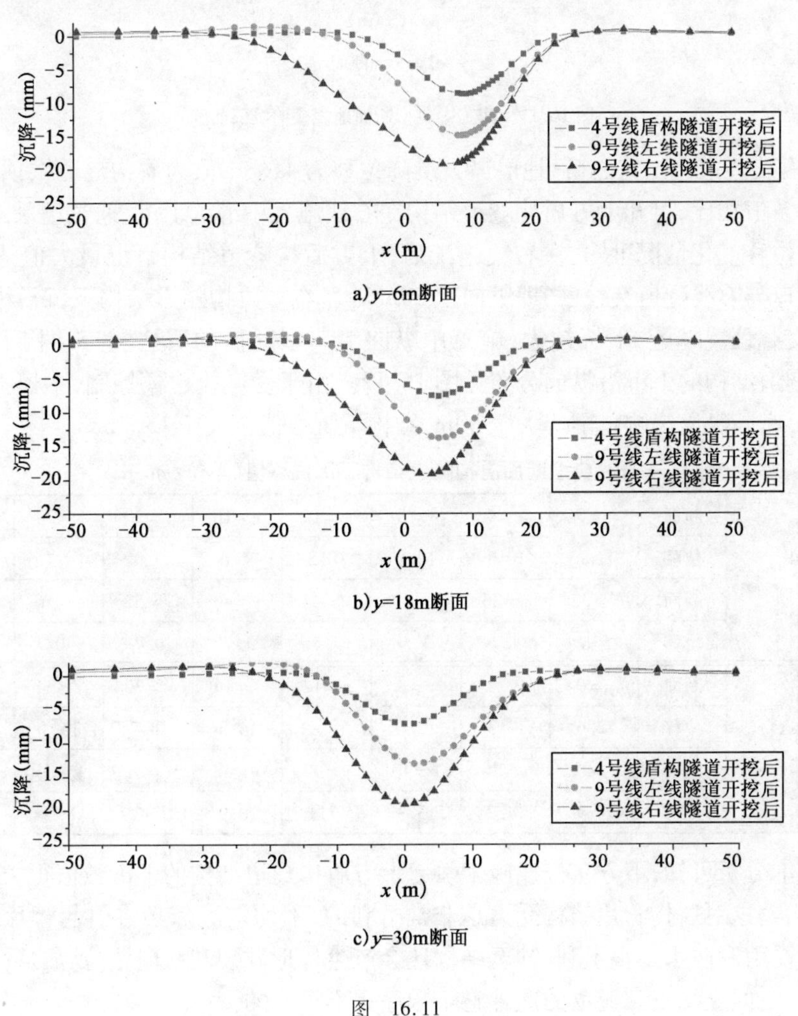

图　16.11

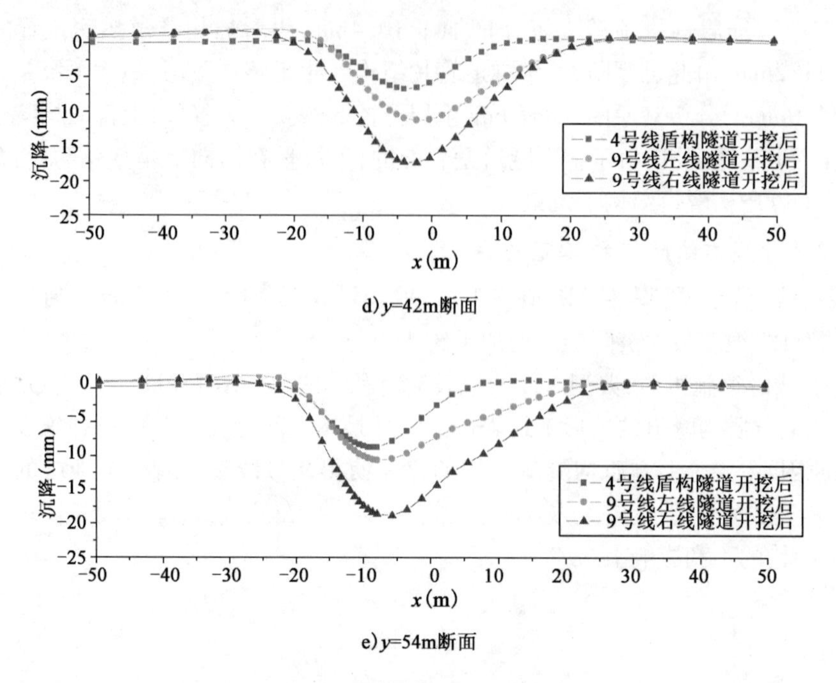

图 16.11　施工中典型断面地表横向沉降曲线

9 号线右线隧道施工完之后，地层最大沉降位移为 41.8mm，为盾构隧道拱顶处位移，与左线施工后的数值相比，可知上方盾构隧道结构在右线施工中继续下沉，通过记录隧道拱顶和拱底位置点的位移变化情况可知，在右线施工后，上方盾构隧道结构下沉最大值达到 15.2mm，位于盾构隧道与右线隧道交叠区，即纵向上 30m 处左右。盾构隧道结构下沉沿纵向是不均匀分布的，离交叠位置越近，下沉越大，施工中纵向上典型断面的盾构隧道结构下沉数值见表 16.2，盾构隧道结构的下沉沿纵向分布见图 16.12。由于受微机建模控制，本模拟在纵向上长度仅取 60m，实际纵向影响范围应大于 60m，结构下沉数值也大于 15.2mm。

4 号线典型断面盾构隧道结构下沉位移值(单位：mm)　　表 16.2

左线施工完后（模型左侧）	断面	$y=0$	$y=4$	$y=8$	$y=12$	$y=16$	$y=20$	$y=24$	$y=28$	$y=30$
	位移	11.2	10.8	10.4	10.3	9.7	9.0	8.1	6.9	6.5
	断面	$y=32$	$y=36$	$y=40$	$y=44$	$y=48$	$y=52$	$y=56$	$y=60$	
	位移	5.8	4.7	3.5	2.5	1.7	0.7	0	0	
右线施工完后（模型右侧）	断面	$y=0$	$y=4$	$y=8$	$y=12$	$y=16$	$y=20$	$y=24$	$y=28$	$y=30$
	位移	12.6	13.3	13.6	13.9	14.3	14.7	15.1	15.2	14.9
	断面	$y=32$	$y=36$	$y=40$	$y=44$	$y=48$	$y=52$	$y=56$	$y=60$	
	位移	14.9	14.2	13.3	12.1	10.9	9.6	8.5	7.6	

通过以上分析可知，下方 9 号线施工引起上方盾构隧道结构的下沉数值很大，而且沿纵向上不均匀分布，这对盾构管片结构受力是非常不利的，不均匀沉降必将引起管片接头处张开，接头处螺栓受力和防水都很不利，甚至结构还会产生环形开裂和纵向错位，故从结构下沉的不利影响来看，空间立交三条隧道的此种施工顺序是不可取的。

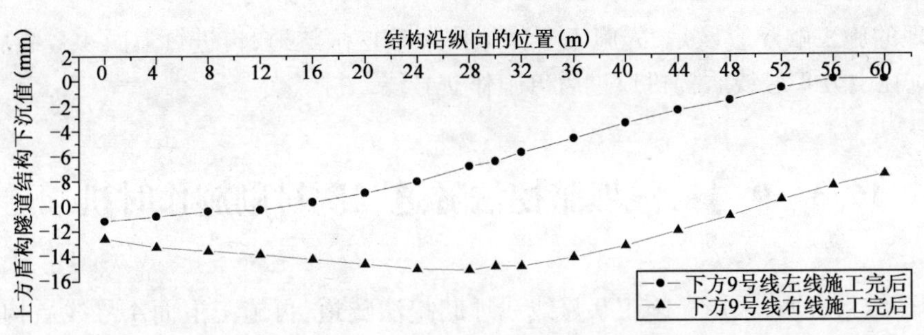

图16.12　上方4号线盾构隧道结构下沉沿纵向分布

16.2.5　施工顺序安排的三维数值仿真计算结论

1)先用浅埋暗挖法施工下面9号线隧道然后施工上面4号线盾构隧道

(1)9号线施作二衬情况。通过三维有限元数值模拟分析可知,在施作二衬的情况下,9号线左线隧道开挖后,地表最大沉降约为11.6mm,9号线右线隧道开挖完后,地表最大沉降约为18.9mm,上方4号线左线盾构隧道的施工使地表在9号线施工的基础上继续沉降,4号线左线盾构隧道全部施工后,地表最大沉降约为21.8mm,随着盾构隧道开挖的进行,地表最大沉降增加只有15%~20%,增加量不大,分析其原因主要是:施工上部4号线左线盾构隧道时,下部9号线二衬结构已经施作完毕,在上部荷载作用下,9号线隧道自身的收敛变形很小,即由此产生的地层损失很小,同时,随着上部土层开挖卸载及应力释放,下部隧道随着土体移动整体有上浮。

(2)9号线不施作二衬情况。

①仅9号线的施工,地表最大沉降基本与施作二衬的情况相同,地表最大沉降为19.3mm,但是施工4号线后,由于9号线继续的收敛变形引起地层损失增大,故地表沉降增大了,4号线施工完之后的地表最大沉降约为26.5mm,增加量为37%。

②4号线左线盾构施工引起下层9号线隧道结构由于上部卸载产生上浮,由于没有了二衬结构的自重作用,上浮值有所增大,沿纵向2~10mm分布。

根据对两种施工安排的计算结果初步分析,在上方4号线的左线盾构机通过后再施作9号线二衬的施工方案是比较可行的。

2)先施工上面4号线盾构隧道再施工下面9号线浅埋暗挖法隧道

(1)上方盾构隧道施工之后,预测地表最大沉降约为10mm,下方9号线左线施工之后,地表最大沉降为15.0mm,下方9号线右线施工之后,地表最大沉降为19.2mm。这里需要说明的是,根据北京地铁盾构隧道的施工经验,盾构施工实际沉降量在5~7mm,而本次计算结果偏大的原因主要在于计算中无法考虑土压平衡工况。

(2)在施工9号线之后,先施工的盾构隧道结构产生整体下沉,预测最大下沉值在15mm以上,且下沉值沿纵向不均匀分布,交叠区内的下沉值较大,远离影响区后,下沉值逐渐变小。

因此,得到如下结论。

(1)如果采用“先施工上方4号线盾构隧道再施工下方9号线浅埋暗挖法隧道”的施工安排,将会导致上方盾构隧道结构处在很不利的状态。

（2）合理的施工顺序应该是，先施工 9 号线浅埋暗挖法隧道，再进行上面 4 号线盾构隧道的施工，并应在上方 4 号线盾构机通过后再施作 9 号线二衬。

16.3 9 号线浅埋暗挖法隧道二次衬砌施作时机

上述计算结果表明，采用先施工 9 号线浅埋暗挖法隧道，再施工上面 4 号线盾构隧道，并且在上方 4 号线左线盾构机通过后再施作 9 号线二衬的施工方案是科学合理的。

由于 9 号线没有施作二衬，二衬结构的开裂问题不存在，而初衬的变形甚至少许开裂是允许的，而且通过内部施加临时支撑，初衬的变形可以得到控制。需进一步研究盾构隧道施工对下方既有 9 号线浅埋暗挖法隧道的影响，确定合理的二衬施作时机。

计算时，考虑到以下两种方案：

子方案一，先施工上方的盾构隧道，然后再修建暗挖隧道的二次衬砌。

子方案二，先施作暗挖隧道的二次衬砌，然后再施工上方的盾构隧道。

16.3.1 三维数值仿真计算模型

本次数值模拟计算采用 ANSYS 软件中的弹塑性材料模型，屈服准则采用 Drucker-Prager 屈服准则。有限元部分模型如图 16.13 所示。

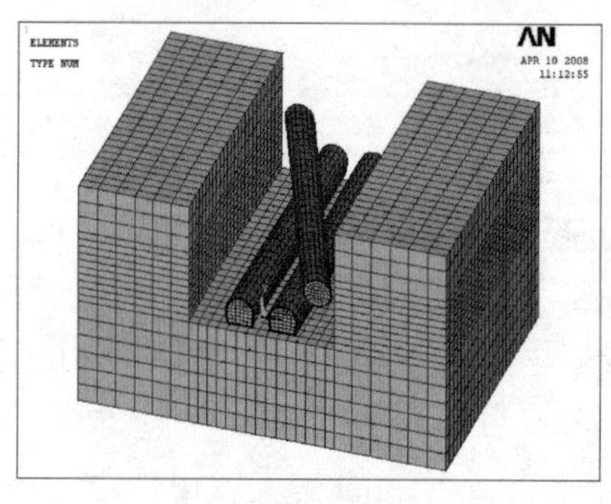

a）有限元模型

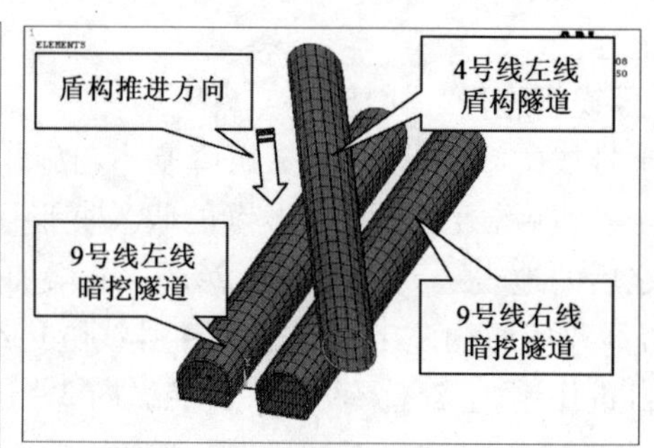

b）盾构隧道与暗挖隧道空间位置关系

图 16.13 三维数值模拟计算的有限元模型

1）9 号线隧道二衬不同施作时机条件下，盾构施工引起既有隧道的变形分析

在新建盾构隧道施工之前，9 号线的暗挖隧道已经开挖完毕，支护衬砌结构也已经施作。因此在有限元数值模拟中可以认为盾构隧道推进前，既有暗挖隧道开挖及支护所引起的土体变形以及地层沉降已经基本趋于稳定。新建隧道的盾构推进过程中必然引起周围土体的再次变形扰动，改变原来已稳定的位移场，从而波及到既有暗挖隧道的结构变形。而且既有隧道结构变形的大小和方向随着其与盾构隧道之间的相对位置和距离的变化而改变。

不同施工子方案下盾构通过后 9 号线左、右线即有隧道结构在纵向上受到盾构施工影响所产生的位移变形如图 16.14 所示。

由于盾构隧道开挖后周围土体的应力释放，周围土体均产生指向盾构隧道的位移变形，从

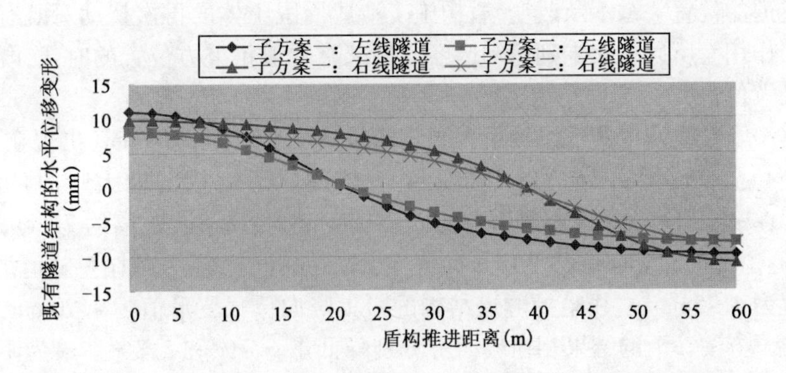

图 16.14 不同子方案下盾构通过后既有隧道结构(纵向)的水平位移变形曲线

而使得暗挖隧道产生趋向于盾构隧道的变形。从图 16.14 中可以看到,不同的施工子方案下既有隧道结构的水平位移变形相差并不大:在盾构隧道接近既有隧道的施工过程中,子方案一下左线既有隧道结构的最大水平位移值为 10.89mm,右线隧道结构的最大水平位移值为 9.76mm,子方案二下左线既有隧道结构的最大水平位移值为 8.13mm,右线既有隧道结构的最大水平位移值为 7.99mm,均发生在结构的拱顶位置;在盾构隧道远离既有隧道的施工过程中,子方案一下左线既有隧道结构的最大水平位移值为 -9.78mm,右线隧道结构的最大水平位移值为 -10.90mm,子方案二下左线既有隧道结构的最大水平位移值为 -8.00mm,右线既有隧道结构的最大水平位移值为 -8.12mm,均发生在结构的拱顶位置。

从图 16.15 中可以看到,不管是 9 号线既有隧道的左线还是右线隧道,盾构通过空间立交段后,在 60m 的建模区域内既有隧道结构各处的竖向位移变形均大于 0,即在盾构隧道通过之后暗挖隧道的结构最终都出现了不同程度的上浮。这是因为盾构推进通过后,盾构隧道内部的土体开挖使得盾构隧道周边地层土体的应力释放,从而引起周边地层土体产生了指向于盾构隧道结构内部的位移变形,所以处于盾构隧道下部土体上抬,最终造成既有隧道结构的上浮。

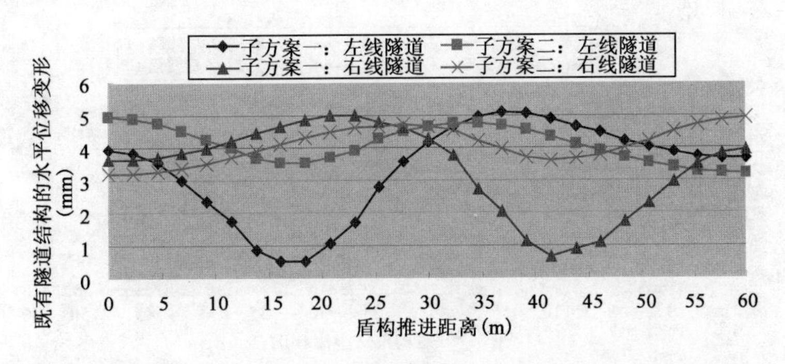

图 16.15 不同子方案下盾构通过后既有隧道结构(纵向)的竖向位移变形曲线

新建盾构隧道施工过程中先通过既有线的左线暗挖隧道,然后再通过既有线的右线隧道。当新建盾构隧道与既有隧道处于不同的相对位置时,盾构隧道施工所带来的影响程度是不同的,由图 16.15 中曲线可以看到,在新建隧道位于左、右线隧道的正上方时(即盾构推进至 $Z=18\text{m}$ 和 $Z=42\text{m}$ 处)既有隧道结构的竖向位移变形值最小,这是因为新建盾构隧道施工过程中与既有隧道的位置关系不断改变，盾构施工造成周围土体的再次扰动对既有隧道产生较为明显的偏压作用。所以在尚未到达和已经通过既有隧道正上方位置的时候，既有隧道结构的上浮达到最大值。

在子方案一下左线暗挖隧道结构最大的竖向位移变形值为5.09mm(出现在$Z=37$m处，通过空间立交位置$Z=18$m处后约19m)，右线暗挖隧道结构的最大竖向位移变形值为4.99mm(出现在$Z=21$m处，尚未到达空间立交位置$Z=42$m处，距离约21m)；子方案二下左、右线暗挖隧道结构的竖向位移变形最大值均出现在相同位置，左线暗挖隧道结构最大的竖向位移变形值为4.75mm，右线暗挖隧道结构的最大竖向位移变形值为4.70mm，该最大竖向位移变形值与子方案一下的结果相比较而言分别降低了6.7%和5.8%。最为明显的是图中子方案二下既有隧道结构竖向位移变形曲线要比子方案一下的曲线更加趋向于平缓，这是由于子方案二中二次衬砌在盾构通过前及时浇筑，其较早地与初期支护形成整体支护体系，使得结构的整体受力状态更为合理，有效地限制了既有隧道结构的变形。

此外还可以从图中曲线看到，在盾构隧道与既有隧道轴线上的空间立体交叉位置两侧各14~18m左右的范围内，既有隧道结构的竖向位移变形曲线发生较大的突变，即隧道空间立交位置两侧范围内既有隧道受到盾构隧道施工造成的不利影响最为显著。

2)9号线隧道二衬不同施作时机条件下，盾构施工引起既有隧道的最大主应力增量分析

在空间立交段范围内的地层中，暗挖隧道的修建使得地层初始应力场受到施工的扰动，经过暗挖隧道的开挖以及支护过程之后，初始应力场开始向三次应力场演变直到稳定。而随着新建盾构隧道的施工，周围土层的应力场开始向五次应力场转变，这种应力场的演变进一步影响到空间立交隧道的整体安全。在新建盾构隧道的推进过程中，如果空间立交隧道之间土体的应力变化较大的区域连成一体，就会出现较大的松弛范围，隧道之间的土体将处于不稳定状态，暗挖隧道衬砌结构的受力状态也随着周围土体受到的再次扰动而发生改变。

不同施工子方案下既有隧道结构受盾构施工影响所产生的最大主应力与盾构推进距离的关系如图16.16和图16.17所示。

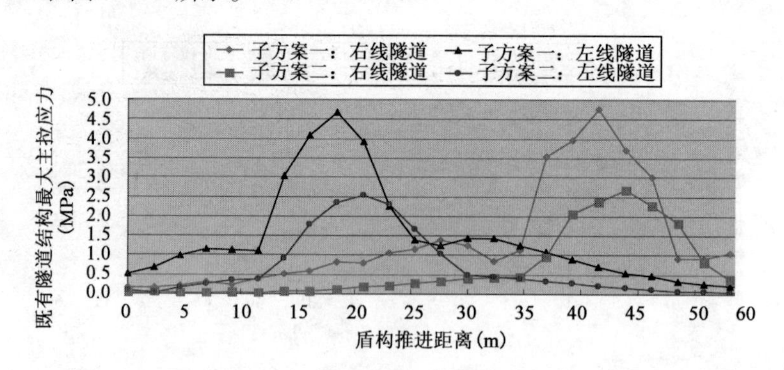

图16.16　不同子方案下盾构通过后既有隧道结构的最大主拉应力变化曲线

从图16.16和图16.17中可以看到，在盾构隧道与既有隧道空间立体交叉位置两侧12~14m左右的范围内，不管是既有隧道结构的最大主压应力还是最大主拉应力的变化曲线都发生较大的突变，且突变的曲率较大。这就说明盾构隧道与既有隧道轴线的相交位置两侧12~14m的范围是既有隧道纵向上受到盾构隧道施工造成的不利影响最为显著的范围。施工过程

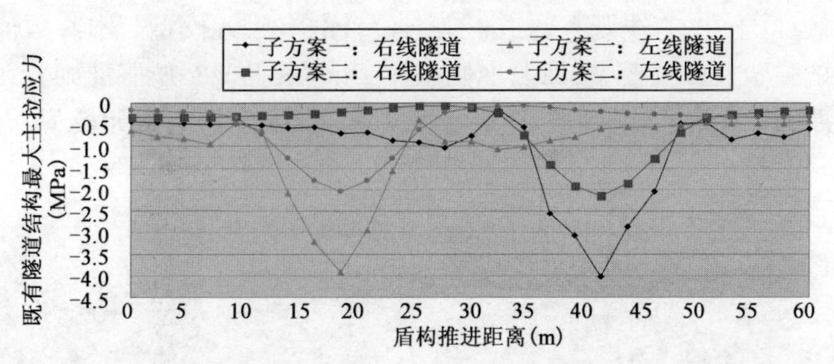

图 16.17　不同子方案下盾构通过后既有隧道结构的最大主压应力变化曲线

中应该在该影响显著的范围内严格进行监控量测，并且根据测量结果实时调整盾构机的施工参数。

与既有隧道结构的位移变形的最大值所出现的位置一样，在新建隧道位于暗挖隧道左、右线的正上方时（即盾构推进至 $Z=18\text{m}$ 和 $Z=42\text{m}$ 处），既有隧道结构的最大主应力均达到最大值，具体数值见表 16.3。

不同施工子方案下盾构施工对既有隧道结构的最大主应力的影响分析　　表 16.3

最大主应力 \ 不同施工方案	子方案一	出现位置	子方案二	出现位置	比较分析
左线隧道结构最大主压应力(MPa)	-3.92	$Z=18$m 处	-2.04	$Z=18$m 处	-47.9%
左线隧道结构最大主拉应力(MPa)	4.77	$Z=18$m 处	2.68	$Z=18$m 处	-43.8%
右线隧道结构最大主压应力(MPa)	-4.02	$Z=42$m 处	-2.15	$Z=42$m 处	-46.5%
右线隧道结构最大主拉应力(MPa)	4.68	$Z=42$m 处	2.54	$Z=42$m 处	-45.7%

对于子方案二而言，不管是既有隧道结构的最大主拉应力变化曲线还是最大主压应力的变化曲线，从整体上看都要比子方案一下的最大主应力变化曲线更加趋向于平缓。结合对既有隧道结构的位移变形分析，说明子方案二中二次衬砌在盾构通过前及时浇筑，较早地与初期支护形成整体的支护体系，不仅能够有效地限制既有隧道结构的变形，而且使得结构的整体受力状态更为合理，因此如果采用子方案二的话，既有隧道结构的安全以及稳定等都能够得到很好的保证。

3）先施作 9 号线暗挖隧道二衬条件下，盾构施工引起既有隧道衬砌结构开裂分析

由上节的数值模拟成果分析可以发现，当盾构隧道位于既有暗挖隧道结构的正上方的时候，既有暗挖隧道结构的主应力值都达到最大，即此时新建盾构隧道对既有暗挖隧道结构产生的影响最为不利。该空间立交工程如果采用子方案二，虽然能使地面沉降得到更好的控制，也有利于隧道结构的稳定以保证下方暗挖隧道的结构安全，但是在这样的施工方案下，最大的问题在于预测上方盾构隧道施工过程所带来的不利影响会不会使得结构衬砌产生较大的变形，甚至是出现裂缝灾害、漏水、掉块等损坏。为此，可以重新建立既有隧道结构受到盾构隧道施工过程中的不利影响最为显著的位置处（盾构位于左、右线既有隧道正上方位置）的三维有限元模型，进而对子方案二下既有暗挖隧道的衬砌结构受到盾构隧道影响后是否会产生裂缝进行进一步的模拟分析。

(1)盾构隧道位于左、右线既有隧道正上方位置的有限元模型。本次数值模拟计算采用ANSYS软件中的弹塑性材料模型,屈服准则采用Drucker-Prager屈服准则。在空间立交段范围内的相对位置02和相对位置04处分别沿纵向选取2m建立有限元模型,有限元模型如图16.18所示。

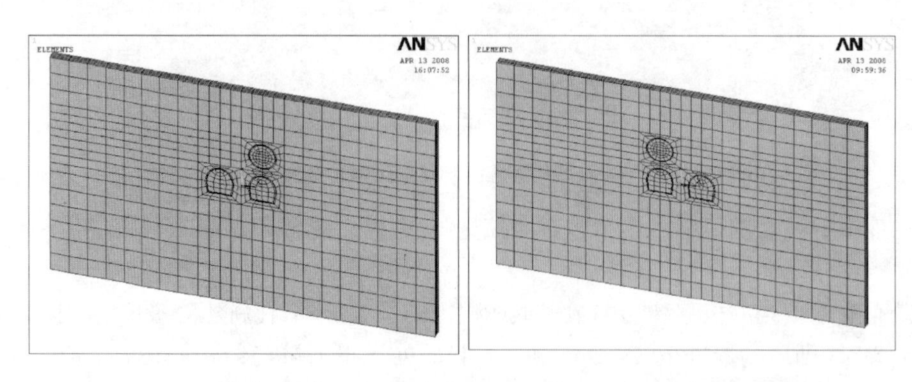

图16.18　盾构分别位于左、右线既有隧道正上方时的结构裂缝分析有限元模型

(2)ANSYS有限元软件中对钢筋混凝土结构开裂的模拟。ANSYS有限元软件中对钢筋混凝土结构裂缝的处理方式有离散裂缝模型、分布裂缝模型和断裂力学模型。本小节中针对既有暗挖隧道衬砌结构进行的裂缝分布计算采用的是分布裂缝模型,即假定开裂材料还保持某种连续,按正交各向异性材料处理,这种模型的优点是裂缝可以随机生成并能获得结构的荷载——结构特性曲线,缺点是不能够直接计算出裂缝宽度。

ANSYS软件中的Solid65实体单元是专门为非均匀材料开发的单元,可以模拟钢筋混凝土结构材料的拉裂和压碎现象,但是有如下几点假设。

①既有暗挖隧道衬砌结构的钢筋与混凝土充分黏结,二者间无相对滑移且满足变形协调方程。此外,结构受到荷载作用后,截面上的混凝土、钢筋的应变符合平截面假定。

②混凝土材料只能承受压力,无受拉能力,而且只允许混凝土材料单元在每个积分点正交的方向开裂。

③积分点上出现裂缝之后,将通过调整材料属性来模拟开裂,裂缝的处理方式采用的是分布模型。

④所模拟的隧道衬砌结构的混凝土材料在初始时刻是各向同性的。

⑤除开裂和压碎之外,混凝土材料也会发生塑性变形,采用Drucker-Prager屈服面模型模拟其塑性行为的应力应变关系。在这种情况下,一般在假设结构的混凝土材料开裂和压碎之前,材料的塑性变形已经完成。

(3)有限元模型中既有隧道衬砌结构最终的裂缝分布的结果分析。从图16.19和图16.20可以看到,在4号线新建盾构隧道推进到9号线左、右线既有隧道的正上方位置的时候,既有隧道衬砌结构的竖向应力最大值均出现在结构两侧的拱腰位置,左线隧道结构的最大应力值为3.91MPa,右线隧道结构的最大应力值为3.92MPa;从衬砌结构的裂缝分布示意图中可以看到,在盾构隧道通过后既有隧道衬砌结构的两侧拱腰的混凝土迎水面出现了少量的裂缝,开裂的方向比较单一,而且裂缝的分布范围较小,主要集中在两侧拱腰2~3m的大致范围内(图中红点所表示位置)。隧道衬砌结构的内部表面基本未产生裂缝。

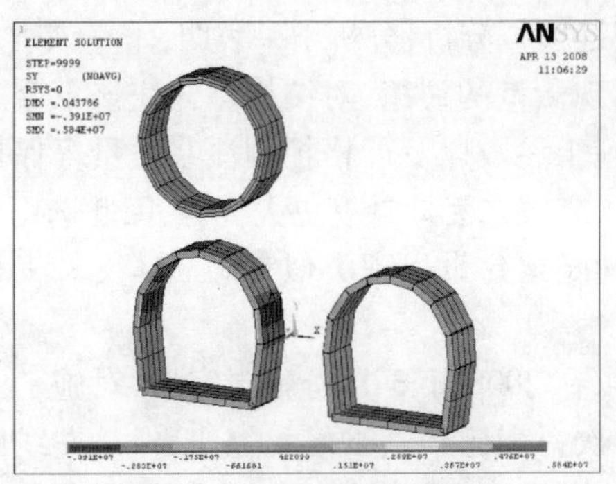

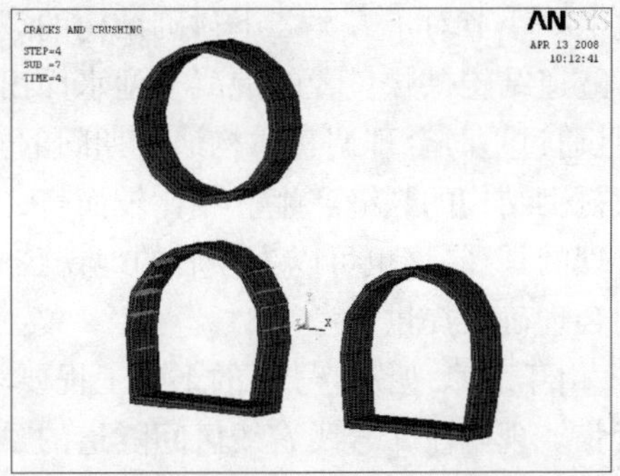

图 16.19　盾构位于左线隧道正上方时结构的竖向应力云图以及裂缝分布示意图

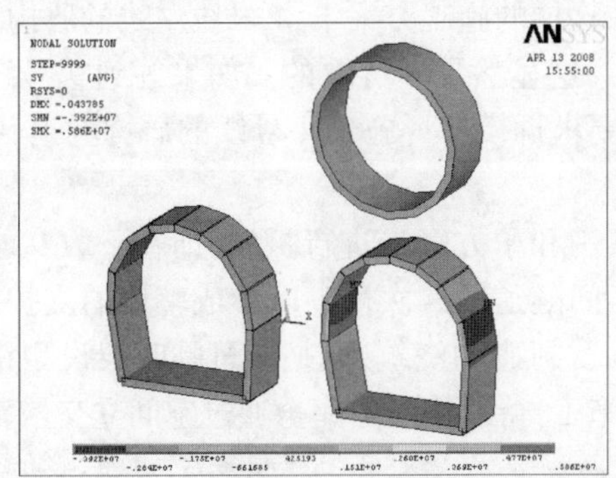

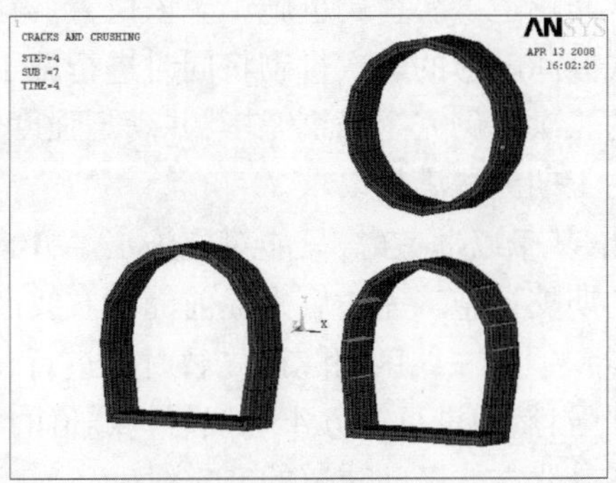

图 16.20　盾构位于右线隧道正上方时结构的竖向应力云图以及裂缝分布示意图

注：裂缝分布示意图中红圈所在的位置即既有隧道衬砌结构产生裂缝的单元。

数值模拟计算的结果表明，受到新建盾构隧道影响下既有隧道衬砌结构的应力增量值小于允许值，受力状态较为合理。而且隧道衬砌结构的裂缝模拟分析也基本能够满足《地下铁道结构设计规范》中对于地铁隧道结构的裂缝要求，但是为避免实际施工中发生意外状况和施工风险，需要通过适时合理调整盾构通过期间的施工参数以及严格控制注浆质量等保护措施来对周边地层进行预加固以尽可能地避免衬砌结构的裂缝产生。

16.4　空间立交隧道施工所采取的最终施工技术方案及 9 号线隧道加强措施

16.4.1　空间立交隧道施工最终施工技术方案

针对两种子方案所建立的有限元模型进行数值模拟计算之后，通过综合分析相应的计算结果为最终合理确定施工方案提供技术上的参考。

子方案二下由于二次衬砌的及时浇筑，初期支护与二次衬砌较早地形成整体支护结构体系。因此，既有隧道结构由于受到盾构隧道的施工影响而产生的位移变形和应力变化都得到有效的遏制，既有隧道结构的位移变形大致降低了 15% 左右，而结构的最大主应力则下降了 45% 左右。这说明如果采用子方案二的话，结构的整体安全以及稳定都能够得到良好的保证。

同时通过上一小节对子方案二下衬砌结构的裂缝模拟分析,分析结果表明,采用该子方案的话只在既有隧道结构拱腰位置的混凝土迎水面出现微量的裂缝,对结构整体应该不会产生较大影响;而且通过适时合理调整盾构通过期间的施工参数以及严格控制注浆质量等保护措施有可能避免衬砌结构的裂缝产生。相比较而言,子方案二无疑具有更大优势,因此选用子方案二是更为合理的选择,这也可以为今后的地铁区间隧道建设出现类似空间立体交叉工程中对施工方案的合理确定提供参考。

但是,由于北京地铁4号线的土建工程要求在2008年3月份施工完毕,对施工工期的要求十分紧张。现阶段9号线右线区间隧道的二次衬砌已经基本修建完毕,但是左线区间隧道刚刚开始浇筑。根据现阶段的工期安排,盾构隧道推进至该空间立交段范围的时候,正好9号线左线区间隧道二次衬砌也施工至该位置。在这样的施工方案下,4号线左线的盾构隧道和9号线左线区间隧道的二次衬砌将同时进行施工,这显然是不可取的。如果等到9号线左线区间隧道的二次衬砌完全修筑完毕,并满足强度要求拆模后再施工4号线的盾构隧道,4号线盾构隧道的工期无法满足要求。

因此,基于以上考虑,只能对原施工子方案一和子方案二进行折中,即在下方9号线既有隧道的初期支护施工完毕后先提前浇筑右线区间隧道的二次衬砌以形成整体的支护结构(已施工完毕),但是左线区间隧道先暂时不进行二次衬砌的浇筑,而是通过临时架设型钢支撑体系进行加强;然后进行上方4号线盾构隧道的施工,待盾构隧道完全通过空间立交段范围之后再修建9号线左线区间隧道的二次衬砌。

16.4.2 盾构隧道施工过程为保证既有隧道结构安全所采取的加强措施

对于空间立交隧道工程的施工,如果新建隧道对既有隧道的影响程度比较显著,可以采取相关的加强措施以保证既有隧道的结构安全。一般可以从以下三方面着手。

(1)对既有隧道结构本身采取加强措施。主要加强措施包括:开挖过程中通过预注浆和减小钢格栅的间距等措施来加强初期支护的支护能力;及时回填压浆并严格控制注浆质量;在隧道内设置临时钢支撑体系。

(2)对新建隧道施工预先采取加强措施。根据对既有隧道的监控量测数据严密监视现场的施工动态,认为有必要时应该及时改变新建隧道的施工计划或增加新的加强措施,以减轻对既有隧道的影响。其主要的加强措施包括改变开挖方式、改变分部尺寸、改变衬砌、支护的结构形式等。如果新建隧道采用盾构法施工,应该实时调整合理的施工参数以控制开挖引起的周边地层的应力重分布及位移。

(3)对既有隧道和新建隧道之间的周边地层采取加固措施。如果预测到空间立交隧道的施工过程中将会产生较为不利的影响,而且对隧道结构的加强措施不够充分时,为减轻、消除相互之间的不利影响,应对新建隧道和既有隧道中间的地层采取加固措施。

基于以上考虑,在最终确定的施工方案下空间立体交叉段范围内施工过程所采取的措施主要包括以下几个方面。

1)9号线暗挖隧道初期支护的加强措施

(1)在9号线区间在左线里程9K0+258.0~9K0+318.0和右线9K0+235.0~9K0+280.0范围内,隧道初期支护的钢格栅(包括临时仰拱和临时中隔壁)全环设置,厚度增加

5cm，格栅加密到3榀/m，纵向间距加密到3榀/m，格栅拱脚处打设两根长2.0m、直径ϕ32、壁厚3.50mm的锁脚锚杆。

(2)初期支护的喷射混凝土采用C20早强混凝土，厚300mm，全断面支护。

(3)钢筋网宜采用预制网块，纵向、环向均用ϕ6钢筋构成150mm×150mm网格，外侧单层，全环设置。

(4)纵向每两榀钢格栅之间采用ϕ22的钢筋联结，环向间距加密到0.5m，内外层交错布置。

(5)超前注浆小导管采用ϕ32热轧无缝钢管，壁厚3.50mm，环向间距300mm，长2.0m。纵向每两榀打设，外插角15°，每环23根。注浆压力为0.1～0.3MPa。

2)在9号线浅埋暗挖法隧道内设置型钢支撑体系

为保证盾构隧道通过空间立交段期间的施工安全和下方9号线暗挖隧道初期支护的安全，除按施作9号线暗挖隧道的初期支护以外，还在暗挖隧道内部加强段范围内采用I25a工字钢支架进行加固。

9号线暗挖隧道内部采取临时支撑体系加强的具体布设措施如下。

(1)9号线区间隧道右线二次衬砌已施作完毕，因此取消了原设计中9号线右线区间隧道空间立交段60m范围内的型钢支撑方案，但是盾构推进过程中应该严格控制盾构的施工参数，尽可能地减弱其对既有暗挖隧道衬砌结构的不利影响。

(2)根据数值模拟计算的结果，空间立交段新建盾构隧道引起的不利影响最为显著的范围约为14m，因此，对原设计中9号线左线区间隧道在空间立交段45m范围内设置临时型钢支撑体系的方案进行优化：在盾构隧道和9号线左线区间隧道轴线的相交位置两侧33m范围内架设型钢支撑加固，加固里程自K09+243～K09+276。

(3)型钢支撑体系的横断面图以及纵向断面如图16.21所示。每榀型钢钢架由5根I25a工字钢焊接而成，其中竖直方向3根，水平方向1根，拱顶1根(弧形)。为提高连接强度，工字钢连接处设置连接钢板；架立时凿出初衬钢筋，将工字钢与初期支护钢格栅的主受力钢筋焊接牢固。焊接位置详见工字钢支撑布置断面图。工字钢支架沿隧道纵向每米布置3架，共计99榀。

(4)工字钢架之间纵向以5根I25a工字钢焊接连接，加强段端头位置各设置2排工字钢斜撑，每排3根，斜撑采用I25a工字钢，斜撑将竖向工字钢顶紧并与之焊接，斜撑之间通过角钢焊接连成一体，使工字钢架形成整体支撑体系。

(5)型钢连接方式。型钢支架端头与初支格栅之间焊接；纵向型钢支撑由单根长2m的短段对接而成，端头对接采用连接板及螺栓；其余型钢之间连接方式采用焊接。

16.4.3　隧道内型钢支撑体系受力计算与分析

本段区间地下土层主要为：填土层、粉土层、粉质黏土层、砂土层以及圆砾卵石层，区间结构基本是穿过砂土层和圆砾卵石层，结构上的覆土以填土、粉土、粉黏土和砂土为主。计算断面处的地质情况及参数选取见表16.1。

采用FLAC^{3D}构建计算力学模型，土体选用Mohr-Coulomb弹塑性模型；钢筋混凝土盾构管

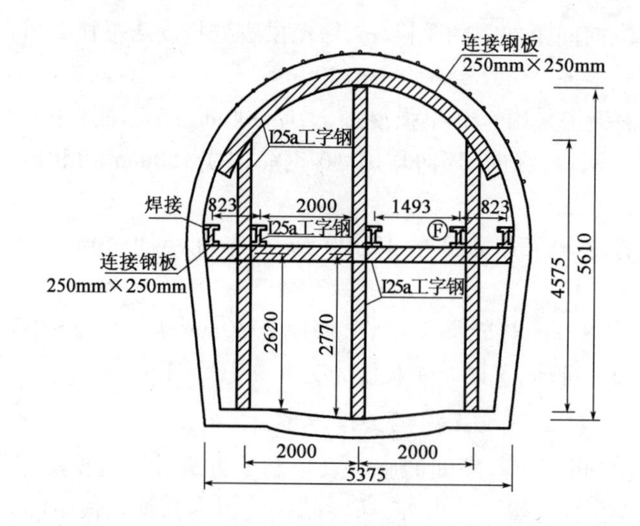

a)工字钢布置横断面

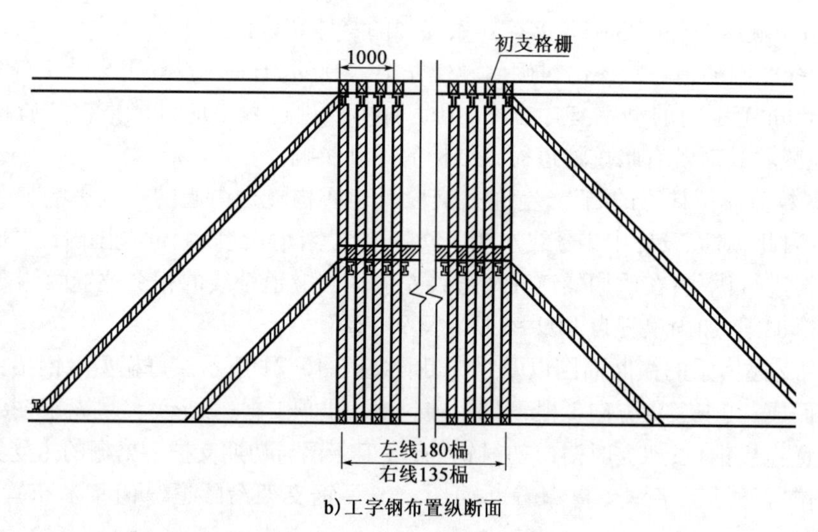

b)工字钢布置纵断面

图16.21　右线隧道内部型钢支撑体系的布置断面(尺寸单位:mm)

片采用弹性单元模拟;采用改变地层参数的方法模拟小导管注浆;格栅钢拱架+喷混凝土采用拱壳shell弹性单元模拟。初衬单元的施加方式为:土体开挖后,即时施加初支,但初支的刚度降一个数量级来模拟施工过程中初支强度恢复的时间效应,在下一开挖循环,初支强度恢复到100%。

有限差分部分模型如图16.22、图16.23所示。

计算结果分析如下。

模型中地表最大沉降值22mm。

轴力存在F_x和F_z两个方向上,F_x最大值集中在竖向支撑,最大值53.21kN,F_z最大值集中在横向支撑,最大值-12.79kN。

弯矩存在M_y和M_z两个方向上,M_y最大值出现在横向支撑上,最大值9.364kN/m,M_z最大值出现在竖向支撑上,最大值0.5232kN/m。

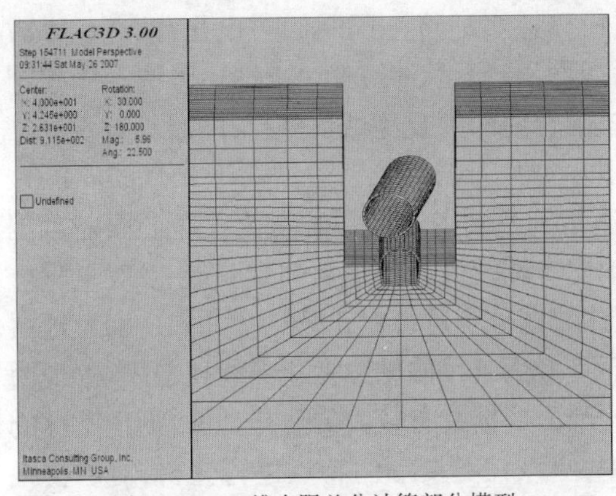

图 16.22　三维有限差分计算部分模型

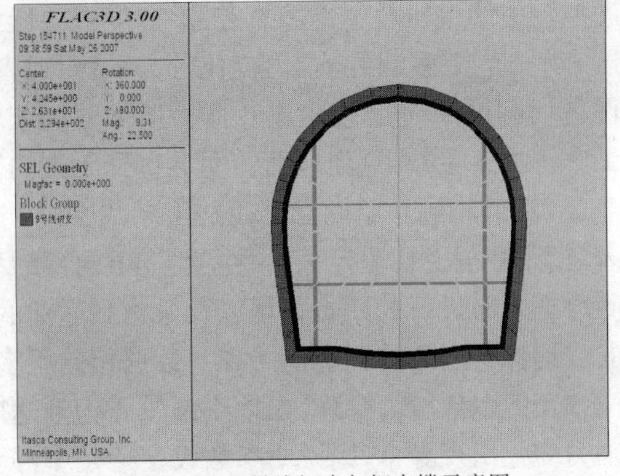

图 16.23　9 号线初支与钢支撑示意图

竖向支撑的最不利内力组合为轴力 53.21kN，弯矩 0.5232kN/m。

横向支撑的最不利内力组合为轴力 -12.79kN，弯矩 9.364kN/m。

竖向支撑强度验算

$$验算强度 = N/A + M/\gamma W = 53210/4850 + 0.5232 \times 1000/(1.05 \times 508) = 11.96(\mathrm{N/mm^2}) < f = 310(\mathrm{N/mm^2})$$

横向支撑强度验算

$$验算强度 = N/A + M/\gamma W = 12790/4\ 850 + 9.364 \times 1000/(1.05 \times 508) = 20.19(\mathrm{N/mm^2}) < f = 310(\mathrm{N/mm^2})$$

竖向支撑和横向支撑的验算结果表明其强度均能满足安全要求。

16.4.4　4 号线盾构隧道施工技术方案

由于既有隧道已经施工完毕，从结构形式等方面上采取相应的加强措施有效地对既有隧道结构的受力状态进行改善有一定的难度。因此，实时监控盾构的施工状态，适时合理地调整盾构施工参数就成为最为可行的技术措施。

1）合理确定与调整施工过程中盾构的推进参数

盾构推进中对推进质量的控制最关键在于控制好推进速度，在盾构掘进的过程中，应随时对掘进前制定的参数进行修正，修正时的参考依据主要为施工过程中 9 号线左线区间暗挖隧道内部型钢支撑的轴力监控量测数据、地面沉降以及土体变形监控量测数据等。在盾构隧道从上方穿越 9 号线既有暗挖隧道的施工过程中，掘进速度基本控制在 5 ~ 10mm/min，掘进中要求保证均匀、慢速，但是同时推进速度也需要与土仓压力、出土量等参数相协调。

在该工程的空间立交段范围可以分为盾构到达前、盾构到达时和盾构经过后三个阶段，盾构的掘进参数应分别针对这三个阶段进行调整，以找出最合理的掘进参数，从而最大限度地提高盾构隧道的施工质量，同时保证空间立交隧道结构的整体安全。

（1）盾构到达空间立交段的显著影响范围之前。在盾构到达前先对所布设的测点进行观测，然后与初始布设时的数据进行对比，针对数据的变化对参数进行调整。具体来说，当型钢支撑受到的轴力变化速率过快，或者是地面监控的测点出现较大的隆起的时候，说明是由于掘进参数中的土压设定得过高、推进速度过快所致，应该适当地将土压调低一点儿，推进速度减慢一些；若型钢支撑的轴力变化较为平缓，或者是地面出现较大的沉降的时候，可把土压控制得高一点儿，推进速度提高一些。所做的调节应该配合地面的观测结果进行，随时针对观测结果修正掘进参数，直到地面的变形达到允许的范围。

(2)盾构到达空间立交段的限制范围内。在盾构到达隧道之间影响极为显著的限制范围内之后，必须密切监控9号线左线隧道内部的型钢支撑轴力值以及地面的观测点，及时地将监测数据与布设时的原始数据以及盾构到达前的观测数据分别进行对比分析。如果地面及地层的变形保持与盾构到达前的观测数据相差不多，而且型钢支撑的轴力变化曲线比较平缓，说明经修正的参数较为合理；如果变形较盾构到达前的观测数据又有较大的变化，同时型钢支撑的轴力变化出现异常，则说明参数设定还是不够合理，应该针对变形的特点进行分析，对盾构掘进的土压、速度、加泥量和每环的排土量进行调整，首先是土压，土压是否能够平衡开挖面的水土压力是保证开挖面稳定的首要因素，所以必须合理地设置土压值；另外推进速度的快慢对地面也有着较大的影响，推进速度越快对地层的影响就越大。所以应在加强监控量测密度的前提下对盾构参数进行适时的修正与调整。

(3)盾构通过空间立交段范围后。盾构经过空间立交段范围之后若型钢支撑的轴力变化仍然未能够稳定下来，或是地层再出现较为明显的变形或位移，则应该对同步注浆及二次补注浆的数量、注入时间、压力及浆液质量等参数进行调整。如果地层反映出来的是下沉则说明注浆的数量达不到要求，也就是浆液未能将管片外的间隙填充密实，导致地面下沉；若地面反映出来的是隆起，则应该检查注浆的数量及注浆压力是否过大，然后进行调整。

在盾构的施工过程中，这三个阶段的监控是连续进行的，所以对掘进参数的调整与修正也是连续进行的，每个阶段制定出来的参数都不是不变的，而是随着土质、隧道埋深及地层含水情况的改变而随时进行调整的，只有随时调整掘进参数才能使其适应各种土质和各种情况，更好地保证隧道的施工、成型质量。

2)合理确定与调整施工过程中盾构的注浆参数

随着盾构推进时，在盾壳外径与管片外径之间会产生建筑空隙，同时有时由于开挖面的超挖或部分崩塌及地应力释放引起地层松弛(扰动)都会引起一定的空隙。如何及时、饱和地充填这些空隙，是减少地表沉降的一个重要环节。在盾构隧道从上方穿越9号线既有暗挖隧道的施工过程中，为确保施工安全和满足环境保护要求，应根据盾构的施工性能、工程地质条件、保护对象的特点和控制标准，采取相应的注浆加固措施空间立交段隧道的周边地层以维持地层围岩的稳定。

注浆加固浆液材料选用水泥和水玻璃的双液型混合液。浆液配合比设计必须考虑工程要求、水文地质情况，并进行室内配比试验。注浆操作时采取注浆量和注浆压力双控作为控制标准。为了使浆液很好地充填于管片的外侧间隙，必须以一定的压力压送浆液。确定同步注浆压力时应避免过大的注浆压力引起地表有害隆起或破坏管片衬砌，并防止注浆损坏盾尾密封，理论上注浆压力略大于地层土压与水压，通常选择为地层阻力强度(压力)加上0.1～0.2MPa的和，该值可由同步注浆控制系统根据地层特点与掘进状态自动控制。若注浆区上方有构筑物时，注浆压力不得大于超载压力。一般在砂性土中为0.2～0.5MPa，在软黏土中为0.2～0.3MPa。考虑到本工程中盾构隧道上方即为中关村南大街的主交通要道，地面存在超载，经

过现场的注浆试验检测后宜将注浆压力控制在0.6MPa左右。

同步注浆非常重要的参数就是要建立注浆流量与盾构推进的关系。如果注浆流量大于盾构推进的速度，则浆液会发生跑浆现象，甚至会穿过盾尾进入盾构机内，污染拼装的工作面；如果注浆流量小于盾构前进的速度，则会在盾尾脱出的部位造成一定的沉降。

在同步注浆参数控制得较好且空隙充填的比较及时和饱满地段，由于施工引起的地层损失也相对较小，其沉降控制得也相对较好。本空间立交段范围内盾构的同步注浆量基本都控制在$4m^3$/环左右，同时在盾构掘进过程中，应根据地质条件、地表沉降等及时调整、确定与推进速度相匹配的注浆速度，确保充填效果，以达到控制沉降的目的。

同时在盾构穿越后，空间立体交叉段范围内土层需进行必要的双液壁后注浆。若对空间立交段范围内盾构隧道周边地层进行注浆加固就能把该范围内土体短期内整合为具有一定强度的整体，以保证盾构隧道推进过程中空间立交隧道的整体安全。

3）合理选择与优化施工过程中盾构其他的技术参数

控制好土仓压力、出土量、推进速度、千斤顶回缩量等参数高盾构推进质量，同时结合降低侧摩阻力的措施能有效减小推进过程中对周围土体的扰动，减小对已建隧道的影响。整个施工过程需加强监测，增加监测频率，以监测信息指导施工并及时调整参数及措施。

（1）土仓压力控制。土压平衡盾构是通过土仓压力P来平衡掌子面前方土压和静止水压的，设刀盘中心地层静水压力、土压力之和为P_0，则$P=KP_0$（式中K一般取1.0～1.3），此外P值应满足以下关系式：正面土体主动土压＋水压＋总摩擦力＜P＜正面土体被动土压＋水压＋总摩擦力。在盾构掘进过程中土仓压力与开挖面前方土体（刀盘或面板上）的土压力存在一定的土压力差，这种压力差是造成周围土体变形的主要原因。如果土仓压力P设置过大，则会引起盾构刀盘前方土体隆起；如果土仓压力P设置过小，又会引起盾构刀盘前方土体坍塌等。因此在施工过程中通过尽量减小土仓内外的压力差建立起有效的土压平衡体系，这是控制地层损失、减小地层变位的一种有效的手段。一般来说，土仓压力P的调整应根据掘进过程中地质、埋深及地表沉降监测信息，可通过设定掘进速度、调整排土量或设定排土量、调整掘进速度等不同途径来达到维持开挖土量与排土量的平衡来实现。根据现场水文地质及隧道埋深等工程状况，本空间立交段盾构的掘进过程中土仓压力应控制在刀盘前方实际水平压力（静止土压力十水压力）的105%～115%，即控制在土压的设定值0.06MPa左右上下浮动。

（2）盾构推进过程出土量的控制。排土量的控制是盾构在土压平衡模式下工作的关键技术之一。掘进速度小于出土速度，则土舱会产生空隙，前方土体不能维持稳定，进而导致土仓压力骤然下跌，地表沉降过大。反之则会产生对开挖面的挤压，使得前方土体朝掘进方向移动。一般来说，在同等条件（土仓压力，注浆量等）下，出土量较大或者较为异常的地段，其地表沉降相应也较大，反之则相对较小。推进过程中须保证排土量与盾构推进距离之间的平衡。实际推进时，需根据地面沉降监测信息及地面荷载，通过调整盾构掘进速度或出土速度，以维持开挖面的平衡稳定。盾构掘进过程中的每环出土量可根据试掘进段所取得的参数进行控制。出土量控制可通过推进速度与螺旋输送机转速来实现，在掘进过程中，为了使土仓压力波动较小，必须使挖土量和排土量保持一种平衡关系，以尽量减小盾构施工对地层的扰动，防止超挖的发生，从而减小地表沉降。本空间立交段盾构隧道的掘进过程中出土量基本控制在12车/环左右，土仓压力表现较为稳定，有利于地表沉降控制。

(3)千斤顶回缩控制。盾构每掘进1环,必须停下来拼装管片。此时,盾构机的千斤顶控制模式转为拼装状态,千斤顶液压系统的额定压力为6.5MPa(正常推进时千斤顶液压系统的额定压力为32MPa)。设计的考虑是在拼装状态,使用个别千斤顶时不至于顶坏盾构管片。同时也保证了在拼装时,盾构机的姿态不发生较大偏移。因为拼装千斤顶压力的降低,在拼装管片的过程中,盾构机有微量的后退,前仓土压力变小。根据实际统计,拼装管片前后的土压力变化值可达0.1MPa。因此,在穿越施工时,拼装时土压力的波动,必然会引起周围土体应力(主要是正前方)的波动,从而加剧对正面土体的扰动。在实际施工时主要采取以下措施来解决这一问题:在每环掘进结束时,通过减少出土量使前仓土压力略高于设定的土压力;缩短拼装管片的时间。

(4)减小盾构侧壁摩阻力。盾构侧壁摩阻力是导致盾构掘进过程中土体隆起的重要因素之一,特别是在近距离穿越过程中,因此需特别注意减小盾构摩阻力的影响。盾构侧壁摩阻力的大小取决于周边地层的特性、盾壳移动速度及表面光滑度。在特定地层及一定的移动速度下,减小表面盾壳摩阻力取决于减小盾壳与土体间的摩擦力。可以通过土压平衡盾构机前部的压注孔向周围土体均匀压注适量的膨润土浆液,这样可以大大减少盾构机壳体与周围土体之间的摩擦力,避免盾构机“背土”现象的发生,将盾构机体对周围地层的扰动控制到最小程度。

16.5 4号线盾构隧道穿越期间9号线暗挖隧道内支撑体系受力监测及分析

16.5.1 表面应力计测点的布置与安装

在空间立交段9号线右线隧道的型钢支撑体系加固范围内,有选择性地间隔布置9个监测断面,其中9号线右线隧道与盾构隧道轴线的交叉中心所在位置处布置三个断面(O断面、S_1断面及N_1断面),再以一定的距离依次向隧道南、北端间隔性布置监测断面S_2~S_3和N_2~N_5,各监测断面的平面位置以及其与盾构隧道的平面位置关系见图16.24。

在9号线右线隧道与盾构隧道轴线的立交交叉中心所在位置处的三个断面(O断面、S_1断面及N_1断面)均布置4个表面应力计测点,其他6个断面各布置3个测点,共计30个应力计测点,各个监测断面内测点的具体布设位置如图16.25和图16.26所示。各监测断面测点数量见表16.4。

各监测断面测点数量统计表　　表16.4

测点位置 / 测点个数	中间支撑	左边支撑	右边支撑
立交中心处3个断面	2个(里外对称布置)	1个	1个
立交段其他6个断面	1个	1个	1个
总计	30个		

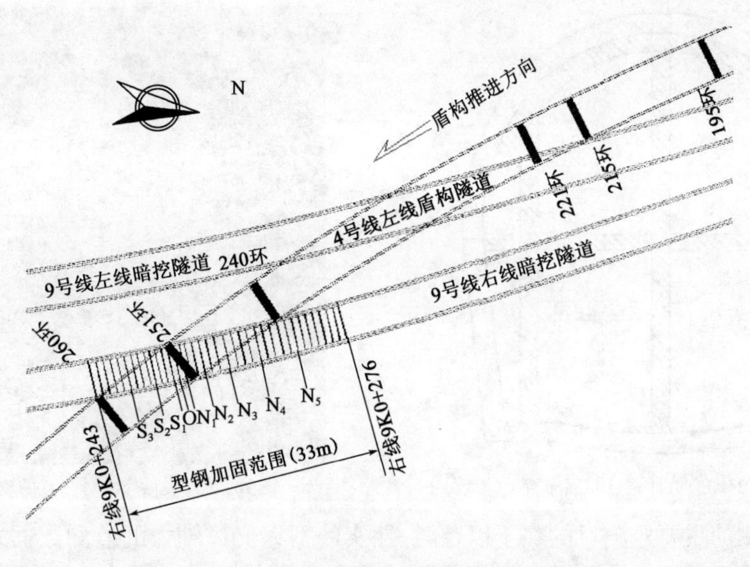

图 16.24 型钢支撑轴力测点各监测断面的平面布置

4 号线左线盾构隧道从白石桥车站的站后始发井开始初始掘进，结合盾构隧道的施工进度，表面应力计测点在 2008 年 1 月 10 日前完全安装完毕并采集其初始读数，此时上方盾构隧道掘进环数为第 210 环（自盾构隧道的始发井北端起），此时盾构隧道距离进入 9 号线右线暗挖隧道的上方约为 32m。

从图 16.24 还可以看到，当盾构机刀盘的推进位置位于第 240 环位置时，盾构机头开始进入暗挖隧道上方；当盾构隧道推进至第 251 环位置时，盾构机位于空间立交段 9 号线右线暗挖隧道与盾构隧道空间立体交叉中心位置的正上方，盾构机也完全进入暗挖隧道型钢支撑加固范围的上方地层中；当盾构隧道推进至第 260 环位置时，此时盾构机已经开始远离空间立交段暗挖隧道，可以认为空间立交段盾构隧道推进过程中对下方暗挖隧道产生最不利影响的位置已经通过。

16.5.2 9 号线隧道内型钢支撑受力监测数据的反馈与分析

1）在上方盾构掘进过程中，下方暗挖隧道内各监测断面的型钢支撑轴力变化规律

本次监控量测的实际过程中，在空间立交段下方暗挖隧道的型钢支撑体系加固范围内共布置 9 个断面，30 个表面应力计测点。4 号线左线盾构隧道从白石桥车站的站后始发井开始掘进，盾构机头长度为 6m，盾构管片衬砌的长度为每环 1.2m。

从图 16.24 可以看出，当盾构隧道推进至第 235 环，即盾构机的刀盘的位置位于第 240 环位置时，盾构机头开始进入暗挖隧道上方；当盾构隧道推进至第 246 环时，盾构机头位于第 251 环位置，此时盾构机位于空间立交段 9 号线右线暗挖隧道的正上方，盾构机也完全进入暗挖隧道型钢支撑加固范围；当盾构隧道推进至第 260 环时，盾构机头位于第 265 环位置，此时盾构机已经开始远离空间立交段暗挖隧道，可以认为空间立交段盾构隧道推进过程中对下方暗挖隧道产生最不利影响的位置已经通过。

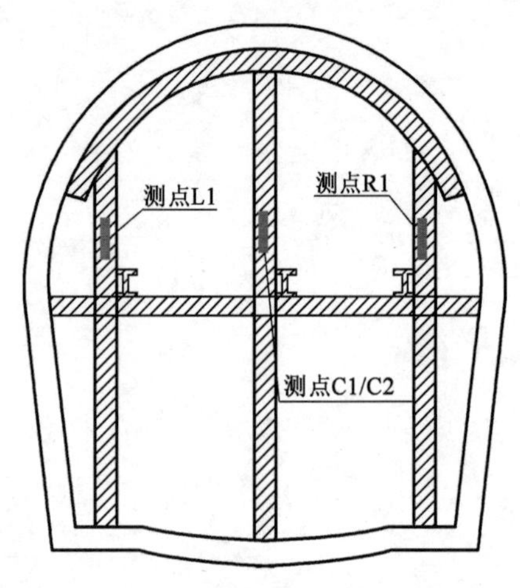

图 16.25 应力计测点断面布置

图 16.26 表面应力计测点的现场焊接

本监控量测的主要监测目的在于以及时、翔实的型钢支撑轴力的监测数据来反馈空间立交段 4 号线盾构隧道在上穿通过 9 号线暗挖隧道的过程中,型钢支撑体系的受力大小及变化是否合理,从而判定初期支护结构的结构安全问题。因此,监控量测工作的重点在于观察盾构隧道掘进面逐渐逼近暗挖隧道上方过程中型钢支撑受到的轴力值及其变化规律。

现场监测工作自 2008 年 1 月 10 日表面应力计测点的安装开始,并随之开始测量初始值,在测点布设完毕一至两天后,表面应力计的受力开始稳定下来,此时盾构隧道掘进面距离 9 号线暗挖隧道右线较远,型钢支撑受力基本为零;截至 2008 年 1 月 12 日上午 08:00 左右,上方盾构隧道掘进环数为 215 环,考虑到盾构机头的长度,盾构机刀盘的实际位置已经到达第 220 环位置,此时盾构隧道推进面距离进入暗挖隧道上方约为 25m,所以开始加强监测强度,监测频率加大到每 2 ~3h 监测 1 次,并一直保持该监测强度直至盾构机通过暗挖隧道上方。

各监测断面内表面应力计测点处的型钢支撑受到的轴力随盾构隧道掘进面逼近暗挖隧道上方的距离的变化规律如图 16.27 ~ 图 16.35 所示(注:以下各曲线图中横坐标为上方盾构隧道推进的环数,图中横坐标的初始值 0 环为盾构隧道推进实际过程中的第 195 环;纵坐标为各测点处型钢支撑受到的轴力,单位为 kN)。

N5 断面里程为 9K0 +272,该断面位于型钢支撑体系加固范围的北端,盾构隧道的推进过程中,该断面处的工字钢最先感应到盾构隧道开挖所带来的影响。从图 16.27 可以看到:当盾构隧道掘进到第 221 环时(此时盾构机的刀盘的位置位于第 226 环),型钢支撑受力开始增长,且增长速率较快;当盾构隧道掘进到第 241 环时(此时盾构机的刀盘的位置位于第 246 环),型钢支撑受力达到最大值,最大值为 8.31kN;当盾构隧道掘进到第 246 环时(此时盾构机的刀盘的位置位于第 251 环),型钢支撑受力由最大值减小到 4.38kN,然后重新增长直至盾构隧道远离暗挖隧道而稳定下来。

N4 断面里程为 9K0 +267,从图 16.28 可以看到:当盾构隧道掘进到第 221 环时(此时盾构机的刀盘的位置位于第 226 环),型钢支撑受力开始增长,且增长速率较快;当盾构隧道掘进到第 241 环时(此时盾构机的刀盘的位置位于第 246 环),盾构机已经进入暗挖隧道型钢加固范围的上方土体,N4 断面 C1 测点处竖向型钢支撑所受到的轴力最大,该测点也是增值速率变化最大的测点,轴力最大值为 10.23kN,增值速率为 0.89kN/h;当盾构隧道掘进到第 246 环

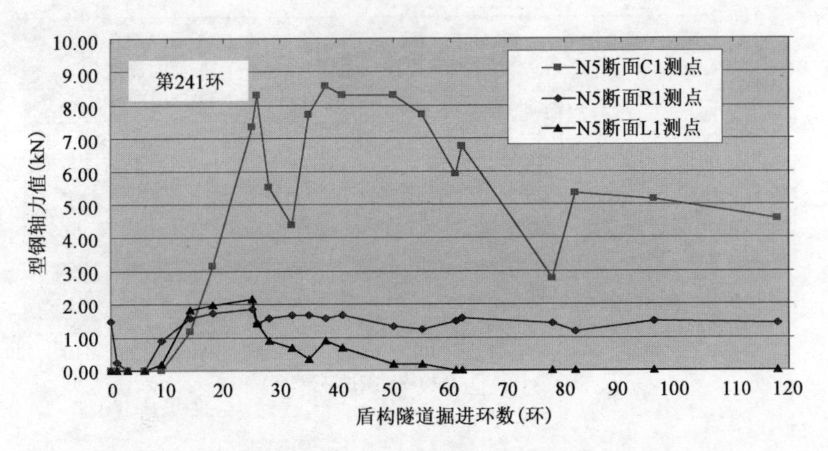

图16.27　N5断面各测点处型钢支撑轴力值随盾构隧道掘进环数变化曲线

时(此时盾构机刀盘的位置位于第251环),型钢支撑受力由最大值减小到0.56kN,然后重新增长直至盾构隧道远离暗挖隧道而稳定下来。

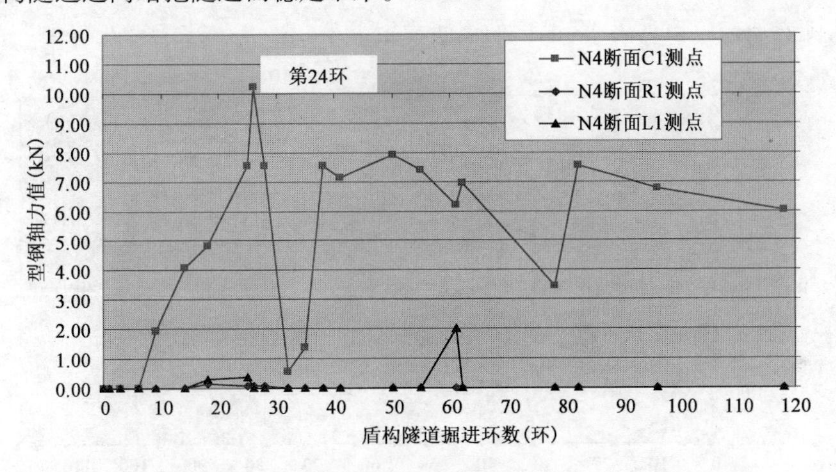

图16.28　N4断面各测点处型钢支撑轴力值随盾构隧道掘进环数变化曲线

N3断面里程为9K0+263,从图16.29可以看到:当盾构隧道掘进到第221环时(此时盾构机刀盘的位置位于第226环),型钢支撑受力开始增长,且增长速率较快;当盾构隧道掘进到第243环时(此时盾构机刀盘的位置位于第248环),盾构机大致在N3断面上方。而监测数据也表明钢支撑轴力最大值测点及轴力增值速率变化最大的测点都出现在N3断面,与实际情况相符合。监测过程中采集数据时可以明显感觉到上方盾构掘进过程的施工噪声,型钢支撑也发生轻微震动;N3断面L1测点处竖向型钢支撑所受到的轴力最大,轴力最大值为7.81kN,N3断面C1测点是增值速率变化最大的测点,增值速率为1.16kN/h,轴力最大值为7.48kN;然后型钢支撑受力由最大值开始减小,当盾构隧道掘进到第249环时(此时盾构机的刀盘的位置位于第253环),型钢支撑轴力随着盾构隧道远离N3断面而逐步稳定。

N2断面里程为9K0+259,从图16.30可以看到:当盾构隧道掘进到第221环时(此时盾构机的刀盘位置位于第226环),型钢支撑受力开始增长,且增长速率较快;当盾构隧道掘进到第243环时(此时盾构机的刀盘位置位于第248环),监测过程中采集数据时可以明显感觉

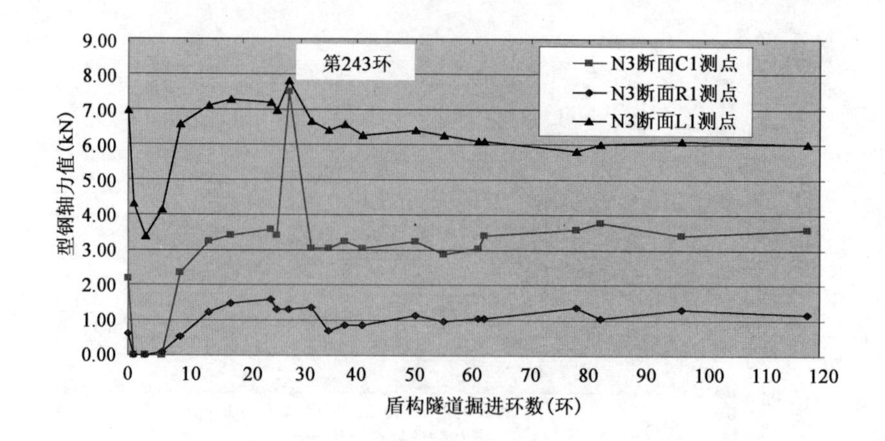

图 16.29　N3 断面各测点处型钢支撑轴力值随盾构隧道掘进环数变化曲线

到上方盾构掘进过程的施工噪声,型钢支撑也发生轻微震动;此时 N2 断面各测点处的竖向型钢支撑所受到的轴力最大的是 C1 测点,其轴力最大值为 6.03kN;然后型钢支撑受力由最大值开始减小,随着盾构隧道远离 N2 断面而逐步稳定下来。

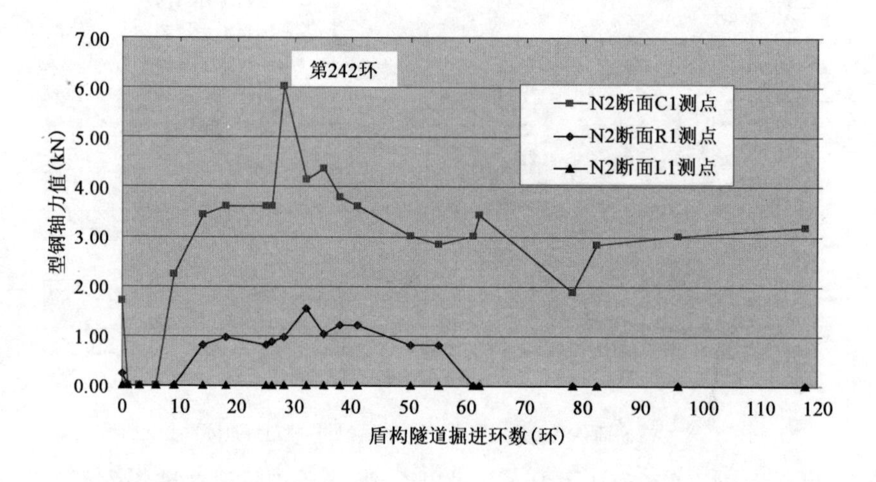

图 16.30　N2 断面各测点处型钢支撑轴力值随盾构隧道掘进环数变化曲线

N1 断面里程为 9K0 + 256,从图 16.31 可以看到:当盾构隧道掘进到第 246 环时(此时盾构机的刀盘位置位于第 251 环),盾构机位于 N1 断面的上方,同时也到达空间立交段的中心位置;此时盾构机已经完全进入暗挖隧道型钢加固范围的上方土体,监测数据也表明钢支撑轴力最大值测点及轴力增值速率变化最大的测点都转移到 N1 断面所布设的测点,与实际情况相符合,而且 N1 断面 C2 测点处型钢支撑的轴力值是本次监测工作中出现的最大值,同时其增值速率变化也达到最大,轴力值为 23.05kN,增值速率为 5.03kN/h;监测过程中采集数据时可以明显感觉到上方盾构掘进过程的施工噪声,型钢支撑也发生强烈的震动,数据采集过程中可发现由于盾构推进过程中动荷载的影响,型钢支撑受到的轴力变化较大。然后型钢支撑受力由最大值开始减小至 0,然后重新增长直至盾构隧道远离暗挖隧道而最终稳定下来。

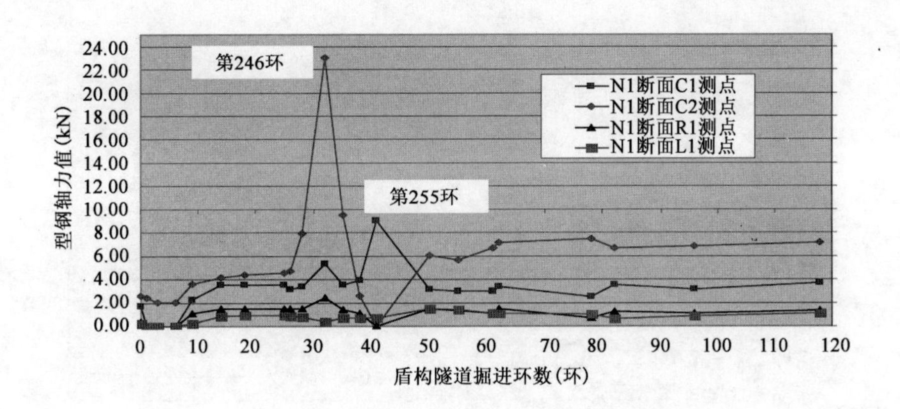

图 16.31 N1 断面各测点处型钢支撑轴力值随盾构隧道掘进环数变化曲线

O-O 断面里程为 9K0 + 256，从图 16.32 可以看到：当盾构隧道掘进到第 246 环时（此时盾构机的刀盘位置位于第 251 环），O-O 断面各测点处竖向型钢支撑所受到的轴力最大的是 C1 测点，其轴力最大值为 5.80kN；然后型钢支撑受力由最大值开始减小，并随着盾构隧道远离 O-O 断面而逐步稳定下来。

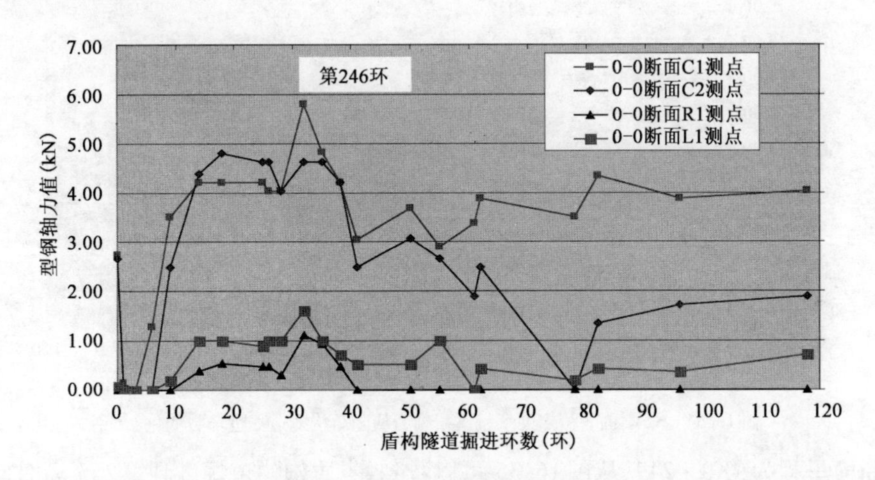

图 16.32 O-O 断面各测点处型钢支撑轴力值随盾构隧道掘进环数变化曲线

S1 断面里程为 9K0 + 255，从图 16.33 可以看到：当盾构隧道掘进到第 249 环时（此时盾构机的刀盘位置位于第 253 环），盾构机大致位于 S1 断面的上方，监测数据也表明钢支撑轴力最大值测点及轴力增值速率变化最大的测点都转移到 S1 断面所布设的测点，与实际情况相符合；S1 断面 C2 测点处竖向型钢支撑所受到的轴力最大，同时也是增值速率变化最大的测点，轴力最大值为 13.91kN，增值速率为 0.82kN/h；然后型钢支撑受力由最大值开始减小至 2.07kN，然后重新增长直至盾构隧道远离暗挖隧道而最终稳定下来。

S2 断面里程为 9K0 + 252，从图 16.34 可以看到：当盾构隧道通过该断面的过程中，S2 断面各测点处的竖向型钢支撑所受到轴力变化曲线较为平缓；当盾构隧道掘进到第 255 环时（此时盾构机的刀盘位置位于第 260 环），盾构隧道开始远离暗挖隧道，期间型钢支撑受力稍有减小，然后逐渐稳定下来。

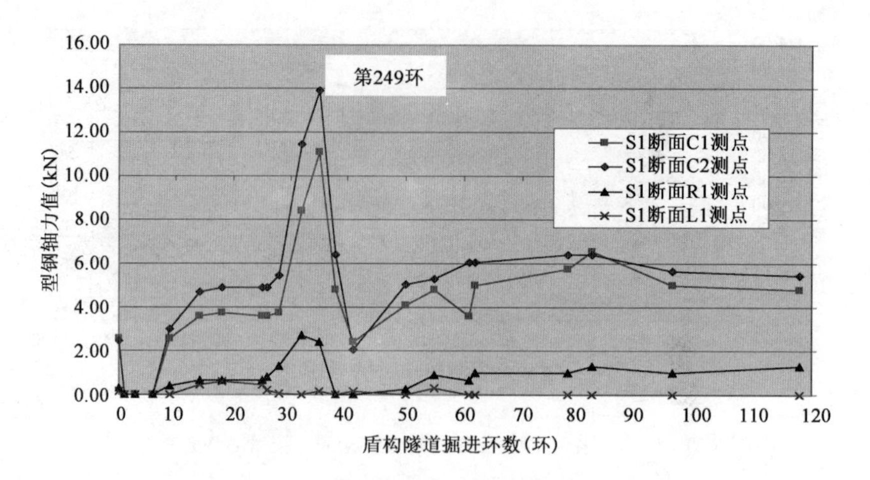

图 16.33 S1 断面各测点处型钢支撑轴力值随盾构隧道掘进环数变化曲线

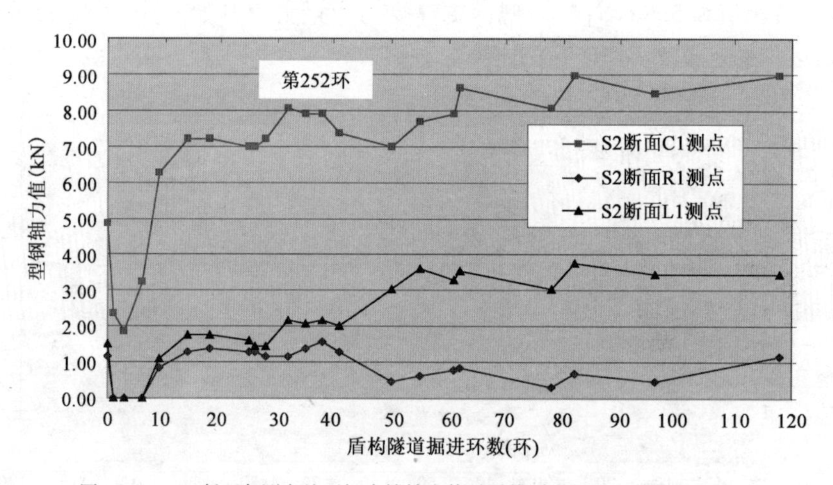

图 16.34 S2 断面各测点处型钢支撑轴力值随盾构隧道掘进环数变化曲线

S3 断面里程为9K0 + 249,从图 16.35 可以看到:当盾构隧道掘进到第255 环时(此时盾构机的刀盘位置位于第 260 环),盾构隧道开始远离暗挖隧道,由于两次监测时间稍长,而盾构机通过该断面的时间为两次监测工作之间,故该曲线没有能够完全反映该断面测点处型钢支撑的受力变化情况;当盾构隧道掘进到第 264 环时(此时盾构机的刀盘位置位于第 269 环),盾构隧道已经完全通过暗挖隧道,此后型钢支撑的受力逐渐稳定。

截至 2008 年 1 月 18 日的监测数据,可以发现,在盾构隧道通过暗挖隧道上方之后,各测点处型钢支撑的受力逐渐降低并基本维持不变,各测点处型钢支撑轴力值的增值速率均不超过 ±0.10kN/h。可以认为,型钢支撑加固范围内的各个监测断面测点的测量数据已经稳定。

此外,从监测数据中可以看到部分表面应力计受力不明显,如 S3 断面的 R1、L1 测点、S1 断面的 L1 测点、N2 断面的 L1 测点以及 N4 断面的 R1 测点等。这是由于在表面应力计测点的现场布置过程高温焊接以及其他各种不确定因素影响造成的结果。

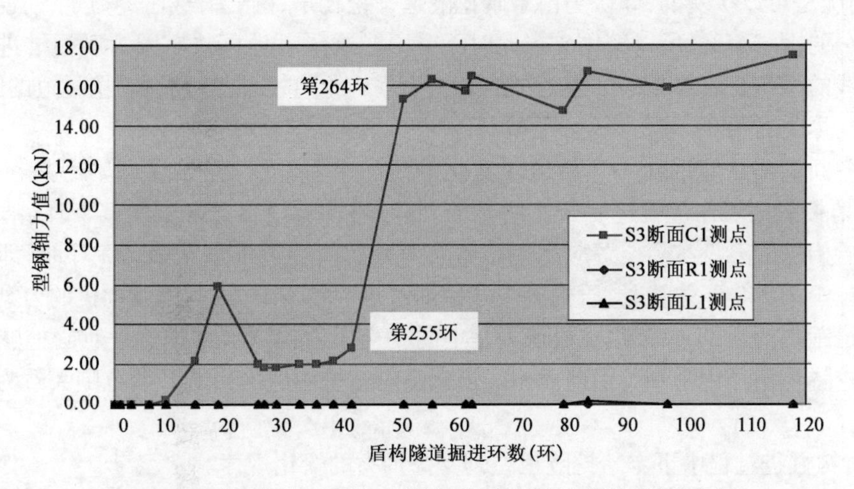

图 16.35　S3 断面各测点处型钢支撑轴力值随盾构隧道掘进环数变化曲线

2）暗挖隧道加固范围内型钢支撑轴力监测数据的综合分析

考虑到 N5、S3 断面处型钢支撑是后期（表面应力计测点安装的前一天）才施作完毕的，其自身的受力及变形需要一定的时间，所以监测过程中该断面处型钢支撑的受力不能够完全如实地反映出型钢支撑的轴力变化过程。因此，从其余各断面选取较为典型的型钢轴力变化曲线进行分析，如图 16.36 所示。

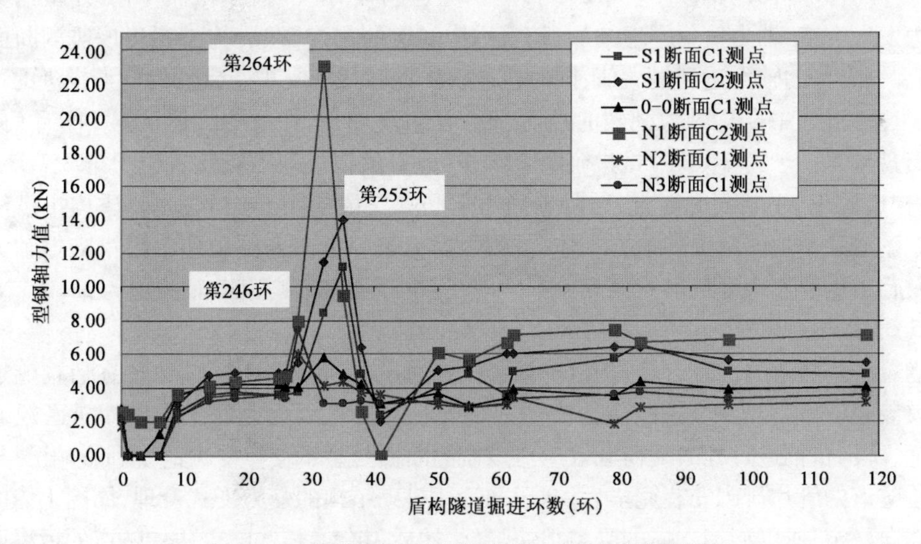

图 16.36　各断面测点处型钢支撑轴力值的典型变化曲线

（1）空间立交段盾构隧道掘进对暗挖隧道的影响范围分析。

①从选取典型断面各测点的型钢轴力变化数据来看，在测点布设一至两天后，表面应力计的受力已经完全稳定下来，此时各个断面测点处型钢支撑初始受力基本为零，个别稍大于零，考虑到应力计的敏感度较高，隧道内的温度、湿度条件对其频率变化值产生的影响也不可忽

视,故该情况是可以接受的,即认为由于暗挖隧道开挖较早,围岩荷载已经稳定,初期支护承担了绝大部分的围岩荷载,所以型钢支撑此时不受力。这同时也反映出因为盾构推进面距离暗挖隧道右线的型钢支撑体系的加固范围尚有相当远的距离,没有达到对暗挖隧道的影响范围,所以型钢支撑受力为0。

②从各断面测点型钢轴力开始出现变化的时间来看,支撑开始受到轴力是在2008.01.12;14:00监控量测工作进行过后开始增长的,此时盾构隧道推进环数为221环(盾构机头长度为6m,盾构机的刀盘实际位置应为226环);而当盾构隧道推进至第235环时,即盾构机的刀盘位置位于第240环位置时,盾构机头开始进入暗挖隧道上方;所以盾构机的刀盘所在位置离暗挖隧道距离约为17m,该距离可认为是空间立交段盾构隧道掘进过程对暗挖隧道的影响范围。暗挖隧道洞径约为6m,因此盾构隧道掘进对暗挖隧道的影响开始范围大致为3倍盾构隧道的洞径。

(2)盾构掘进过程中下方暗挖隧道型钢支撑轴力的变化规律。

①当盾构隧道的推进进入上述的影响范围后,暗挖隧道加固范围内的型钢支撑轴力开始增长,增长速度相对初期监测数据而言比较明显。当盾构隧道掘进到第224环时(此时盾构机的刀盘位置位于第229环),该增值速率大约在1kN/h;此后各测点处型钢支撑受到的轴力继续增长,但是增长速率有所降低,而且各断面测点处的型钢支撑受力在达到4~5kN后均保持在该范围而不再进一步增长,这说明在暗挖隧道加固范围内,竖向主要的型钢支撑在纵向和横向的型钢连接下形成整体的支撑体系,并且开始整体受力。

②在盾构隧道通过暗挖隧道上方的过程中,当盾构机的刀盘位置距离某一监测断面正上方约3~5环管片时(3.6~6m,即0.5-1倍盾构隧道洞径时),该监测断面测点处型钢支撑受到的轴力发生突变,轴力值急剧地增加;随着盾构隧道的掘进,在盾构机到达该监测断面的正上方时,型钢支撑的轴力达到最大值,同时也反映出此时初期支护受到盾构隧道推进的不利影响最大。这一过程中变化最为剧烈的是N1断面的C2测点,在盾构隧道从第243环(此时盾构机的刀盘位置位于第248环)推进到第246环(此时盾构机的刀盘位置位于第251环)的过程中,盾构机位于N1断面的上方,同时也到达空间立交段的中心位置;此时盾构机已经完全进入暗挖隧道型钢加固范围的上方土体,监测数据也表明本次监测工作中型钢支撑轴力最大值测点及轴力增值速率变化最大的测点都出现在N1断面C2测点,其轴力值为23.05kN,增值速率为5.03kN/h。

③随着盾构隧道的推进,在盾构机的刀盘位置通过5~6环后(6~7m,即在盾构隧道的管片衬砌安装完毕后),型钢支撑的轴力有明显的降低。这是因为此时上方盾构机已经通过该监测断面,盾构机推进过程的动荷载效应对该监测断面处型钢支撑受力的不利影响已经减弱,同时盾构隧道的管片衬砌安装完毕后,圆形的管片衬砌结构的受力形式合理,周围土体的荷载与变形趋向稳定;所以型钢支撑的受力很快降低,然后稍有增长并随着盾构隧道的远离而逐步趋于稳定。此后型钢轴力基本不再变化,而在最后的稳定值范围内稍有浮动,这主要是由于管片拼装完毕后进行盾尾注浆以及台车前行所致的。

(3)监测数据表明:盾构隧道的二次注浆对暗挖隧道型钢支撑受力的影响不明显。截至2008年1月18日,各监测测点处型钢支撑的轴力变化速率均不超过±0.10kN/h,说明暗挖隧道型钢支撑受到的轴力已经稳定。

(4)监测数据表明：当盾构机位于空间立交段的中心位置时，盾构机已经完全进入暗挖隧道型钢加固范围的上方土体，此时型钢支撑的轴力达到最大值。中间竖向型钢支撑受力最大。监测工作中型钢支撑轴力最大值为23.05kN。I25a工字钢的极限受压值：$N_m = f \times A = 310(\mathrm{N/mm^2}) \times 4854.1(\mathrm{mm^2}) = 1.5 \times 10^3(\mathrm{kN})$，该轴力值远小于I25a工字钢的极限受压值：$N = 23.05(\mathrm{kN}) < N_m = 1.5 \times 10^3(\mathrm{kN})$。

(5)三维数值模拟计算得到竖向型钢支撑轴力值为$N_m = 53.21(\mathrm{kN})$；该轴力值小于数值模拟计算得到的竖向型钢支撑轴力值：$N = 23.05(\mathrm{kN}) < N_m = 53.21(\mathrm{kN})$。

16.5.3　对监测数据分析得出的主要结论

截至2008年1月14日零点，盾构机顺利穿过9号线暗挖隧道，通过对监测数据的综合分析，得出以下结论。

(1)在盾构机头到达位置，其下方暗挖隧道内型钢支撑承受的轴力最大，机头通过后，型钢支撑承受的轴力迅速降低。

(2)所有的竖向型钢支撑中，中间支撑承受的轴力最大。

(3)在穿越过程中，9号线暗挖隧道内型钢支撑承受的最大轴力为23.05kN；该轴力值远小于I25a工字钢的极限受压值。

(4)在穿越过程中，内支撑体系受力均在允许值范围内，初期支护结构也未出现大变形和结构性的裂缝，初步表明：在不施作二衬的条件下，盾构隧道可以直接穿越暗挖隧道，并且隧道的型钢支撑体系对确保盾构隧道顺利穿越起到了重要的作用，支撑体系的设计是合理的。

16.6　本章小结

(1)通过对暗挖隧道二次衬砌结构不同施工时机的施工方案进行数值计算，结果表明：在下方9号线暗挖隧道开挖支护结束后及时浇筑二次衬砌结构，然后再施工上方的盾构隧道，对于保证已建隧道的结构安全和盾构隧道的施工安全更为合理。

(2)在不能及时施作二次衬砌的条件下，盾构隧道也可以直接上穿暗挖隧道，但是必须对既有暗挖隧道采取一定的加强措施，如架设临时的型钢支撑体系等。

(3)在盾构穿越期间，下方隧道内的型钢支撑体系起到了良好的加固作用，确保了在暗挖隧道未施作二衬的情况下盾构隧道的顺利掘进。通过该工程的建设最终形成的"小角度、近间距、长距离"空间立交隧道的施工方案和相应加固方案对今后修建类似交叠穿越形式的地铁隧道施工具有重要的指导意义。

17 盾构穿越既有城铁车站过轨施工技术

17.1 工程概况及特点

17.1.1 工程概况

本工程为北京地铁10号线一期工程土建施工第9号合同段。工程位于朝阳区太阳宫地区，西起惠新西街，东至太阳宫中路，线路呈东西走向，由芍药居站、太阳宫站、北土城东路站—芍药居站区间和芍药居站—太阳宫站区间等4个部分组成（即“两站两区间”）。工程布置即线路关系如图17.1和图17.2所示。

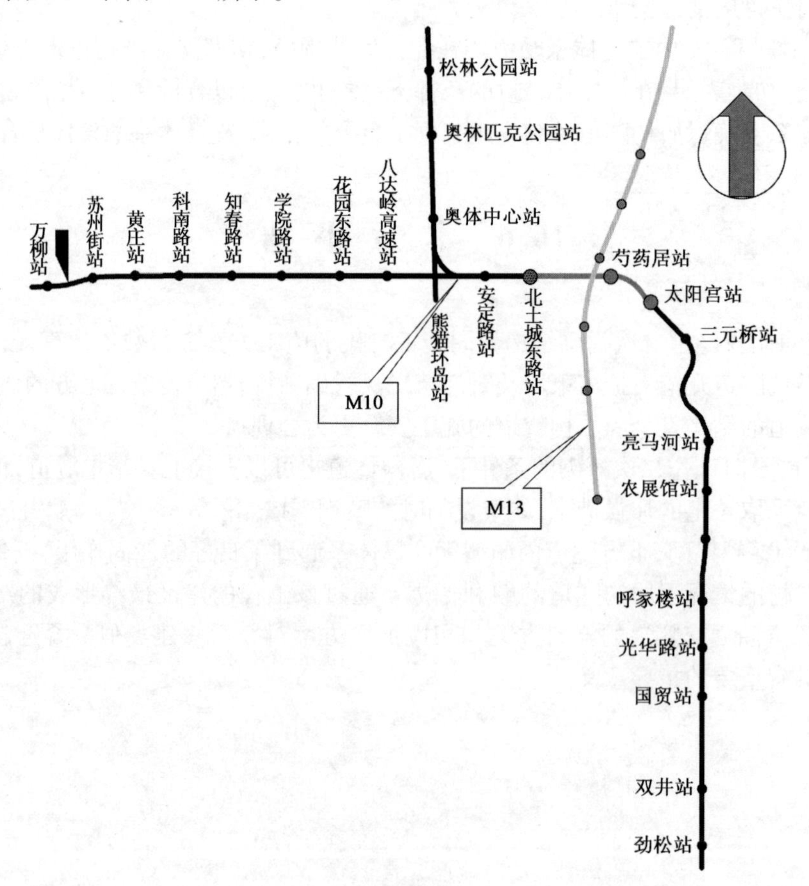

图17.1 北京地铁10号线与城铁13号交叉平面示意图

图 17.2 北土城东路站—芍药居站区间盾构法施工总平面图

北土城东路站—芍药居站区间东起地铁 5 号线北土城东路站，由西向东至 10 号线芍药居站。区间盾构掉头井以东区段线路长 1129.4m（单线长度），线路中间距 13m，采用盾构法施工。在里程 K12 + 386 ~ K12 + 406 下穿既有城铁 13 号线芍药居站（先后过轨两次）。盾构隧道下穿城铁 13 号线芍药居站如图 17.3 所示。

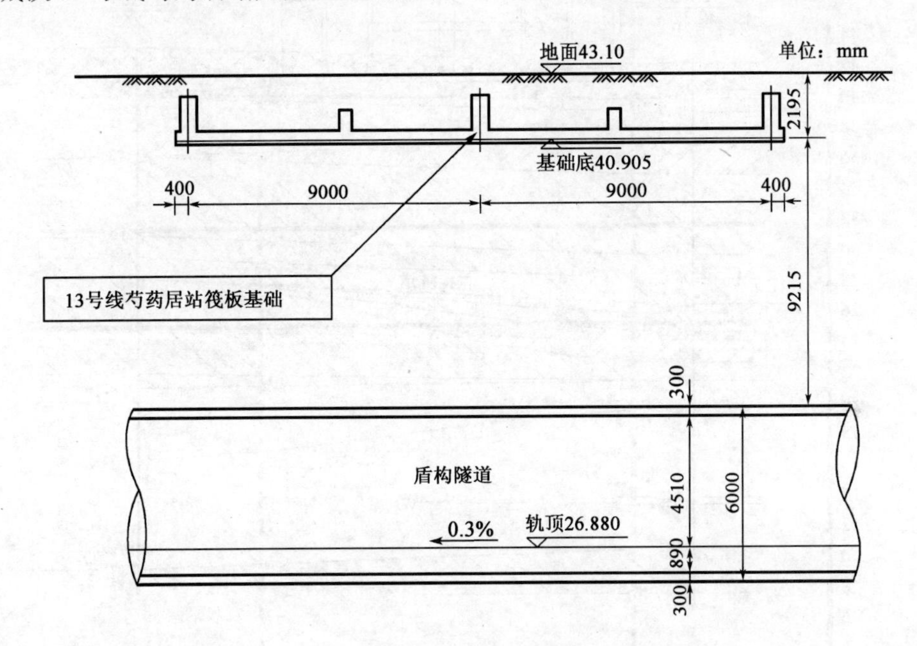

图 17.3 盾构隧道下穿城铁 13 号线芍药居站剖面图

区间隧道覆土厚度为 6.5 ~ 12m 不等，最小转弯半径 R = 1000m，隧道坡度 2‰ ~ 24‰。盾构过轨时覆土 11.41m，隧顶距车站基底高度为 9.215m，位于半径 R = 1000m 曲线上，隧道坡度为 3.42‰。

17.1.2 工程地质及水文地质概况

过轨段隧底高程为 25.4m，隧道主要穿越地层为粉质黏土④、粉土$④_2$和粉质黏土⑥层。根据地勘报告，区间处于第四纪覆盖层，地层土质自上而下依次如下。

(1) 人工填土层。粉土填土①层、层底高程 40.21 ~ 41.81m。

(2)第四纪全新世冲洪积层。粉土③、粉质黏土$③_2$层、粉土$④_2$、粉质黏土④,层底高程26.21~33.91m。

(3)第四纪晚更新世冲洪积层。细中砂$⑥_3$层,粉质黏土⑥层,黏土$⑥_1$层,粉质黏土$⑥_2$层,层底高程20.21~26.21m。

盾构隧道穿越芍药居站的地质纵断面如图17.4所示。

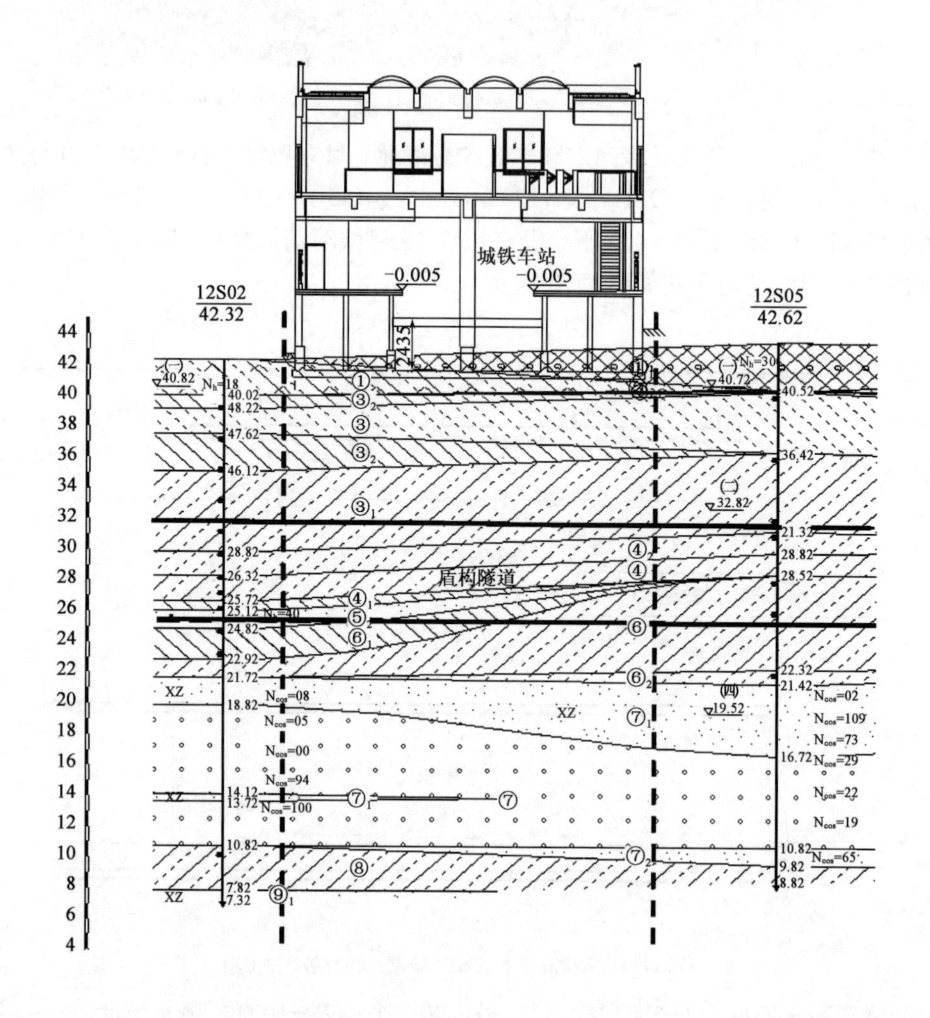

图17.4　盾构隧道下穿城铁13号线芍药居站地质纵断面图

根据地勘报告和芍药居站主体基坑降水实际情况来看,本段地下水由上至下分为以下三层。

(1)表层滞水。水位高程为33.17~41.55m,透水性一般,不影响盾构施工。

(2)潜水。水位高程为26.23~31.47m,微承压性,盾构施工主要受此层地下水影响,土压设定需考虑水压影响。

(3)层间潜水。水位高程为20.20~26.70m,施工过程中未涉及此层地下水。

17.1.3　结构概况

(1)隧道结构形式

隧道采用标准单圆盾构衬砌结构，衬砌管片外径6000mm，厚度300mm，内径5.4m，环宽1.2m。衬砌管片分为6块，其中3块标准管片(A型)、2块邻接管片(B_1和B_2型)和1块封顶块(C型)，采用错缝拼装。相邻管片环间沿圆周均匀布置16个纵向连接螺栓，环向管片间设12个螺栓，每环共计28个螺栓，均为弧形螺栓。

(2)既有线车站结构形式及现状

既有城铁13号线芍药居车站为地面两层三跨侧式站，整体道床。站宽18.8m，长125.1m。钢筋混凝土框架结构，筏板基础，等距离设有两道变形缝，基础底面高程为40.905m。车站实际外景结构如图17.5所示。

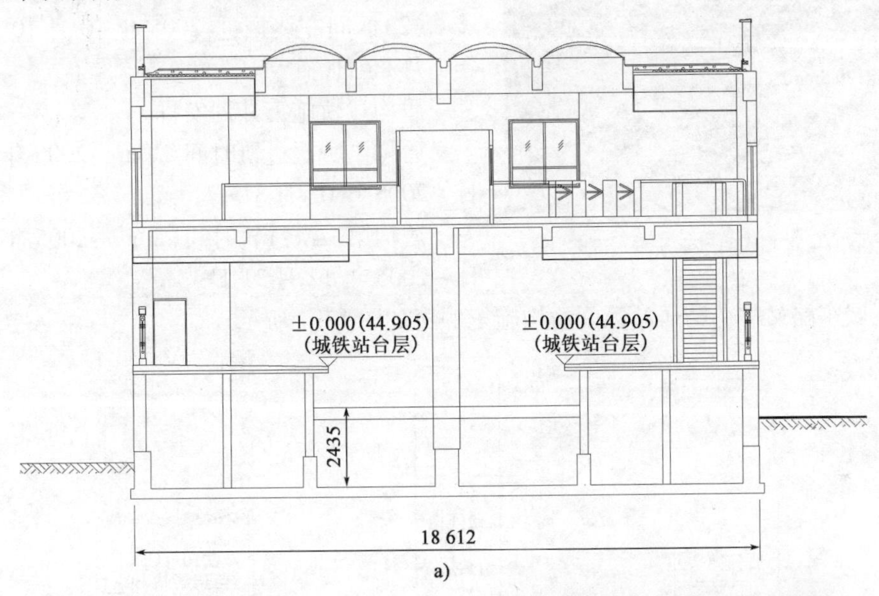

a)

b)

c)

图17.5　既有城铁13号线芍药居车站南端结构及实景

尽管是新建车站，道床上几乎每个垫块的接缝部位都存在不同程度的裂缝，如图 17.6 所示。

图 17.6　既有城铁路 13 号线芍药居车站道床裂缝实景

17.1.4　盾构过轨施工计划安排

北土城东路站—芍药居站区间盾构施工顺序总体为：由芍药居站西端头井右线始发①，向西掘进至盾构调头井②，调头后向东掘进左线③，在芍药居站西端接收④。

时间顺序为：

（1）区间右线掘进：2005 年 05 月 05 日 ~ 2005 年 9 月 10 日。

（2）区间左线掘进：2005 年 10 月 10 日 ~ 2006 年 1 月 25 日。

盾构过轨施工计划安排：

盾构第一次过轨时间（20m）：2005 年 05 月 30 日 ~ 2005 年 05 月 31 日；

盾构第二次过轨时间（20m）：2005 年 12 月 30 日 ~ 2005 年 12 月 31 日。

北土城东路站—芍药居站区间盾构施工顺序如图 17.7 所示。

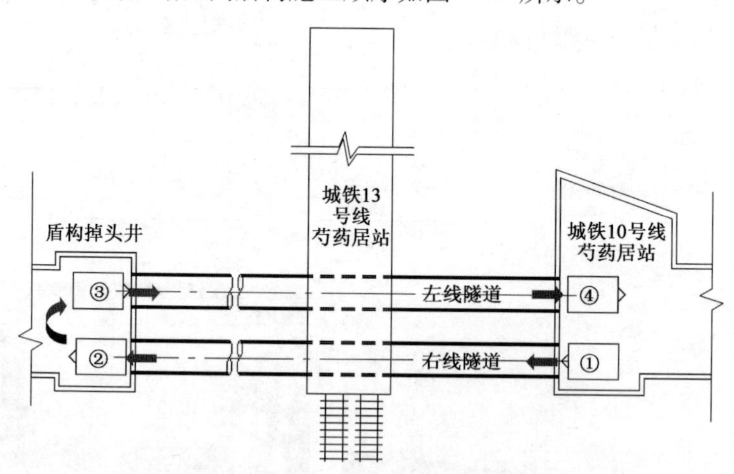

图 17.7　北土城东路站—芍药居站区间盾构施工顺序示意

17.2　盾构隧道过轨施工的风险点分析

17.2.1　盾构过轨施工技术要求

《北京地铁 10 号线一期工程土建施工招标文件专用部分》第 9 号合同段（招标文件备案

第04－0056号）第一章之第1.3.3.7条"地面建筑物及地下管线保护"中，对盾构下穿城市铁路（13号线）提出以下要求。

（1）整体道床沉降要求不超过30mm。

（2）确保施工引起地表沉降量不超过5mm。

17.2.2　盾构过轨施工有限元模拟分析

针对现况城铁13号线芍药居站结构特点及载荷、盾构施工顺序、地层情况、隧道覆土厚度等，选取一定边界范围的土体作为分析对象，采用2D-σ有限元计算分析软件模拟过轨阶段盾构机开挖土体和管片拼装过程，分析盾构过轨施工可能引起的地表沉降是否超限，是否可以满足过轨技术要求。

1）计算模型建立

计算模型建立过程中主要考虑了以下5个方面。

（1）物理模型问题特性为平面应变。

（2）计算方法采用弹性分析，屈服准则采用Mohr－Coulomb准则。

（3）假定计算边界处不受隧道开挖的影响，即该处为静止的原始应力状态，变形为零，用约束来模拟。

（4）计算宽度取5倍的隧道直径（从两洞外侧算起）；计算深度为隧道地下3.0倍的隧道直径，上方为隧道实际埋深。

（5）考虑到时间效应，开挖过程中应力的释放率，开挖85%，支护15%。

根据上述分析所建立的计算模型如图17.8所示。

模型顶部左侧为既有线荷载20kPa，右侧为既有车站荷载，按50kPa考虑；在断面两侧边节点上施加水平链杆支座，底边节点上施加铰支座。

模型的有限元网格共分7636个节点，2477个单元，对隧道及其周边岩体采用了细密单元，具体网格划分如图17.9所示。

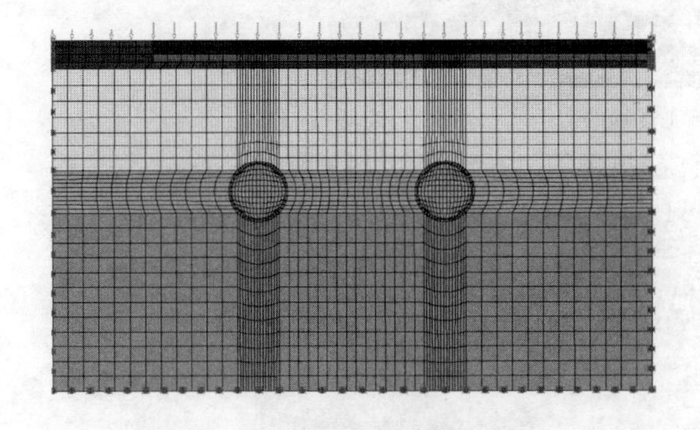

图17.8　计算模型及所受荷载、约束

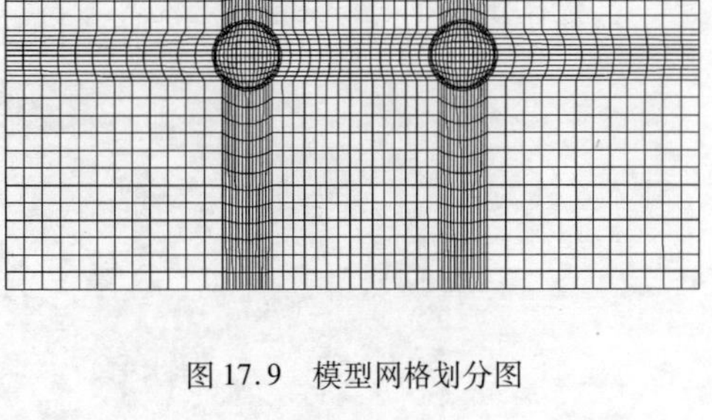

图17.9　模型网格划分图

2）计算参数的选定

将地层以岩性和地质特点划分为4个不同的类别，各层土层的物理力学指标依据地勘报告选取。岩土体自上而下为：杂填土、粉质黏土、粉细砂和粉土，四层材料参数的选取根据其厚度加权平均得出。对于混凝土管片结构，选取C50材料参数，考虑到接头以及错缝拼装方式的影响,将管片的折减系数确定为0.85。所需力学参数见表17.1。

建模力学参数　　表17.1

对应地层	地层厚度(m)		弹性模量(kPa)	重度(kN/m³)	泊松比	黏聚力C(kPa)	内摩擦角φ(°)
	左侧	右侧					
筏板基础	0.0	2.2	30000000	25.0	0.17	4000	60
管片(C50)	—	—	34500000	25.0	0.17	4000	60
杂填土	2.9	0.7	5800	18.0	0.42	10	8
粉质黏土	6.3	6.3	13300	19.5	0.3	23	11.5
粉细砂	8.0	8.0	36000	20.0	0.34	6.0	12
粉土	18.0	18.0	10000	19.2	0.35	30	32
C30混凝土	—	—	30000000	25.0	0.17	4000	60

3)计算结果

按照盾构过轨顺序,计算模拟过程分以下两个步骤完成。

(1)初始自重应力场。

生成的初始自重应力场如图17.10所示。自重应力在开挖形成“毛洞”状态和管片支护后分步释放。

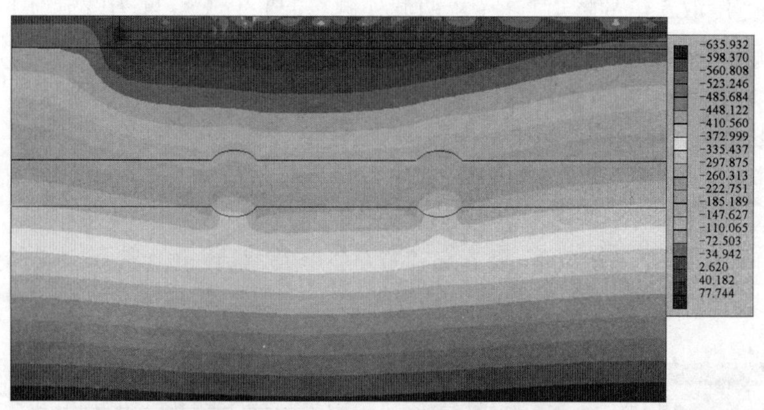

图17.10　隧道开挖前施工场地的自重应力场图

(2)地表沉降。左、右线盾构掘进时地面沉降如图17.11和图17.12所示。

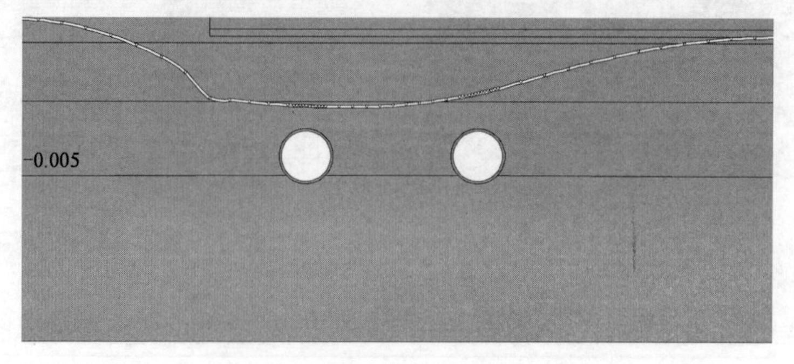

图17.11　左线掘进时地面沉降曲线图

(最大值为4.86mm)

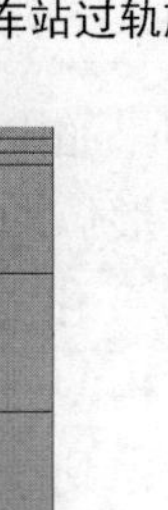

图 17.12　右线盾构掘进时地面沉降曲线图
（最大值为 3.37mm）

(3)盾构机掘进时的 σ1 色谱分析。左、右线盾构掘进时第一主应力色谱如图 17.13 和图 17.14所示。

图 17.13　左线隧道掘进时 $\sigma1$ 色谱图

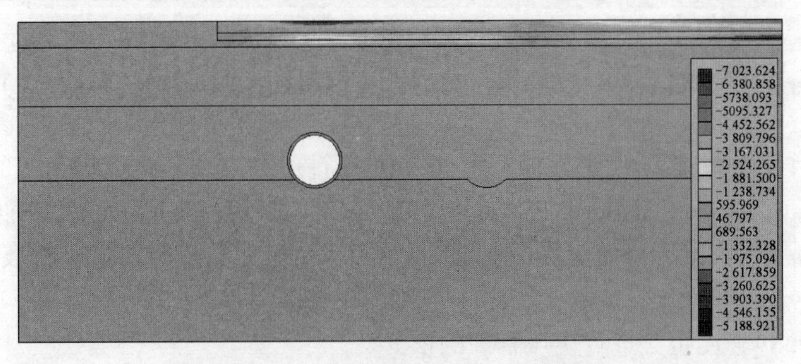

图 17.14　右线隧道掘进时 $\sigma1$ 色谱图

从 σ1 色谱图计算结果可知：随盾构机的掘进隧道周围土体应力是不断变化的，在右线隧道的两侧由于荷载差异较大（线路和车站的荷载相差较大），使得右线隧道左右两侧所受应力相差较大。在进行左线隧道施工时，在其拱顶 120°范围内荷载相同，使得隧道两侧的应力变化相差不大，在拱顶和拱底部出现了较为明显的应力集中。

17.2.3　问题提出（风险点分析与解决思路）

根据盾构法施工特点，结合盾构过轨施工有限元模拟分析，可以得到以下几点结论。

(1)由于盾构从既有城铁 13 号线下方的一侧穿越到另一侧的过程中将产生一个沉降差，

这个差值如果超限,将造成车站沉降、结构弯曲和扭曲变形、已有裂缝的扩展和错动,并由此引发轨道几何形位的改变,如钢轨顶面相对高差(轨道水平)变化、轨道中心在水平面上的平顺性(顺轨向)变化、轨道沿线路方向的竖向平顺性(前后高低)变化等。这些变化不仅会引起既有线隧道结构的内力增加,而且有可能会导致钢轨顶面水平超差、轨向平顺超差或前后高低超差,另外,考虑到既有线的道床和基层的整体刚度不一,受变形过大的影响,道床和其基层之间将会产生脱离现象,对既有线运营产生危害。

(2)在盾构过轨施工时,合理设定土压力,调节盾构推进速度与排土速度关系,保持开挖面稳定,使盾构保持均衡施工,同时控制同步注浆的压力和速度,及时实施二次补浆,结合盾构过轨环境情况和覆土等条件,施工引起地表沉降控制在5mm内是可以的。

(3)同时,在盾构过轨施工过程中通过加强对既有城铁车站结构的监控量测,及时提供动态监测数据来指导施工,及时调整各项施工参数,盾构过轨施工是安全的、有保证的。

17.3　盾构隧道过轨施工技术措施

17.3.1　开挖面稳定措施

开挖面稳定作为土压平衡盾构机掘进施工的技术核心,其主要内容就是土压管理。

1)土压力设定

土压管理是指在盾构掘进过程中通过合理控制掘进和排土的关系来谋求土仓内土压稳定在目标范围内,土仓内土压设定值可根据相关理论计算得出。在盾构掘进和停机过程中以计算出的土压力为目标进行土压管理,使土仓内土压力与开挖面前方的水土压平衡,从而确保开挖面的稳定。

(1)土压管理的方法。设定目标土压,根据土压计的读数调整螺旋输送机的转数,维持仓内水土压处于设定的目标范围内;当水土压力超过目标土压设定的上限时,增加螺旋输送机转数,加大排土量;当水土压力低于目标土压设定的下限时,降低螺旋输送机转数,减少排土量;当水土压力位于目标土压设定的范围内时,螺旋输送机定数旋转出土。另外,刀盘的转速、扭矩以及推力、推进速度也是进行土压管理的依据。

(2)土压力设定。平衡土压力值的设定是根据盾构过轨段工程和水文地质情况及隧道埋深情况,按照主动土压力加地下水压力及预压进行理论计算,即设定压力 = 地下水压 + 土压 + 预压。

主动土压力:

$$P_a = \gamma \cdot H \cdot \tan^2(45° - \frac{\varphi}{2}) - 2 \cdot c \cdot \tan(45° - \frac{\varphi}{2}) \tag{17.1}$$

式中:P_a——主动土压力(kPa);

γ——掘削地层的土体重度(kN/m^3);

H——掘削面上顶到地表的距离(m);

c——土的黏聚力(kPa)；

φ——土体的内摩擦角(°)。

$$K_a = \tan^2\left(45° - \frac{\varphi}{2}\right) = \tan^2\left(45° - \frac{14.21°}{2}\right) = 0.778338617^2 = 0.6058$$

$$\begin{aligned} P_a &= \gamma \cdot H \cdot \tan^2\left(45° - \frac{\varphi}{2}\right) - 2 \cdot c \cdot \tan\left(45° - \frac{\varphi}{2}\right) \\ &= 10.5 \times 10.6 \times 0.6058 - 2 \times 28.5 \times 0.7783 \\ &= 23.06244(\text{kPa}) \end{aligned}$$

$$水压 = \rho gh = 1 \times 10^3 \times 9.8 \times 8.2 = 80.36(\text{kPa})$$

根据经验预压一般取20~30kPa。

$$\begin{aligned} 设定压力 &= 地下水压 + 土压 + 预压 \\ &= 23.06244 + 80.36 + 30 \\ &= 133.42244(\text{kPa}) \\ &= 0.133(\text{MPa}) \end{aligned}$$

针对土压力计算过程中的各种参数、安全系数选取得是否合理，盾构掘进过程中土压实际应控制在什么范围内，需要通过地面沉降的结果来验证。只有将理论计算、实际应用和监测结构三者有机地结合起来，实施信息化施工和管理才能真正地控制好土压，保持开挖面稳定，保证盾构过轨施工的安全、顺利。鉴于过轨前后地层分部较为连续，在盾构穿越车站前50m范围内设置了两组分层沉降观测点（具体位置和监测方法在监控量测部分中有详细说明）。通过第一组数据得到盾构通过后的地层沉降变化情况，初步确定盾构掘进各项参数；通过第二组数据来验证盾构掘进各项参数，以便进一步调整和修正参数。

(3)土压平衡控制。盾构机利用设置在密封舱隔板上的土压力计作为协调盾构机推进速度和螺旋输送机排土量保持平衡的桥梁。当在盾构机操作台上输入目标土压力值后，若加快盾构机的掘进速度，密封舱内的土量随之增加。若排土速度不变，则土压力会上升，这时通过土压计与螺旋输送机联动，会自动加大螺旋输送机的排土速度，使土压力值保持不变，从而保证设定的目标土压力值与开挖面水土压力值处于动态平衡状态，不会塌陷，反之亦然。

显然，为了控制开挖面的稳定，必须通过目标土压力值的管理，使地层水土压力 P 和密封舱内泥土压力 P_0 保持动态平衡。这种平衡通过调节与控制螺旋输送机的排土量来实现，其原理如图17.15所示。

2)土体改良/地层处理

螺旋输送机能否顺畅排土是土压管理的基本前提。为此，需对切削下来的土体加泥、加水或加化学泡沫以控制土仓内土砂的塑性、泌水性、流动性（即塑流性）在适当的范围内，保证螺旋输送机顺畅排土，避免土压力值波动。

(1)加泥方式。根据过轨段工程地质条件，结合日产盾构机性能，在盾构掘进施工中，采用单独加泥方式。在盾构掘进施工中，当切削土为黏土或粉质黏土、黏质粉土时，加泥浆可以改善黏土在刀盘和螺旋输送机上的黏附性，通过刀盘切削搅拌和螺旋输送机传动，使掘削土体具有很大的塑流性。

(2)泥浆组成及注入量。泥浆是由膨润土和水按一定比例混合而成，浓度控制在5%~

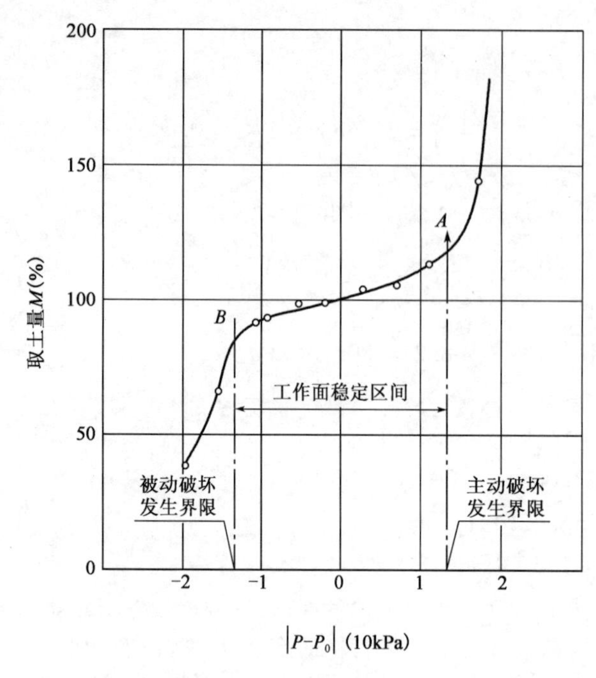

图 17.15 | $P-P_0$ |和螺旋输送机取土量之间的关系

30%。需要浸泡24h以后使用,以保证泥浆注入效果。

泥浆通过盾构机上的加泥浆系统加入到开挖土体中。其体积使用量为5% ~30%,每环泥浆注入量为1.8 ~10.6m^3。

3)开挖面稳定方法

盾构过轨施工过程中,根据过轨前设置的两组分层沉降观测情况来计算土压力值的范围,实际施工时以此为目标进行控制。同时根据地表沉降监测的结果及时调整,控制地表沉降在要求范围内。

由于粉质黏土的黏结力较大,在盾构掘进过程中,易造成黏性土附着在刀盘上致使刀盘扭矩增大,或土体进入土仓后被压密固化,形成开挖、排土无法进行的情况。因此采取下列措施。

(1)向刀盘前方土体注入泡沫,在增大土体流动性的同时,降低其附着力,防止开挖土附着在刀头和土仓内壁。

(2)利用刀盘辐条上的搅拌翼将泡沫和切削下来的土体加以搅拌,使之充分混合,变得较为蓬松,增大可排性。

(3)通过螺旋输送机上的注浆孔向螺旋输送机内注入适量泡沫,增加土体的流动性,减小土体的摩擦,使土顺利排出。

(4)注入泡沫时,根据出土情况、盾构机掘进速度、刀盘扭矩等参数合理调整泡沫注入位置和分配量。

17.3.2 盾构掘进

(1)土方挖掘

盾构排土量多少直接影响到盾构开挖面稳定盾构正面土压力,控制排土量是控制地表变形的重要措施。盾构在一定盾构正面土压力,其排土量取决于螺旋输送机的转速,而螺旋输送机的转速则和盾构千斤顶推进速度自动协调控制。按国外统计,在主动破坏和被动破坏限界之间的开挖面稳定区间内,压力差和排土量大致呈比例关系。经计算,盾构掘进每环的理论排土量为 $V=49.7m^3$/环。

(2)掘进速度

考虑盾构机设计掘进速度、地质状况、工期进度要求并参考以往盾构施工经验,盾构过轨段掘进速度初步确定为20 ~30mm/min,即6 ~8m/d。相对正常条件掘进速度40mm/min,即

10～15m/d 减缓不少,以减少开挖扰动。

(3)运输安排

洞内水平运输采用电平车牵引方式。在隧道内安放22kg 的钢轨用于台车的行走,18kg 的钢轨用于电平车的行走,轨道的枕木采用21 号的工字钢,每1.2m 放置一根枕木。

右线掘进时利用10 号线芍药居车西站端头井作为盾构垂直运输吊装井,由20t 天车将工作井内的土运至地面,左线掘进时,利用盾构掉头井完成上述任务。

17.3.3　壁后注浆施工

由于盾构机外径大于盾构隧道结构外径形成70mm 的建筑空隙是造成地面沉降的直接因素。因而,选择何种注浆方式和浆液及相应注浆参数是确保有效控制地层沉降的关键所在。

本工程采用快速限域填充机理对隧道壁后建筑空隙进行同步注浆填充。

1)同步注浆

盾尾同步注浆是利用同步注浆系统,对随着盾构机向前推进、管片衬砌逐渐脱出盾尾所产生的间隙进行限域、及时充填的过程。壁后注浆施工具有防止围岩松弛和把千斤顶推力传递到围岩的作用,因此必须进行充分的填充。在盾构工法中注浆施工是一个必不可少的施工环节,把握好该环节与其他施工环节的配合是盾构施工的关键之一,也是过轨施工控制地表沉降的关键点。

(1)注浆方式。本工程盾构机的注浆采用由地面上制浆设备把浆液压送到盾构机台车上的浆液箱内,再由装在台车上的注浆泵注入的方式。

(2)注浆设备。同步注浆设备基本上由材料储藏设备、计量设备、拌浆机、储液槽(料斗、搅拌器)、注浆泵、注入管、注入控制装置、记录装置等构成。控制系统包括:千斤顶速度测定装置;注入量调节装置;自动注入率的设定装置;变速电动机;压力调节装置;记录装置;报警显示装置;A 液、B 液注入比例的设定装置构成;雷达监测装置。

(3)注浆量。根据以往施工经验,过轨段同步注浆量应控制在理论空隙量的140%～160%,掘进每环注浆量为 $V=1.92\sim2.56\text{m}^3$。根据以往施工经验,为了达到更好的注浆效果,避免出现地面沉降,在掘进过程中,除了进行同步注浆之外,还需进行二次补注浆。根据实际监测的地面沉降,决定二次补注浆的量和时机。

(4)注浆压力。为了使浆液很好地充填于管片的外侧间隙,必须以一定的压力压送浆液。注入压力大小通常选择为地层土压力加上0.1～0.2MPa 的和。地层阻力强度是由土层条件及掘削条件决定的,通常在0.1～0.2MPa 以下,但也有高达0.4MPa 的情形。为了不影响盾构隧道管片的稳定性,不宜选择过高压力,根据过轨段的地层土质条件注浆压力初步定为0.24MPa。

(5)注浆速度。同步注浆的一个目的就是要建立注浆速度与盾构推进的关系。如果注浆速度大于盾构推进的速度,则浆液会发生跑浆现象,甚至会穿过盾尾进入盾构机内,污染拼装的工作面;如果注浆速度小于盾构前进的速度,则会在盾尾脱出的部位造成大幅度的沉降。按盾构掘进速度25mm/min,注浆速度为0.029～0.0375m^3/min。

2)二次补注浆

(1)注浆孔位置。二次注浆采用后方注浆方式,即从3 环后注浆孔进行壁后注浆。注浆孔的位置选择对注浆效果起着重要作用,便于从施工和注浆效果两方面综合考虑。

(2)注浆方式及顺序。在隧道内通过管片注浆孔(盾构机后方5环位置起)。注浆方式为:注浆顺序为:两侧注浆→隧顶注浆→隧底注浆。

(3)注浆材料。使用同步注浆材料。

(4)注浆参数。二次注浆压力按比同步注浆压力高出0.01~0.03MPa来控制。

17.3.4 管片拼装技术措施

(1)管片拼装紧随盾构掘进,在考虑管片与盾尾之间相互位置关系的同时,顾及纠偏施工的需要。

(2)盾构机掘进施工作为管片拼装的前提条件,其走向及管片端面姿态直接影响盾构机的轴线及管片拼装形式和管片拼装姿态的选择。在盾构机掘进过程中,须严格按"勤纠偏,小纠偏"的原则,在曲线(过轨段位于 $r=1000$m 的曲线上)掘进时根据计算值,控制千斤顶的行程差,使盾构机推进/行进方向与隧道设计轴线在允许的偏差范围内平缓掘进,同时将盾构机位置控制在设计轴线的内侧,保证纠偏幅度在合理范围内,确保隧道轴线与高程偏差引起的轴线折角小于0.4%Δ。

(3)根据封顶块位置,遵循"先上后下"的原则逐块进行管片拼装。过程控制保证掘进施工完成前10min管片进入拼装区。

(4)拼装过程中必须保证管片定位的正确,特别是第一块管片的定位。

(5)严格拼装要严格控制好环面的平整度和拼装环的椭圆度。

(6)每块管片拼装完后,及时靠拢千斤顶。防止盾构机后退及管片移位,及时拧紧和复紧纵、环向螺栓。

17.4 地表沉降控制措施

17.4.1 地表沉降主要原因分析

盾构机掘进时引起土体中产生应变,表现为地表沉降和侧向变形,其中地表沉降由以下5个部分组成。

(1)盾构到达前地表沉降(δ_1)。是由于盾构机掘进引起土体应力状态改变造成,主要原因在于超孔隙水压产生,有效压力降低,一般表现为地表隆起,此时盾构机距离被侧面距离约为2.5D(15m)。

(2)盾构到达时的地表沉降(δ_2)。是由于开挖面上的平衡土压力引起,此时盾构机距离被侧面距离为0~2.5D(0~15m)。

(3)盾构通过时的地表沉降(δ_3)。是由于盾构与土层之间的摩擦剪切力,以及盾构"抬头"和"叩头"引起,此时盾构机距离被侧面距离为-2.5D~0(-15~0m)。

(4)盾构通过后脱出盾尾时的地表沉降(δ_4)。是由于"建筑空隙"和应力释放引起的。

(5)盾构通过后长期固结沉降(δ_5)。是由于土体受盾构掘进扰动，土体再固结引起的，盾构后方 $-2.5D$。

通常将前四项称为即时地表沉降，即时地表沉降的大小反映了盾构机掘进时对周围土体影响的大小。

盾构通过后的长期固结沉降是由于盾构掘进对土体扰动引起的，盾构掘进对土体扰动越大，盾构通过后长期固结沉降越大。

针对盾构施工引起的5个阶段的沉降分析见表9.1。

17.4.2 地表沉降控制具体措施

对于盾构施工5个阶段产生地表沉降除考虑正常掘进工况下采取控制措施外，针对停机这种特殊工况也制定了针对性措施。

1)正常掘进工况下地表沉降控制措施

在盾构正常掘进的工况下通过控制施工参数和加强管理来实现控制地表沉降的目的。

(1)严格控制土压力。预先计算为减少开挖土体移动而必须设定土压力，在施工中严格管理，使实际土压略大于计算值。在实时监测的情况下可以根据地表隆起状况及时调整推进速度及出土量，降低正面土仓压力，达到降低地表隆起的目的。通过调整推进速度及减少出土量，提高正面土仓压力方式来控制盾构机前方地表沉降。盾构通过时的沉降是无法避免的，但是如果沉降超过设定预警值时，可以采取控制掘进速度和出土量，调整土仓压力，控制同步注浆的压力及注浆量，从而达到有效控制地层的弹塑性变形。

(2)严格控制注浆量。注浆作为盾构施工的一个关键工序，必须严格按“确保注浆压力，兼顾注浆量”的双重保障原则，紧密结合施工监控量测的反馈信息，不断优化注浆压力的设定，注浆量一定要保证超过理论计算值，在实际平均注浆量的合理范围内波动。

(3)尽量减少盾构推进方向的改变。盾构推进过程中严格执行“勤纠偏，小纠偏”的原则，严禁大幅度纠偏，尽量减少施工原因造成的盾构推进方向的改变。当盾构机在过轨段(曲线段)推经或仰头、叩头推进过程中必须严格控制超挖方向，保证出土量在合理范围内。

(4)严密观察土质变化状况。地下水位变化是盾构施工必然产生的，为确保其变化不大，施工中必须严格监控挖掘出土体的质量，杜绝水土分离的现象出现。当出土中因地层含水量较大的，通过提高设定土压力，在形成土压平衡的同时，疏干开挖面的地下水，保证出土质量。

(5)减少对地层的扰动。盾构施工对地层的扰动主要是盾构机千斤顶的推力和刀盘旋转产生的，因而保证盾构机正常运转，确保盾构机的机械性能尤为重要。当土压力突变时，在分析原因的同时，采取填注泡沫的措施改良开挖土体。

(6)保证拼装质量，减少管片变位/变形。隧道管片的变形量与管片拼装的质量紧密联系，在施工过程中，必须强化施工管理，保证一次紧固结实。每环掘进过程中，应适时对螺栓进行二次紧固。

(7)实时监测，信息化管理。

2)停机工况下地表沉降控制措施

盾构过轨期间必须保持施工连续,当由于各种不可见因素的影响而不得不停机施工时(这种停机需尽量避免),为控制停机期间的地表沉降,应采取以下措施。

(1)停机前的措施。盾构停机前,为加强开挖面的密闭性,减少土仓漏压而造成的土压力降低,必须对开挖面进行改良处理,采取维持土压措施。在停机前建立的土压力应比正常工作时的压力高,以保证停机期间的土压力;在最后一环施工时必须保证同步注浆用量和注浆效果,在推进完成后,维持注浆压力在设定压力1h以上。

(2)停机期间的措施。停机期间土仓压力随时间的推移而降低。对盾构机前方土压力值进行记录监控,保证土压力在计算值以上;当压力值低于计算值时,将盾构机微量推进,从而重新建立土压力,推进过程中保持注浆,且向土仓内注入膨润土。

17.5 监 控 量 测

17.5.1 监测重点

根据过轨工程实际情况,结合类似相关监测工程的经验,将轨道的沉降、差异沉降和车站结构的沉降及道床裂缝的错动、差异沉降作为本项目的重点,辅以其他监测项目形成一个严密的监测系统,达到安全监测的目的。

17.5.2 监测内容

城铁是重要的公共交通设施,且地上、地下情况复杂,所以对监测项目、测点布置安排如下。

(1)监测以获得定量数据的专门仪器测量或专用测试元件监测为主,以现场目测检查为辅。

(2)量测数据必须完整、可靠,并及时绘制时态曲线,当时态曲线趋于平衡时,及时进行回归分析,并推算出最终值。

(3)根据对当前测试数据的分析,预报下一施工步骤地层、隧道结构的稳定与受力情况及地表沉降等,并对施工措施提出相应建议。

(4)所有测点均应反映施工中该测点变形等随时间的变化,即从施工开始到完成、测试数据趋于稳定为止。

(5)及时向建设单位、运营单位、设计单位提供量测报告。

1)既有线安全监测项目

13号线的运营期安全监测关系重大,在监测范围、监测项目、测点布设、仪器设备的选用、数据的采集处理和信息的反馈等多方面进行考虑,针对轨道形位变化、隧道结构变化等进行全面的监控量测,主要的监测项目见表17.2。

运营安全监测项目明细　　　　表 17.2

序号	监 测 项 目	监 测 仪 器	仪 器 精 度	监 测 部 位	监 测 周 期
1	轨顶差异沉降	电水平尺	0.005mm/m	轨道	连续监测
2	中心线平顺性(竖向)监测	电水平尺	0.005mm/m	轨道	连续监测
3	道床裂缝监测	测缝计	0.01mm	道床	连续监测
4	轨道水平间距监测	智能数码位移计	0.01mm	轨道	连续监测
5	结构沉降	精密水准	0.01mm	13 号线结构	距开挖面 >12m 时,1 次/天;距开挖面 >6m 时,2 次/天;穿越时 4 次/天;当距开挖面 >30m 时,停止监测
6	土体垂直位移	分层沉降仪	1mm	穿越围岩	
7	土体水平位移	测斜仪	0.02mm/0.5m	穿越围岩	
8	裂缝普查(选测)	目测	—	结构、道床	

2)运营期安全监测的测点布设

(1)结构沉降的测点布设。结构沉降是直接反映车站结构变形的一项监测内容,根据具体的施工环境和要求,在车站结构上沿结构纵向,以穿越隧道的中心点为中心向两侧分布。分别在结构两边侧墙和中间布设三条测线,每条测线布设 13 个测点,按照近密远疏的原则进行分布。另外,按照《建筑变形测量规范》对于车站结构的四角和车站北端由南向北以 20m、20m、20m、27m 为间距布设结构沉降测点 8 个,对称分布在车站北端结构的两侧,如图 17.16 和图 17.17 所示。

①基准点设置。拟布设深埋混凝土结构水准基准点 3 个,其为埋设的永久性标志,形成监控网。基准点设置在所观测建筑物 50m 的沉降影响变形区以外;工作基点距离拟建建筑物的距离不得小于建筑物基础深度的 1.5 ~ 2.0 倍,工作基点与联系点也可在稳定的永久建筑物墙体或基础上设置,点与点之间的距离小于 30m,要求埋设于车辆、行人少,通视情况良好且便于保存的地方。

②结构沉降测点布置。用冲击钻在 13 号线芍药居车站的基础或墙上钻孔,然后放入长 200 ~ 300mm、直径 20 ~ 30mm 的半圆头弯曲钢筋,四周用水泥砂浆填实。

(2)轨道变位(轨顶差异沉降和前后高低变化)测点布设。对于轨道前后高低变化的监测,电水平尺的主要布设原则是以穿越中心线为基准,沿线路纵向前后共 59m 范围内安排 36 支电水平尺,以监测 59m 范围内的前后高低“变化”。在两条轨道上对称布设。电水平尺用专用的夹紧件固定在道枕上(见电水平尺安装图,其中 1m 长的 13 支,2m 长的 23 支)。对于轨道差异沉降,在左右水平方向上,安排 8 支横向的电水平尺,以监测安装处线路“左右水平”的变化(左右线皆然)。电水平尺用专用的夹紧件固定在道枕上,共用 8 支电水平尺(均为 1m 长的)。另一侧的轨道按照同样的布设原则进行布设。共计测点 88 个。通过自控系统实现自动数据采集和分析。电水平尺按照测点如图 17.18 和图 17.19 所示。轨道变位测点布设如图 17.20 所示。

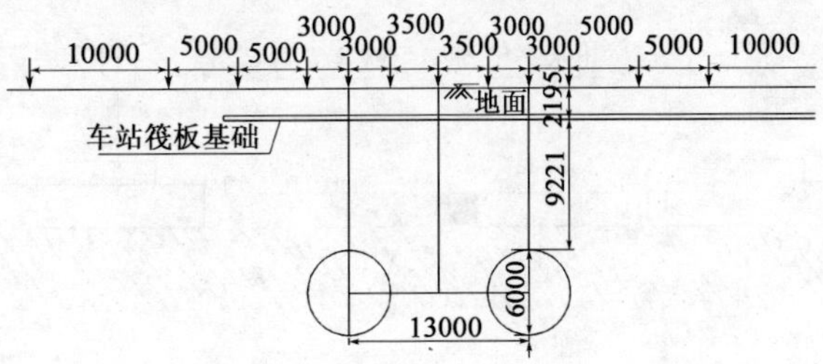

图 17.16　城铁 13 号线芍药居车站结构沉降测点布设断面示意图(尺寸单位:mm)

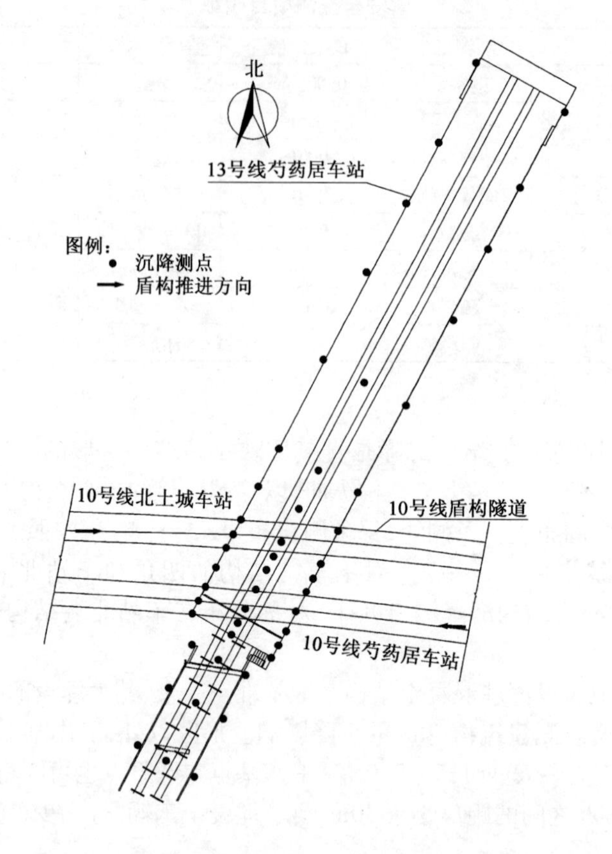

图 17.17　城铁 13 号线芍药居车站结构沉降测点布设平面示意图

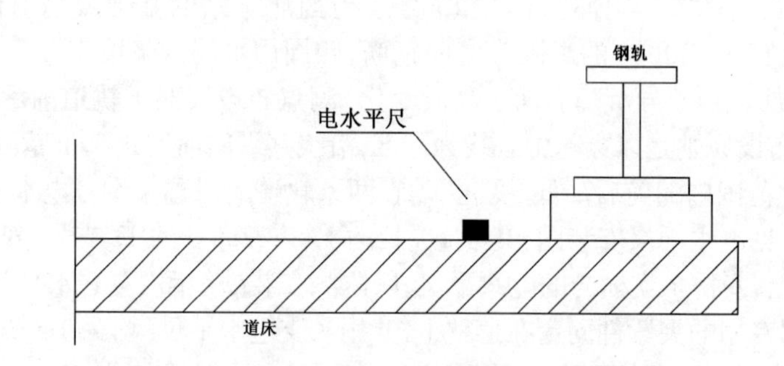

图 17.18　轨道前后高低变化监测测点埋设示意图

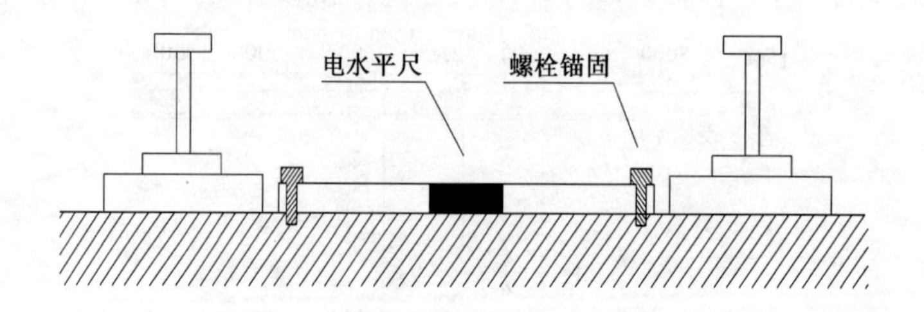

图 17.19　轨道差异沉降测点埋设示意图

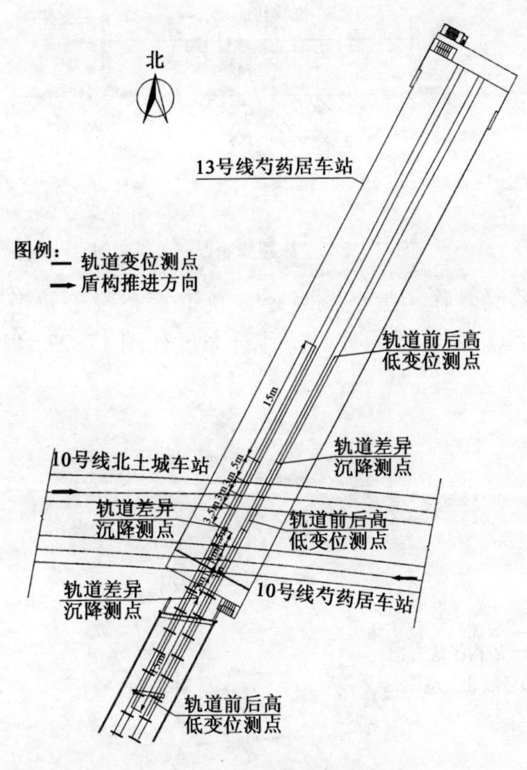

图 17.20　轨道变位测点布设示意图

(3)道床裂缝监测。道床裂缝是结构变形监测的关键部位,在盾构施工影响范围内的裂缝上布设了10个测缝计监测裂缝的变位情况。具体位置按照现场的裂缝实际位置安装,测点布设如图17.21和图17.22所示。

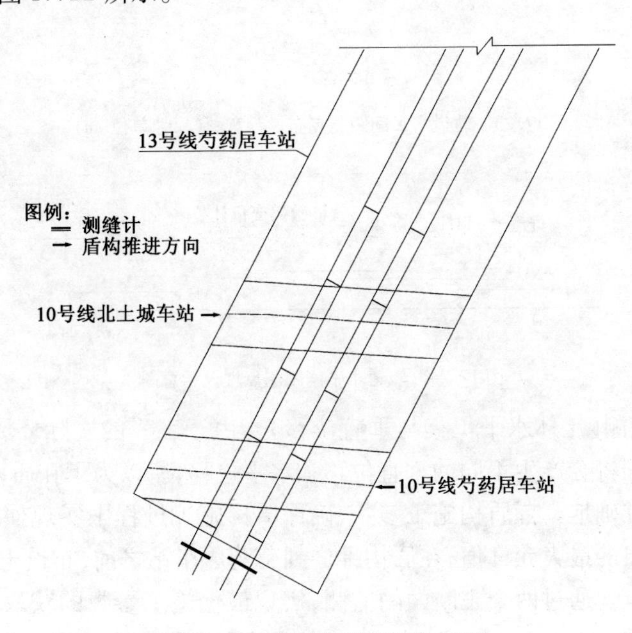

图 17.21　道床裂缝测点布设示意图

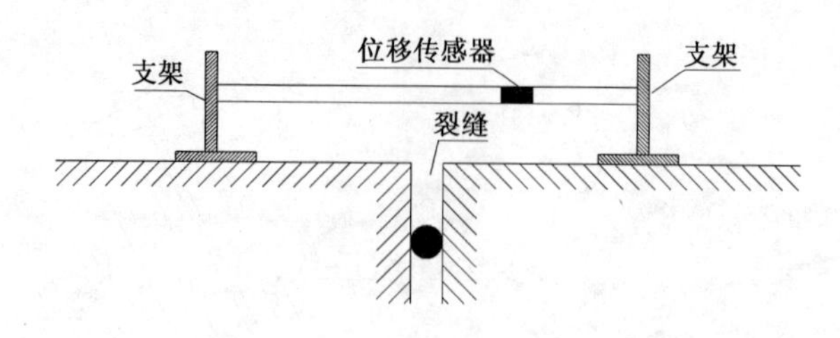

图 17.22　道床裂缝测点埋设示意图

(4)轨道水平间距监测。除了上述测点还在轨道上布设了轨道水平间距监测测点,利用智能数码位移计实现连续监测。智能数码位移计布设如图 17.23 和图 17.24 所示。

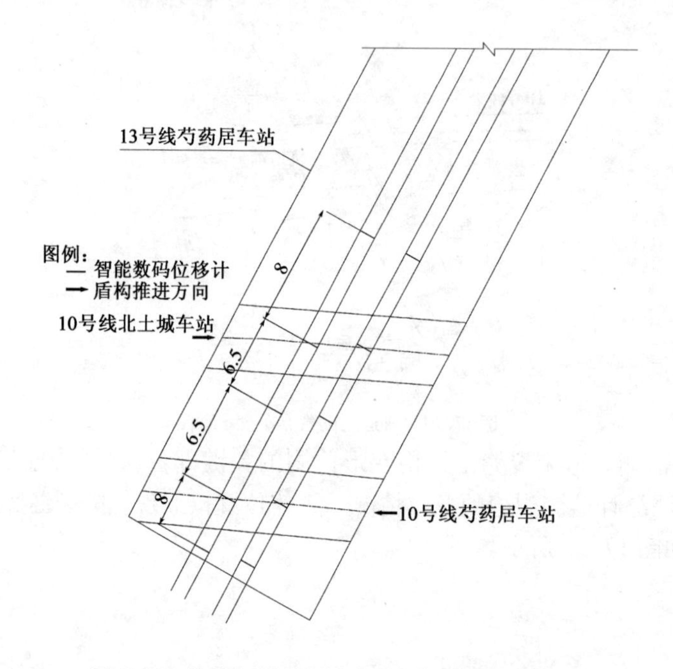

图 17.23　轨道水平间距测点布设示意图(尺寸单位:m)

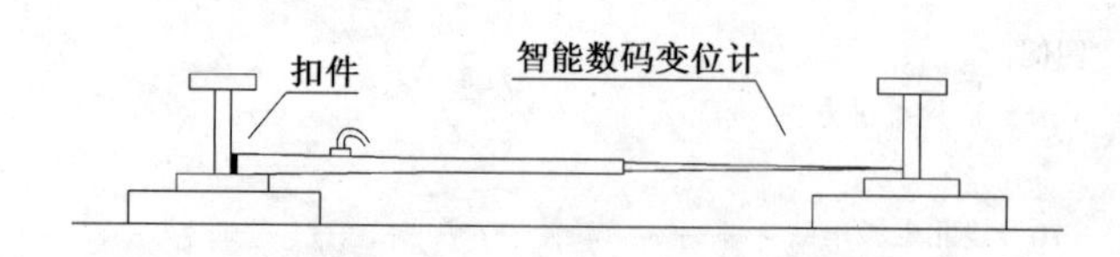

图 17.24　轨道水平间距测点埋设示意图

(5)围岩变位监测(土体水平位移与垂直位移)。由于工程的实际环境相差较大,且盾构推进通过的地层不同将会产生不同的垂直位移和水平位移,所以为了在盾构通过 13 号线芍药居车站之前尽可能准确地掌握盾构施工参数,确保盾构施工过程中实现地表沉降和地表隆起的数值不超过已提出的最大允许值,在盾构推进到芍药居车站之前,布设土体的分层沉降测点和土体水平位移测点。通过两个主断面的监测,实现最佳施工参数的获取和验证。由于盾构机首先由芍药居车站出发向西推进,下穿城铁 13 号线芍药居车站,所以两个监测断面只对左线的隧道正中及两侧1.5m的位置进行监测，并补充相应的地表沉降监测。具体测点布设位置见图17.25和图17.26。

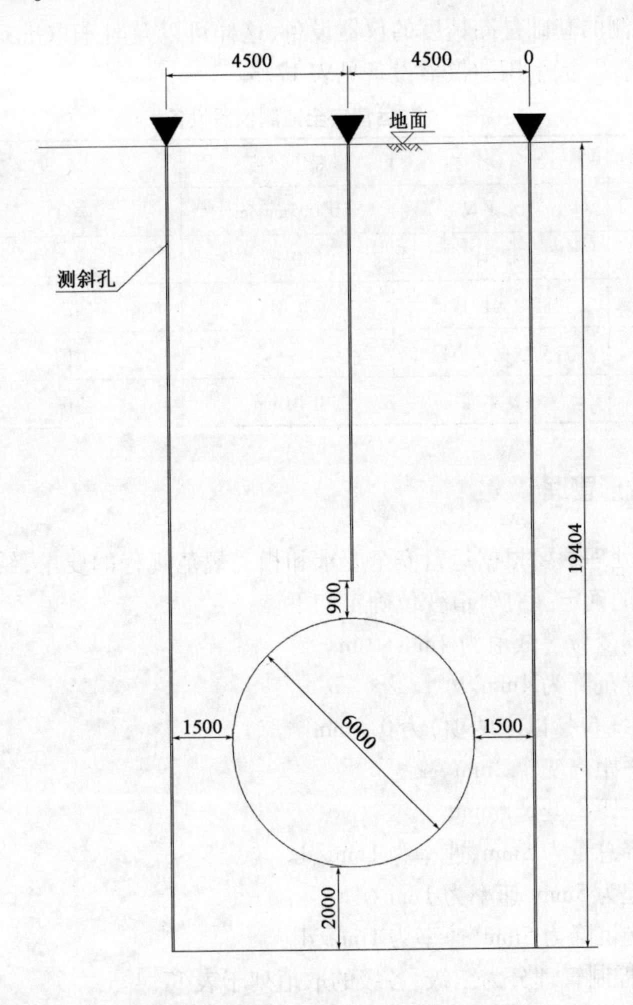

图17.25　土体位移测点布设示意图（左线隧道，尺寸单位：mm）

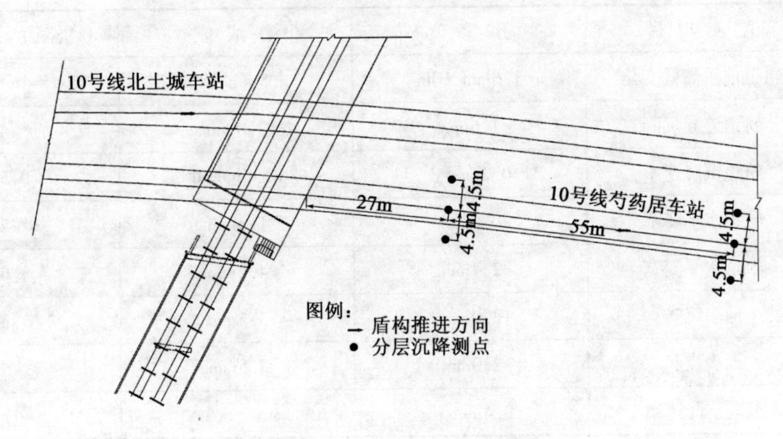

图17.26　土体位移测点布设平面示意图

17.5.3 运营安全监测所用的仪器设备

运营安全监测的基础是高精度的仪器设备,这样可以及时采取准确的数据为数据处理提供良好的前提条件。拟采用的仪器设备见表17.3。

运营安全监测仪器设备 表17.3

序号	设备名称	精度	产地	备注
1	电水平尺	0.005mm/m	美国	可接数据采集器
2	测缝计	0.01mm	国产	可接数据采集器
3	智能数码位移计	0.01	国产	可接数据采集器
4	自动数据采集器	—	美国	—
5	精密水准	0.01mm	德国	—

17.5.4 变形管理

量测数据的处理主要根据运营安全要求和相关规范规程的要求,结合具体既有线的实际情况进行警戒值的确定。对轨道变位确定如下。

(1)轨道方向变位警戒值为4mm/10m。

(2)轨道差异沉降为4mm。

(3)日变化量(包括以上两项)为0.5mm。

(4)轨道水平距离变窄2mm。

(5)轨道水平距离变宽6mm。

(6)地表沉降总量为5mm,速率为1mm/d。

(7)地表隆起为5mm,速率为1mm/d。

(8)车站结构沉降为5mm,速率为1mm/d。

对变形值的控制管理分为三级,各级的取值列于表17.4。

变形管理等级 表17.4

序号	监测项目	预警值	警戒值	极限值/最大允许值
1	轨道前后高低变化	1.6mm/10m	2.8mm/10m	4mm/10m
2	轨道差异沉降	1.6mm	2.8mm	4mm
3	轨道沉降速率	0.2mm/d	0.35mm/d	0.5mm/d
4	轨道水平变窄	0.8mm	1.4mm	2mm
5	轨道水平变宽	2.4mm	4.2mm	6mm
6	地表沉降	2.0mm	3.5mm	5mm
7	地表隆起	2.0mm	3.5mm	5mm
8	地表沉降速率	0.4mm/d	0.7mm/d	1mm/d

注:以上数据提供参考,各项的最终确定值由业主和城铁运营单位等相关部门提供。

17.6　结构沉降监测数据分析

结构沉降测点布设应确保监测数据能够准确反映既有结构的变形。根据要求在车站结构四角和变形缝及部分柱基上布设了测点，如图 17.27 所示。

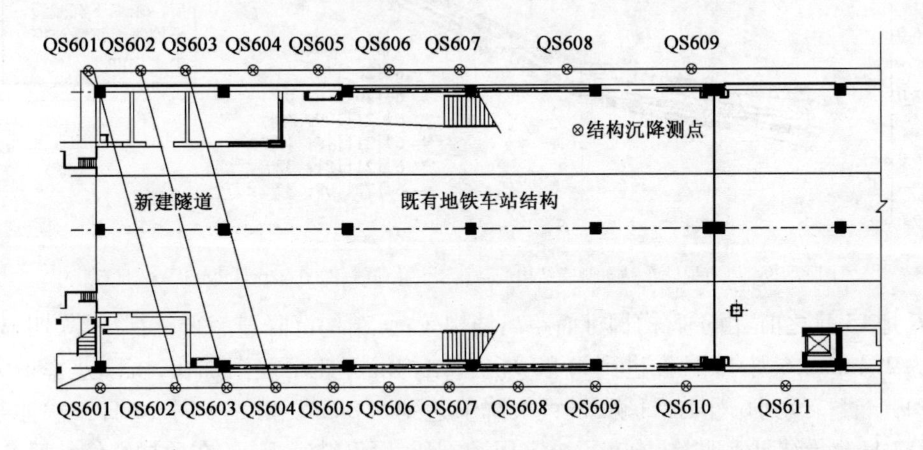

图 17.27　新建盾构隧道超越既有车站结构变形测点布置

17.6.1　既有车站结构东侧墙监测数据分析

首先对东侧墙 QS501 ~ QS511 测点的沉降变化进行分析。东侧墙结构沉降典型变化曲线如图 17.28 和图 17.29 所示。

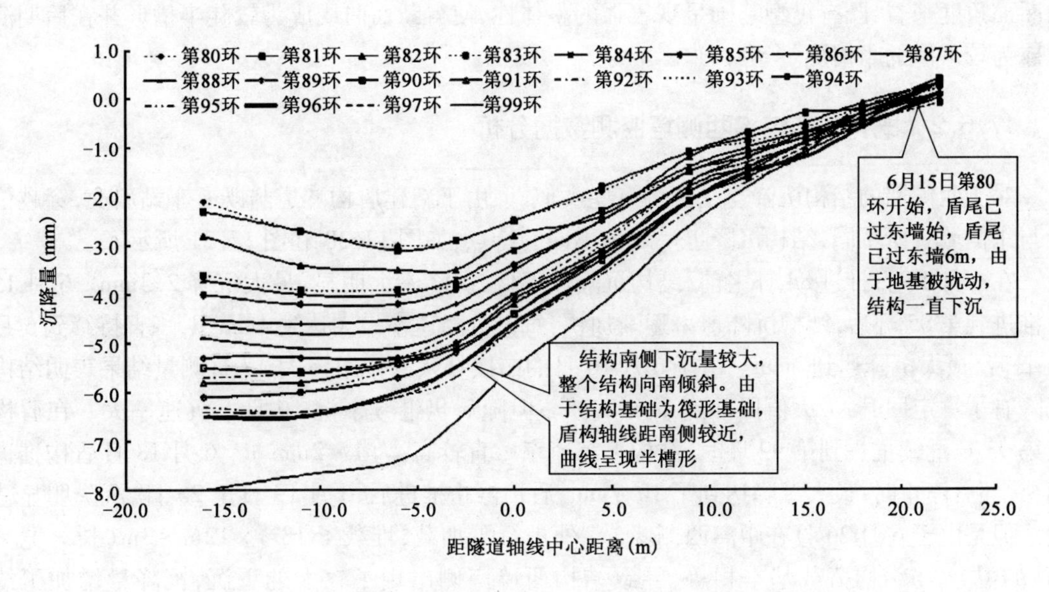

图 17.28　既有地铁车站东侧墙结构沉降典型变化曲线（2005 年 6 月 15 日 ~ 18 日）

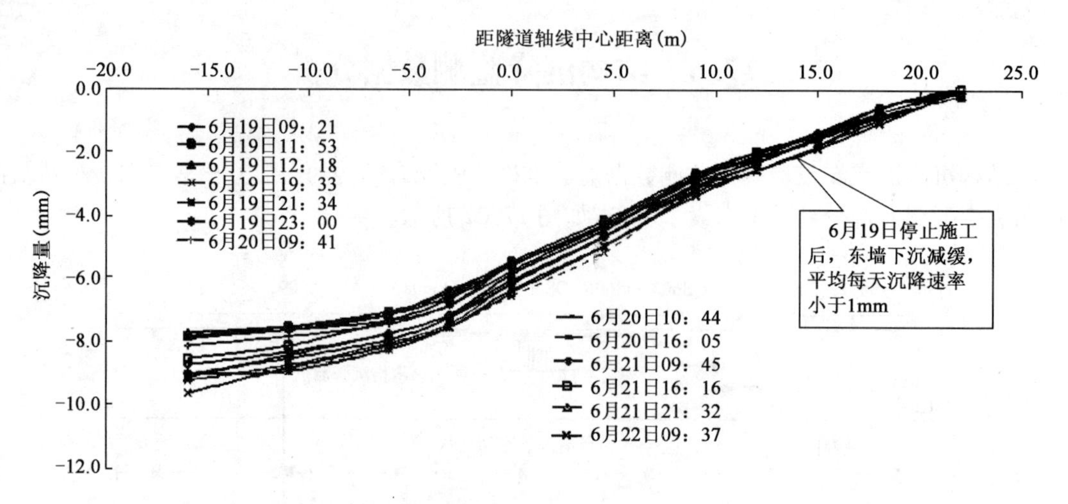

图 17.29　既有地铁车站东侧墙结构沉降典型变化曲线(2005 年 6 月 29 日 ~22 日)

在 6 月 15 日之前,由于盾构掘进面距离结构较远,结构沉降速率低,沉降不太明显,最大沉降值为 2.4mm。6 月 15 日推进到第 80 环后,结构沉降速率逐渐加快,沉降速率最大达到 2.5mm/d,一直持续到 6 月 16 日晚,最大沉降值达到 5.8mm。由于 6 月 16 日二次注浆的作用,6 月 17 日测量结果表明,结构有了一定回升,但随后仍继续下沉,在盾构继续从第 93 环推进到第 99 环时,结构下沉速率一直较高,平均在 2mm/d 左右。在 6 月 18 日盾构推进到第 99 环并停止时,最大沉降达到了 8.0mm。6 月 19 日之后,沉降明显减缓。在此阶段,除个别测点个别时间测量速率偏大外,大部分测点的沉降速率在 1mm/d 以下。最大沉降发生在既有车站的南侧,为 9.8mm。此后,结构东墙沉降以一个较低速率下沉,趋近稳定,直至 2007 年 12 月,测得沉降最大值为 10.7mm,所有测点近 100d 沉降速率均小于 0.01mm/d。另外,从结构沉降的断面角度来看,既有筏型基础呈现较强的整体性,使得断面曲线成为较陡半槽形并在后期演变成为较平滑的半槽形。

17.6.2　既有车站结构西侧墙监测数据分析

对于西侧墙的结构沉降与东侧墙有些类似,但由于新建盾构隧道与既有车站斜交,穿越位置与东侧墙有所不同,结构沉降也呈现出不同的特点,如图 17.30 和图 17.31 所示。

在 6 月 15 日推进 84 环之前,结构沉降速率低,沉降不太明显,最大沉降 2.3mm。6 月 15 日推进到第 85 环后,结构沉降速率逐渐加快,每天沉降速率最大达到 4mm/d,一直持续到 6 月 16 日晚,最大沉降达到 7mm。由于 6 月 16 日的二次补浆的作用,6 月 17 日测量结果表明结构沉降有了一定回升,最大值回升到了 6.5mm。但随后仍继续下沉,并且下沉速率大。在盾构从第 93 环继续推进到第 99 环时,结构下沉速率一直较高,为 1 ~2mm/d。6 月 18 日盾构推进第 99 环后停止时,最大沉降达到了 10.7mm,盾构停止推进后,6 月 19 日至 25 日,沉降明显减缓。但是由于 6 月 26 日在距离西侧墙 1m 外进行了加载,堆载了 13m × 12m × 3m(长 × 宽 × 高)的覆土,与结构荷载基本相等,导致结构西墙南侧出现了较大的下沉,沉降量增加了约 2mm。其后沉降比较平缓,截至 2007 年 12 月,测得最大沉降值为 13.8mm,所有测点 100d 平均沉降速率均小于0.01mm/d。另外,西侧墙的结构沉降曲线呈现悬臂挠曲形状,基本体现了结构在一端受力的变形状况,这可能是由于穿越位置在既有结构的西南角。由于东侧墙和西侧墙的沉降速率和最终沉降值存在较大差异,表明了在新建盾构隧道穿越施工过程中既有车站结构发生沿既有车站纵向较大的扭转。但根据对结构的监测,并未发现新的裂缝产生,这也表明了既有车站的框架结构整体性较好。

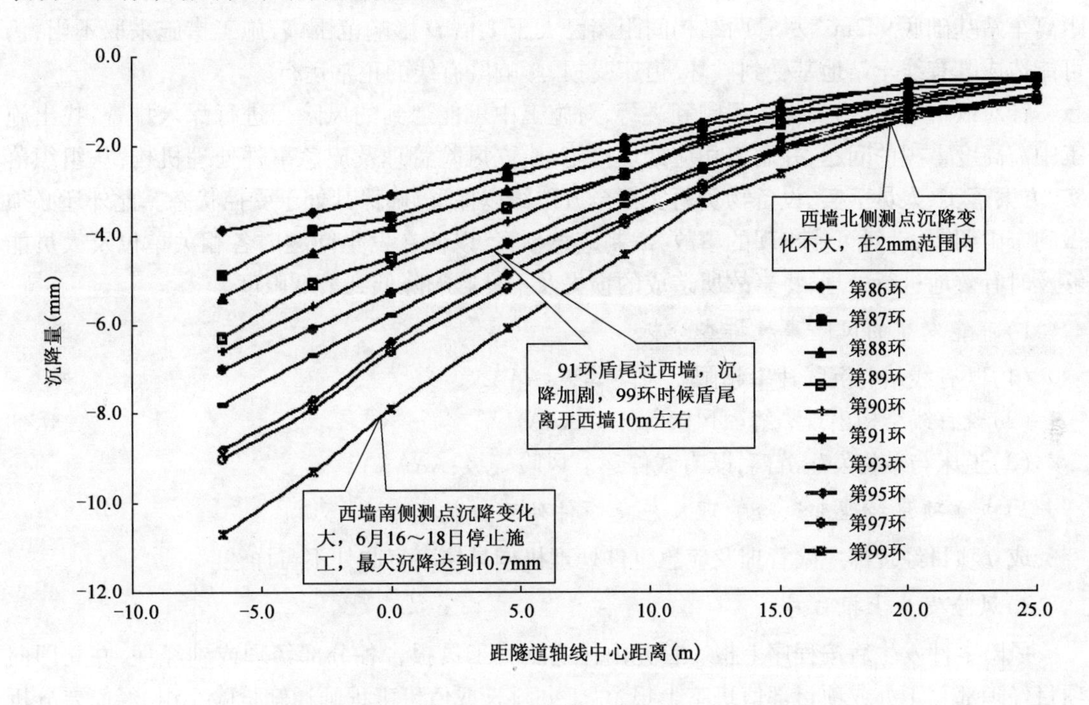

图17.30 既有地铁车站西侧墙结构沉降典型变化曲线(2005年6月16日~18日)

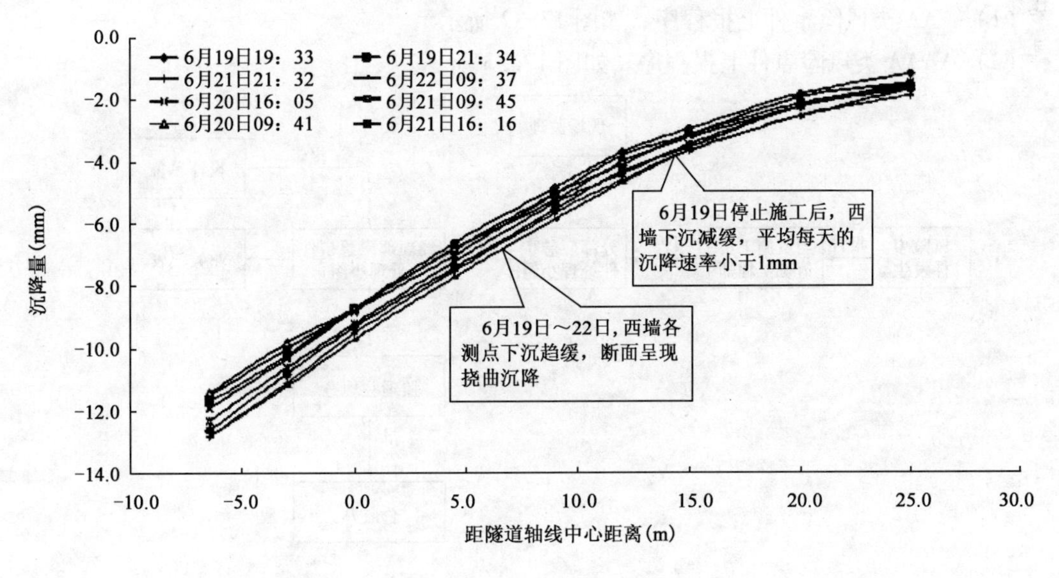

图17.31 既有地铁车站西侧墙结构沉降典型变化曲线(2005年6月19日~22日)

17.7 应急预案

城铁13号线芍药居站为筏式基础,整体道床。盾构隧道先后两次穿越车站南端,隧道顶距离车站基础底9.2m。尽管两结构间距离已大于1倍D影响范围,若施工措施采取不当,仍可能造成既有线车站地基受到破坏、道床受损,影响既有线的正常运行。

针对以上情况,为确保工程顺利进行,对施工中可能遇到的风险点进行深入排查,找出施工中需高度重视的问题,并制定相应处理措施,成立风险管理及应急事件处理机构,从组织落实、方案落实、人员落实、设备物资落实等全方位给以保证,确保其处于受控状态。此外还必须做到未雨绸缪,针对可能出现的事故,编制应急预案,以便在发生问题时各相关单位及人员能够及时有效地进行处理,将事故所造成的损失及不良影响降低到最低限度。

1)可能发生的风险事故排查分析

(1)既有线结构沉降速率超限。风险等级:AAAA。

(2)既有线结构出现裂缝。风险等级:AAAA。

(3)道床与结构发生分离,既有线停运。风险等级:AAAAA。

2)成立项目经理部风险管理及应急事件处理机构

成立项目经理部风险管理及应急事件处理机构具体事宜此处不再详述。

3)风险发生上报程序

风险事件发生后按程序上报。首先由作业队施工员报告各分部经理或副经理,并立即向项目经理部总工办或项目部值班室上报,总工办科长或值班工程师通知抢险小组,经简要分析后按预定程序上报。风险事件上报程序如下:

(1)AAAA类风险事件上报程序。如图17.32所示。

(2)AAAAA类风险事件上报程序。如图17.33所示。

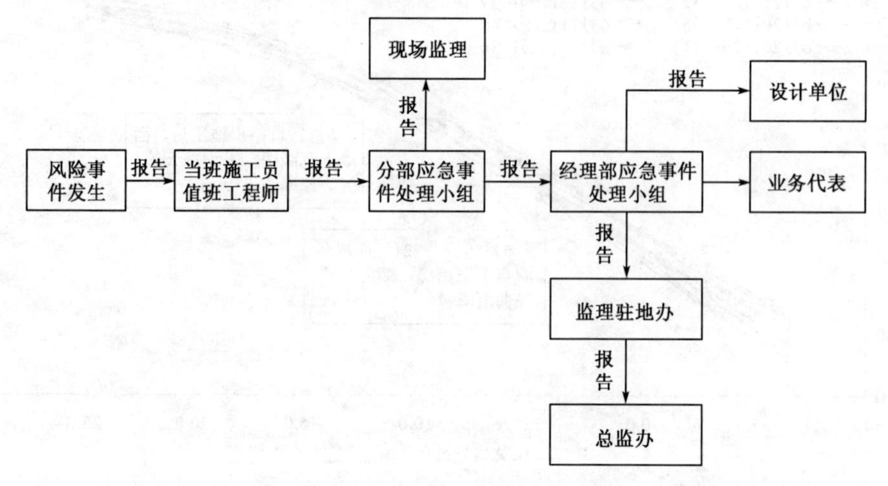

图17.32　AAAA类风险事件上报程序

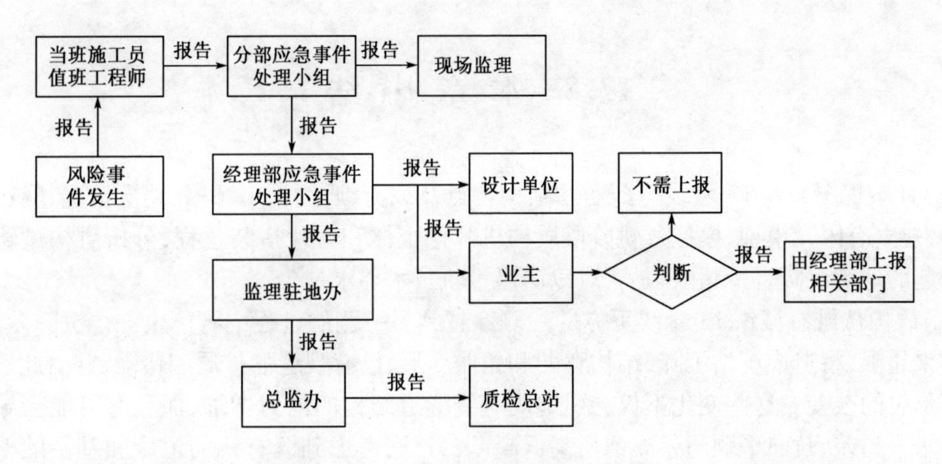

图 17.33　AAAAA 类风险事件上报程序

4)应急预案

(1)既有结构沉降速率超限。

①立即向 10 号线项目管理处、地铁运营公司上报。

②停止盾构掘进施工,加泥保证开挖面的土压力稳定,加强结构监控量测工作。

③组织专家讨论分析造成既有线结构沉降速率超限的原因和相应的控制措施。

④根据确定的控制措施重新制定或调整施工工艺和施工组织,进行施工交底,严格落实各项措施,进行盾构掘进施工。

⑤若既有线结构沉降速率超限未得到有效控制,再次重复上述过程直到完全解决既有线结构沉降速率超限问题。

(2)既有线结构出现裂缝。

①立即向 10 号线项目管理处、地铁运营公司上报。

②停止盾构掘进施工,加泥保证开挖面的土压力稳定,加强结构监控量测工作。

③利用地面注浆对既有线车站结构基础进行加固,防止事态扩大,同时加强结构监控量测工作。

④组织权威部门评估裂缝对于结构的耐久性和强度的影响程度。

⑤根据评估结果采取相应的处理措施,对于一般的结构裂缝采用注环氧树脂填充的措施进行处理;对于对结构耐久性和强度影响较大的裂缝除采用环氧树脂填充外,根据需要采取措施对结构进行补强处理。

(3)道床与结构发生分离。

①立即向 10 号线项目管理处、地铁运营公司上报。

②停止盾构掘进,加泥保证开挖面的土压力稳定,加强结构监控量测工作。

③该地段对列车进行限速运行。

④组织专家讨论分析造成结构与道床分离的原因和相应的治理措施。

⑤根据确定的治理措施及时对道床和结构之间的空隙进行填充处理,采取一定的预防措施防止类似问题的发生。

17.8 本章小结

(1)针对现况城铁13号线芍药居站结构特点及载荷、盾构施工顺序、地层情况、隧道覆土厚度等,建立有限元模型,模拟过轨阶段盾构机开挖土体和管片拼装过程,分析盾构过轨施工可能引起的地表沉降是否超限,是否可以满足过轨技术要求。

(2)盾构从既有城铁13号线下方的一侧穿越到另一侧的过程中将产生一个沉降差,这个差值如果超限,将造成车站沉降、结构弯曲和扭曲变形、已有裂缝的扩展和错动,并由此引发轨道几何形位的改变。这些变化不仅会引起既有线隧道结构的内力增加,而且有可能会导致钢轨顶面水平超差、轨向平顺超差或前后高低超差;另外,考虑到既有线的道床和基层的整体刚度不一,受变形过大的影响,道床及其基层之间将会产生脱离现象,对既有线运营产生危害。

(3)在盾构过轨施工时,合理设定土压力,调节盾构推进速度与排土速度关系,保持开挖面稳定,使盾构保持均衡施工,同时控制同步注浆的压力和速度,及时实施二次补浆,结合盾构过轨环境情况和覆土等条件,施工引起地表沉降控制在5mm内是可以的。

(4)在盾构过轨施工过程中通过加强对既有城铁车站结构的监控量测,对轨顶差异沉降、中心线平顺性、道床裂缝监测、轨道水平间距监测、结构沉降、土体水平及垂直位移等进行了布点监测,及时提供动态监测数据来指导施工,及时调整各项施工参数,保证了盾构过轨施工的安全。

18 盾构超近距离侧穿大型立交桥桥基群桩关键施工技术

18.1 工 程 概 况

18.1.1 工程基本情况

团城湖—第九水厂输水工程(一期)是北京市南水北调配套工程的重要组成部分,开创了水利工程建设盾构法施工应用的先例。

输水工程第二标段位于隧洞段的起点,采用复合式衬砌结构,全长1961m的隧洞一衬采用盾构法施工,用一台盾构机由西向东完成掘进施工(中途两次越井),隧洞采用标准单圆盾构衬砌结构,外径6.0m、内径5.4m、衬砌厚300mm、环宽1.2m;隧洞覆土厚度6~13m不等。工程平面分布如图18.1所示。

图18.1 北京市南水北调配套工程团城湖至第九水厂输水工程平面图

盾构全程均在圆砾石低含砂量高水位复杂地层内掘进(其中700m为全断面圆砾层);2007年8月盾构在清河南岸小半径曲线上始发,连续两个半径400m的急曲线和6.7‰坡度,穿越高密度低矮结构很差的平房和浅覆土河道后抵达清河北岸;其后向东在不足2m的超近距离条件下侧穿大型立交桥(北五环肖家河立交桥)桥基群桩,桥桩竖向沉降和水平位移要求十分严格,仅仅2mm,在国内尚无同类工程先例可循。

二标段盾构超近距离侧穿大型立交桥—北五环肖家河桥区群桩是团城湖-第九水厂输水工程一期全线施工的最关键节点之一。桥区的工程地质和水文地质条件较差,且桥桩密集、地下管线集中,盾构在与桥桩基最小水平净距仅1.97m的条件下穿越,施工难度十分大且工程风险极高。

穿越施工分为以下两个阶段实施：

第一阶段，穿越前对地层进行注浆加固，并实施安全监测，一方面为注浆加固参数优化提供参考，另一方面验证注浆加固对桥桩安全状况的影响，确保注浆效果及控制注浆对桥桩的影响。

第二阶段，在盾构穿越前通过分层沉降监测优化盾构掘进各项参数，盾构穿越实施过程中，强化盾构掘进施工管理，加强同步注浆和二次补浆，严格控制掘进速度、土压值设定等掘进参数，保持盾构掘进施工连续性，同时附以全方位动态实时监测技术，及时反馈指导施工，使桥桩最大沉降及差异沉降控制在了 1mm 之内，确保了桥梁结构安全。

18.1.2 隧洞穿越桥桩基本情况

北五环肖家河立交桥是北京城区北部的重要交通枢纽，担负着十分重要的社会交通功能，主桥南北走向；桥上部结构为预应力混凝土连续箱梁，桥基均为直径为 1.2m 的圆形钻孔灌注摩擦桩，桩长约 20m。两根为一组，通过承台联系，承台上为独柱。肖家河立交桥见图 18.2。

图 18.2 盾构所穿越的肖家河桥

隧顶覆土平均厚度约 12m，盾构由西向东依次穿越肖家河桥北侧 B 匝道 ZB10 号～ZB11 号轴间、Y 线 YZ8 号～YZ9 号轴间以及 D 匝道 ZD－1 号～ZD－2 号轴间。所穿越桥桩编号为 ZB10、ZB11、ZD1、ZD2 和 YZ8，共计有 16 根桩受影响，其中，距桩基 YZ－8 最小水平距离约 1.97m，平均距离不足 3m；盾构隧底仅在桥桩基础底上 2.9m，桥桩基均处于盾构的强扰动范围内。盾构对围岩的强扰动范围在 1 倍盾构直径，即 6m，而常规情况下桥摩擦桩基础允许扰动范围在 5D（D 为桩径），即 6m 以外。盾构输水隧洞与肖家河桥区平面关系如图 18.3 所示，盾构隧洞与肖家河桥剖面关系如图 18.4 所示。Y 线第三联预应力混凝土连续箱梁分为左右双幅，跨径布置为 17.98m＋2×28m＋27.907m，箱梁顶面宽 12.87m。

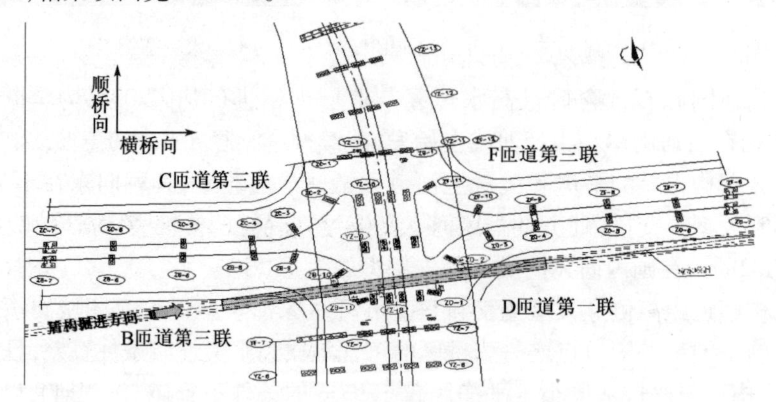

图 18.3 盾构输水隧洞与肖家河桥区平面关系

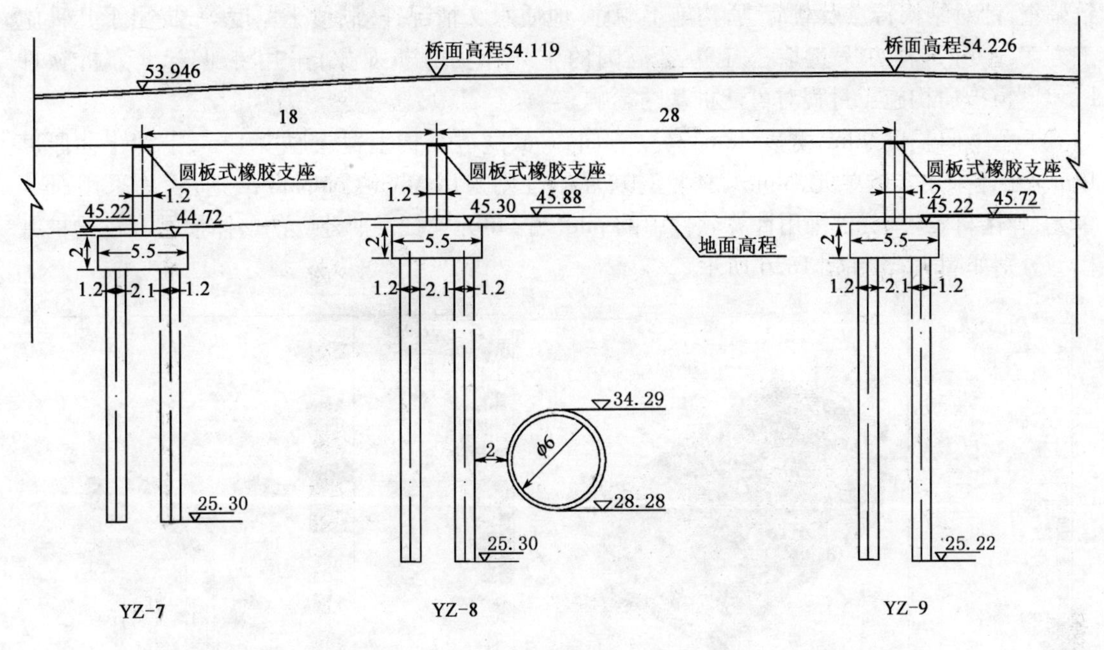

图 18.4　盾构隧洞与肖家河桥剖面关系(尺寸单位:m)

18.1.3　桥梁沉降控制标准

根据《南水北调工程下穿圆明园西路立交桥影响区域桥梁的检测评估报告》[京建质检J3—G 字 2007 第(474)号],桥梁沉降控制标准见表 18.1。

沉降控制建议值　　表 18.1

沉降方向	结构位置	沉降控制建议值(mm)		
		预警值(60%)	报警值(80%)	极限值(100%)
顺桥向	Y 线第三联	2.4	3.2	4.0
	B 匝道(D 匝道)	1.2	1.6	2.0
	C 匝道(F 匝道)	3.0	4.0	5.0
横桥向	Y 线与 B、C、D、F 匝道结合处桥墩	1.2	1.6	2.0
墩柱倾斜控制标准	施工影响范围内各桥墩倾斜度最大值控制在 1.5‰以内,以确保墩柱竖直,避免因水平位移过大而造成墩柱倾斜			

18.2　盾构穿越桥桩区主要风险及技术措施

18.2.1　盾构穿越桥桩施工数值模拟

依据桥体评估结论,结合对现况北五环桥圆明园西路立交桥(即肖家河桥)及其匝道的细致调查，针对结构特点及载荷、盾构施工顺序、地质水文情况、隧洞覆土厚度等，提出了几种施工方案，并对每种方案选取一定边界范围的土体作为分析对象，采用专业岩土分析软件 $FLAC^{3D}$ 模拟盾构施工过程对可能桩基的影响。

模型纵向长度 90m，宽度 48m，高度方向 25m，隧洞结构上覆土厚度 13m，下部土体厚度 12m。土体采用实体单元，Mohr 材料模拟，屈服准则采用 Mohr-Coulomb 准则，管片采用 shell 单元，弹性材料模拟，桩采用计算软件中的 pile（桩）单元模拟。所建立的整体模型和桥梁桩基模型分别如图 18.5 和图 18.6 所示。

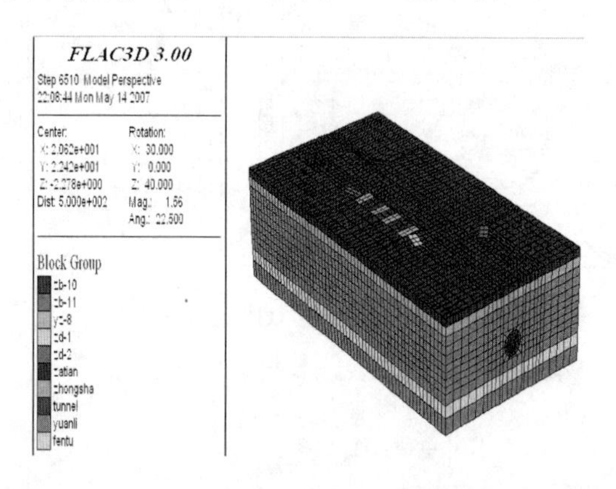

图 18.5　盾构穿越桥区整体模型

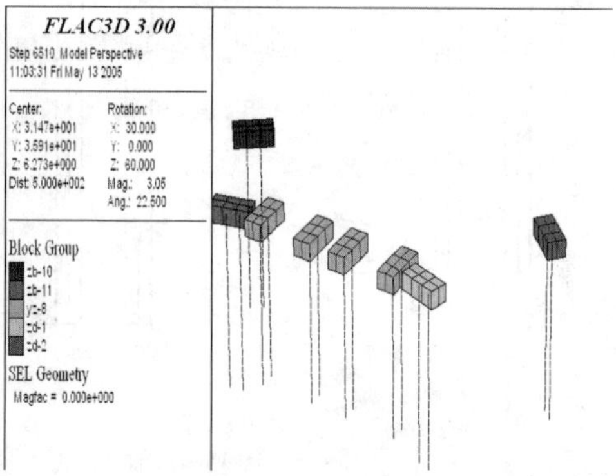

图 18.6　桥梁桩基模型

地层竖向位移和桩顶沉降如图 18.7 和图 18.8 所示。受盾构掘进过程中对地层的扰动影响，隧洞附近的桥桩的受力变化较为明显，桥桩部分部位出现了一定程度的应力集中现象，对桥桩以及周围的地层产生不利的影响。

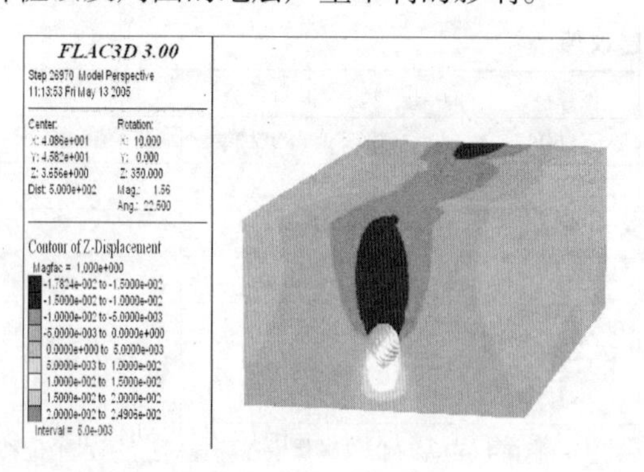

图 18.7　地层竖向位移图

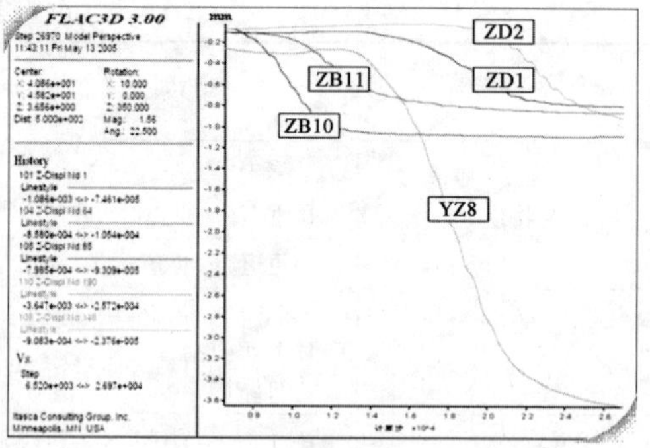

图 18.8　桩顶沉降发展过程

通过模拟分析，可得各项最大变位值，见表 18.2。

各项最大变位值　　表 18.2

桩　号	桩顶沉降（mm）	桩体最大水平位移（mm）	地表沉降（mm）
ZB—10	1.5	15	10.1
YZ－8	3.6	22	

18.2.2 盾构穿越桥桩施工主要风险

盾构机在高密度全断面含砂量低的圆砾层下掘进，推力高达34000kN以上，距桥基1.97m条件下侧穿，对桥桩周边土扰动严重，尚且有16根之多，控制不好即会引起桥桩产生较大的位移和下沉，形成桥梁安全隐患，甚至造成桥梁开裂，导致交通瘫痪。

通过数值模拟计算分析，盾构穿越肖家河桥区正常施工方案（不采取任何加固措施）：ZB10桩顶沉降1.5mm，桩体最大水平位移15mm，YZ8桩顶沉降3.6mm，桩体最大水平位移22mm。桩顶沉降虽不是太大，但仍然超过了允许沉降控制值（2mm），且桩体水平位移分别达到了15mm和22mm，大大超过了允许值（5mm）。

因此，在正常施工（不采取任何加固措施）情况下，桥桩安全性难以得到保证，施工中结构安全风险非常大。

根据盾构法施工的特点，结合盾构侧穿桥桩施工有限元模拟分析，可以看出：受盾构掘进过程中对地层的扰动影响，隧洞附近的桥桩的受力变化较为明显，桥桩部分部位出现了一定程度的应力集中现象，对桥桩以及周围的地层产生不利的影响。

18.2.3 采取的技术措施

在盾构施工过程中，在采取一定地层预处理措施的前提下，强化盾构掘进施工管理，优化盾构施工参数，加强同步注浆和二次补浆，严格控制掘进速度；保持盾构掘进施工的连续性，尤其在桥区施工时不得中断；高度重视监控量测工作，严密组织，切实做到信息化施工。具体措施如下。

（1）以不扰动桥桩为原则，采用TGRM后退式注浆工艺提前对盾构隧洞上方土体及隧洞与桥桩间土体进行预加固。考虑盾构穿越桥区情况复杂、风险程度高，正式注浆加固实施前，进行试验段施工，同时启动对桥桩的各项监测工作，以确定合理的注浆参数，指导正式加固施工。

（2）针对盾构穿越桥区全断面圆砾④地层的特点，为了保证盾构机一次完成780m掘进并安全通过桥区，利用在2号衬井盾构机检修的时机，根据盾构机在前面1km掘进的具体情况，对盾构机刀盘进行选择性的加固和补强处理并适当增加刀具，从设备上保障穿越成功。

（3）针对盾构机穿越肖家河桥时，水平运输距离已经超过了1km，在距始发井900m处，增设一道车场，实现3列运输车交替运输，避免因运输不及时而影响盾构掘进。

（4）结合桥区地层分部相对连续的特点，在盾构机穿越肖家河桥前设置两排分层沉降监控点，根据测量结果，调整盾构机的参数设置。为了避免试验数据的偶然性，另外布置了几排辅助监控点，以便通过多次调整盾构参数，得出最佳值。

（5）在盾构穿越主桥区施工过程中通过高密度的桥体全方位动态实时监控量测，提供动态监测数据，第一时间来指导盾构掘进施工，及时调整盾构掘进施工参数。

（6）对桥桩长期监测和跟踪注浆。盾构穿越后，对该段桥桩及盾构隧洞实施长期监测，并进行跟踪注浆，确保桩基的稳定与安全。

18.3 关键技术措施实施

18.3.1 土体注浆预加固

采用后退式注浆工艺,通过地面提前对桥桩周围土体和盾构隧洞上方土体进行预加固,注浆材料选取 TGRM。

加固范围为盾构隧洞边缘切线向上方及左右方各 3m,即为门形。为提高被加固土体在盾构掘进机通过时的抗侧压力,在隧洞两侧各 1.5m 处布两排 $\phi108\times8$ 的钢管,提高土体抗侧压力强度。

加固范围及加固示意图如图 18.9 所示。

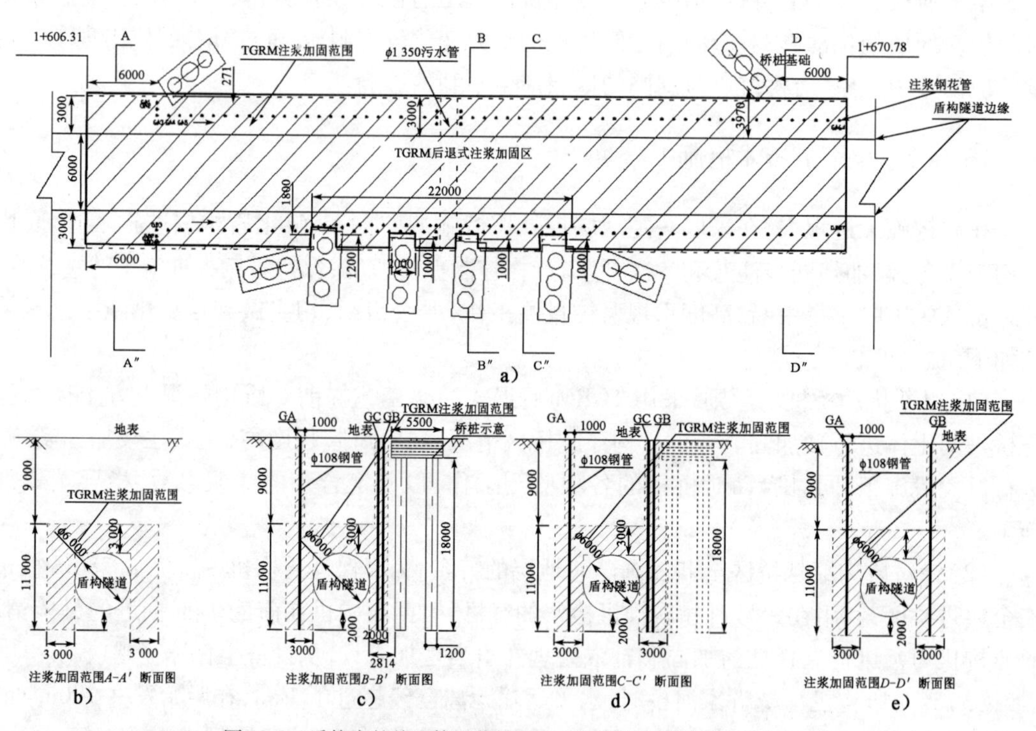

图 18.9 盾构穿越前土体注浆加固平、剖面图(尺寸单位:mm)

正式注浆加固前,选择 YZ8 排桩中间两排附近 6m 注浆段作为试验段进行试验,同时进行桥桩的各项监测工作,并增加 4 组测斜监测,以确定合理的注浆参数(注浆速度、注浆压力、布孔间距、浆液配比等),用以指导正式注浆加固施工,同时启动对桥桩的实时监测。

沿 Y 轴正方向 6m,沿 X 轴正方向 9m 的矩形区域为注浆加固试验区域,根据注浆范围内的整体布孔图的孔位布置情况,试验段范围内共包括 72 根注浆孔,1136m 的钻孔长度,380m 的注浆钢管。试验段分为两个试验区,Ⅰ区注浆压力控制为 0.1 ~0.4MPa,Ⅱ区注浆压力控制为 0.2 ~0.5MPa。通过试验,同步监控量测数据最大沉降为 0.5mm、平均沉降为 0.4mm、最大差异沉降为0.2mm。

为检验加固效果，在地面垂直钻孔取芯，7d标养荷载为18kN(折合强度2.3MPa)，达到了既定要求。图18.10为取芯及试验情况。表明注浆工艺、材料及各项参数选取合理，注浆加固对桥桩的影响是微小的，是安全、有效、可控的。

a）

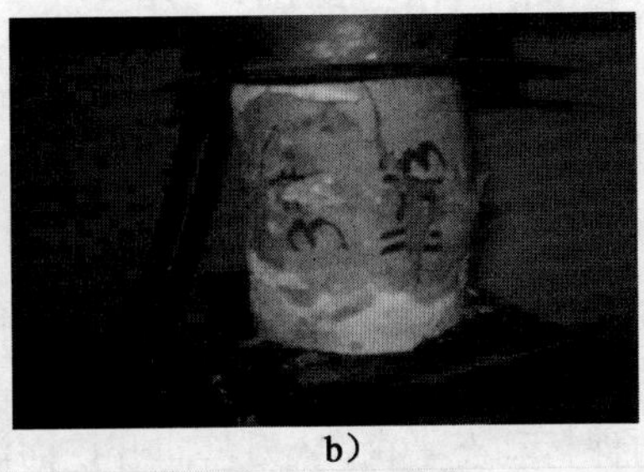

b）

图18.10 加固土体取芯及试验

依据加固试验段掌握的各项数据，正式加固段的注浆参数确定为：隧洞边界处注浆压力0.4MPa，隧洞外两侧注浆压力梯度递减至0.2MPa；TGRM浆液的水灰比为0.8:1，浆液注入率为57.3%。其他注浆参数见表18.3。

注 浆 参 数 表18.3

序 号	参数名称	设定参数
1	TGRM深孔注浆扩散半径	0.65m
2	注浆终压(一般段)	0.1~0.5MPa
3	注浆终压(管线邻近段)	0.1~0.2MPa
4	注浆速度	20~70L/min
5	注浆孔间距	1m
6	TGRM浆液水灰比(抗分散型)	$W:C=0.8:1$

注浆采用垂直向下钻杆后退式分段注浆工艺，使用地质钻机将注浆孔施工至预定深度，然后在钻杆顶部连接注浆管，钻杆边向上提升边注浆，直至达到设计注浆长度。后退式分段注浆工艺如图18.11所示。钻机型号为“Gj-150”，共投入3台。

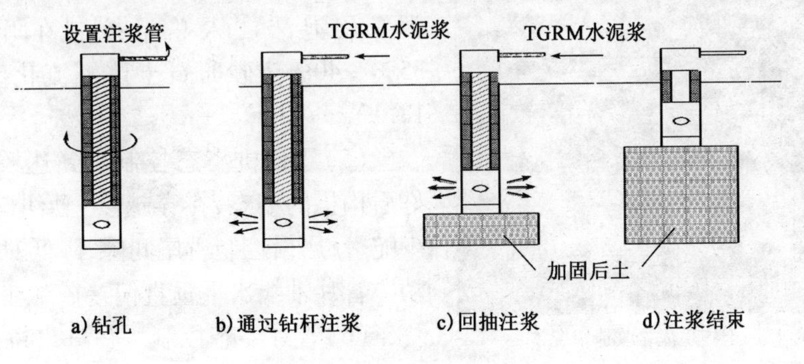

图18.11 后退式分段注浆工艺

18.3.2 盾构掘进施工

1)设置分层沉降监测初步确定盾构掘进各项参数

在里程桩号 K1 +410m 和 K1 +450m 处各布置一排分层沉降监测点,断面间距 40m,每个监测断面布置 5 个测孔,共计 10 个土体沉降监测孔,分别位于隧洞轴线上及轴线两侧 4m、9m 处,用以监测盾构掘进中地层沉降情况。

2)依据主桥区实时监控量测进一步进行盾构掘进各项参数控制

根据实际调节推进千斤顶的推力,控制盾构机的推速,使盾构土压仓内建立起的泥土压力足以与地层水土压力相平衡;保持开挖面切削土量和螺旋输送机排土量的平衡,以使泥土压力与地层土压力保持动态平衡;从刀盘向开挖面添加泥浆及泡沫,改善开挖面圆砾地层的力学性质,同时改善盾构刀盘和螺旋输送机的工作环境,根据实际的出土效果进行加泥与加泡沫的相应比例调整;同步注浆进行双控(即量控和压控),后续补注浆根据沉降监测值适当地选择注入量。

(1)推进速度控制。盾构机穿越桥区施工本着匀速通过的原则,同时也避免因推进速度过快而增大推力和扭矩,加大对土层的影响,结合多次试验分析,确定过桥时盾构推进速度为 60mm/min(设计最大推速 100mm/min)。

(2)目标土压力控制。通过计算,依据前期分层沉降数据,减少开挖土体移动,确定切削面主动土压为 0.08MPa,按照此设定土压进行施工。根据地面同步监测数据,刀盘断面上方隆起在 1mm 左右,比较方便后期的沉降控制。

(3)同步注浆控制。单环注浆量控制在 1.9m^3 以上,注浆压力在 0.35MPa。盾构刀盘外周直径 6.14m,管片外周直径 6m,计算理论注浆量为 1.6m^3;考虑到盾构穿越地层为高密度含砂量低的圆砾层,孔隙较大,浆液脱水后体积变小;注浆压力比注浆出水土压力高出 0.1 ~ 0.2MPa,综合管路内的压力损失,确定注浆压力在 0.35MPa,同步注浆量控制在 120% 即1.9m^3 以上,加上二次补注浆超过 130%,即 2.1m^3。

(4)泥浆泡沫的控制。泥浆量 150L/min,泡沫 400L/min,减阻泥浆 100L/min。为了减小盾构机对土体的扰动,在推进过程中,兼顾控制刀盘扭矩和推力。控制刀盘扭矩的关键是前方土压仓的塑流化改造,即泥浆和泡沫的配比及注入量的调整,通过在穿桥前多次的试验积累,确定适合本段土层的泥浆、泡沫的配比及注入量,泥浆及泡沫注入总量控制在开挖土方量的 35% ~40%。砂卵石土体塑流化改造情况见图 18.12。

图 18.12 土体塑流化改造情况

(5)盾构机姿态控制。到达桥区 30m 前,调好盾构机的姿态,在穿越段"勤纠偏,小纠偏",减少蛇行,严格控制盾尾间隙,降低对周边土体的扰动。管片轴线水平垂直偏差控制在 15mm 内。

(6)管片姿态控制。在进入桥区前做好管片选型,注意管片拼装的楔型量、间隙量和椭圆度,防止尾刷与管片碰撞导致盾尾密封、铰接密封

损坏及管片变形。

(7)二次注浆。盾构同步注浆后，由于浆液脱水，浆液体积收缩会加剧地表的后期沉降量，二次注浆能进一步充实衬背和提高止水能力。补注浆的时机选择在拼装后的第10环开始，每两环后补注双液浆一次，注浆量不小于400L。

18.3.3 实施同步监控量测

监测工作按地面常规监测工作与实时监测结合的原则进行实施。

地面人工常规监测每天频率为3次；实时自动化监测数据每1h采集一次，盾构掘进时每5min采集一次数据。

监测点布置上考虑地表监测断面垂直于隧洞纵向中心轴线，测点以隧洞中心轴线往外按由密到疏的原则进行布点，呈对称分布，并跨越施工影响区域；桥梁变形监测测点与应力监测测点布置于真实反映桥梁变形与受力变化明显的部位，并且在桥梁连续梁段进行布点监测。共埋设土体测斜点6个，桥墩沉降测点30个(不包含实时自动化监测点)。

盾构达到桥区前进行了为期4d的连续监测，结果显示桥体受车辆荷载影响变形量在-0.3mm。

盾构刀盘到达桥区前30m(5D、里程1+540)开始进行每5min采集一次数据的实时监测，盾尾离开桥区5D(里程1+710)后结束实时监测。盾构穿越期间全时监控量测数据分析如图18.13所示。

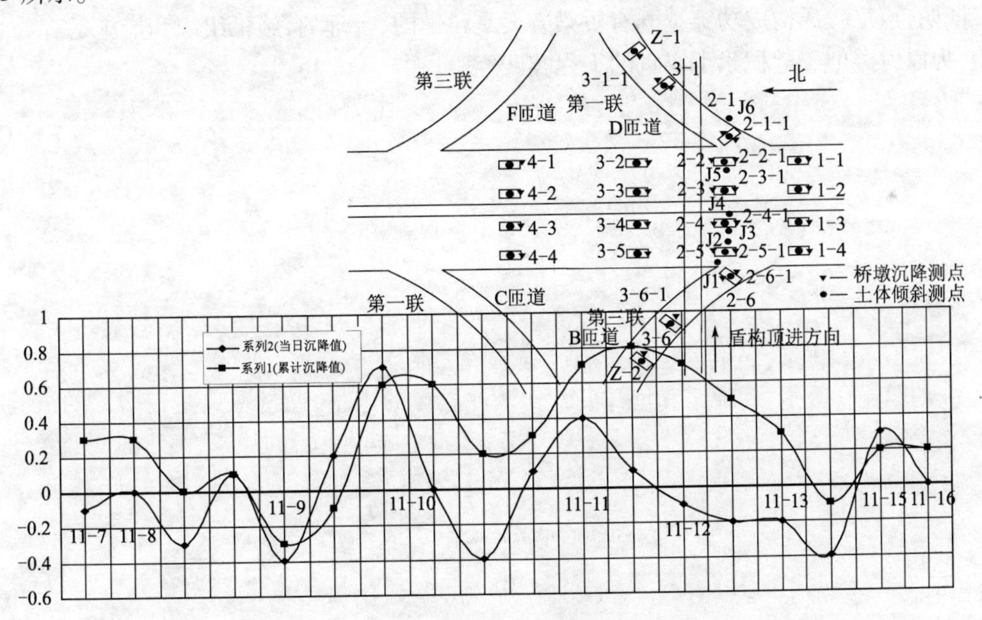

图18.13 盾构穿越期间全时监控量测数据分析图

综合各测点监控量测数据分析，盾构穿越过程及穿越完成后期桥体变形最大值分别为：最大竖向沉降-0.9mm，最大竖向隆起0.8mm，差异沉降为0.9mm，桥墩柱倾斜最大值控制在0.4‰，土体位移和竖向变形完全符合盾构法施工变形规律，各项变形指标完全符合要求。

监控量测数据表明盾构侧穿对桥体变形影响完全在可控中，各项措施的采取是十分正确和到位的。

18.4 本 章 小 结

(1)针对南水北调输水隧洞盾构近距离穿越肖家河桥桩区工程实践,分析地层情况、隧洞覆土厚度及桥桩分布等,建立有限元模型,模拟分析盾构掘进过程中对桥桩的影响程度,进而确定其风险高低。

(2)通过盾构侧穿桥桩施工有限元模拟分析,可以看出:受盾构掘进过程中对地层的扰动影响,隧洞附近的桥桩的受力变化较为明显,桥桩部分部位出现了一定程度的应力集中现象,对桥桩以及周围的地层产生不利的影响。

(3)根据实际情况,采用后退式注浆工艺,通过地面提前对桥桩周围土体和盾构隧洞上方土体进行预加固,注浆材料选取 TGRM。在盾构施工过程中,强化盾构掘进施工管理,优化盾构施工参数,加强同步注浆和二次补浆,严格控制掘进速度;保持盾构掘进施工的连续性,尤其在桥区施工时不得中断;在盾构穿越主桥区过程中通过高密度的桥体全方位动态实时监控量测,提供动态监测数据,第一时间来指导盾构掘进施工,及时调整盾构掘进施工参数。盾构穿越后,对该段桥桩及盾构隧洞实施长期监测,并进行跟踪注浆,确保桩基的稳定与安全。

(4)盾构在全断面圆砾石地层、高水位条件下超近距离侧穿大型立交桥群桩,鲜有实例。实践证明,该工程盾构成功穿越既有桥梁方案是科学的、合理的,施工组织和措施是有效的、到位的,为以后类似工程积累了宝贵的工程实践经验。

参 考 文 献

[1] 王梦恕.地下工程浅埋暗挖技术通论[M].合肥:安徽教育出版社,2004.

[2] Taylor RN. Tunneling in soft ground in the UK. Proc. Int. symposium on Underground Construction in Soft Ground. New Delhi (eds. Fujita & Kusakabe), Balkema,1994.

[3] 孔恒. 城市地铁隧道浅埋暗挖法地层预加固机理及其应用研究[D]. 北京:北京交通大学,2003.

[4] 张晓丽. 浅埋暗挖下穿既有地铁构筑物关键技术研究与实践[D]. 北京:北京交通大学,2007.

[5] 仇文革. 地下工程邻近施工力学原理与对策研究[D]. 成都:西南交通大学,2003.

[6] 易萍丽. 现代隧道设计与施工[M]. 北京:中国铁道出版社,1997.

[7] E soliman, H Duddeck and H Ahrens. Two and three-dimensional analysis of closely spaced double-tube tunnels. Tunnelling and Undergroud Space Technology. 1993,8(2):122-128.

[8] Negro A, Queiroz de P I B. Prediction and performance: A review of numerical analyses for tunnels. Proc. Geotechnical Aspect of Underground Construction in Soft Ground . (eds Kusakabe, Fujita & Miyazaki). Balkema,2000.

[9] 樱井.浅埋未固结围岩隧道开挖中的围岩动态[J]. 隧道译丛,1988 (6):11-24.

[10] Katzenbach R and H Breth. Non-linear 3-D analysis for NATM in Frankfurt Clay. Proc. 10th Int. Conf. Soil Mech. Found. Eng. Stockholm. 1951,(1)315-318.

[11] Oreste PP, Peila D,Poma A. Numerical study of low depth tunnel behavior. Proc. Challenges for the 21st Century, Balkema,1999 :155-162.

[12] 铁道部第16工程局. 城市松散含水地层中复杂洞群浅埋暗挖施工技术研究[R],1999.

[13] 刘维宁, 沈艳峰,等. 北京地铁复-八线车站施工对环境影响的预测与分析[J]. 土木工程学报,2000,33 (4):47-50.

[14] 王梦恕, 张建华. 浅埋双线铁路隧道不稳定地层新奥法施工[J]. 铁道工程学报, 1987 (2): 176-191.

[15] 崔天麟. 超浅埋暗挖隧道初期支护结构内力监测及稳定性分析[J]. 现代隧道技术, 2001,38(2):29-33.

[16] 许燕峰, 苏钧. 浅埋暗挖法隧道施工引起地面沉降的原因及控制措施[J]. 世界隧道, 1998(2):49-52.

[17] Hak Joon Kim. Estimation for tunnel Lining Loads. PhD Thesis, University of Alberta,1997.

[18] PeckRB. Deep excavation and tunneling in soft ground, 7th ICSMEF, 1969.

[19] CloughGW and Schmidt. Design and performance of excavation and tunnels in soft clay. In Soft Clay Engineering Elsevier,1981.

[20] O'ReillyMP, NewBM. Settlements above tunnels in the United Kingdom – their magnitude and prediction. Tunnelling 82, London. IMM,1982.

[21] 藤田圭一. 从基础工程角度看盾构掘进法. 隧道译丛,1985(5):49-63.

[22] AtewellPB and SelbyAR. Tunnelling in Compressible Soils: Large Ground Movements and Structure Implications. Tunnelling and Underground Space Technology,1989, 4(4).

[23] 尹旅超,等. 日本隧道盾构新技术. 武汉:华中理工大学出版社,1999.

[24] FangYS, Lin JS, Su CS. Anestimation of ground settlement due to shield tunneling by the Peck-Fujita method. Canadian Geotechnique Journal,1994(31):431-443.

[25] SelbyAR. Surface movements caused by tunneling in teo-layer soil. Engineering Geology of Underground Movements(ed. Bell, F. G. et al),Geological Society Engineering Geology Special Publication. 1988(4):647-649.

[26] New, BM and O'ReillyMP. Tunnelling induced ground movements: predicting their magnitude and effects. 4th International Conference on Ground Movements and Structures. Cardiff, invited review paper, Pentech Press. 1991.

[27] AtewellPB and WoodmanJP. Predicting the dynamics of ground settlement and its derivatives caused by tunneling in soil. Ground Engineering,1982,15(8):32-41.

[28] MohZC, JuDH and HwangRN. Ground movements around tunnels in soft ground. Proc. Int. Symposium on Geotechnical Aspects of Underground Construction in Soft Ground. London, Balkema. 1996.

[29] NomotoT, MoriH and MatsumotoM. Overview on ground movements during shield tunneling- a survey on Japanese shield tunneling. Underground Coustruction in Soft Ground(eds K. Fujita and O. Kusakabe),Balkema. 1995.

[30] Ata,AA. Ground settlements induced by slurry shield tunneling in stratified soils. Proc. North American Tunnelling'96,ed. L Ozdemir,1996(1):43-50.

[31] Fang YS, Lin SJ and Lin JS. Time and settlement in EPB shield tunneling. Tunnels&Tunnelling, 1993,25(11): 27-28.

[32] 侯学渊,廖少明. 盾构隧道沉降预估[J]. 地下工程与隧道,1993(4).

[33] MairRJ, TaylorRN and Brace girdle A. Subsurface settlement profiles above tunnels in clays. Geotechnique 43. No 2,1993.

[34] DyerMR,Hutchinson MT and Evans N. Sudden Valley Sewer: a case history. Proc. Int. Symposium on Geotechnical Aspects of Underground Construction in Soft Ground, London (eds R. J. Mair and R. N. Taylor),Balkema,1996.

[35] Atewell PB, GlossopNH and Farmer IW. Ground deformations caused by tunneling in a silty alluvial clay. Ground Engineering,1978,15(8)32-41.

[36] Deane AP and BassettRH. The Hearthrow Express Trial Tunnel. Proc. Inst. Civil Engineers, 1995(133):144-156.

[37] CordingEJ. Control of ground movements around tunnels in soil. General Report,9th Pan-American Conference on Soil Mechanics and Foundation Engineering, Chile,1991.

[38] CloughGW, SweenyBP and FinnoRJ. Measured soil response to EPB shield tunneling. Journal of Geotechnical Engineering,ASCE,1983,109(2):131-149.

[39] FujitaK. Soft ground tunneling and buried structures. State-of-the-Art Report, Proc. 13th Int. Conf. on soil mechanics and Foundation Engineering, New Delhi, 1994(5):89-108.

[40] 陶履彬,侯学渊. 圆形隧道的应力场和位移场[J]. 隧道及地下工程,1986,7(1):9-19.

[41] Clough GW and Schmidt B. Design and performance of excavations and tunnels in soft clay. In Soft Clay Engineering, Elsevier, 1981.

[42] 久武胜保. 软岩隧道的非线性弹塑性状态. 隧道译丛,1992 (1):11-18.

[43] Verruijt A and BookerJ R. Surface Settlements due to Deformetion of a Tunnel in an Elastic half Plane, Geotechnique, London, England, 1996, 46(4):753-756.

[44] Panet M and Guenot A. Analusis of convergence behind the face of a tunnel. Proc. Tunnelling 82. Institute of Mining and Metallurgy, London, 1982.

[45] SwobodaG. Finite element analysis of the New Austrian Tunnelling Methods (NATM). Proc. 3rd Int. Conf. on Numerical Meth ods in Geomechanics, Aachen, 1979(2):581-586.

[46] FinnoRJ, and CloughGW. Evaluation of soil response to EPB shield tunneling. ASCE, Journal of Geotechnical Engineering, 1985, 111(2):157-173.

[47] Fathalla EI-Nahhas, Farouk EI-Kadi. 浅埋隧道开挖期间土的状态分析. 隧道译丛,1993(9):1-6.

[48] RoweRK and LoKY and Kack GJ. A method of estimating surface settlement above tunnels constructed in soft ground. Canadian Geotechnique Journal, 1983, 20(8).

[49] RoweRK and GJ Kack. A theoretical examination of the settlements induced by tunneling, four case histories, Canadian Geotechnical Journal, 1983(20):299-314.

[50] RoweRK. and Lee KM. Subsidence owing to tunneling: Part Ⅱ - evaluation of a prediction technique. Canadian Geotechnical Journal, 1992, 29(5).

[51] Lee KM and Rowe RK. Subsidence owing to tunneling. Ⅰ. Estimating the gap parameter. Canadian Geotechnical Journal, 1992, 29(5):929-940.

[52] LeeKM and Rowe RK. Finite element modeling of the three-dimensional ground deformation due to tunneling in soft cohesive soil: Part Ⅰ-method of analysis. Computers and Geotechnics, 1990.

[53] LeeKM and RoweRK. Finite element modeling of the three-dimensional ground deformation due to tunneling in soft cohesive soil: Part Ⅱ-method of analysis. Computers and Geotechnics, 1990.

[54] LeeKM and RoweRK. An analysis of three-dimensional ground movements. The Thunder Bay tunnel. Canadian Geotechnical Journal, 1991(28):25-41.

[55] RoweRK and Lee KM. An evalution of simplified techniques for estimating three-dimensional undrained ground movements due to tunneling in soft soils. Canadian Geotechnical Journal, 1992, 29(5).

[56] LeeKM and RoweRK. Effects of undrained strength anisotropy on surface subsidences induced by the construction of shallow tunnels. Canadian Geotechnical Journal, 1989(26):279-291.

[57] Akagi H and Komiya K. Finite element simulation of shield tunneling processes in soft

ground. Proc. Int. Symposium on Geotechnical Aspects of Underground Construction in Soft Ground. London(eds, R. J. Mair and R. N. Taylor) , Balkema, 1996.

[58] Gioda G, Sterpi D and Locatelli L. Some examples of finite element analysis of tunnels. Proc. 8th Int. Conf. on computer Methods and Advances in Geomechanics, Morgantown. 1994(1):165-176.

[59] D Dias, R Kaster &M Maghazi. Three dimensional simulation of slurry shield tunneling. Symposium on Geotechnical Aspects of Underground Construction in Soft Ground, Japan, 1999.

[60] GunnMJ. The predictive of surface settlement profiles due to tunneling. Predictive Soil Mechamics. Proc Wroth Memorial Symposium. Oxford 1992. Thomas Telford. 1993.

[61] Simpson N, Atkinson JH and Jovicic V. The influence of anisotropy on calculations of ground settlements above tunnels. Proc. Int. Symposium on Geotechnical Aspects of Underground Construction in Soft Ground. London(eds, R. J. Mair and R. N. Taylor) , Balkema, 1996.

[62] Addenbrooke TI, Potts DM and Puzrin AM. The influence of pre-failure soil stiffness on the numerical analysis o tunnel construction. Geotechnique 47, 1997(3):693-712.

[63] Grant RJ and Taylor RN. Centrifuge modeling of ground movements due to tunneling in layered ground. Proc. Int. Symposium on Geotechnical Aspects of Underground Construction in Soft Ground, London(eds. R. J. Mair and R. N. Taylor), Balkema, 1996.

[64] ChambonJF and CorteJF. Shallow tunnels in cohesionless soil: stability of tunnel face. Journal of Geotechnical engineering, ASCE, Vol. 120, No. 7, July 1994.

[65] Imamura S, Nomoto T, Mito K, UenoK and Kusakabe O. Design and development of underground construction equipment in a centrifuge. Proc. Int. Symposium on Geotechnical Aspects of Underground Construction in Soft Ground, London(eds. R. J. Mair and R. N. Taylor), Balkema, 1996.

[66] Nomoto T, Mito K, Imamura S, Ueno K and Kusakabe O. Centrifuge modeling of construction processes of shield tunnel. Proc. Int. Symposium on Geotechnical Aspects of Underground Construction in Soft Ground, London(eds. R. J. Mair and R. N. Taylor), Balkema, 1996.

[67] Bolton MD, Lu YC and SharmaJS. Centrifuge models of tunnel construction and compensation grounting. Proc. Int. Symposium on Geotechnical Aspects of Underground Construction in Soft Ground, London(eds. R. J. Mair and R. N. Taylor), Balkema, 1996.

[68] 大冢将夫藤田.盾构掘进中地层及房屋建筑的动态.隧道译丛,1991(1).

[69] Yi X, Rowe RK and LeeKM. Observed and calculated pore pressures and deformationa induced by an earth balance shield, Canadian Geotechnical Journal, 1993(30):476-490.

[70] 易宏伟,朱忠隆.盾构法施工中土体扰动的静力触探试验研究[J].武汉城市建设学院学报,1999(2):39-43.

[71] 张庆贺,朱忠隆,等.盾构推进引起土体扰动理论分析及试验研究[J].岩石力学与工程学报,1999(6):699-703 .

[72] 朱忠隆,张庆贺.盾构法施工对地层扰动的试验研究[J].岩土力学,2000(1):49-52.

[73] 易宏伟,孙钧.盾构施工对软黏土的扰动机理分析[J].同济大学学报,2000(3):277-281.
[74] 徐永福.隧道盾构施工对周围土体扰动影响的研究[D].上海:同济大学,2000.
[75] 王连芬,许树柏.层次分析法引论[M].北京:中国人民大学出版社,1990.
[76] 中华人民共和国国家标准.地铁设计规范(GB 50157—2003)[S].北京:中国计划出版社,2003.
[77] 中华人民共和国行业标准.铁路隧道设计规范(TB10003—2005)[S].北京:中国铁道出版社,2005.
[78] 中华人民共和国国家标准.民用建筑可靠性鉴定标准(GB 50292—1999)[S].北京:中国建筑工业出版社,1999.
[79] 中华人民共和国国家标准.工业厂房可靠性鉴定标准(GB J144—1990)[S].建设部标准定额研究所,1990.
[80] 中华人民共和国国家标准.混凝土结构设计规范(GB 50010—2002)[S].北京:中国建筑工业出版社,2002.
[81] 中华人民共和国行业标准.回弹法检测混凝土抗压强度技术规程(JGL/T 23—2001)[S].北京:中国建筑工业出版社,2001.
[82] 中国工程建设标准化协会标准.钻芯法检测混凝土强度技术规范(CECS 03:2007)[S].北京:中国计划出版社,2007.
[83] 中华人民共和国国家标准.建筑结构检测技术标准(GB/T 50344—2004)[S].北京:中国建筑工业出版社,2004.
[84] 中国工程建设标准化协会标准.混凝土结构耐久性评定标准(CECS 220:2007)[S].北京:中国建筑工业出版社,2007.
[85] (英)普勒-斯特雷克(Pullar-Strecker,P.).混凝土腐蚀破坏的评估与修补[M].北京:冶金工业出版社,1991.
[86] 日本混凝土工程协会.混凝土工程裂缝调查及补强加固技术规程[M].北京:地震出版社,1992.
[87] 王媛俐.重点工程混凝土耐久性的研究与工程应用技术[M].北京:中国建材工业出版社,2001.
[88] 北京市城乡建设委员会.地下铁道工程施工及验收规范(GB 50299—1999)[S].北京:中国计划出版社,1999.
[89] 中国工程建设标准化协会标准.后装拔出法检测混凝土强度技术规程(CECS 69:1994)[S].北京:中国建筑工业出版社,1994.
[90] 赵格义.地铁盾构施工风险辨识与评估研究[D].南京:南京林业大学,2010.
[91] 曹妙生.地铁盾构施工安全风险防范[J].建筑机械化,2009(7):28-33.
[92] Peck,RB. Deep excavations and tunneling in soft ground . Proc. 7th Int. Conf. Soil Mechanical and Foundation Engineering. Mexico City. State of the Art,1996.
[93] 孔恒.城市地下工程浅埋暗挖地层预加固理论与实践[M].北京:中国建筑工业出版社,2009.

[94] 姚宣德. 浅埋暗挖法城市隧道及地下工程施工风险分析与评估[D]. 北京:北京交通大学,2009.

[95] O'Reilly&New. Settle ments above tunnels in the UK-their magnitude and predietion. Tunneling'82. London: IMM, 1982.

[96] 阳军生,刘宝琛. 城市隧道施工引起的地表移动及变形[M]. 北京:中国铁道出版社,2002.

[97] 施成华,彭立敏,刘宝琛,等. 浅埋隧道施工引起的纵向地层移动与变形[J]. 中国铁道科学,2003,24(4):87-91.

[98] Attewell, PB Yeates, J Selby. A. R. Soil movements induced by tunneling and their effects on pipelines and structures. Glawsgow, Blackie: New York, Chapman and Hall, 1986.

[99] 李世平, 吴振业,等. 岩石力学简明教程[M]. 北京: 煤炭工业出版社, 1996.

[100] Chambon P, Corte, JF. Shallow tunnels in cohesionless soil :stability of tunnel face. Journal of Geotechnical Engineering. ASCE,1994,120(7):1150-1163.

[101] Mair. RJ. Settlement effects of bored tunnels. Session Report, Proc. Geotechnical Aspects of Underground Construction in Soft Groud. (eds Mair RJ. & Taylor RN). Balkema,1996.

[102] 韩煊. 隧道施工引起地层位移及建筑物变形预测的实用方法研究[D]. 西安:西安理工大学,2006.

[103] [加]A·P·S 塞尔瓦杜雷. 土与基础相互作用的弹性分析[M]. 北京:中国铁道出版社, 1984.

[104] 孔恒,彭峰. 分段前进式超前深孔注浆地层预加固技术[J]. 市政技术,2008,26(6):483-486.

[105] 刘百成. 北京地铁十号线二重管无收缩双液注浆 WSS 工法施工技术[J]. 铁道建筑技术,2008(3):48-51.

[106] 白聚敏. 软流塑地层暗挖隧道的水平旋喷注浆[J]. 隧道建设,2008,28(4):510-513.

[107] 杨书江. 袖阀管法注浆加固地层施工[J]. 铁道建筑技术,2004(2):24-27.

[108] 王占生. 盾构近距穿越桩基的研究[D]. 北京:北京交通大学,2003.

[109] 徐永福,陈建山,傅德明. 盾构掘进对周围土体力学性质的影响[J]. 岩石力学与工程学报,2003,22(7):1174-1179.

[110] 侯学渊,等. 软土工程施工新技术[M]. 合肥:安徽科学技术出版社,1999.

[111] Attewell PB, Yeates J and Selby AR. Soil movements induced by tunneling and their effecrs on pipelines and structures. Glasgow,1986.

[112] 尹旅超,等. 日本隧道盾构新技术[M]. 武汉:华中理工大学出版社,1999.

[113] Mair RJ, Taylor RN and Brace girdle A. Subsurface settlement profiles above tunnels in clays. Geotechnique,1993,43(2).

[114] CS Oteo and C Sagaseta. Some Spanish experiences on measurement and evaluation of ground displacements around urban tunnels. Proc. Int. Symposium on Geotechnical Aspects of Underground Construction in Soft Ground, London (eds. RJ Mair and RN Taylor), Balkema,1996.

[115] 钟桂彤. 铁路隧道[M]. 北京:中国铁道出版社,1996.

[116] 唐益群,叶为民,张庆贺. 上海地铁盾构施工引起地面沉降的分析研究(三)[J]. 地下空间,1995(4).

[117] Rowe RK and Lo KY and Kack GJ. A method of estimating surface settlement above tunnels constructed in soft ground. Canadian Geotechnique Journal,1983,20(8).

[118] Lee KM and Rowe RK. Subsidence owing to tunneling. Ⅰ. Estimating the gap parameter. Canadian Geotechnical Journal,1922,29(5):929-940.

[119] Lee KM and Rowe RK. Proc. Int. Symposium on Geotechnical Aspects of Underground Construction in Soft Ground, London(eds. R. J. Mair and R. N. Taylor), Balkema,1996.

[120] K Greschik and G Greshik . Prediction of surface subsidence due to tunneling in soft ground. Chanllenges for the 21st Century,1999.

[121] Mair RJ, Taylor RN and Brace girdle A. Subsurface settlement profiles above tunnels in clays. Geotechnique,1993,43(2).

[122] Deane EJ and Bassett RH. The heathrow express trial tunnel. Proc., Instn. Civ. Engrs., Geotech. Engrg,1995.

[123] Wei-I. Chou and Antonio Bobet. Predictions of ground deformations in shallow tunnels in clay. Tunnelling and Underground Space Technology,2002.

[124] Moh ZC,Ju DH and Hwang RN. Ground movements around tunnels in soft ground. Proc. Int. Symposium on Geotechnical Aspects of Underground Construction in Soft Ground. London, Balkema,1996.

[125] Miguel P Romo. Soil movements induced by slurry shield tunneling. Proceedings of the fourteenth international conference on soil mechanios and founation engineering,1997.

[126] MA Marshall, GW Emilligan and RJ Mair. Movements and stress changes in London clay due to the construction of a pipe jack. Proc. Int. Symposium on Geotechnical Aspects of Underground Construction in Soft Ground, London(eds. RJ Mair and RN Taylor), Balkema,1996.

[127] 俞涛. 地铁盾构隧道近接施工影响的数值模拟及模型试验研究[D]. 成都:西南交通大学,2005.

[128] 蒋洪胜,侯学渊. 盾构掘进对隧道周围土层扰动的理论与实测分析[J]. 岩石力学与工程学报,2003,22(9):1514-1520.

[129] 严长征. 盾构隧道近距离共同作用机理及施工技术研究[D]. 上海:同济大学,2007.

[130] 张凤祥,朱合华,傅德明,等. 盾构隧道[M]. 北京:人民交通出版社,2004.

[131] 辛学忠,张玉玲,戴福忠,等. 铁路列车活载图式[J]. 中国铁道科学,2006,27(2):31-36.

[132] 陈夏新,戴福忠. 铁路桥梁列车活载图式的研究[J]. 中国铁道科学,1997,18(1):31-36.

[133] 宋克志,汪波,孔恒,等. 无水砂卵石地层土压盾构施工泡沫技术研究[J]. 岩石力学与工程学报,2005,24(13):2327-2332.

[134] 宋克志,王梦恕. 砂卵石地层盾构穿越铁路的施工效应分析[J]. 烟台师范学院学报,2005,21(1):76-80.

[135] 宋克志,王梦恕,孙谋. 基于Peck公式的盾构隧道地表沉降可靠性分析[J]. 北方交通大学学报,2004(8):31-34.

[136] 宋克志,朱建德,王梦恕. 无水砂卵石地层盾构机的选型[J]. 铁道标准设计,2004(11):51-55.

[137] 宋克志,王梦恕. 隧道地层变位的可靠性分析[J]. 中国安全科学学报,2004(6):82-86.

[138] 宋克志,王梦恕. 围岩弹性抗力对隧道结构受力的影响分析[J]. 水文地质工程地质,2013,40(1):79-82.

[139] 孔恒,王梦恕,姚海波,等. 城市地铁隧道工作面开挖的地层应力分布规律[J]. 岩石力学与工程学报,2005,24(3):485-489.

[140] 孔恒,王梦恕,邹彪. 浅埋暗挖隧道工作面正面土体超前预加固的力学行为分析[J]. 隧道建设,2010,30(增1):73-77.

[141] 王文正,孔 恒,黄明利. 地层变位分配控制原理在大跨地铁暗挖车站施工中的应用与研究[J]. 隧道建设,2007 (增):450-453.

[142] 张顶立,李鹏飞,侯艳娟,等. 浅埋大断面软岩隧道施工影响下建筑物安全性控制的试验研究[J]. 岩石力学与工程学报,2009,28(1):95-102.

[143] 张顶立. 城市地下工程建设的安全风险控制技术[J]. 中国科技论文在线,2009,4(7):485-492.

[144] 陈龙. 城市软土盾构隧道施工期风险分析与评估研究陈龙博[D]. 上海:同济大学,2004.

[145] 黄宏伟. 隧道及地下工程建设中的风险管理研究进展[J]. 地下空间与工程学报,2006,2(1):13-20.